도면해독 이론과 실제

최호선 · 이근희 지음

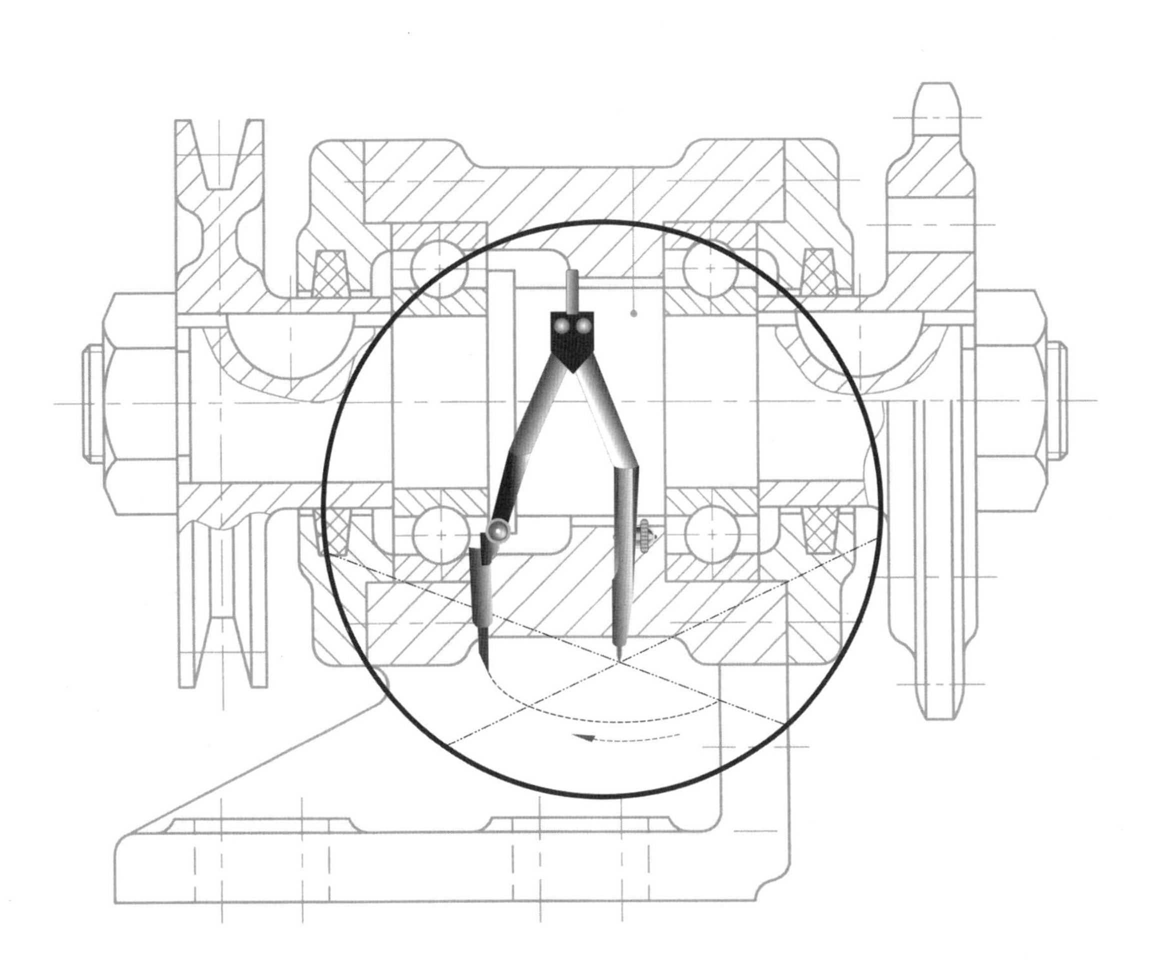

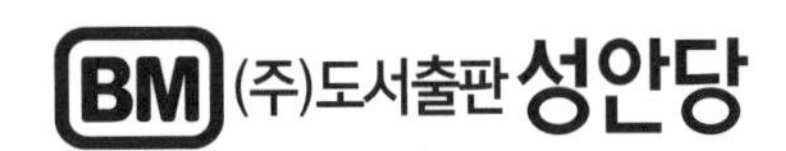

도서 A/S 안내

성안당에서 발행하는 모든 도서는 저자와 출판사, 그리고 독자가 함께 만들어 나갑니다.

좋은 책을 펴내기 위해 많은 노력을 기울이고 있습니다. 혹시라도 내용상의 오류나 오탈자 등이 발견되면 "좋은 책은 나라의 보배"로서 우리 모두가 함께 만들어 간다는 마음으로 연락주시기 바랍니다. 수정 보완하여 더 나은 책이 되도록 최선을 다하겠습니다.

성안당은 늘 독자 여러분들의 소중한 의견을 기다리고 있습니다. 좋은 의견을 보내주시는 분께는 성안당 쇼핑몰의 포인트(3,000포인트)를 적립해 드립니다.

잘못 만들어진 책이나 부록 등이 파손된 경우에는 교환해 드립니다.

본서 기획자 e-mail : coh@cyber.co.kr(최옥현)

홈페이지 : http://www.cyber.co.kr

전화 : 031) 950-6300

머리말

도면을 볼 줄 알고 그릴 줄 아는 것은 기술인의 기본이고 상식이다. 산업현장에서는 만들고자 하는 제품을 도면으로 작성하고 작성된 도면에 의해 제품을 제작한다. 도면을 작성하는 목적은 제작하고자 하는 대상물을 도면으로 작성하여 여기에 각부에 대한 크기, 형상, 자세, 위치 등 필요한 정보를 나타내어 설계자의 의도를 정확하고 확실하게 전달하는 데 있다.

도면은 제작자가 제작을 위한 계획자, 발주자, 공구설비 구매담당자, 제작된 제품의 검사자, 정비 · 수리방법을 설정하는 자 등 다양한 도면 사용자에게 전달하는 수단이며 공학언어이다. 또한 산업구조 변화와 국제화에 따라 국제 분업, 기술제휴, 기술수출 등으로 도면의 표시방법, 도시기호 등 도면에 나타낸 내용들은 국내에서만 통용되어서는 안 되며 국제적으로 상호 이해할 수 있어야 하고 통일된 정의나 해석이 될 수 있어야 한다. 따라서 도면을 작성할 때 규격으로 정해진 제도통칙을 충분히 이해하고 도면작성법을 습득하여 올바른 도면을 그릴 줄 알아야 하며 작성된 도면을 보고 도면에 나타낸 내용을 정확하게 이해하여야 한다.

산업현장에서는 도면을 설계, 작성하는 자보다 도면에 의한 가공제작 실무자가 월등히 많은 실정이다. 따라서 도면을 작성할 줄도 알아야 하지만 도면을 볼 줄 아는 것이 더욱 중요하다고 생각된다.

본 교재에서는 도면을 그릴 줄 알고 작성된 도면을 보고 초보자도 쉽게 이해할 수 있도록 관련 내용에 대한 많은 그림을 예로 들어 현장실무를 위주로 이해를 쉽게 할 수 있도록 하였으며, 단원마다 관련 지식을 평가할 수 있는 문제를 수록하여 이론과 실무를 통한 현장실무에 쉽게 적응할 수 있는 능력을 기르도록 하였다. 본 교재를 통하여 기술인으로서의 기본을 갖추고 자기 발전과 국가 산업발전에 기여할 수 있는 자긍심을 갖는 훌륭한 엔지니어가 되기를 기원한다.

저자 씀

차 례

머리말 / 5

제 1 장 기계 제도 ········ 3

1. 제도의 기초 ········ 3
   1.1 제도의 목적 ········ 3
   1.2 제도 규격 ········ 3
   1.3 도면의 크기 ········ 4
   1.4 표제란과 부품란 ········ 7
   1.5 도면의 양식 ········ 9
   1.6 척도 ········ 11
   1.7 제도에 사용하는 선과 문자 ········ 13
   1.8 평면도법 그리는 법 ········ 20
2. 투상법과 투상도의 표시방법 ········ 26
   2.1 투상법 ········ 26
   2.2 기계 제도에 사용되는 투상법 ········ 28
   2.3 제1각 투상법 ········ 29
   2.4 제3각 투상법 ········ 32
   2.5 기계 제도에서는 왜 제3각법을 사용하는가 ········ 35
   2.6 도면 작성과 도면 해독의 실제 ········ 37
3. 도형의 표시방법 ········ 55
   3.1 필요 투상도 ········ 55
   3.2 1면도 ········ 56
   3.3 2면도 ········ 57
   3.4 3면도 ········ 58
   3.5 투상면에 수직하고 수평한 투상 ········ 60
   3.6 필요 투상도의 선정 ········ 60
   3.7 정면도의 선정 ········ 61
   3.8 가공이 용이한 도면 작성 ········ 64
   3.9 숨은 선이 나타난 관계도 생략 ········ 65
   3.10 보조 투상도 ········ 66
   3.11 부분 투상도 ········ 67
   3.12 국부 투상도 ········ 68

3.13 회전 투상도 ··· 69
3.14 특수한 가공 부분의 표시 ··· 71
3.15 부분 확대도 ··· 71
3.16 가상 투상도 ··· 71
3.17 전개 투상도 ··· 72
3.18 두면이 교차하는 부분의 표시 ··· 73
3.19 관용 투상도 ··· 73
3.20 평면의 표시 ··· 74
3.21 생략도형 표시법 ··· 75
3.22 조립도 중 용접 구성품의 표시방법 ··· 78

4. 단면도의 표시방법 ··· 81

4.1 단면의 표시 원칙 ··· 81
4.2 절단면의 표시 ··· 82
4.3 단면의 종류 ··· 84
4.4 길이방향으로 단면하지 않는 것 ··· 90
4.5 단면으로 잘렸어도 단면으로 나타내지 않는 것 ··· 91

5. 치수의 표시방법 ··· 94

5.1 치수의 종류와 단위 ··· 94
5.2 치수 기입의 원칙 ··· 95
5.3 치수 기입방법 ··· 96

6. 치수 보조 기호 ··· 109

6.1 지름 기호(ϕ) 사용법 ··· 109
6.2 반지름의 표시법 ··· 111
6.3 구의 지름과 반지름 표시방법 ··· 112
6.4 정 사각형 변의 표시방법 ··· 113
6.5 두께의 표시방법 ··· 113
6.6 원호의 길이 표시방법 ··· 113
6.7 모떼기의 표시방법 ··· 114
6.8 이론적으로 정확한 치수 ··· 116
6.9 각종 구멍의 표시방법 ··· 117
6.10 대칭도형의 치수기입 ··· 120
6.11 장원형 구멍 표시방법 ··· 121
6.12 키 홈의 표시방법 ··· 121
6.13 테이퍼와 기울기 표시방법 ··· 123
6.14 참고 치수 기입방법 ··· 124
6.15 얇은 두께 부분의 표시방법 ··· 124
6.16 강 구조물의 표시방법 ··· 125

7. 허용한계치수(치수공차) 기입방법 ··· 128

7.1 크기 치수에 대한 허용한계치수 기입 ··· 128

7.2 편측 공차와 양측 공차 ···· 129
7.3 허용한계치수와 공차역 ···· 131
7.4 각도에 대한 허용한계치수 기입 ···· 132
7.5 조립된 상태의 허용한계치수 기입 ···· 132
7.6 공차 누적을 고려한 허용한계치수 기입법 ···· 133

8. 보통공차(일반공차)와 표시법 ···· 135
8.1 보통공차 적용시 이점 ···· 137
8.2 보통공차의 도면 지시 ···· 137
8.3 보통공차 적용 예(1) ···· 138

9. 결합되는 두 부품에 치수공차 결정하는 방법 ···· 139

10. 끼워 맞춤 ···· 147
10.1 끼워 맞춤 관계 용어 ···· 147
10.2 구멍 기준 끼워 맞춤과 축 기준 끼워 맞춤 ···· 148
10.3 틈새와 죔새 ···· 153
10.4 헐거운 끼워 맞춤 ···· 153
10.5 중간 끼워 맞춤 ···· 154
10.6 억지 끼워 맞춤 ···· 155
10.7 IT 기본 공차 ···· 157
10.8 상용하는 끼워 맞춤 ···· 158
10.9 끼워 맞춤 표시방법 ···· 164

11. 표면 거칠기 표시방법 ···· 168
11.1 정의 ···· 168
11.2 적용범위 ···· 168
11.3 표면 거칠기의 종류 ···· 169
11.4 표면 거칠기의 표시방법 ···· 171
11.5 다듬질 기호 ···· 173
11.6 가공방법의 약호 ···· 176

12. 용접 ···· 176
12.1 용접 이음과 용접의 종류 ···· 177
12.2 맞대기 이음 홈의 형상 ···· 177
12.3 용접 기본 기호 ···· 178
12.4 용접 부의 기호 표시방법 ···· 179

13. 파이프 및 배관제도 ···· 184
13.1 파이프와 배관계의 시방 및 유체의 종류, 상태의 표시법 ···· 184
13.2 관의 도시방법 ···· 184

14. 기계 재료 ············ 190
14.1 기계 재료의 표시법 ············ 190
14.2 재료의 중량 계산 ············ 192

제 2 장 기계 요소 제도 ············ 193

1. 나사 ············ 193
1.1 나사 관련 용어 ············ 194
1.2 나사의 종류 ············ 194
1.3 나사의 호칭법 ············ 195
1.4 나사의 등급 ············ 197
1.5 나사의 제도 ············ 299
1.6 볼트의 구멍 지름과 자리파기 지름 치수 ············ 206
1.7 6각 구멍붙이 볼트에 대한 깊은 자리파기 및 볼트 구멍의 치수 ············ 207
1.8 깊은 자리파기 치수 결정 예 ············ 207

2. 기어(Gear) ············ 209
2.1 기어 각부의 명칭 ············ 209
2.2 기어의 종류 ············ 210
2.3 기어의 크기 ············ 211
2.4 기어의 제도 ············ 212
2.5 기어 제작도의 요목표 예 ············ 214

3. 키(Key) ············ 217
3.1 키의 종류 ············ 217
3.2 키 홈의 치수 기입법 ············ 218
3.3 키의 호칭방법 ············ 218

4. 핀(Pin) ············ 219
4.1 핀의 종류 및 용도 ············ 219
4.2 핀의 호칭방법 ············ 219

5. 리벳(Rivet) ············ 220
5.1 리벳의 종류 ············ 220
5.2 리벳의 호칭방법 ············ 221
5.3 리벳이음의 도시방법 ············ 221

6. 스프링(Spring) ············ 225
6.1 스프링의 관련용어 ············ 225
6.2 스프링의 제도 ············ 226
6.3 스프링 요목표 ············ 227

7. 베어링(bearing) ············ 232
7.1 베어링의 종류 ············ 232

7.2 베어링의 호칭 번호와 기호 ······ 233

제 3 장 기하공차 ······ 236

1. 기하공차의 기초 ······ 236

2. 기하공차의 필요성 ······ 237
2.1 도면상의 불완전성 ······ 238
2.2 기하공차 도시방법의 필요성 ······ 238

3. 치수공차와 기하공차의 관계 ······ 239
3.1 결합되는 두 부품의 치수공차와 기하공차의 관계 ······ 240
3.2 구멍과 핀의 형상에 따른 결합상태 ······ 241
3.3 끼워 맞춤과 기하공차의 관계 ······ 242

4. 치수공차만으로 규제된 형체의 도면 분석 ······ 244
4.1 진직한 형상 ······ 244
4.2 동축 형체 ······ 245
4.3 직각에 관한 형체 ······ 246
4.4 평행한 형체 ······ 248
4.5 위치를 갖는 형체 ······ 249

5. 기하공차의 종류와 기호, 부가기호 ······ 251
5.1 기하공차의 종류와 기호 ······ 251
5.2 기하공차에 적용되는 부가기호 ······ 252
5.3 ANSI 규격에 의한 기하공차의 종류와 기호 ······ 253

6. 기하공차의 도시방법 ······ 254
6.1 기하공차를 지시하는 기입 테두리 ······ 254
6.2 기하공차 지시방법 ······ 255

7. 데이텀(Datum) ······ 261
7.1 데이텀 형체의 지시방법 ······ 262

8. 최대실체 공차방식(最大實體 公差方式) ······ 267
8.1 최대실체 치수와 최소실체 치수 ······ 267
8.2 최대실체 공차방식의 적용 ······ 269
8.3 최대실체 공차방식으로 규제된 구멍과 축 ······ 269
8.4 최대실체 공차방식을 지시하는 방법 ······ 270
8.5 최대실체 공차방식으로 규제된 기하공차 ······ 271

9. 최소실체 공차방식(最小實體 公差方式) ······ 276

10. 규제조건에 따른 공차해석 ······ 277

11. 이론적으로 정확한 치수 ······ 278
11.1 직각 좌표 공차 방식의 두 구멍 위치 ······ 279
11.2 이론적으로 정확한 치수로 규제된 구멍 중심 위치 ······ 280
11.3 이론적으로 정확한 치수로 규제된 구멍과 핀 ······ 281
11.4 이론적으로 정확한 치수로 규제된 구멍 중심의 평행도 ······ 283
11.5 이론적으로 정확한 각도로 규제된 경사도 ······ 284

12. 실효치수(Virtual Size) ······ 285
12.1 외측형체(축, 핀)의 실효치수 ······ 285
12.2 내측형체(구멍, 홈)의 실효치수 ······ 285

13. 돌출 공차역(Projected Tolerance Zone) ······ 288

14. 결합되는 두 부품에 치수공차와 기하공차 결정방법 ······ 290
14.1 치수공차로 규제된 두 부품의 치수공차 결정 ······ 290
14.2 위치를 갖는 두 부품에 치수공차와 위치도 공차 결정 ······ 290
14.3 직각인 형체를 갖는 두 부품에 치수공차와 직각도 공차 결정 ······ 291
14.4 평행한 형체를 갖는 두 부품에 치수공차와 평행도 공차 결정 ······ 292

15. 기하공차의 종류와 규제 예 ······ 293
15.1 진직도 ······ 293
15.2 평면도 ······ 293
15.3 원통도 ······ 294
15.4 진원도 ······ 294
15.5 윤곽도 ······ 295
15.6 평행도 ······ 295
15.7 직각도 ······ 295
15.8 경사도 ······ 296
15.9 흔들림 ······ 296
15.10 동심도 ······ 296
15.11 대칭도 ······ 296
15.12 위치도 공차 ······ 297

16. 위치도 공차 검사 방법 ······ 306

17. ANSI, ISO, KS 규격 비교 ······ 307

제 4 장 기계의 스케치(Sketch) ······ 308

1. 스케치의 개요 ······ 308

2. 스케치 용구 ······ 308

3. 스케치 작업 ······ 310

4. 스케치선 그리는 방법 ···· 310
4.1 직선 그리는 방법 ···· 310
4.2 수직선과 사선 그리는 방법 ···· 310
4.3 원 그리는 방법 ···· 311
4.4 원호 그리는 방법 ···· 311

5. 스케치도 그리는 방법의 순서 ···· 312
5.1 부품도의 스케치 ···· 312
5.2 조립도의 스케치 ···· 313

6. 스케치 방법 ···· 315
6.1 프리핸드법 ···· 315
6.2 프린트법 ···· 315
6.3 본뜨기법 ···· 316
6.4 납선이나 연선에 의한 방법 ···· 317
6.5 사진법 ···· 317
6.6 등각도에 의한 스케치 ···· 318
6.7 사투상도에 의한 스케치 ···· 318

제 5 장 도면의 검사와 관리 ···· 319

1. 도면의 검사와 관리의 개요 ···· 319

2. 도면의 검사 ···· 319

3. 도면 관리 ···· 320
3.1 도면의 분류 ···· 321
3.2 도면번호 ···· 321
3.3 도면의 등록 ···· 322
3.4 도면관리의 관련내용 ···· 323
3.5 도면의 변경 ···· 324
3.6 도면의 출도 및 회수 ···· 324
3.7 도면의 보관 ···· 325

부록

1. 부품도 작성 연습 ···· 328

2. 조립도와 부품도 작성 연습 ···· 334

3. 조립도와 부품도 작성 ···· 342

4. 기계재료기호 ···· 348

5. 현장에서 많이 사용하는 기계재료 ···· 353

6. 미터 나사 ··· 354
7. 유니파이 나사 ··· 358
8. 6각 볼트의 모양과 치수 ··· 360
9. 6각 너트의 모양과 치수 ··· 361
10. 평행 키 ··· 363
11. 경사 키, 머리붙이 경사 키 및 키 홈의 모양 및 치수 ··· 365
12. 미끄럼 키 홈의 모양 및 치수 ··· 367
13. 반달 키의 치수 ··· 368
14. 반달 키 홈의 치수 ··· 369
15. 평행 핀(평행 핀의 모양·치수) ··· 371
16. 분할 핀(분할 핀의 모양·치수) ··· 372
17. 테이퍼 핀(테이퍼 핀의 모양·치수) ··· 374
18. 와셔(Washers) ··· 375
19. 스프링 와셔의 모양·치수 ··· 377

도면해독 이론과 실제

제1장 기계 제도
제2장 기계 요소 제도
제3장 기하공차
제4장 기계의 스케치(Sketch)
제5장 도면의 검사와 관리

제 1 장 기계 제도

1 제도의 기초

1.1 제도의 목적

기계를 제작하기 위해 제품의 모양과 구조, 치수, 정밀도, 가공방법, 재질, 투상법 등을 일정한 규약에 따라 선, 문자, 기호 등을 사용하여 도면으로 나타내는 것을 제도라 하며, 도면은 설계자의 의도를 현장제작자, 자재(구매)담당자, 검사, 측정, 보수, 점검, 수리담당자에게 전달하는 중요한 수단이다.

도면에 나타낸 내용들은 누가 보아도 도면 해독이 가능해야 하고 국제적으로 통용될 수 있어야 한다. 따라서 제품을 보고 제도 규격에 의해서 정확하게 도면을 작성할 수 있어야 하고 작성된 도면을 보고 확실한 도면 해독을 할 수 있어야 하는 것이 엔지니어의 기본이고 상식이다.

1.2 제도 규격

공업생산품을 만들기 위해서는 기계를 제작할 때 기본이 되는 제작도를 정확하게 도면으로 그려야 한다. 제작도에는 제품의 형상에 따른 투상법, 구조, 치수, 정밀도, 가공법, 재질 등 제작에 필요한 내용들을 규격에 맞도록 빠짐없이 정확하게 나타내야 한다.

따라서 기술의 근대화, 고도화, 국제화에 따라 국제표준화기구(ISO)에 국제규격이 제정되어 있다. 우리나라에는 한국산업규격(KS)이 제정되어 이 규격에 의해서 도면을 작성하고 있으며 점차 국제규격(ISO)으로 통일되어 가고 있다.

우리나라에서는 1961년 공업표준화법이 제정 · 공포된 후 한국산업규격(KS)이 제정되었고, 1963년에 국제표준화기구(ISO)에 가입되었으며 1966년에 제도통칙(KS A 0005)이 제정되어 제도 규격으로 확정되었으나, 이를 보완한 기계제도(KS B 0001)는 1967년에 제정되었다.

각국의 표준 규격과 한국산업규격(KS)으로 되어 있는 제도 관련 규격은 다음과 같다.

표 1-1 각국의 표준 규격

각국 명칭	표시
한국산업 규격	KS(Korean Industrial Standards)
영국 규격	BS(British Standards)
독일 규격	DIN(Deutsches Institute für Normung)
미국 규격	ANSI(American National Standard Industrial)
일본 규격	JIS(Japanese Industrial Standards)
스위스 규격	SNV(Schweitzerish Nomen-Vereinigung)
프랑스 규격	NF(Nome Francaise)
국제표준화기구	ISO(International Organization for standardization)

표 1-2 KS 제도 관련 규격

규격 번호	표시 내용	규격 번호	표시 내용
KS A 0005	제도 통칙	KS A 0106	도면의 크기 및 양식
KS A 0107	제도에 사용하는 문자	KS A 0109	제도에 사용하는 선
KS A 0108	제도에 있어서 치수의 허용한계 기입방법	KS A 0110	제도에 사용하는 척도
		KS A 0111	제도에 사용하는 투상법
KS A 0112	제도에서의 도형의 표시방법	KS A 0113	제도에서의 치수기입방법
KS A 3007	제도용어	KS B 0001	기계제도
KS B 0002	기어제도	KS B 0003	나사제도
KS B 0004	구름베어링제도	KS B 0005	스프링제도
KS B 0052	용접기호	KS B 0107	가공방법기호
KS B 0161	표면거칠기의 정의 및 표시	KS B 0200	나사의 표시방법
KS B 0242	최대 실체공차방식	KS B 0243	기하공차를 위한 데이텀
KS B 0401	치수공차 및 끼워맞춤	KS B 0425	기하편차의 정의 및 표시
KS B 0608	기하공차의 표시방식	KS B 0417	제도-공차표시방식의 기본원칙
KS B 0418	제도-기하공차 표시방식-위치도 공차방식		
KS B 0416	개별적인 공차의 지시가 없는 형체에 대한 기하공차		
KS B 0412	개별적인 공차의 지시가 없는 길이치수 및 각도치수에 대한 보통공차		

표 1-3 KS 부문별 분류 기호

기호	부문	기호	부문	기호	부문	기호	부문
KS A	기본(통칙)	KS F	건설	KS K	섬유	KS R	수송기계
KS B	기계	KS G	일용품	KS L	요업	KS S	서비스
KS C	전기	KS H	식료품	KS M	화학	KS T	물류
KS D	금속	KS I	환경	KS P	의료	KS V	조선
KS E	광산	KS J	생물	KS Q	품질경영	KS W	항공우주
						KS X	정보

1.3 도면의 크기

제도 용지의 크기는 제도 규격에 정해진 크기를 사용해야 하고 도형의 크기, 도형의 수로 결정하며 표 1-4에 나타낸 A열 사이즈를 사용하고 필요할 경우에는 연장사이즈를 사용한다.

1) 도면의 크기는 A열의 A0 크기를 기준으로 1/2씩 접었을 때 A1, A2, A3…의 크기이다.(그림 1-2)

2) 도면크기는 폭과 길이로 나타내는데 그 비는 1(폭) : $\sqrt{2}$(길이)이며 A0~A4 크기를 사용한다.

표 1-4 도면 크기의 종류 및 윤곽의 치수 (단위 : mm)

사이즈 \ 구분	호칭방법	치수 $a \times b$	c(최소)	d(최소) 철하지 않을 때	d(최소) 철할 때
A열사이즈	A0	841×1189	20	20	25
	A1	594×841			
	A2	420×594	10	10	
	A3	297×420			
	A4	210×297			
연장사이즈	A0×2	1189×1682	20	20	25
	A1×3	841×1783			
	A2×3	594×1261			
	A2×4	594×1682			
	A3×3	420×891	10	10	
	A3×4	420×1189			
	A4×3	297×630			
	A4×4	297×841			
	A4×5	297×1051			

3) 도면에는 표 1-3에 나타낸 치수에 따라 선의 굵기 0.5mm 이상의 윤곽선을 그린다.(그림 1-1)

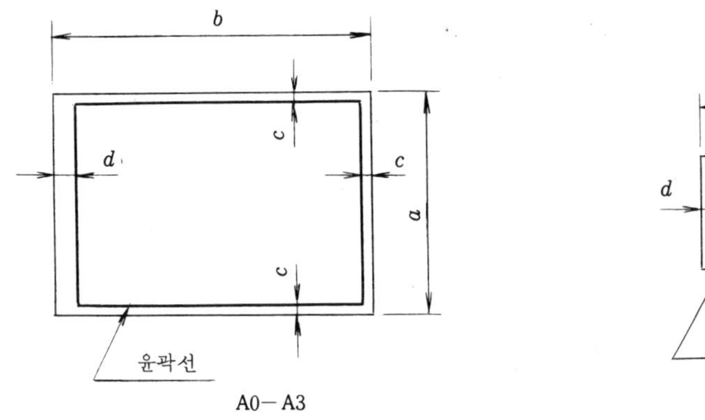

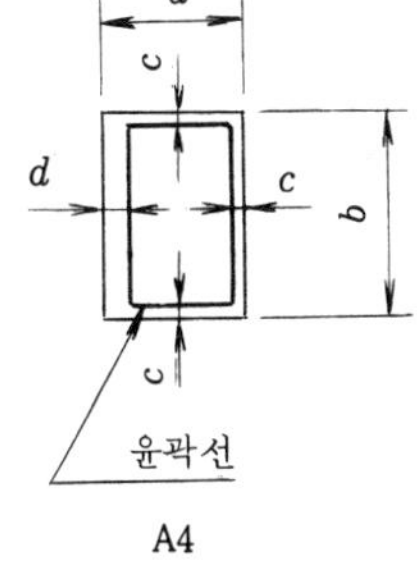

그림 1-1 윤곽선

4) 도면을 그릴 때에는 용지의 긴 쪽을 좌우방향으로 놓고 그리는 것을 원칙으로 한다.(A0~A3) 다만 A4 사이즈는 긴 쪽을 상하방향으로 놓고 그려도 된다.(그림 1-1)

5) 도면에는 복사, 확대, 도형 배치, 스케치 등 필요에 따라 중심 마크, 비교 눈금, 구역 기호를 설치해도 된다.(그림 1-2)

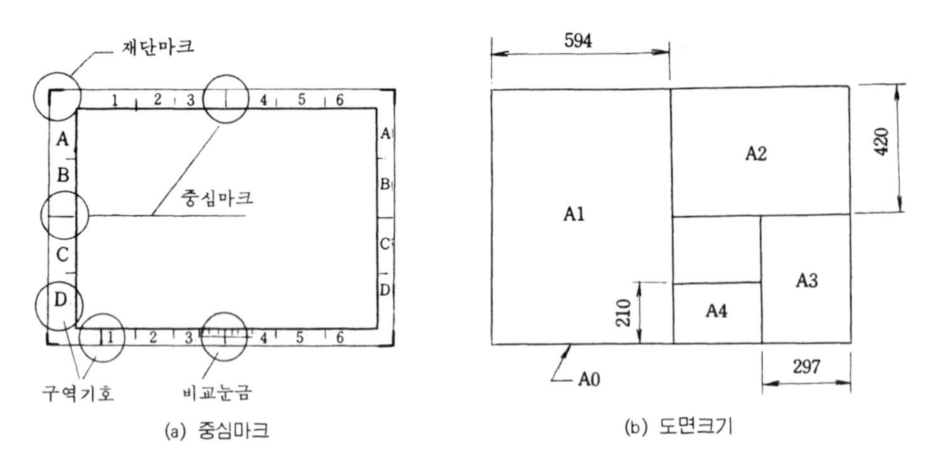

(a) 중심마크 (b) 도면크기

그림 1-2 중심 마크와 도면의 크기

6) 하나의 제품을 설계하면 그 제품에 관련되는 도면은 하나의 설계파일에 철하게 된다. 이때 파일의 크기는 A4의 크기가 기준이 된다. 따라서 A4 이상의 큰 도면은 A4 크기를 기준으로 A4와 같은 크기로 접어서 철하게 된다. A4 이상의 큰 도면을 접을 때는 표제란이 위에 오도록 접는다.(그림 1-3)

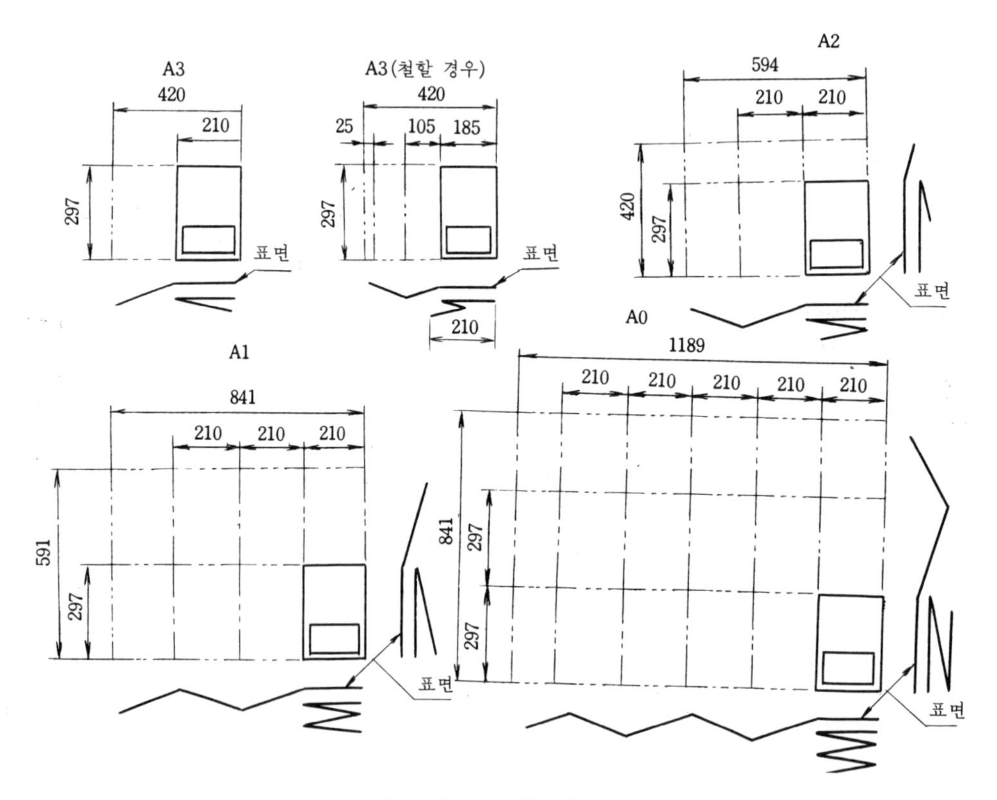

그림 1-3 도면 접는 법

1.4 표제란과 부품란

1) 표제란

도면 용지에는 윤곽선을 긋고 그 안에 표제란을 그려 넣는다. 표제란의 위치는 도면 용지의 긴 쪽을 좌우로 놓은 위치에서 오른쪽 아래 구석에 윤곽선에 접하게 그려야 한다.

A4 크기의 도면의 경우에는 긴 쪽을 상하로 놓은 위치에서 아래쪽에 표제란을 둔다. 표제란에는 도면관리상 필요한 내용과 가공제작에 필요한 내용을 기입할 수 있는 양식으로 만들며 표제란 양식은 회사별로 특성에 맞게 작성되며 표제란 내에 나타내는 내용은 도명, 도면번호, 투상법, 척도, 작성 년 월일, 회사명 또는 학교명, 학과, 학년, 설계자, 제도자, 검도자, 승인자 등을 기입한다.

표 1-5 표제란 양식

<table>
<tr><td>설 계</td><td>제 도</td><td>검 도</td><td colspan="2">담 당</td><td colspan="2">과 장</td><td>부 장</td></tr>
<tr><td></td><td></td><td></td><td colspan="2"></td><td colspan="2"></td><td></td></tr>
<tr><td>작성 년 월일</td><td colspan="2"></td><td>척도</td><td>10 : 1</td><td>투상법</td><td colspan="2">3각법</td></tr>
<tr><td>도 명</td><td colspan="2"></td><td colspan="2">도면번호</td><td colspan="3"></td></tr>
</table>

<table>
<tr><td>회사명</td><td colspan="5"></td></tr>
<tr><td>작성일</td><td>척 도</td><td>투상법</td><td>설 계</td><td>제 도</td><td>승 인</td></tr>
<tr><td></td><td></td><td></td><td></td><td></td><td></td></tr>
<tr><td>도
명</td><td colspan="2"></td><td>도
번</td><td colspan="2"></td></tr>
</table>

<table>
<tr><td>설 계</td><td>척 도</td><td>투상법</td><td>작성일</td><td>도 번</td><td colspan="2"></td></tr>
<tr><td></td><td></td><td></td><td></td><td>일반공차</td><td colspan="2"></td></tr>
<tr><td>도 명</td><td colspan="2"></td><td rowspan="2">투
상
법</td><td rowspan="2" colspan="2"></td><td>승 인</td></tr>
<tr><td>회사명</td><td colspan="2"></td><td></td></tr>
</table>

<table>
<tr><td>소 속</td><td colspan="5">과 학년 번호 성명</td></tr>
<tr><td>투상법</td><td>3각법</td><td>척도</td><td>1 : 1</td><td>작성 년 월일</td><td></td></tr>
<tr><td>도
명</td><td colspan="2"></td><td>도
번</td><td>검
도</td><td></td></tr>
</table>

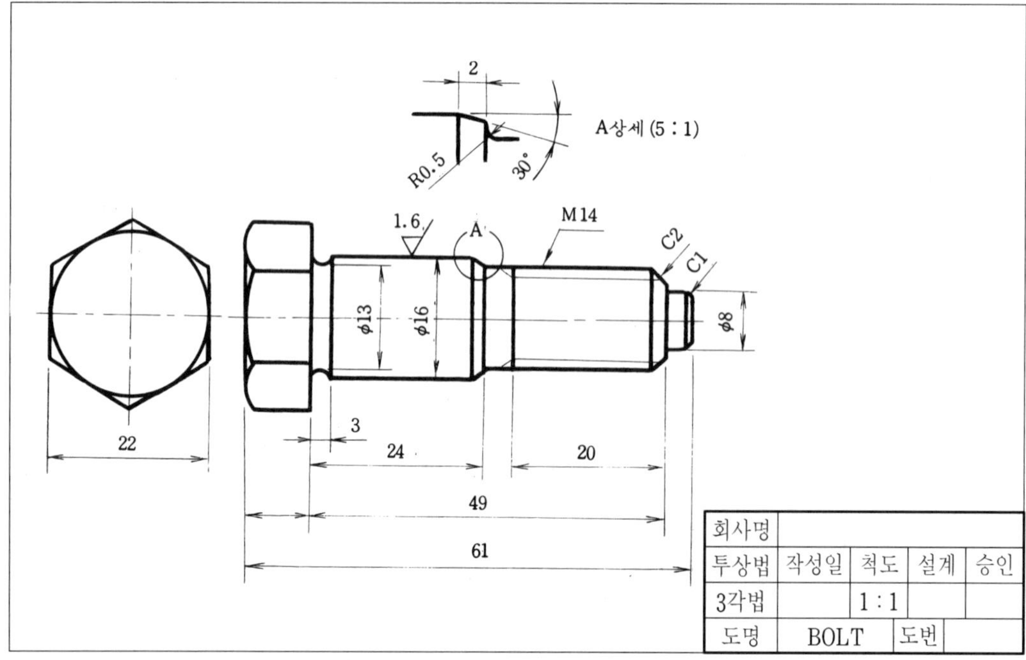

그림 1-4 표제란 표시 예

2) 부품란

부품란은 기구도나 조립도 등 두 개 이상의 부품이 조립된 상태를 한 도면에 그릴 경우에 부품란을 설치하여 부품 번호(품번), 부품명(품명), 재질, 규격, 수량, 무게, 공정, 비고란 등을 기입하며 부품란의 위치는 도면의 오른쪽 위에 또는 도면의 오른쪽 아래 표제란 위에 만든다.

표 1-6 부품란 양식

3				
2				
1				
품 번	품 명	재 질	수 량	비 고

2						
1						
품 번	품 명	재 질	수 량	중 량	규 격	비 고

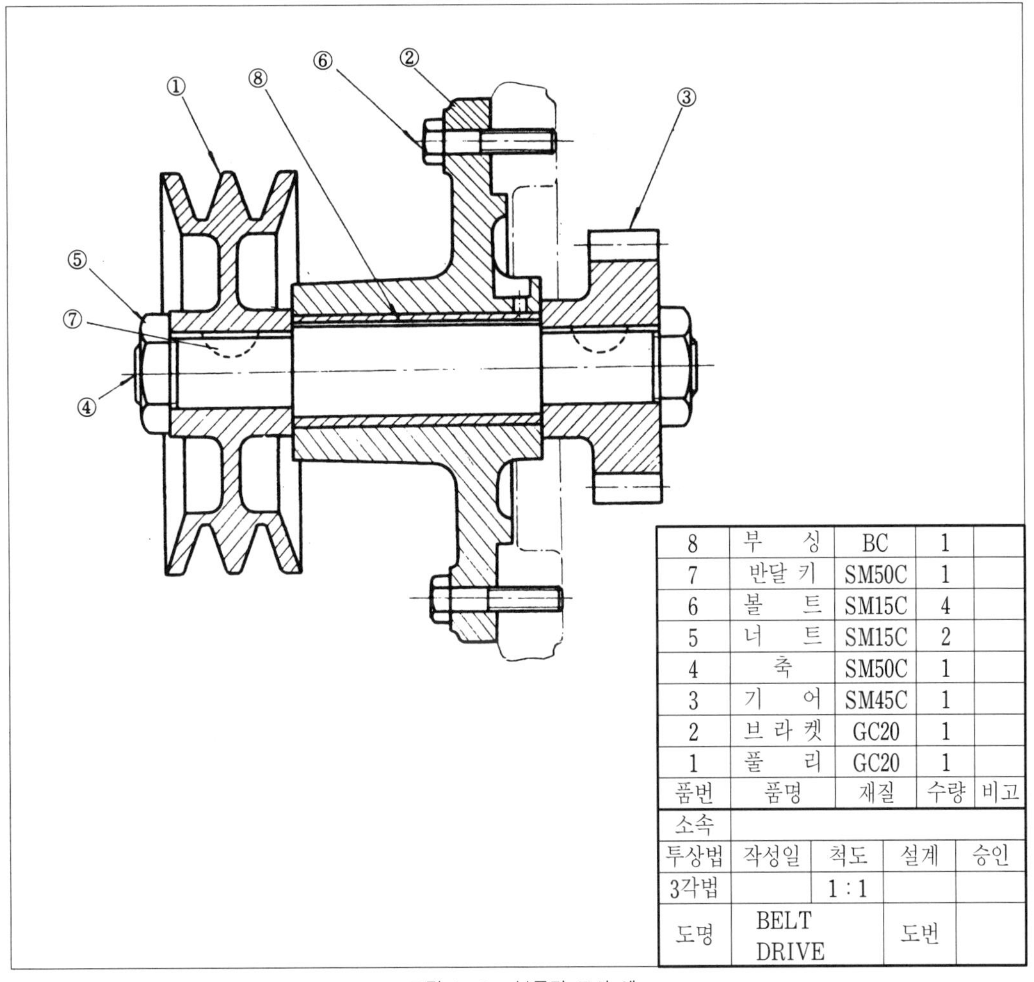

8	부 싱	BC	1	
7	반달 키	SM50C	1	
6	볼 트	SM15C	4	
5	너 트	SM15C	2	
4	축	SM50C	1	
3	기 어	SM45C	1	
2	브 라 켓	GC20	1	
1	풀 리	GC20	1	
품번	품명	재질	수량	비고

소속				
투상법	작성일	척도	설계	승인
3각법		1 : 1		
도명	BELT DRIVE		도번	

그림 1-5 부품란 표시 예

1.5 도면의 양식

하나의 기계가 완성되려면 여러 가지 부품을 조립하여 만들어진다. 따라서 기계를 도면으로 나타낼 때에는 기계 전체의 기구도와 조립상태를 나타낸 조립도(그림 1-5) 하나 하나의 부품을 가공하기 위한 부품도가 필요하다. 따라서 도면의 양식에는 하나의 도면용지에 하나의 부품을 그려주는 부품도가 많이 사용된다.

이 방법은 각 부품마다 한 장의 도면에 하나의 부품이 그려지므로 한 개씩 부품을 가공할 때 도면을 쉽게 보고 가공할 수 있으며 복잡한 형상을 상세하게 크게 확대하여 그릴 수가 있다.

또 다른 방법은 부품수가 적은 간단한 기계, 기구 등을 한 장의 도면에 여러 개의 부품을 그려주어 조립상태를 쉽게 이해할 수 있고 부품상호간에 관련사항을 이해하기 쉽고 치수대조도 용이하다.

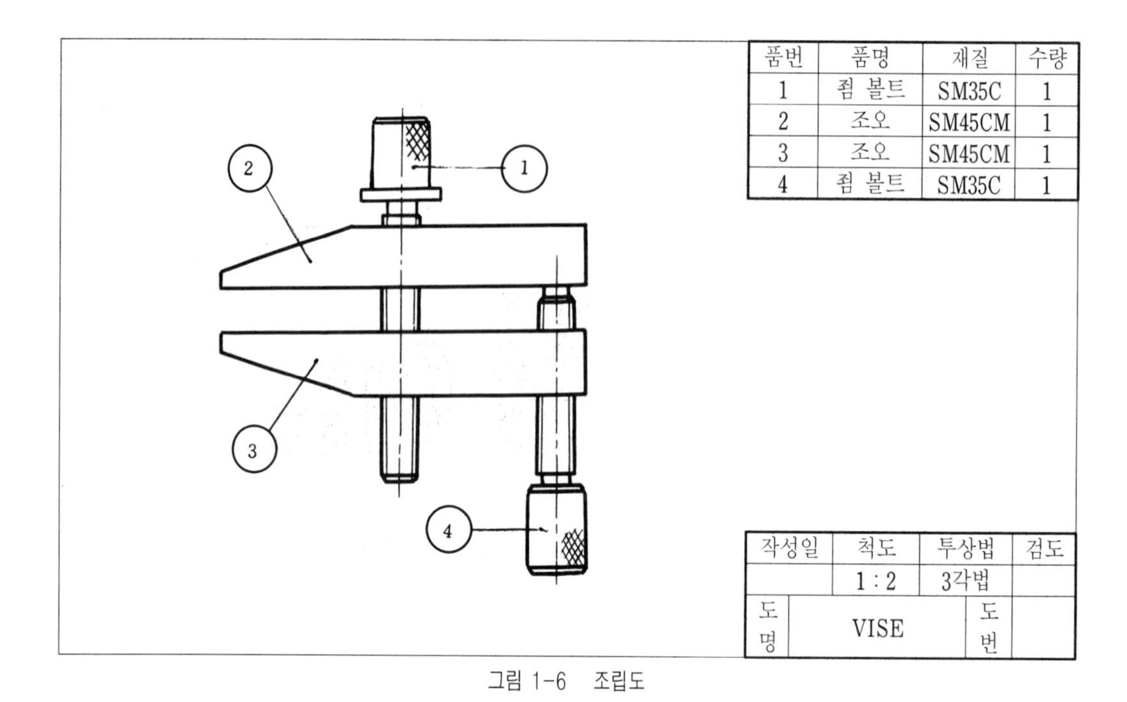

품번	품명	재질	수량
1	죔 볼트	SM35C	1
2	조오	SM45CM	1
3	조오	SM45CM	1
4	죔 볼트	SM35C	1

작성일	척도	투상법	검도
	1 : 2	3각법	
도명	VISE	도번	

그림 1-6 조립도

M10
R8
16
95
56
12
43±0.02
6
18
ϕ6.1 깊이 4

주) 1. 지시 없는 모떼기 C : 0.5
2. 일반공차 : ±0.1

작성일	척도	투상법	재질
	1 : 2	3각법	SM45CM
도명	조오	도번	

그림 1-7 부품도(하나의 용지에 하나의 부품을 그려줌)

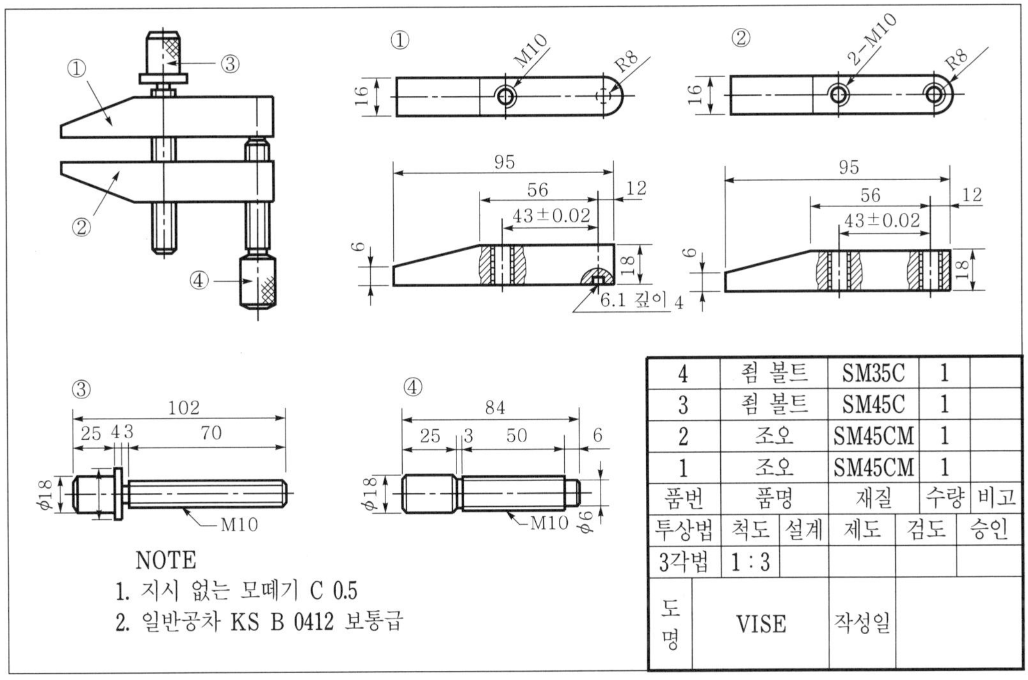

그림 1-8 조립도와 부품도

1.6 척도

기계나 그 부품을 제작하려면 대상물을 도면으로 그려야 한다. 도면으로 그릴 때 기계나 부품의 크기, 복잡성 여부 등에 따라 여러 가지 크기로 그릴 수 있다. 척도란 도면으로 그려지는 대상물의 실제크기와 도면으로 그려진 크기와의 비를 말한다. 척도는 원 도를 그릴 때 사용하고 축소 복사 도에는 사용하지 않는다.

크기가 큰 부품은 이해하는 데 지장이 없는 한 축소해서 그리고 복잡한 부품은 확대하여 쉽게 도면을 이해할 수 있도록 그린다.

1) 척도의 종류

① 현척 : 도형의 크기를 실물과 같은 크기로 그리는 것
② 축척 : 도형의 크기를 실물보다 작게 축소해서 그리는 것
③ 배척 : 도형의 크기를 실물보다 크게 확대해서 그리는 것
④ NS : 비례에 의해 그려지지 않은 도면에 "비례 척이 아님(Not to scale)"을 나타내는 약자

2) 척도의 값

척도의 값은 현척, 축척, 배척의 3종류로 KS규격에 다음과 같이 정해져 있다.

표 1-7 현척, 축척, 배척의 값

척도의 종류	란	척도의 값
현 척	–	1:1
축 척	1	1:2 1:5 1:10 1:20 1:100 1:200
	2	$1:\sqrt{2}$ 1:2.5 $1:2\sqrt{2}$ 1:3 1:4
배 척	1	2:1 5:1 10:1 20:1 50:1
	2	$\sqrt{2}:1$ $2.5\sqrt{2}:1$ 100:1

비고) 1란의 척도를 우선으로 사용한다.

3) 척도의 표시방법

작성된 도면에는 척도를 표시해야 한다. 척도는 주로 표제란에 나타내며 한 용지에 여러 개의 부품을 그렸을 때 척도가 동일하지 않고 다를 때에는 다른 척도를 그 그림 부근에 기입하며 특별한 경우 치수 비례에 따르지 않게 그렸을 경우에는 "비례척이 아님" 또는 비례척이 아님을 나타내는 기호 "NS"(Not to Scale)를 적절한 곳에 기입하거나 비례척에 의하지 않고 그린 치수 수치 밑에 굵은 실선을 그어 다음 그림과 같이 나타낸다.

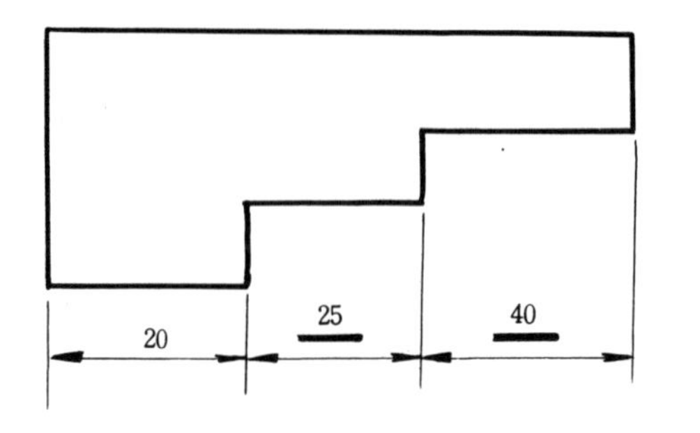

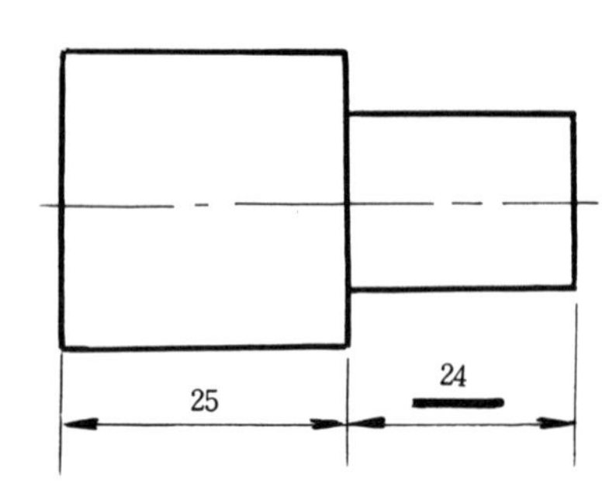

그림 1-9 비례척이 아님을 나타내는 표시법

척도를 나타낼 때는 A:B로 나타낸다. 여기서 A는 도면으로 그린 도형의 크기, B는 실물의 크기를 나타낸다.

현척의 경우는 A, B를 다같이 1, 축척의 경우는 A를 1, 배척의 경우에는 B를 1로 나타낸다.

(보기) (1) A : B

- B └ 물체의 실제 크기
- A └ 도면으로 그린 도형의 크기

(2) 현척의 경우 1:1

(3) 축척의 경우 1:2, $1:\sqrt{2}$, 1:10

(4) 배척의 경우 2:1, 5:1, 10:1, 100:1

4) 도면 용지의 크기와 척도

도면을 작성할 때 도면용지의 크기는 기구도를 나타내는 도면, 조립도를 나타내는 도면, 부품의 크기와 복잡성 여부 등에 따른 적절한 척도를 고려하여 용지의 크기를 결정한다.

가급적 용지크기 내에 도형이 적당히 배치될 수 있는 용지를 선택하여 도면을 작성한다.

1.7 제도에 사용하는 선과 문자

1) 제도에 사용하는 선

물체의 형상을 도면으로 그릴 때 규격으로 정해진 선의 종류와 용도에 맞게 선으로 도면을 그려야 한다.

도면을 그릴 때 선의 용도에 따른 선의 굵기가 구분되지 않으면 도면을 쉽게 볼 수가 없으며 오독할 우려가 있다.

① 선의 굵기 종류는 0.18mm, 0.25mm, 0.35mm, 0.5mm, 0.7mm, 1mm이고 가는 선을 0.25mm로 하면 굵은 선은 0.5mm, 아주 굵은 선은 1mm로 굵기의 비율을 정하면 된다.

② 도면에서 2종류 이상의 선이 같은 장소에 겹치게 될 경우에는 다음 순위에 따라 우선되는 종류의 선으로 그린다.
외형선 → 숨은선 → 절단선 → 중심선 → 치수 보조선

③ 선의 종류에 따른 굵기는 일정한 굵기로 고르게 그려야 하며 숨은 선의 파선의 간격도 일정하게 그려야 한다.

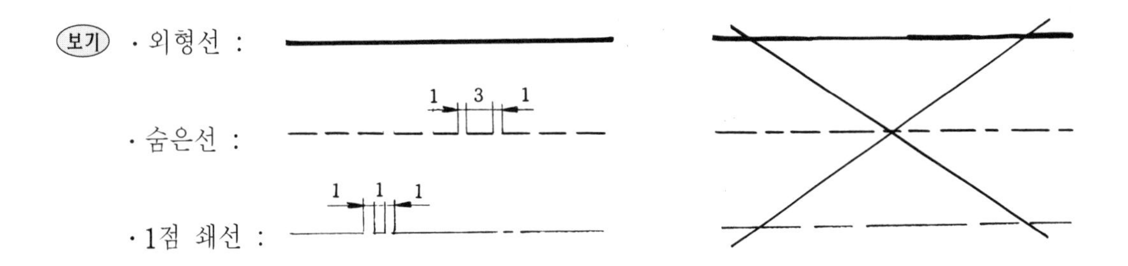

④ 선의 용도에 따른 선의 명칭, 선의 종류, 용도는 다음 표 1-8과 같이 한국산업규격(KS)에 정해져 있다.

표 1-8 선의 종류에 의한 용도

용도에 의한 명칭	선의 종류		선의 용도	그림1-10의 조합번호
외형선	굵은 실선		대상물의 보이는 모양을 표시하는데 쓰인다.	1.1
치수선	가는 실선		치수를 기입하기 위하여 쓰인다.	2.1
치수 보조선			치수를 기입하기 위하여 도형으로부터 끌어내는데 쓰인다.	2.2
지시선			기술·기호 등을 표시하기 위하여 끌어내는데 쓰인다.	2.3
회전 단면선			도형내에 그 부분의 끊은 곳을 90° 회전하여 표시하는데 쓰인다.	2.4
중심선			도형의 중심선을 간략하게 표시하는데 쓰인다.	2.5
숨은선	가는 파선 또는 굵은 파선		대상물의 보이지 않는 부분의 모양을 표시하는데 쓰인다.	3.1
중심선	가는 1점 쇄선		(1) 도형의 중심을 표시하는데 쓰인다. (2) 중심이 이동한 중심궤적을 표시하는데 쓰인다.	4.1 4.2
기준선			특히 위치 결정의 근거가 된다는 것을 명시할 때 쓰인다.	4.3
피치선			되풀이 하는 도형의 피치를 취하는 기준을 표시하는데 쓰인다.	4.4
특수 지정선	굵은 1점 쇄선		특수한 가공을 하는 부분 등 특별한 요구사항을 적용할 수 있는 범위를 표시하는데 사용한다.	5.1
가상선	가는 2점 쇄선		(1) 인접부분을 참고로 표시하는데 사용한다. (2) 공구, 지그 등의 위치를 참고로 나타내는데 사용한다. (3) 가동부분을 이동 중의 특정한 위치 또는 이동한계의 위치로 표시하는데 사용한다. (4) 가공 전 또는 가공 후의 모양을 표시하는데 사용한다. (5) 되풀이 하는 것을 나타내는데 사용한다. (6) 도시된 단면의 앞쪽에 있는 부분을 표시하는데 사용한다.	6.1 6.2 6.3 6.4 6.5 6.6
무게 중심선			단면의 무게 중심을 연결한 선을 표시하는데 사용한다.	6.7
파단선	불규칙한 파형의 가는 실선 또는 지그재그선		대상물의 일부를 파단한 경계 또는 일부를 떼어낸 경계를 표시하는데 사용한다.	7.1
절단선	가는 1점 쇄선으로 끝부분 및 방향이 변하는 부분을 굵게 한 것		단면도를 그리는 경우, 그 절단위치를 대응하는 그림에 표시하는데 사용한다.	8.1
해칭선	가는 실선으로 규칙적으로 줄을 늘어 놓은 것		도형의 한정된 특정부분을 다른 부분과 구별하는데 사용한다. 보기를 들면 단면도의 절단된 부분을 나타낸다.	9.1
특수한 용도의 선	가는 실선		(1) 외형선 및 숨은선의 연장을 표시하는데 사용한다. (2) 평면이란 것을 나타내는데 사용한다. (3) 위치를 명시하는데 사용한다.	10.1 10.2 10.3
	아주 굵은 실선		얇은 부분의 단선도시를 명시하는데 사용한다.	11.1

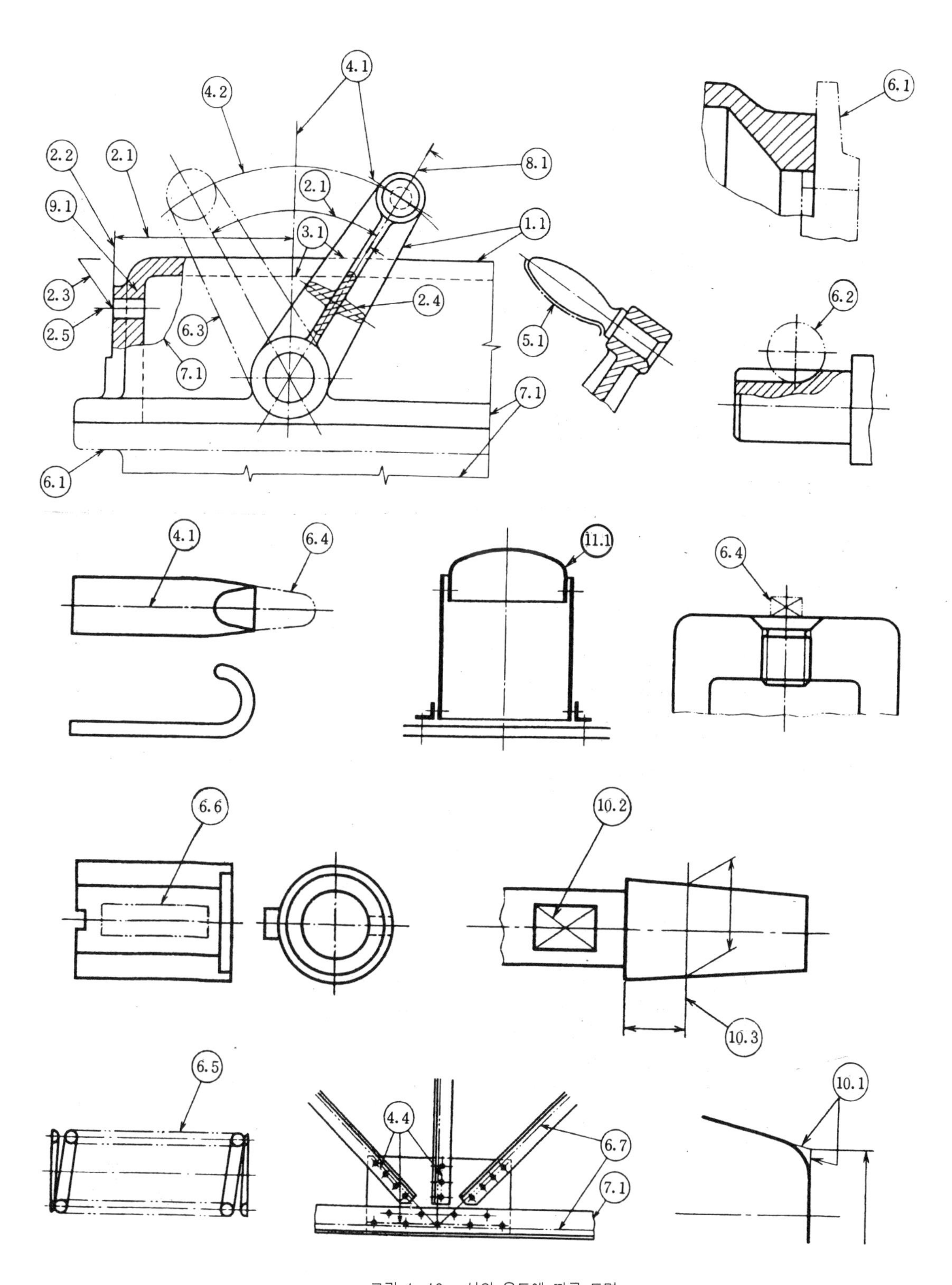

그림 1-10 선의 용도에 따른 도면

2) 숨은선 그리는 방법

숨은선은 구멍이나 홈과 같이 외부에서는 보이지 않는 부분을 점선으로 나타내는 것으로 숨은선을 그릴 때에는 다음과 같이 그린다.

(1) 숨은선이 외형선인 곳에서 끝날 때는 여유를 두지 않는다.(A)
(2) 숨은선이 외형선에 접촉할 때는 여유를 둔다.(F)
(3) 다른 숨은선과의 교점에서는 여유를 두지 않는다.(B)
(4) 숨은선이 호와 직선 또는 호가 접촉할 때는 접점에 여유를 설치한다.(H, J)
(5) 근접하는 평행한 숨은선은 여유의 위치를 서로 교체하여 바꾼다.(K)
(6) 숨은선과 외형선과의 교점에서는 여유를 둔다.(D)
(7) 각이 져 있는 숨은선의 교점에는 여유를 두지 않는다.(C, G)
(8) 외형선의 교점에 숨은선이 교차할 때에는 여유를 둔다.(E)

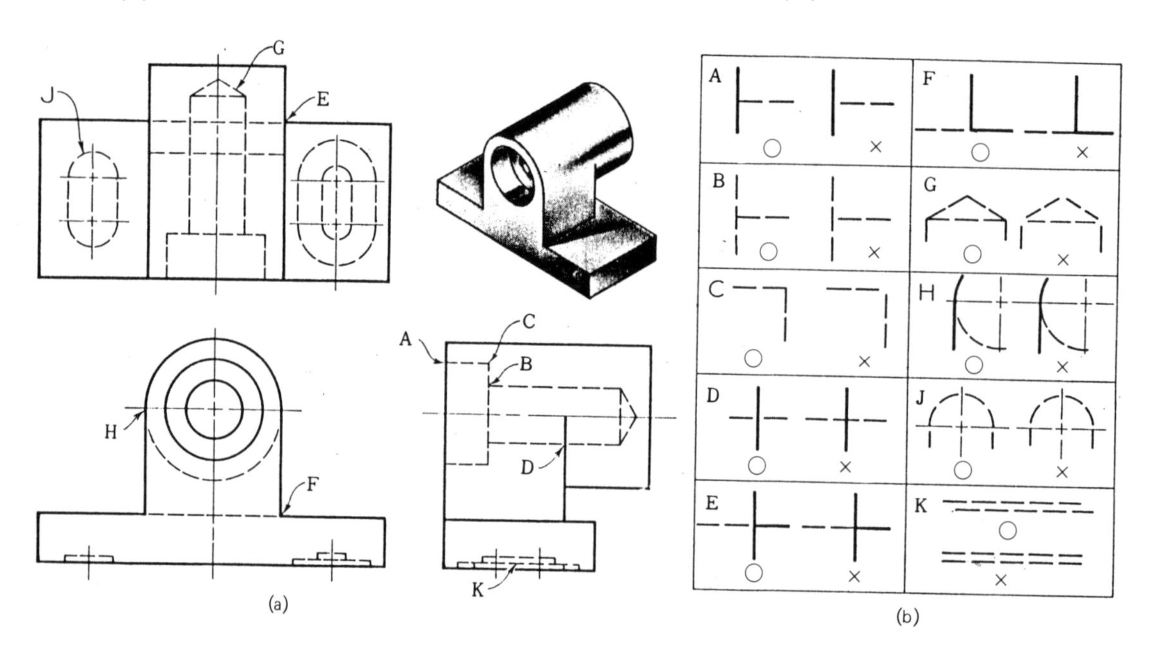

그림 1-11 숨은선 그리는 방법

※ 선 연습(Ⅰ)

※ 선 연습(Ⅱ)

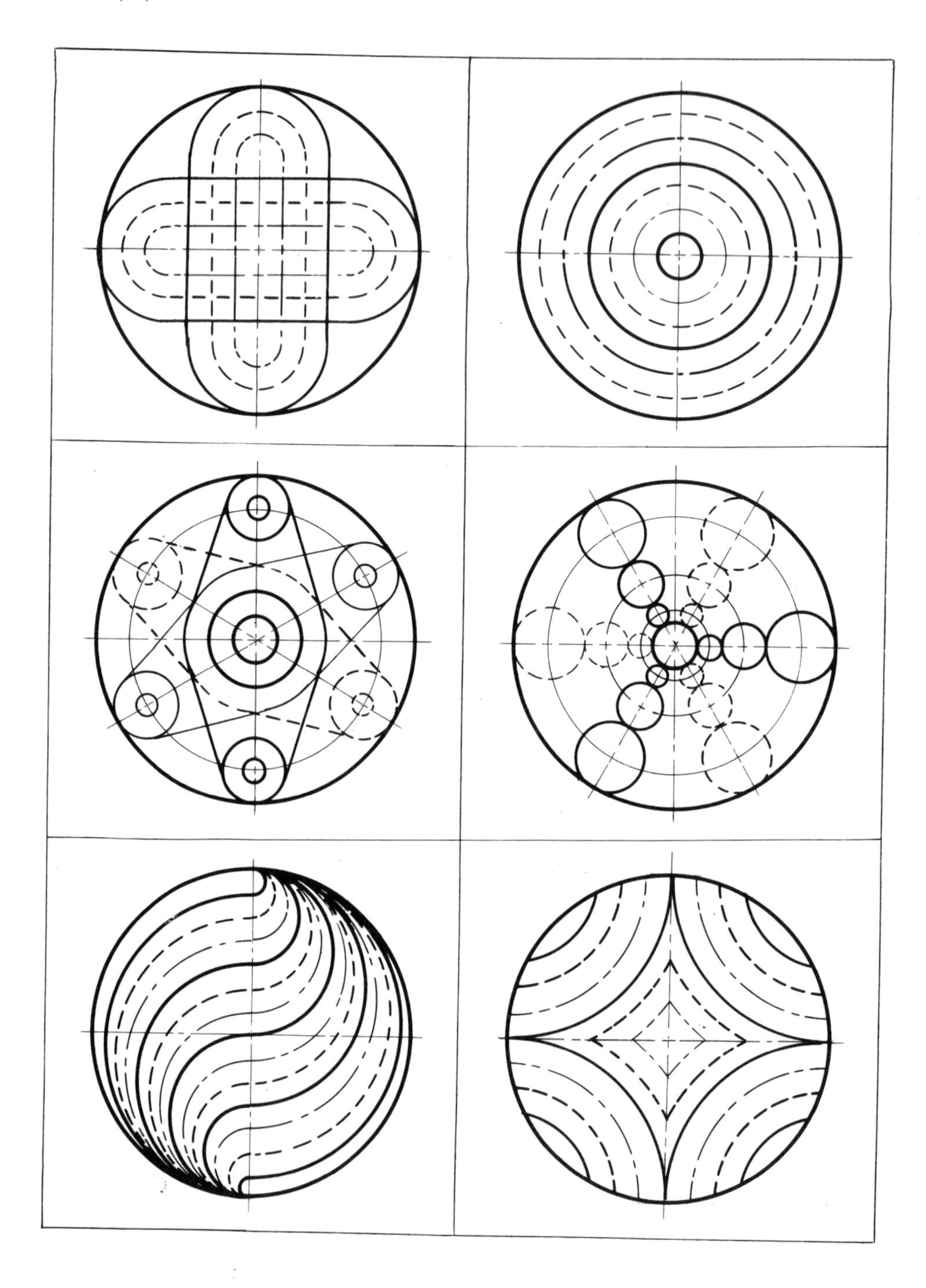

3) 제도에 사용하는 문자

도면에는 치수와 함께 가공, 제작 등에 필요한 정보를 문자나 기호로 기입한다. 제도에 사용되는 문자는 고딕체로 하여 수직 또는 15° 경사체로 쓰는 것을 원칙으로 하며 문자의 크기는 문자의 높이로 표시되며 문자의 크기는 2.24, 3.15, 4.5, 6.3, 9mm를 사용한다. 다만 특히 필요할 경우에는 이에 따르지 않아도 좋다.

크기 9mm	가	나	다	라
크기 6.3mm	가	나	다	라
크기 4.5mm	가	나	다	라
크기 3.15mm	가	나	다	라
크기 2.24mm	가	나	다	라

크기 9 mm *1234567890*

크기 4.5 mm *1234567890*

크기 6.3 mm *ABCDEFGHIJ*

KLMNOPQR

STUVWXYZ

abcdefghijklm

nopqrstuvwxyz

1.8 평면도법 그리는 법

평면도법은 도형을 평면 위에 정확하게 나타내는 방법으로 제도를 하는데 사용되는 필요한 방법이다.

다음 그림 평면도법 1, 2에 기본적인 간단한 평면도법 그리는 방법을 몇 가지 예를 들었다.

1) 주어진 직선의 정확한 2등분법

임의의 직선 A, B를 2등분하려면 직선 A에서 반지름 R1의 원호를 그리고 같은 반지름 R1으로 B에 원호를 그려 만나는 점 C, D를 연결하면 만나는 점 E가 직선 AB의 2등분 점이다.(그림(1))

2) 원호의 2등분법

원호 AB의 끝 쪽에서 R1의 원호를 그려 교점 C, D를 연결하면 원호가 2등분된다.(그림(2))

3) 임의의 주어진 각도 2등분법

임의의 주어진 각 O점에서 원호를 그려 만나는 점 A, B에서 R1의 원호를 그려 만나는 점과 교점 0을 연결하면 각이 2등분된다.(그림(3))

4) 한 변의 길이가 주어진 정3각형 그리는 법

한 변의 길이가 주어진 A와 B를 중심으로 반지름 AB의 길이로 R1의 원호를 그려 만나는 교점 C를 A, B와 연결하면 정3각형이 된다.(그림(4))

5) 주어진 직선 AB에 평행한 점 P를 통하는 평행선 그리는 법

점 P를 중심으로 R1의 원호를 그려 교점 C를 중심으로 원호를 그리고 C를 중심으로 R1의 교점 D를 그리고 D를 중심으로 DP를 반지름으로 C를 중심으로 반지름 R2를 그려 R1의 교점 E를 점 P와 연결하면 AB에 평행하다.(그림(5))

6) 정4각형 그리는 법

주어진 직선 AB 한 끝 A에서 CD를 그리고 C와 D를 중심으로 같은 반지름을 그려 교점 E와 A를 연결하고 AB를 반지름으로 F의 교점에서 반지름 R1을 그리고 점 B에서 R1의 반지름을 그려 교점 G를 FAB와 연결하면 정4각형이 된다.(그림(6))

7) 원에 내접하는 정6각형 그리는 법

원에 내접하는 정6각형은 반경 OA로 원주를 등분하여 연결하거나 AB의 반지름을 A와 B를

중심으로 원호를 그려 교점을 연결하면 원에 내접하는 정6각형이 된다.(그림(7))

8) 원에 내접하는 정4각형

수평하고 수직한 두 중심선을 그리고 원과의 교점을 연결하면 원에 내접하는 정4각형이 된다.(그림(8))

9) 정8각형 그리는 법

정4각형이 주어졌을 때 : 정4각형의 네 모서리 점을 중심으로 OD를 반지름으로 R1을 그리고 그 교점을 연결하면 정8각형이 된다.(그림(9))

원에 내접하는 정8각형 : 45° 의 3각자로 원에 인접하는 직선을 그어 교점을 연결하면 원에 외접하는 8각형이 된다.(그림(10), (11))

10) 원에 내 · 외접하는 정6각형 그리는 법

수직하고 수평 한 두 중심선을 그리고 30° 3각자로 원에 내접하는 직선을 그려 교점을 연결하고 원에 외접하는 직선을 그려 연결하면 원에 내 · 외접하는 정6각형이 된다.(그림(12), (13))

11) 원에 내접하는 정5각형 그리는 법

직교하는 두 중심선의 교점을 O라 하고 OB의 중심 D를 그리고 D를 중심으로 DC를 반지름으로 교점 E를 구하고 CE를 반지름으로 원과 접하는 F를 구하여 CF의 반지름으로 원을 등분하여 연결하면 정5각형이 된다.(그림(14))

12) 3변의 길이가 주어진 3각형 그리는 법

A의 길이 한 끝에서 C의 길이의 반지름을 그리고 A의 길이 또 한 끝에서 B의 길이를 반지름으로 하여 C의 반지름과의 교점을 연결하면 주어진 3변의 길이가 주어진 3각형이 된다.(그림(16))

13) 직각에 접하는 원호 그리는 법

O를 중심으로 반지름 R1을 그려 교점 A, B를 구하고 A와 B에서 R2의 반지름을 그려 교점 C를 중심으로 직각에 접하는 원호를 그린다.(그림(17))

14) 임의의 각도를 갖는 두 직선에 접하는 원호 그리는 법

O를 중심으로 반지름 R1을 그려 교점 A, B를 구하고 A와 B를 중심으로 R1의 반지름과의 교점에서 R2로 두 직선에 접하는 원호를 그린다.(그림(18))

15) 주어진 3점 A, B, C에 접하는 원 그리는 법

주어진 3점 A, B, C를 연결하고 A와 B의 2등분 점과 B와 C의 2등분 점과의 교점 O를 구하여 반지름 OA로 원을 그린다.(그림(19))

16) 한 변의 길이가 주어진 정3각형 그리는 법

주어진 길이 A와 B의 한 끝을 중심으로 AB의 길이를 반지름으로 원호를 그려 만나는 교점 C와 A, C와 B를 연결하면 정3각형이 된다.(그림(20))

17) 3각형에 내접하는 원 그리는 법

주어진 3각형 A, B, C 한 변 AC를 반지름으로 A를 중심으로 원호를 그리고 BC를 반지름으로 B를 중심으로 원호를 그리고 C를 중심으로 CA, CB를 반지름으로 원호를 그려 만나는 교점 D와 E를 A와 B에 연결하여 교점 O에서 내접하는 원을 그리면 3각형에 내접하는 원이다.(그림(21))

18) 주어진 한 변을 갖는 정다각형 그리는 법

주어진 한 변 AB에서 A를 중심으로 AB를 반지름으로 원호를 그린다. 원하는 다각형 수로 균등분할 한다.(7등분) 반원상의 등분 점 1~7까지를 A와 연결하고 A와 B의 길이를 반지름으로 7등분한 직선과의 교점 C, D, E, F, G를 연결하면 정7각형이 그려진다.(그림(22), (26))

19) 주어진 직4각형과 같은 면적의 정4각형 그리는 법

주어진 직4각형의 한 변 AD를 연장하고 CD의 길이와 같게 AD의 연장선상에 E를 잡는다. 다음 AE의 길이를 이등분한 AE와의 교점 F에서 AF의 길이를 반지름으로 하는 원호를 그려 CD와의 교점 G와 D의 길이는 구하면 정4각형(D G H I)의 한 변의 길이가 된다.(그림(23))

20) 주어진 정4각형과 같은 면적의 원 그리는 법

주어진 정4각형 A, B, C, D의 대각선 AC, BD의 교점 O를 그리고 4각형의 한변 AB를 4등분하여 E를 구하여 OE의 길이를 반지름으로 원을 그리면 정4각형과 같은 면적의 원이 된다.(그림(24))

21) 주어진 3각형과 같은 면적을 갖는 직4각형 그리는 법

주어진 3각형 ABC에서 AB에 수직한 교점 F를 구하고 AB의 양끝에 수직선을 그리고 CF의 이등분점을 G라 하고 GF의 길이와 같게 DE를 연결하면 △ABC=□ABED가 된다.(그림(25))

22) 인볼류트 곡선 그리는 법

원을 *n*등분하여 원과의 교점(1, 2, 3, 4, 5, 6)에서 수직선(1′, 2′, 3′, 4′, 5′, 6′)을 그리고 원의 등분 점을 중심으로 원호를 연결해 나가면 된다.(그림(27))

23) 두 원호와 접하는 반경이 주어진 원호 그리는 법

R1과 R2에 주어진 반지름 S의 길이를 연장한 원호를 O1과 O2를 중심으로 그리고 교점 A에서 주어진 길이 S를 반지름으로 01, O2의 원호와 연결한다.(그림(28))

24) 원주와 같은 직선의 길이 구하는 법

주어진 원의 지름 AB에서 B에 수직한 접선을 그리고 AB 길이의 3배가 되도록 C점을 잡고 ∠AOD를 30°로 그리고 교점 D를 AB에 수직하게 그려 교점 E에서 C를 직선으로 연결하면 원주와 같은 길이의 직선이 된다.(그림(29))

평면도법 1

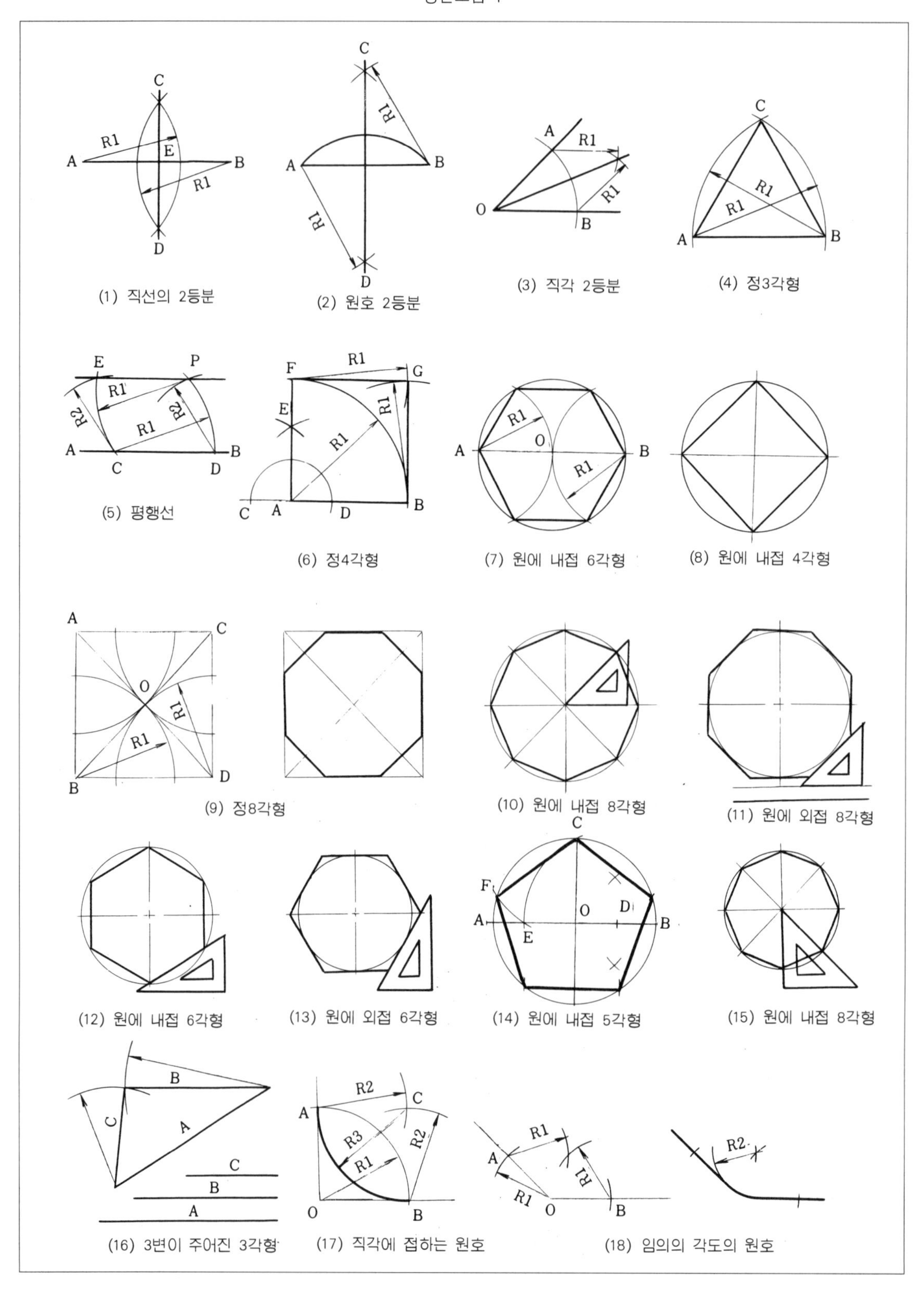

(1) 직선의 2등분
(2) 원호 2등분
(3) 직각 2등분
(4) 정3각형
(5) 평행선
(6) 정4각형
(7) 원에 내접 6각형
(8) 원에 내접 4각형
(9) 정8각형
(10) 원에 내접 8각형
(11) 원에 외접 8각형
(12) 원에 내접 6각형
(13) 원에 외접 6각형
(14) 원에 내접 5각형
(15) 원에 내접 8각형
(16) 3변이 주어진 3각형
(17) 직각에 접하는 원호
(18) 임의의 각도의 원호

평면도법 2

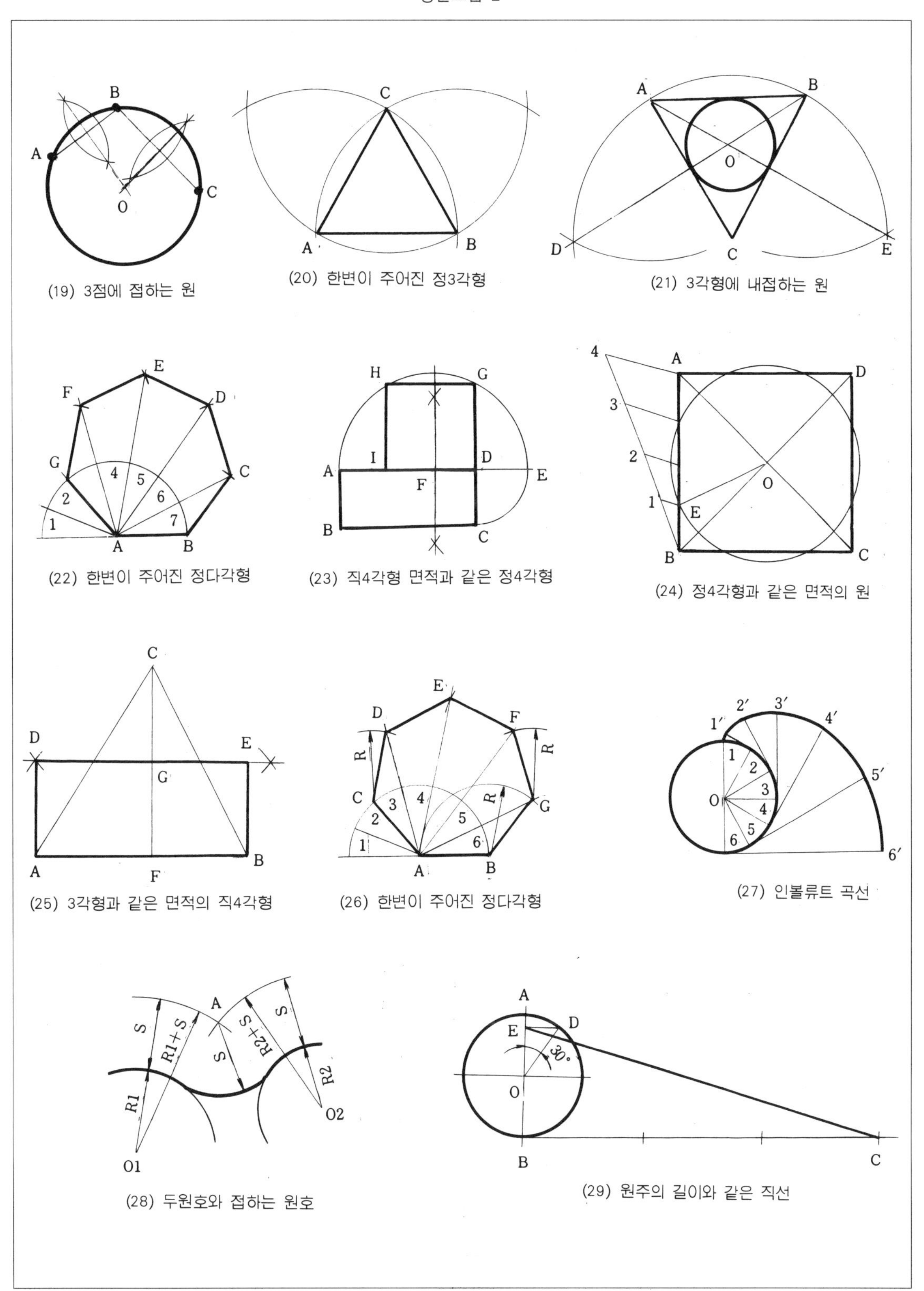

(19) 3점에 접하는 원

(20) 한변이 주어진 정3각형

(21) 3각형에 내접하는 원

(22) 한변이 주어진 정다각형

(23) 직4각형 면적과 같은 정4각형

(24) 정4각형과 같은 면적의 원

(25) 3각형과 같은 면적의 직4각형

(26) 한변이 주어진 정다각형

(27) 인볼류트 곡선

(28) 두원호와 접하는 원호

(29) 원주의 길이와 같은 직선

2 투상법과 투상도의 표시방법

2.1 투상법

어떤 물품을 제작하려고 하면 물품의 생긴 형상을 도면으로 나타내서 그 도면을 보고 물품을 제작하게 된다. 이 때 입체적인 물품을 도면용지의 평면상에 나타내는 것을 투상법이라 하며 도면용지의 평면상에 나타낸 도면을 물품제작자에게 올바르게 전달하는 것이 도면의 역할이고 제도의 기본이다. 투상법에 의해 작성된 도면은 누가 보아도 형상과 크기를 알아볼 수 있어야 하고 설계자의 의도가 정확하게 가공, 제작자에게 전달되어 제작이 되어야 하고 검사, 측정이 이루어셔야 하녀 도민작성사는 두상법에 의한 정확한 도넌작성 능릭이 있어야 하며 제작자 또한 정확하게 도면을 볼 줄 아는 능력이 있어야 한다.

따라서 이 투상법은 국제적으로 통용되는 표현법이다.

(1) 중심투상도 : 투상하려는 물체와 그것을 보는 눈과의 사이에 투명한 화면을 세우고 물체를 본 시선이 화면과 교차하는 점을 연결해서 만들어진 도형을 중심투상이라 하며 중심투상도는 실제크기가 표시되지 않기 때문에 도면에는 사용하지 않고 주로 토목, 건축의 설명도에 사용되고 있다.(그림 1-12(a))

(2) 평행투상도 : 투상하려는 물체의 앞쪽이나 뒤쪽에 투명한 화면을 세우고 물체를 화면에 평행하게 나타내는 도형을 평행투상이라 하며 평행투상은 실제 크기를 그대로 나타내기 때문에 기계도면은 평행투상에 의한다.(그림 1-12(b))

(3) 등각투상도 : 평행투상도로 나타내면 투상 물체와 평행하게 도형을 나타내기 때문에 경우에 따라서는 선이 겹치는 경우가 있어서 이해하기 곤란한 경우가 있다.

등각투상도는 입방체의 밑면의 2면이 수평면과 등각이 되도록 기울여서 입체적으로 나타내어 물체의 생긴 형상을 이해하기 쉽고 척도에 제한이 없기 때문에 확대, 축소가 자유롭다.(그림 1-12(c))

(4) 부등각투상도 : 부등각투상도는 입방체의 밑면의 2면을 수평면과 등각으로 기울이지 않고 각을 다르게 하여 입체적으로 나타내는 도형을 말한다.(그림 1-12(d))

(5) 사투상도 : 사투상도는 투상하려는 물체의 정면형태의 크기와 모양을 그대로 나타내고 위쪽과 우측을 경사지게 하여 입체적으로 나타낸 도형을 말한다.(그림 1-12(e))

(6) 회화적 투상도 : 등각 투상도, 부등각 투상도와 같이 일정한 각도에서 물체를 보고 원근감을 준 도형을 말한다. 주로 건축 도면의 조감도가 대표적인 예이다.

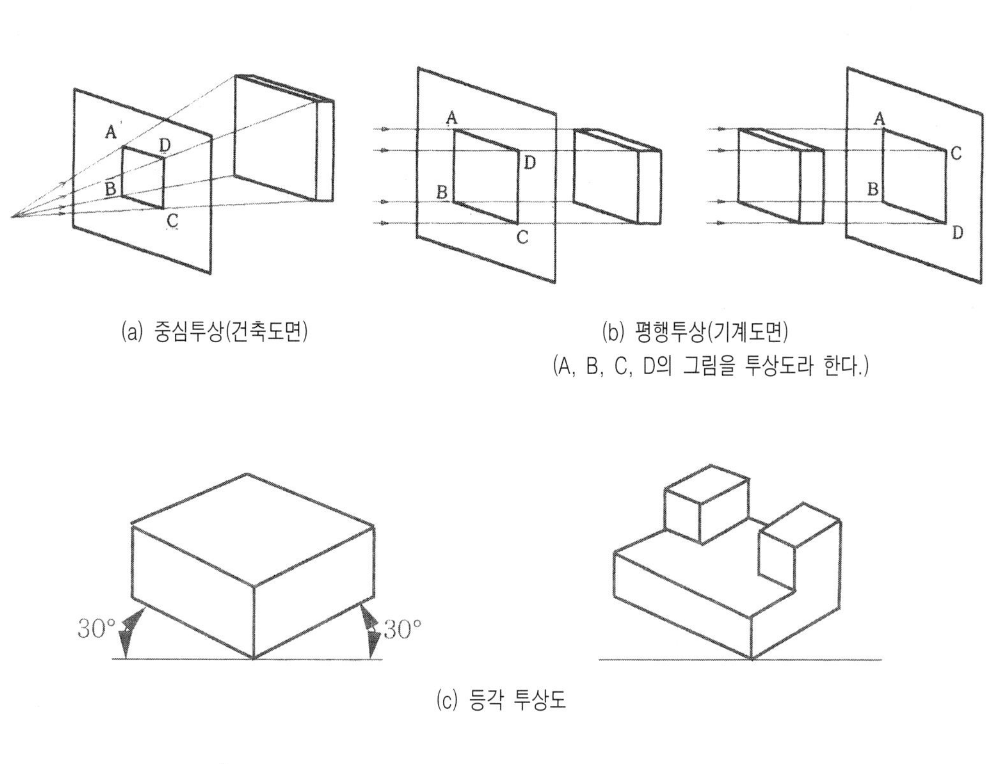

(a) 중심투상(건축도면)

(b) 평행투상(기계도면)
(A, B, C, D의 그림을 투상도라 한다.)

(c) 등각 투상도

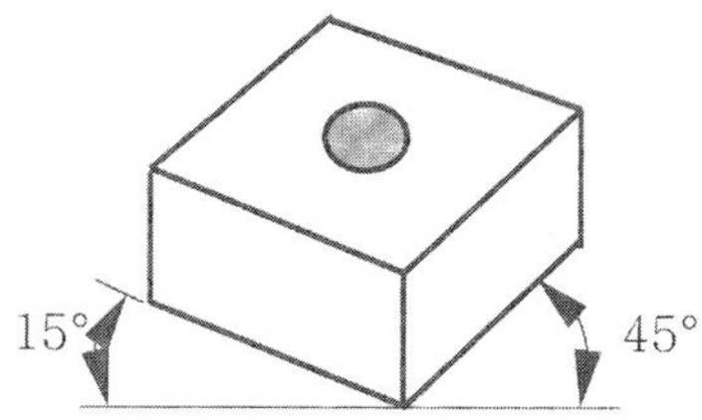

(d) 부등각 투상도

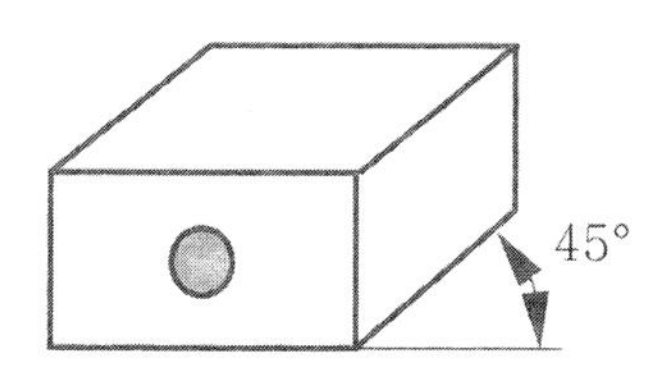

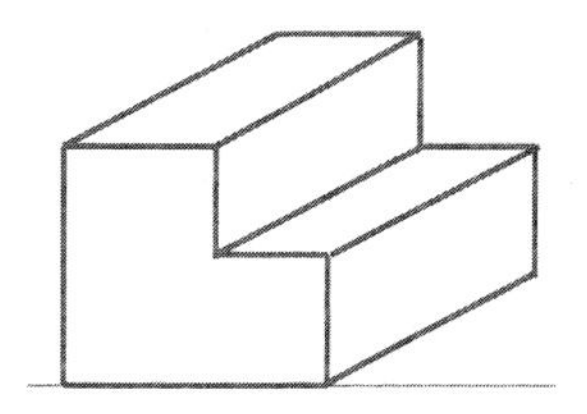

(e) 사투상도

그림 1-12 투상도의 종류

2.2 기계 제도에 사용되는 투상법

기계도면에서는 입체적인 물체를 평면 위에 나타내며 평면 위에 나타낸 도면을 투상도라 하며 투상도에는 여러 가지 방법이 있다. 그 중에서도 앞에서 설명한 평행투상에 의해 도면을 그린다. 평행투상도에 의해 물체의 주된 한 면을 투상면에 평행하게 놓고 투상도를 그리는 것을 정투상도라 하며 정투상도에 의해 나타내는 방법 중에는 제1각법과 제3각법이 사용된다.

1) 제1각법과 제3각법의 투상면의 위치

두 개의 평면을 수평하고 수직하게 90°로 직교시켜 놓았을 때 4개의 공간이 형성된다. 이 4개의 공간의 오른쪽 위의 공간을 제1각이라 하고 시계반대방향으로 차례로 돌아가면서 제2각, 제3각, 제4각이라 한다. 제1각과 제3각의 위치에 투명한 유리상자를 만들어 그 안에 물체를 놓고 제1각 내에서 평행하고 수직하게 투상하는 방법을 제1각법, 제3각 내에서 평행하고 수직하게 투상하는 방법을 제3각법이라 한다.

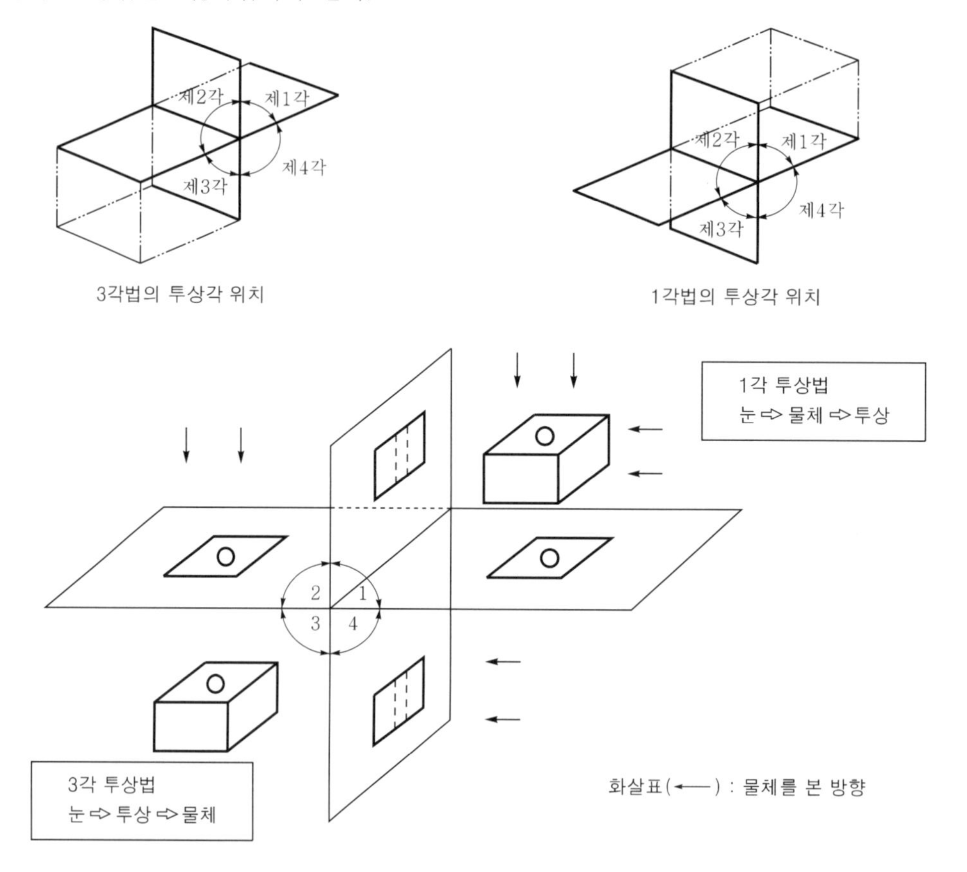

그림 1-13　3각법과 1각법의 투상각 위치

2.3 제1각 투상법

제1각 투상법은 눈으로 투상하려는 물체를 보았을 때 물체의 생긴 형상을 물체의 뒤쪽의 투상면에 수평하고 수직하게 나타내는 것으로 정면도를 기준으로 정면도 우측에 물체의 좌측 형상을 그려주고 물체의 우측형상을 정면도 좌측에, 정면도 위쪽에 물체의 아래쪽 형상을, 정면도 아래쪽에 물체의 위쪽의 형상을 그려주고 측면도 옆에 물체의 뒷면을 나타낸다. 즉 정면도 우측에 좌측면도, 정면도 좌측에 우측면도, 정면도 위에 하면도, 정면도 아래에 평면도, 측면도 옆에 배면도를 그려주는 것이 제1각 투상법의 표준배치이다.

그림 1-15(a)는 투명한 유리상자 중앙에 투상하려는 물체를 넣은 그림이고 그림(b)는 투상물체를 앞에서 본 그림을 물체 뒤에 그려준 정면도이고 그림(c)는 앞쪽에서 본 정면도와 좌측에서 본 좌측면도를 나타낸 그림이고 그림(d)는 그림(c)를 하나의 평면으로 펼쳐 놓은 그림이다. 그림(e)는 앞쪽에서 본 정면도와 우측에서 본 우측면도를 나타낸 그림이고 그림(f)는 그림(e)를 하나의 평면으로 펼쳐 놓은 그림이다. 그림(g)는 앞에서 본 정면도 우측에서 본 우측면도 위에서 본 평면도를 나타낸 그림이고 그림(h)는 그림(g)를 하나의 평면으로 펼쳐 놓은 그림이다. 그림(i)는 유리상자 중앙의 투상물체를 6개 방향에서 본 형상을 투상물체의 뒤쪽 유리면에 그려주어 투상물체의 뒤쪽 유리면 ⑤⑥⑦⑧(정면도)을 기준으로 유리상자를 하나의 평면으로 펼친 그림이다. 그림(j)는 6개 면을 하나의 평면으로 펼쳐 놓은 1각 투상법의 표준배치이다.

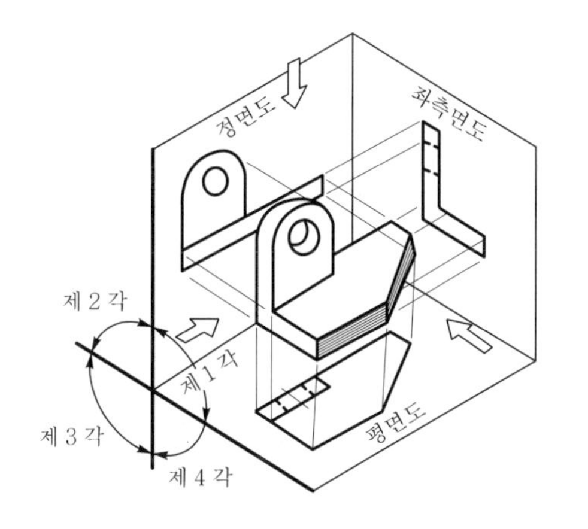

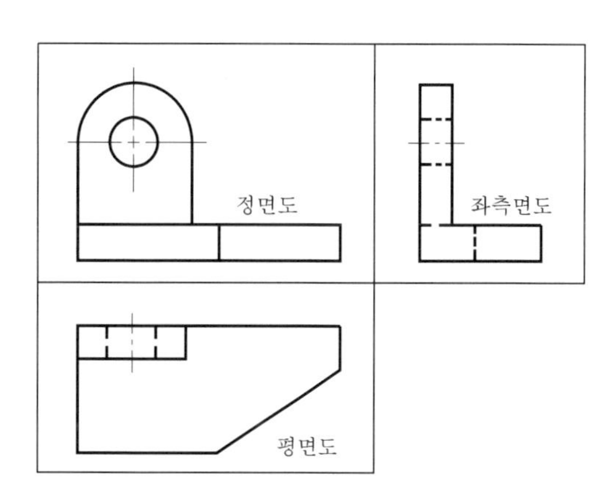

그림 1-14 제1각 투상법

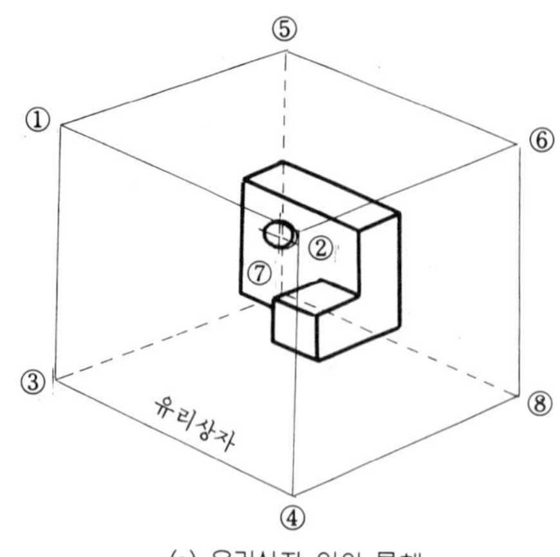

(a) 유리상자 안의 물체

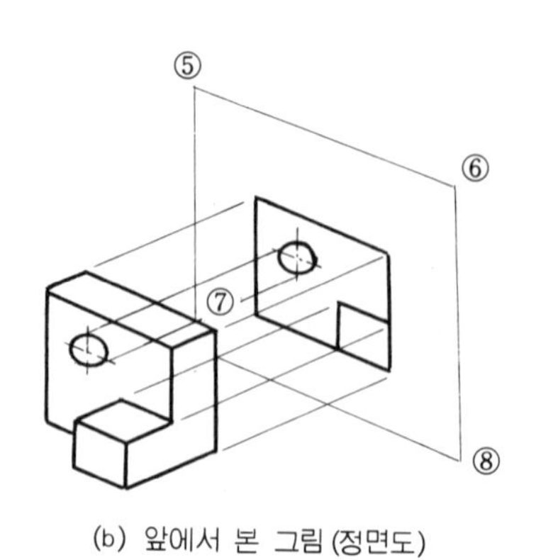

(b) 앞에서 본 그림 (정면도)

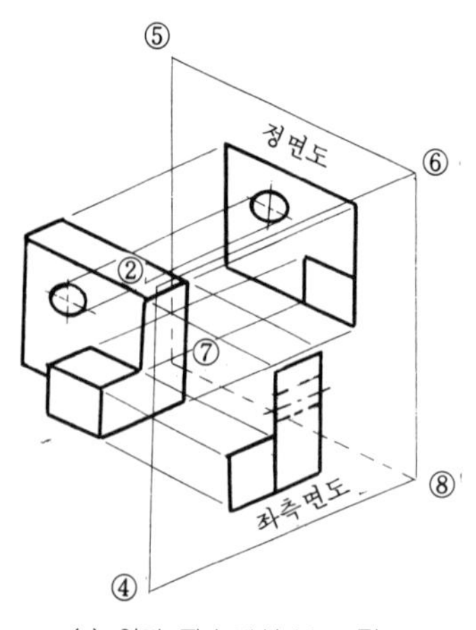

(c) 앞과 좌측에서 본 그림

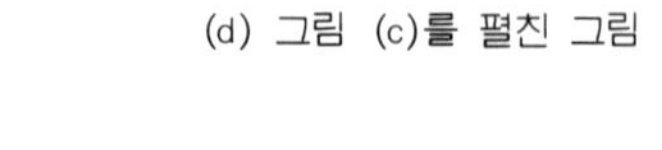

(d) 그림 (c)를 펼친 그림

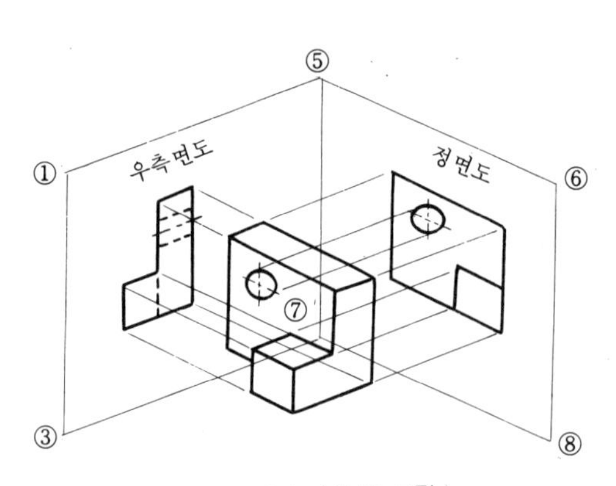

(e) 앞과 우측에서 본 그림

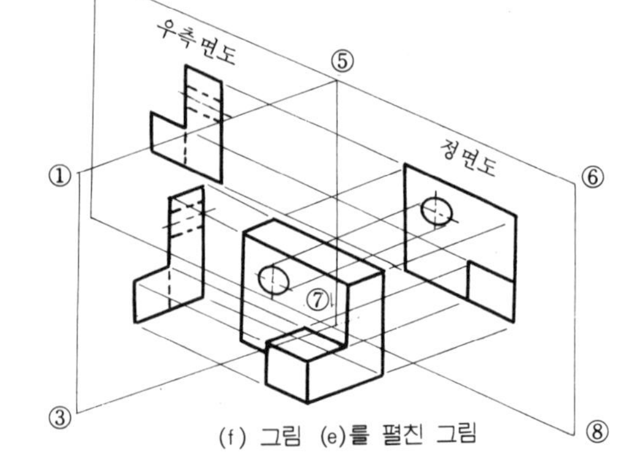

(f) 그림 (e)를 펼친 그림

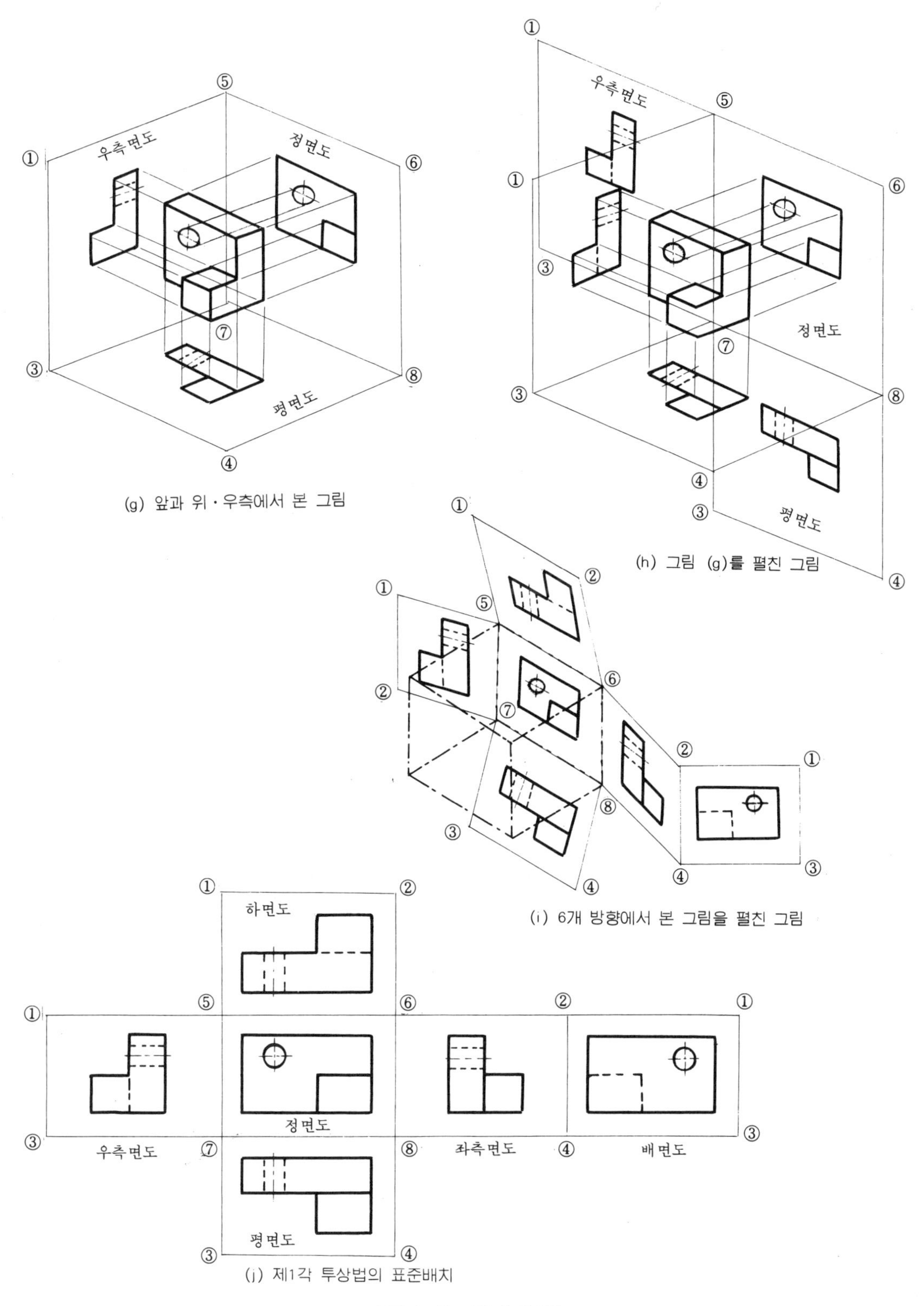

(g) 앞과 위·우측에서 본 그림

(h) 그림 (g)를 펼친 그림

(i) 6개 방향에서 본 그림을 펼친 그림

(j) 제1각 투상법의 표준배치

그림 1-15 제1각 투상법

2.4 제3각 투상법

제3각 투상법은 눈으로 투상하려는 물체를 보았을 때 물체의 앞쪽에 물체의 형상을 수평하고 수직하게 나타내는 것으로 정면도를 기준으로 정면도 우측에 물체의 우측형상을 그려주고 정면도 좌측에 물체의 좌측형상, 정면도 위에 물체의 위쪽형상, 정면도 아래에 물체의 아래쪽 형상을, 측면도 옆에 물체의 뒤쪽 형상을 나타낸다. 즉 정면도 우측에 우측면도, 정면도 좌측에 좌측면도, 정면도 위에 평면도, 정면도 아래에 하면도, 측면도 옆에 배면도가 배치되는 것이 제3각 투상법의 표준배치이다.

그림 1-17(a)는 투상하려는 물체를 투명한 유리상자 중앙에 넣은 그림이고 유리상자 각 모서리 부분에 번호를 기입하였다. 그림(b)는 투상물체를 앞에서 보았을 때 물체 앞에 수평하게 물체의 형상을 그려준 정면도이고 그림(c)는 물체를 위에서 보았을 때 물체 위에 수직하게 물체의 형상을 나타낸 평면도이고 그림(d)는 물체의 우측형상을 나타낸 우측면도, 그림(e)는 앞에서 본 정면도, 위에서 본 평면도를 나타낸 그림이고 그림(f)는 그림(e)를 정면도를 기준으로 하나의 평면으로 펼친그림이고 그림(g)는 앞과 우측, 위쪽에서 본 형상을 나타낸 그림이고 그림(h)는 그림(g)를 정면도를 기준으로 하나의 평면으로 펼친그림이다. 그림(i)는 유리상자 중앙의 물체를 6개 방향에서 본 형상을 물체 앞 유리 면에 각각 나타내고 물체 앞 유리면 ①②③④(정면도)를 기준으로 하나의 평면으로 펼친그림이고 그림(j)는 하나의 평면으로 펼친 제3각 투상법의 표준배치이다.

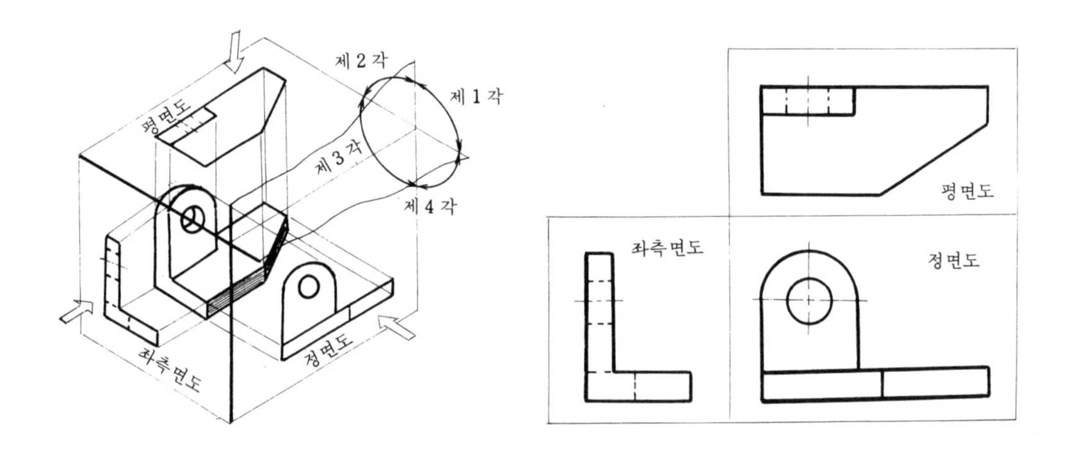

그림 1-16 제3각 투상법

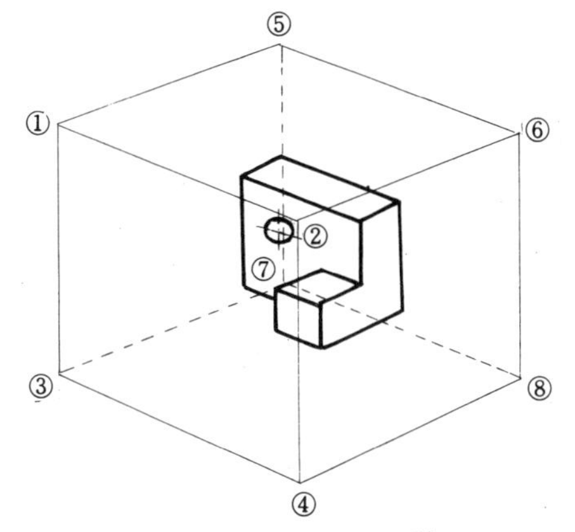

(a) 유리상자 안의 물체

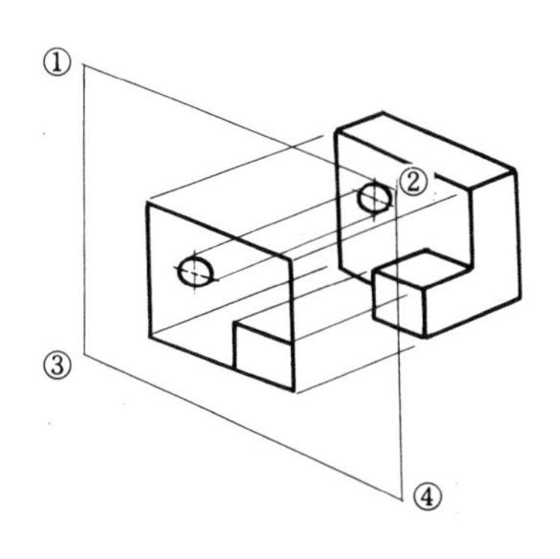

(b) 앞에서 본 그림 (정면도)

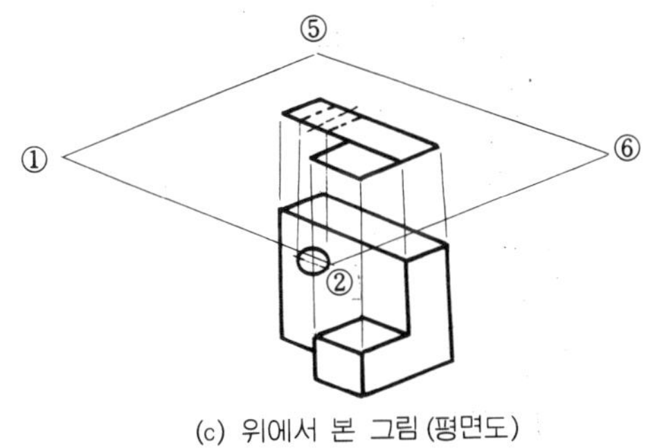

(c) 위에서 본 그림 (평면도)

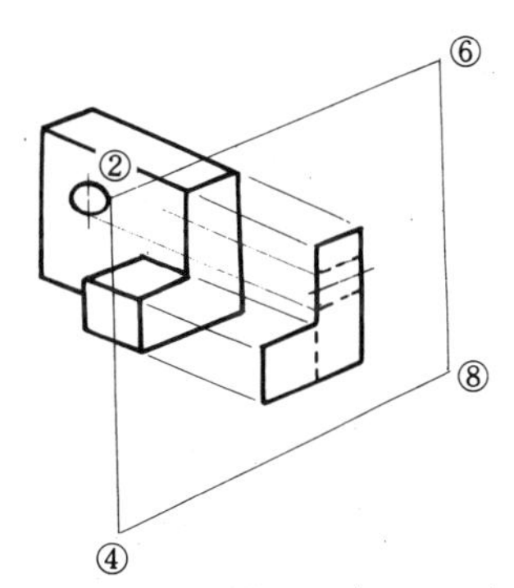

(d) 우측에서 본 그림 (우측면도)

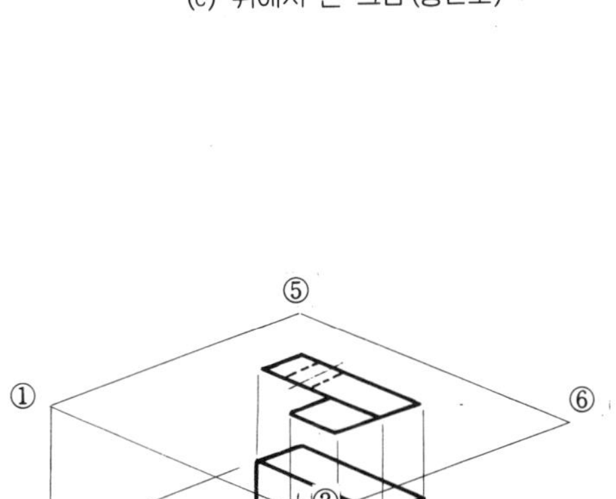

(e) 앞과 위에서 본 그림

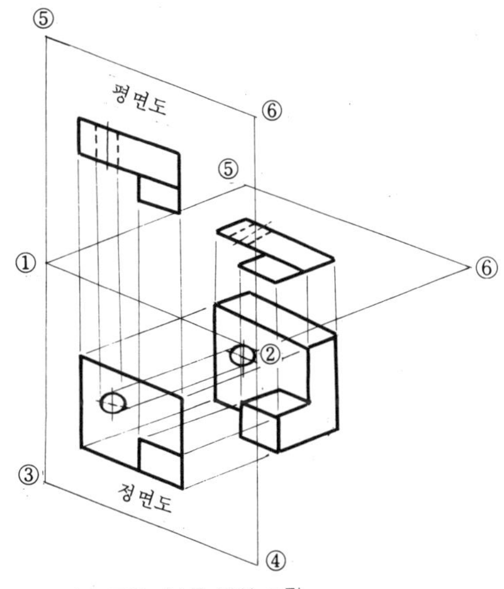

(f) 그림 (e)를 펼친 그림

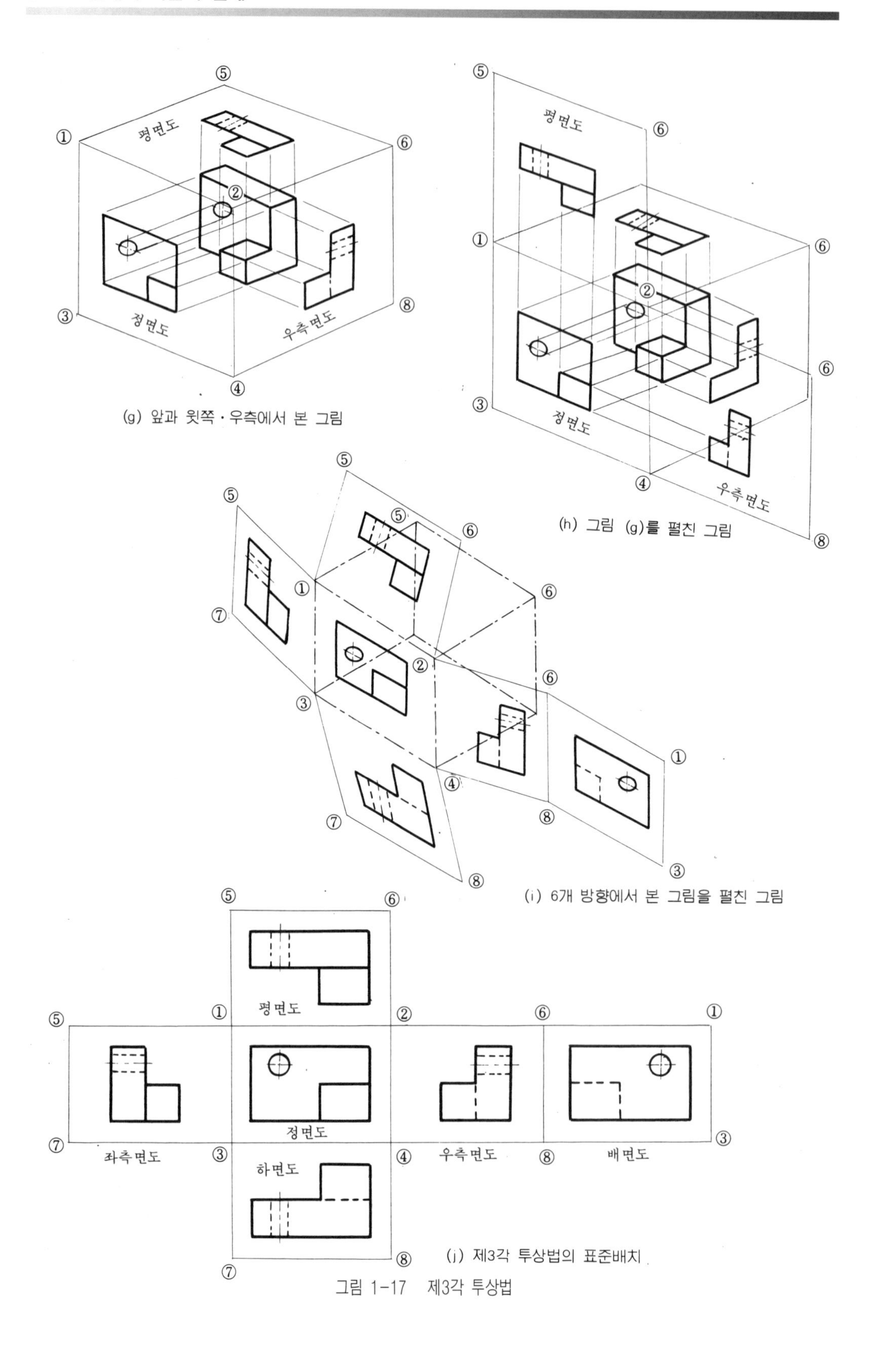

그림 1-17 제3각 투상법

2.5 기계 제도에서는 왜 제3각법을 사용하는가

제1각 투상법과 제3각 투상법에 대해서는 앞에서 자세하게 설명하였다. 제1각법과 제3각법은 국제적으로 하나의 투상법으로 통일되어 제정되어 있지 않다. 제1각법을 사용하는 나라가 있고 제3각법을 사용하는 나라가 있다. 우리 나라 한국산업규격(KS)에서는 제3각법을 사용하도록 되어 있다.

제1각법과 제3각법에 대하여 다음 비교 설명한 것과 같이 제3각 투상법이 그리기 쉽고 비교대조하기가 쉬우며 치수기입이 용이하므로 제3각 투상법을 사용한다.

표 1-9 제1각법과 제3각법의 비교

	제1각법	제3각법
투 상	물체를 보았을 때 물체 뒤에 물체의 생긴 형상을 도형으로 그려준다.	물체를 보았을 때 물체 바로 앞에 물체의 생긴 형상을 도형으로 그려준다.
도면배치	정면도 우측에서 왼쪽을 본 형상을 그려준다. 정면도 좌측에서 오른쪽을 본 형상을 그려준다. 정면도 하단에 위치하고 위에서 본 형상을 그려준다. 정면도 상단에서 위치하고 아래에서 본 형상을 그려준다.	정면도 우측에서 오른쪽을 본 형상을 그려준다. 정면도 좌측에서 왼쪽을 본 형상을 그려준다. 정면도 상단에 위치하고 위에서 본 형상을 그려준다. 정면도 하단에 위치하고 아래에서 본 형상을 그려준다.
도면작성	각 방향에서 본 형상을 정면도 건너 쪽에 그려주므로 도면작성이 불편하다.	각 방향에서 본 형상을 정면도 바로 옆에 그려주므로 도면작성이 용이하다.
비교대조	정면도를 기준으로 좌우상하에서 본 형상을 정면도 건너 쪽에 그려주므로 정면도를 기준으로 비교대조가 불편하다. 길이가 긴 물체는 도형을 비교하기가 더욱 불편하다.	정면도를 기준으로 좌우상하에서 본 형상을 바로 인접해서 그려주므로 비교대조가 용이하다. 길이가 긴 물체는 특히 비교대조가 용이하다.
치수기입	정면도 건너 쪽에 관계도가 배열되므로 치수기입이 불편하고 치수누락 및 이중기입의 우려가 있다.	정면도 바로 옆에 관계도가 인접되어 배열되므로 치수기입이 용이하고 치수누락이나 이중기입의 우려가 없다.
투상법 기호	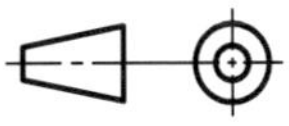	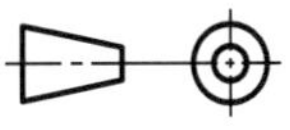

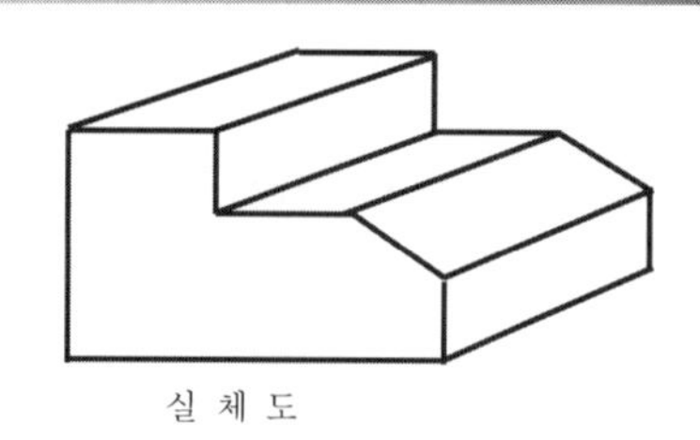

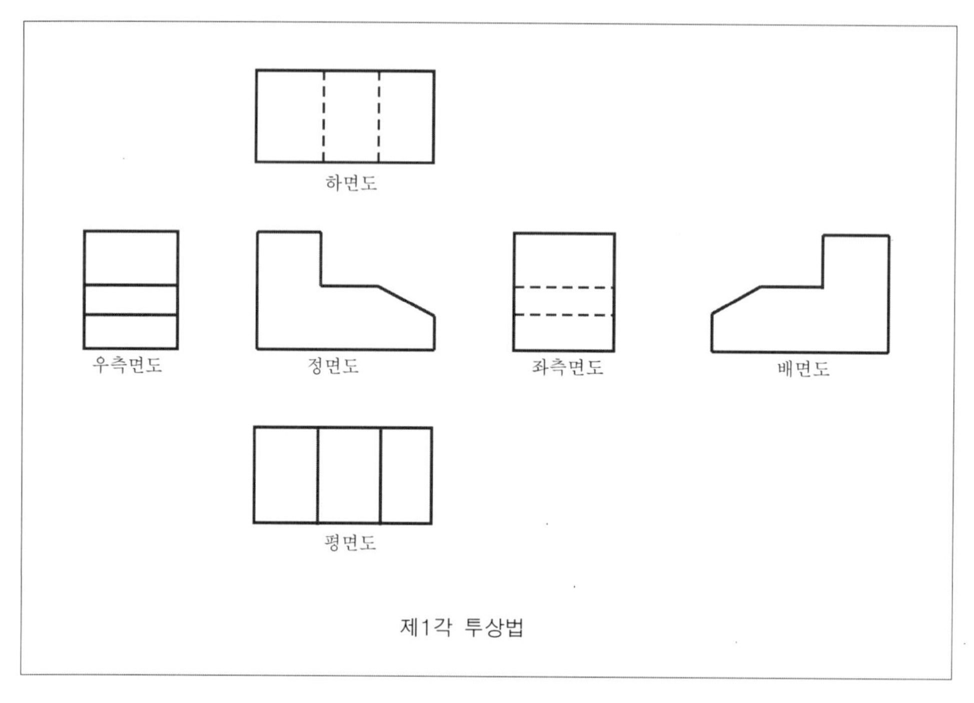

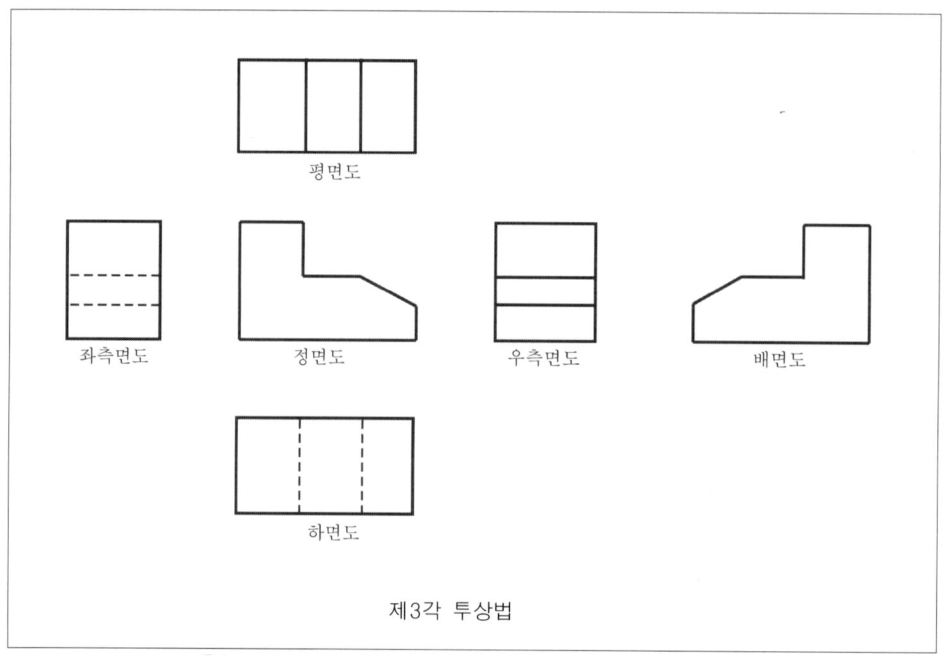

그림 1-18 제1각법과 제3각법 비교

2.6 도면 작성과 도면 해독의 실제

1) 도면 작성과 도면 해독의 중요성

제품을 생산하기 위해서는 제작자가 설계 도면을 작성하고 부품을 만들게 된다. 부품은 제도규격에 의해 정확하게 도면에 작성되어야 한다. 따라서 어떤 부품이라도 도면으로 그릴 줄 알아야 하고 작성된 도면을 보고 부품의 생긴 형상을 알아야 한다. 도면을 그릴 줄만 알고 도면을 보고 부품의 생긴 형상을 모른다면 가공제작이 곤란하다.

다음에 제시하는 3각 투상법 연습, 실체도를 보고 빠진 도형 완성하기, 등각투상도 그리기, 도면을 보고 실체도 그리기, 도형에서 미완성된 도형을 완성하고 실체도 그리기, 부품의 형상을 보고 정면도를 선정하고 필요한 도형 그리기 등 도면을 그릴 줄 알고 도면을 보고 물체의 생긴 형상을 알 수 있는 능력을 습득하는 것이 대단히 중요하다.

다음 그림의 예를 들어 설명하면 (a) 도면과 같이 투상법에 의해 그려진 도면을 보고 실제 물체의 생긴 형상 그림(b) 실체도를 알아야 하고 그림(c) 실체도를 보고 그림(d)와 같이 투상법에 의해 도면을 그릴 수 있도록 체계적으로 계속적인 연습을 통하여 숙달시키는 것이 중요하다.

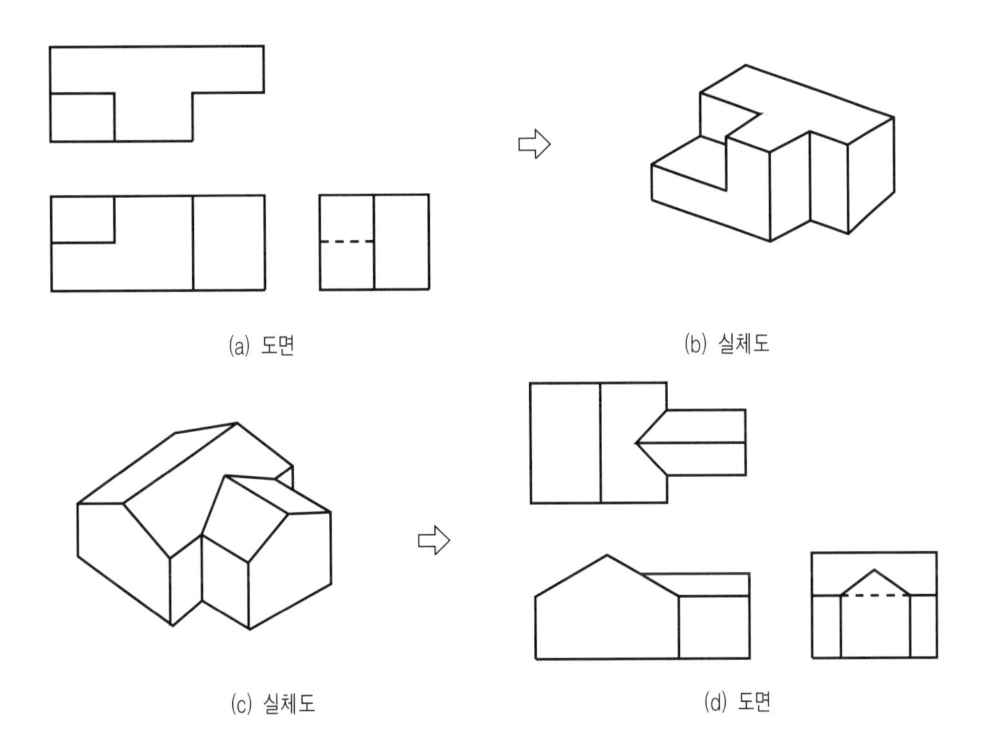

(a) 도면 (b) 실체도

(c) 실체도 (d) 도면

그림 1-19 실체도와 도면

※ 다음 실체도를 3각 투상도로 그리시오.(척도 2 : 1)

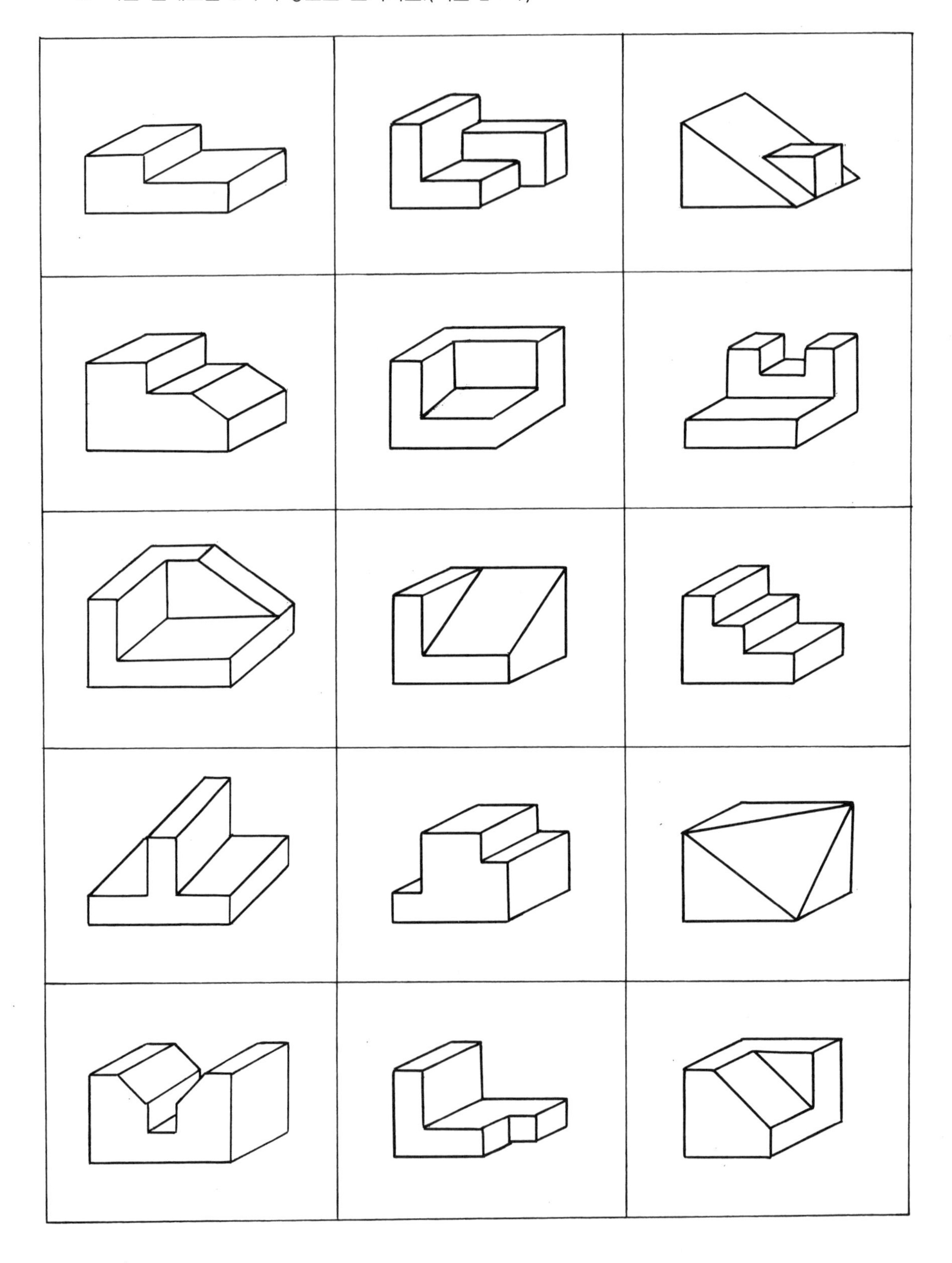

※ 앞쪽의 실체도를 보고 보기와 같이 등각 투상도를 그리시오.

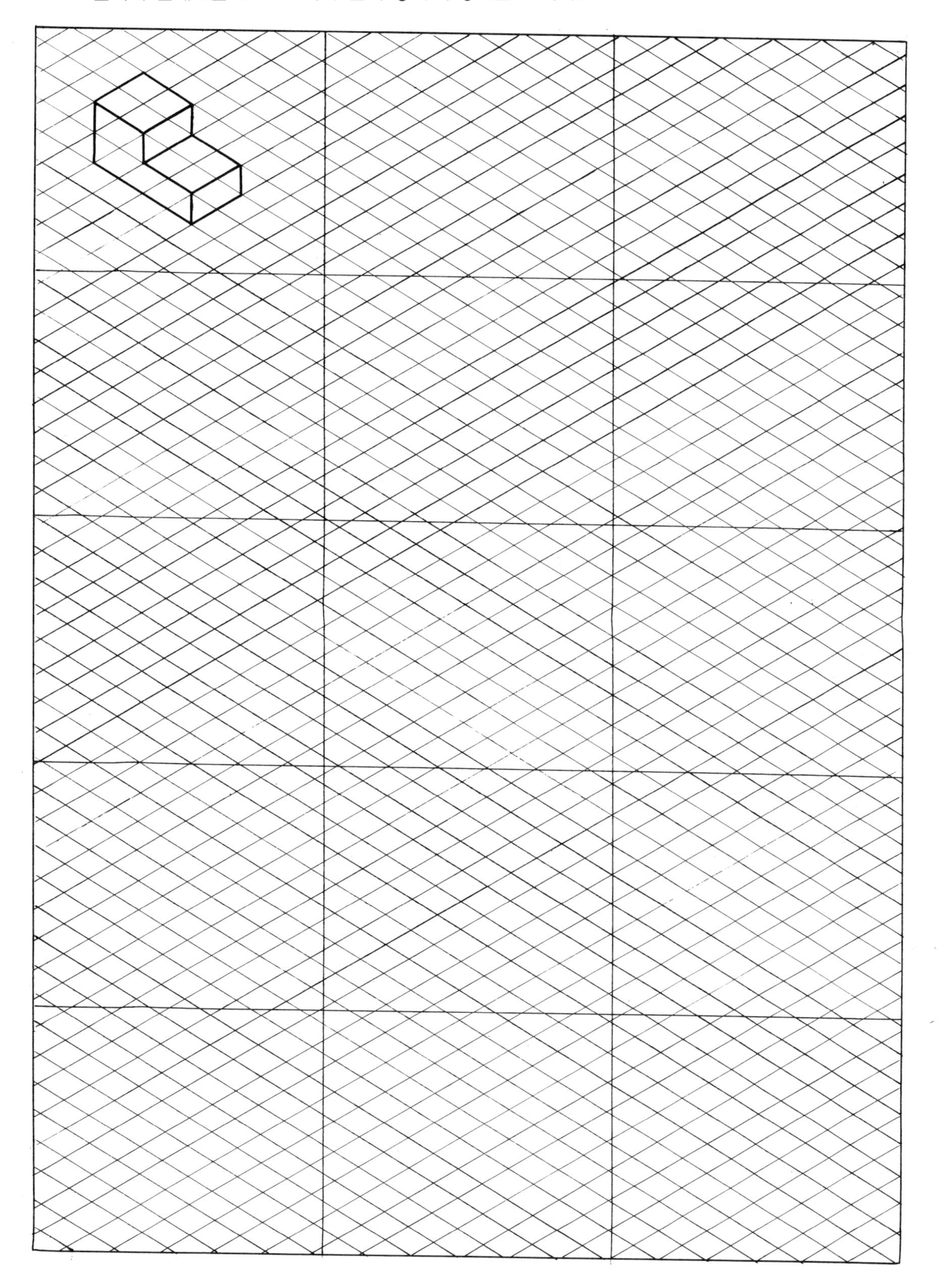

※ 다음 실체도를 보고 정면도를 선정하고 측면도와 평면도 중 필요한 도형만을 3각법으로 그리시오.(척도 2 : 1)

※ 앞쪽의 실체도를 보고 보기와 같이 사투상도를 그리시오.

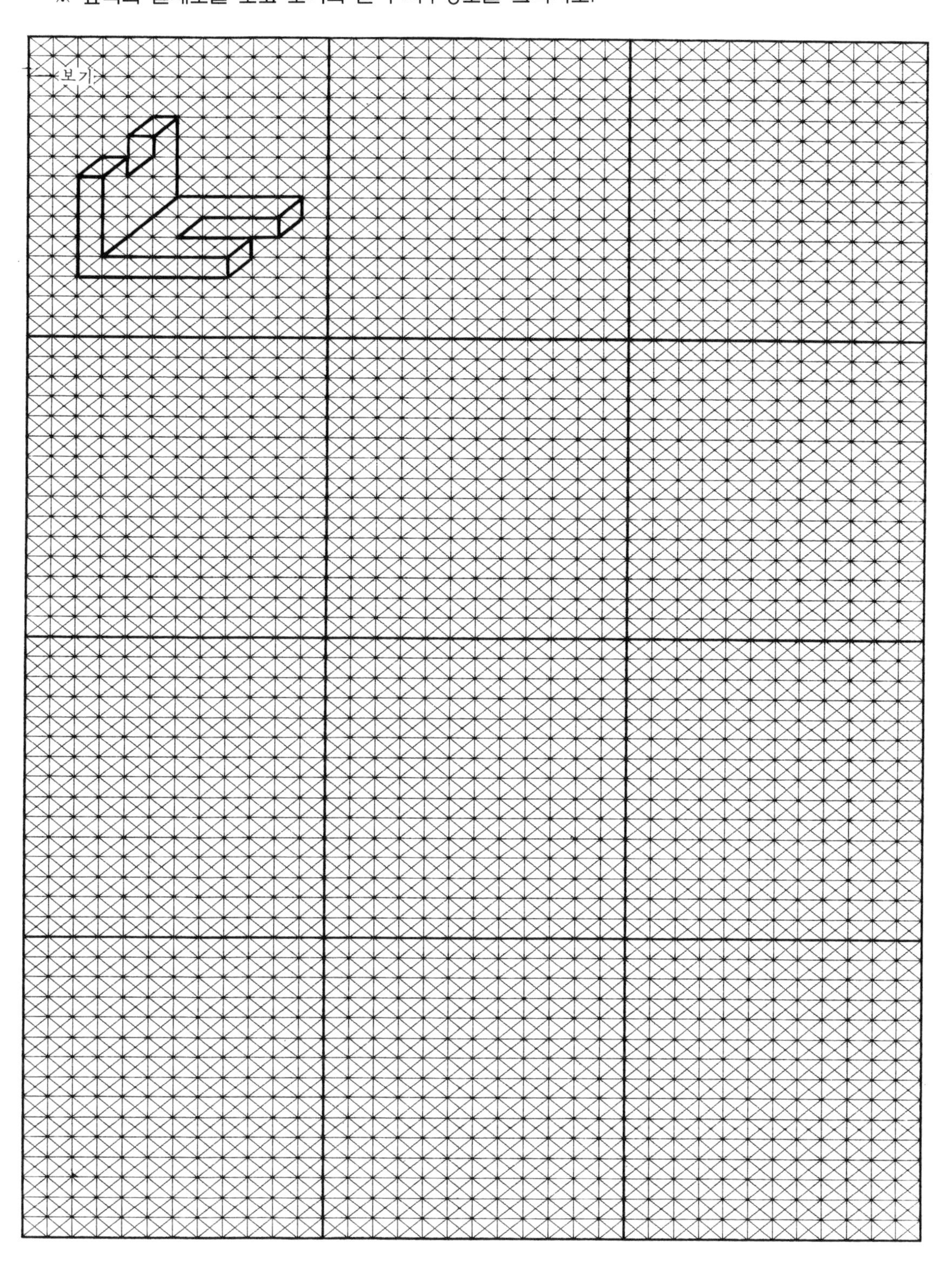

※ 3각 투상법 연습(1) (척도 2 : 1)

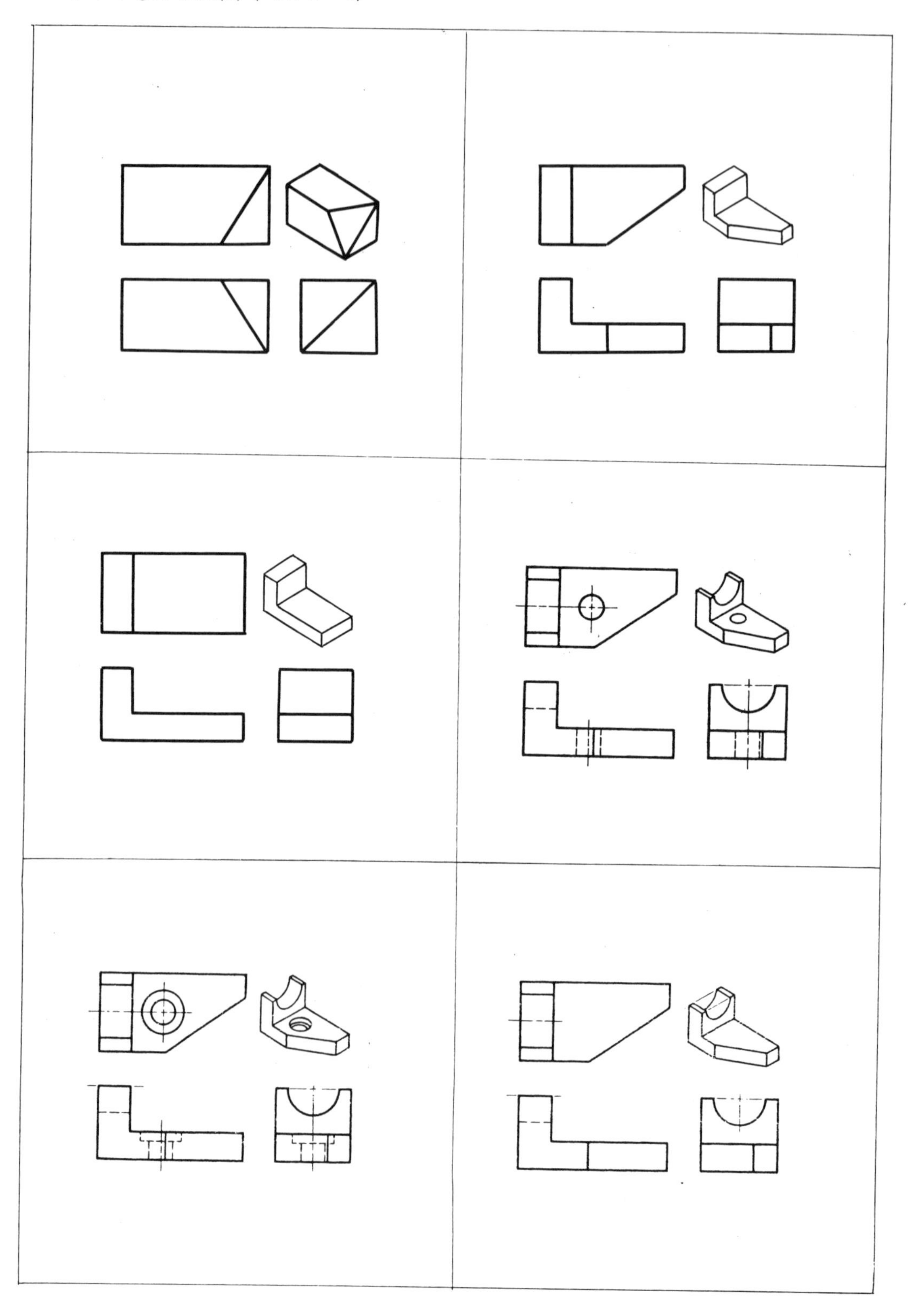

※ 3각 투상법 연습(2)

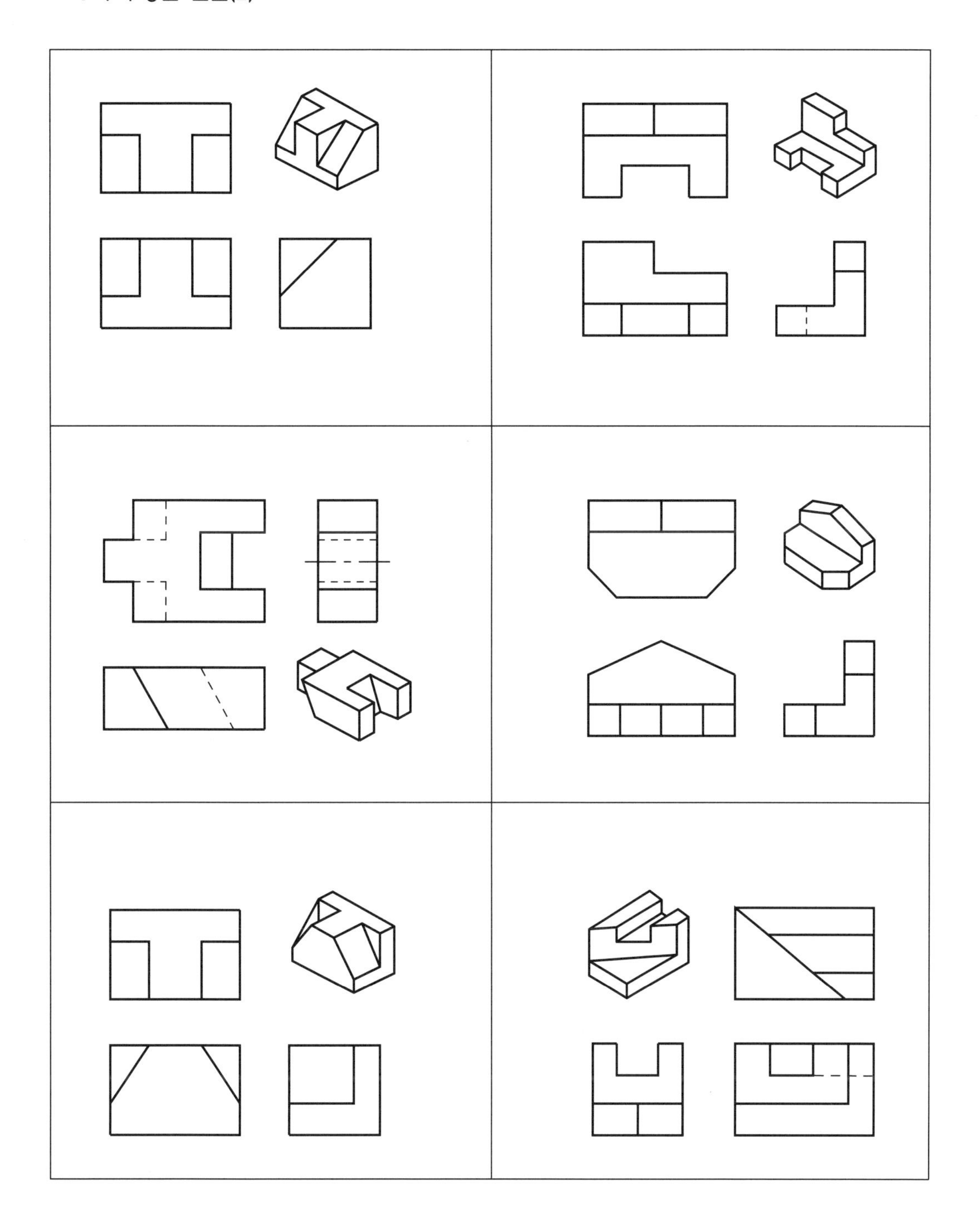

※ 다음 실체도에 의해 3각 투상법으로 그려진 도면에 빠진 도형을 그리시오.

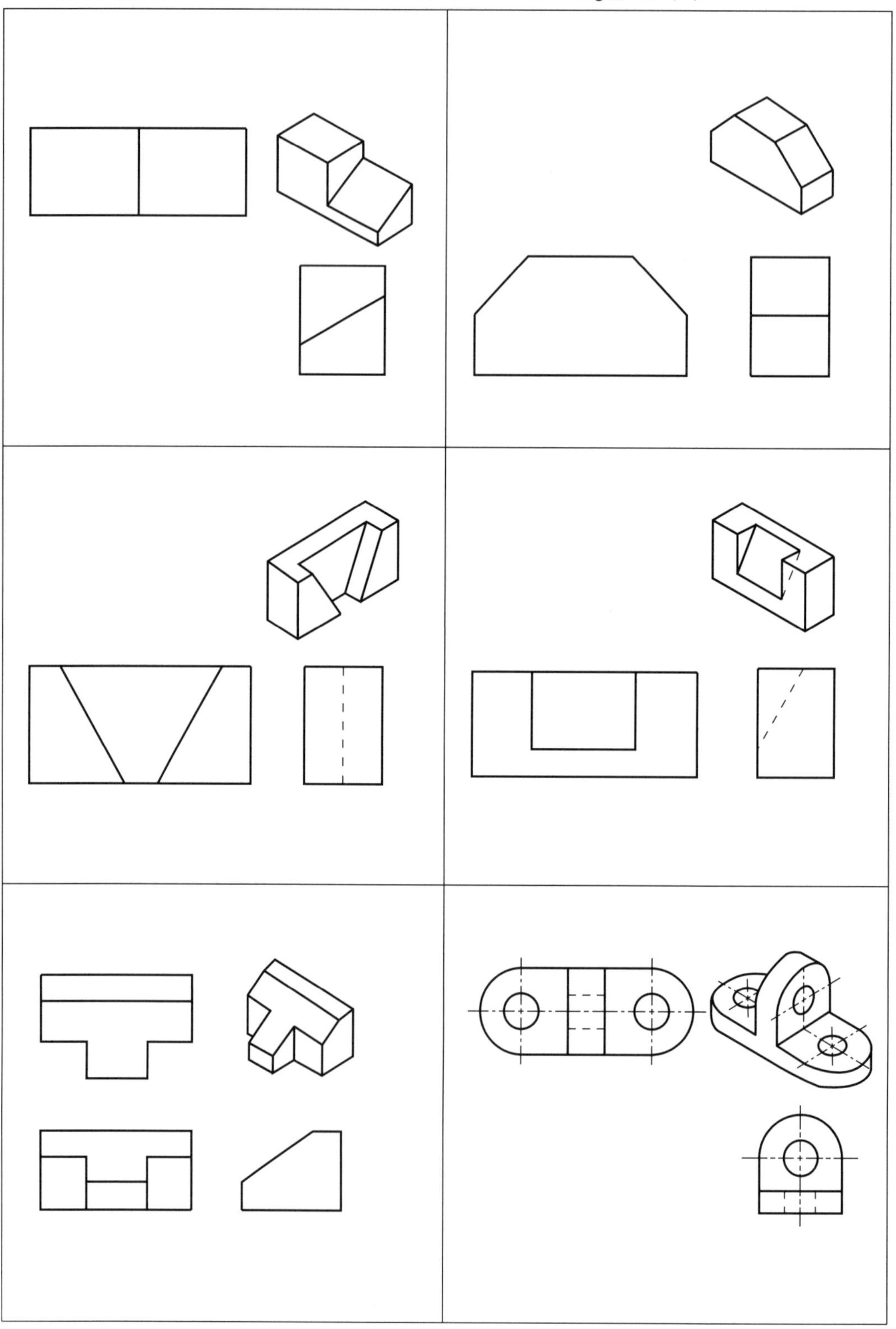

※ 다음 실체도를 3각법으로 3면도를 스케치하시오.(척도 2 :1)

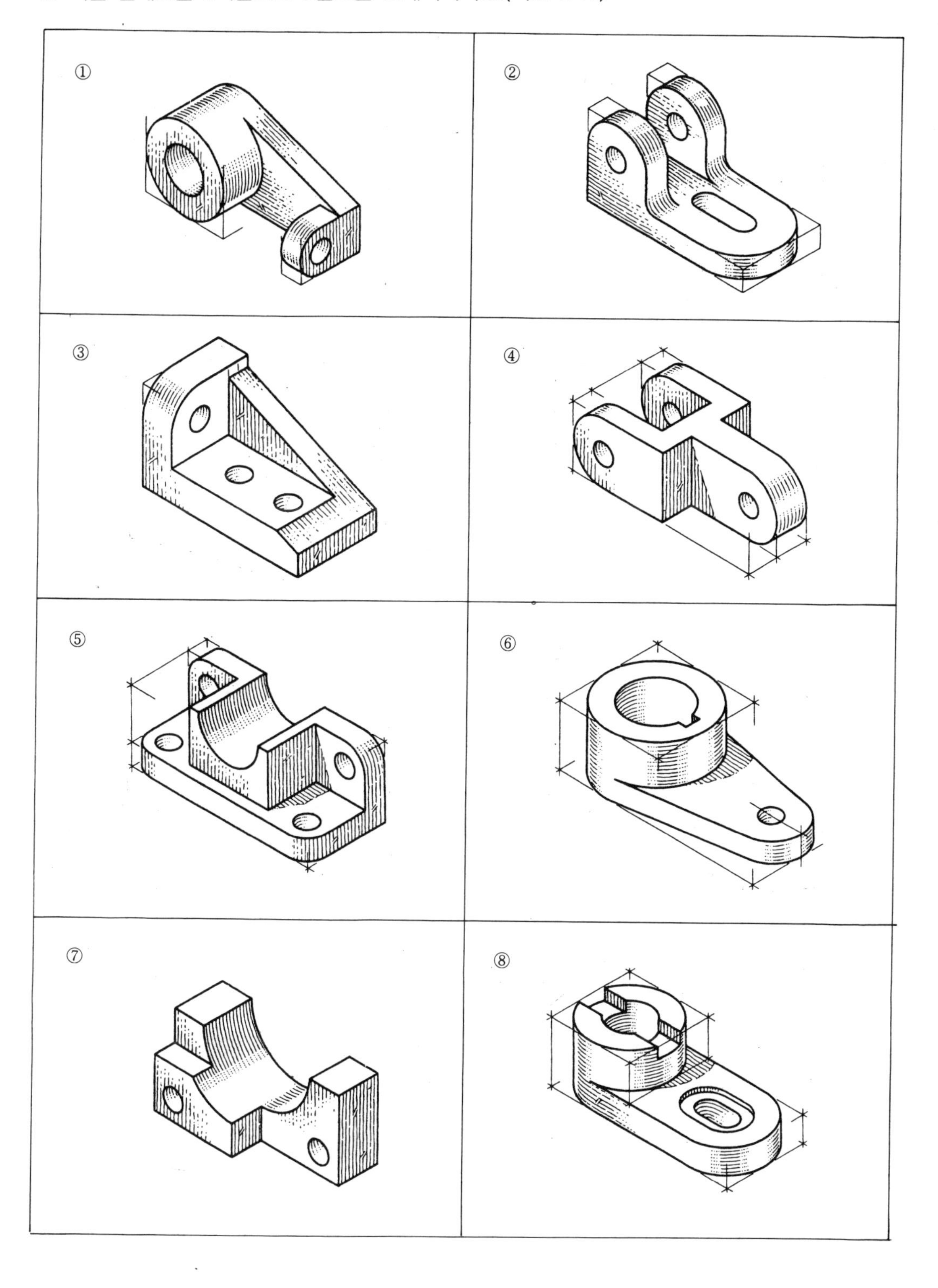

※ 다음 실체도를 3각 투상법으로 도면을 작성하시오.

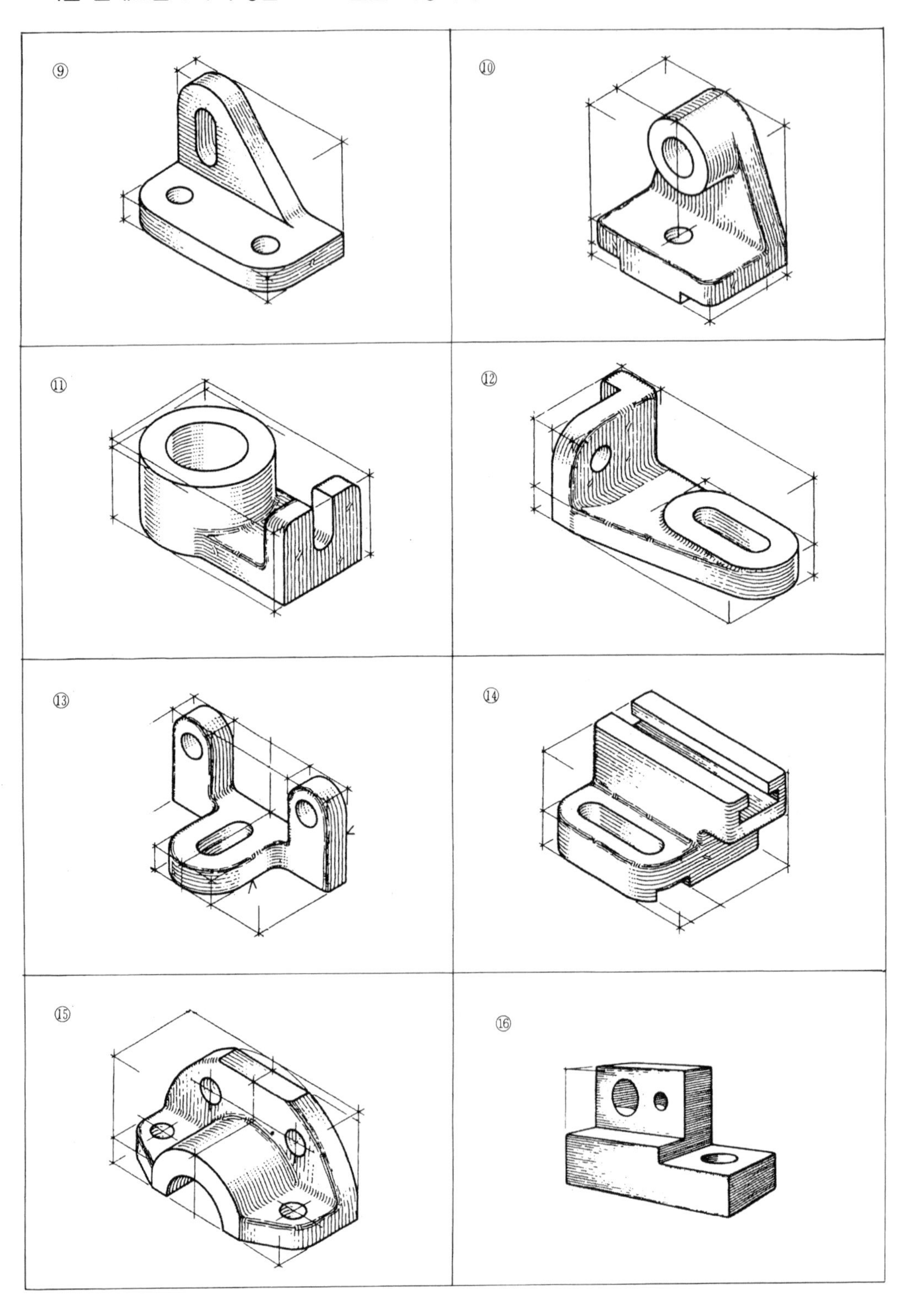

※ 다음 실체도를 3각 투상법으로 그리시오.

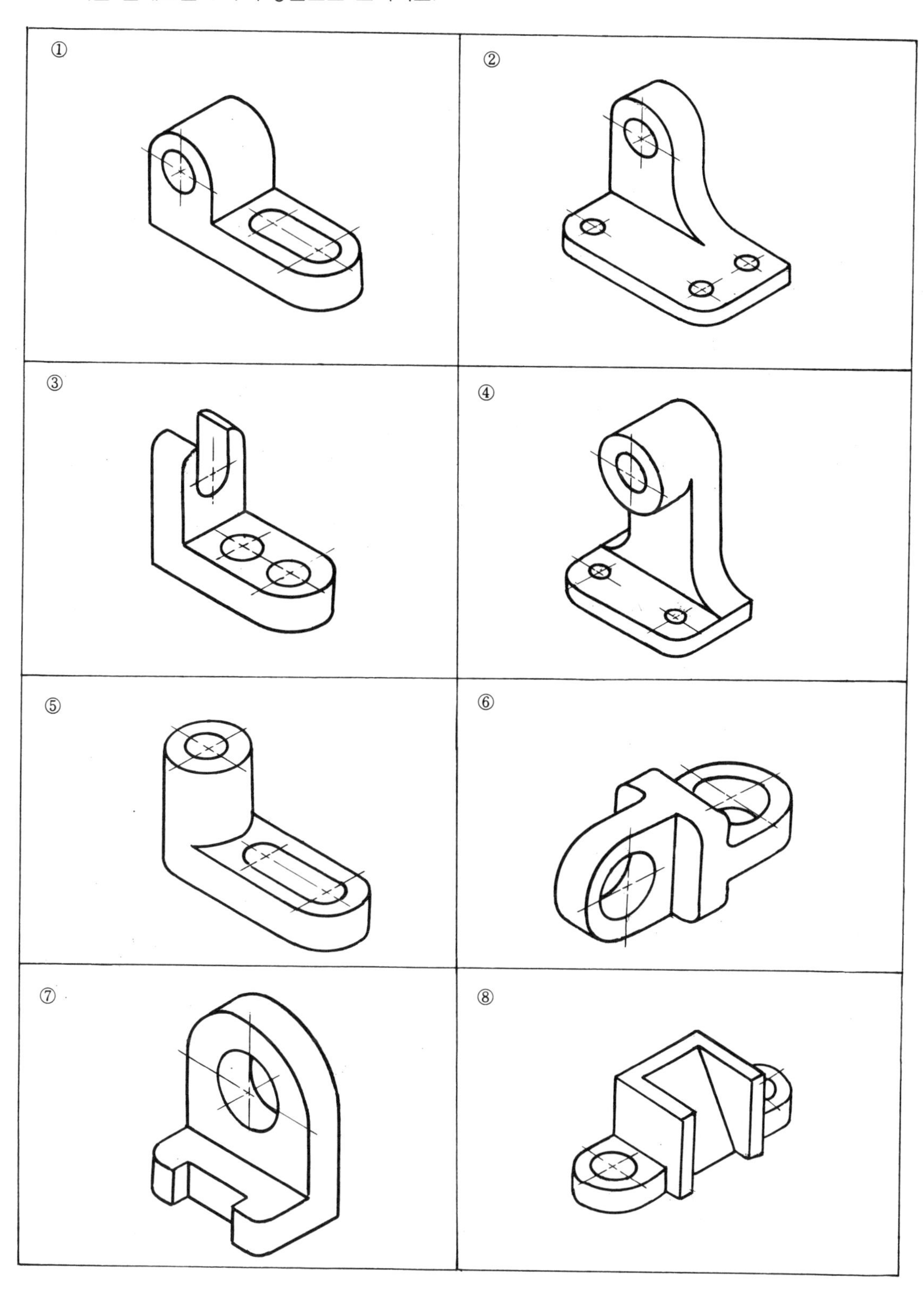

※ 다음 실체도를 3각법으로 3면도를 스케치하시오.

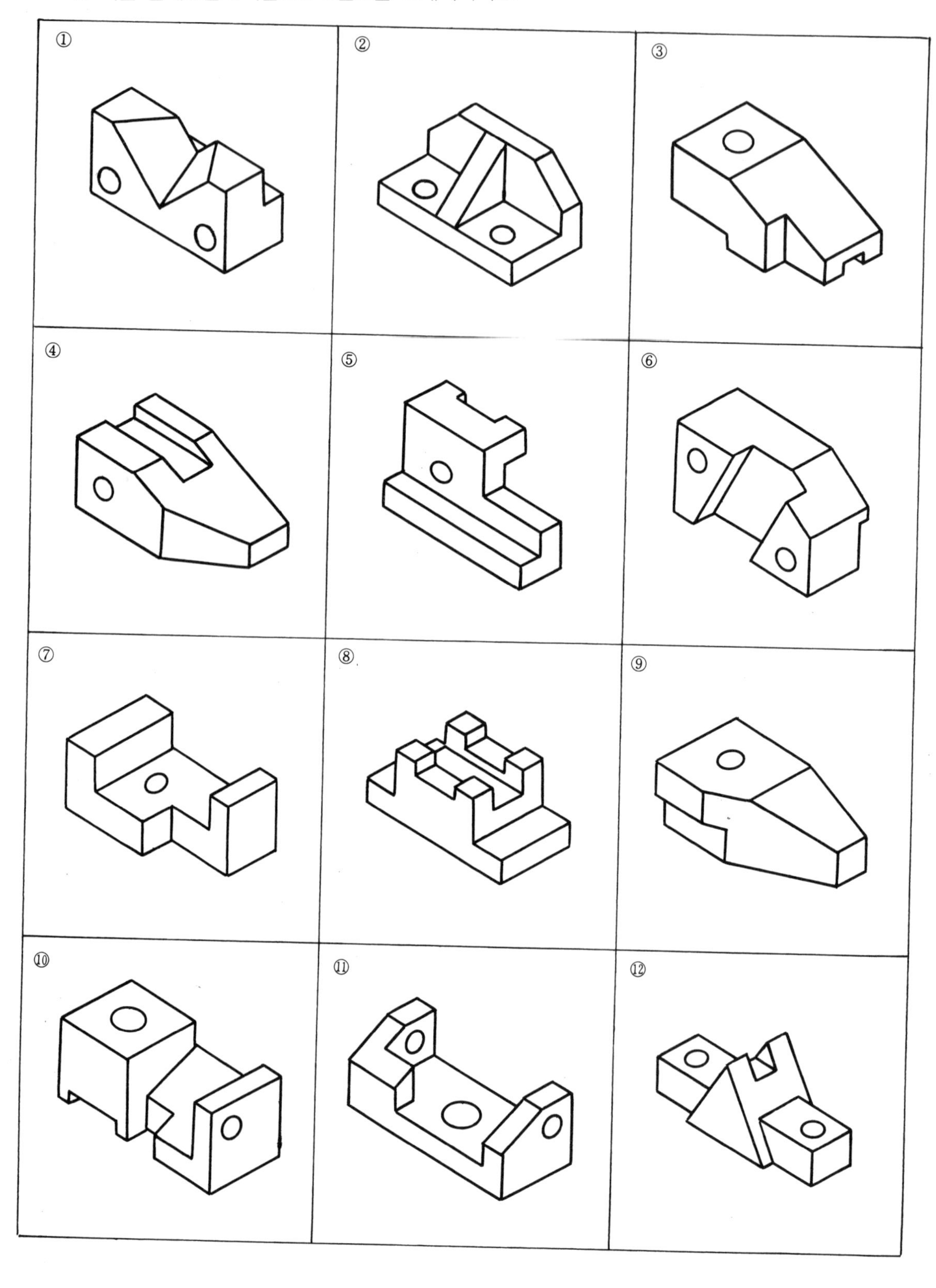

※ 다음 도형을 보고 실체도를 그리시오.

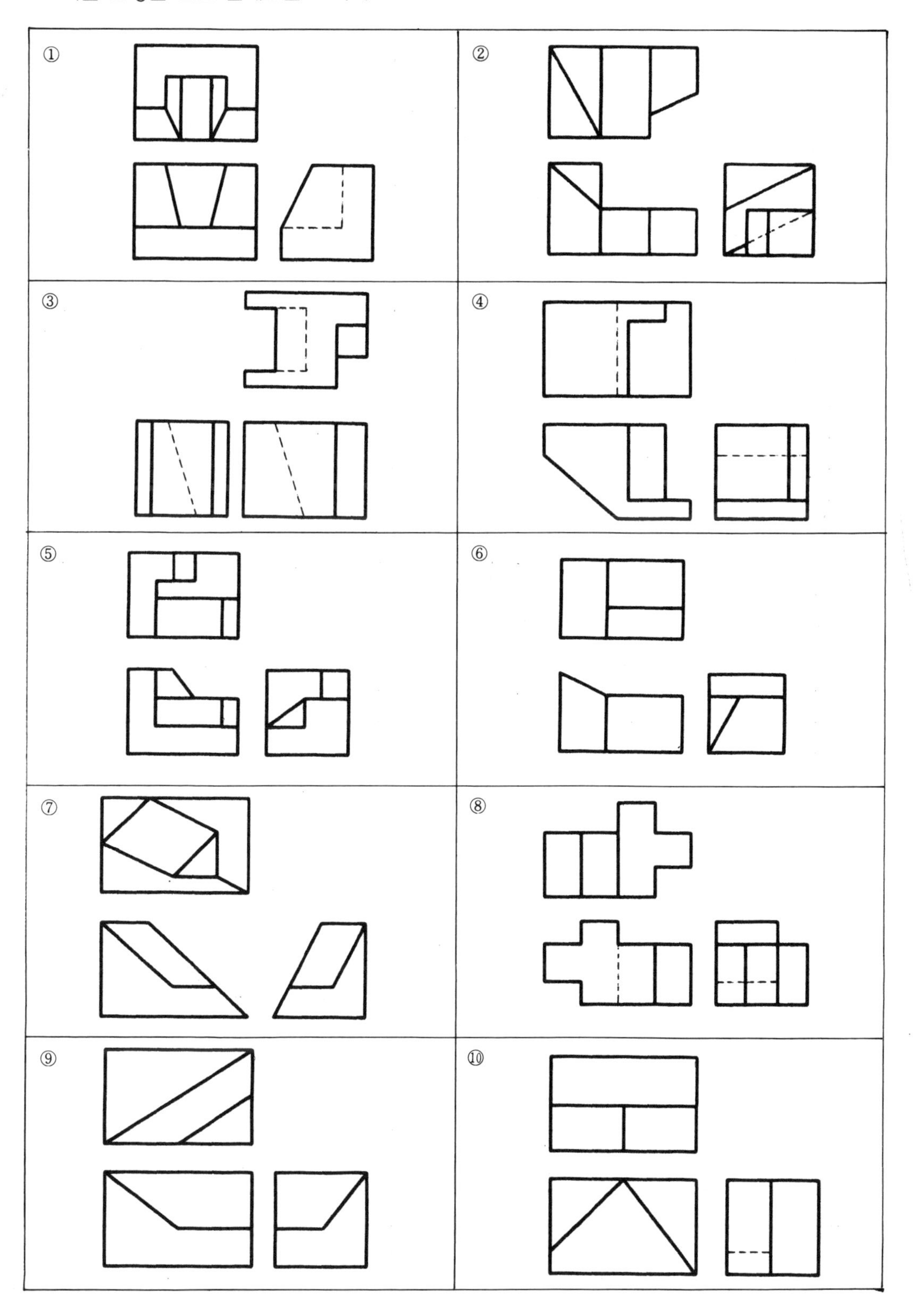

※ 다음 도면을 보고 빠진 선을 보충하고 실체도를 그리시오.

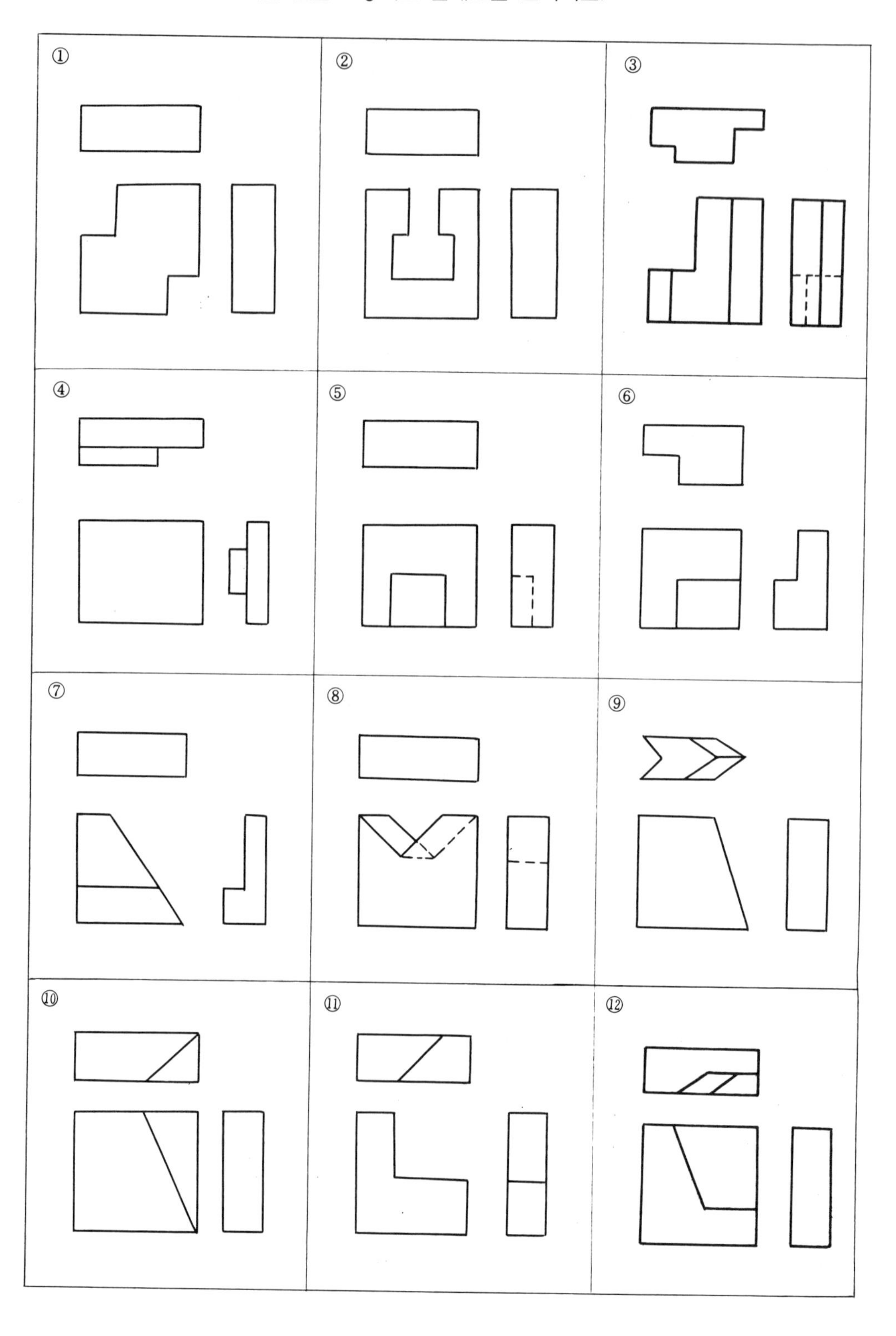

※ 다음 도면을 보고 등각 투상법으로 실체도를 그리시오.

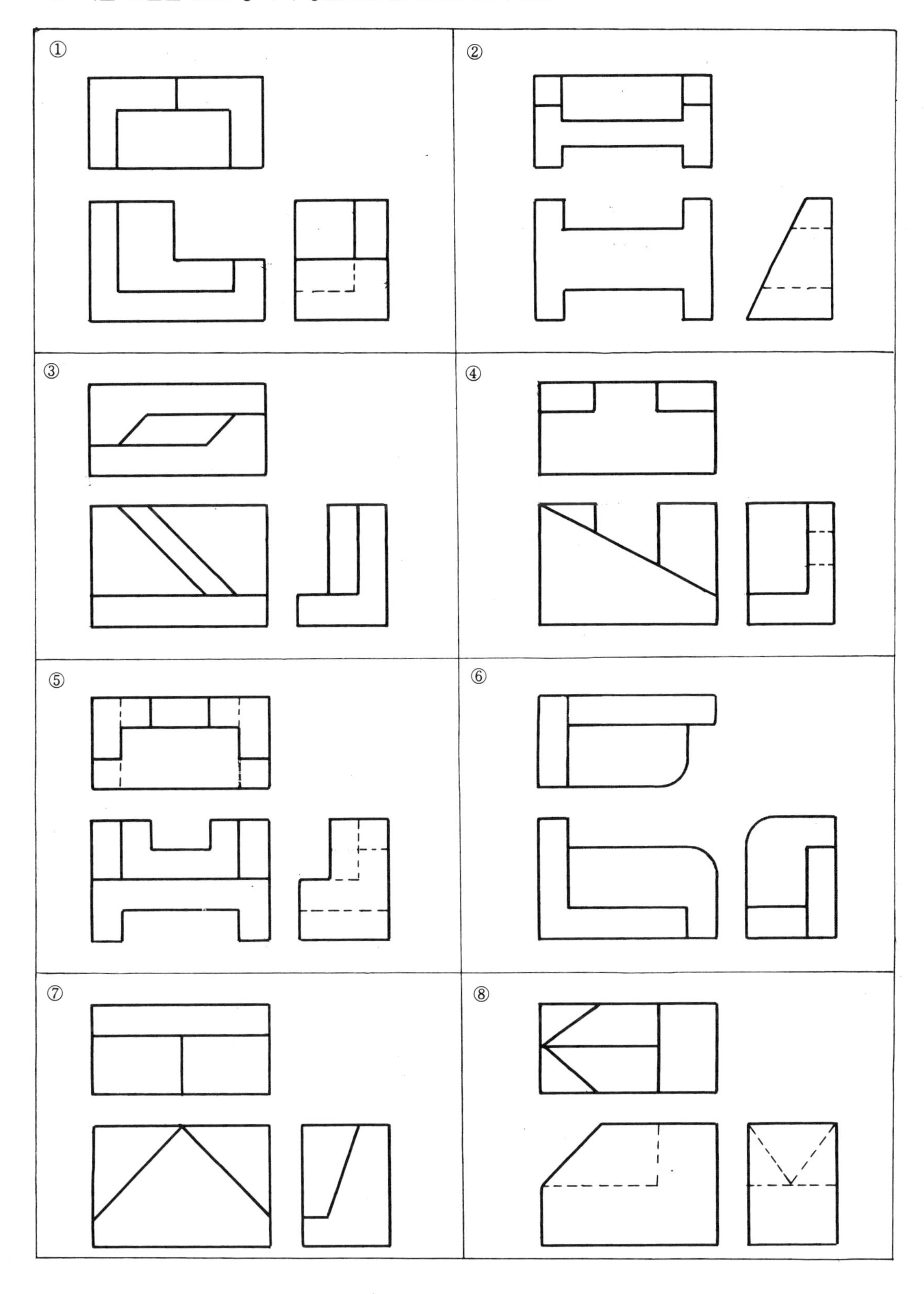

※ 다음 도형에서 미완성된 선을 완성하고 실체도를 그리시오.

①	②	③
④	⑤	⑥
⑦	⑧	⑨
⑩	⑪	⑫
⑬	⑭	⑮

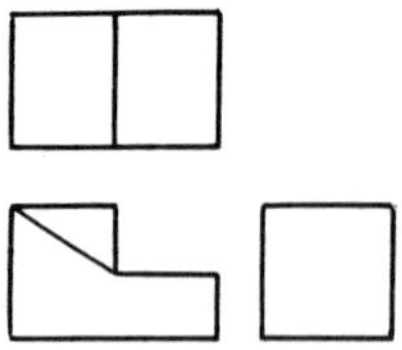

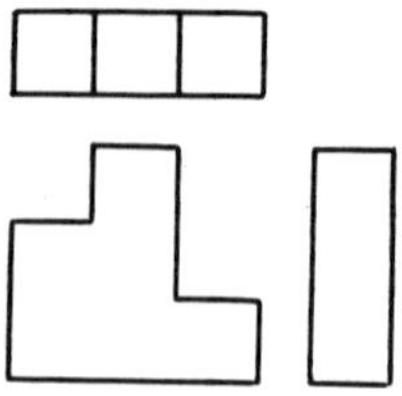

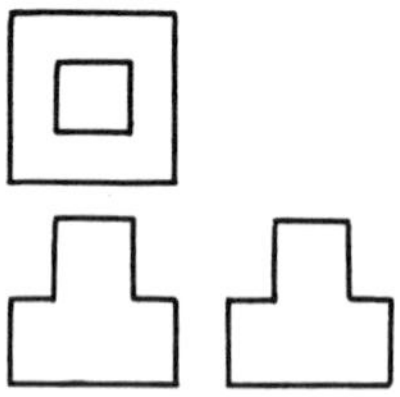

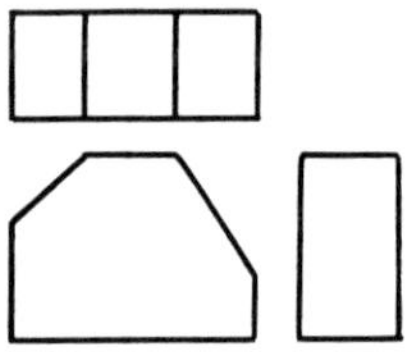

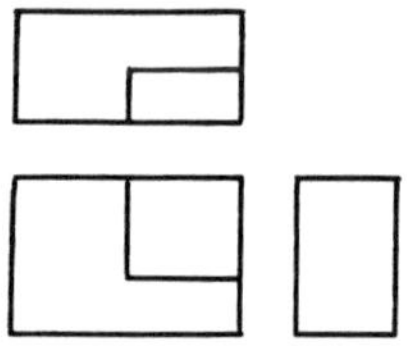

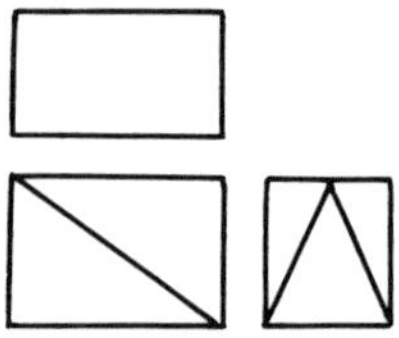

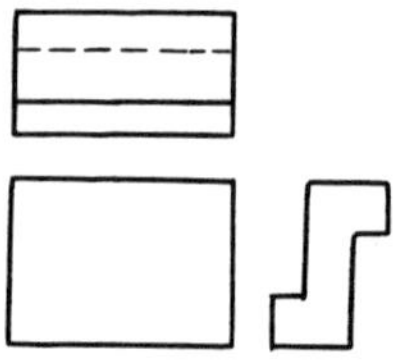

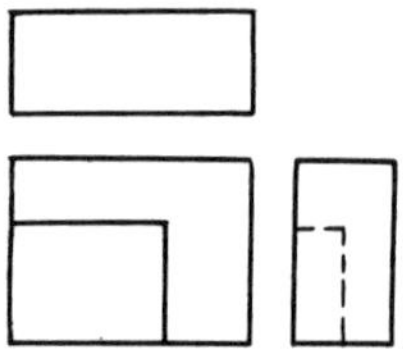

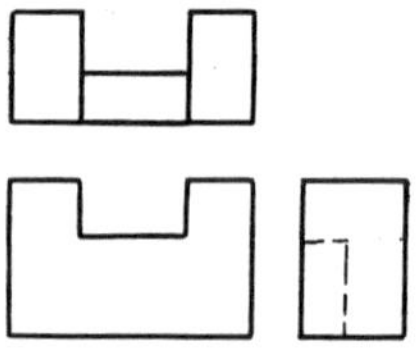

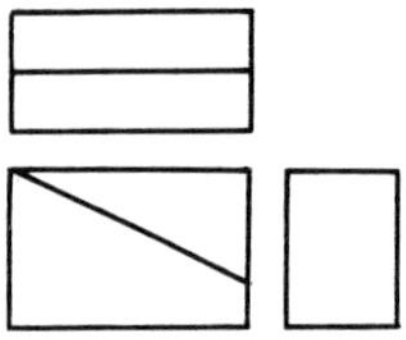

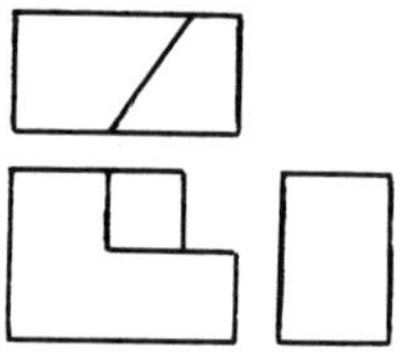

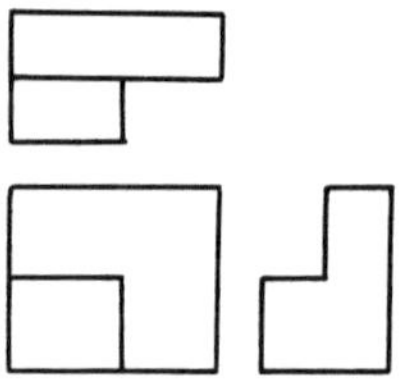

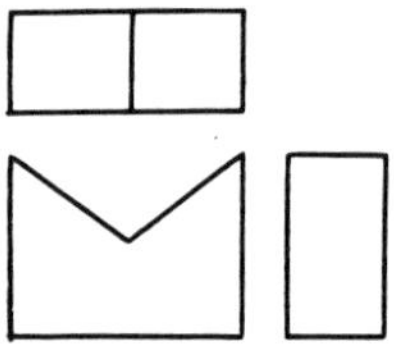

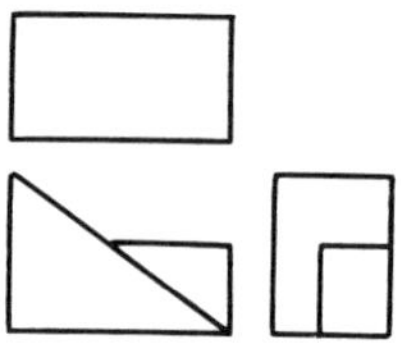

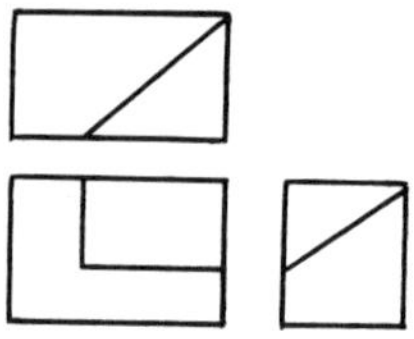

※ 다음 도면을 보고 실체도를 그리시오.

※ 다음 도면을 보고 실체도를 그리시오.

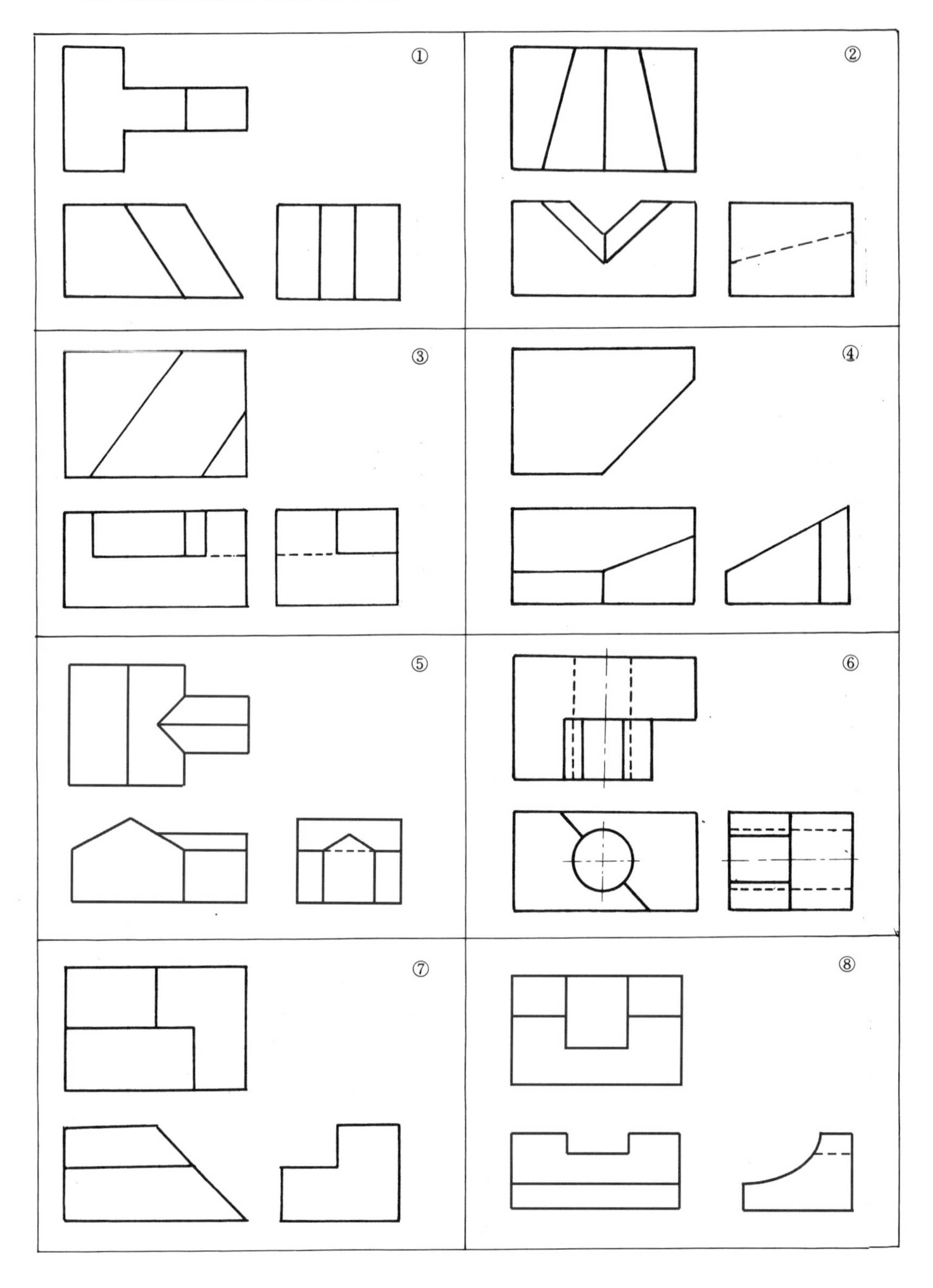

3 도형의 표시방법

3.1 필요 투상도

투상법에 의해 물체를 도면으로 나타낼 때에는 앞에서 설명한 표준배치에 의한 6개 면을 전부 그려주지 않는다. 물체의 생긴 형상을 알아볼 수 있고 치수를 다 나타낼 수 있는 범위 내에서 꼭 필요한 도형(정면도, 평면도, 우측면도)만을 그려주면 된다.(그림 1-20)

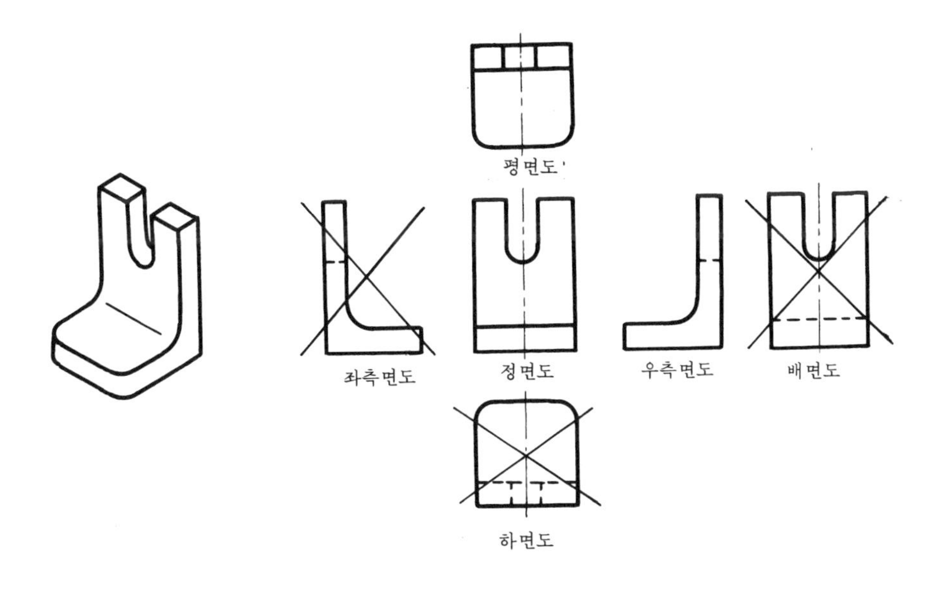

그림 1-20 필요투상도

대부분의 물체는 도형으로 나타낼 때 정면도를 기준으로 측면도와 평면도의 3개의 도형으로 형상과 치수를 전부 나타낼 수 있으며 필요에 따라 3개 도형 이상으로 나타낼 수도 있다. 그러나 형상과 치수를 나타낼 수 있는 범위 내에서 필요하지 않은 부분은 생략한다.

3.2 1면도

그림 1-21과 같이 둥근 형상과 판재 같은 물체는 지름을 나타내는 기호(ϕ)와 두께를 나타내는 기호(t)를 사용하면 하나의 도형으로 간략하게 나타낼 수 있다.

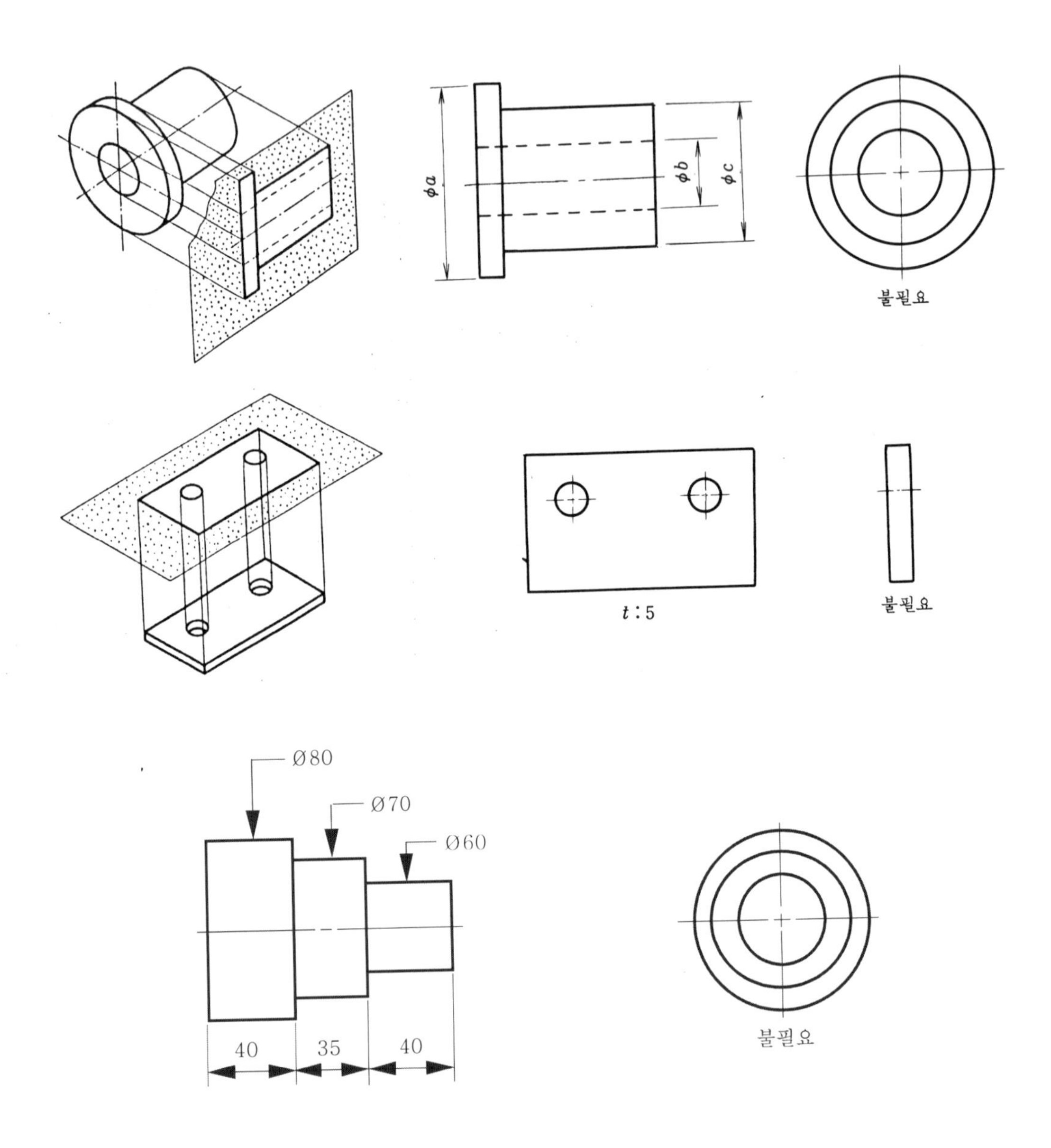

그림 1-21 1면도로 충분한 도형

3.3 2면도

물체의 생긴 형상에 따라 1면도로는 물체의 생긴 형상을 전부 나타낼 수 없는 경우가 있다. 이러한 경우에는 평면도나 측면도 중 필요한 2개 면으로 도면을 그려주는데, 생긴 형상을 쉽게 알아 볼 수 있는 면을 선정하여 준다.

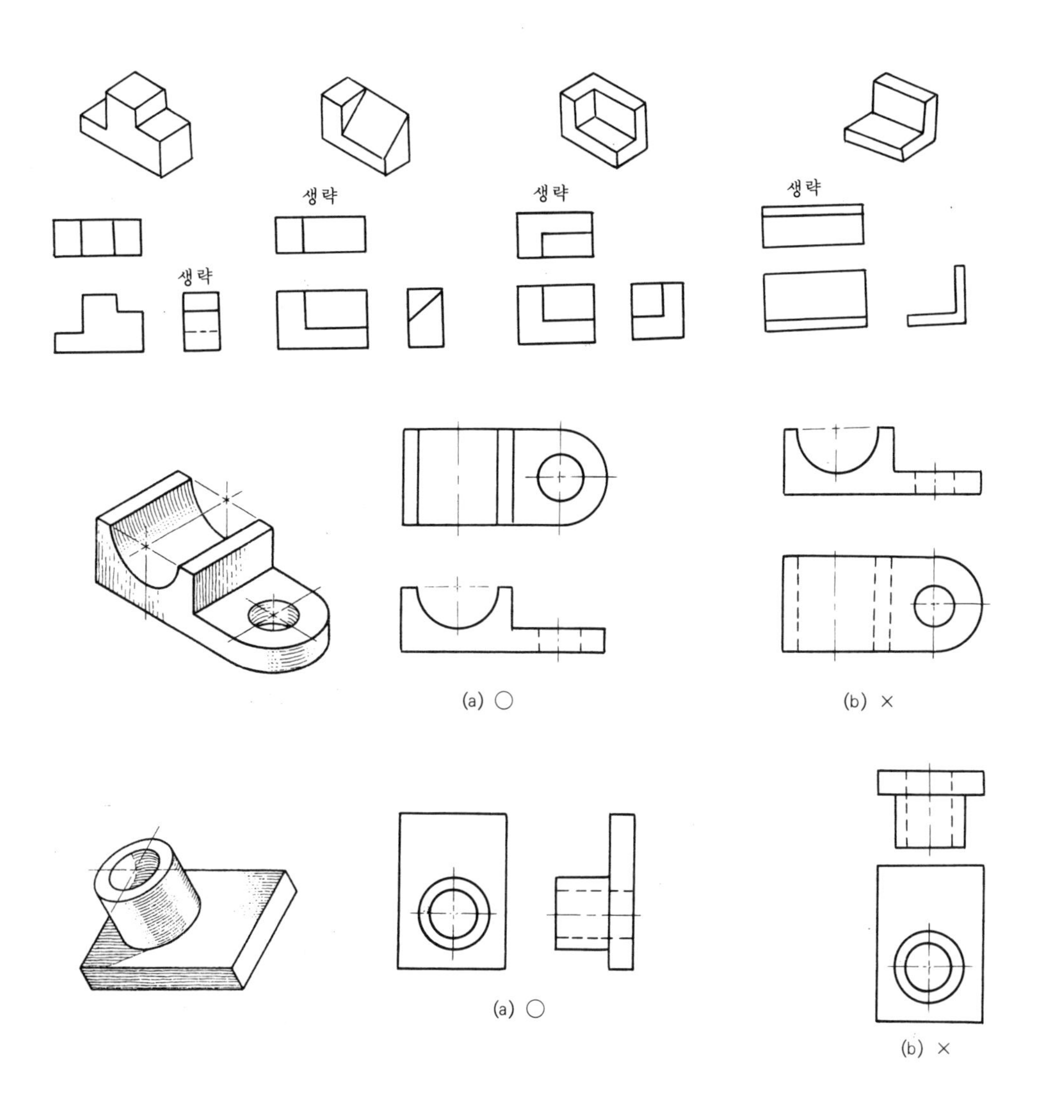

그림 1-22 2면도

3.4 3면도

하나의 도형이나 두 개의 도형 만으로서는 생긴 형상을 전부 나타낼 수 없는 경우에는 3면도로 그려주어야 한다.

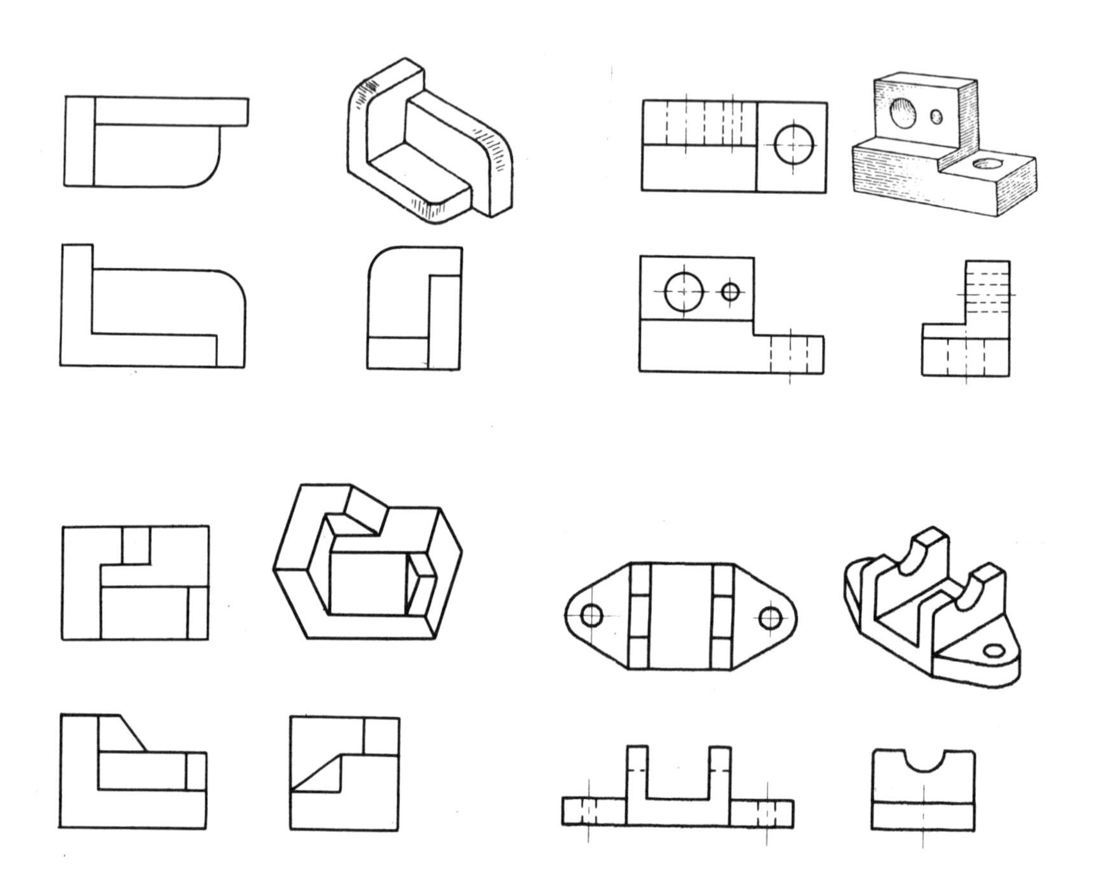

그림 1-23 3면도

다음 실체도를 보고 정면도를 기준으로 측면도와 평면도 중 필요한 도형만을 3각법으로 그리시오.(척도 2 : 1)

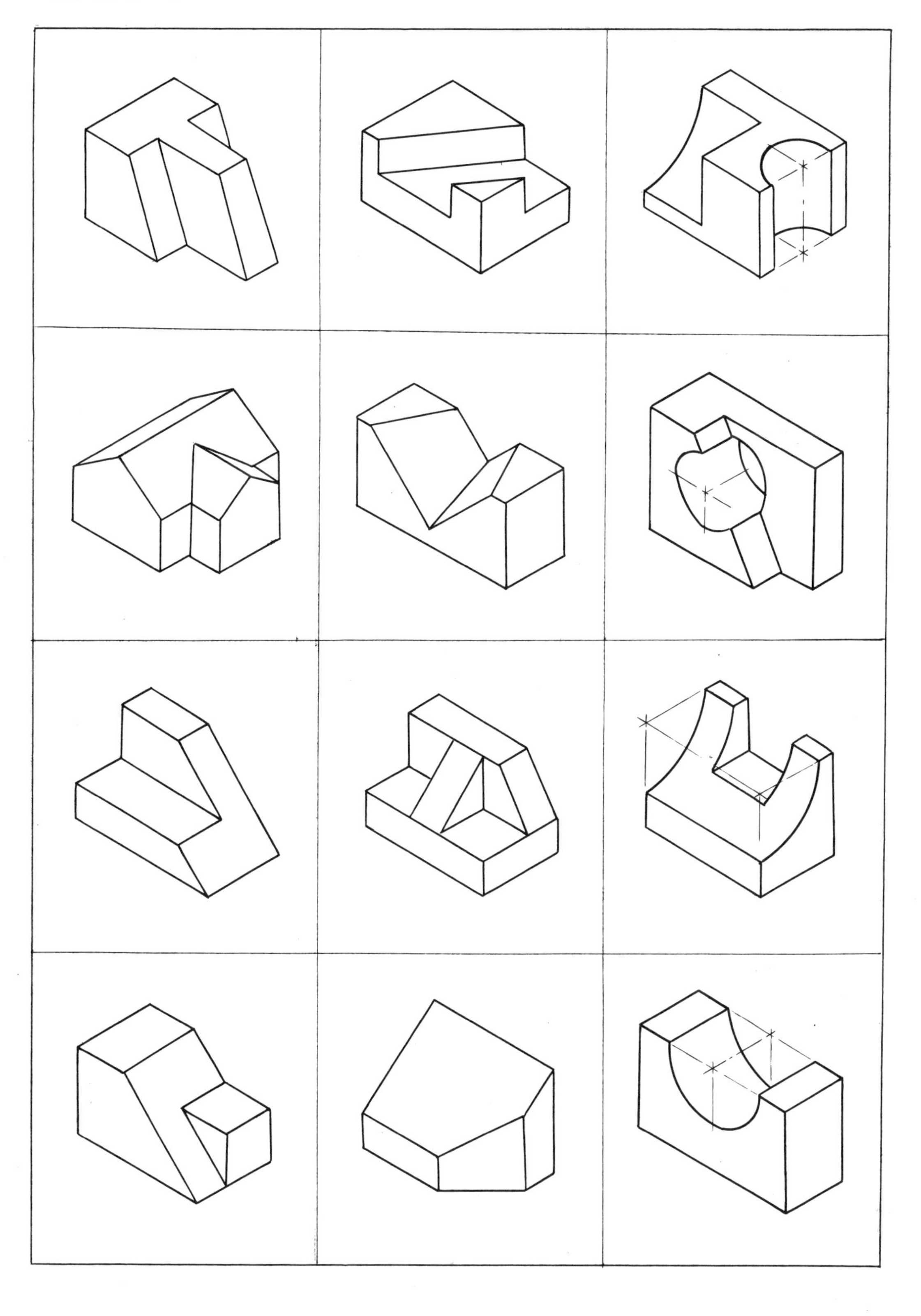

3.5 투상 면에 수직하고 수평한 투상

도형을 그릴 때 정면도를 기준으로 측면도, 평면도 등을 그려준다. 이때 정면도를 기준으로 관계도는 투상 면에 수직하고 수평하게 그려주어야 그림을 쉽게 이해할 수 있고 치수 기입과 비교 대조가 용이하다.

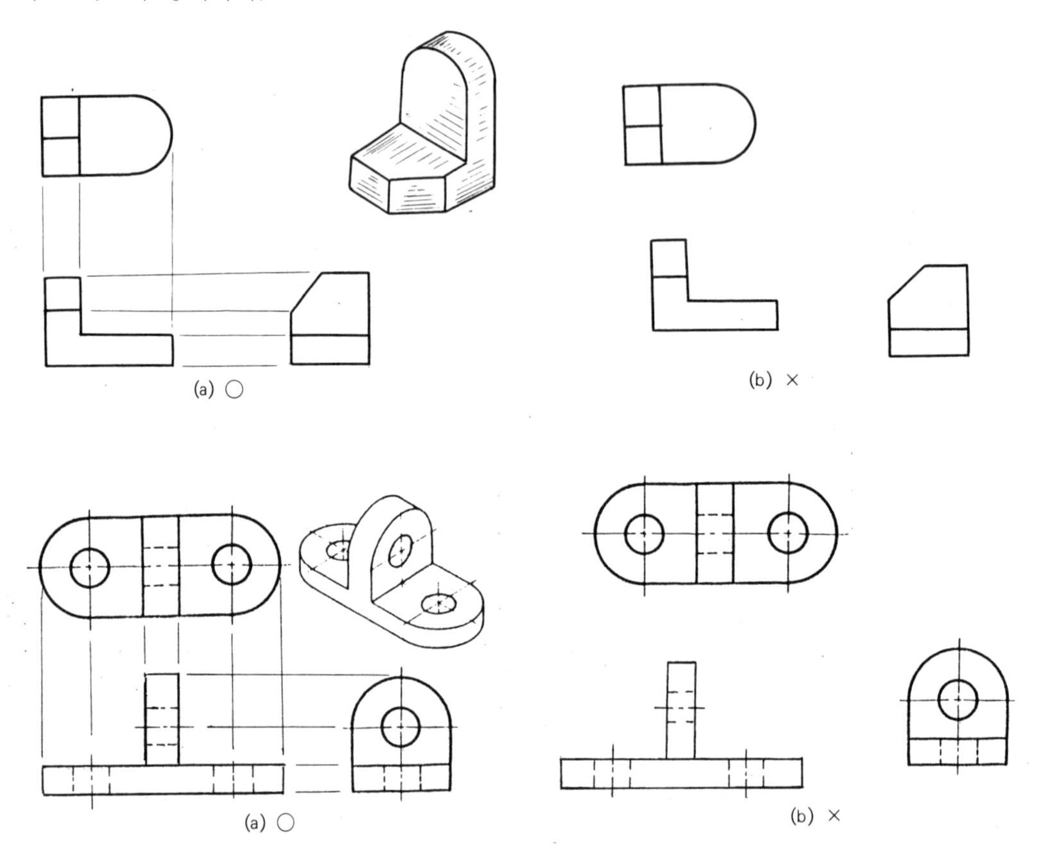

그림 1-24 수직하고 수평한 투상

3.6 필요투상도의 선정

정면도를 기준으로 측면도나 평면도를 그려줄 때 도면을 보고 물체의 생긴 형상을 알아볼 수 있어야 하고 물체의 크기를 나타내는 치수를 전부 도면에 나타낼 수 있어야만 도면을 보고 제작자가 물체를 만들 수가 있다. 따라서 도면을 보고 가공제작 된 물체는 여러 개의 형상으로 제작되면 안 되고 반드시 하나의 형상으로 제작되어야 한다.

예를 들어 그림 1-25와 같이 정면도와 평면도의 2개 면도로 작성된 도면의 경우 실제 제작될 수 있는 형상은 여러 개로 제작(A, B, C, D)될 수 있다.

따라서 정면도와 평면도만을 그려준 경우는 도면을 작성한 본인만이 알 수 있는 도면이며 잘못 선정된 도면이다. 이런 경우에는 정면도를 기준으로 우측면도를 그려주면 하나의 형상으로 제작될 수 있는 완전한 도면이 된다.(그림 1-26)

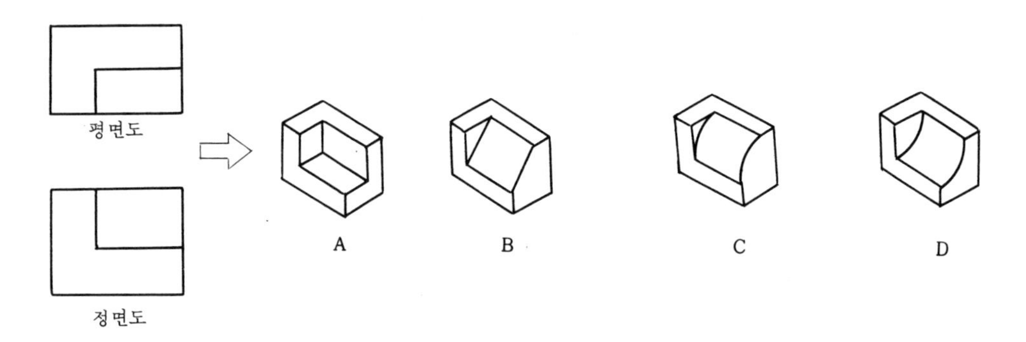

그림 1-25 여러 개의 형상으로 제작될 수 있는 도형

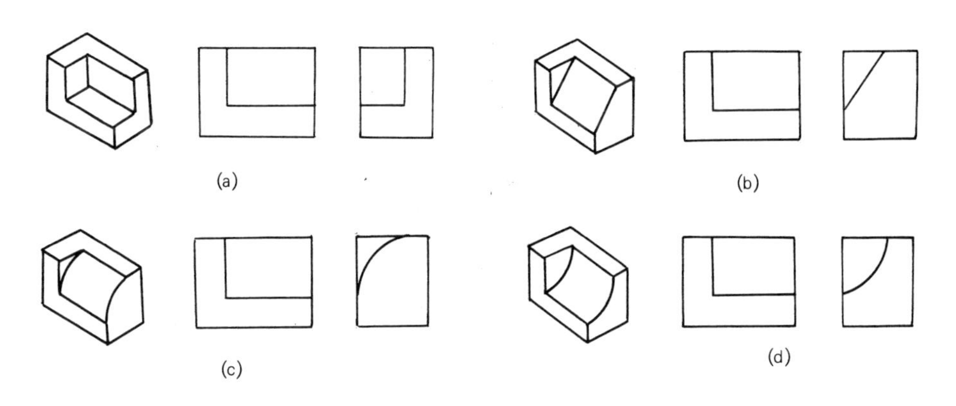

그림 1-26 하나의 형상으로 제작될 수 있는 도형

3.7 정면도의 선정

도면을 작성할 때 정면도를 기준으로 측면도나 평면도를 그려준다. 이때 정면도를 선정하는 기준은 물체의 생긴 형상을 가장 잘 알아볼 수 있고 물체의 특징을 가장 많이 나타낼 수 있는 면을 정면도로 선정하고 측면도나 평면도 등의 관계 도를 그려주어야 한다.

예를 들면 자동차나 항공기, 선박은 앞에서 본 그림보다 옆에서 본 그림을 정면도로 그려주어야 형상을 쉽게 알아볼 수 있다.

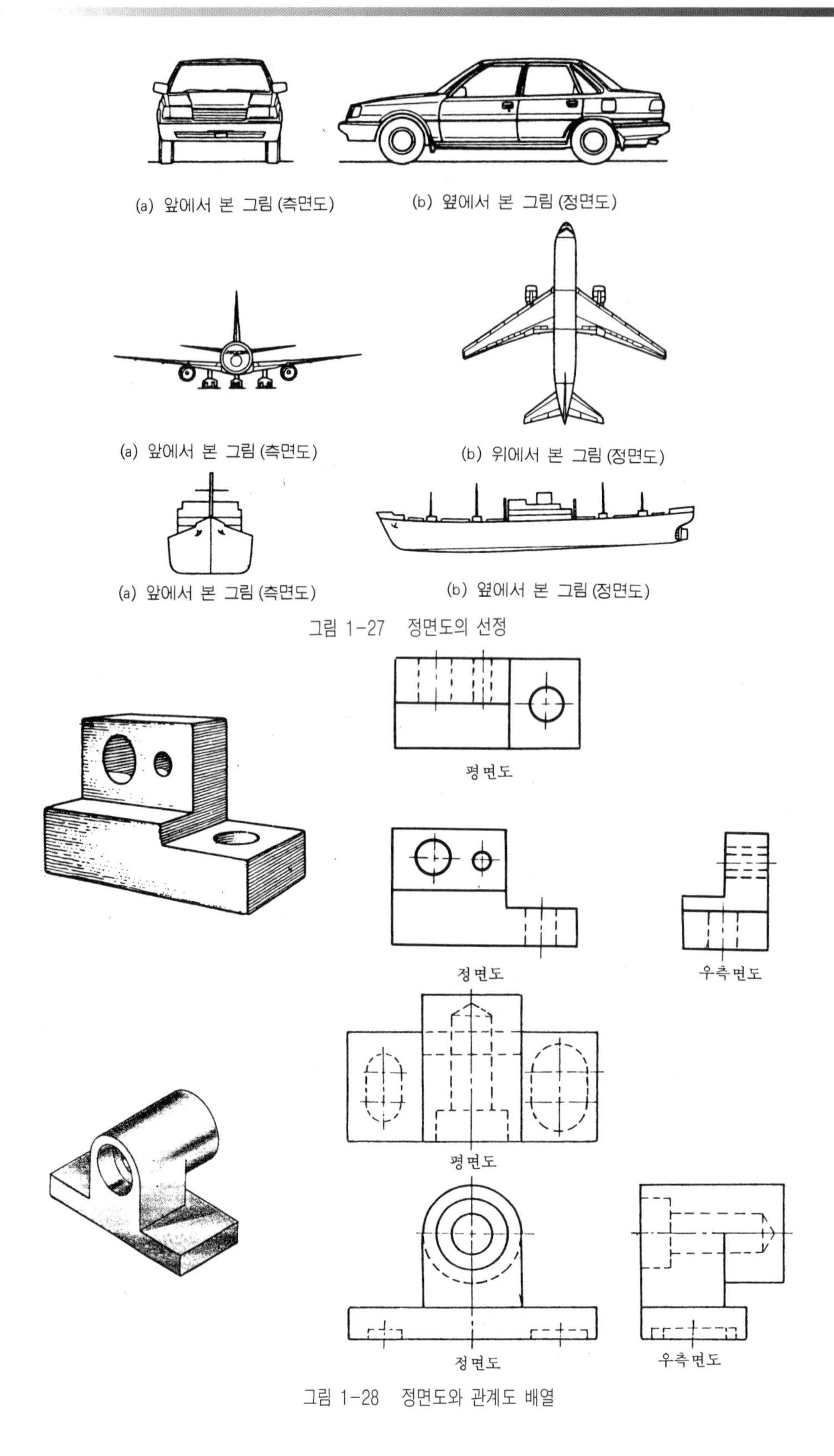

그림 1-27 정면도의 선정

그림 1-28 정면도와 관계도 배열

※ 다음 실체도를 보고 정면도를 선정하고 측면도와 평면도 중 필요한 도형을 3각법으로 그리시오.(척도 2 : 1)

3.8 가공이 용이한 도면 작성

물체를 가공, 제작할 때 도면을 보고 작업자가 가공을 한다. 이 경우 물체의 생긴 형상에 따라 가공 제작하는 기계를 선정하여 공작물을 가공한다. 이 때 공작물을 가공할 때 놓이는 상태로 도면을 작성해야 작업자가 쉽게 작업을 할 수 있다.

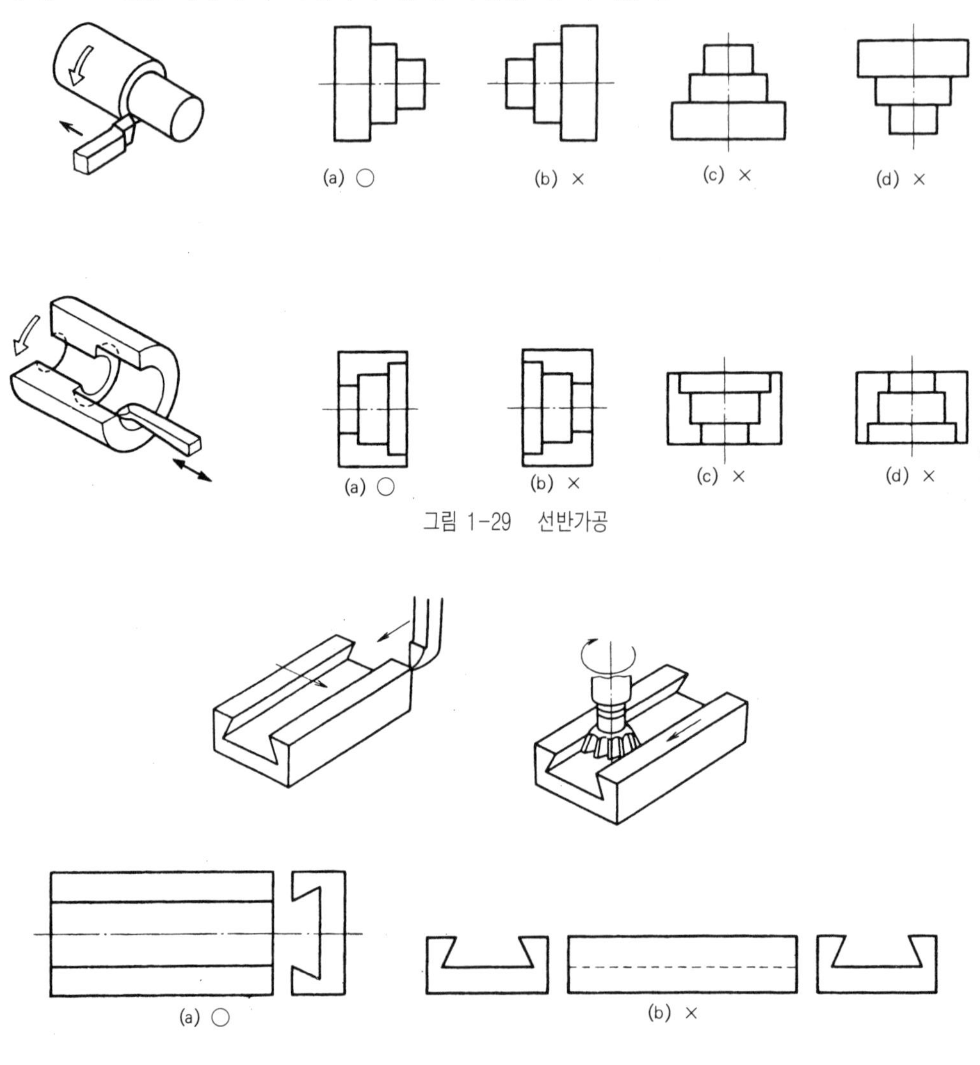

그림 1-29 선반가공

그림 1-30 밀링가공

3.9 숨은선이 나타난 관계도 생략

정면도를 기준으로 평면도나 좌우측면도, 배면도를 선택할 때는 가급적 숨은선으로 나타나는 도형은 생략하고 실선으로 나타내는 도형을 선택한다.(그림 1-31) 다만 비교 대조가 용이

할 때는 숨은선이 나타난 도형을 선택해도 좋다.(그림 1-32)

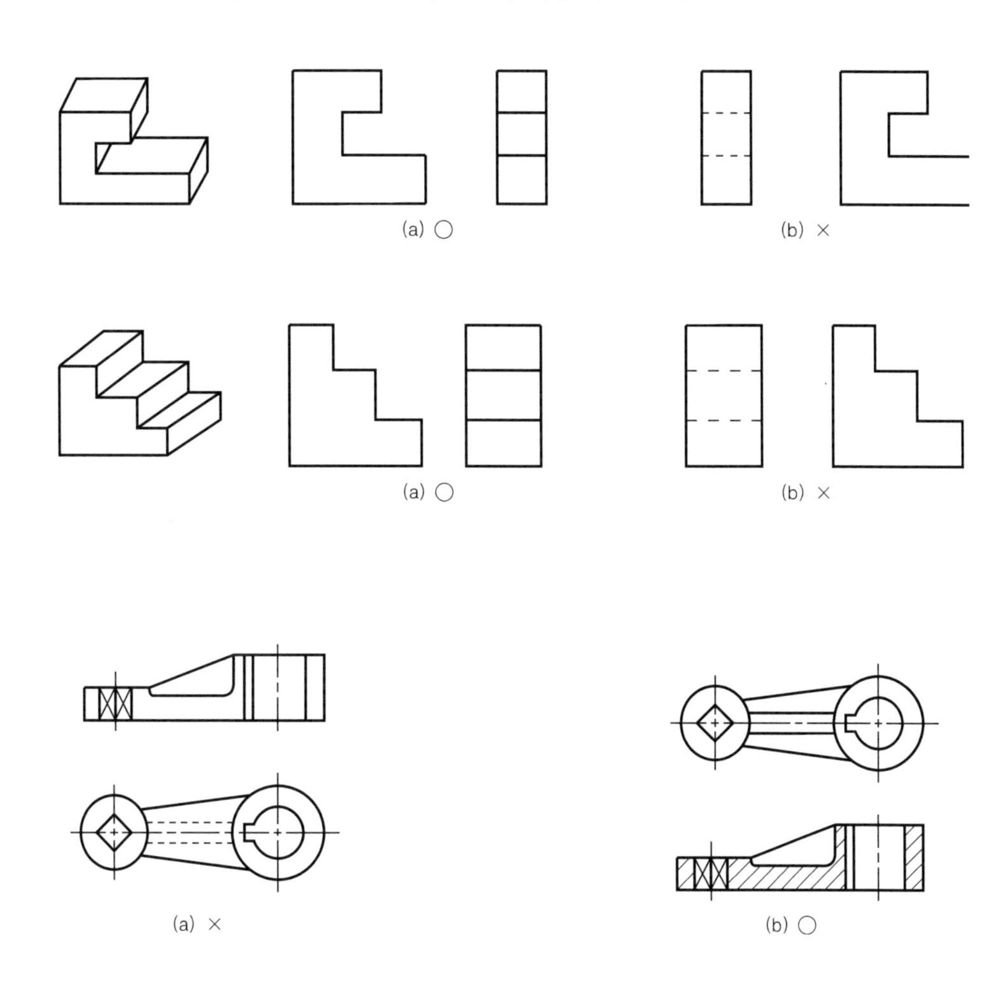

그림 1-31 실선으로 나타낸 도형 선택

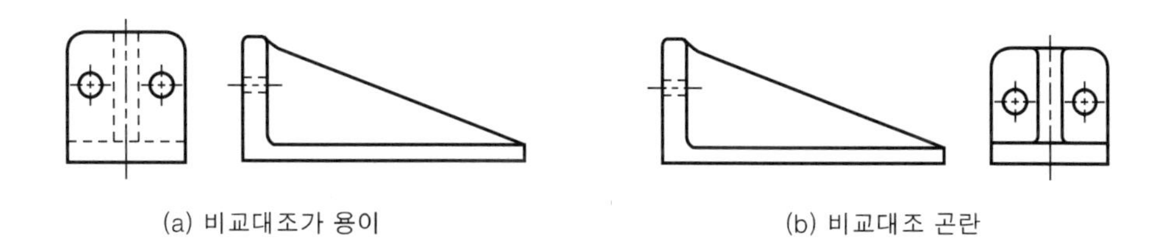

그림 1-32 숨은선이 나타난 도형의 선정

3.10 보조투상도

경사진 형상을 갖는 대상물을 정 투상법에 의해 수직하고 수평하게 나타낼 경우 그림(a)와 같이 실제 형상이 그대로 나타나지 않으므로 도면을 그리기도 용이하지 않고 이해하는데도 도움이 안 된다.

보조 투상도는 그림(b)와 같이 경사진 면에 수직하게 실제 형상으로 나타낸다.

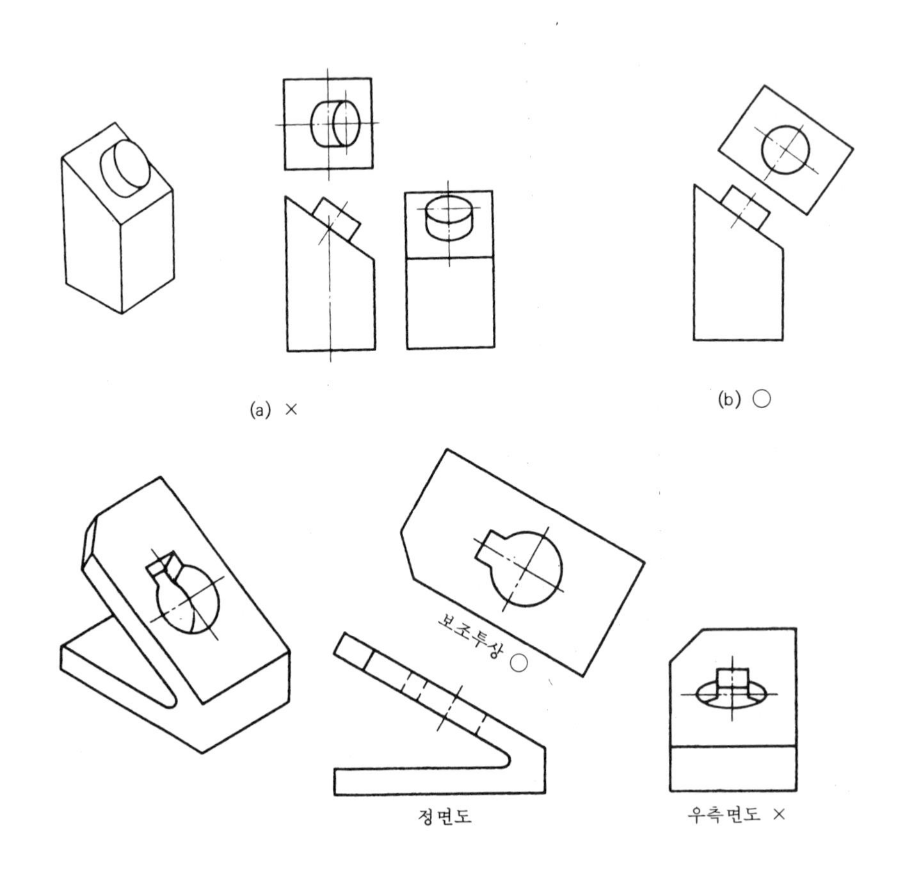

그림 1-33 보조 투상도

지면관계 등으로 보조 투상도를 경사면에 맞서는 위치에 배치할 수 없는 경우에는 그 뜻을 영자의 대문자를 화살표로, 또는 구부린 중심선에서 연결하여 나타내도 좋다.

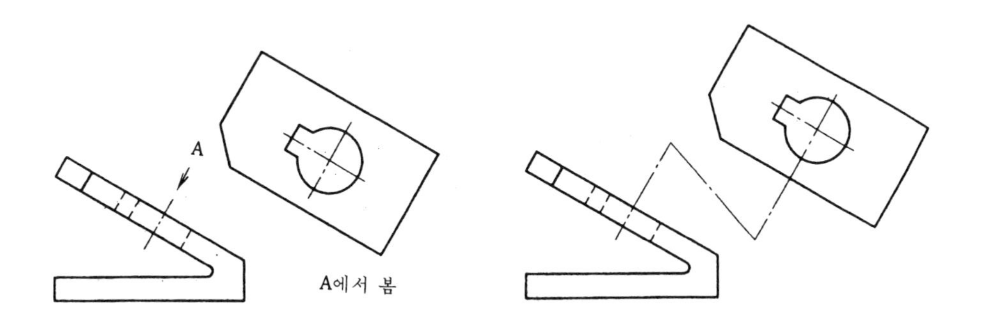

그림 1-34 문자와 중심선에 의한 보조투상도

3.11 부분 투상도

투상도로 나타내는 대상물의 형상에 따라서는 정 투상도에 의해 좌·우측면도와 평면도를 전부 그려주면 복잡하게 되어 그리기도 어렵고 형상을 쉽게 알아보기 힘든 경우가 있다.

이와 같은 경우에는 부분적으로 생긴 형상을 나타내면 도면을 쉽게 이해할 수가 있다.

그림의 일부를 도시하는 것으로 충분한 경우에는 그 필요 부분만을 부분투상도로써 표시한다. 이 경우에는 생략한 부분과의 경계를 파단선으로 나타낸다. 다만, 명확한 경우에는 파단선을 생략하여도 좋다.

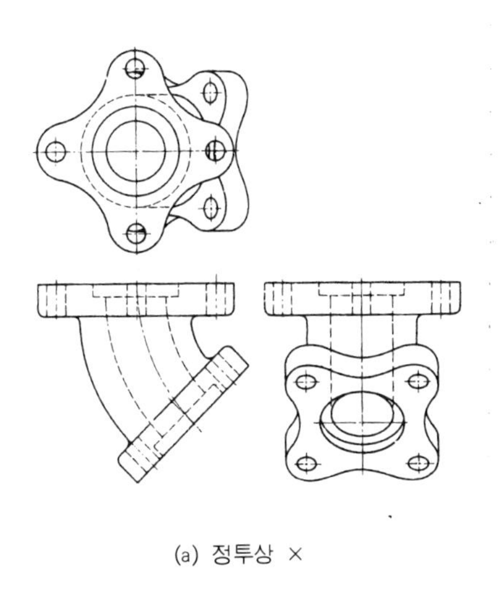

(a) 정투상 ×

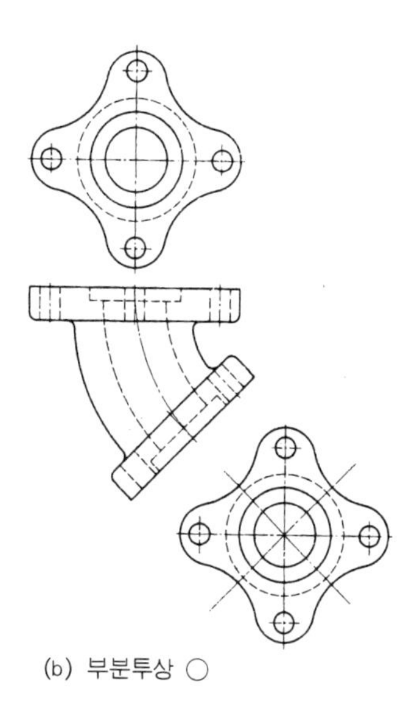

(b) 부분투상 ○

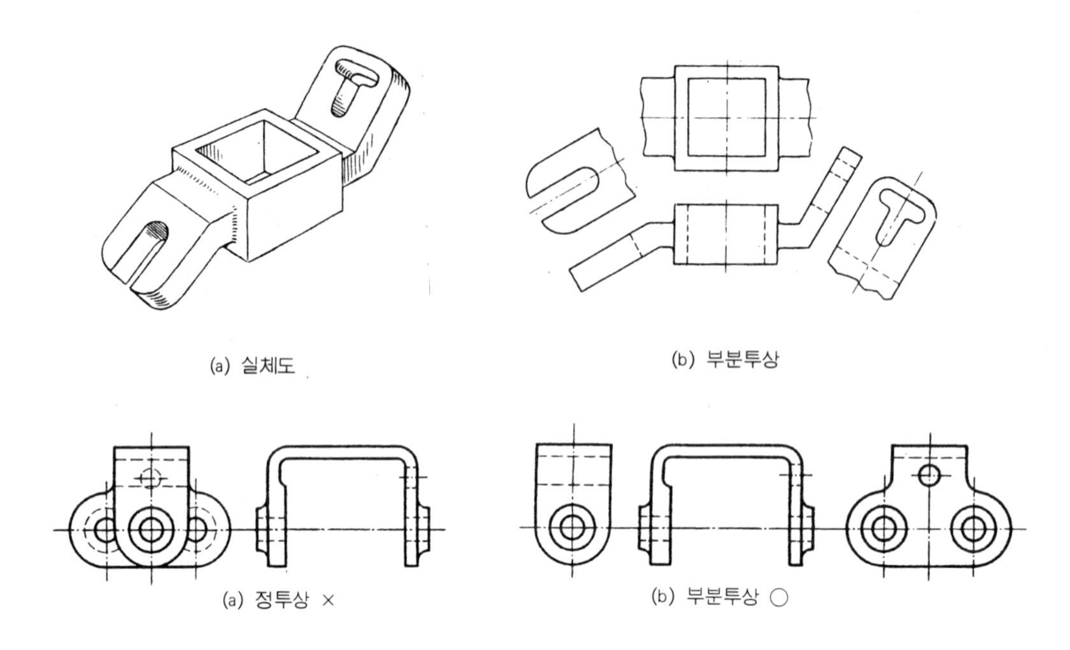

그림 1-35 부분 투상도

주 투상도에 보충하는 관련 투상도 전체를 그리지 않고 일부분만을 나타내도 알 수 있는 경우에는 그 필요한 부분만을 부분적으로 나타낸다.

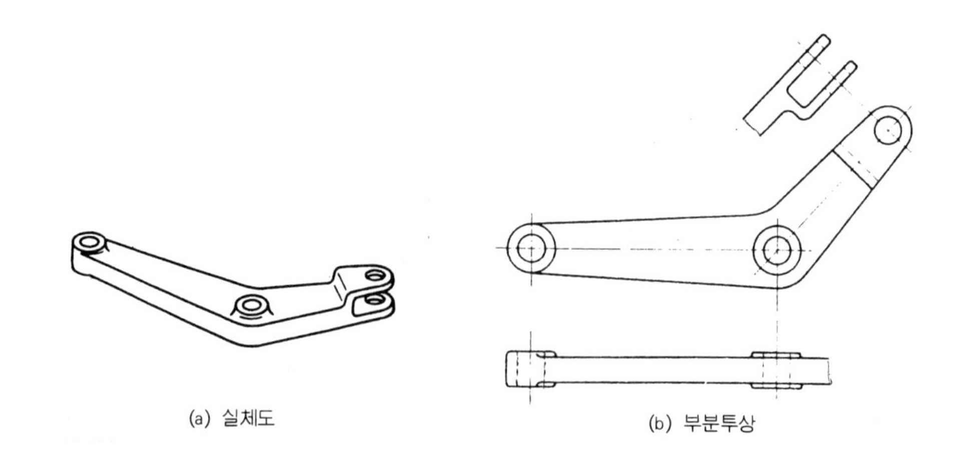

그림 1-36 부분 투상도

3.12 국부 투상도

구멍이나 홈 등 한 부분만을 나타내면 되는 경우에는 필요한 부분을 국부적으로 나타내고 나머지 부분은 생략하여 도형 전체를 다 그려주어야 하는 번거로움을 덜고 도형을 간략하게 나타낼 수 있다.

투상관계를 나타내기 위해 원칙적으로 주된 그림에 중심선, 기준선, 치수 보조선으로 연결한다.

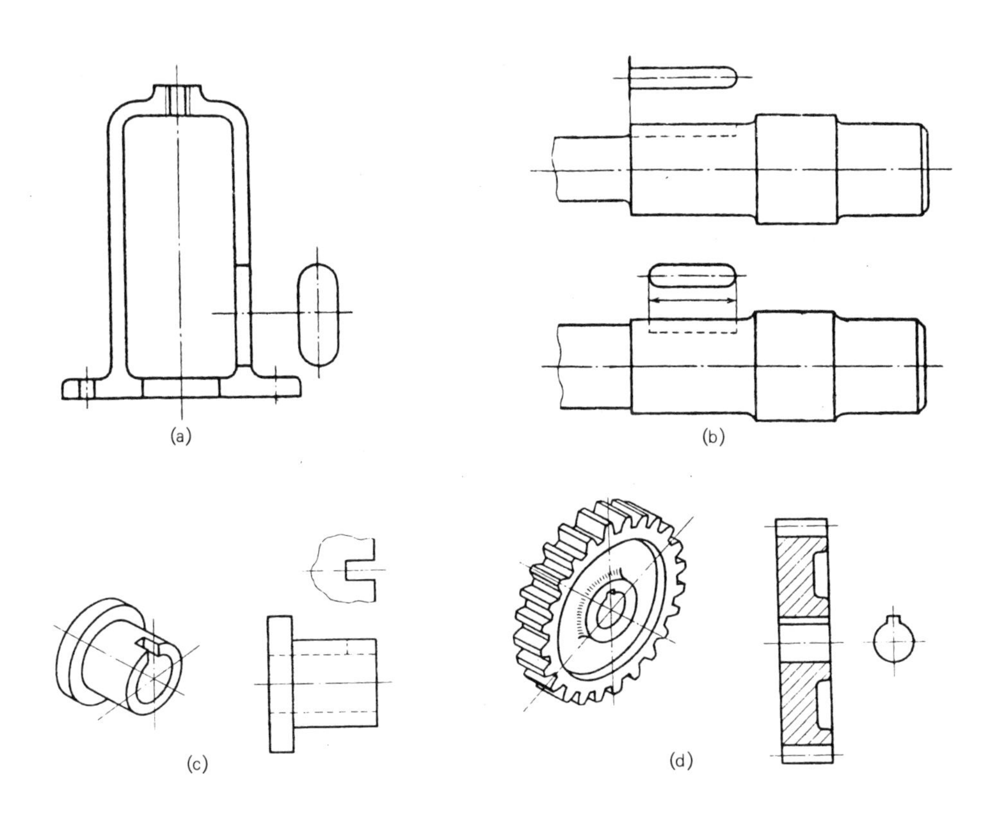

그림 1-37 국부 투상도

3.13 회전 투상도

다음 그림 1-38과 같이 3개의 암(arm)이 수평한 중심에 대하여 어느 각도로 기울어진 경우 그 부분의 실제 형상을 그려주면 그림(a)와 같이 나타난다. 이와 같은 경우에는 기울어진 부분을 수평중심선까지 회전시켜 그림(b)와 같이 나타낸다.

또한 잘못 볼 우려가 있을 경우에는 작도에 사용한 선은 남겨둔다.

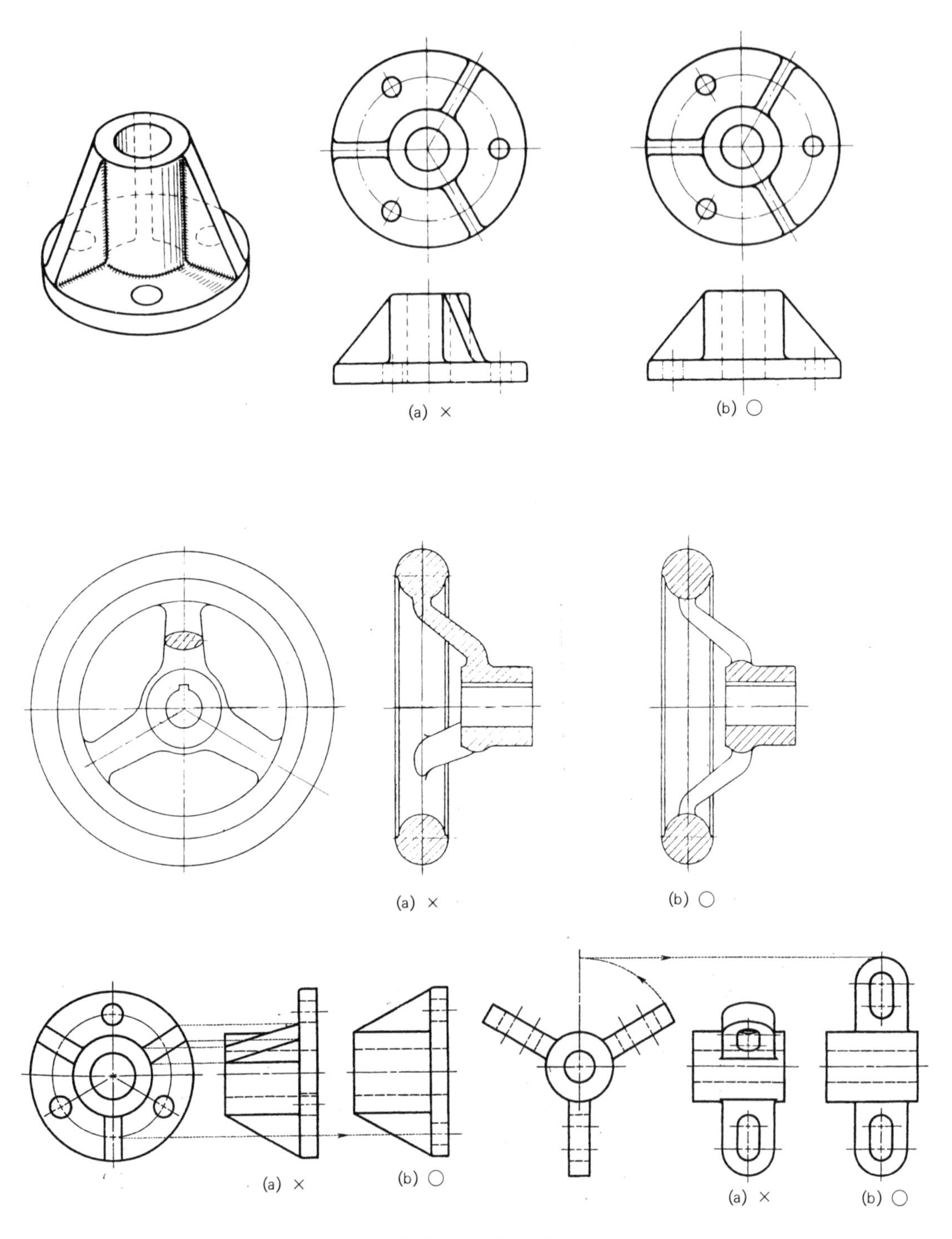

그림 1-38 회전 투상도

3.14 특수한 가공부분의 표시

대상물의 면의 일부분에 특수한 가공을 하는 경우에는 그 범위를 외형 선에 평행하게 약간 떼어서 굵은 1점 쇄선을 그려주고 특수가공에 필요한 내용을 지시한다.

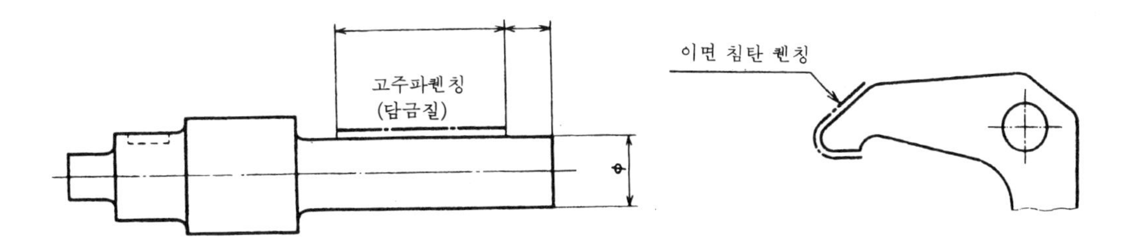

그림 1-39 특수가공 부분의 표시

3.15 부분 확대도

특정부분의 도형이 작거나 복잡하여 쉽게 알아볼 수 없을 경우나 치수기입이 용이하지 않을 경우에는 그 부분을 가는 실선으로 에워싸고 영어의 대문자로 표시함과 동시에 그 해당부분을 다른 장소에 확대하여 쉽게 알아볼 수 있도록 하고 표시하는 글자 및 척도를 부기 하거나 확대도 또는 상세도라 부기 한다.

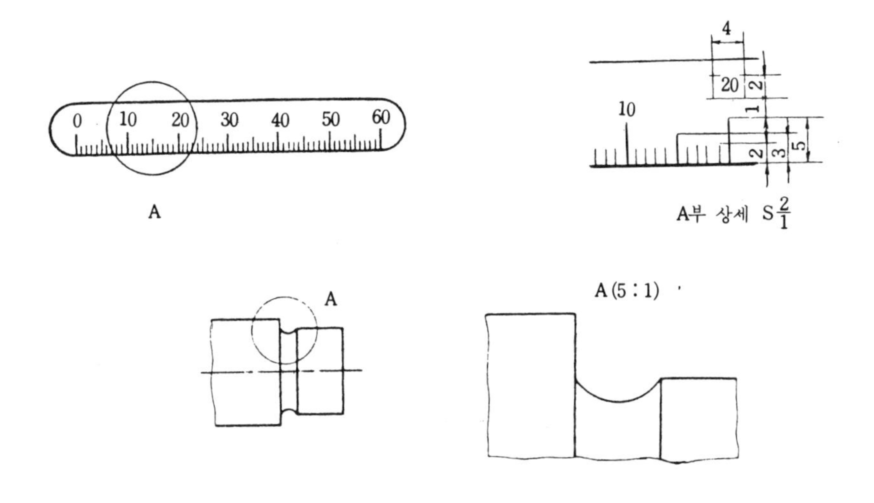

그림 1-40 부분 확대도

3.16 가상 투상도

가상 투상도는 공작물의 가공하기 전의 형상이나 또는 가공후의 형상 또는 가공하는 공구의 위치, 움직이는 물체의 이동범위 인접부분의 물체 등을 가상선(2점 쇄선)을 사용하여 다음 그림과 같이 나타낸다.

(1) 도시된 물체의 바로 앞에 있는 부분을 나타낼 때
(2) 인접한 부분을 참고하기 위해 나타낼 때
(3) 가공 전이나 가공 후의 형상을 나타낼 때
(4) 도형 내에 그 부분의 단면형을 90° 회전시켜 나타낼 때
(5) 이동하는 부분을 본래의 위치에서 이동한 곳에 나타낼 때
(6) 공구의 위치를 참고로 나타낼 때
(7) 같은 형상이 반복되어 나타낼 때

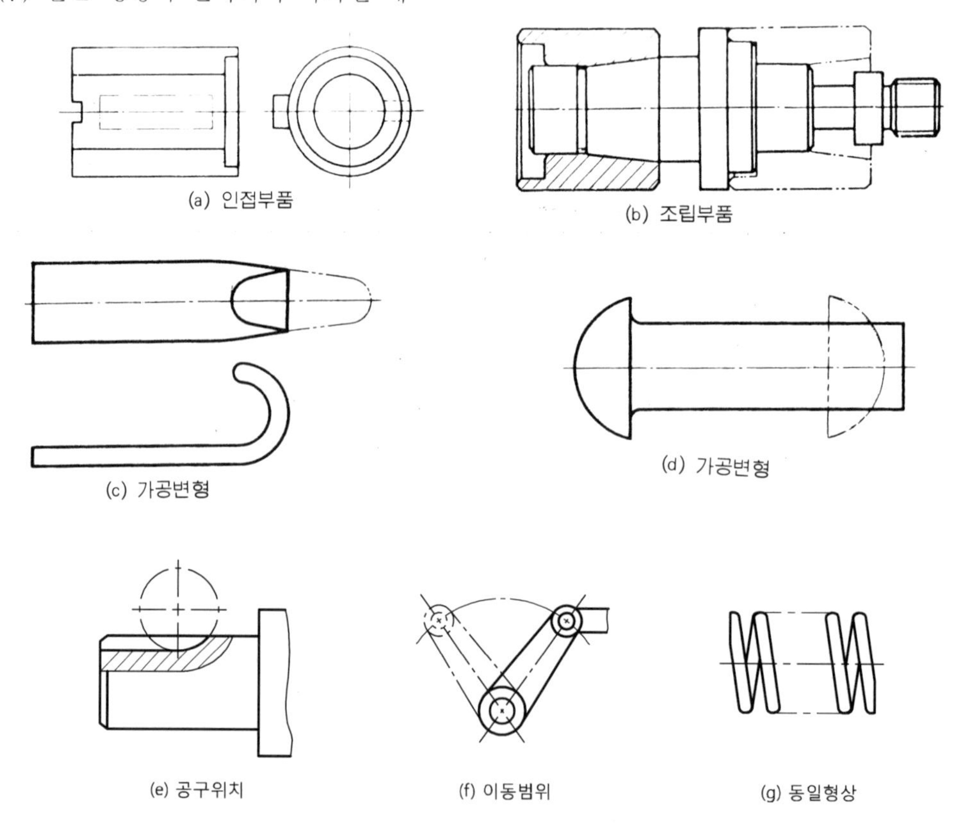

그림 1-41 가상 투상도

3.17 전개 투상도

판재로 된 부품은 가공하기 전에 판재를 절단하여 요하는 형상으로 판재를 구부려서 만든다.
이 경우에 구부리기 전의 펼친 상태의 그림을 그려주고 전개도의 위쪽이나 아래쪽에 전개도라 기입한다.

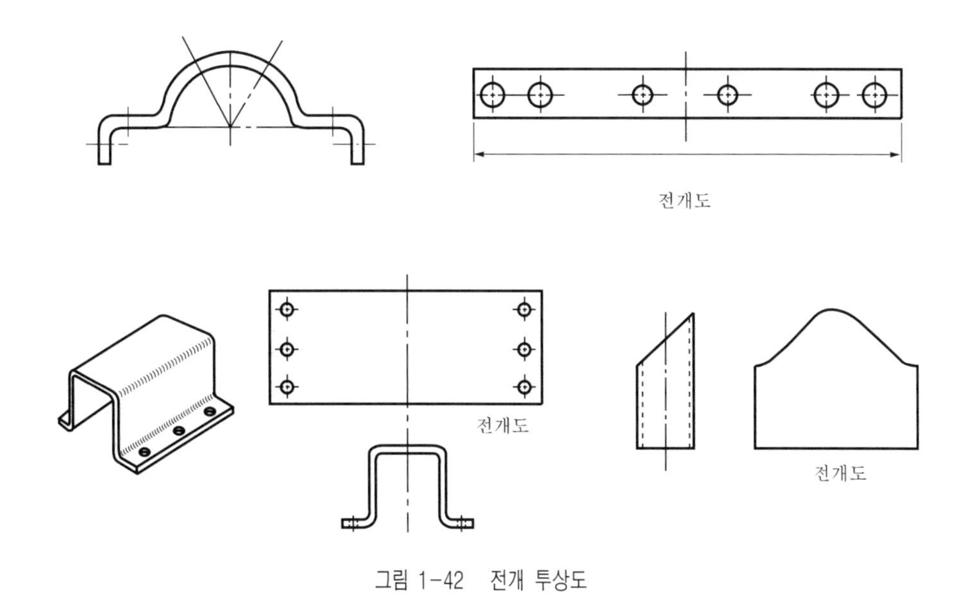

그림 1-42 전개 투상도

3.18 두 면이 교차하는 부분의 표시

두 면이 교차하는 부분이 각이 져 있으면 실선으로 나타내고 교차하는 부분이 둥글 때는 선으로 나타나지 않지만 다음 그림 1-43과 같이 교차부분 끝에 둥글기가 없는 경우의 교차선의 위치에 굵은 실선으로 연결하여 표시하고 교차부분 끝 쪽에(우측면도 참조) 둥근 형상일 때는 끝까지 연결하지 않고 끝 부분에 약간의 간격을 두고 실선을 그린다.

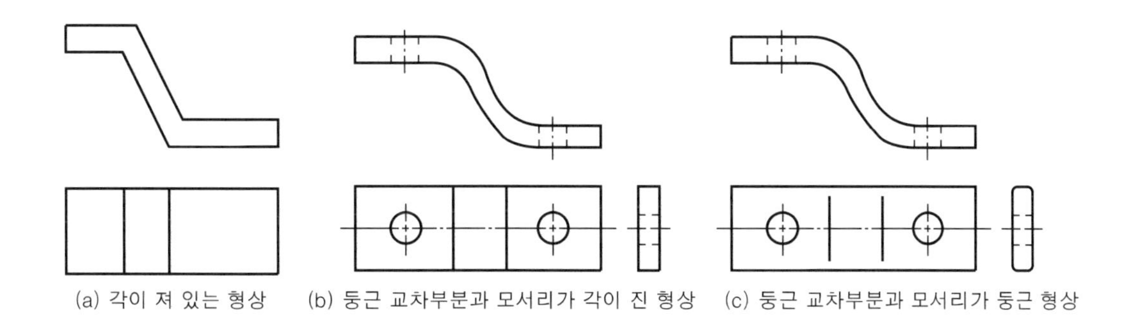

(a) 각이 져 있는 형상 (b) 둥근 교차부분과 모서리가 각이 진 형상 (c) 둥근 교차부분과 모서리가 둥근 형상

그림 1-43 두 면이 교차하는 부분의 표시

3.19 관용 투상도

곡면과 곡면 또는 곡면과 평면이 교차하는 부분의 선은 지름비가 클 경우 직선으로 표시하거나 그림 1-44(1) 지름비가 작은 경우는 실제 나타난 형상에 가깝게 원호로 표시할 수 있다. (그림 1-44(2))

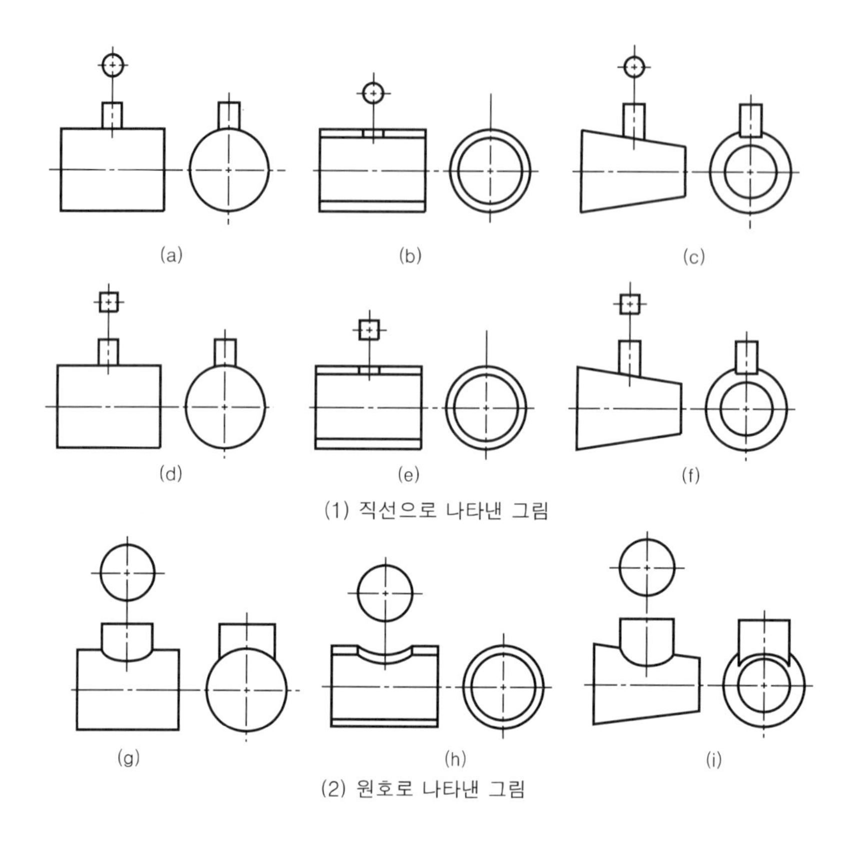

그림 1-44 관용 투상도

3.20 평면의 표시

도형 내에 특정한 부분이 평면일 때 평면 표시를 할 필요가 있을 경우에는 평면 부분을 가는 실선으로 대각선을 그려 나타낸다.

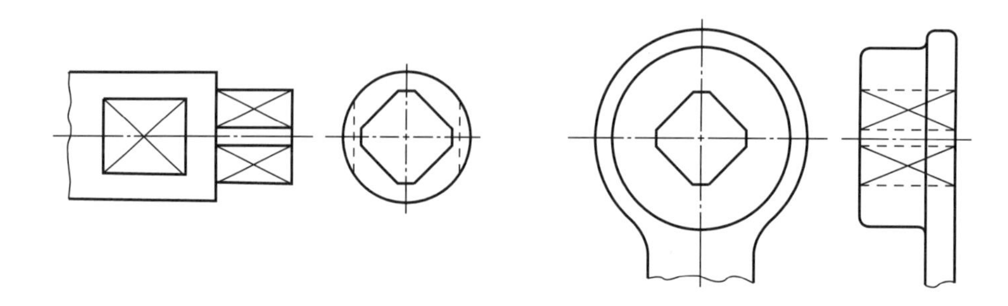

그림 1-45 평면의 표시

3.21 생략도형 표시법

도형은 이해하는데 지장이 없는 경우에는 가급적 간략하게 생략 도형으로 나타내면 쉽게 도형을 그릴 수 있고 쉽게 이해할 수가 있다.

1) 대칭 도형의 생략

대칭인 도형은 중심선을 기준으로 한쪽은 생략하고 반쪽만을 그려준다. 이 경우에 중심선 양쪽 끝 부분에 짧은 가는 실선을 2개 나란하게 그려(대칭표시기호) 대칭 표시를 해준다.(그림 1-46(a))

대칭 도형에서 반쪽만을 그리지 않고 중심선을 약간 넘은 부분까지 그려 나타낼 수도 있다. 이 경우 파단선을 그리지 않고 대칭 표시 기호를 생략할 수 있다.(그림 1-46(b))

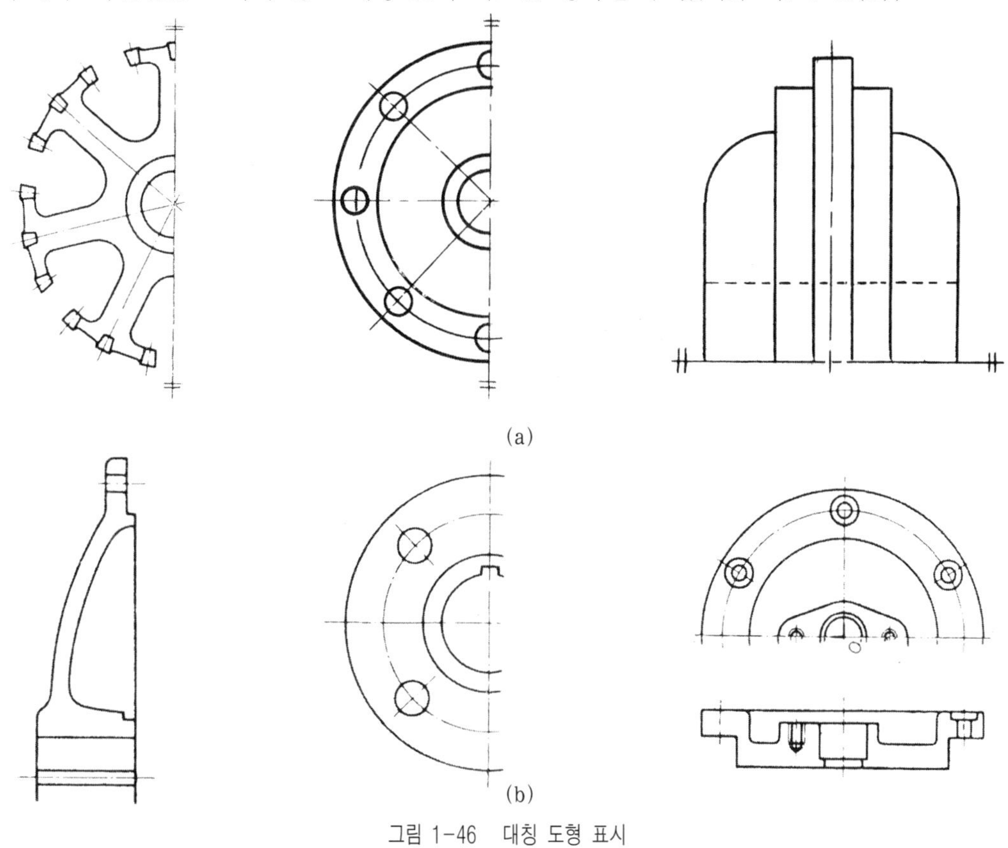

그림 1-46 대칭 도형 표시

2) 대칭 도형의 일부 생략

대칭 도형에서 중심선을 기준으로 반쪽만 그려줄 경우 도형을 이해하기 곤란할 때는 일부만을 생략하여 나타내도 좋다. 이때 잘린 부분은 파단선으로 나타내고 대칭기호는 생략한다.

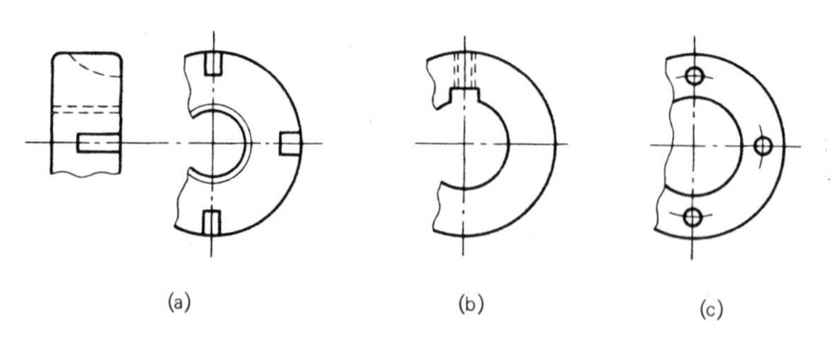

그림 1-47 대칭 도형의 일부분 생략

3) 반복 도형의 생략

같은 종류, 같은 모양이 다수 줄지어 있는 경우에는 다음 그림과 같이 일부 형상만 나타내고 나머지는 중심선만 표시하여 나타낸다.

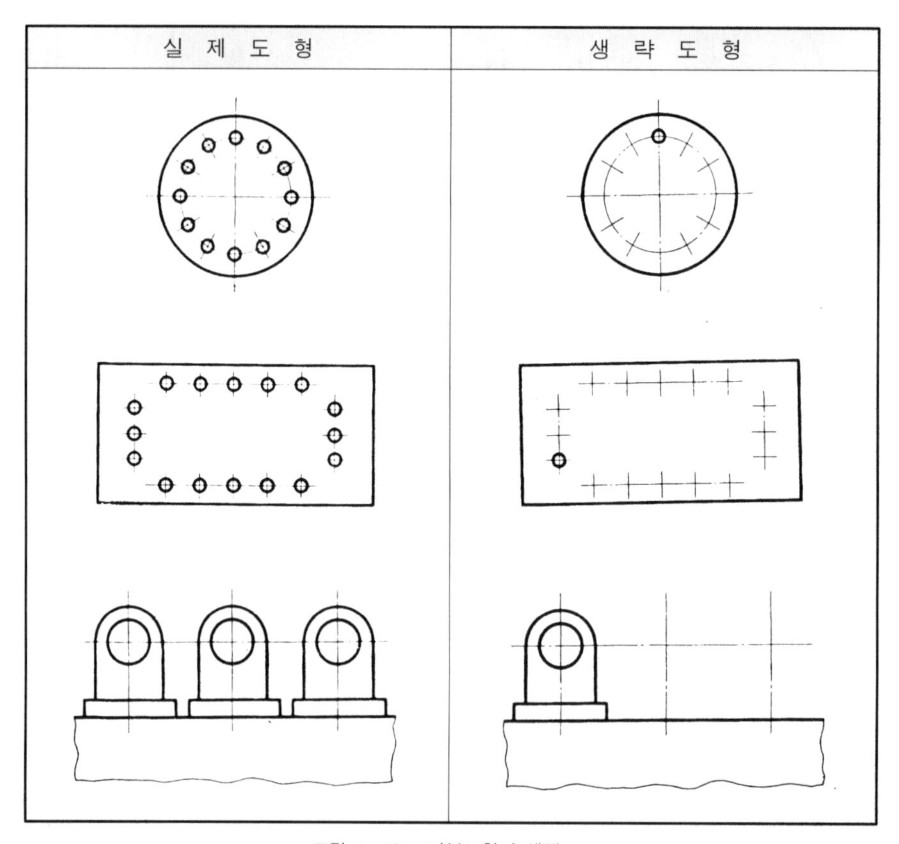

그림 1-48 반복도형의 생략

4) 중간부분의 생략

동일한 단면형상을 갖는 모양과, 축이나 관, 형강 등을 나타낼 때는 생긴 형상 전부를 그려주지 않고 중간부분을 잘라내서 간략하게 생략도형으로 나타낼 수 있다. 이 경우에 잘린 부분은 파단선으로 나타낸다.

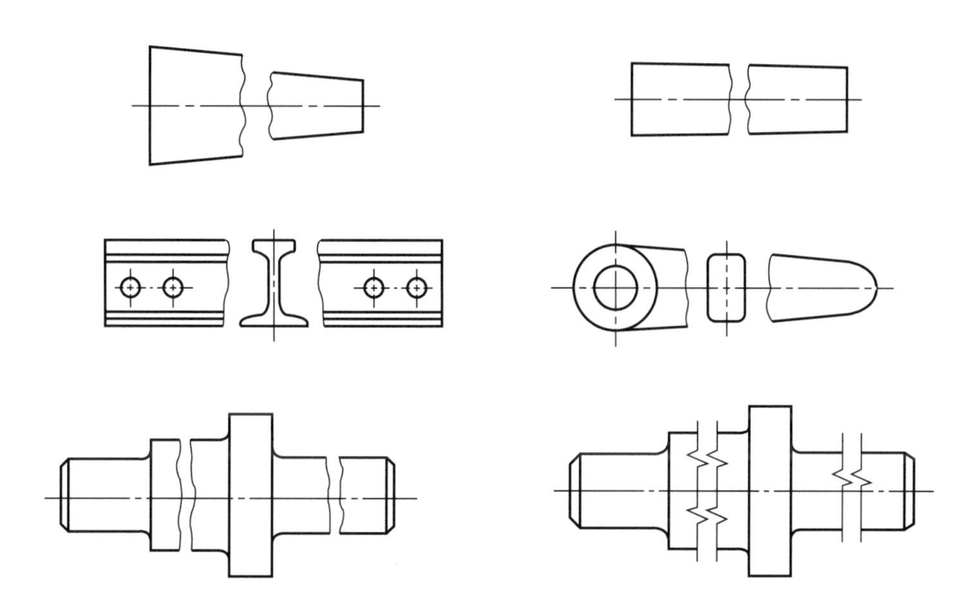

그림 1-49 중간부분 생략도

5) 이해하는 데 지장이 없는 선 생략

도형을 그릴 때 당연히 나타나는 선은 형상을 이해하는 데 지장이 없으면 이것을 생략하여 나타내는 것이 좋다.

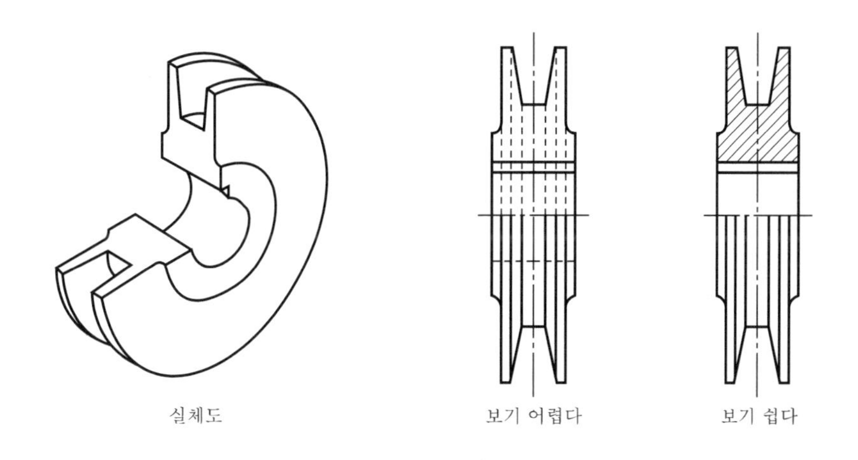

그림 1-50 불필요한 선 생략

6) 무늬에 대한 간략도

로렛이나 철망, 무늬판재, 비금속재 등에 대해서는 다음 그림과 같이 간략도로 나타낸다.

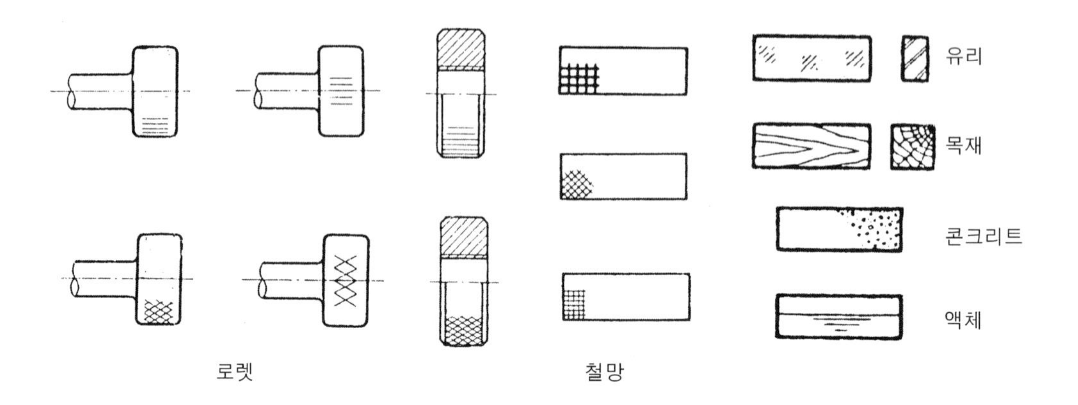

그림 1-51 용접 구성품의 표시 방법

3.22 조립도 중 용접 구성품의 표시방법

용접부품의 용접부분을 나타낼 필요가 있는 경우에는 다음에 따른다.

1) 용접 구성품의 용접 비드의 크기만을 표시하는 경우에는 그림(a)에 따른다.
2) 용접구성부재의 겹침의 관계 및 용접의 종류와 크기를 표시하는 경우에는 그림(b)에 따른다.
3) 용접 구성부재의 겹침의 관계를 표시하는 경우에는 그림(c)에 따른다.
4) 용접 구성부재의 겹침의 관계 및 용접 비드의 크기를 표시하지 않아도 좋은 경우에는 그림(d)에 따른다.

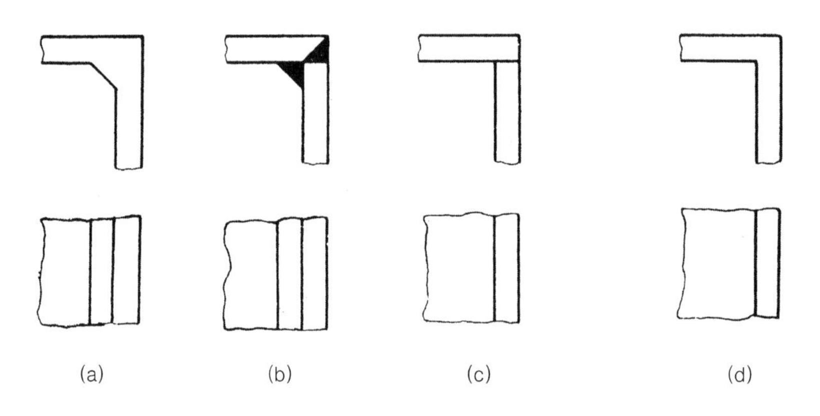

그림 1-52 무늬에 대한 간략도

※ 다음 실체도를 보조 투상도로 그리시오.

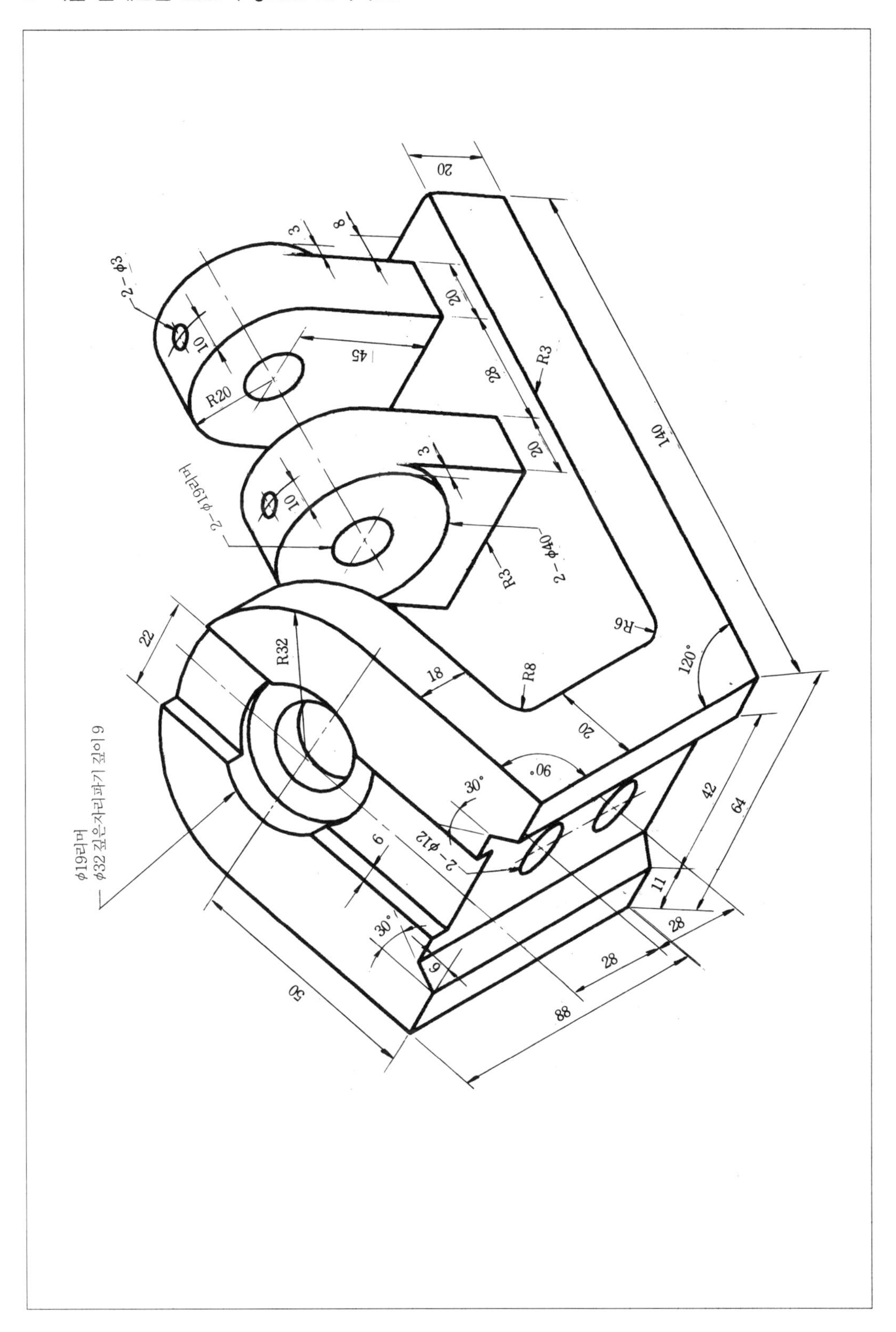

※ 다음 도형을 보조 투상도로 그리시오.

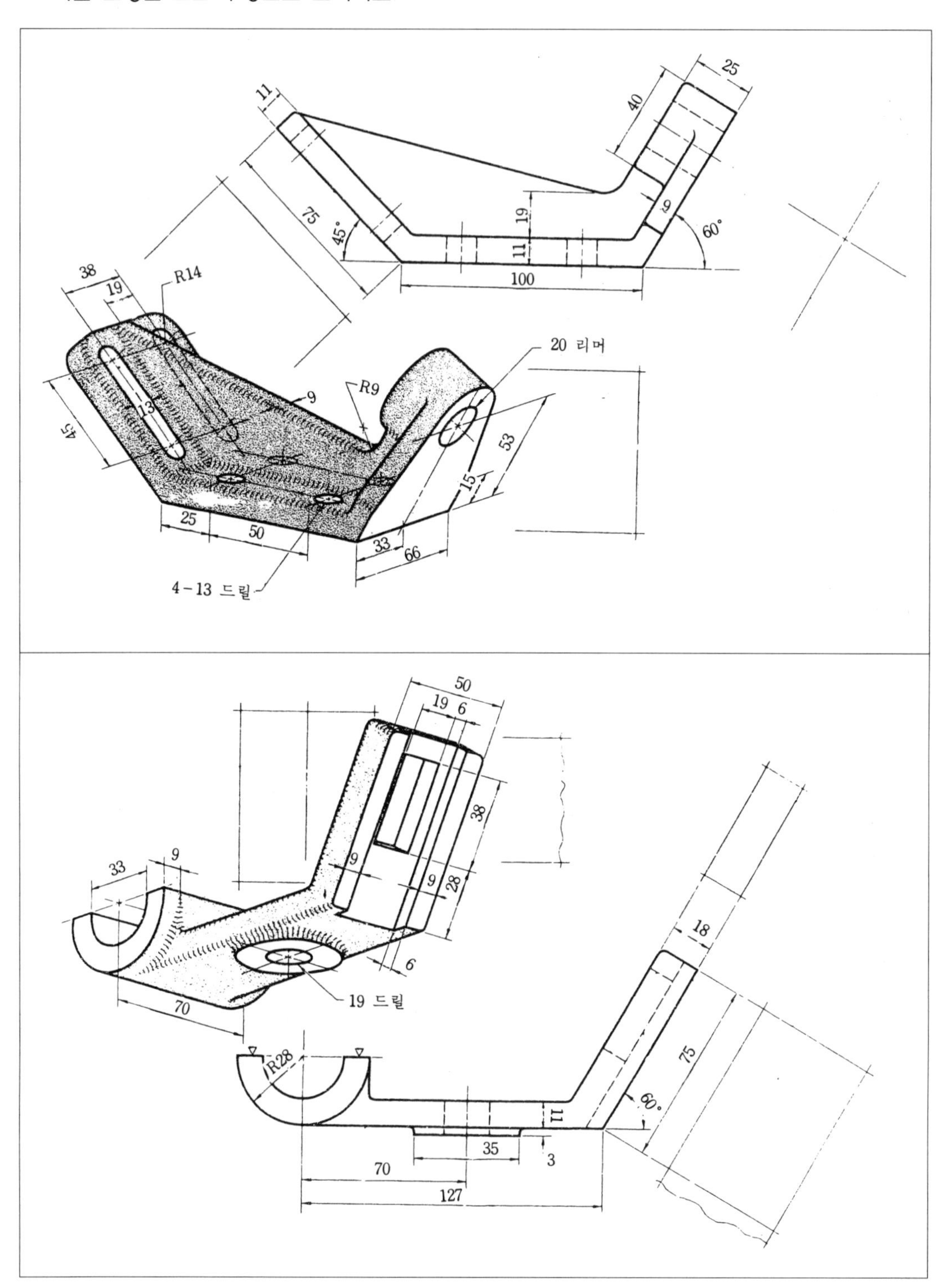

4 단면도의 표시방법

도형을 그릴 때 보이지 않는 부분의 형상은 숨은선을 사용하여 나타낸다. 그러나 복잡한 형상은 숨은선이 많이 나타나므로 선과 선이 중복, 교차되는 등 도면을 쉽게 이해하기 힘든 경우가 있다. 이런 경우에 숨은선으로 나타나는 보이지 않는 부분의 앞쪽을 절단하여 보이는 형상으로 나타내서 도형을 쉽게 이해할 수 있도록 하는 것이 단면도이다.

4.1 단면의 표시 원칙

1) 보이지 않는 복잡한 부분을 절단면을 사용하여 절단면 앞쪽을 제거하고 선이 보이도록 나타낸다.
2) 절단면을 표시하는 절단선을 긋고 그 양 끝 부분에서 본 방향을 화살표로 표시하고 영문자의 대문자를 A-A와 같이 표시한다.
3) 절단된 면은 쉽게 이해하기 위하여 잘린 면을 해칭이나 스머징을 하여 나타내고 단면이라는 것을 확실히 알아볼 수 있으면 해칭이나 스머징을 하지 않아도 좋다.
   - 해칭(Hatching) : 단면 표시할 때 단면으로 잘린 면을 가는 실선으로 기본중심선에 대하여 45°로 빗금으로 나타내는 것
   - 스머징(Smudging) : 단면 표시할 때 단면으로 잘린 면을 해칭을 하지 않고 단면의 윤곽을 따라서 주변부위를 연필이나 색연필 등으로 연하게 칠하는 것
4) 대칭인 물체를 기본중심선에서 절단할 경우에는 절단선을 나타내지 않는다.
5) 단면으로 잘린 면의 뒤쪽에 보이지 않는 부분의 숨은선은 이해하는데 지장이 없는 한 나타내지 않는다.
6) 여러 개의 부품이 결합된 조립도를 단면으로 나타낼 때 해칭선의 방향과 각도를 같게 하면 부품과 부품의 구분이 잘 안되므로 해칭선의 간격이나 해칭선의 각도를 다르게 나타낸다.

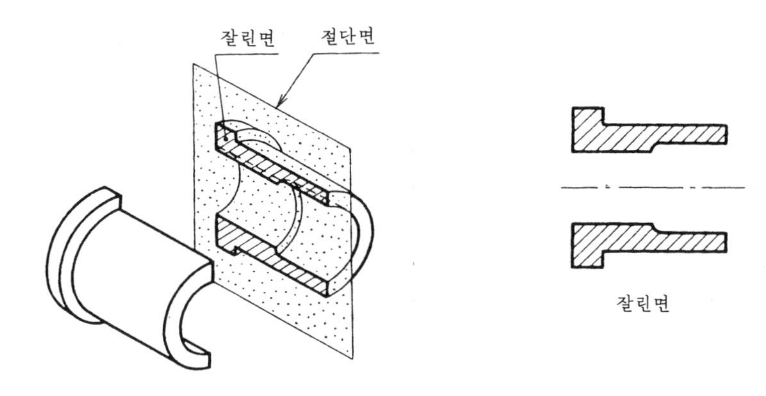

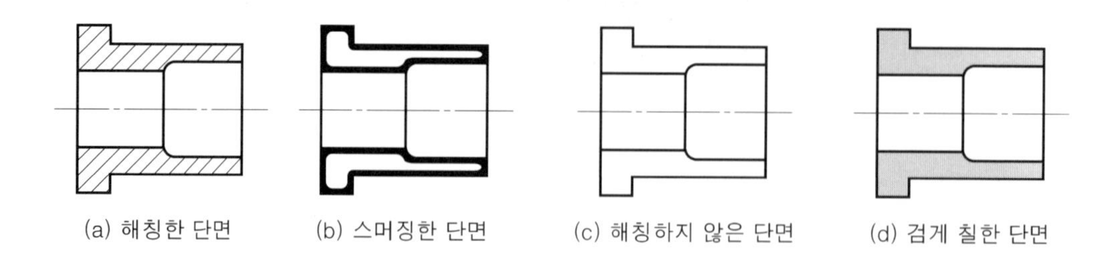

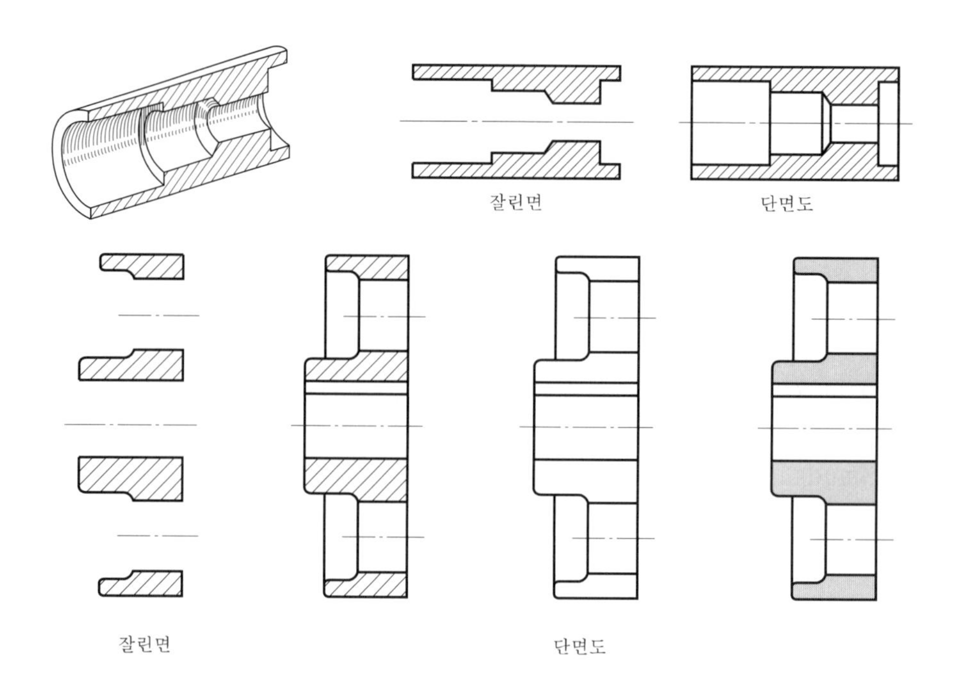

그림 1-53 절단면과 단면도

4.2 절단면의 표시

단면으로 절단된 부분을 절단선에 의해서 표시할 때 절단된 부분에 가는 선으로 절단선을 표시하고 그 끝 쪽에 굵은 선을 나타내고 여러 개의 평면으로 절단된 경우에는 구부러진 부분을 굵은선으로 나타내고 절단된 방향으로 화살표를 하고 문자표시를 해준다.

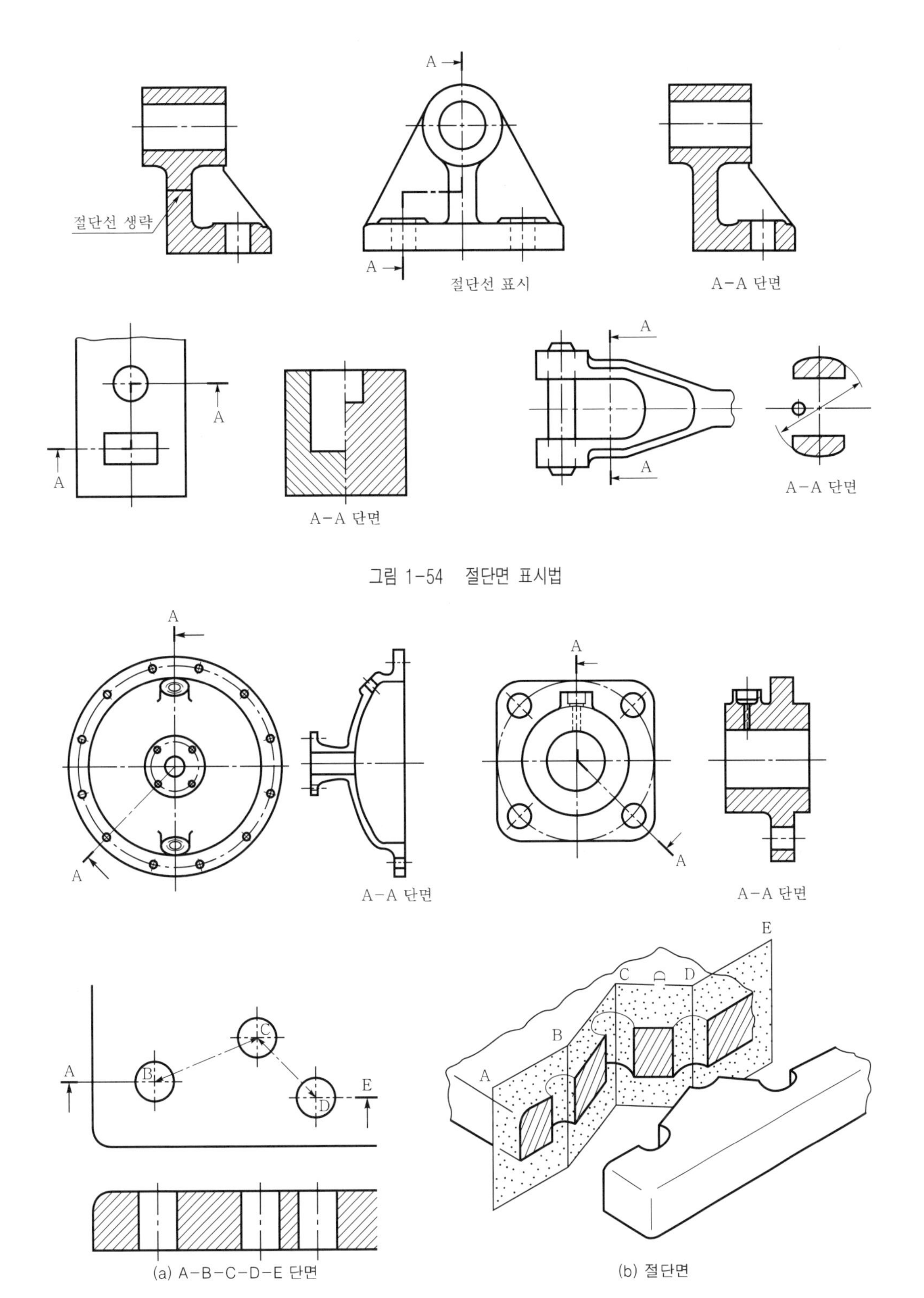

그림 1-54 절단면 표시법

그림 1-55 절단면의 절단선 표시

4.3 단면의 종류

1) 온단면

주로 대칭형상의 물체를 하나의 평면으로 절단하여 그 절단면에 수직한 방향에서 본 형상을 단면으로 그린 단면도를 온단면이라 하며 이 경우 절단면의 위치가 분명하기 때문에 절단선을 기입하지 않는다. 단면으로 잘린 면 뒤에 보이지 않는 숨은선은 생략한다.

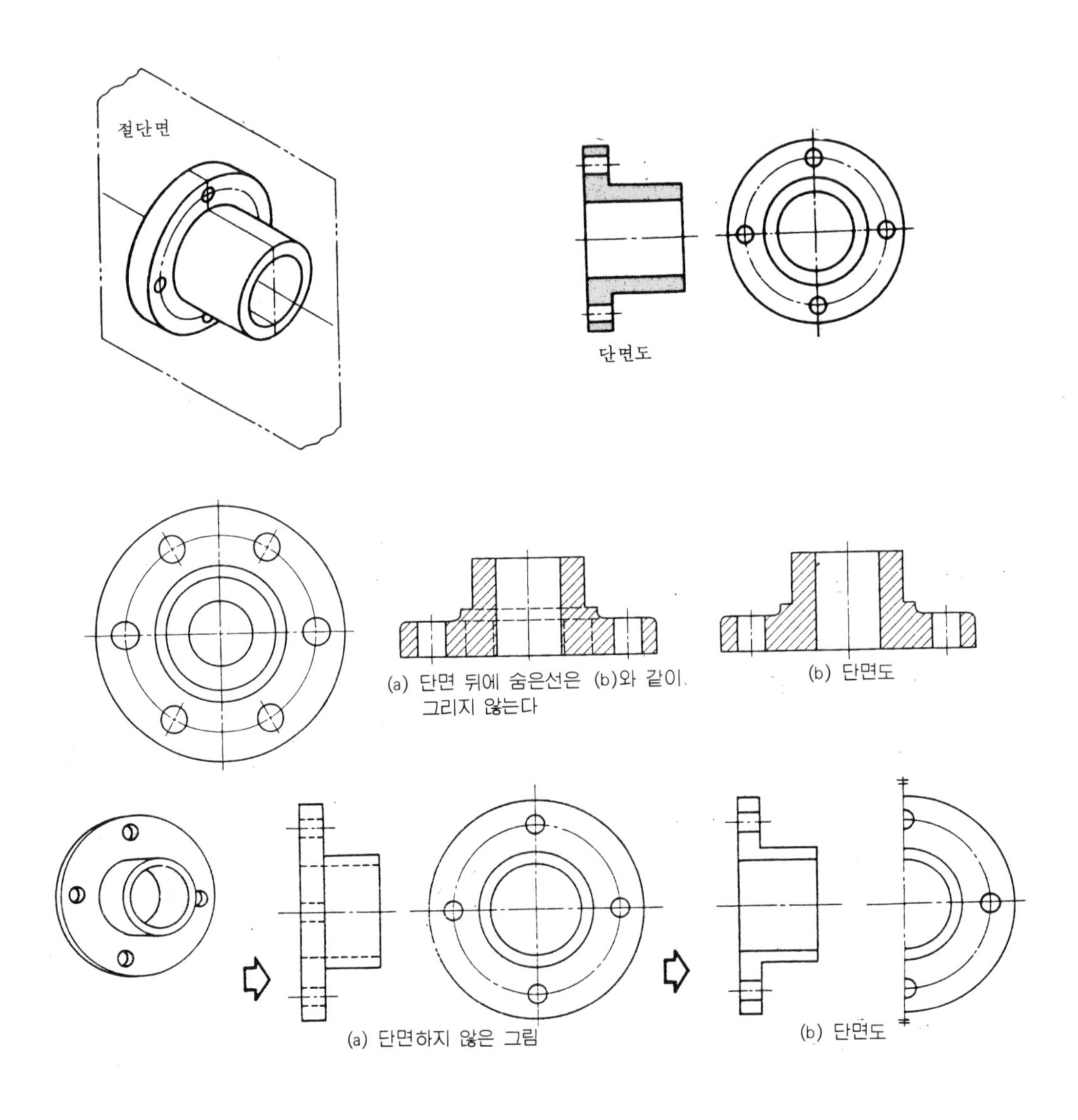

그림 1-56 온단면도

2) 한쪽 단면도

대칭형의 대상물을 단면 표시할 때 대칭중심선에서 한쪽만 단면표시하고 나머지는 외형 그대로 나타내는 것으로 내부의 형상과 외부의 형상을 동시에 나타낼 수 있다.

한쪽 단면도를 나타낼 경우에는 대칭중심선의 상, 하, 좌, 우 어느 쪽을 단면으로 나타내는지는 치수, 기호 등을 적절하게 나타낼 수 있는 면을 선택해서 그려주고 절단선은 나타내지 않는다.

단면표시하지 않은 한쪽 면의 보이지 않는 숨은선은 생략한다.

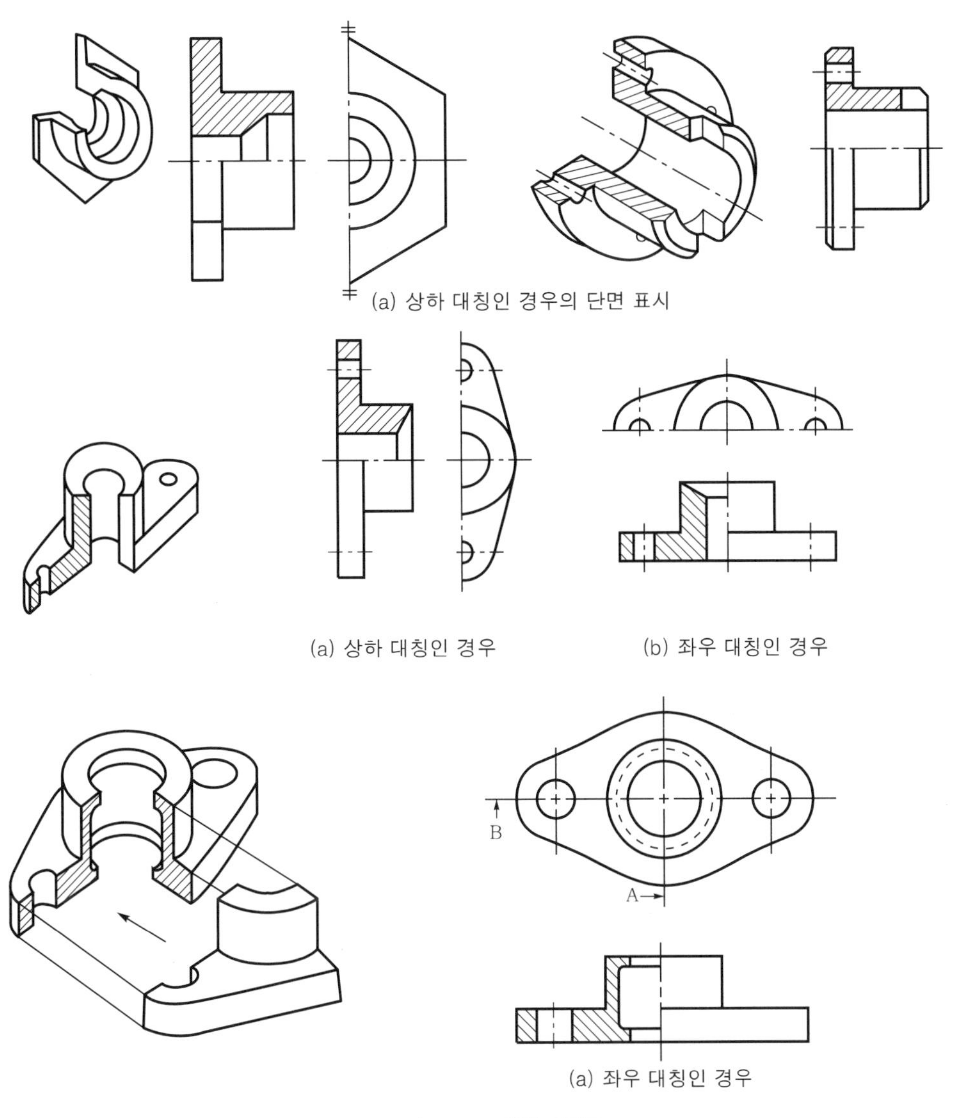

(a) 상하 대칭인 경우의 단면 표시

(a) 상하 대칭인 경우 (b) 좌우 대칭인 경우

(a) 좌우 대칭인 경우

그림 1-57 한쪽 단면도

3) 부분 단면도

외형도에 보이지 않는 부분을 숨은선을 사용하지 않고 명확하게 나타낼 때 그 일부분을 떼어내고 파단선에 의해 일부만을 부분 단면도로 나타낼 수 있다.

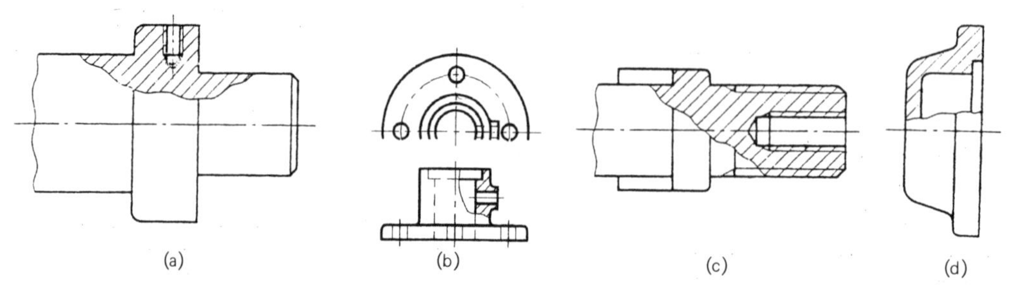

그림 1-58 부분 단면도

4) 회전 단면도

핸들이나 바퀴 등의 암 및 림, 훅, 길이가 긴축이나 구조물 등의 단면 형상을 나타낼 때 회전 단면도가 사용된다. 길이가 긴 구조물이나 축의 경우 중간을 절단하여 길이를 줄여 나타내고 절단면을 90° 회전해서 단면 형상을 도형 내에 나타내거나 절단선을 표시하고 인접 부분에 이동해서 단면 형상을 그려준다.

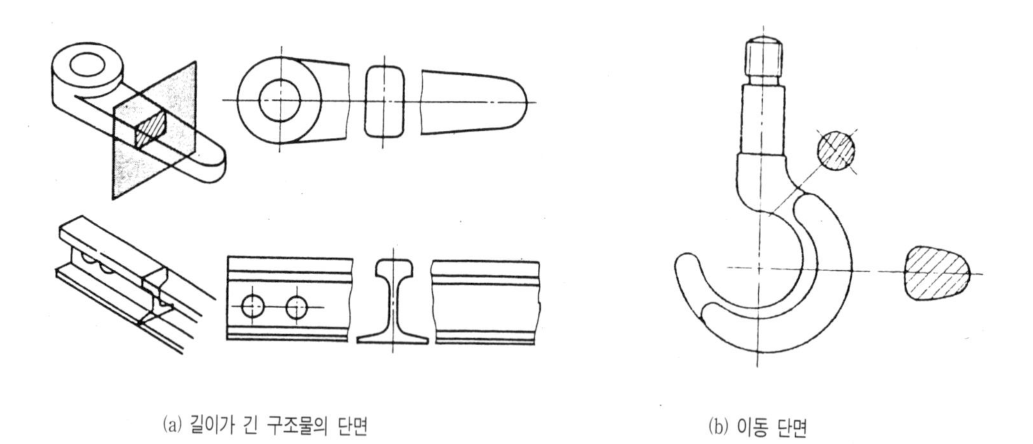

(a) 길이가 긴 구조물의 단면 (b) 이동 단면

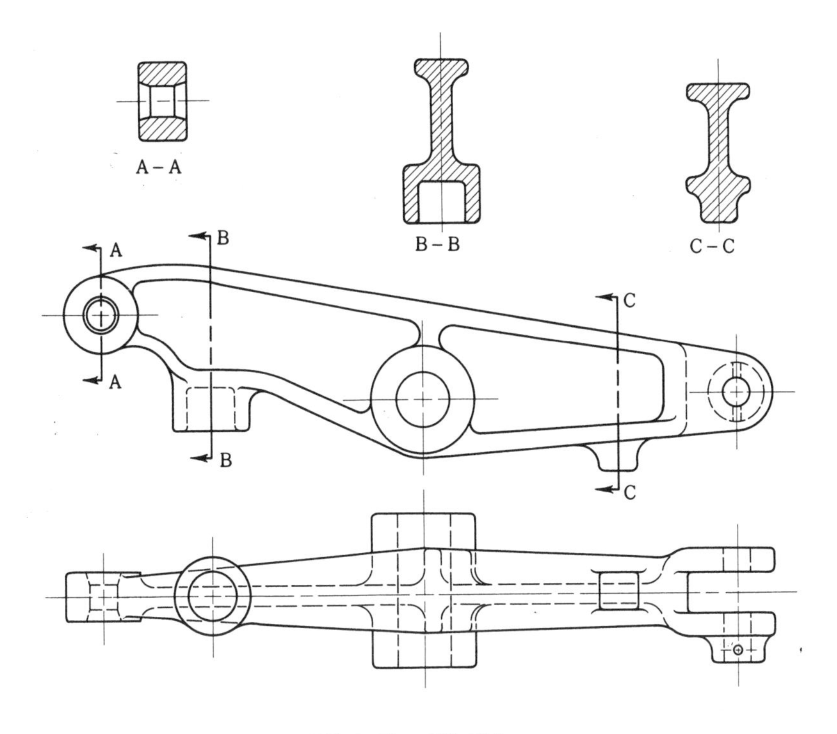

그림 1-59 회전 단면

5) 곡면 단면

물체의 형상이 구부러져 있는 형체를 단면 표시할 경우 구부러진 곡면에 따라 다음 그림과 같이 단면으로 나타낼 수 있다.

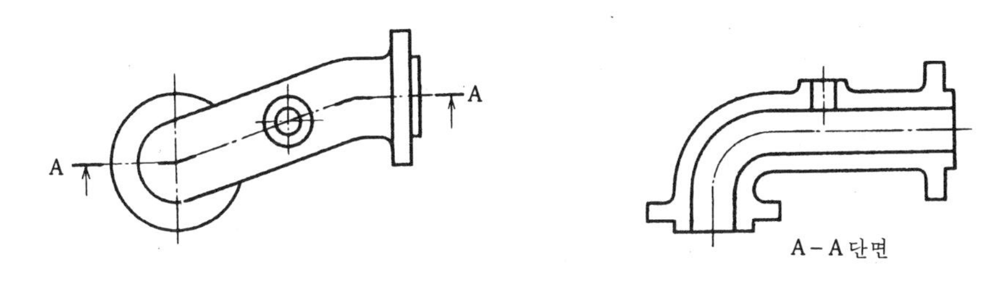

그림 1-60 곡면 단면

6) 조합에 의한 단면도

대상물의 생긴 형상에 따라 하나의 절단면에 의해 단면도를 나타내지 않고 2개 이상의 절단면에 의해 조합하여 단면도를 나타낼 수 있다. 이 때 조합된 절단면의 경계 부분의 선은 나타내지 않는다.

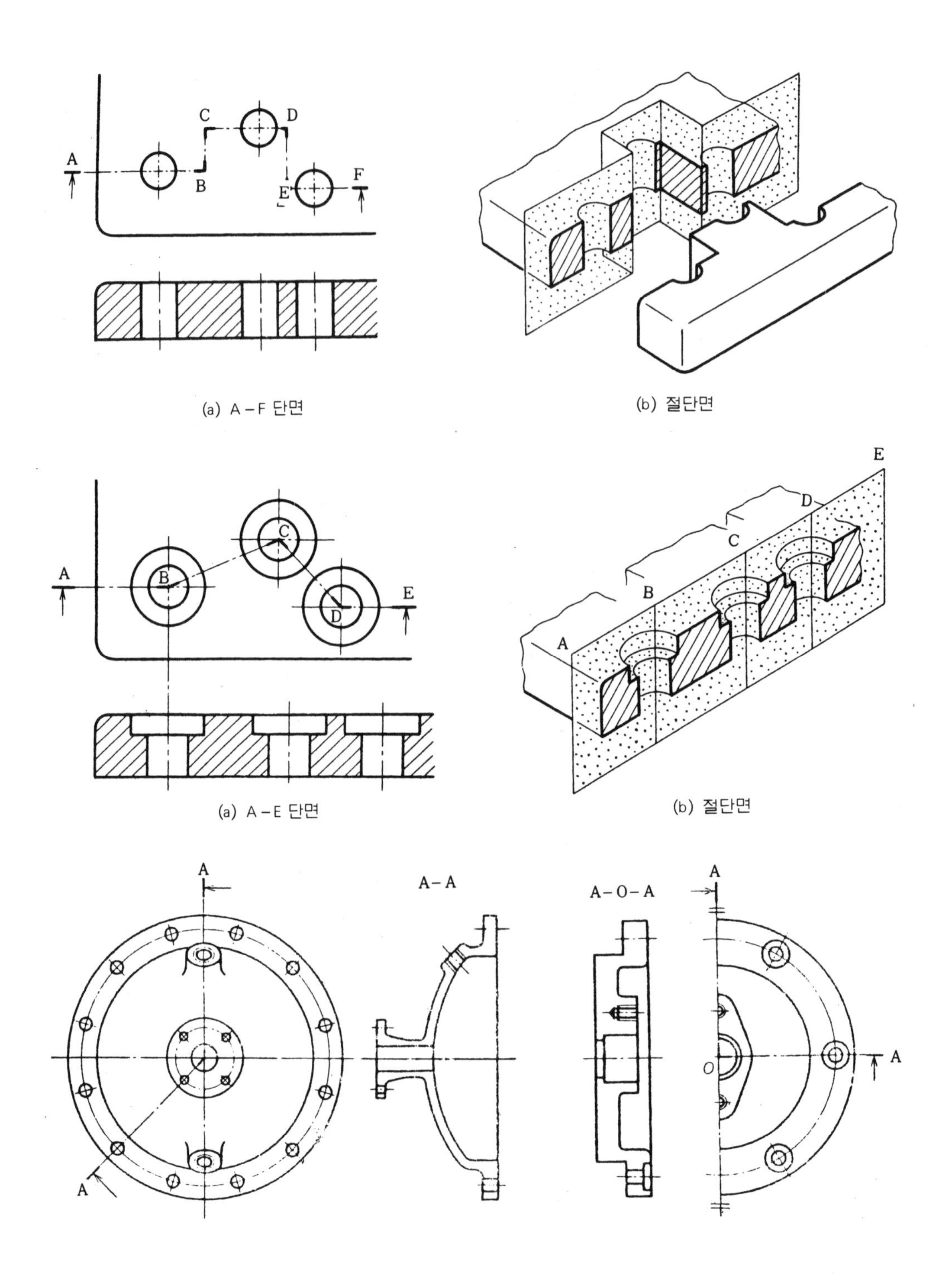

그림 1-61　조합에 의한 단면 표시

7) 여러 개의 절단면에 의한 단면도

대상물의 형상이 복잡할 경우 여러 개의 절단면에 의해 단면도를 나타낼 수가 있다. 이 경우에 절단선을 그려주고 단면표시 문자를 기입해 준다.

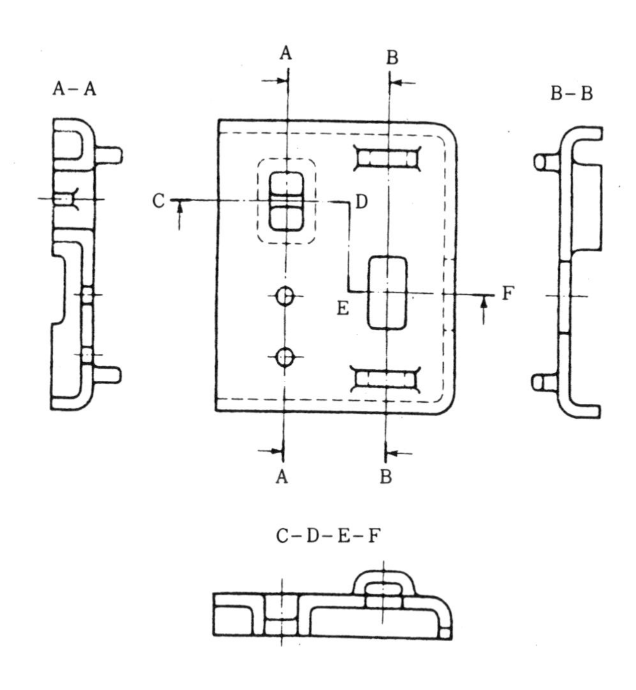

그림 1-62 다수의 절단면에 의한 단면도

8) 두께가 얇은 부분의 단면도

개스킷, 박판 등 두께가 얇은 부분을 단면도로 나타낼 때는 실제의 치수에 관계없이 1개의 아주 굵은 실선으로 나타낸다.

얇은 부분이 겹쳐 있을 경우에는 약간의 틈새를 두고 그려준다.

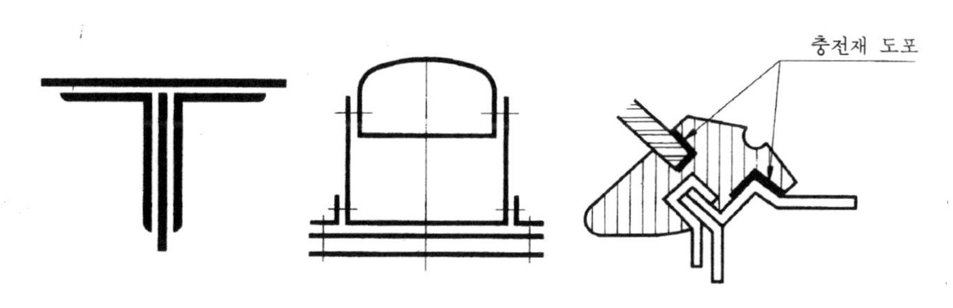

그림 1-63 두께가 얇은 부분의 단면 표시

4.4 길이방향으로 단면하지 않는 것

대상물을 길이방향으로 단면 표시했을 때 이해하는데 도움이 되지 못하는 경우가 있다. 예를 들면 다음 그림 1-64(b)와 같이 단면 표시했을 경우 실제 생긴 형상이 (a)인지 (c)인지 알 수가 없다. 이런 경우 (d)와 같이 단면 표시한다.

그림 1-64(e)와 같은 핸들을 길이 방향으로 그림(f)와 같이 단면으로 나타내면 그림(g)와 같이 암(arm)이 어떤 형상인지 불분명하다. 따라서 길이방향으로 단면표시하지 않고 그림(h)와 같이 나타낸다. 축의 경우에는 단면으로 잘렸어도 길이방향으로 단면하지 않는다.(그림 1-64(j))

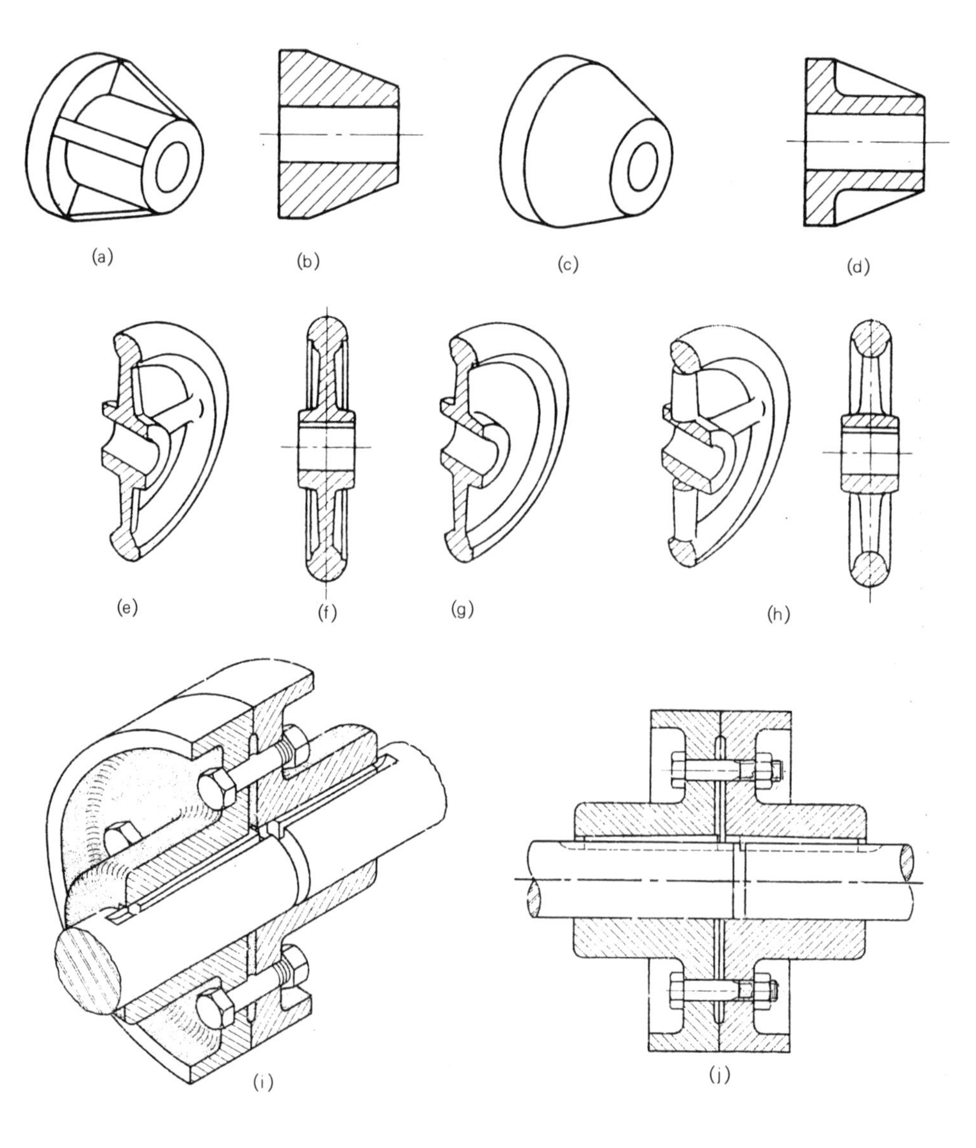

그림 1-64 길이방향으로 단면하지 않는 것

4.5 단면으로 잘렸어도 단면으로 나타내지 않는 것

다수의 부품들이 조립되어 있는 기구도를 이해하기 쉽게 단면으로 표시할 때 단면으로 잘린 부품을 전부 단면 표시를 하여 나타내면 부품과 부품 구분이 용이하지 않고 도면을 쉽게 이해할 수가 없다.

따라서 단면으로 잘렸어도 단면 표시를 하지 않는 부품들을 다음 그림에 도시하였다.

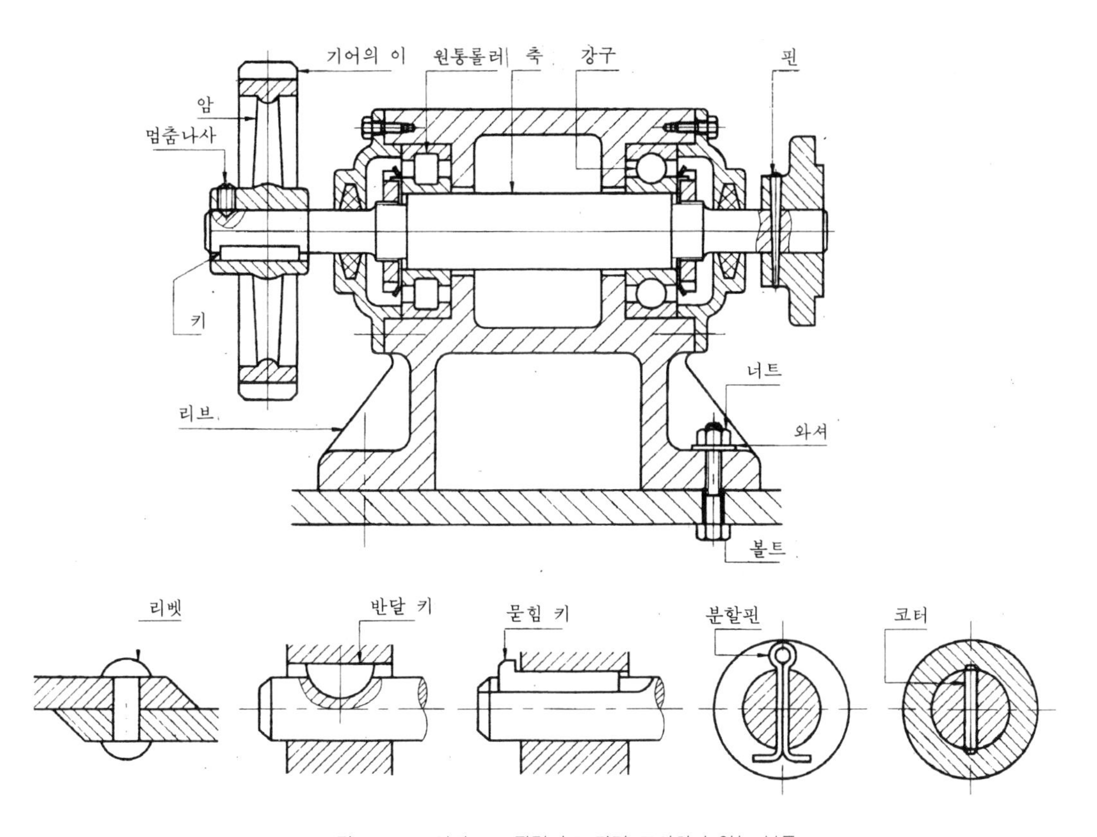

그림 1-65 단면으로 잘렸어도 단면 표시하지 않는 부품

※ 다음 도형의 정면도를 단면도로 그리시오.

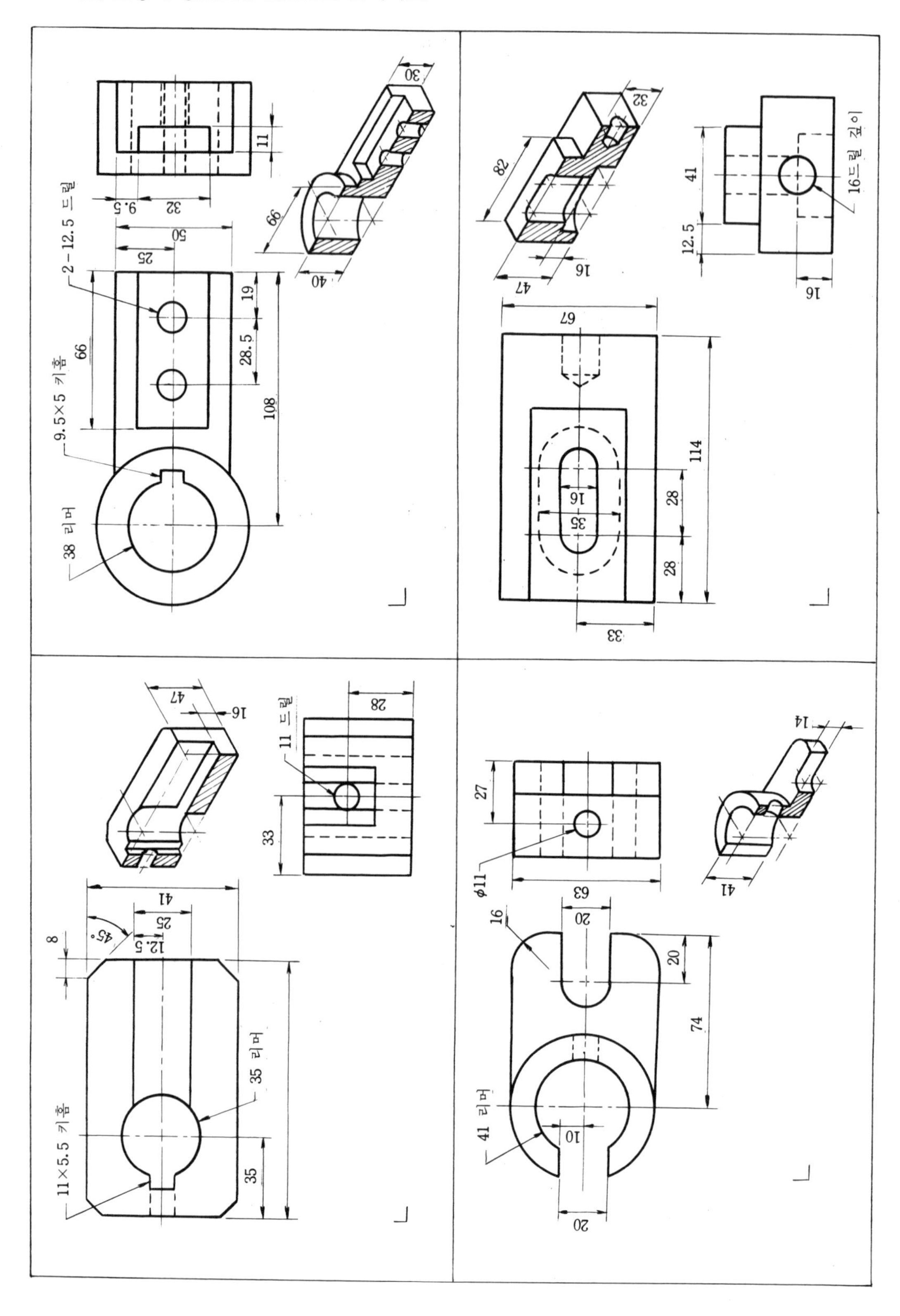

※ 다음 도형을 단면도로 그리시오.

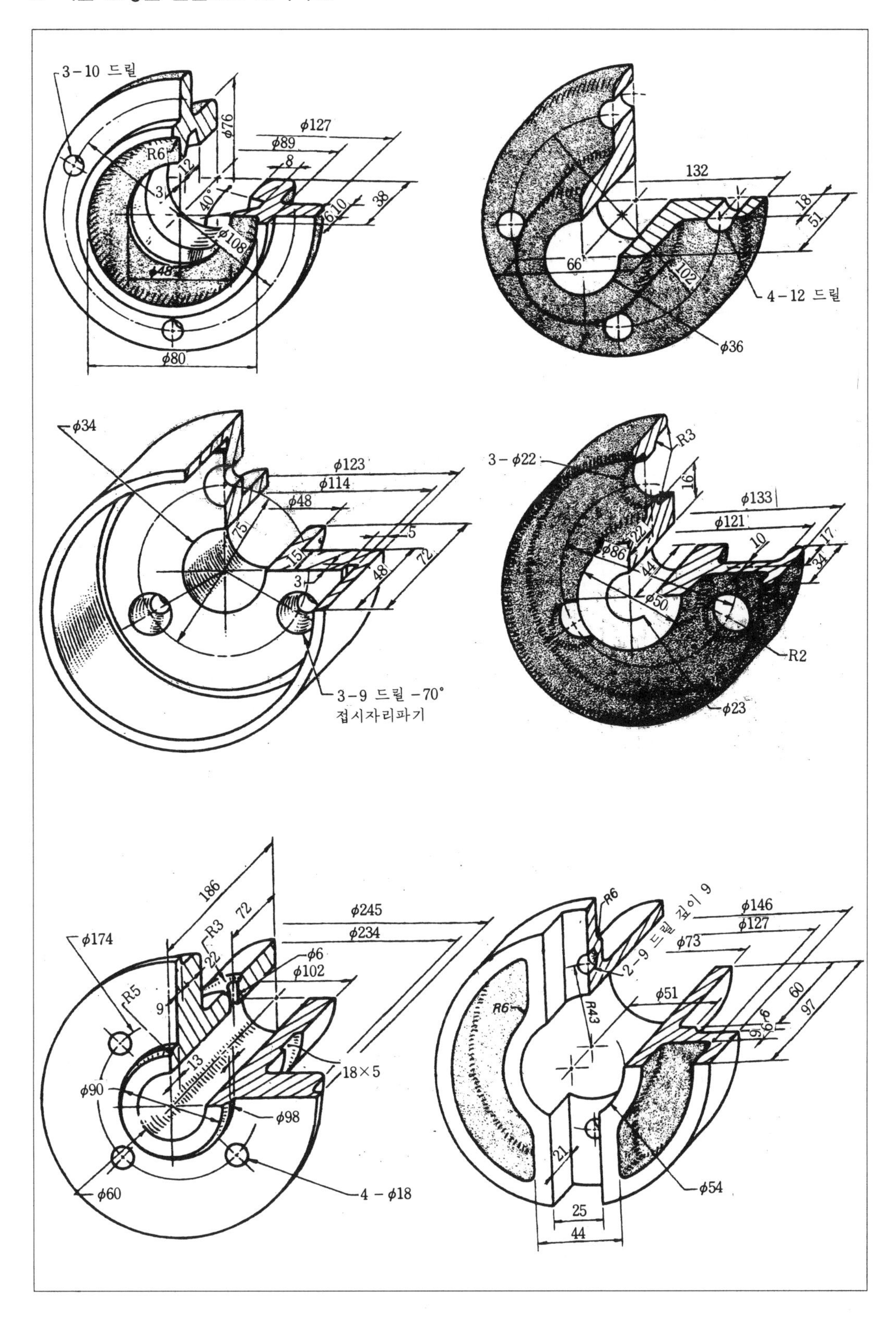

5 치수의 표시방법

투상법에 의해 도면을 작성할 수 있고 도면을 이해할 수 있으면 그 다음에 작성된 도면에 치수를 정확하게 기입할 수 있어야 한다. 제품을 가공, 제작할 때에는 도면에 표시된 치수를 보고 그 치수에 의해 제품이 만들어진다. 따라서 치수 기입이 명확하지 않으면 제작이 곤란하다. 다음에 치수 기입을 올바르게 할 수 있는 방법에 대하여 설명한다.

5.1 치수의 종류와 단위

1) 치수의 종류

- 크기 치수 : 길이, 폭, 높이, 두께, 지름, 반지름
- 위치 치수 : 구멍과 구멍사이의 위치 등 위치를 나타내는 치수
- 각도 치수 : 각도를 나타내는 치수

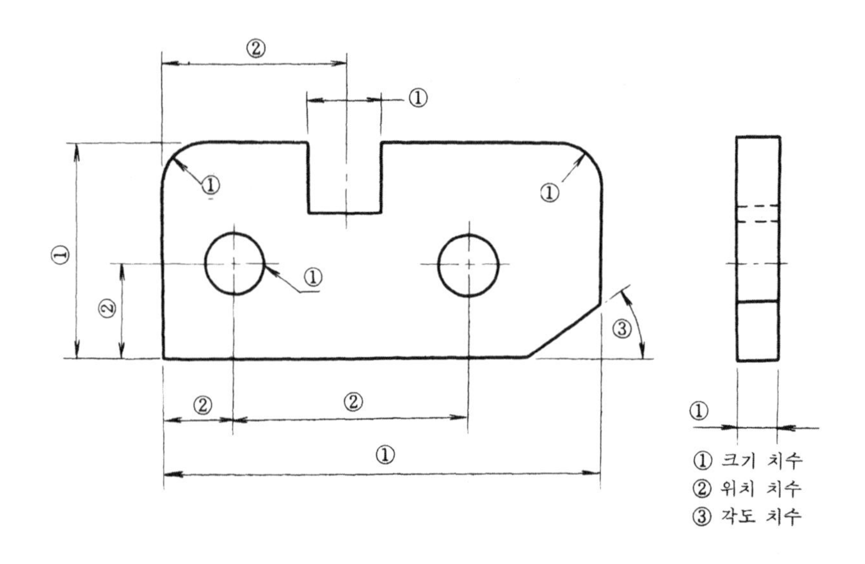

그림 1-66 치수의 종류

2) 치수의 단위

도면에 기입되는 치수 중 크기 치수와 위치를 나타내는 치수는 모두 밀리미터(mm)기준이며 치수 단위(mm)를 붙여주지 않는다. 소수점은 숫자의 아래쪽에 찍고 자릿수가 많을 경우에는 3자리마다 점을 찍지 않는다.(예 0.05 0.15 3.15 1500 25000) 각도의 치수는 도(°)의 단위를

원칙으로 하고 필요한 경우에 분(′), 초(″)를 나타낼 수 있다.

5.2 치수 기입의 원칙

도면은 설계자의 의도를 도면을 보는 사람에게 정확하게 전달하는 수단이다. 특히 도면에 표시된 치수에 의해 부품이 제작되기 때문에 치수는 무엇보다 중요하다.

다음은 치수기입 상 유의사항에 대하여 설명한다.

1) 대상물의 기능, 조립, 제작 등을 고려하여 필요하다고 생각되는 치수를 명료하게 도면에 지시한다.
2) 치수는 대상물의 크기, 자세, 위치, 각도를 가장 명확하게 표시하는데 필요하고 충분한 것을 기입한다.
3) 도면에 나타내는 치수는 특별히 명시하지 않는 한 마무리치수를 기입한다.
4) 치수는 필요한 경우 치수의 허용한계치수(치수공차)를 지시한다.
5) 치수는 되도록 주 투상도(정면도)에 집중 기입한다.
6) 치수는 중복기입을 피한다.
7) 치수는 되도록 계산해서 구할 필요가 없도록 기입한다.
8) 치수는 필요에 따라 기준이 되는 면, 점, 선을 기준으로 기입한다.
9) 관련되는 치수는 되도록 한 곳에 모아 기입한다.
10) 치수는 되도록 공정마다 배열을 분리하여 기입한다.
11) 치수 중 참고로 나타내는 치수는 치수수치를 ( )로 묶어 나타낸다.

5.3 치수기입방법

1) 치수선

치수를 기입할 때 치수선, 치수보조선, 지시선, 치수보조기호 등을 사용하여 치수기입을 한다. 치수선과 치수보조선, 지시선 등의 굵기는 가는 실선을 사용하여 나타내고 치수선이나 지시선의 끝 쪽은 화살표나 흑점 또는 사선으로 다음 그림과 같이 나타낸다.

그림 1-67 치수선 끝 부분 표시

2) 현, 호, 각도의 치수선 기입

도형에 치수선을 어떻게 나타내느냐에 따라 현과 호, 각도의 치수가 구분된다. 현의 길이는 현에 평행한 치수선으로, 호의 길이는 호와 동심 원호의 치수선으로, 각도는 그림(e)와 같이 원호로 치수선을 나타낸다.

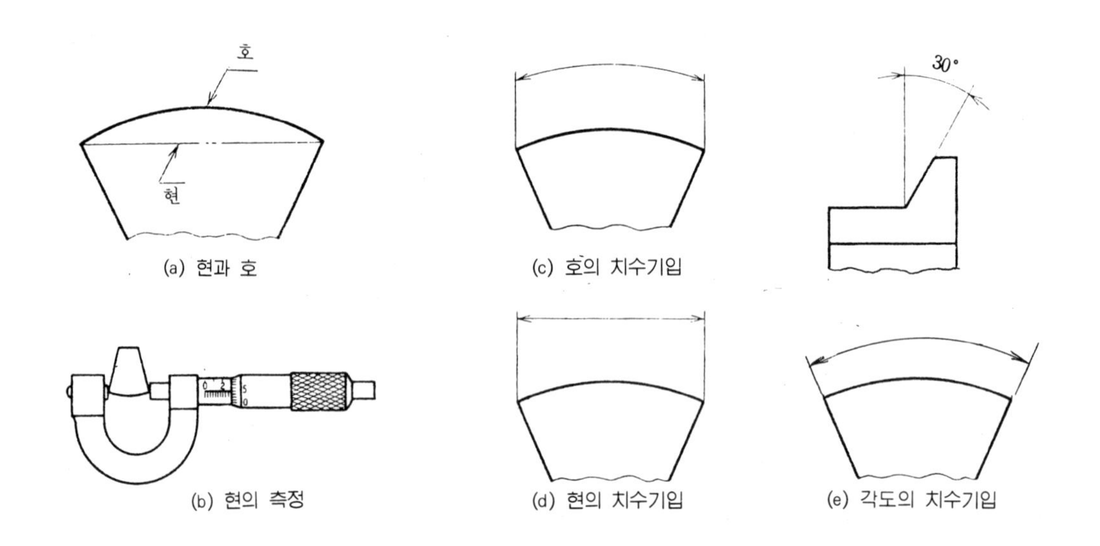

그림 1-68 현과 호, 각도의 치수기입

3) 치수선 표시

치수를 기입할 때 치수 보조선과 치수선을 도형의 외부로 뽑아내서 치수를 기입한다. 다만 도형의 외부로 치수를 뽑아내면 그림을 혼동할 우려가 있을 때는 도형 내부에 표시할 수도 있다.

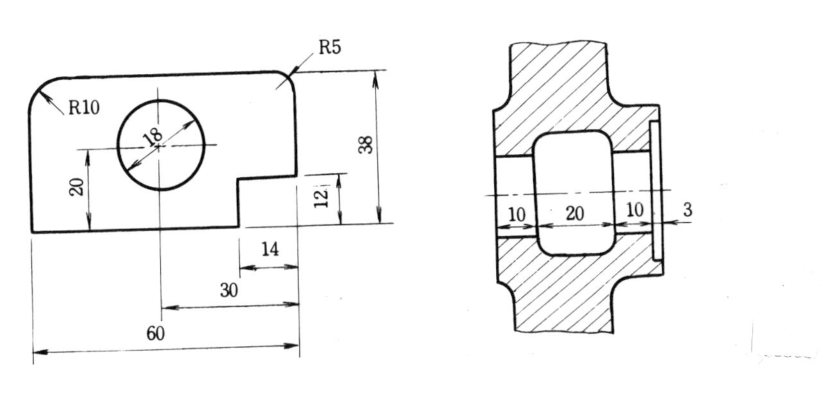

그림 1-69 치수선 기입

4) 치수 보조선 표시

치수 보조선은 도형의 외형에 직접 연장하여 그리거나 그림(a) 도형사이를 약간 떼어놓아도 좋다. 그림(b) 또한 치수 보조선은 치수선에 직각 되게 그어서 치수선을 약간 지나도록(약 2~3mm) 그린다. 치수선에 수직하게 치수 보조선을 그리지 않는 경우에는 치수선에 대하여 적당한 각도를 가진 서로 평행한 치수 보조선을 그어 나타낼 수 있다. 이때 각도는 되도록 60°가 좋다.(그림(c))

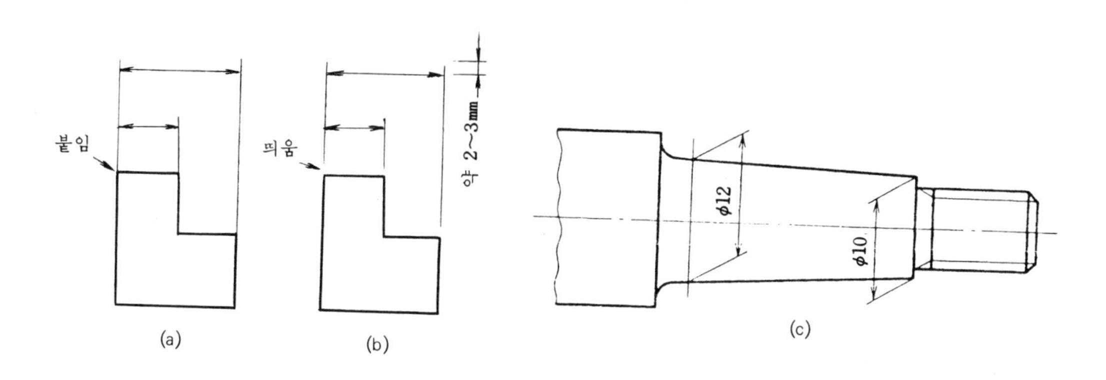

그림 1-70 치수보조선

5) 치수 수치 기입법

치수선에 기입되는 수치는 수평방향의 치수선에 대하여는 치수선의 중앙위에 위로 향하게 기입하고 수직방향의 치수선에 대하여는 우측에서 좌측을 향하게 치수선 중앙위에 기입한다.(그림 1-71(a))

치수수치는 치수선 중앙위에 약간의 간격을 두고 기입한다. 경사진 치수선에 대한 치수와 각도에 대한 수치는 그림 1-71(b)와 같이 기입한다. 또한 수평방향 이외의 치수선은 치수수치

를 끼우기 위하여 치수선 중앙을 절단하고 위쪽을 향하게 기입할 수도 있다.(그림 1-71(c))

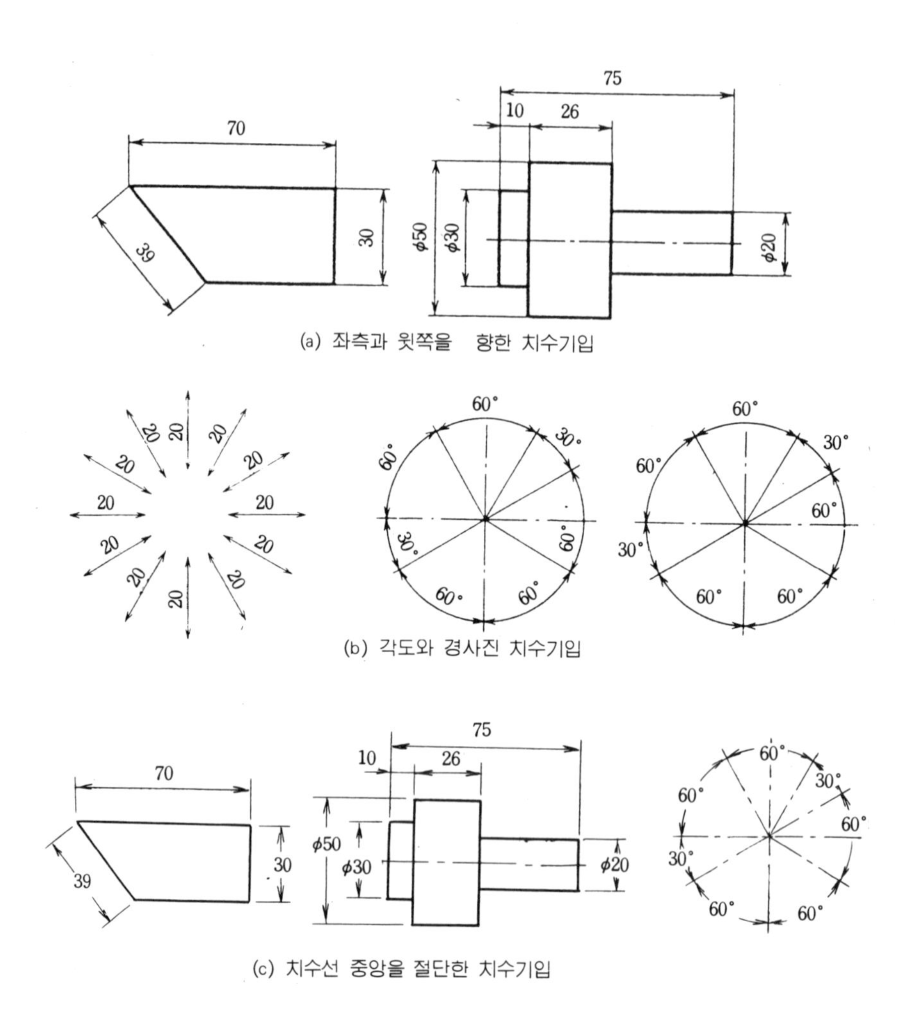

(a) 좌측과 윗쪽을 향한 치수기입

(b) 각도와 경사진 치수기입

(c) 치수선 중앙을 절단한 치수기입

그림 1-71 치수 수치 기입방향

6) 중복되지 않는 치수선

치수선을 그릴 때 치수선과 치수보조선의 중복을 피하고 외형선을 치수선이나 치수 보조선으로 사용하지 않으며 치수선은 외형 밖으로 뽑아서 치수를 기입한다.

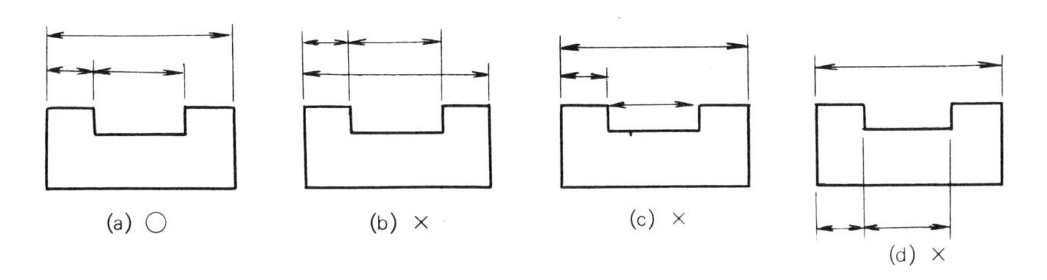

그림 1-72 중복 치수선 없는 치수 기입

7) 기점 기호에 의한 치수 기입

기점 기호는 기준이 되는 점, 선, 면의 치수 기점을 화살표를 하지 않고 칠하지 않은 작은 원의 기호로 나타내고 검은 흑점보다 크게 그린다.

기점 기호는 치수 수치를 2개 이상 기입하는 누진 치수 기입법 그림 1-80의 경우에 주로 사용하며 하나의 치수에도 기점 기호를 사용할 수 있다.(그림 1-73)

다음 그림에 하나의 치수에 기점 기호 사용 예를 설명하였다. 그림에서 위 면이 기준이 되었을 때와 아래 면이 기준이 되었을 때의 형상이 달라질 수 있다.

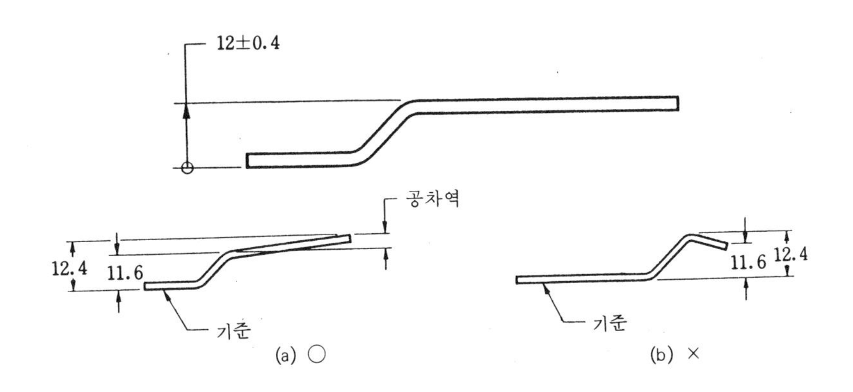

그림 1-73 기점기호

8) 비례척이 아닌 치수 기입법

도형을 그릴 때 축척, 현척, 배척의 척도에 관계없이 치수에 비례하지 않게 그릴 경우 그 치수숫자 아래에 굵은 실선을 그어 나타낸다. 즉 치수숫자가 도형의 크기와 같지 않을 때나 도면이 완성된 다음 일부치수를 변경할 때 도면은 그대로 두고 치수만을 바꾸어 쓰고 굵은 밑줄을 긋는다. 단 중간부분을 생략할 때는 도형의 크기와 치수가 맞지 않은 것이 분명하므로 밑줄을 긋지 않는다.

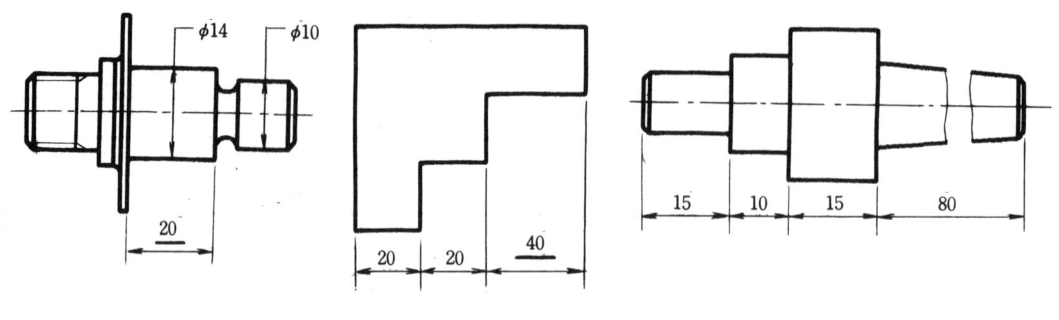

그림 1-74 비례척이 아닌 치수기입

9) 좁은 공간의 치수 기입

치수를 기입할 공간이 좁아서 치수 기입이 곤란할 경우에는 좁은 부분을 확대도를 그려 치수를 기입하거나 지시선을 치수선에서 경사방향으로 끌어내고 그 끝을 수평으로 구부리고 그 위쪽에 치수를 기입하거나 치수선을 연장하고 치수를 기입한다.

또한 치수보조선의 간격이 좁아서 화살표를 기입할 여지가 없을 경우에는 화살표 대신 검은 둥근점 또는 45°로 경사선을 그어 나타낸다.

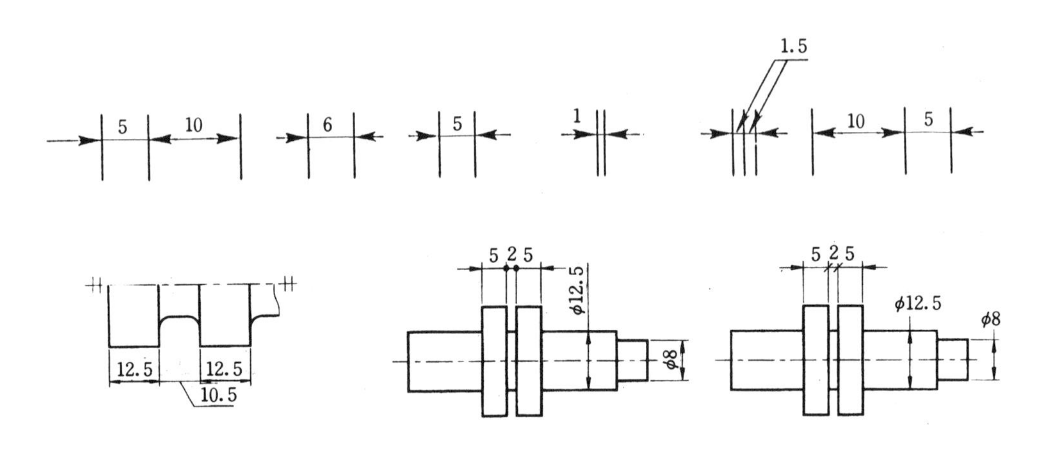

그림 1-75 좁은 공간의 치수 기입법

10) 기준면에서의 치수기입

부품과 부품이 조립될 경우 기준면에서부터 치수기입이 되어야 한다. 기준을 무시한 치수기입은 결합 상 문제가 생긴다.

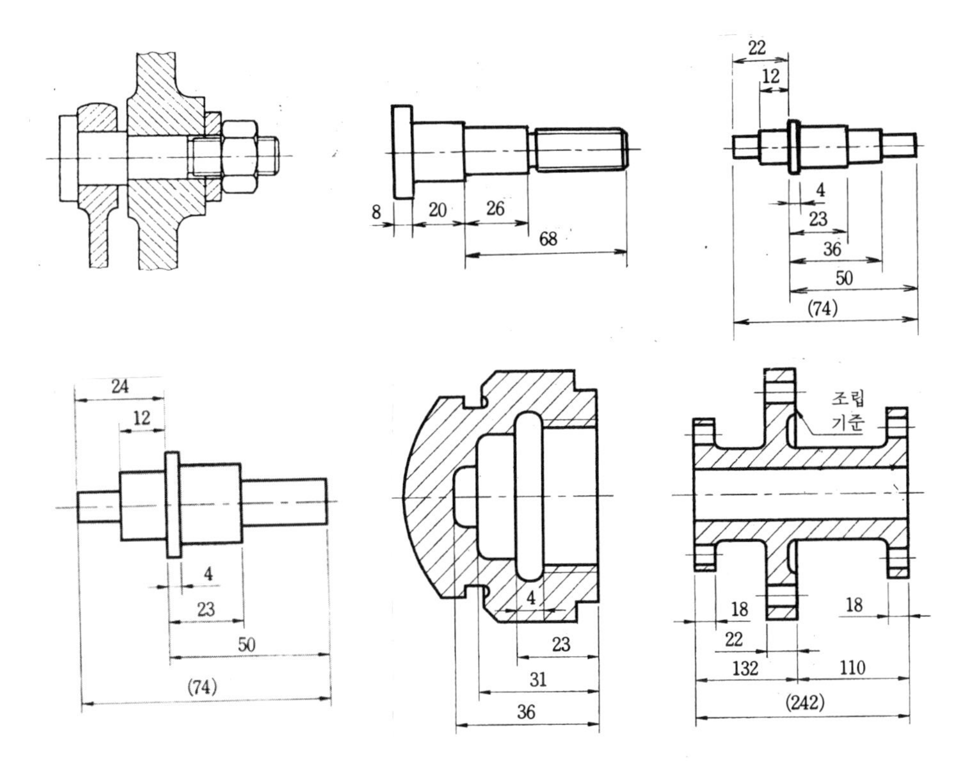

그림 1-76 기준에서의 치수 기입

11) 두 개의 면이 교차되는 부분의 치수 기입법

서로 경사 된 두개의 면 사이에 둥글기 또는 모떼기가 되어있을 때 두 면이 교차되는 위치를 나타낼 때는 둥글기 또는 모떼기를 하기 이전의 모양을 가는 실선으로 표시하고 그 교점에서 치수 보조선을 끌어낸다. 이 경우에 교점을 명확하게 나타낼 필요가 있을 때는 각각의 선을 서로 교차시키거나 또는 교점에 검은 둥근 점으로 나타낸다.

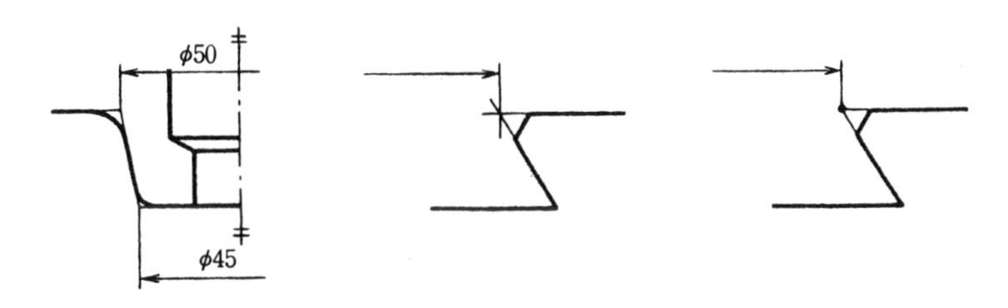

그림 1-77 두 면이 교차되는 부분의 치수 기입법

12) 치수 기입의 배치

① 직렬 치수 기입법

치수를 기입할 때 한 방향으로 줄지어 있는 치수를 차례로 기입하는 방법으로 각각의 치수에는 치수공차가 주어진다. 이때 직렬로 나란히 연결된 개개의 치수에 주어진 치수공차가 누적되어도 좋은 경우에 사용된다. 공차 누적이 있기 때문에 결합되는 상대부품이 있는 경우나 정밀도에 영향이 있는 치수기입에는 사용되지 않는다.

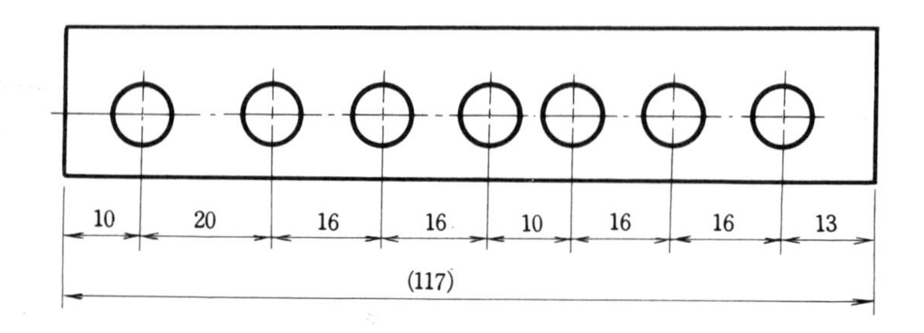

그림 1-78 직렬 치수 기입법

② 병렬 치수 기입법

병렬 치수 기입법은 부품의 기능 결합상태, 가공, 측정의 기준이 되는 점, 선, 면에서부터의 치수를 기입하는 것으로 병렬로 기입하는 개개의 치수공차는 다른 치수의 공차에 영향을 주지 않는다.

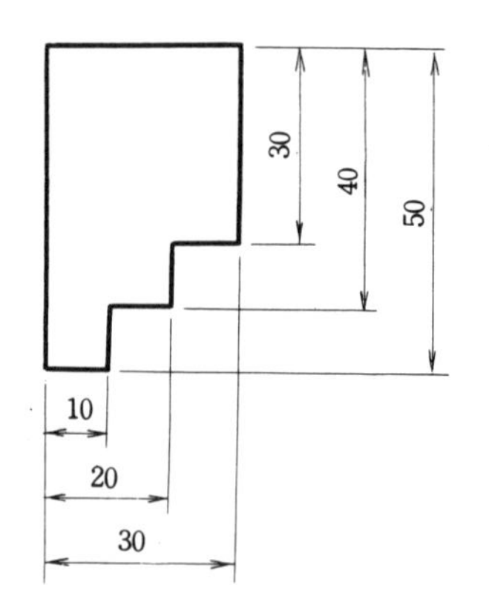

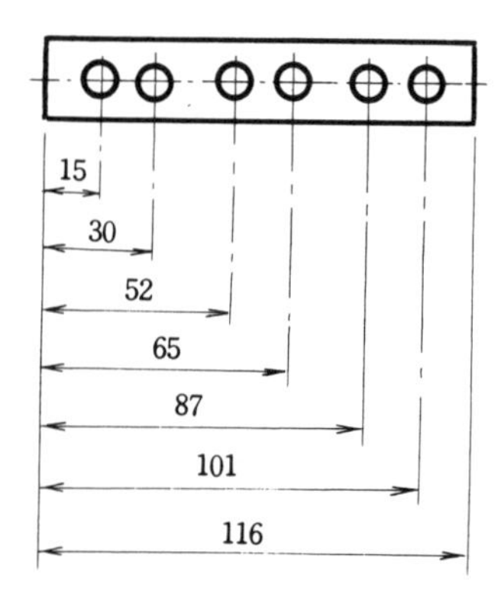

그림 1-79 병렬 치수 기입법

③ 누진 치수 기입법

누진 치수 기입법은 한 개의 연속된 치수선으로 간편하게 표시되며 치수기점의 위치에 기점 기호(O)를 나타내고 치수선의 다른 끝은 화살표로 나타낸다. 치수 수치는 치수선의 화살표 가까이 치수선 위에 기입하거나 치수 보조선에 나란하게 기입한다.

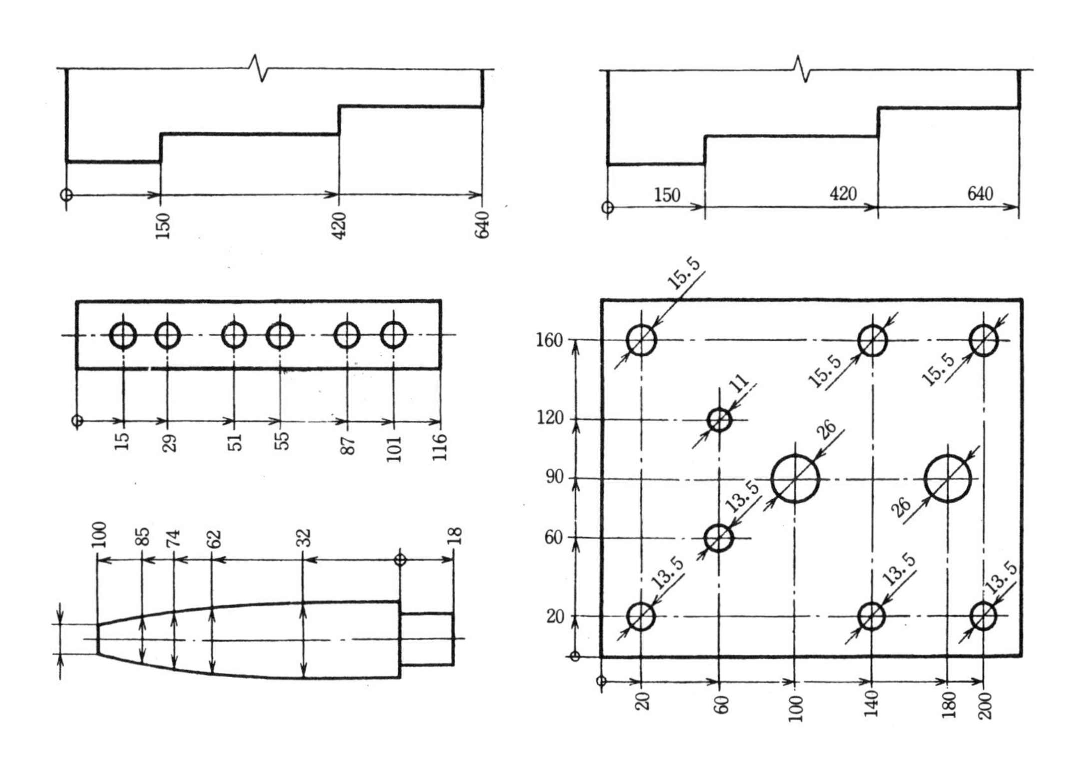

그림 1-80　누진 치수 기입법

④ 좌표 치수 기입법

구멍의 위치나 크기 등의 치수는 도형에 직접 표시하지 않고 좌표를 이용하여 나타낼 수 있다. 이 경우 표시된 X, Y, β의 치수는 기점에서부터의 치수이며 φ는 각 구멍지름의 치수이다. 기점 기호의 예를 들면 기준 구멍, 대상물의 기준면 등 기능과 가공의 조건을 고려하여 적절하게 선택한다.

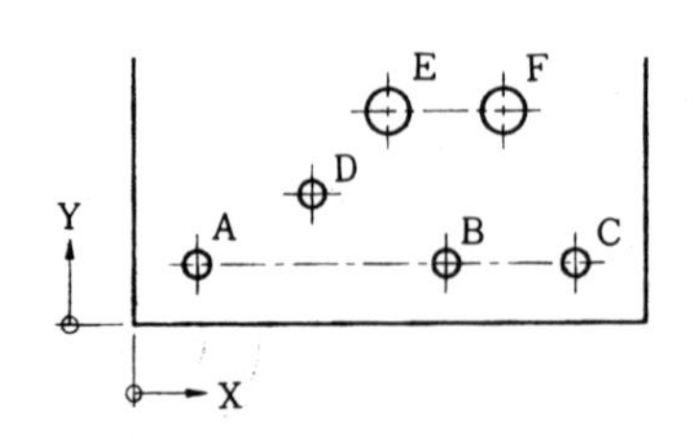

	X	Y	ϕ
A	20	20	13.5
B	140	20	13.5
C	200	20	13.5
D	60	60	13.5
E	100	90	26
F	180	90	26

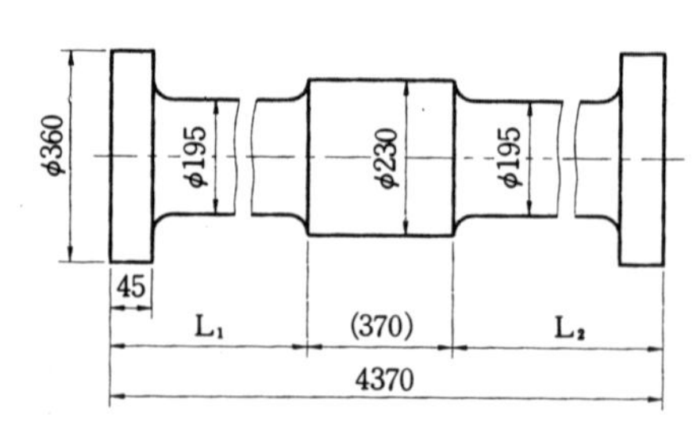

기호 \ 품번	1	2	3	4
L_1	1915	2500	3115	3115
L_2	2085	1500	885	1500

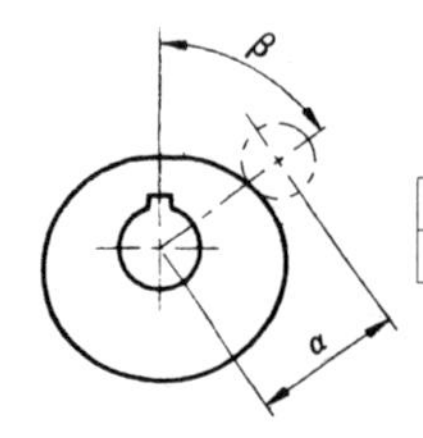

β	0°	20°	40°	60°	80°	100°	120~210°	230°	260°	280°	300°	320°	340°
α	50	52.7	57	63.5	70	74.5	76	75	70	65	59.5	55	52

그림 1-81 좌표 치수 기입법

※ 도면 그리는 순서

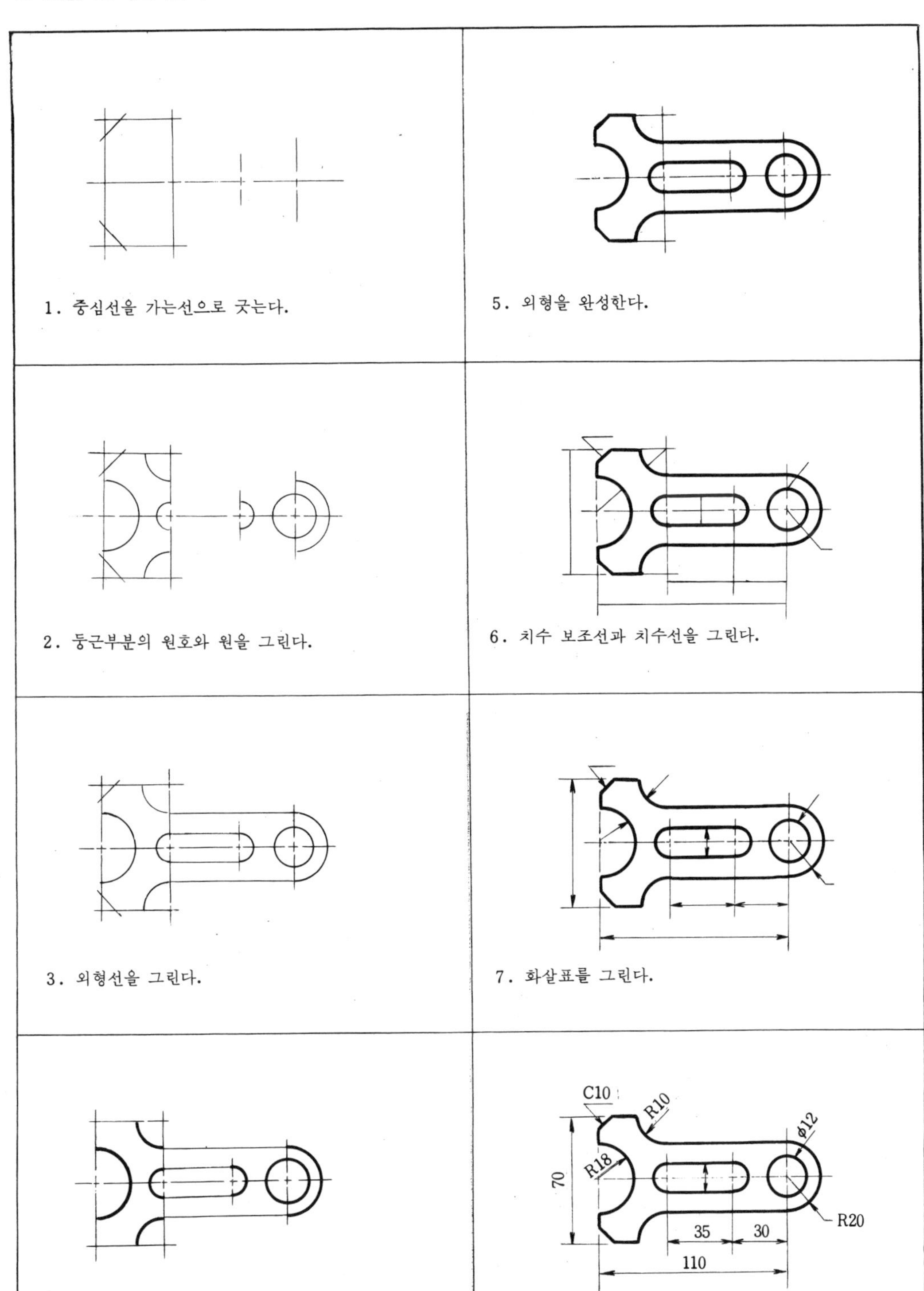
1. 중심선을 가는선으로 긋는다.
5. 외형을 완성한다.
2. 둥근부분의 원호와 원을 그린다.
6. 치수 보조선과 치수선을 그린다.
3. 외형선을 그린다.
7. 화살표를 그린다.
4. 둥근부분을 굵은 실선으로 그린다.
C10
R10
ϕ12
R18
70
R20
35
30
110
8. 치수를 기입하여 완성한다.

※ 다음 실체도를 3각 투상법으로 그리고 치수를 기입하시오.

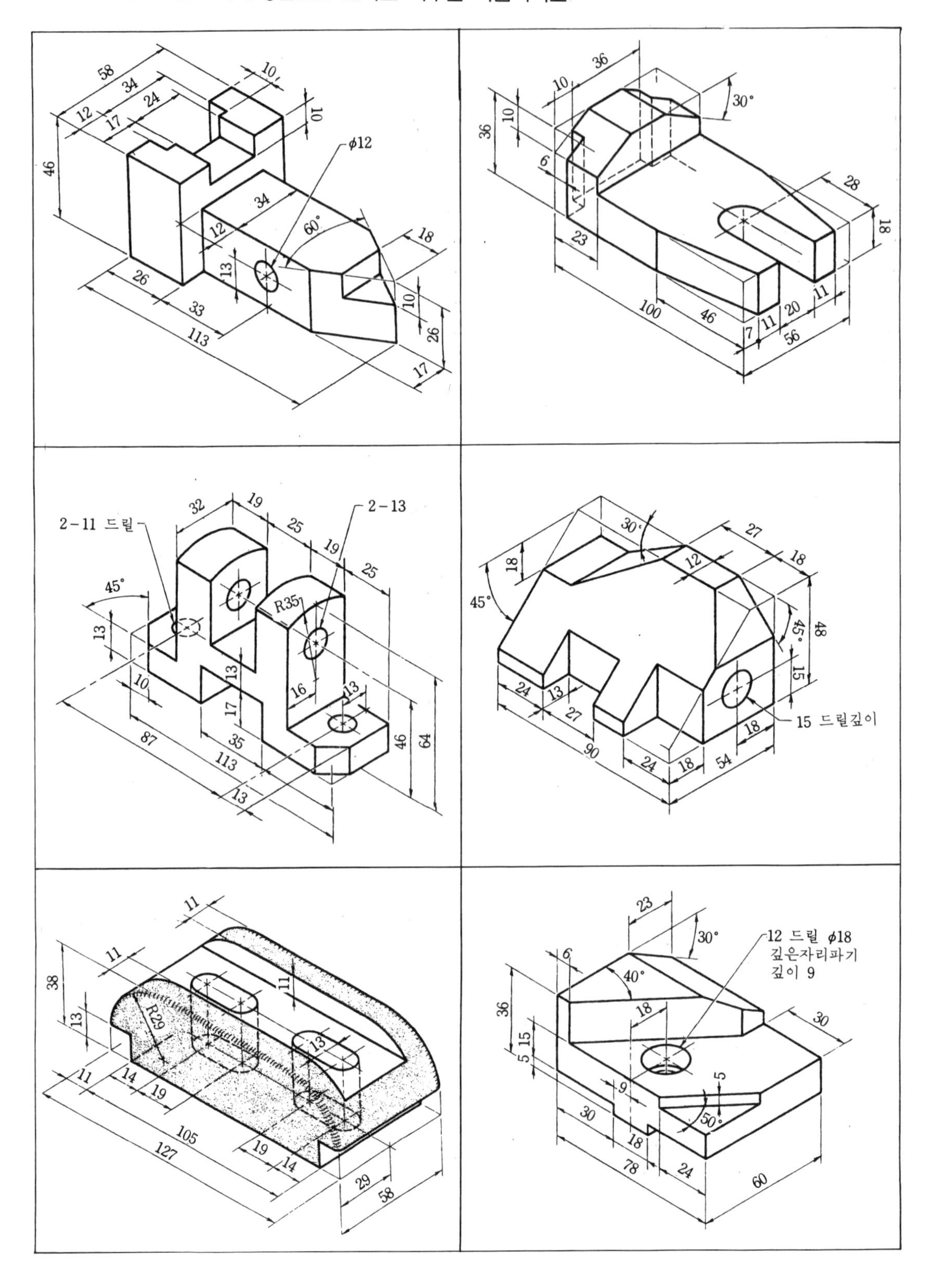

※ 다음 실체도를 3각 투상법으로 그리고 치수를 기입하시오.

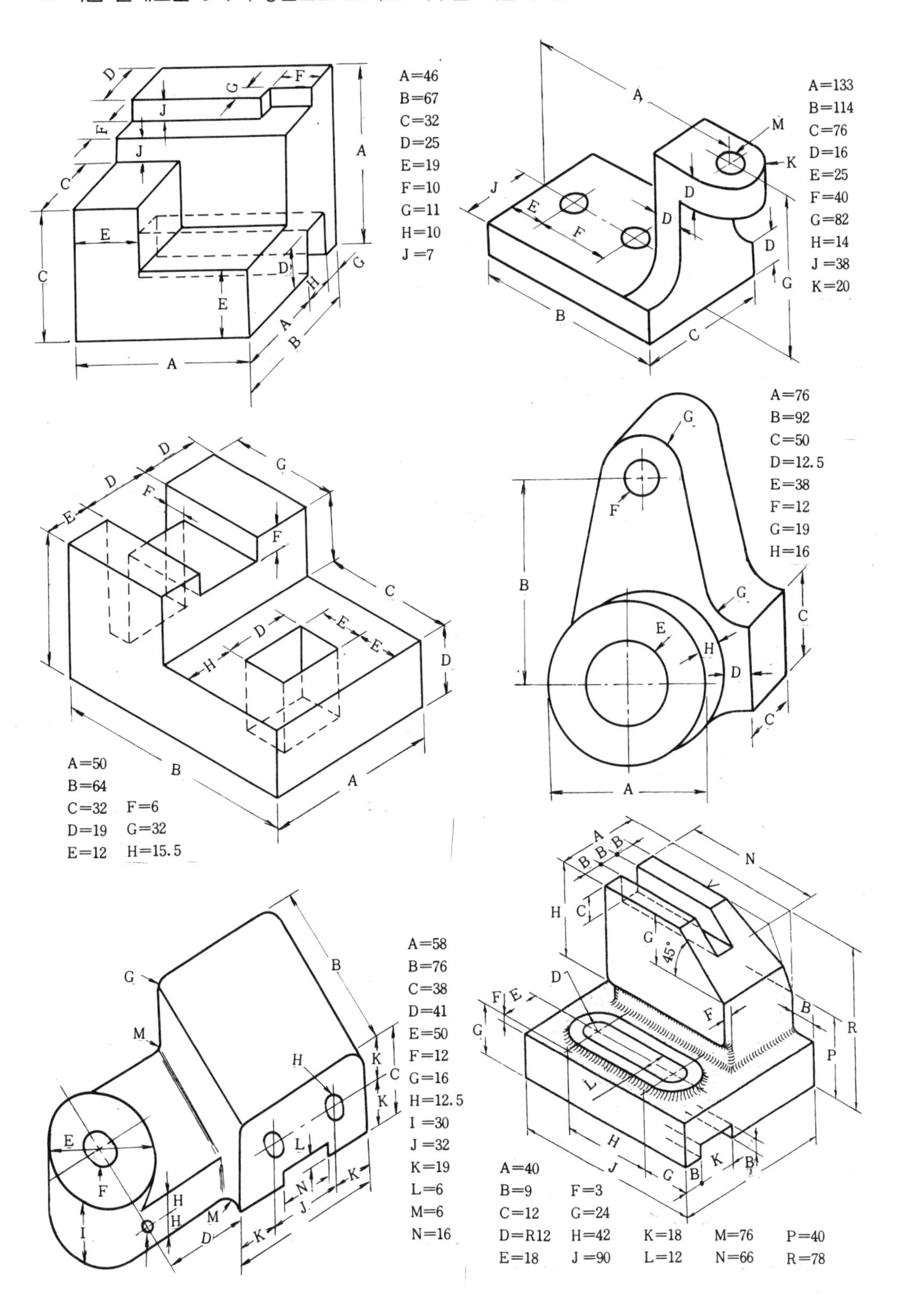

※ 다음 실체도를 3각 투상법으로 그리고 치수를 기입하시오.

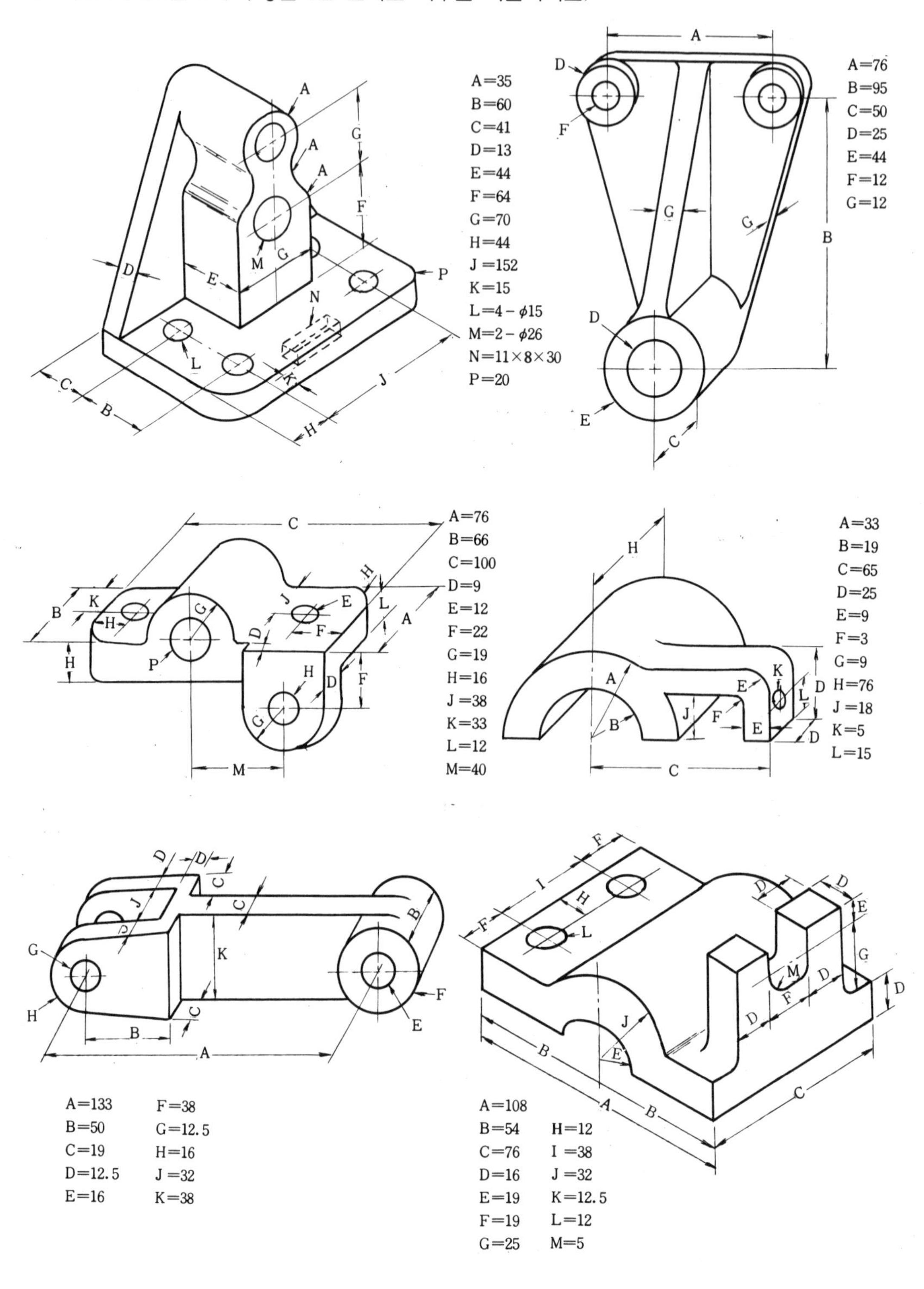

6 치수 보조 기호

치수 보조 기호는 치수 수치에 부가하여 그 치수의 의미를 명확하게 하기 위하여 사용된다. 도면에 치수 보조 기호를 사용하면 쉽게 형상을 알아볼 수 있고 추가로 도면을 그리는 번거로움을 덜 수 있다. 치수 보조 기호는 다음 표에 따른다.

표 1-10 치수보조기호

구 분	기 호	읽 기	사 용 법
지 름	ϕ	파이	지름 치수의 치수 수치 앞에 붙인다.
반지름	R	알	반지름치수의 치수 수치 앞에 붙인다.
구의 지름	Sϕ	에스파이	구의 지름치수의 치수 수치 앞에 붙인다.
구의 반지름	SR	에스알	구의 반지름치수의 치수 수치 앞에 붙인다.
정 사각형의 변	□	사각	정사각형의 한 변의 치수의 치수 수치 앞에 붙인다.
판의 두께	t	티	판 두께의 치수 수치 앞에 붙인다.
원호의 길이	⌒	원호	원호의 길이 치수 수치 위에 붙인다.
45°의 모떼기	c	씨	45° 모떼기 치수의 치수 수치 앞에 붙인다.
이론적으로 정확한 치수	▭	테두리	이론적으로 정확한 치수 수치를 둘러싼다.
참고치수	(　)	괄호	참고 치수의 치수 수치(치수 보조 기호를 포함한다)를 둘러싼다.

6.1 지름 기호(ϕ) 사용법

1) 도형의 형상이 둥근 모양일 때 치수수치 앞에 지름 기호(ϕ)를 사용하여 도면에 표시한다. 지름 기호를 사용하지 않으면 둥근 형상을 도면으로 그려 주어야 하지만 지름 기호를 사용하여 도형을 간략하게 나타낼 수 있다.

다음 그림에서와 같이 둥근 형상을 측면도로 그려주지 않아도 ϕ기호를 사용하여 하나의 도형으로 형상을 알아 볼 수가 있다.

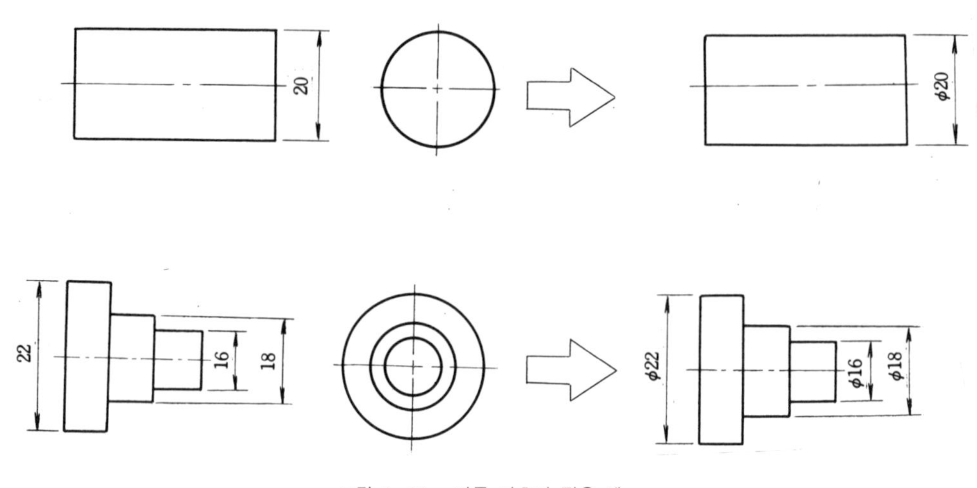

그림 1-82 지름 기호의 적용 예

2) 도형에 그려진 형상이 원형일 경우에는 지름 기호 ϕ를 붙여주지 않는다. 또한 도형이 완전한 원형이 아닐 경우 중심을 기준으로 180°가 넘는 경우에는 반지름과 혼동하지 않도록 ϕ기호를 붙여주고 원형을 나타낸 것이 확실할 경우에는 ϕ기호를 붙이지 않는다.

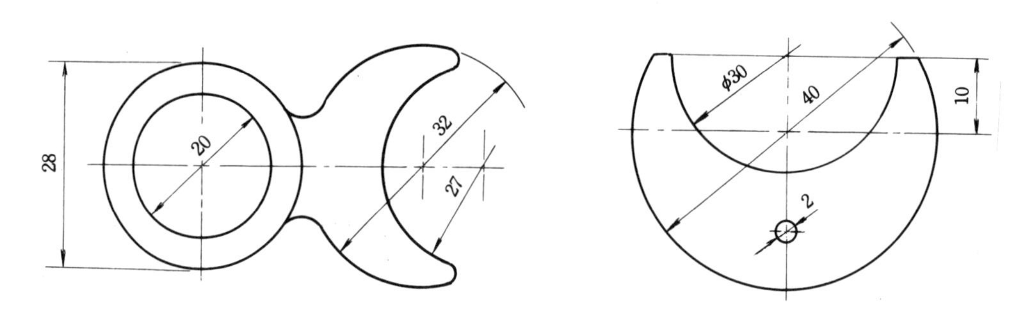

그림 1-83 완전한 원형과 불완전한 원형 표시법

3) 지름이 다른 원통 형상이 연속되어 있을 때 그 지름의 치수 수치를 기입할 여지가 없을 때는 한쪽에 써야 할 치수선의 연장선과 화살표를 그리고 지름 기호 ϕ와 치수 수치를 기입한다.

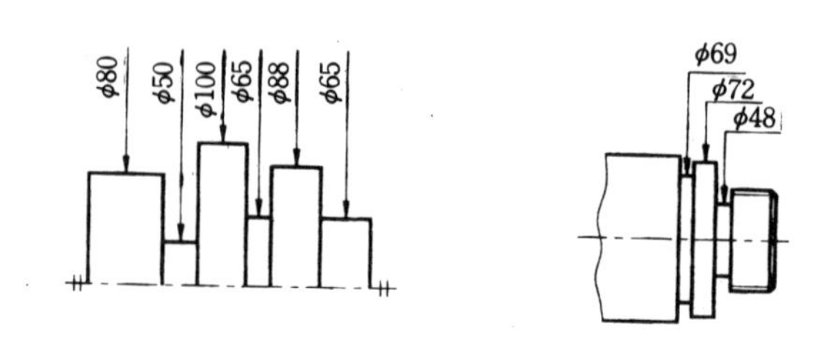

그림 1-84 좁은 도형의 지름 표시법

6.2 반지름의 표시법

1) 반지름의 표시는 반지름 기호 "R"을 치수 수치 앞에 치수 수치와 같은 크기로 기입하여 나타낸다. 다만 반지름을 나타내는 치수선을 반지름의 중심까지 긋는 경우에는 R기호를 생략해도 좋다.

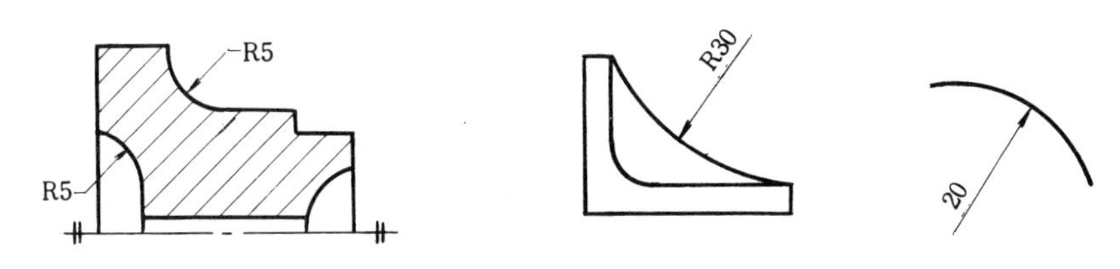

그림 1-85 반지름 중심에서의 치수선 기입

2) 반지름을 나타내는 치수선은 반지름의 중심 쪽에는 화살표를 붙이지 않고 원호 쪽에만 화살표를 붙인다. 또한 화살표나 치수 수치를 기입할 여지가 없을 경우에는 지시 선으로 끌어내서 반지름 표시를 한다.

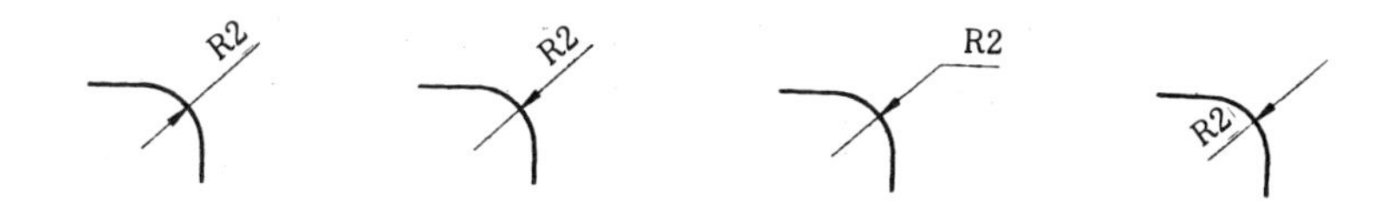

그림 1-86 작은 반지름 표시

3) 반지름의 치수를 지시하기 위하여 원호의 중심위치를 표시할 필요가 있을 경우에는 + 또는 둥근 검은 점으로 그 위치를 나타낸다.(그림(1))
   원호의 반지름이 커서 그 중심위치를 나타낼 필요가 있을 경우 또는 지면 등의 제약이 있을 때는 그 반지름의 치수선을 구부려서 나타내도 좋다. 이 경우에 화살표가 붙은 부분은 정확한 중심위치를 향하게 한다.(그림(2))
   또 원호로 구성되지 않은 곡선은 그림(3)과 같이 곡선 위의 임의의 점의 좌표 치수를 표시한다.

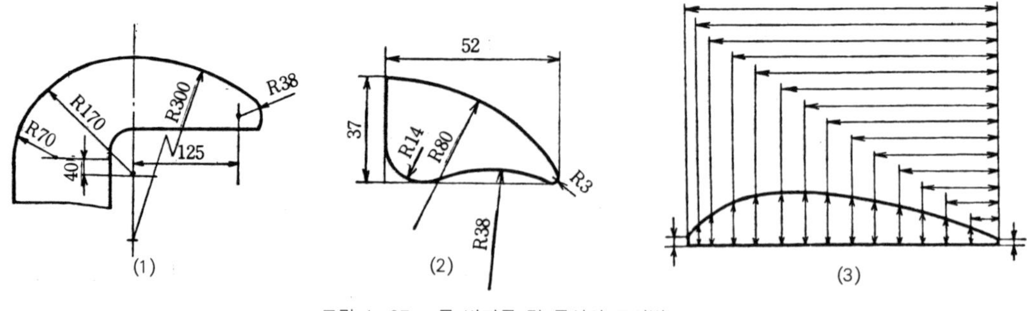

그림 1-87 큰 반지름 및 곡선의 표시법

4) 동일한 중심을 가진 반지름을 나타낼 때는 기점기호를 사용하여 누진 치수 기입법으로 나타낼 수 있다.

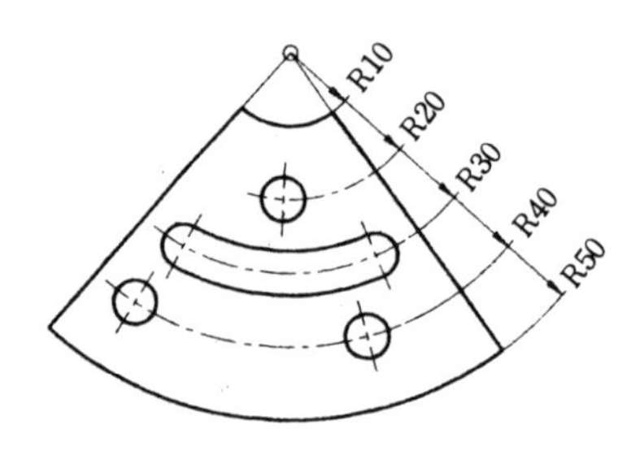

그림 1-88 누진 치수 반지름 표시

6.3 구의 지름과 반지름 표시방법

구의 지름과 반지름의 치수를 나타낼 때는 그 치수수치 앞에 치수 수치와 같은 크기로 구의 지름기호 Sϕ, 구의 반지름 기호 SR을 기입하여 표시한다.

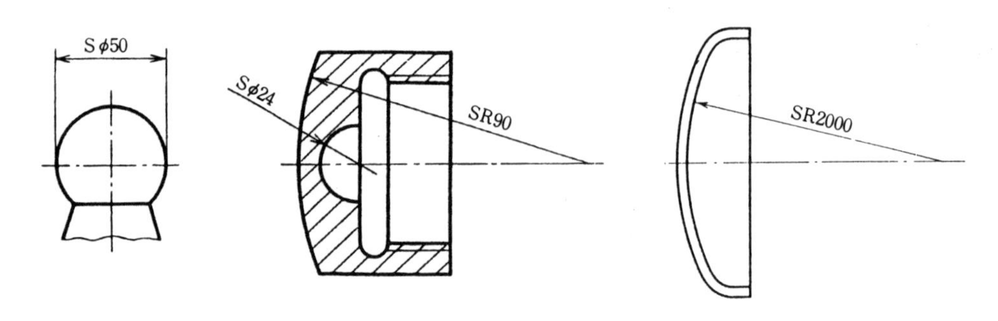

그림 1-89 구의 지름과 반지름 표시

6.4 정 사각형의 변의 표시방법

정 사각형의 형상은 그 모양을 그림으로 표시하지 않고 정사각형의 한 변의 길이를 표시하는 치수 수치 앞에 치수 같은 크기로 정사각형의 일변이라는 것을 나타내는 정방형 기호 □를 기입한다. 이 경우 측면도와 평면도를 그려주지 않아도 형상을 알아볼 수가 있다.

정사각형의 측면에 표시된 평면에는 평면이라는 것을 나타내기 위하여 가는 실선으로 대각선을 그려준다.

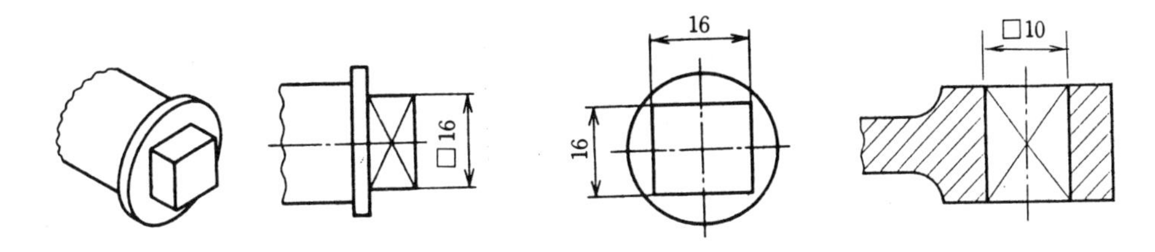

그림 1-90 정 사각형 변의 표시

6.5 두께의 표시방법

판재를 도형으로 나타낼 때 그 두께를 그림으로 그리고 거기에 치수를 기입하지 않고 주투상도 부근이나 도형 중 보기 쉬운 위치에 치수 수치와 같은 크기로 두께를 나타내는 기호 "t"를 기입한다.

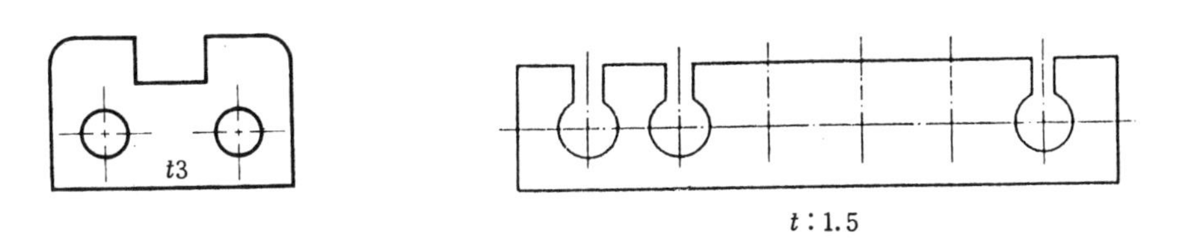

그림 1-91 두께의 표시법

6.6 원호의 길이 표시방법

원호의 길이를 표시할 때 치수 보조선을 긋고 그 원호와 동심 원호의 치수선을 긋고 원호의 길이를 나타내는 치수 수치를 기입하고 치수 수치 위에 원호의 길이를 나타내는 기호(⌒)를 붙인다.

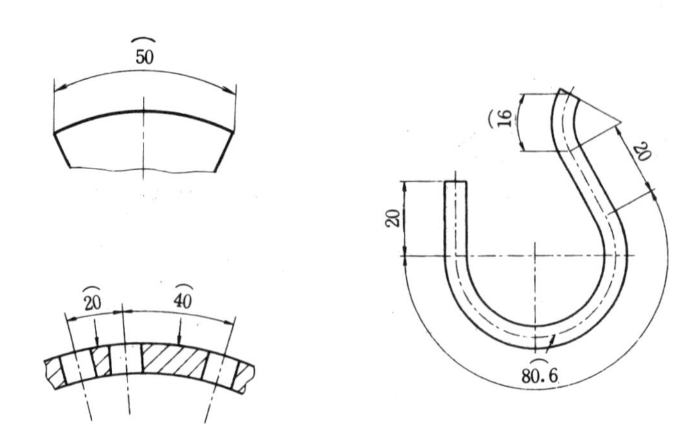

그림 1-92 원호의 길이 표시

6.7 모떼기의 표시방법

모떼기(chamfer)는 평면과 평면, 평면과 원통 면 등이 교차하는 모서리 부분을 제거한 면을 나타내는 것으로 기계 가공한 모서리부분은 예리하므로 그대로 두면 안전 상 위험하므로 그 부분을 제거한다. 또한 부품과 부품이 결합될 때 마주치는 모서리부분은 결합 상 문제가 생길 수 있으므로 모떼기를 한다.

모서리부분을 제거한 면을 45°로 제거할 때 제거한 면에 모떼기 기호 C를 치수 수치와 같은 크기로 치수숫자 앞에 C 0.5 또는 0.5×45°와 같이 나타낸다. 모떼기 한 면이 45° 가 아닐 경우에는 C기호를 사용하지 않고 한 변의 길이와 각도로 나타낸다.

현장에서 사용되는 실제 도면에서는 작은 모떼기의 경우에는 모떼기를 나타내지 않고 작업자의 판단에 맡기는 경우가 많으며 꼭 필요한 부분의 모떼기는 C기호를 사용하여 모떼기 표시를 해야 한다. 또한 예리한 모서리 부분을 안전 상 제거해야 할 경우 도면 일부 여백에 "주" 또는 "note"란을 만들어 표시하지 않은 모떼기 C 0.5 등으로 일괄 표시하여 나타낸다.

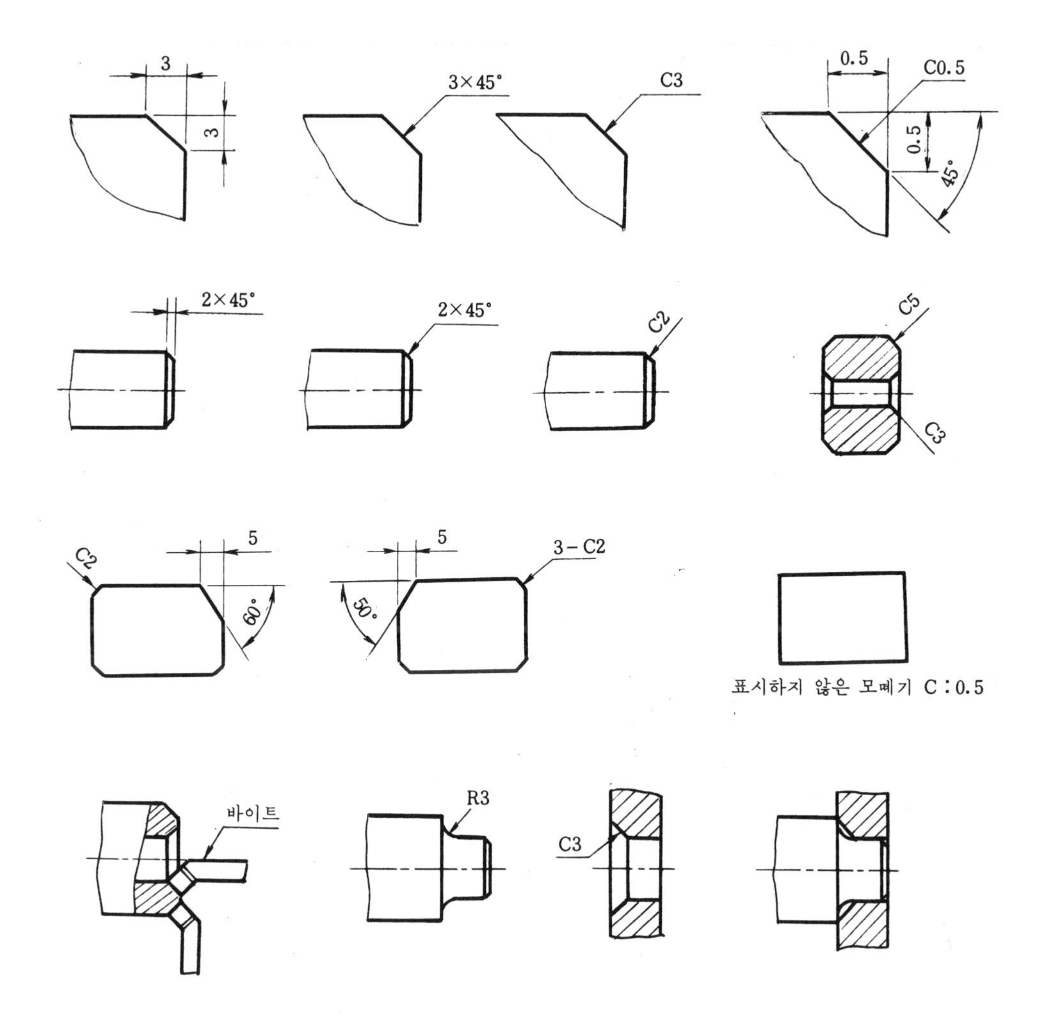

그림 1-93 모떼기 치수기입

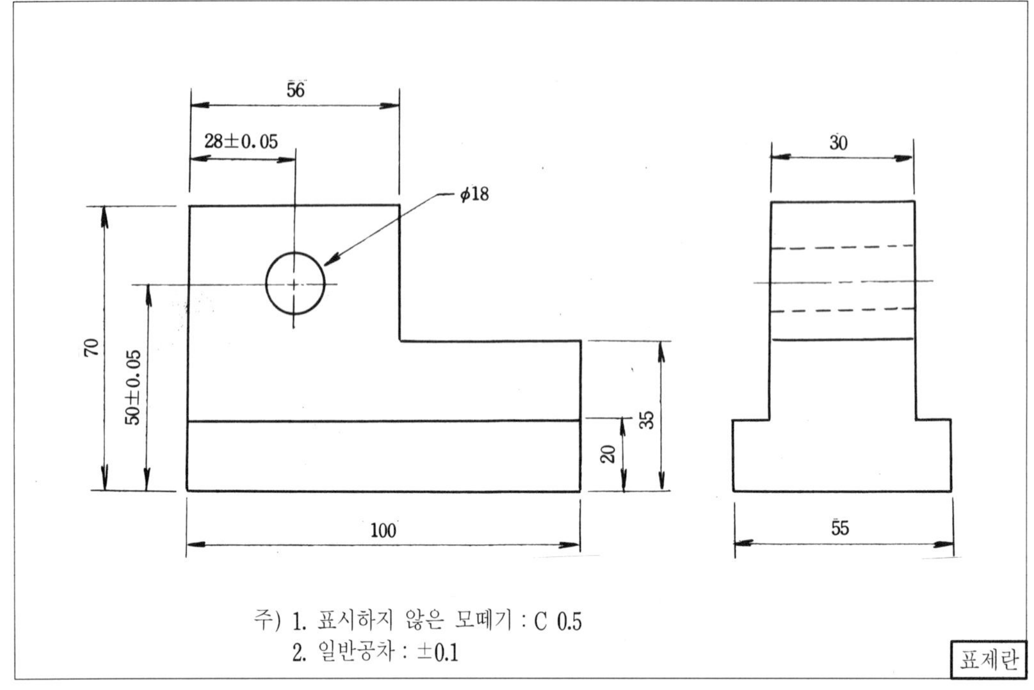

그림 1-94 모떼기 지시 예

6.8 이론적으로 정확한 치수

이론적으로 정확한 치수는 치수의 기준으로 위치를 나타내는 치수나 크기를 나타내는 치수, 또는 각도를 나타내는 치수에 치수 수치를 직사각형의 테두리로 둘러싸서 나타낸다.(제3장 기하공차 참조)

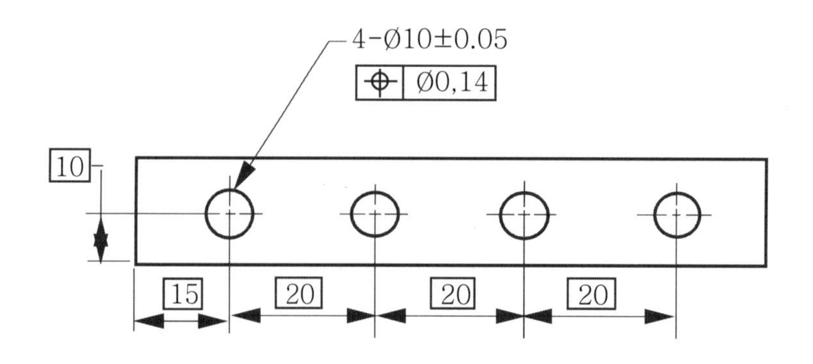

그림 1-95-1 이론적으로 정확한 치수기입법

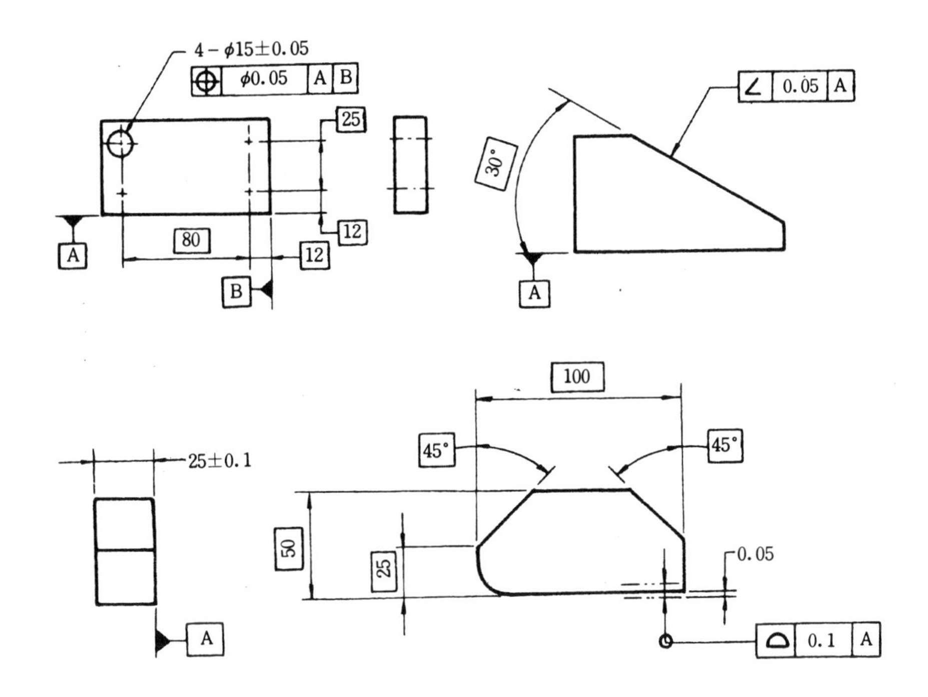

그림 1-95 이론적으로 정확한 치수 기입법

6.9 각종 구멍의 표시방법

드릴구멍, 펀칭구멍, 탭구멍, 리머구멍 등 구멍의 가공법에 의한 구별을 나타낼 필요가 있을 경우에는 원칙적으로 구멍을 가공하는 공구의 명칭과 치수와 그에 따른 기준 치수를 나타내고 그 뒤에 가공방법의 구별, 가공방법의 용어를 나타낸다.

1) 드릴구멍, 리머구멍, 펀칭구멍 등 가공법을 표시한 경우에는 치수 앞에 지름 기호 ϕ를 붙여주지 않는다.
2) 구멍의 깊이를 지시할 때에는 구멍의 지름을 나타내는 치수 다음에 "깊이"라고 쓰고 그 수치를 기입하고 관통된 구멍의 경우에는 구멍의 깊이를 기입하지 않는다.
3) 구멍의 깊이는 드릴 끝의 원추 부, 리머 끝의 모떼기 부를 포함하지 않는 원통 부의 깊이를 말하고 드릴구멍을 뚫고 탭으로 암나사를 냈을 때 나사의 깊이는 완전한 나사 부까지의 깊이이다.
4) 볼트의 머리부분을 잠기게 하는 경우에 사용하는 깊은 자리파기의 표시법은 깊은 자리파기의 지름을 나타내는 수치 다음에 "깊은 자리파기"라 쓰고 그 다음에 "깊이"라 쓰고 그 치수를 기입한다.
5) 볼트나 너트의 자리를 좋게 하기 위하여 표면을 평평하게 제거한 자리파기의 경우에는 "자리파기"라 기입하고 깊이는 기입하지 않고 도면에 자리파기 깊이를 그리지 않는다.

6) 접시머리나사의 머리부분을 잠기게 하는 접시자리파기의 경우에는 접시자리파기의 지름과 각도를 나타낸 수치 다음에 "접시자리파기"라 기입한다.

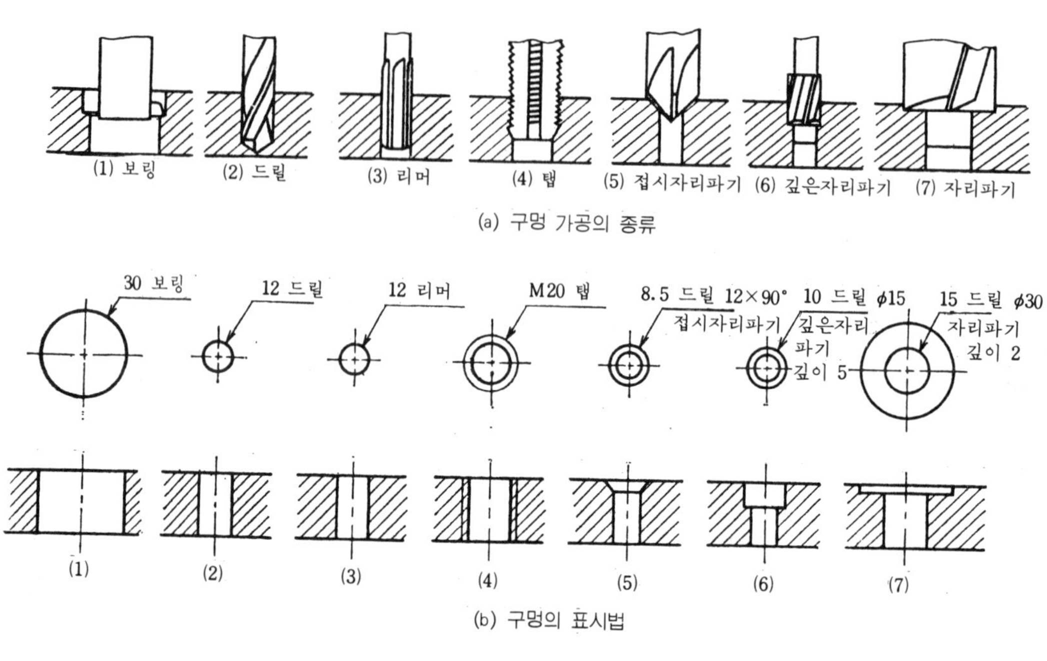

그림 1-96 구멍 가공의 종류 및 표시법

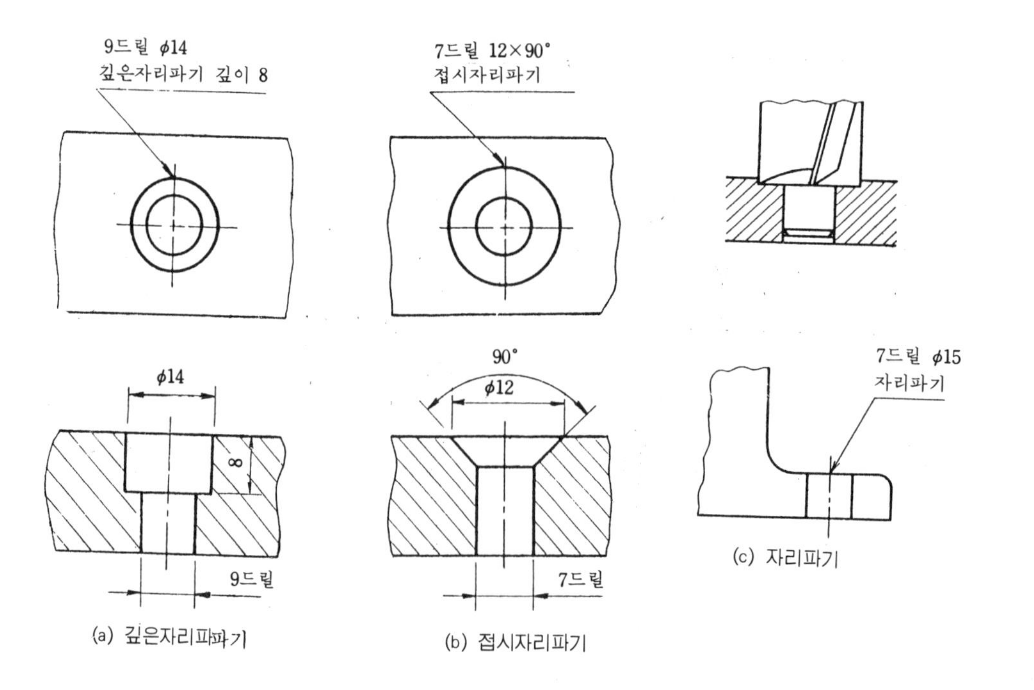

그림 1-97 자리파기 치수 기입법

7) ANSI 규격에 의한 각종 구멍 표시법

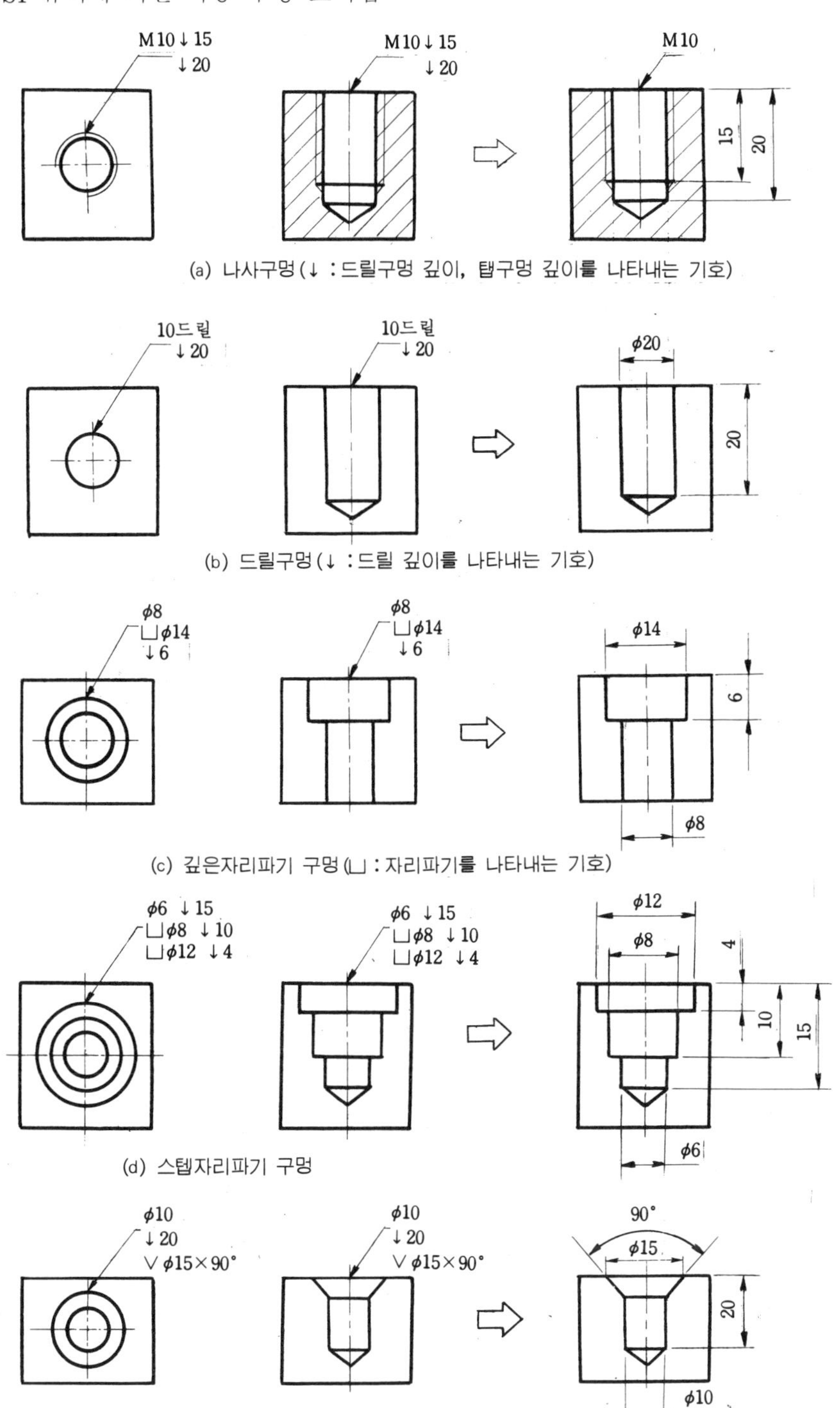

그림 1-98 ANSI 규격에 의한 각종 구멍 표시법

8) 여러 개의 동일 치수의 볼트 구멍, 핀 구멍, 리벳 구멍 등이 등 간격으로 배열된 경우의 치수 표시는 구멍으로부터 지시선을 끌어내어 그 구멍의 총수를 나타내는 숫자 다음에 짧은 선을 끼워서 구멍의 치수를 기입하고 구멍사이의 길이와 처음 구멍에서 끝 구멍까지의 전체 치수를 나타낸다.

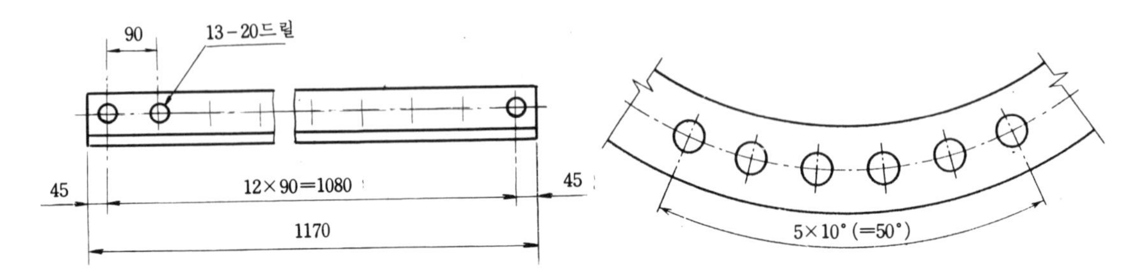

그림 1-99 연속되는 동일한 치수 구멍의 표시법

6.10 대칭 도형의 치수 기입

1) 지름 치수가 대칭 중심선 위에 여러 개가 나란히 있을 때는 그림(a)와 같이 치수선 중앙에 기입한다.
2) 지면 관계로 치수선의 간격이 좁을 때는 치수 기입이 곤란하므로 그림(c)와 같이 대칭 중심선 양쪽에 엇갈리게 그려도 된다.
3) 대칭인 물체를 대칭중심선에서 한쪽만을 나타낸 도면에서는 중심선을 약간 넘게 치수선을 그리고 그 끝에는 화살표를 붙이지 않는다.(그림(d))
   필요에 따라서는 그림(e)와 같이 치수선이 중심선을 넘지 않아도 된다. 그림(f)와 같이 위쪽은 단면도 아래쪽은 외형도로 그려진 경우에는 $\phi40$과 $\phi60$은 치수선이 중심선을 약간 넘게 그리고 $\phi60$과 $\phi80$은 치수선을 끝까지 그리고 화살표를 한다.

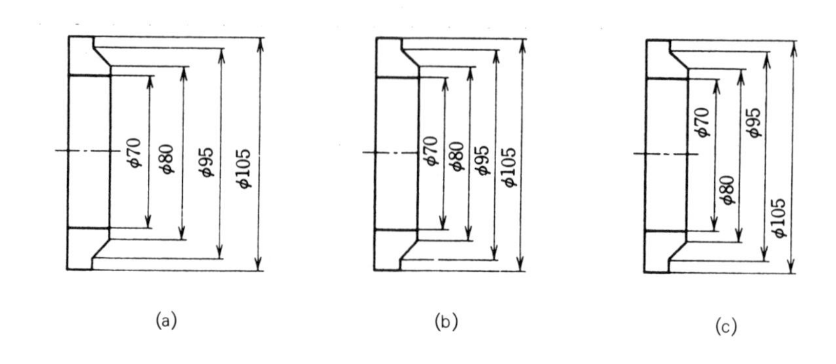

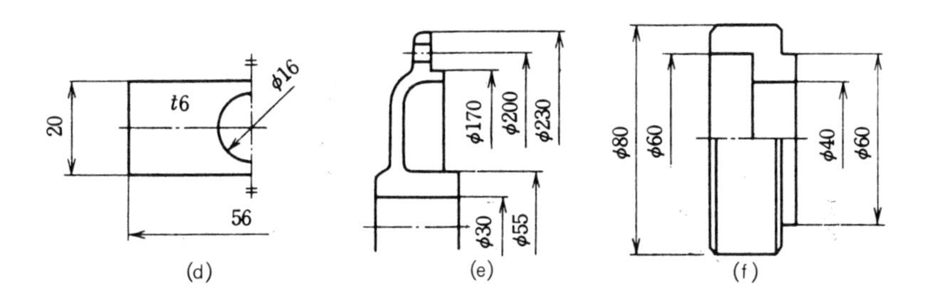

그림 1-100 대칭 도형의 치수 기입법

6.11 장원형 구멍 표시방법

장원형의 구멍은 구멍의 기능 또는 가공방법에 따라 다음 그림과 같이 나타낸다. 반지름의 치수가 다른 곳에 지시한 치수에 따라 자연히 결정될 때에는 반지름의 치수선과 반지름의 기호로 나타내고 치수 수치는 기입하지 않는다.

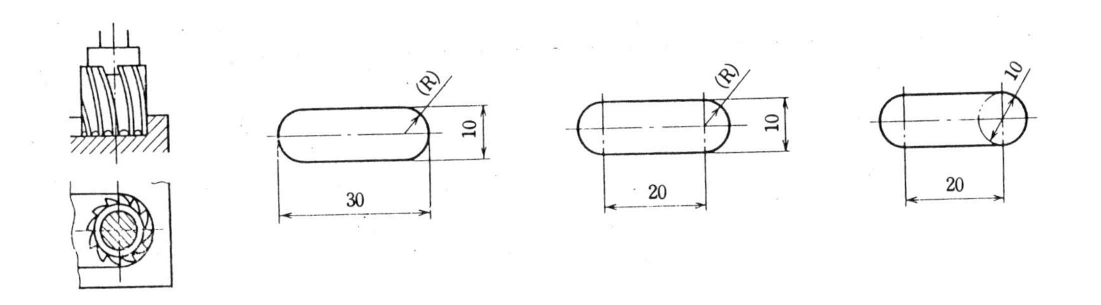

그림 1-101 장원형 구멍의 표시

6.12 키 홈의 표시방법

1) 축의 키 홈의 표시법

축의 키 홈은 앤드밀이나 밀링커터 등의 공구를 사용해서 가공한다. 축의 키 홈의 치수는 키 홈의 폭, 깊이, 길이, 위치 및 끝 부분을 표시하는 치수로 표시한다. 키 홈의 끝 부분을 밀링커터 등에 의하여 절삭하는 경우에는 기준 위치에서 공구의 중심까지의 거리와 공구의 지름을 표시하며 키 홈의 깊이는 키 홈과 반대쪽 축 지름 면에서부터 키 홈의 바닥까지의 치수로 나타내며 반달 키 홈의 경우에는 절삭깊이로 표시하는 것이 가공하기 쉽다.

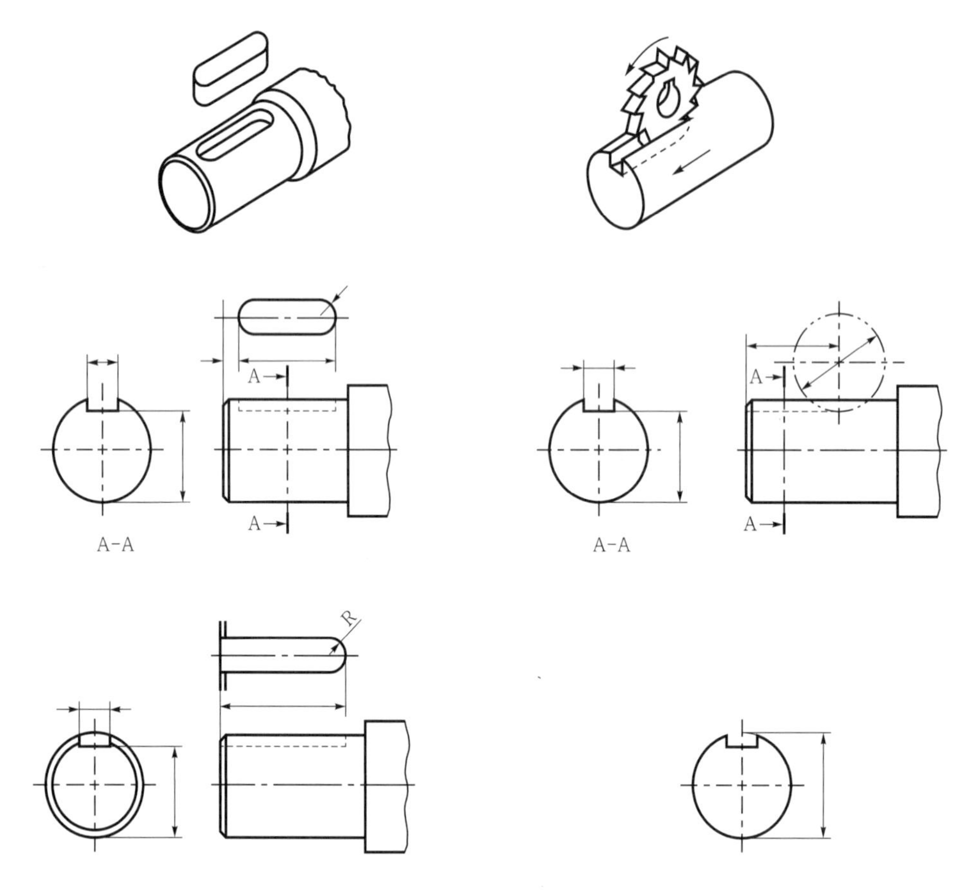

그림 1-102 축의 키 홈의 치수 기입

2) 구멍의 키 홈 표시법

기어나 벨트풀리 등을 축에 끼울 때 구멍과 축 양쪽에 키 홈을 파주고 키로 고정시킨다. 구멍에 키 홈을 표시할 때는 키 홈의 폭 및 깊이의 치수로 표시한다. 키 홈의 깊이는 키 홈과 반대쪽의 구멍지름 면에서 키 홈 밑면까지의 치수로 표시한다. 특히 필요할 때에는 키 홈 중심면 위의 구멍지름 면에서 키 홈 바닥까지의 치수로 표시해도 된다.

경사 키용의 깊이는 키 홈의 깊은 쪽의 치수를 표시한다.

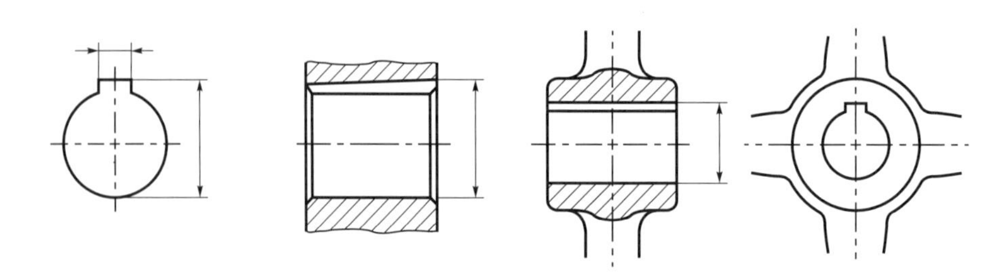

그림 1-103 구멍의 키 홈 치수 기입

6.13 테이퍼와 기울기 표시방법

1) 테이퍼 표시법

테이퍼란 중심선을 기준으로 대칭으로 경사진 것을 말하며 테이퍼값은 $\frac{\text{큰쪽 치수} - \text{작은쪽 치수}}{\text{길이}}$로 나타내고 테이퍼값 표시는 중심선 위에 기입한다. 특별한 경우는 경사면에서 지시선을 끌어내어 기입한다.

2) 기울기 표시법

기울기는 한쪽으로만 기울어 진 것을 말하며 기울기값은 $\frac{\text{큰쪽 치수} - \text{작은쪽 치수}}{\text{길이}}$로 나타내고 기울기값을 도형에 나타낼 때는 경사면 위에 기입한다.

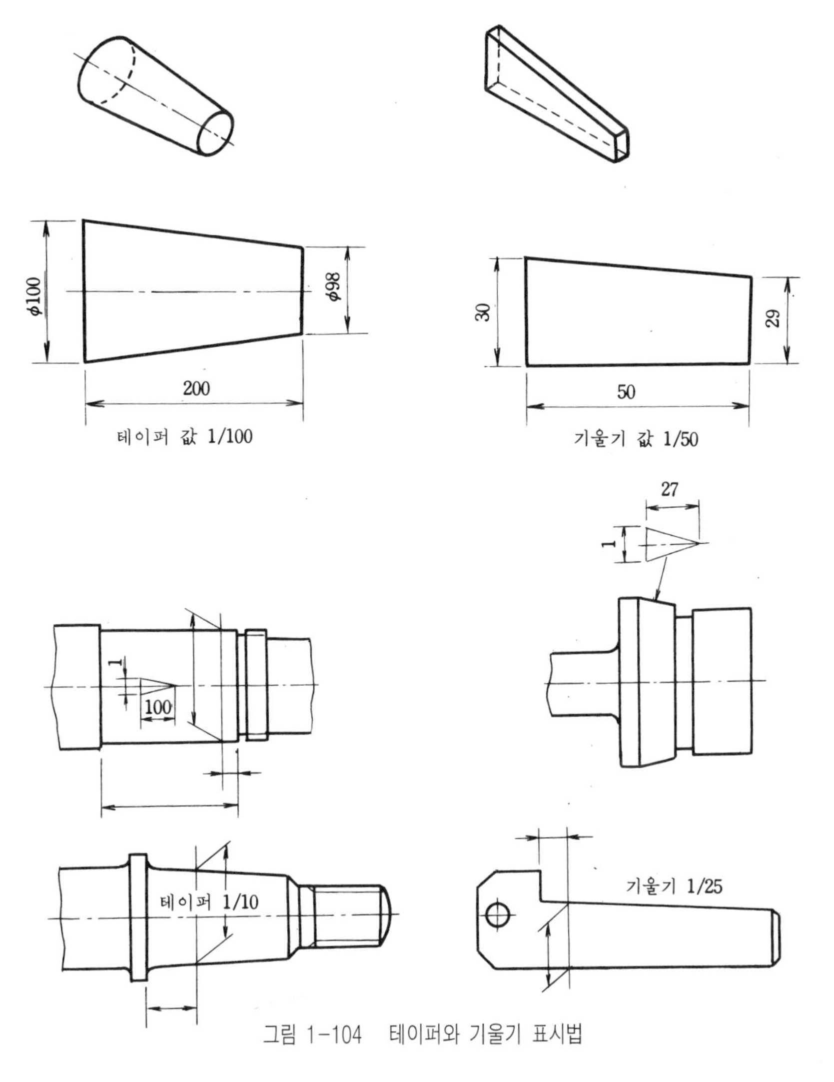

그림 1-104 테이퍼와 기울기 표시법

6.14 참고 치수 기입방법

비교적 중요도가 적은 치수나 누적된 공차에 의한 치수가 일치하지 않을 때 참고로 알아야 할 치수나 중요하지 않은 치수를 구분해서 나타내거나 계산상 기입해 놓는 것이 편리한 치수일 경우 그 치수에 ( )를 하여 나타낸다. 치수에 ( )를 한 치수는 치수공차가 없는 치수이다.

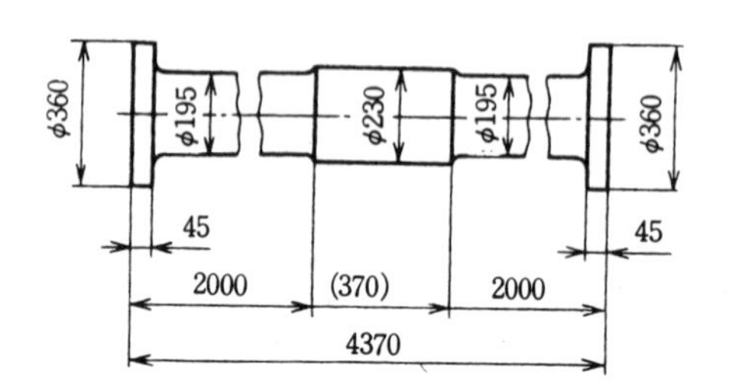

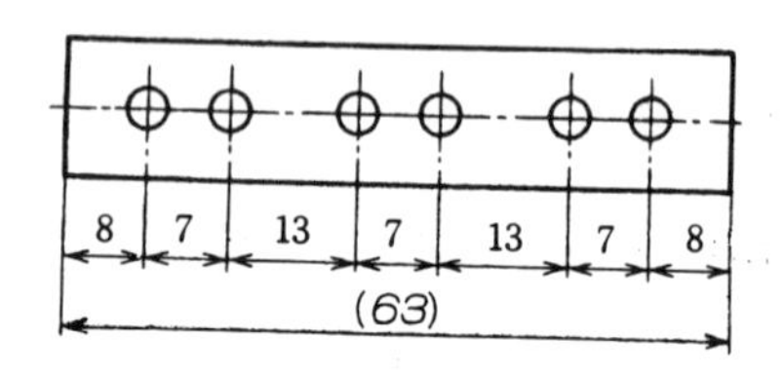

그림 1-105 참고 치수 기입

6.15 얇은 두께부분의 표시방법

얇은 두께부분의 단면을 아주 굵은 선으로 그린 도형에 치수를 기입하는 경우에는 단면을 표시한 굵은 선에 인접한 가는 실선을 긋고 여기에 화살표를 댄다. 이 경우 가는 실선을 그려준 쪽까지의 치수를 의미한다.

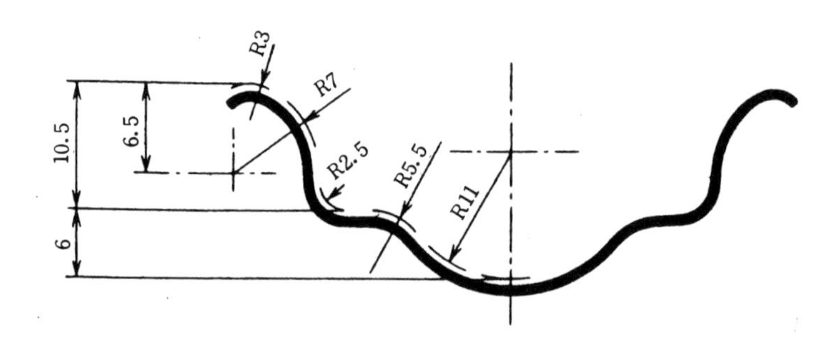

그림 1-106 얇은 부분의 표시

용기모양의 형상을 굵은 실선으로 나타냈을 때 굵은 선에 화살표를 대었을 때에는 그 바깥쪽까지의 치수를 말한다. 오해할 우려가 있을 경우에는 화살표의 끝을 명확하게 나타내고 안쪽을 나타내는 치수에는 치수수치 앞에 "int"를 부기 한다.

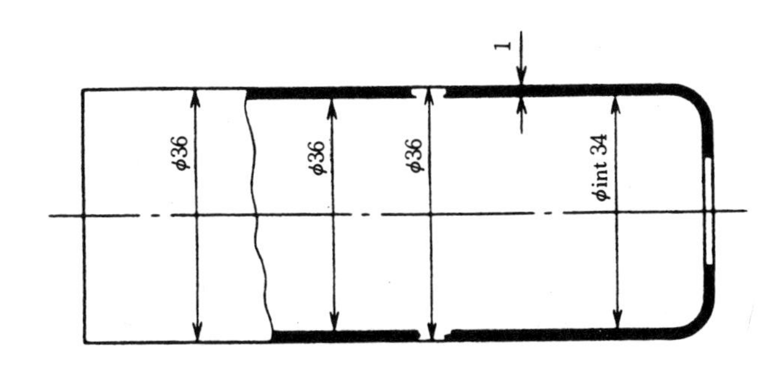

그림 1-107 용기모양의 치수표시

6.16 강 구조물의 표시방법

1) 강 구조물의 구조선도에는 부재의 무게중심선의 교점과 교점의 간격 즉 절점간의 치수가 필요하다. 이 경우에는 부재를 표시하는 굵은 실선에 직접 기입한다.

※ 절점이란 구조선도에 있어서 부재의 무게중심선의 교점을 말한다.

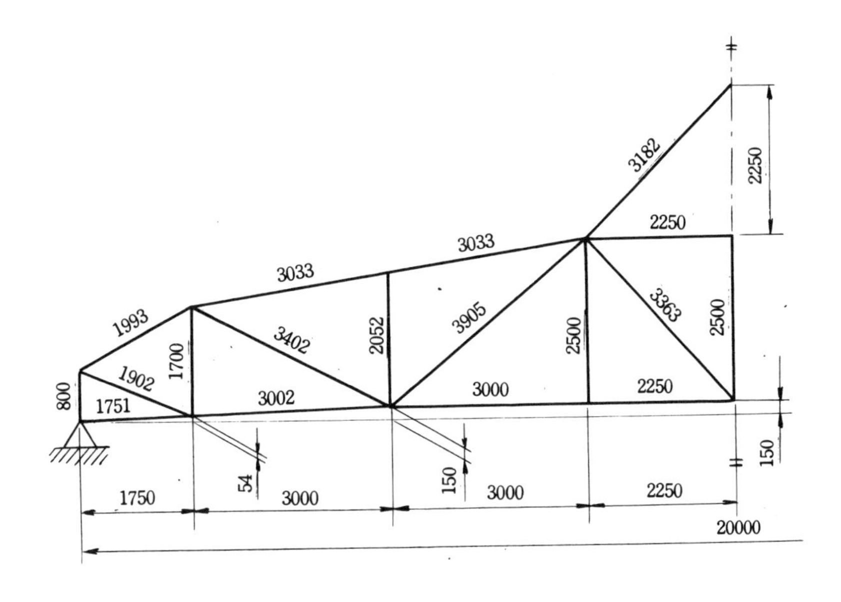

그림 1-108 강 구조물의 치수표시

2) 형 강, 강 관, 각 강 등의 치수는 표 1-11의 표시방법에 의하여 각각의 도형에 다음 그림 1-109와 같이 나타낸다. 이 경우 길이의 치수는 필요가 없으면 생략하여도 좋다.

또한 부등변 ㄱ강 등을 지시하는 경우에는 그 변이 어떻게 놓이는가를 명확히 하기 위하여 그림에 나타난 변의 치수를 기입한다.

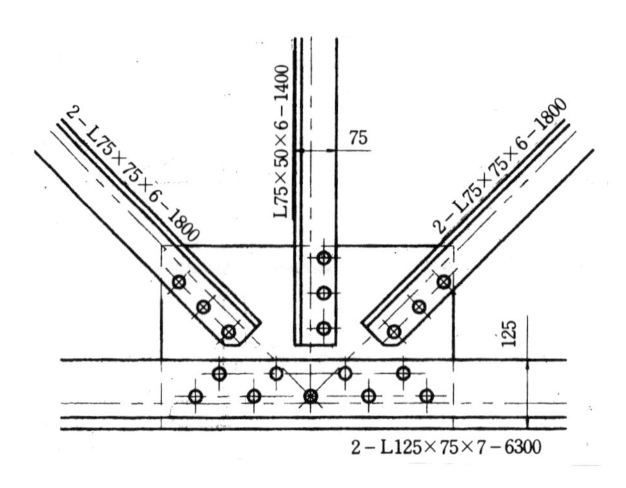

그림 1-109 형 강의 치수 기입

표 1-11 형강, 각강 강관의 치수표시법

종 류	단면모양	표시방법	종 류	단면모양	표시방법
등변ㄱ형강	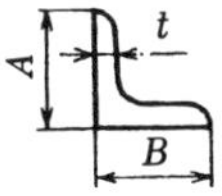	ㄴ $A\times B\times t-L$	경 Z 형 강	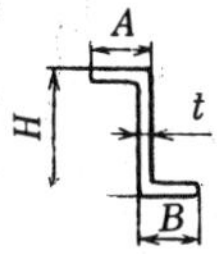	ㄱㄴ $H\times A\times B\times t-L$
부등변ㄱ형강	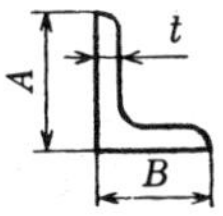	ㄴ $A\times B\times t-L$	립 ㄷ 형 강	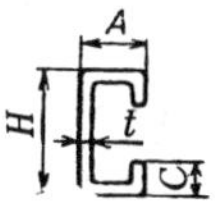	ㄷ $H\times A\times C\times t-L$
부등변부등 두께ㄱ형강	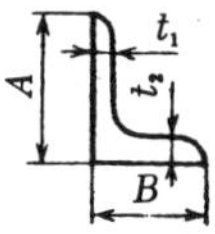	ㄴ $A\times B\times t_1\times t_2-L$	립 Z 형 강	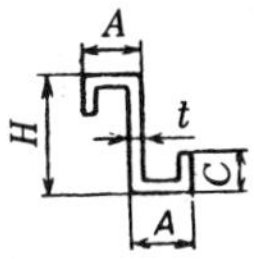	ㄱㄴ $H\times A\times C\times t-L$
I 형 강	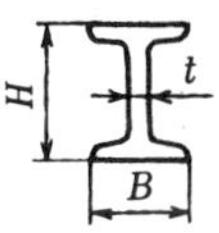	I $H\times B\times t-L$	모 자 형 강	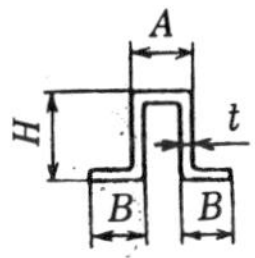	⎍ $H\times A\times B\times t-L$
ㄷ 형 강	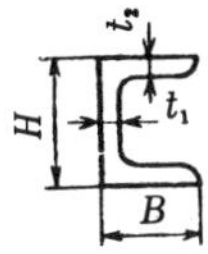	ㄷ $H\times B\times t_1\times t_2-L$	환 강		보통 ϕ $A-L$
구 평 형 강	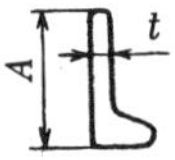	J $A\times t-L$	강 관	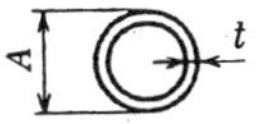	ϕ $A\times t-L$
T 형 강	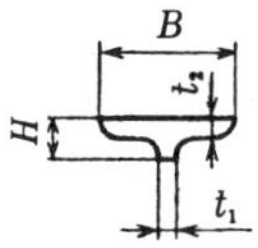	T $B\times H\times t_1\times t_2-L$	각 강 관	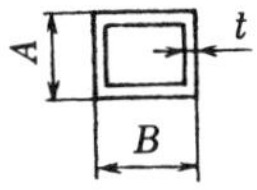	□ $A\times B\times t-L$
H 형 강	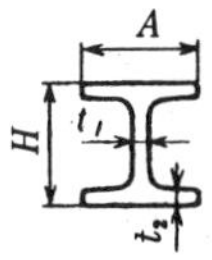	H $H\times A\times t_1\times t_2-L$	각 강	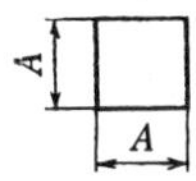	□ $A-L$
경 ㄷ 형 강	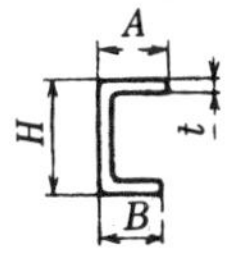	ㄷ $H\times A\times B\times t-L$	평 강	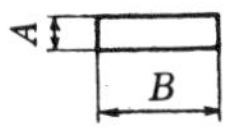	▭ $B\times A-L$

비고) L은 길이를 나타낸다.

7 허용 한계 치수(치수공차) 기입방법

도면을 보고 부품을 가공 제작할 때 도면에 기입된 치수에 의해 공작자가 그 치수 범위 내에서 가공, 제작을 하게 된다. 도면에 나타낸 치수는 치수공차가 없는 정확한 기준치수로 제작된다는 것은 어려우므로 치수에 허용한계치수로 주어지지 않으면 안 된다.

예를 들면 치수가 20이라면 정확하게 20±0으로 만들 수는 없다. 따라서 기준치수 20에 정확한 정밀도 등을 고려하여 소요목적에 적합한 허용한계치수(치수공차)가 주어져 그 치수공차 범위 내에서 가공이 이루어진다. 20±0.1로 치수공차가 주어졌다면 최대허용치수 20.1에서 최소허용치수 19.9 사이에서 만들어지면 된다. 최대허용치수 20.1−최소허용치수 19.9=0.2를 치수공차라 한다. 치수공차의 크기(최대허용치수와 최소허용치수와의 차)는 부품의 기능, 정밀도 등을 고려하여 설계자가 결정한다.

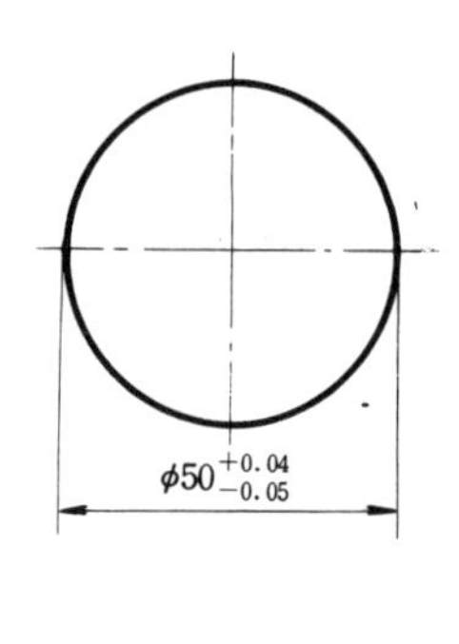

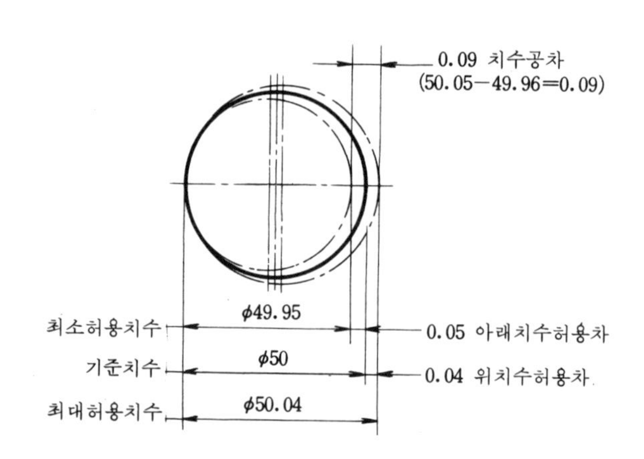

그림 1-110 허용 한계 치수

7.1 크기 치수에 대한 허용 한계 치수 기입

1) 기준 치수 다음에 치수 허용차를 기입하여 위 치수 허용차는 위에, 아래 치수 허용차는 위 치수 허용차 아래에 다음과 같이 기입한다.

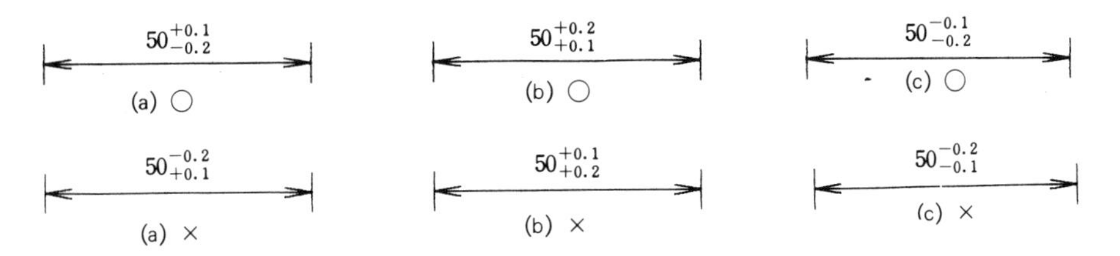

2) 위 치수 허용차와 아래 치수 허용차가 같을 때는 치수 허용차를 하나로 하고 그 치수 허용차 앞에 ±의 기호를 붙인다.

3) 위 치수 허용차와 아래 치수 허용차 중 어느 한쪽 치수가 0일 때는 +기호나 -기호를 붙이지 않는다.

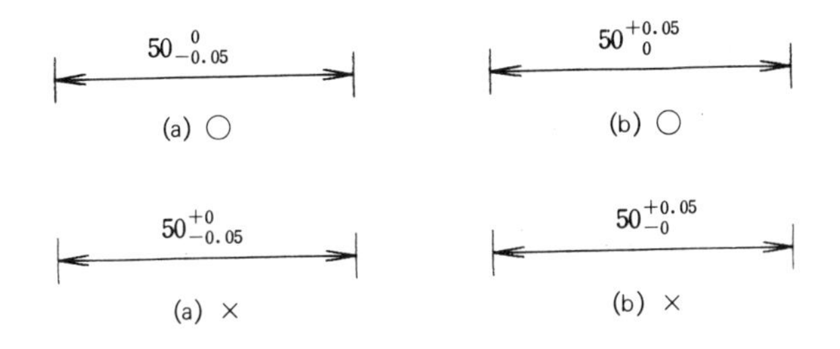

4) 허용 한계 치수는 최대 허용 치수와 최소 허용 치수에 의해 표시할 수 있다. 이 경우에 최대 허용 치수는 위에, 최소 허용 치수는 아래에 다음과 같이 기입할 수 있다.

7.2 편측 공차와 양측 공차

1) 편측 공차

기준 치수보다 크게 또는 기준 치수보다 작게 한쪽으로만 치수공차를 주는 것을 편측 공차라 한다.

예 1 : 구멍 $\phi 50^{+0.05}_{+0.02}$, 축 $\phi 50^{-0.02}_{-0.05}$

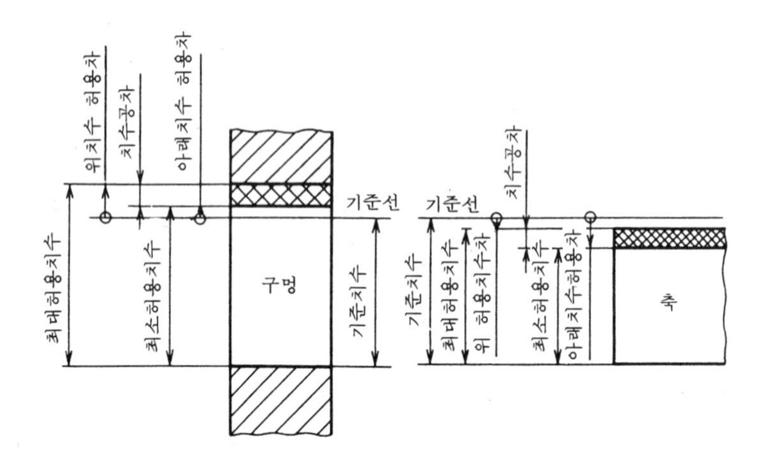

예 2 : 구멍 $\phi 50^{-0.05}_{-0.07}$, 축 $\phi 50^{+0.05}_{+0.02}$

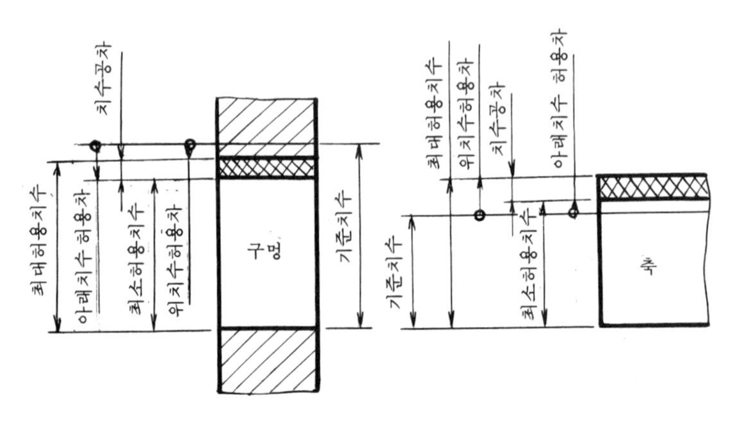

그림 1-111 편측 공차

2) 양측 공차

기준 치수보다 허용 한계 치수가 크거나 기준 치수보다 허용 한계 치수가 작게 기준 치수 양쪽으로 공차가 주어진 것을 양측 공차라 한다.

예 $\phi 20 \pm 0.05$, $\phi 20^{+0.03}_{-0.01}$

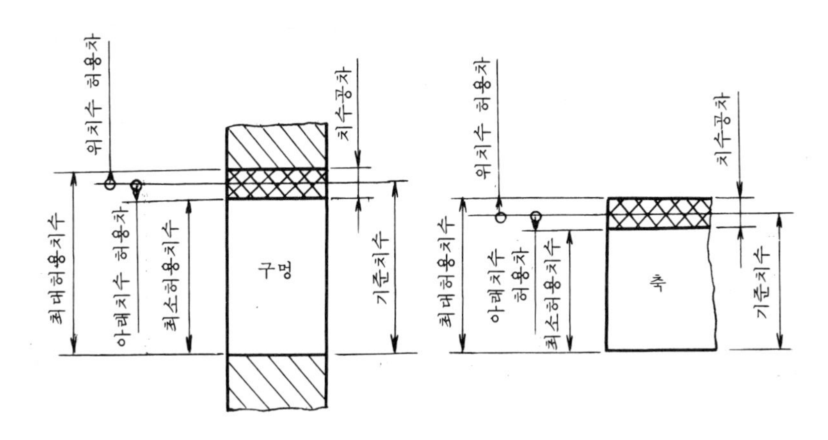

그림 1-112 양측 공차

7.3 허용 한계 치수와 공차역

다음 그림 1-113은 허용 한계 치수로 규제된 부품도면의 공차 영역 범위 내에서 가공, 제작될 수 있는 형상을 나타낸 그림이다.

그림(b)와 같이 핀이나 구멍이 형상이 구부러져 있지만 규제된 치수공차를 만족시킬 수 있다. 그림(b)에서 ? 표 부분의 형상에 대해서는 형상 공차가 규제되어 있지 않으므로 형상에까지 규제가 필요한 경우에는 허용한계치수와 함께 형상에 대한 기하공차가 규제된다.(3장 기하공차 참조)

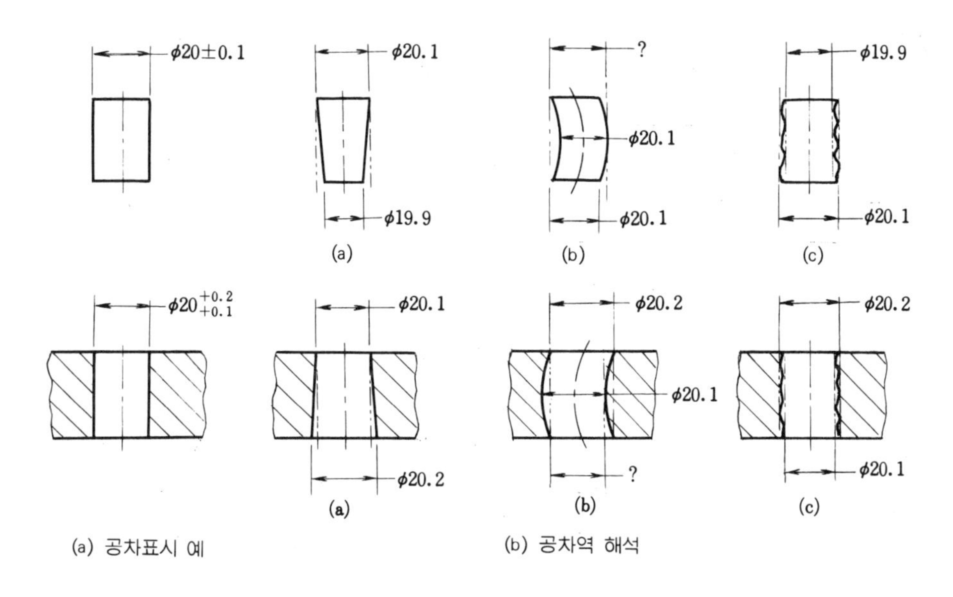

그림 1-113 허용 한계 치수 표시와 공차역 해석

7.4 각도에 대한 허용 한계 치수 기입

각도에 대한 허용 한계 치수 기입은 다음 그림에 따르고 각도의 치수 수치 우측 위쪽에 단위 기호(°, ′, ″)를 붙인다.

최대 각도를 나타내는 max와 rad 기호를 사용할 수도 있다.

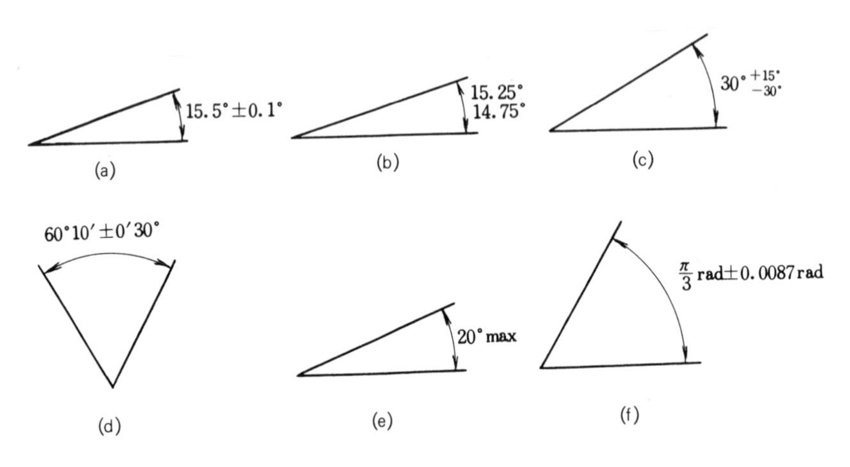

그림 1-114 각도의 치수 기입법

7.5 조립된 상태의 허용 한계 치수 기입

부품과 부품이 조립된 상태의 허용한계치수 기입은 수치 앞에 부품 명이나 부품 번호를 부기 하여 나타내며 구멍은 위쪽에, 축은 아래쪽에 나타낸다.

끼워 맞춤 기호에 의해 나타낼 경우에는 기준 치수를 공통으로 하고 구멍과 축의 끼워 맞춤 기호를 그림 1-115와 같이 나타낸다.

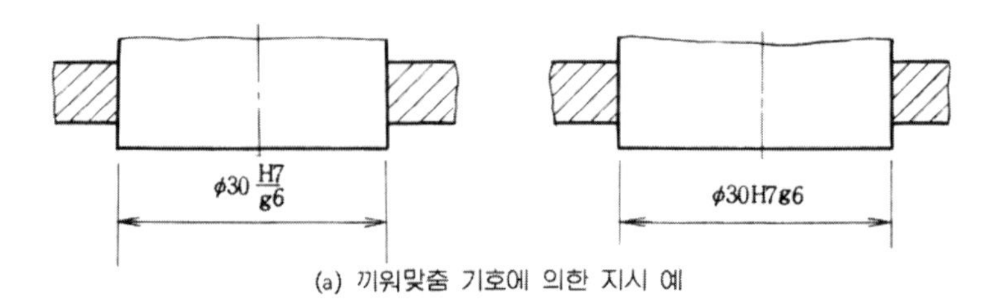

(a) 끼워맞춤 기호에 의한 지시 예

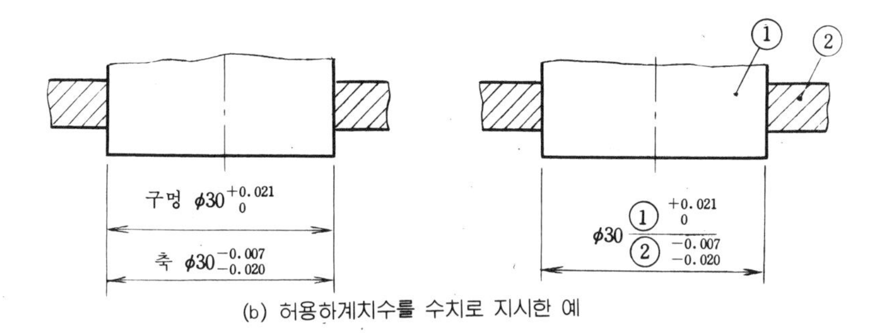

(b) 허용한계치수를 수치로 지시한 예

그림 1-115 조립 상태의 허용 한계 치수와 끼워 맞춤 기호 표시

7.6 공차 누적을 고려한 허용 한계 치수 기입법

도면에 기입된 치수에 치수공차가 지시되지 않은 치수는 앞에서 설명한 보통 공차를 적용하여 지시하면 된다. 그러나 모든 치수를 보통 공차로만 지시할 수는 없으며 필요한 부분에는 허용한계치수로 지시해야 한다.

다음에 직렬 치수 기입법과 병렬 치수 기입법, 누진 치수 기입법에 대하여 설명한다.

1) 직렬 치수 기입법

연속된 형상의 위치나 크기를 나타내는 치수를 직렬로 연속해서 기입하는 방법으로 다음 그림의 예를 들어 설명하면 치수 25, 30, 20과 전체길이 75에 치수공차가 지시되지 않은 보통치수 허용차 보통급을 적용시키면 표 1-8에 의해 치수 25, 30, 20에 적용되는 보통 공차는 ±0.2이다.

이 경우에 치수 25, 30, 20에 +쪽으로 제작이 되면 전체치수는 75.6이 되고 −쪽으로 제작이 되면 74.4가 된다. 따라서 전체길이의 차가 1.2mm나 된다. 설계자가 이를 알고 도면지시가 되었다면 좋지만 그렇지 않으면 부품검사결과가 합격이라도 조립이 불가능한 경우가 나올 것은 당연하다. 이 경우에는 기준이 우측 형체인지 좌측 형체인지 중간 형체인지 기준이 없는 치수 기입이다.

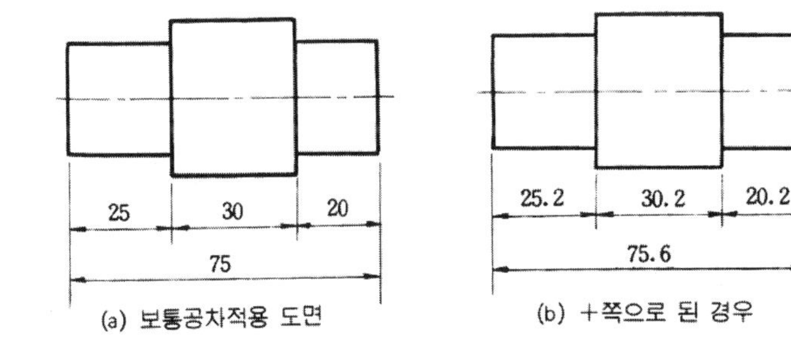

(a) 보통공차적용 도면 (b) +쪽으로 된 경우

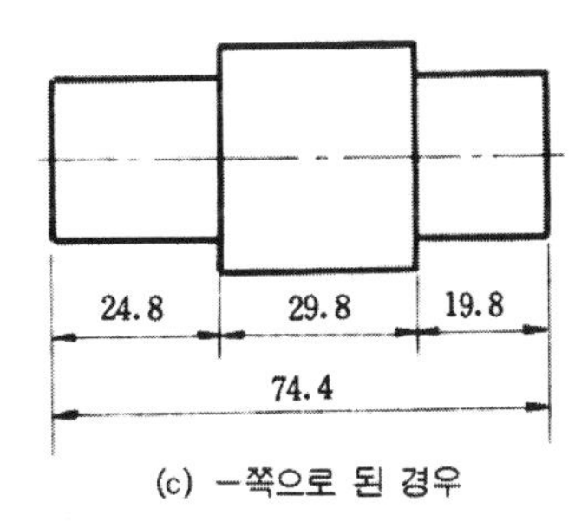

(c) −쪽으로 된 경우

그림 1-116 직렬 치수 기입법

부품은 요하는 기능에 따라 또는 결합상태에 따라 공차 누적이 없는 치수를 기입해야 한다. 기능이나 결합에 영향이 없는 치수는 ( )로 묶어 참고 치수로 나타내거나 다음 그림과 같이 공차 누적을 피한 치수로 기입한다.

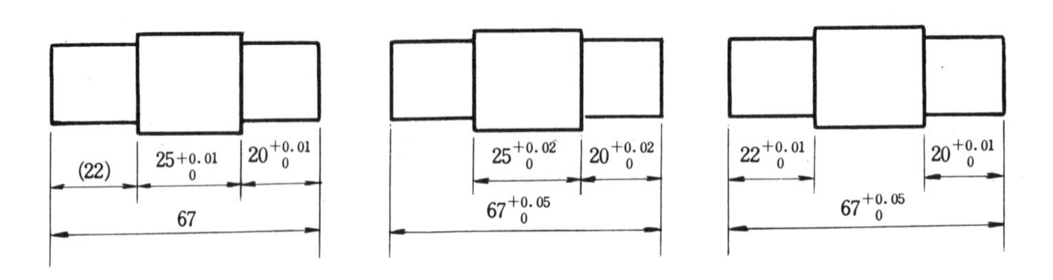

그림 1-117 공차 누적을 피한 치수 기입법

2) 병렬 치수 기입법

직렬 치수 기입법에 의하여 공차 누적이 발생하면 안 되는 경우에 부품의 기능이나 결합상태에 따라 하나의 기준 형체를 설정하여 그 기준에서부터 치수를 기입하는 방법으로 각 치수선은 짧은 것에서부터 긴 것 순으로 병렬로 기입하는 것으로 개개의 치수의 오차가 다른 치수에 영향을 주지 않는 치수 기입법이다.

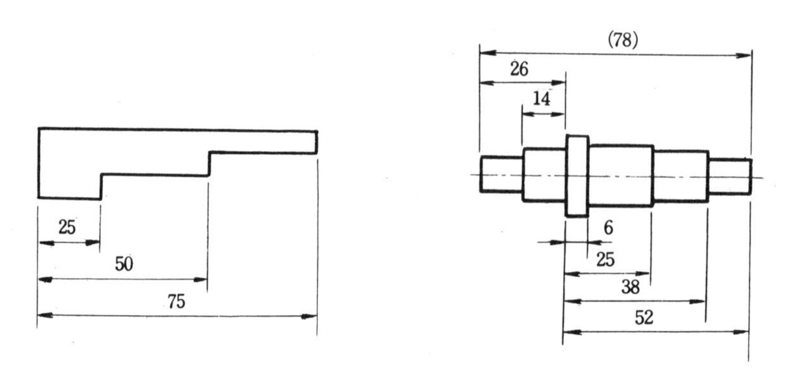

그림 1-118 병렬 치수 기입법

3) 누진 치수 기입법

치수공차에 관해서는 병렬 치수 기입법과 같은 의미를 갖는 병렬 치수 기입법의 간략형이다. 병렬 치수 기입법은 치수선이 중첩되어 치수 기입이 지면을 많이 차지하지만 누진 치수 기입법은 하나의 연속된 치수선으로 치수를 간편하게 표시할 수 있는 병렬 치수 기입법의 결점만을 보완하였다.

누진 치수 기입의 경우 치수의 공통 기점의 위치에 기점 기호인 작은 동그라미를 표시하고 기점 기호 쪽의 한쪽에는 화살표를 붙이지 않는다.

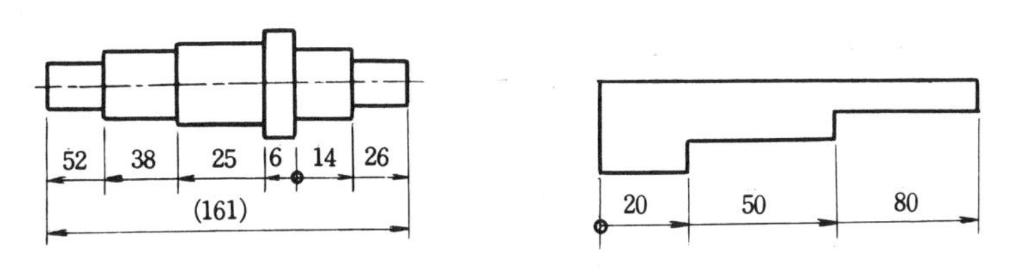

그림 1-119 누진 치수 기입법

8 보통공차(일반공차)와 표시법

KS규격에서는 "보통공차—제1부 : 개별적인 공차의 지시가 없는 길이 치수 및 각도 치수에 대한 보통공차"로 보통 공차가 규정되어 있다. 보통공차는 산업현장에서는 일반공차로 통하고 있다. 모든 구성 부품의 형체는 치수 및 기하 모양을 가지고 있다. 치수의 편차와 기하 특성(모양, 자세, 흔들림, 위치)의 편차가 어떤 한계를 넘으면 기능상의 문제, 결합상의 문제 등이 발생되므로 치수 및 기하 모양의 편차의 제한을 필요로 한다. 도면상의 치수에는 공차 표시가 확실해야 하며 치수의 결정을 공장 또는 가공 제작자, 검사자에게 일임해서는 안 된다.

기계 가공되는 부품 도면에는 치수를 기입해야 한다. 도면에 지시한 치수는 직사각형의 틀 안에 치수를 기입한 이론적으로 정확한 치수(예 : 100)를 제외한 ( ) 속에 치수를 기입한 참고 치수(예 : (100))를 제외한 다른 치수는 허용한계치수(치수공차)를 갖는다.

치수 중에 기능이나 결합상태 등에 따라 정밀도를 요하는 치수에는 치수공차를 기입하고 그렇지 않은 경우에는 치수에 공차를 기입하지 않고 보통공차를 표제란이나 주기사항으로 일괄 지시한다. 보통공차를 적용시키는 치수는 도면 전체의 치수에 허용되는 공차가 공통으로 적용될 경우나 기능이나 결합되는 상대부품과 치수공차와의 관계가 별로 없는 치수 등에 개개의 치수에 공차를 전부 기입해 주는 것은 대단히 번거롭고 도면 해독에 도움이 안되므로 도면 지시를 간단하게 할 목적으로 이들 치수는 도면상에는 기준치수만 기입하고 별도의 란을 만들어 보통공차를 일괄 지시한다. 보통공차의 지시는 표제란 내에 지시하거나 도면여백에 주기란을 만들어 보통공차, 일반공차, 또는 KS규격번호로 보통공차를 지시한다.

KS규격(KS B 0412)에서는 개별 공차 지시가 없는 다음의 치수에 보통공차를 적용한다.

1) 길이 치수(바깥쪽 치수, 안쪽 치수, 단 차 치수, 지름, 반지름, 간격)
2) 모떼기 부분의 길이치수(모서리의 둥글기, 모서리의 모떼기)
3) 각도 치수(보통 도면에 지시하지 않는 각도)

표 1-12 길이 치수에 대한 보통공차(모떼기 치수 제외) (단위 : mm)

공차 등급		기준 치수 구분							
기호	구 분	0.5(1) 이상 3 이하	3 초과 6 이하	6 초과 30 이하	30 초과 120 이하	120 초과 400 이하	400 초과 1000 이하	1000 초과 2000 이하	2000 초과 4000 이하
		허 용 차							
f	정 밀 급	±0.05	±0.05	±0.1	±0.15	±0.2	±0.3	±0.5	–
m	보 통 급	±0.1	±0.1	±0.2	±0.3	±0.5	±0.8	±1.2	±2
c	거 친 급	±0.2	±0.3	±0.5	±0.8	±1.2	±2	±3	±4
v	아주 거친급	–	±0.5	±1	±1.5	±2.5	±4	±6	±8

표 1-13 모떼기 부분의 길이 치수(모서리의 둥글기, 모서리의 모떼기)의 보통공차 (단위 : mm)

공차 등급		기준 치수의 구분		
기호	구 분	0.5(1) 이상 3 이하	3 초과 6 이하	6 초과
		허 용 차		
f	정 밀 급	±0.2	±0.5	±1
m	보 통 급			
c	거 친 급	±0.4	±1	±2
v	아주 거친급			

표 1-14 각도 치수의 보통공차 (단위:mm)

공차 등급		대상이 되는 각도가 짧은 쪽 변의 길이 구분				
기호	구 분	10 이하	10 초과 50 이하	50 초과 120 이하	120 초과 400 이하	400 초과
		허 용 차				
f	정 밀 급	±1°	±30′	±20′	±10′	±5′
m	보 통 급					
c	거 친 급	±1° 30′	±1°	±30′	±15′	±10′
v	아주 거친급	±3°	±2°	±1°	±30′	±20′

주(1) 0.5mm 미만의 기준치수에 대해서는 그 기준치수와 연속하여 허용차를 따로따로 지시한다.

8.1 보통공차 적용시 이점

1) 도면을 쉽게 읽을 수 있고 정보전달이 도면사용자에게 보다 효과적이 된다.
2) 제도자는 기능이 보통공차와 같은지 또는 그것보다 큰 공차를 허용하는 지만 알면 충분함으로 상세한 공차의 산정을 피함에 따라 시간을 절약할 수 있다.
3) 도면은 형체가 보통 공정능력에 따라 생산 가능한지를 쉽게 지시할 수 있고 그것은 또한 검사수준을 내림에 따라 품질관리업무를 도와준다.
4) 개별적으로 지시한 공차를 가진 나머지 치수는 대부분 그 기능상 상대적으로 작은 공차가 요구되고 그 때문에 제조시에 특별한 노력이 요구되는 형체를 규제하는 것이다. 이것은 제조계획에 유용하고 검사요구사항을 해석할 때에 품질관리업무에 쓸모가 있다.
5) 발주 및 수주계약 기술자는 계약이 성립되기 전에 "공장의 보통 가공정밀도"를 알 수 있으므로 쉽게 주문을 결정할 수 있다. 이것은 또한 도면이 완전하기를 기대하고 있으므로 인수, 인도 당사자간에 분쟁을 피할 수 있다.

8.2 보통공차의 도면 지시

보통공차를 도면에 지시할 때는 다음 그림의 보통공차 지시 예 (1), (2), (3) 중 어느 하나를 도면에 지시한다.

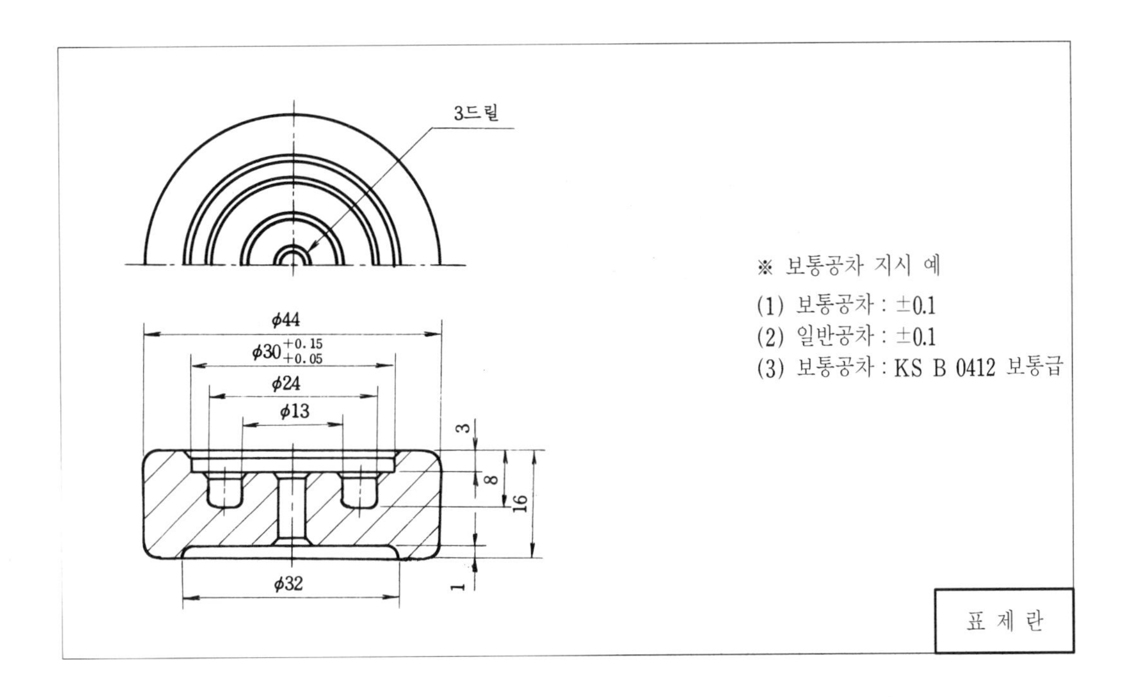

8.3 보통공차 적용 예(1)

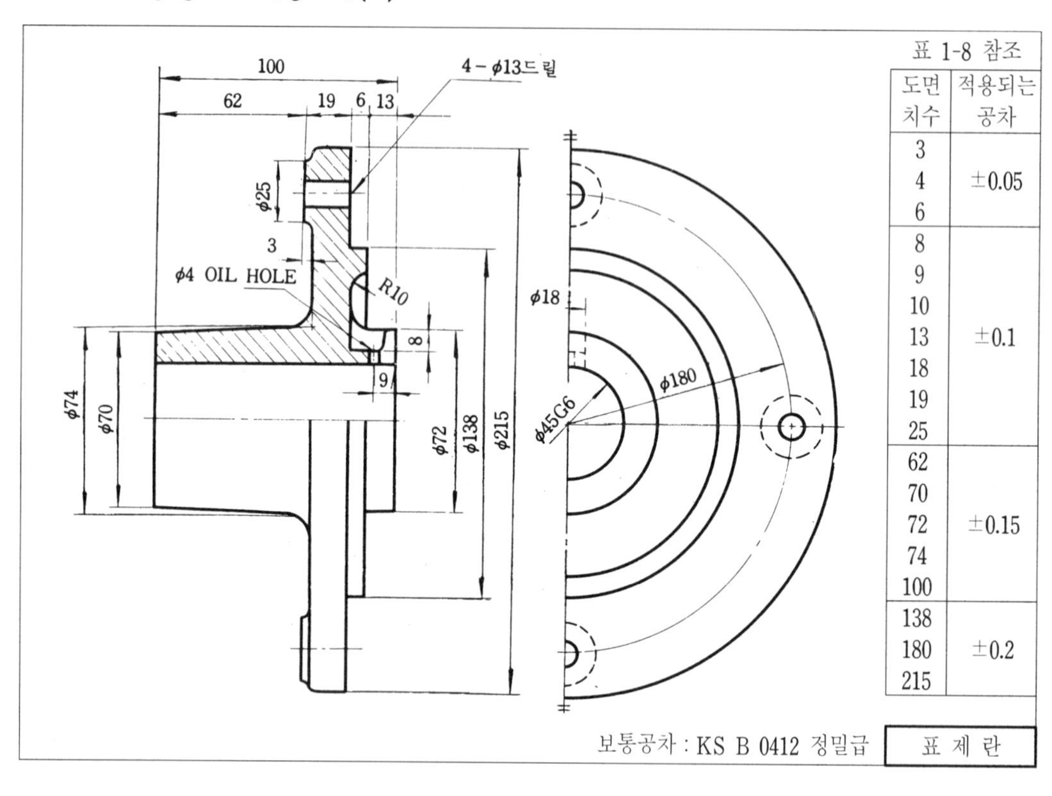

표 1-8 참조

도면 치수	적용되는 공차
3 4 6	±0.05
8 9 10 13 18 19 25	±0.1
62 70 72 74 100	±0.15
138 180 215	±0.2

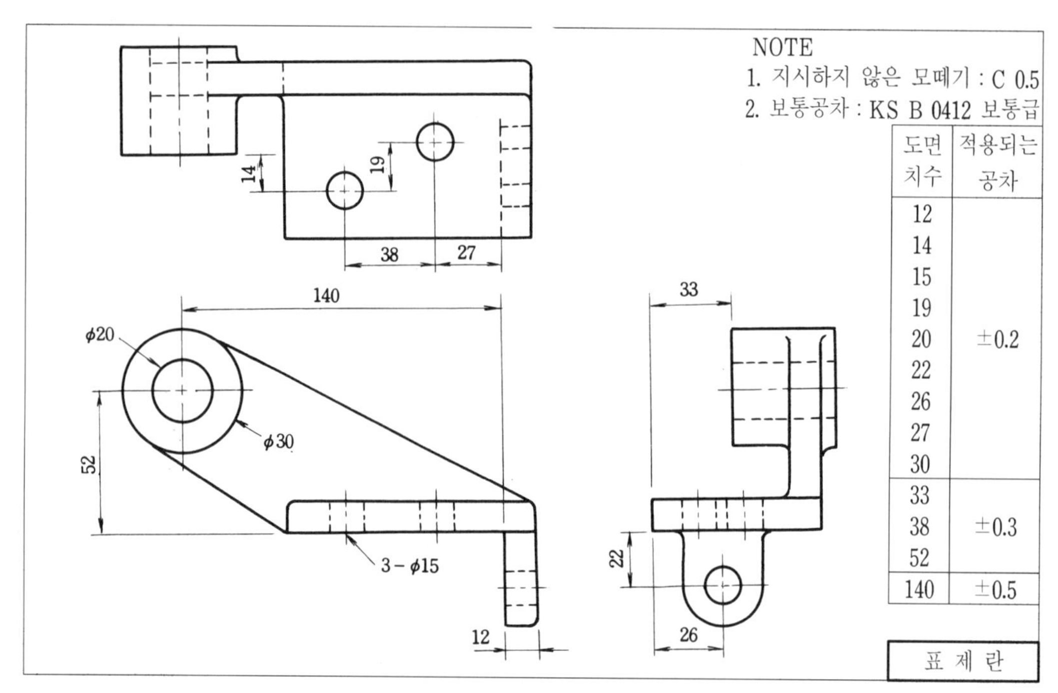

NOTE
1. 지시하지 않은 모떼기 : C 0.5
2. 보통공차 : KS B 0412 보통급

도면 치수	적용되는 공차
12 14 15 19 20 22 26 27 30	±0.2
33 38 52	±0.3
140	±0.5

9 결합되는 두 부품에 치수공차 결정하는 방법

대부분의 기계는 여러 개의 부품의 결합으로 이루어진다. 두 개 이상의 부품이 결합될 때 도면에 규제된 치수공차에 의해 가공 제작되어 결합이 되는데 치수공차를 잘못 주면 기능상의 문제, 결합상의 문제가 발생된다. 도면에 지시한 치수는 기능이나 결합상태에 따라서 보통공차로 지시되는 치수와 반드시 치수공차를 주어야 되는 치수가 있다.

다음은 결합되는 두 부품에 치수공차 결정하는 방법을 설명하고자 한다.

〈예 1〉

다음 그림 1-120과 같이 부품 1과 부품 2가 그림(c)와 같이 결합될 때 부품 1과 부품 2에 각각 치수 누락 없이 도면에 치수를 기입해야 그 도면에 지시된 치수에 의해 부품을 가공하게 된다. 이때 기능이나 결합상태에 따라 치수를 결정해야 한다. 부품 1에는 구멍 중심까지의 치수 A와 구멍의 지름 B에 치수공차를 주어야 하고 부품 2에는 핀 중심까지의 치수 A와 핀 지름 B에 치수공차를 주어야 한다. 그 이외의 다른 치수는 결합되는데 별 영향을 주지 않는 치수이므로 기준치수만 도면에 기입하고 보통공차로 일괄 주기사항으로 지시하면 된다. 만일 A와 B에 치수공차를 주지 않고 모든 치수를 보통공차로 지시했다면 결합이 되지 않는 경우가 생길 수밖에 없고 완전한 도면이 아닌 잘못된 도면이다.

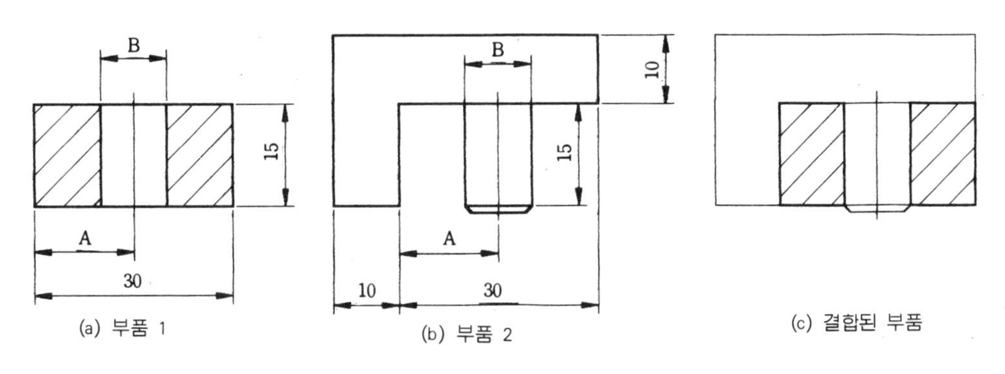

그림 1-120 결합되는 두 부품

아래 그림 1-121과 같이 부품 1에 구멍 중심까지의 치수공차 15±0.1을 주고 구멍지름 치수공차 10±0.1을 주었다면 구멍 중심까지의 치수공차 15±0.1 범위 내에서 그림(b)나 (c)와 같이 상한치수 15.1과 하한치수 14.9로 좌우로 기울어 질 수가 있다. 이 경우 구멍의 지름이 하한치수 ϕ9.9일 때 결합되는 상대부품 2와 결합될 때 최악의 결합상태가 된다. 이 경우에 극한상태에 결합되는 부품 2의 치수는 그림 1-121(d)와 같이 핀 중심까지의 치수는 정확히 15±0이고 핀의 최대 지름이 ϕ9.7이 되어야 결합이 가능하다.

그러나 핀 중심까지 정확하게 15에 ±0 공차를 줄 수는 없다. 15에 공차를 주면 핀 지름은 ϕ9.7보다 작아져야 할 것이다.

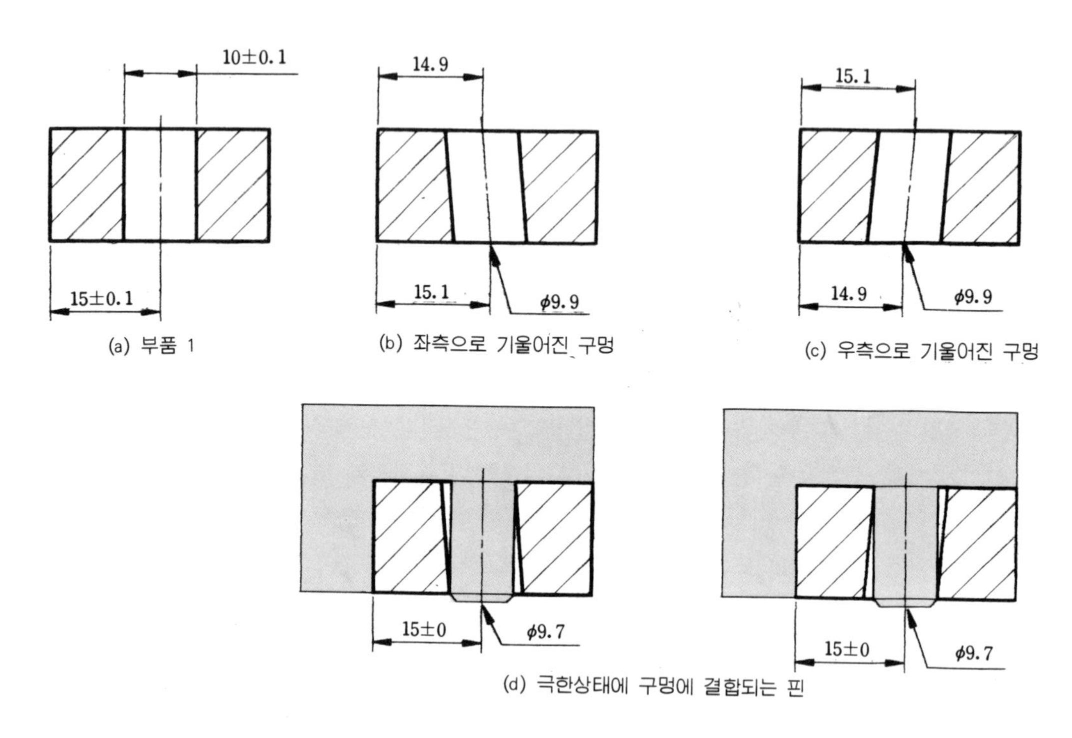

그림 1-121 두 부품의 결합상태

또한 아래와 같이 구멍 중심이 상한 치수 15.1, 하한 치수 14.9로 그림(a)와 (b) 같이 평행하게 되었다면 그림(c)와 같이 결합이 될 것이다.

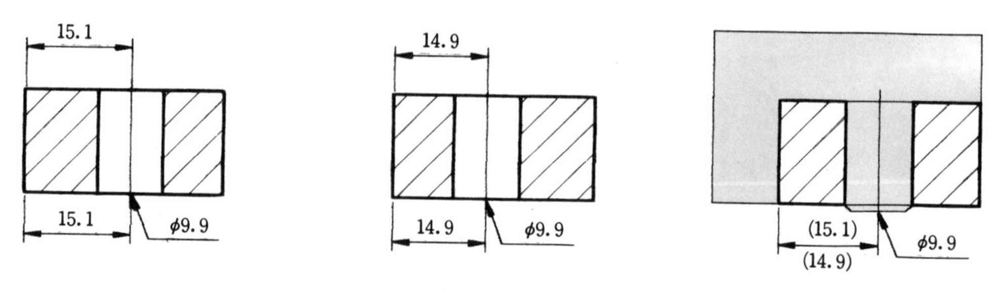

그림 1-122 수직하게 뚫린 구멍과 결합되는 부품

다음 그림과 같이 부품 2에 핀 중심까지의 치수 15±0.1과 같이 핀 지름의 치수공차 ϕ9.4±0.1을 주었다면 그림(b)와 그림(c)와 같이 핀 중심이 상한 치수 15.1, 하한 치수 14.9로 좌 우측으로 핀 중심이 기울어질 수 있으며 핀 지름이 상한 치수 ϕ9.5일 때 결합되는 상대부품 구멍과 결합될 때 극한 상태가 될 것이다.

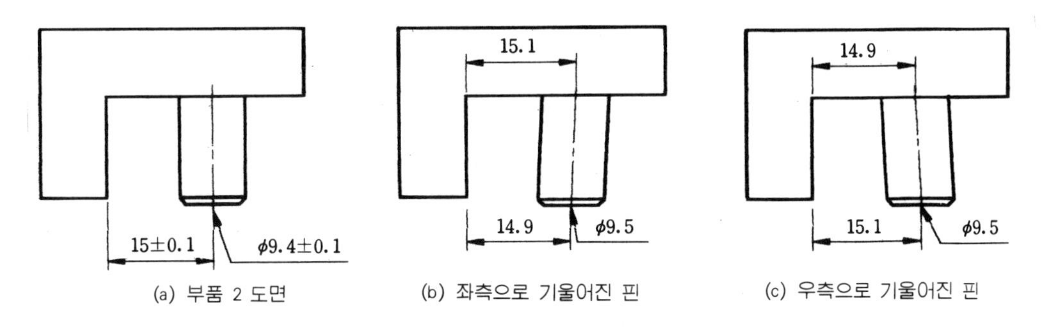

(a) 부품 2 도면 (b) 좌측으로 기울어진 핀 (c) 우측으로 기울어진 핀

그림 1-123 좌 우측으로 기울어진 핀

그림 1-124와 같이 핀이 좌 우측으로 기울어지고 핀의 지름이 최대 ϕ9.5일 때 결합되는 상대부품 구멍 중심은 15±0, 구멍의 최소지름은 ϕ9.7이 되어야 결합이 가능하다.

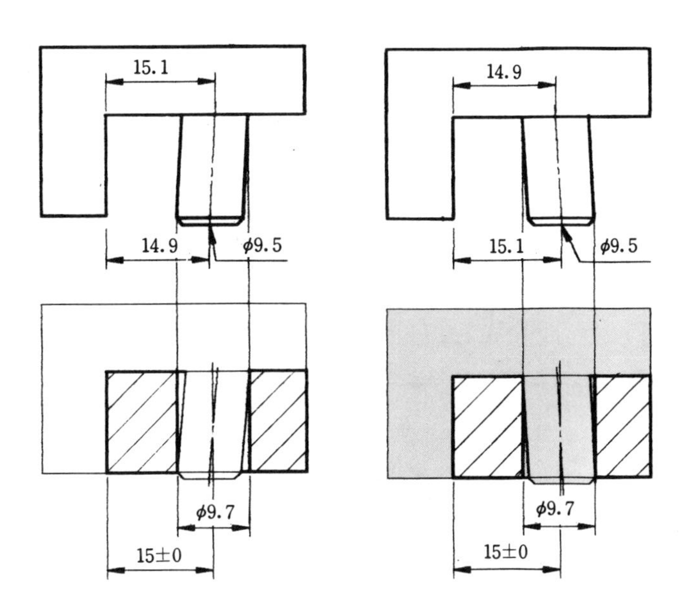

그림 1-124 핀과 구멍의 결합상태

그림 1-124에서 구멍중심까지 정확한 15에 ±0 공차를 줄 수는 없다. 15에 치수공차를 주면 구멍의 지름은 ϕ9.7보다 커지게 된다. 구멍의 지름이 최소 ϕ9.7일 때 핀 중심이 15±0가 아니고 조금이라도 기울어질 경우에는 두 부품이 결합되려면 구멍중심과 핀 중심이 같은 방향으로

그림 1-125(a)와 같이 기울어지면 결합이 가능하다. 그러나 구멍의 중심이 기울어지고 핀 중심이 기울어지지 않았다면 그림(b), (c)와 같이 두 부품이 밀착이 되어 완전한 결합이 이루어지지 않고 핀의 중심이 반대방향으로 기울어지면 그림(c)와 같이 간섭이 생겨 완전한 결합이 이루어지지 않는다.

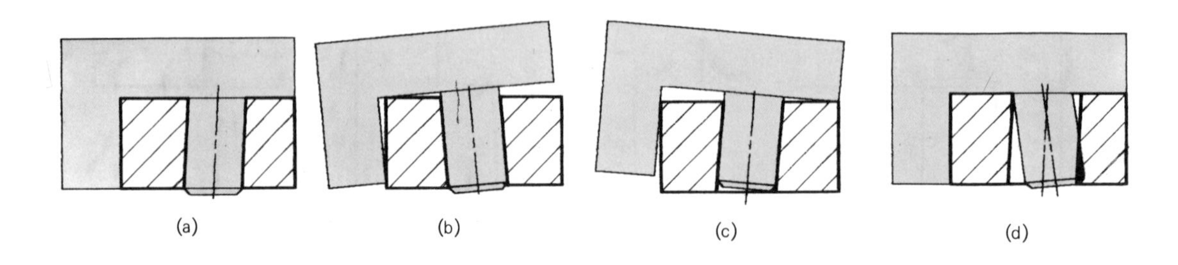

그림 1-125 불완전한 결합상태

부품 1과 부품 2에 다음 그림 1-126과 같이 치수공차를 주었다면 그 치수공차 범위 내에서 부품 2의 핀 중심이 상한치수 15.1과 하한치수 14.9로 좌, 우로 기울어지고 부품 1의 구멍 중심이 상한치수 15.1과 하한치수 14.9로 부품 2의 핀 중심과 반대 방향으로 좌우로 기울어지고 구멍은 최소 ϕ9.9, 핀은 최대 ϕ9.5일 때 극한의 결합상태가 된다. 이와 같은 극한상태에 두 부품이 결합되는 결합상태를 그림 1-126에 나타냈다.

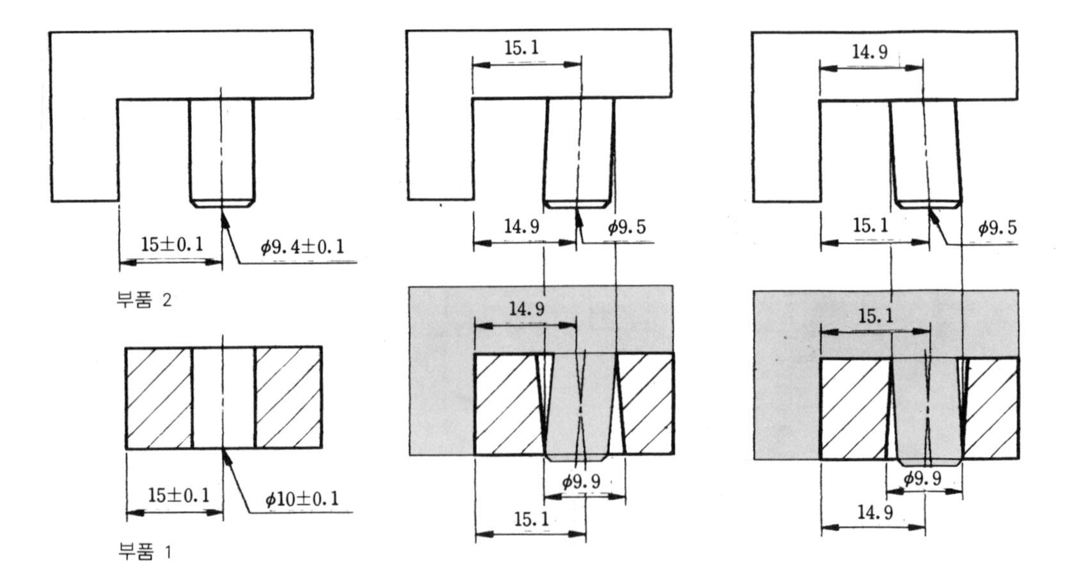

그림 1-126 극한상태의 두 부품의 결합

부품 1과 부품 2가 치수공차 범위 내에서 위에서 설명한 극한상태에서도 결합이 되도록 치수공차를 결정하려면 다음과 같이 하면 된다.

구멍의 최소 지름과 여기에 결합되는 핀의 최대 지름 차이만큼 구멍중심의 공차와 축 중심의 공차 합계를 같이 해주거나 작게 해주면 극한상태에서도 결합이 보증된다. 다음 그림 1-127(a)에서 구멍의 최소 ϕ9.9, 핀의 최대 ϕ9.5와의 지름차이 0.4, 그림(b)에서 핀 중심의 치수공차 0.2, 그림 1-127(c)에서 구멍 중심이 각각 0.2 범위 내에서 반대방향으로 기울어져도 결합이 가능하다. 핀과 구멍사이의 틈새와 핀 중심과 구멍 중심간의 치수공차는 기능이나 결합상태 정확, 정밀도 등을 고려하여 설계자가 결정할 문제이다.

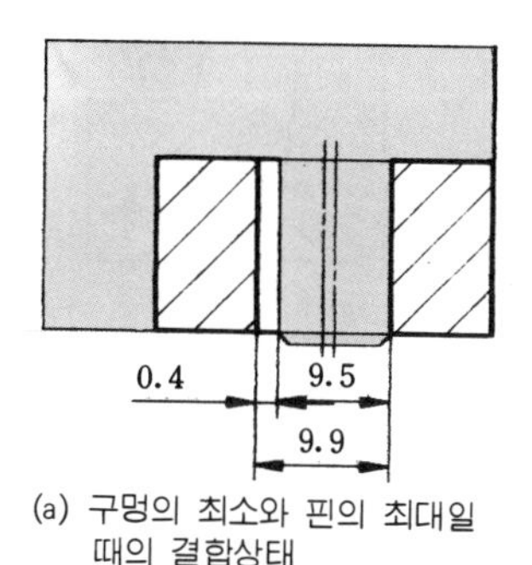

(a) 구멍의 최소와 핀의 최대일 때의 결합상태

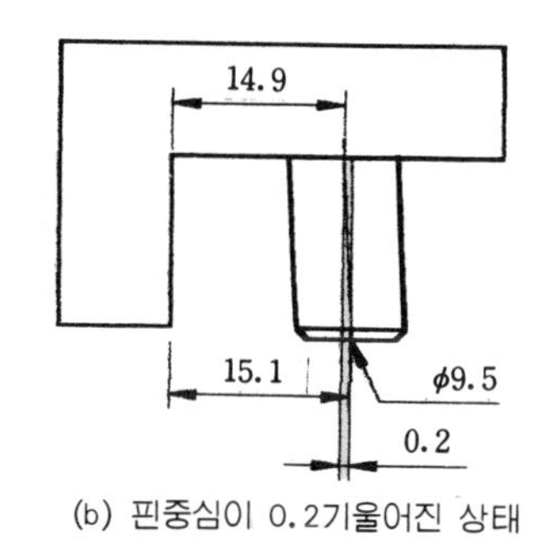

(b) 핀중심이 0.2기울어진 상태

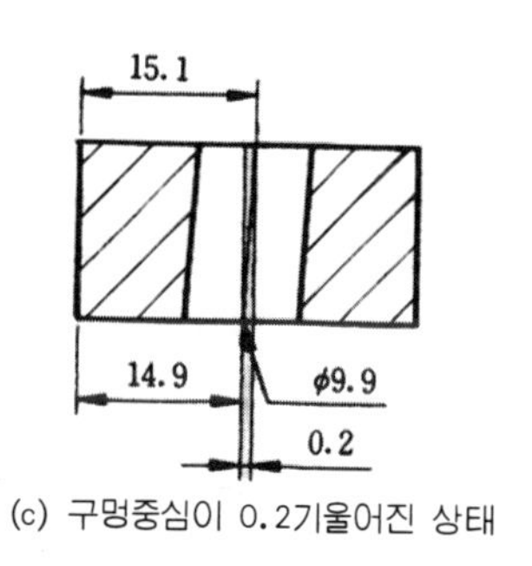

(c) 구멍중심이 0.2기울어진 상태

그림 1-127 부품 1과 부품 2의 공차 결정방법

〈예 2〉

두 개의 구멍이 뚫린 부품에 두 개의 핀이 붙어있는 부품이 결합되는 경우에는 두 개의 구멍중심에 대한 치수공차와 두 개의 구멍 지름에 대한 치수공차를 주어야 한다.

다음 그림 1-128(a)에 주어진 치수공차 범위 내에서 두 개의 구멍중심 20±0.1 범위 내에서 상한치수 20.1, 하한치수 19.9로 그림 (b), (c), (d), (e), (f), (g), (h), (i)와 같이 구멍중심이 여러 형태로 기울어질 수가 있고 구멍지름이 최소 ϕ9.9로 제작된 상태의 그림과 치수를 나타냈다.

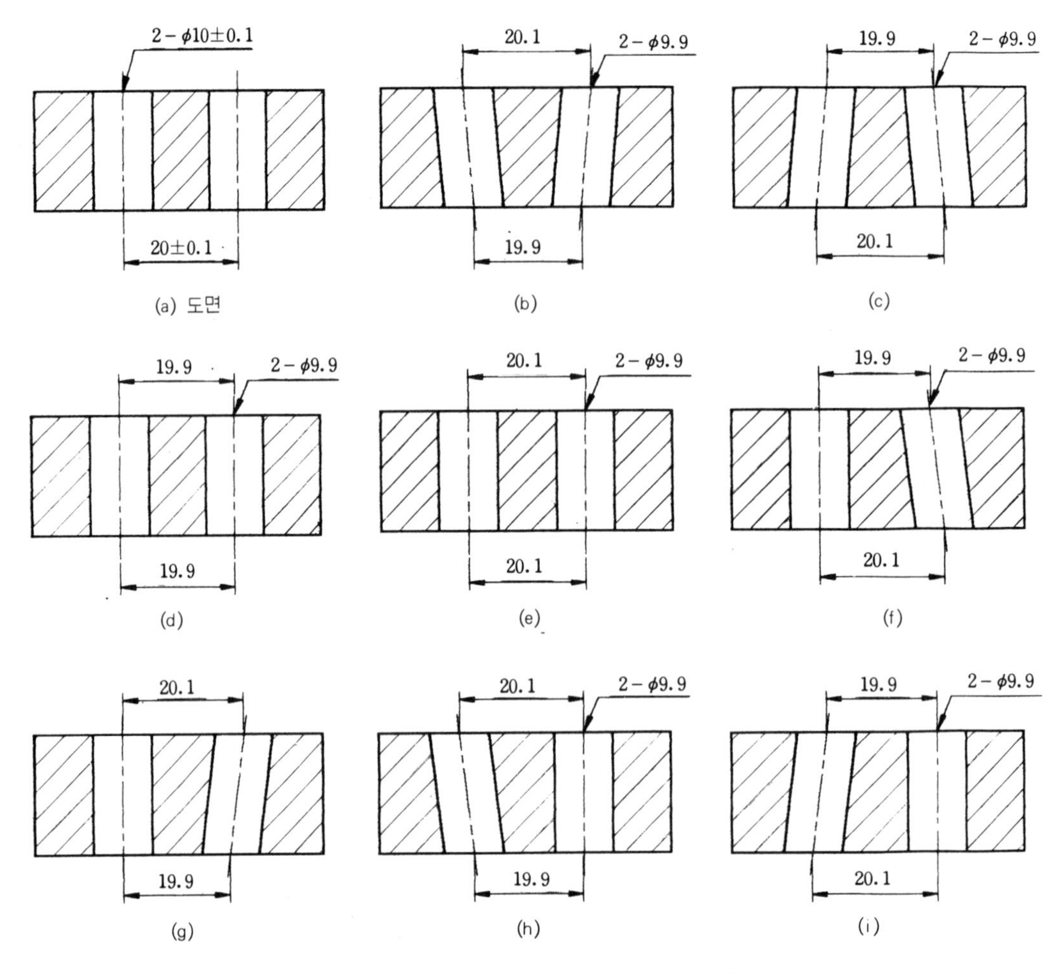

그림 1-128 두 구멍이 기울어질 수 있는 여러 형태

위에서 나타낸 여러 가지 형태로 제작된 구멍에 극한상태로 결합되는 두 개의 핀이 붙어있는 부품과의 결합상태와 두 개의 핀 중심간의 치수와 핀의 최대지름을 그림 1-129에 나타냈다.

그림 1-129(a)는 위에서 나타낸 그림 1-128(b)와 (c)에 결합되는 두 개의 핀 중심거리와 핀의 최대지름을 나타낸 그림이고 그림 1-128(b)는 위 그림 1-128(d)에, 그림 1-129(c)는 위 그림 1-128(e)에, 그림 1-129(d)는 위 그림 1-128(f)와 (g)에, 그림 1-129(e)는 위 그림 1-128(h)에, 그림 1-129(f)는 위 그림 1-128(i)에 결합되는 두 개의 핀 중심거리의 치수와 핀의 최대지름을 나타낸 그림이다. 이 경우에 두 개의 핀 중심거리가 정확하게 20±0이어야 두 구멍에 두 개의 핀이 결합될 수 있다. 그러나 핀 중심간의 거리를 정확하게 20±0로 제작할 수가 없으므로 두 핀 중심거리 20에 치수공차를 주어야 한다.

두 핀 중심거리의 치수 20에 공차를 주게 되면 여기에 결합되는 핀의 지름이 작아져야 결합이 될 수 있다.

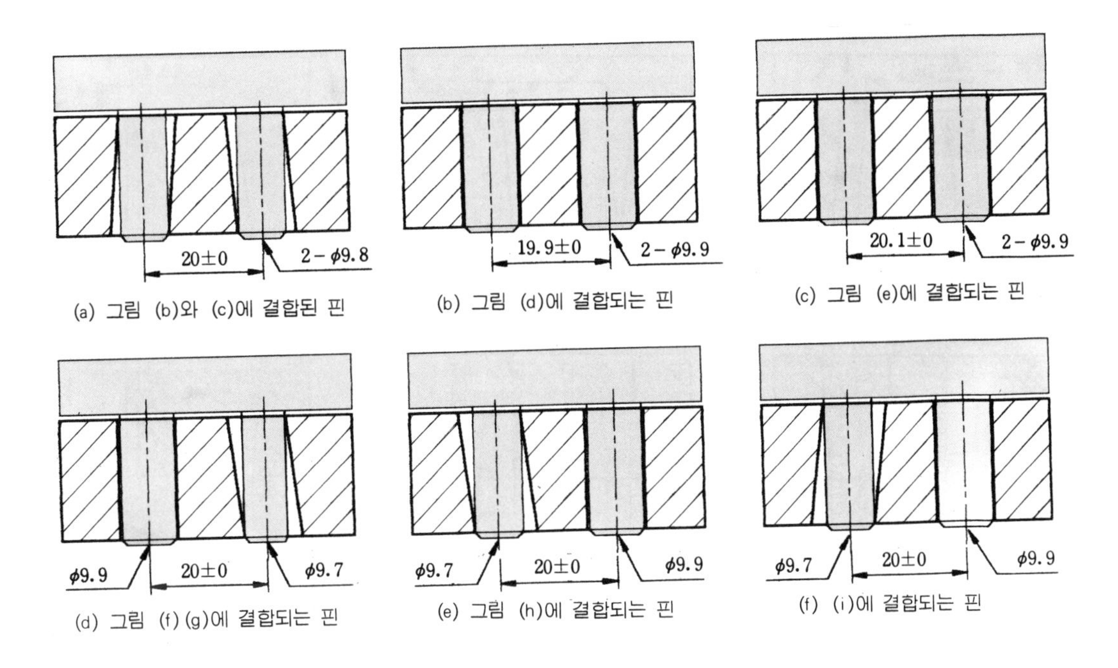

그림 1-129 구멍에 결합되는 두 개의 핀 중심 치수와 핀의 지름

위에서 설명한 두 개의 지름과 두 구멍사이에 치수공차를 그림 1-130(a)와 같이 주어진 부품에 결합되는 두 개의 핀 사이의 치수공차를 그림 1-130(b)와 같이 20±0.1로 주었을 때 부품 1과 부품 2의 결합상태를 아래에서 설명한다.

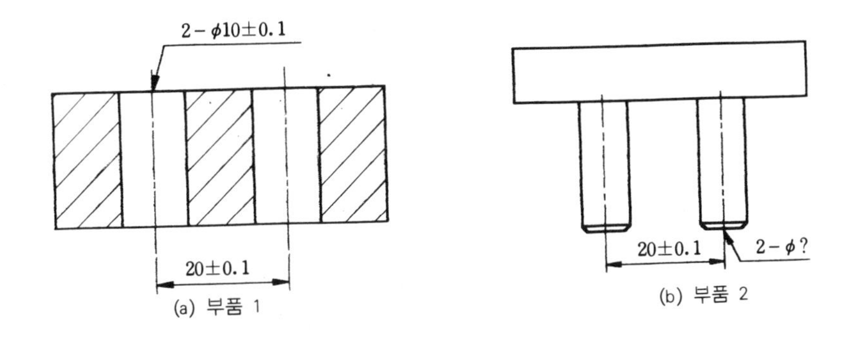

그림 1-130 치수공차가 주어진 두 부품

위에 나타낸 부품 1과 부품 2가 결합이 될 때 두 핀 중심과 두 구멍 중심이 각각 반대방향으로 기울어지고 구멍지름은 최소, 핀 지름은 최대인 극한상태의 결합되는 두 부품과 치수를 그림 1-131에 나타냈다.

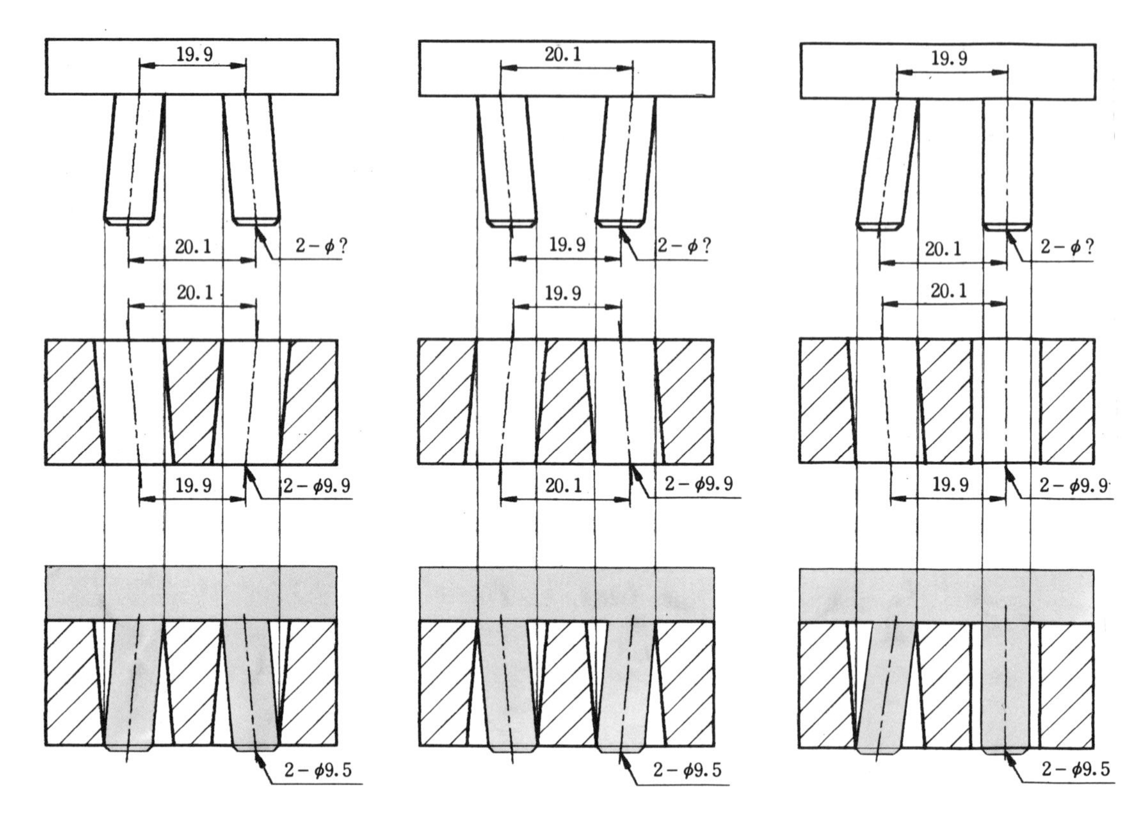

그림 1-131 극한상태의 두 부품의 결합관계와 치수

그림 1-130의 부품 1과 부품 2가 치수공차 범위 내에서 결합이 되도록 치수공차를 결정하려면 다음과 같이 하면 된다. 즉 그림 1-132(a)와 같이 구멍의 최소지름과 핀의 최대지름 차 0.4의 틈새를 주면 그림 1-132(b)의 두 개의 핀 사이의 치수공차 0.2, 그림 1-132(c)의 두 개의 구멍중심의 치수공차 0.2로 해주면 구멍(φ 9.9)과 핀(φ 9.5)사이에 틈새가 0.4이므로 두 개의 핀 중심이 0.2, 두 개의 구멍중심이 0.2 범위 내에서 각각 반대방향으로 기울어져도 구멍과 핀이 극한상태에서도 결합이 가능하다. 구멍의 최소와 핀의 최대사이의 지름 차와 두 핀의 중심거리의 치수공차 두 개의 구멍중심 사이의 치수공차는 제품의 기능이나 결합상태 또는 정확, 정밀도 등을 고려하여 설계자가 결정할 문제이며 설계자의 입장에서는 기능상 필요이상으로 공차를 정밀하게 줄 필요는 없다.

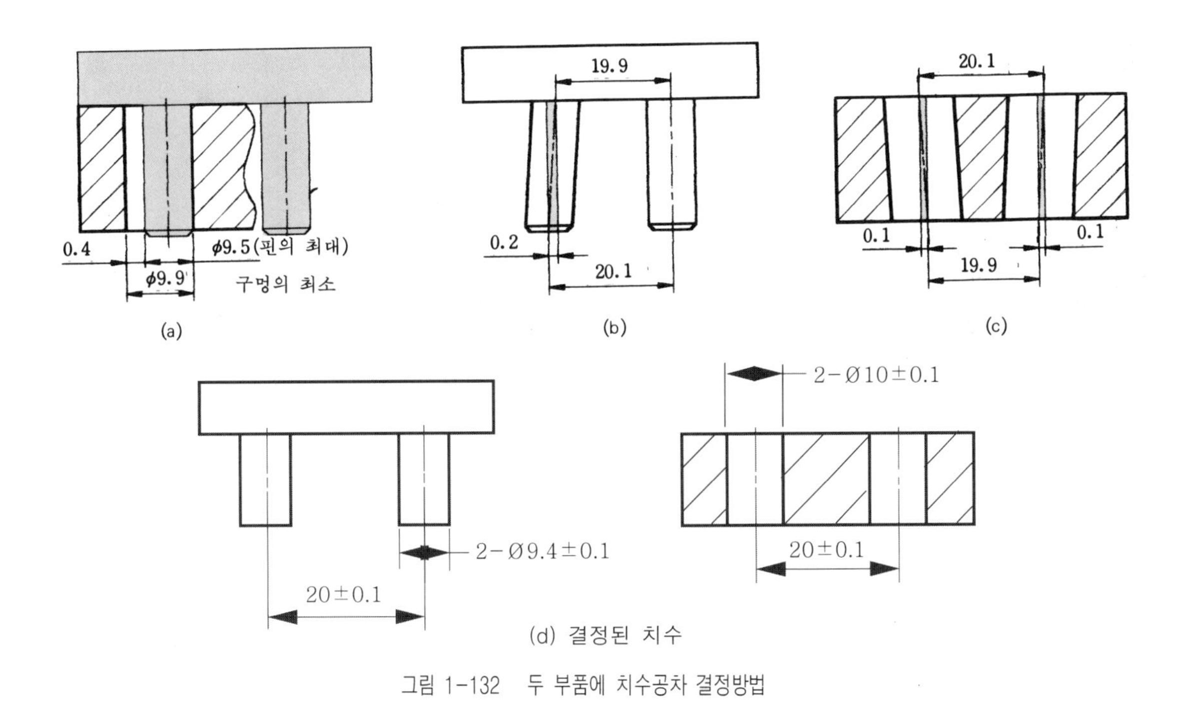

그림 1-132 두 부품에 치수공차 결정방법

10 끼워 맞춤

기계부품에는 구멍과 축이 결합되는 경우가 많다. 구멍과 축이 결합될 때 사용목적과 기능에 따라 헐겁게 결합되는 경우, 꼭 끼워지는 경우, 억지로 결합되는 경우가 있다. 이와 같은 결합상태는 같은 기준치수에 구멍과 축에 공차를 어떻게 주느냐에 따라 결합상태가 결정된다.

끼워 맞춤이란 헐거운 끼워 맞춤, 중간 끼워 맞춤, 억지 끼워 맞춤의 3가지 방법으로 구멍과 축이 결합되는 상태를 말한다.

10.1 끼워 맞춤 관계 용어

1) 허용한계치수 : 실제치수에 허용한계를 정한 두 개의 치수 차. 즉 최대허용치수와 최소허용치수와의 차(치수공차)
2) 최대허용치수 : 허용한계치수의 큰 쪽의 치수
3) 최소허용치수 : 허용한계치수의 작은 쪽의 치수
4) 기준 치수 : 허용한계치수가 주어지는 기준이 되는 치수
5) 위 치수허용차 : 기준 치수와 최대허용치수와의 차
6) 아래 치수허용차 : 기준 치수와 최소허용치수와의 차

용어 \ 치수	50 ± 0.02	$50^{+0.05}_{+0.025}$	$50^{-0.02}_{-0.04}$
기준 치수	50	50	50
허용한계치수	0.04	0.025	0.02
최대허용치수	50.02	50.05	49.98
최소허용치수	49.98	50.025	49.96
위 치수허용차	0.02	0.05	0.02
아래 치수허용차	0.02	0.025	0.04

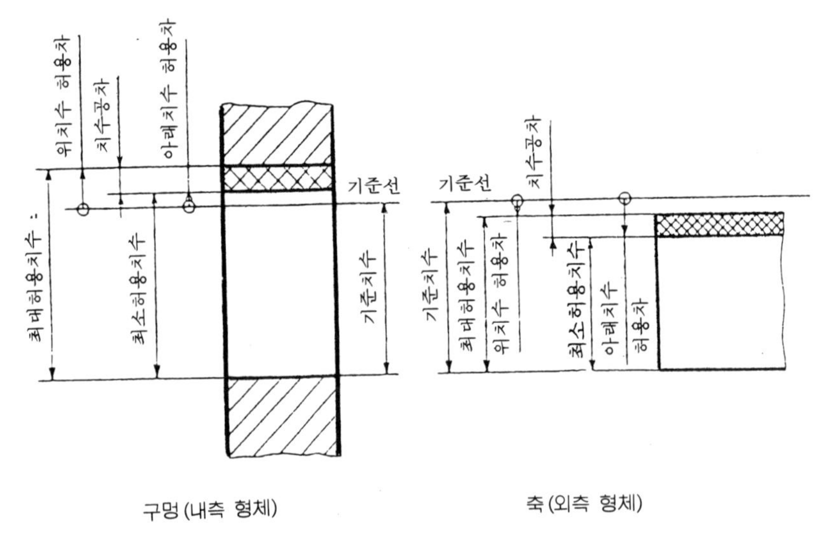

그림 1-133 끼워 맞춤 관계용어

10.2 구멍기준 끼워 맞춤과 축 기준 끼워 맞춤

끼워 맞춤은 구멍과 축의 종류에 따라 구멍기준 끼워 맞춤과 축 기준 끼워 맞춤의 두 종류가 사용되며 현장에서는 가공하기 어려운 구멍을 먼저 기준으로 하여 여기에 가공하기 쉬운 축을 끼워 맞추는 구멍기준 끼워 맞춤이 주로 적용된다.

1) 구멍기준 끼워 맞춤

구멍기준 끼워 맞춤은 하나의 구멍을 기준으로 여기에 허용한계치수를 정하고 구멍에 결합되는 상대방 축에 허용한계치수를 주어 헐거운 끼워 맞춤, 중간 끼워 맞춤, 억지 끼워 맞춤 중 제품의 기능에 맞도록 하나의 구멍에 여러 가지의 축을 끼워 맞추는 것을 구멍기준 끼워 맞춤이라 한다.

구멍기준 끼워 맞춤에 대한 기호는 A에서 Z사이의 영문자의 대문자로 표시하며 KS B 0401에 규격으로 정해져 있다. A구멍이 가장 크고 Z쪽으로 갈수록 구멍이 작아진다.

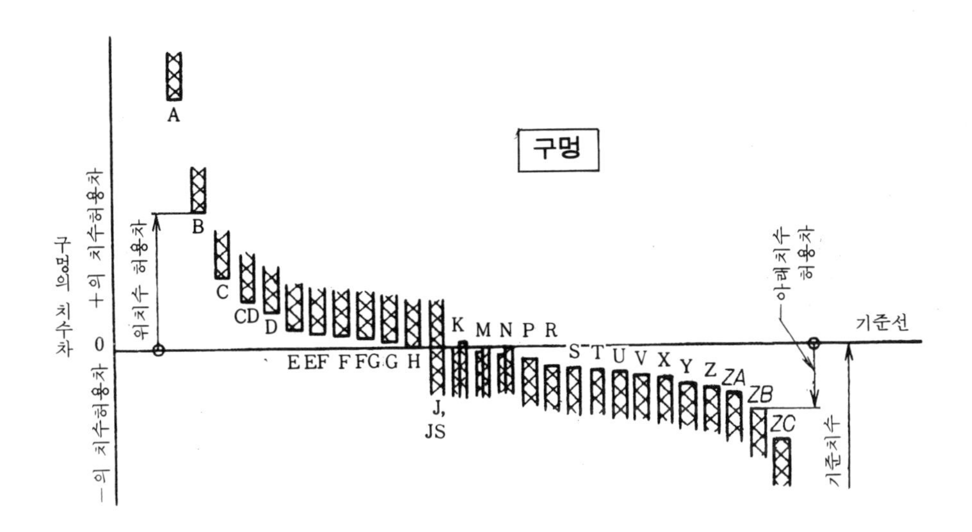

그림 1-134 구멍기준 끼워 맞춤 공차역과 기호

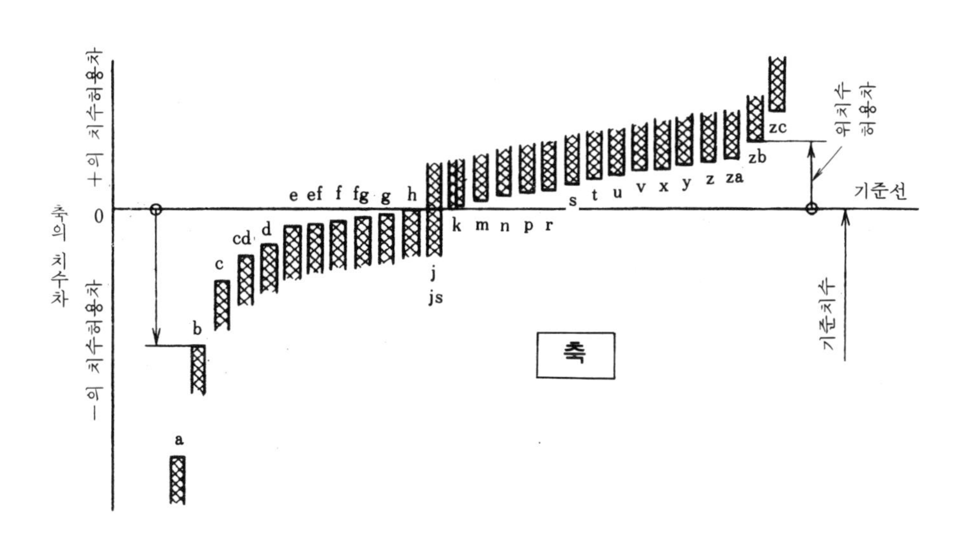

그림 1-135 축 기준 끼워 맞춤 공차역과 기호

2) 축 기준 끼워 맞춤

축 기준 끼워 맞춤은 하나의 축을 기준으로 허용한계치수를 정하고 구멍의 크기를 조정하는 것이다. 제품의 기능에 맞도록 헐거운 끼워 맞춤, 중간 끼워 맞춤, 억지 끼워 맞춤의 방법을 적용한다. 축의 크기 별로 a에서 z까지 영문자의 소문자로 기호를 표시하고 a축이 가장 작은 축이고 z에 가까울수록 축이 커진다.

다음 그림은 구멍과 축에 대한 기호를 나타낸 그림이다. 구멍의 경우는 기준선 위쪽이 +쪽으로 공차가 정해져 있고 기준선 아래쪽은 −쪽으로 공차가 정해져 있다. 축의 경우에는 기준선 위쪽이 +쪽으로 공차가 정해져 있고 기준선 아래쪽은 −쪽으로 공차가 정해져 있다.

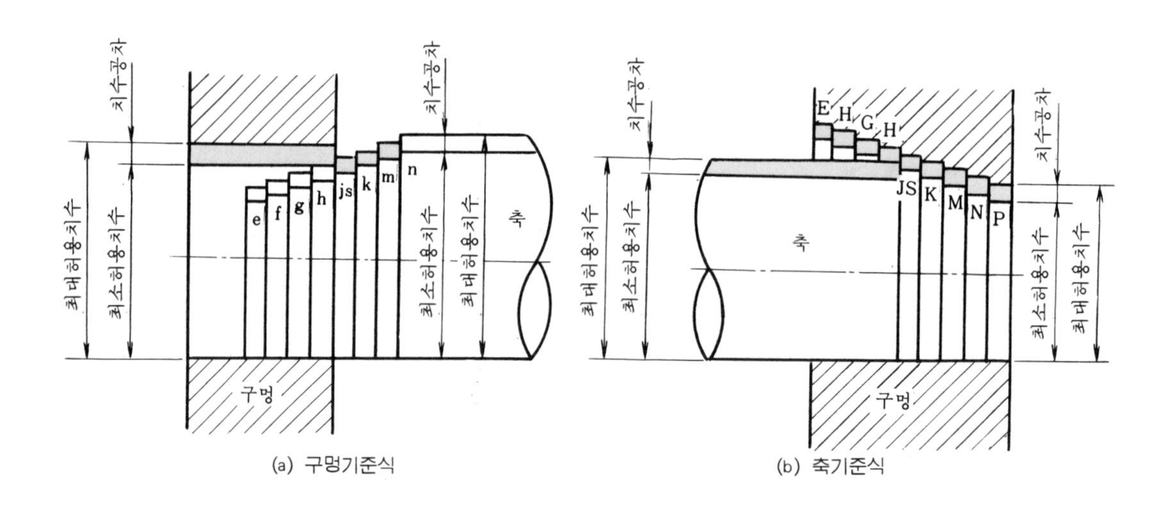

그림 1-136 구멍기준 끼워 맞춤과 축 기준 끼워 맞춤

3) 끼워 맞춤 방식의 선택

구멍기준 끼워 맞춤과 축 기준 끼워 맞춤 중에서 어느 것을 사용하느냐 하는 것은 제품의 기능, 결합상태, 형상, 가공, 검사의 난이도와 소요되는 비용 등을 고려하여 결정한다.

일반적으로 구멍과 축을 가공할 때 구멍 쪽이 가공하기도 어렵고 정밀도를 높이기도 어렵다. 따라서 가공하기 어려운 구멍을 기준으로 하여 가공하기 쉬운 축을 조합하여 각종 끼워 맞춤을 얻는 구멍기준 끼워 맞춤이 주로 이용되고 있다.

구멍기준 끼워 맞춤 중에서도 H6와 H7에 끼워 맞춤 되는 축의 공차역 범위가 넓어서 헐거운 끼워 맞춤에서 억지 끼워 맞춤까지 널리 사용된다. 그 중에서도 H7에서는 끼워 맞춤 되는 축의 공차역 범위가 가장 넓으므로 H7이 가장 많이 이용되고 있다.

다음 그림은 기준치수 30mm의 경우 구멍 H6~H10에 헐거운, 중간, 억지 끼워 맞춤 되는 축과의 상호관계를 표로 나타낸 것이다.

표 1-15 상용하는 끼워 맞춤에 있어서 공차역의 상호관계(그림은 기준치수 30mm의 경우를 나타냄)

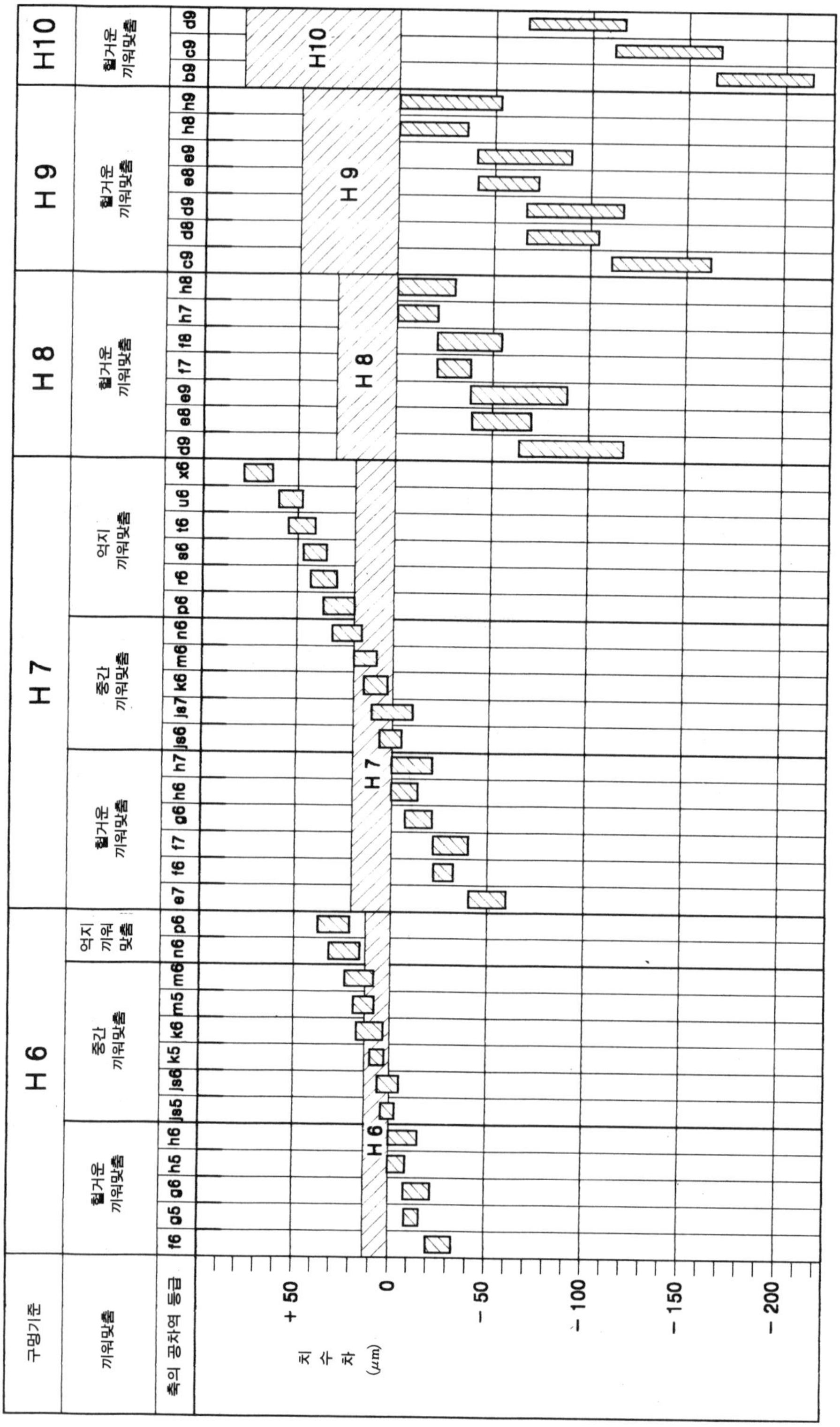

구멍기준	끼워맞춤	축의 공차역 등급
H6	헐거운 끼워맞춤	f6 g5 g6 h5 h6
	중간 끼워맞춤	js5 js6 k5 k6 m5 m6
	억지 끼워 맞춤	n6 p6
H7	헐거운 끼워맞춤	e7 f6 f7 g6 h6 h7
	중간 끼워맞춤	js6 js7 k6 m6 n6
	억지 끼워맞춤	p6 r6 s6 t6 u6 x6
H8	헐거운 끼워맞춤	d9 e8 e9 f7 f8 h7 h8
H9	헐거운 끼워맞춤	c9 d8 d9 e8 e9 h8 h9
H10	헐거운 끼워맞춤	b9 c9 d9

치수차 (μm): +50, 0, −50, −100, −150, −200

10.3 틈새와 죔새

구멍과 축이 끼워 맞춤될 때 구멍과 축의 치수에 따라 틈새가 있는 끼워 맞춤과 죔새가 있는 끼워 맞춤으로 결합이 될 수 있다.

1) 틈새 : 축의 지름이 구멍의 지름보다 작을 때 두 지름 차를 틈새라 한다.
   - 최소틈새 : 구멍의 최소허용치수와 축의 최대허용치수와의 차
   - 최대틈새 : 구멍의 최대허용치수와 축의 최소허용치수와의 차

2) 죔새 : 축의 지름이 구멍의 지름보다 클 때 두 지름 차를 죔새라 한다.
   - 최소죔새 : 구멍의 최대허용치수와 축의 최소허용치수와의 차
   - 최대죔새 : 구멍의 최소허용치수와 축의 최대허용치수와의 차

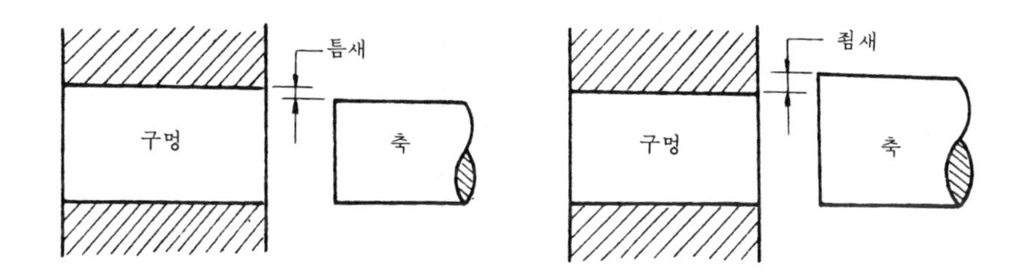

그림 1-137 틈새와 죔새

10.4 헐거운 끼워 맞춤

구멍과 축이 결합될 때 구멍지름보다 축 지름이 작으면 틈새가 생겨서 헐겁게 끼워 맞춰진다. 제품의 기능상 구멍과 축이 결합된 상태에서 헐겁게 결합되는 것을 헐거운 끼워 맞춤이라 하며 어떤 경우이든 항상 틈새가 있다.

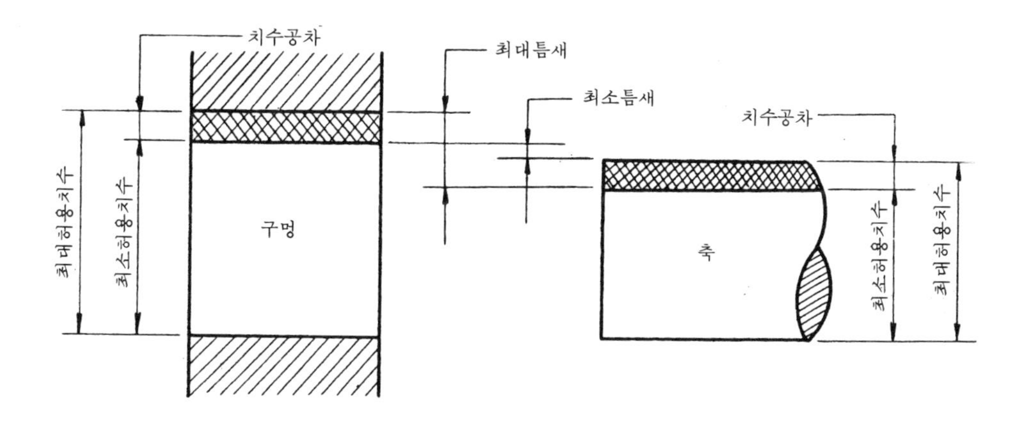

그림 1-138 헐거운 끼워 맞춤

ϕ25 H7 g6의 끼워 맞춤

구멍과 축 / 구분	구멍	축
기준 치수	ϕ25	ϕ25
기호와 공차등급	H7	g6
허용한계치수	$\phi25\ ^{+0.021}_{\ \ 0}$	$\phi25\ ^{-0.007}_{-0.020}$
최대허용치수	ϕ25.021	ϕ24.993
최소허용치수	ϕ25	ϕ24.980
치수공차	0.021	0.013
최소 틈새	0.007(구멍의 최소 25－축의 최대 24.993)	
최대 틈새	0.041(구멍의 최대 25.021－축의 최소 24.980)	
끼워 맞춤	헐거운 끼워 맞춤	

10.5 중간 끼워 맞춤

중간 끼워 맞춤은 구멍과 축에 주어진 공차에 따라 틈새가 생길 수도 있고 죔새가 생길 수도 있도록 구멍과 축에 공차를 준 것을 말한다.

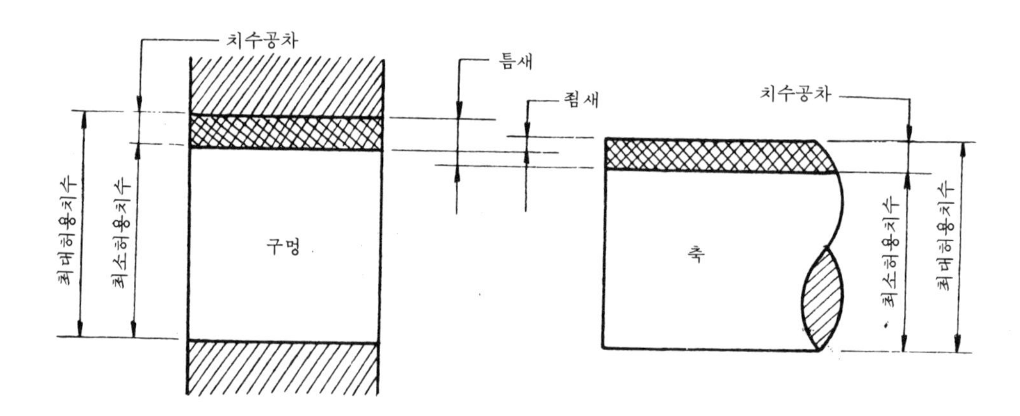

그림 1-139 중간 끼워 맞춤

φ45 H6 m6의 끼워맞춤

구분 \ 구멍과 축	구멍	축
기준 치수	φ45	φ45
기호와 공차등급	H6	m6
허용한계치수	φ45 +0.016 0	φ45 +0.025 +0.009
최대허용치수	φ45.016	φ45.025
최소허용치수	φ45	φ45.009
치수 공차	0.016	0.016
틈새	0.007(구멍의 최대 45.016－축의 최소 45.009)	
죔새	0.025(축의 최대 45.025－구멍의 최소 45)	
끼워 맞춤	중간 끼워 맞춤	

10.6 억지 끼워 맞춤

구멍과 축이 주어진 허용한계치수 범위 내에서 구멍이 최소, 축이 최대일 때도 죔새가 생기고 구멍이 최대, 축이 최소일 때도 죔새가 생기는 끼워 맞춤을 억지 끼워 맞춤 또는 빡빡한 끼워 맞춤이라 하며 어떤 경우이든 항상 죔새가 생기는 끼워 맞춤이다.

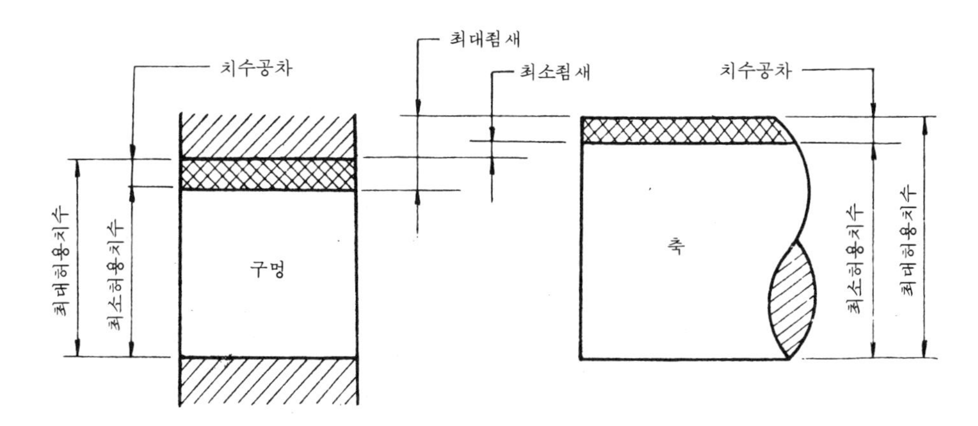

그림 1-140 억지 끼워 맞춤

ϕ35 H7 S6의 끼워 맞춤

구분 \ 구멍과 축	구멍	축
기준 치수	ϕ35	ϕ35
기호와 공차등급	H7	S6
허용한계치수	$\phi35^{+0.025}_{0}$	$\phi35^{+0.059}_{+0.043}$
최대허용치수	ϕ35.025	ϕ35.059
최소허용치수	ϕ35	ϕ35.043
치수공차	0.025	0.016
최소 죔새	0.018(축의 최소 35.043－구멍의 최대 35.025)	
최대 죔새	0.059(축의 최대 35.059－구멍의 최소 35)	
끼워 맞춤	억지 끼워 맞춤	

<연습문제>

※ 다음 빈칸에 보기와 같이 구멍과 축의 치수공차와 틈새, 죔새를 기입하시오.

끼워 맞춤 보기	구멍의 치수공차	축의 치수공차	틈새와 죔새	끼워 맞춤의 종류
보기 ϕ15 F7g5	$\phi15^{+0.034}_{+0.016}$	$\phi15^{-0.006}_{-0.014}$	최소 틈새 : 0.022 최대 틈새 : 0.048	헐거운 끼워 맞춤
ϕ65 F7g5				
ϕ40 Js6k5				
ϕ150 H7js6				
ϕ20 K7n6				
ϕ280 K6js7				
ϕ100 H8e8				

10.7 IT 기본 공차

IT 기본 공차는 치수구분에 따라 공차 등급과 공차값이 규격으로 정해져 국제적으로 통용되는 국제 공차이다. 치수구분에 따른 공차 등급은 치수구분 3 이하에서 3150 이하까지 IT 공차 1, 2, 3…18등급(표 1-17)까지 18등급으로 나누어 기본 공차값이 규격으로 정해져 있다. 같은 치수이지만 공차 등급에 따라 공차는 다르다.

예를 들어 치수 100mm의 IT 5등급은 표 1-17에서 15μm(0.015mm), IT 10등급은 140μm(0.14mm)이다. 즉 공차 등급이 크면 공차는 커지고 공차 등급이 작을수록 공차는 정밀해진다. 또한 공차 등급이 같아도 치수가 커지면 공차는 커진다. 예를 들면 치수 40의 경우 5등급일 때의 공차는 11μm (0.011mm), 치수 100의 경우 5등급일 때의 공차는 15μm(0.015mm)이다.

IT 기본 공차의 등급은 게이지 제작 공차와 끼워 맞춤 공차, 끼워 맞춤 이외의 공차로 다음 표 1-16과 같이 적용된다.

표 1-16 IT 기본 공차의 적용

공차 등급 \ 용도	게이지 제작 공차	끼워 맞춤 공차	끼워 맞춤 이외의 공차
구멍	IT01~IT5	IT6~IT10	IT11~IT18
축	IT01~IT4	IT5~IT9	IT10~IT18

표 1-17 IT 기본 공차의 수치

기준치수의 구분(mm)		공차 등급																	
		1	2	3	4	5	6	7	8	9	10	11	12	13	14	15	16	17	18
초과	이하	기본 공차의 수치(μm)											기본 공차의 수치(mm)						
–	3	0.8	1.2	2	3	4	6	10	14	25	40	60	0.10	0.14	0.26	0.40	0.60	1.00	1.40
3	6	1	1.5	2.5	4	5	8	12	18	30	48	75	0.12	0.18	0.30	0.48	0.75	1.20	1.80
6	10	1	1.5	2.5	4	6	9	15	22	36	58	90	0.15	0.22	0.36	0.58	0.90	1.50	2.20
10	18	1.2	2	3	5	8	11	18	27	43	70	110	0.18	0.27	0.43	0.70	1.10	1.80	2.70
18	30	1.5	2.5	4	6	9	13	21	33	52	84	130	0.21	0.33	0.52	0.84	1.30	2.10	3.30
30	50	1.5	2.5	4	7	11	16	25	39	62	100	160	0.25	0.39	0.62	1.00	1.60	2.50	3.90
50	80	2	3	5	8	13	19	30	46	74	120	190	0.30	0.46	0.74	1.20	1.90	3.00	4.60
80	120	2.5	4	6	10	15	22	35	54	87	140	220	0.35	0.54	0.87	1.40	2.20	3.50	5.40
120	180	3.5	5	8	12	18	25	40	63	100	160	250	0.40	0.63	1.00	1.60	2.50	4.00	6.30
180	250	4.5	7	10	14	20	29	46	72	115	185	290	0.46	0.72	1.15	1.85	2.90	4.60	7.20
250	315	6	8	12	16	23	32	52	81	130	210	320	0.52	0.81	1.30	2.10	3.20	5.20	8.10
315	400	7	9	13	18	25	36	57	89	140	230	360	0.57	0.89	1.40	2.30	3.60	5.70	8.90
400	500	8	10	15	20	27	40	63	97	155	250	400	0.63	0.97	1.55	2.50	4.00	6.30	9.70

500	630	9	11	16	22	30	44	70	110	175	280	440	0.70	1.10	1.75	2.80	4.40	7.00	11.00
630	800	10	13	18	25	35	50	80	125	200	320	500	0.80	1.25	2.00	3.20	5.00	8.00	12.50
800	1000	11	15	21	29	40	56	90	140	230	360	560	0.90	1.40	2.30	3.60	5.60	9.00	14.00
1000	1250	13	18	24	34	46	66	105	165	260	420	660	1.05	1.65	2.60	4.20	6.60	10.50	16.50
1250	1600	15	21	29	40	54	78	125	195	310	500	780	1.25	1.95	3.10	5.00	7.80	12.50	19.50
1600	2000	18	25	35	48	65	92	150	230	370	600	920	1.50	2.30	3.70	6.00	9.20	15.00	23.00
2000	2500	25	30	41	57	77	110	175	280	440	700	1100	1.75	2.80	4.40	7.00	11.00	17.50	28.00
2500	3150	26	36	50	69	93	135	210	330	540	860	1350	2.10	3.30	5.40	8.60	13.50	21.00	33.00

주) 공차 등급 IT14~IT18은 기준 치수 1mm 이하에는 적용하지 않는다.
500mm를 초과하는 기준 치수에 대한 공차 등급 IT1~IT5의 공차값은 실험적으로 사용하기 위한 잠정적인 것이다.

<연습문제>

1. ϕ5인 구멍에 공차 등급이 3일 때 IT 기본 공차값은?
2. ϕ20인 축에 공차 등급이 6일 때 IT 기본 공차값은?
3. ϕ100인 구멍에 공차 등급이 10일 때 IT 기본 공차값은?
4. ϕ150인 축에 공차 등급이 5일 때 IT 기본 공차값은?
5. 공차 등급이 6등급일 때 ϕ50과 ϕ100은 어느 쪽 공차가 더 큰가?
6. ϕ50인 구멍에 공차 등급 2등급과 6등급 중 공차가 큰 쪽은?
7. 공차 등급이 7등급일 때 ϕ85와 ϕ115는 공차값이 같은가, 다른가?

10.8 상용하는 끼워 맞춤

상용하는 끼워 맞춤은 기초가 되는 치수 허용차가 0인 구멍은 H, 축은 h를 기준으로 구멍과 축에 끼워 맞춤 되는 헐거운 끼워 맞춤, 중간 끼워 맞춤, 억지 끼워 맞춤의 3가지가 규격으로 정해져 있어 현장에서 주로 상용하는 끼워 맞춤이 적용되고 있으며 구멍 기준식과 축 기준식 중 구멍 기준식이 주로 적용된다. 구멍에 적용되는 IT 공차 등급은 6급에서 10급까지 5등급, 축에 적용되는 IT 공차 등급은 구멍보다 한 등급 아래인 5급에서 9급까지가 끼워 맞춤에 적용되는 IT 공차 등급이다.

예를 들어 기준치수가 ϕ25인 H7 구멍과 g6인 축이 결합될 때 끼워 맞춤상태는 표 1-14에서 헐거운 끼워 맞춤이다. ϕ25 H7 구멍과 ϕ25 g6인 축의 치수공차를 표 1-20에서 찾아보면 구멍은 $\phi 25\ ^{+0.021}_{\ \ 0}$ 이고 표 1-18에서 축은 $\phi 25\ ^{-0.007}_{-0.020}$ 이다. 따라서 구멍과 축이 어떤 상태로 되어도 틈새가 생기는 헐거운 끼워 맞춤이 된다.

표 1-18 상용하는 구멍기준 끼워 맞춤

기준구멍	축의 종류와 등급																
	헐거운 끼워 맞춤							중간 끼워 맞춤			억지 끼워 맞춤						
H6						g5	h5	js5	k5	m5							
					f6	g6	h6	js6	k6	m6	n6	p6					
H7					f6	g6	h6	js6	k6	m6	n6	p6	r6	s6	t6	u6	x6
				e7	f7		h7	js7									
H8					f7		h7										
				e8	f8		h8										
			d9	e9													
H9			d9	e8			h8										
		c9	d9	e9			h9										
H10	b9	c9	d9														

표 1-19 상용하는 축 기준 끼워 맞춤

기준구멍	구멍의 종류와 등급																
	헐거운 끼워 맞춤							중간 끼워 맞춤			억지 끼워 맞춤						
h5							H6	JS6	K6	M6	N6	N7					
h6					F6	G6	H6	JS6	K6	M6	N6	P6					
					F7	G7	H7	JS7	K7	M7	N7	P7(1)	R7	S7	T7	U7	X7
h7				E7	F7		H7										
					F8		H8										
h8			D8	E8	F8		H8										
			D9	E9			H9										
h9			D8	E8			H8										
		C9	D9	E9			H9										
	B10	C10	D10														

표 1-20 상용하는 끼워 맞춤 구멍 치수 허용차 KS B 0401(단위 μ=0.001mm)

치수구분 (mm)		B	C		D			E			F			G		H				
초과	이하	B10	C9	C10	D8	D9	D10	E7	E8	E9	F6	F7	F8	G6	G7	H6	H7	H8	H9	H10
–	3	+180	+85	+100	+34	+45	+60	+24	+28	+39	+12	+16	+20	+8	+12	+6	+10	+14	+25	+40
		+140		+60		+20			+14			+6			+2			0		
3	6	+188	+100	+118	+48	+60	+78	+32	+38	+50	+18	+22	+28	+12	+16	+8	+12	+18	+30	+48
		+140		+70		+30			+20			+10			+4			0		
6	10	+208	+116	+138	+62	+76	+98	+40	+47	+61	+22	+28	+35	+14	+20	+9	+15	+22	+36	+58
		+150		+80		+40			+25			+13			+5			0		
10	14	+220	+138	+165	+77	+93	+120	+50	+59	+75	+27	+34	+43	+17	+24	+11	+18	+27	+43	+70
14	18	+150		+95		+50			+32			+16			+6			0		
18	24	+224	+162	+194	+98	+117	+149	+61	+73	+92	+33	+41	+53	+20	+28	+13	+21	+33	+52	+84
24	30	+160		+110		+65			+40			+20			+7			0		
30	40	+270	+182	+220																
		+170		+120	+119	+142	+180	+75	+89	+112	+41	+50	+64	+25	+34	+16	+25	+39	+62	+100
40	50	+280	+192	+230		+80			+50			+25		+9				0		
		+180		+130																
50	65	+310	+214	+260																
		+190		+140	+146	+174	+220	+90	+106	+134	+49	+60	+76	+29	+40	+19	+30	+46	+74	+120
65	80	+320	+224	+270		+100			+60			+30			+10			0		
		+200		+150																
80	100	+360	+257	+310																
		+220		+170	+174	+207	+260	+107	+126	+159	+59	+71	+90	+34	+47	+22	+35	+54	+87	+140
100	120	+380	+267	+320		+120			+72			+36			+12			0		
		+240		+180																
120	140	+420	+300	+360																
		+260		+200																
140	160	+440	+310	+370	+208	+245	+305	+125	+148	+185	+68	+83	+106	+39	+54	+25	+40	+63	+100	+160
		+280		+210		+145			+85			+43			+14			0		
160	180	+470	+330	+390																
		+310		+230																
180	200	+525	+355	+425																
		+340		+40																
200	225	+565	+375	+445	+242	+285	+355	+146	+172	+215	+79	+96	+122	+44	+61	+29	+46	+72	+115	+185
		+380		+260		+170			+100			+50			+15			0		
225	250	+605	+395	+465																
		+420		+280																
250	280	+690	+430	+510																
		+480		+300	+270	+320	+400	+162	+191	+240	+88	+108	+137	+49	+69	+32	+52	+81	+130	+210
280	315	+750	+460	+540		+190			+110			+56			+17			0		
		+540		+330																
315	355	+830	+500	+590																
		+600		+340	+299	+350	+440	+182	+214	+265	+98	+119	+151	+54	+75	+36	+57	+89	+140	+230
355	400	+910	+540	+630		+210			+125			+62			+18			0		
		+680		+400																
400	450	+1010	+595	+690																
		+760		+440	+327	+385	+480	+198	+232	+290	+108	+131	+165	+60	+83	+40	+63	+97	+155	+250
450	500	+1090	+635	+730		+230			+135			+68			+20			0		
		+840		+480																

표 1-21 상용하는 끼워 맞춤 구멍 치수 허용차 (단위 ℳ=0.001mm)

치수구분 (mm)		Js		K		M		N		P		R	S	T	U	X
초과	이하	Js6	Js7	K6	K7	M6	M7	N6	N7	P6	P7	R7	S7	T7	U7	X7
–	3	±3	±5	0 -6	0 -10	-2 -8	-2 -12	-4 -10	-4 -14	-6 -12	-6 -16	-10 -20	-14 -24	–	-18 -28	-20 -30
3	6	±4	±6	+2 -6	+3 -9	-1 -9	0 -12	-5 -13	-4 -16	-9 -17	-8 -20	-11 -23	-15 -27	–	-19 -31	-24 -36
6	10	±4.5	±7.5	+2 -7	+5 -10	-3 142	0 -15	-7 -16	-7 -19	-12 -21	-9 -24	-13 -28	-17 -32	–	-22 -37	-28 -43
10	14	±5.5	±9	+2 -9	+6 -12	-4 -15	0 -18	-9 -20	-5 -23	-15 -26	-11 -29	-16 -34	-21 -39	–	-26 -44	-33 -51
14	18															-38 -56
18	24	±6.5	±10.5	+2 -11	+6 -15	-4 -17	0 -21	-11 -24	-7 -28	-18 -31	-14 -35	-20 -41	-27 -48	–	-33 -54	-46 -67
24	30													-33 -54	-40 -61	-56 -77
30	40	±8	±12.5	+3 -13	+7 -18	-4 -20	0 -25	-12 -28	-8 -33	-21 -37	-17 -42	-25 -50	-34 -59	-39 -64	-51 -76	
40	50													-45 -70	-61 -86	
50	65	±9.5	±15	+4 -15	+9 -21	-5 -24	0 -30	-14 -33	-9 -39	-26 -45	-21 -51	-30 -60	-42 -72	-55 -85	-76 -106	
65	80											-32 -62	-48 -78	-64 -94	-91 -121	
80	100	±11	±17.5	+4 -18	+10 -25	-6 -28	0 -35	-16 -38	-10 -45	-30 -52	-24 -59	-38 -73	-58 -93	-78 -113	-111 -146	
100	120											-41 -76	-66 -101	-91 -126	-131 -166	
120	140	±12.5	±20	+4 -21	+12 -28	-8 -33	0 -40	-20 -45	-12 -52	-36 -61	-28 -68	-48 -88	-77 -117	-107 -147	–	–
140	160											-50 -90	-85 -125	-119 -159		
160	180											-53 -93	-93 -133	-131 -171		
180	200	±14.5	±23	+5 -24	+13 -33	-8 -37	0 -46	-22 -51	-14 -60	-41 -70	-336 -79	-60 -106	-105 -151	–	–	–
200	225											-63 -109	-113 -159			
225	250											-67 -113	-123 -169			
250	280	±16	±26	+5 -27	+16 -36	-9 -41	0 -52	-25 -57	-14 -66	-47 -79	-36 -88	-74 -126				
280	315											-78 -130				
315	355	±18	±28.5	+7 -29	+17 -40	-10 -45	0 -57	-26 -62	-16 -73	-51 -81	-41 -98	-87 -144				
355	400											-93 -150				
400	450	±20	±31.5	+8 -32	+18 -45	-10 -50	0 -63	-27 -67	-17 -80	-55 -95	-45 -108	-103 -166				
450	500											-109 -172				

표 1-22 상용하는 끼워 맞춤 축 치수 허용차 (단위 μ=0.001mm)

<table>
<tr><th colspan="2">치수구분
(mm)</th><th>b</th><th>c</th><th colspan="2">d</th><th colspan="3">e</th><th colspan="3">f</th><th colspan="2">g</th><th colspan="5">h</th></tr>
<tr><th>초과</th><th>이하</th><th>b9</th><th>c9</th><th>d8</th><th>d9</th><th>e7</th><th>e8</th><th>e9</th><th>f6</th><th>f7</th><th>f8</th><th>g5</th><th>g6</th><th>h5</th><th>h6</th><th>h7</th><th>h8</th><th>h9</th></tr>
<tr><td rowspan="2">–</td><td rowspan="2">3</td><td>-140</td><td>-610</td><td colspan="2">-20</td><td colspan="3">-14</td><td colspan="3">-6</td><td colspan="2">-2</td><td colspan="5">0</td></tr>
<tr><td>-165</td><td>-85</td><td>-34</td><td>-45</td><td>-24</td><td>-28</td><td>-39</td><td>-12</td><td>-16</td><td>-20</td><td>-6</td><td>-8</td><td>-4</td><td>-6</td><td>-10</td><td>-14</td><td>-25</td></tr>
<tr><td rowspan="2">3</td><td rowspan="2">6</td><td>-140</td><td>-70</td><td colspan="2">-30</td><td colspan="3">-20</td><td colspan="3">-10</td><td colspan="2">-4</td><td colspan="5">0</td></tr>
<tr><td>-170</td><td>-100</td><td>-48</td><td>-60</td><td>-32</td><td>-38</td><td>-50</td><td>-18</td><td>-22</td><td>-28</td><td>-9</td><td>-12</td><td>-5</td><td>-8</td><td>-12</td><td>-18</td><td>-30</td></tr>
<tr><td rowspan="2">6</td><td rowspan="2">10</td><td>-150</td><td>-80</td><td colspan="2">-40</td><td colspan="3">-25</td><td colspan="3">-13</td><td colspan="2">-5</td><td colspan="5">0</td></tr>
<tr><td>-186</td><td>-116</td><td>-62</td><td>-76</td><td>-40</td><td>-47</td><td>-61</td><td>-22</td><td>-28</td><td>-35</td><td>-11</td><td>-14</td><td>-6</td><td>-9</td><td>-15</td><td>-22</td><td>-36</td></tr>
<tr><td rowspan="2">10
14</td><td rowspan="2">14
18</td><td>-150</td><td>-95</td><td colspan="2">-50</td><td colspan="3">-32</td><td colspan="3">-16</td><td colspan="2">-6</td><td colspan="5">0</td></tr>
<tr><td>-193</td><td>-138</td><td>-77</td><td>-93</td><td>-50</td><td>-59</td><td>-75</td><td>-27</td><td>-34</td><td>-43</td><td>-14</td><td>-17</td><td>-8</td><td>-11</td><td>-18</td><td>-27</td><td>-43</td></tr>
<tr><td rowspan="2">18
24</td><td rowspan="2">24
30</td><td>-160</td><td>-110</td><td colspan="2">-65</td><td colspan="3">-40</td><td colspan="3">-20</td><td colspan="2">-7</td><td colspan="5">0</td></tr>
<tr><td>-212</td><td>-162</td><td>-98</td><td>-117</td><td>-61</td><td>-73</td><td>-92</td><td>-33</td><td>-41</td><td>-53</td><td>-16</td><td>-20</td><td>-9</td><td>-13</td><td>-21</td><td>-33</td><td>-52</td></tr>
<tr><td rowspan="2">30</td><td rowspan="2">40</td><td>-170</td><td>-120</td><td colspan="2" rowspan="2">-80</td><td colspan="3" rowspan="2">-50</td><td colspan="3" rowspan="2">-25</td><td colspan="2" rowspan="2">-9</td><td colspan="5" rowspan="2">0</td></tr>
<tr><td>-232</td><td>-182</td></tr>
<tr><td rowspan="2">40</td><td rowspan="2">50</td><td>-180</td><td>-130</td><td rowspan="2">-119</td><td rowspan="2">-142</td><td rowspan="2">-75</td><td rowspan="2">-89</td><td rowspan="2">-112</td><td rowspan="2">-41</td><td rowspan="2">-50</td><td rowspan="2">-64</td><td rowspan="2">-20</td><td rowspan="2">-25</td><td rowspan="2">-11</td><td rowspan="2">-16</td><td rowspan="2">-25</td><td rowspan="2">-39</td><td rowspan="2">-62</td></tr>
<tr><td>-242</td><td>-192</td></tr>
<tr><td rowspan="2">50</td><td rowspan="2">65</td><td>-190</td><td>-140</td><td colspan="2" rowspan="2">-100</td><td colspan="3" rowspan="2">-60</td><td colspan="3" rowspan="2">-30</td><td colspan="2" rowspan="2">-10</td><td colspan="5" rowspan="2">0</td></tr>
<tr><td>-264</td><td>-214</td></tr>
<tr><td rowspan="2">65</td><td rowspan="2">80</td><td>-200</td><td>-150</td><td rowspan="2">-146</td><td rowspan="2">-174</td><td rowspan="2">-90</td><td rowspan="2">-106</td><td rowspan="2">-134</td><td rowspan="2">-49</td><td rowspan="2">-60</td><td rowspan="2">-76</td><td rowspan="2">-23</td><td rowspan="2">-29</td><td rowspan="2">-13</td><td rowspan="2">-19</td><td rowspan="2">-30</td><td rowspan="2">-46</td><td rowspan="2">-74</td></tr>
<tr><td>-274</td><td>-224</td></tr>
<tr><td rowspan="2">80</td><td rowspan="2">100</td><td>-220</td><td>-170</td><td colspan="2" rowspan="2">-120</td><td colspan="3" rowspan="2">-72</td><td colspan="3" rowspan="2">-36</td><td colspan="2" rowspan="2">-12</td><td colspan="5" rowspan="2">0</td></tr>
<tr><td>-307</td><td>-257</td></tr>
<tr><td rowspan="2">100</td><td rowspan="2">120</td><td>-240</td><td>-180</td><td rowspan="2">-174</td><td rowspan="2">-207</td><td rowspan="2">-107</td><td rowspan="2">-126</td><td rowspan="2">-159</td><td rowspan="2">-58</td><td rowspan="2">-71</td><td rowspan="2">-90</td><td rowspan="2">-27</td><td rowspan="2">-34</td><td rowspan="2">-15</td><td rowspan="2">-22</td><td rowspan="2">-35</td><td rowspan="2">-54</td><td rowspan="2">-87</td></tr>
<tr><td>-327</td><td>-267</td></tr>
<tr><td rowspan="2">120</td><td rowspan="2">140</td><td>-260</td><td>-200</td><td colspan="2" rowspan="3">-145</td><td colspan="3" rowspan="3">-85</td><td colspan="3" rowspan="3">-43</td><td colspan="2" rowspan="3">-14</td><td colspan="5" rowspan="3">0</td></tr>
<tr><td>-360</td><td>-300</td></tr>
<tr><td rowspan="2">140</td><td rowspan="2">160</td><td>-280</td><td>-210</td></tr>
<tr><td>-380</td><td>-310</td><td rowspan="3">-208</td><td rowspan="3">-245</td><td rowspan="3">-125</td><td rowspan="3">-148</td><td rowspan="3">-185</td><td rowspan="3">-68</td><td rowspan="3">-83</td><td rowspan="3">-106</td><td rowspan="3">-32</td><td rowspan="3">-39</td><td rowspan="3">-18</td><td rowspan="3">-25</td><td rowspan="3">-40</td><td rowspan="3">-63</td><td rowspan="3">-100</td></tr>
<tr><td rowspan="2">160</td><td rowspan="2">180</td><td>-310</td><td>-230</td></tr>
<tr><td>-410</td><td>-330</td></tr>
<tr><td rowspan="2">180</td><td rowspan="2">200</td><td>-340</td><td>-240</td><td colspan="2" rowspan="3">-170</td><td colspan="3" rowspan="3">-100</td><td colspan="3" rowspan="3">-50</td><td colspan="2" rowspan="3">-15</td><td colspan="5" rowspan="3">0</td></tr>
<tr><td>-455</td><td>-355</td></tr>
<tr><td rowspan="2">200</td><td rowspan="2">225</td><td>-380</td><td>-260</td></tr>
<tr><td>-495</td><td>-375</td><td rowspan="3">-242</td><td rowspan="3">-285</td><td rowspan="3">-146</td><td rowspan="3">-172</td><td rowspan="3">-215</td><td rowspan="3">-79</td><td rowspan="3">-96</td><td rowspan="3">-122</td><td rowspan="3">-35</td><td rowspan="3">-44</td><td rowspan="3">-20</td><td rowspan="3">-29</td><td rowspan="3">-46</td><td rowspan="3">-72</td><td rowspan="3">-115</td></tr>
<tr><td rowspan="2">225</td><td rowspan="2">250</td><td>-420</td><td>-280</td></tr>
<tr><td>-535</td><td>-395</td></tr>
<tr><td rowspan="2">250</td><td rowspan="2">280</td><td>-480</td><td>-300</td><td colspan="2" rowspan="2">-190</td><td colspan="3" rowspan="2">-110</td><td colspan="3" rowspan="2">-56</td><td colspan="2" rowspan="2">-17</td><td colspan="5" rowspan="2">0</td></tr>
<tr><td>-610</td><td>-430</td></tr>
<tr><td rowspan="2">280</td><td rowspan="2">315</td><td>-540</td><td>-330</td><td rowspan="2">-271</td><td rowspan="2">-320</td><td rowspan="2">-162</td><td rowspan="2">-191</td><td rowspan="2">-240</td><td rowspan="2">-88</td><td rowspan="2">-108</td><td rowspan="2">-137</td><td rowspan="2">-40</td><td rowspan="2">-49</td><td rowspan="2">-23</td><td rowspan="2">-32</td><td rowspan="2">-52</td><td rowspan="2">-81</td><td rowspan="2">-130</td></tr>
<tr><td>-670</td><td>-460</td></tr>
<tr><td rowspan="2">315</td><td rowspan="2">355</td><td>-600</td><td>-360</td><td colspan="2" rowspan="2">-210</td><td colspan="3" rowspan="2">-125</td><td colspan="3" rowspan="2">-62</td><td colspan="2" rowspan="2">-18</td><td colspan="5" rowspan="2">0</td></tr>
<tr><td>-740</td><td>-500</td></tr>
<tr><td rowspan="2">355</td><td rowspan="2">400</td><td>-680</td><td>-400</td><td rowspan="2">-299</td><td rowspan="2">-350</td><td rowspan="2">-185</td><td rowspan="2">-214</td><td rowspan="2">-265</td><td rowspan="2">-98</td><td rowspan="2">-119</td><td rowspan="2">-151</td><td rowspan="2">-43</td><td rowspan="2">-54</td><td rowspan="2">-25</td><td rowspan="2">-36</td><td rowspan="2">-57</td><td rowspan="2">-89</td><td rowspan="2">-140</td></tr>
<tr><td>-820</td><td>-540</td></tr>
<tr><td rowspan="2">400</td><td rowspan="2">450</td><td>-760</td><td>-440</td><td colspan="2" rowspan="2">-230</td><td colspan="3" rowspan="2">-135</td><td colspan="3" rowspan="2">-68</td><td colspan="2" rowspan="2">-20</td><td colspan="5" rowspan="2">0</td></tr>
<tr><td>-915</td><td>-595</td></tr>
<tr><td rowspan="2">450</td><td rowspan="2">500</td><td>-840</td><td>-480</td><td rowspan="2">-327</td><td rowspan="2">-385</td><td rowspan="2">-198</td><td rowspan="2">-232</td><td rowspan="2">-290</td><td rowspan="2">-108</td><td rowspan="2">-131</td><td rowspan="2">-165</td><td rowspan="2">-47</td><td rowspan="2">-60</td><td rowspan="2">-27</td><td rowspan="2">-40</td><td rowspan="2">-63</td><td rowspan="2">-97</td><td rowspan="2">-155</td></tr>
<tr><td>-995</td><td>-635</td></tr>
</table>

표 1-23 상용하는 끼워 맞춤 축 치수 허용차 (단위 μ=0.001mm)

치수구분 (mm)		js			k		m		n	p	r	s	t	u	x
초과	이하	js5	js6	js7	k5	k6	m5	m6	n6	p6	r6	s6	t6	u6	x6
–	3	±2	±3	±5	+4 0	+6 +6	+6 +2	+8	+10 +4	+12 +6	+16 +10	+20 +14	–	+24 +18	+26 +20
3	6	±2.5	±4	±6	+6 +1	+9	+9 +4	+12	+16 +8	+20 +12	+23 +15	+27 +19	–	+31 +23	+36 +28
6	10	±3	±4.5	±7.5	+7 +1	+10	+12 +6	+15	+19 +10	+24 +15	+28 +19	+32 +23	–	+37 +28	+43 +34
10	14	±4	±5.5	±9	+9 +1	+12	+15 +7	+18	+23 +12	+29 +18	+34 +23	+39 +28	–	+44 +33	+51 +40
14	18														+56 +45
18	24	±4.5	±6.5	±10.5	+11 +2	+15	+17 +8	+21	+28 +15	+35 +22	+41 +28	+48 +35	–	+54 +41	+67 +54
24	30												+54 +41	+64 +48	+77 +64
30	40	±5.5	±8	±12.5	+13 +2	+18	+20 +9	+25	+33 +17	+42 +26	+50 +34	+59 +43	+64 +48	+76 +60	–
40	50												+70 +54	+86 +70	
50	65	±6.5	±9.5	±15	+15 +2	+21	+24 +11	+30	+39 +20	+51 +32	+60 +41	+72 +53	+85 +66	+106 +87	–
65	80										+62 +43	+78 +59	+94 +75	+121 +102	
80	100	±7.5	±11	±17.5	+18 +3	+25	+28 +13	+35	+45 +23	+59 +37	+73 +51	+93 +71	+113 +91	+146 +124	–
100	120										+73 +54	+101 +79	+126 +104	+166 +144	
120	140	±9	±12.5	±20	+21 +3	+28	+33 +15	+40	+52 +27	+68 +43	+88 +63	+117 +92	+147 +122	–	–
140	160										+90 +65	+125 +100	+159 +134		
160	180										+93 +68	+133 +108	+171 +146		
180	200	±10	±14.5	±23	+24 +4	+33	+37 +17	+46	+60 +31	+79 +50	+106 +77	+15 +122	–	–	–
200	225										+109 +80	+159 +130			
225	250										+113 +84	+169 +140			
250	280	±11.5	±16	±26	+27 +4	+36	+43 +20	+52	+66 +34	+88 +56	+126 +94	–	–	–	–
280	315										+130 +98				
315	355	±12.5	±18	±28.5	+29 +4	+40	+46 +21	+57	+73 +37	+98 +62	+144 +108	–	–	–	–
355	400										+150 +114				
400	450	±13.5	±20	±31.5	+32 +5	+45	+50 +23	+63	+80 +40	+108 +68	+166 +126	–	–	–	–
450	500										+172 +132				

10.9 끼워 맞춤 표시방법

끼워 맞춰지는 부품은 도면에 나타낼 때 치수공차를 수치로 나타내지 않고 기준치수 다음에 구멍과 축을 나타내는 기호와 IT 공차 등급을 기호 다음에 나타낸다.

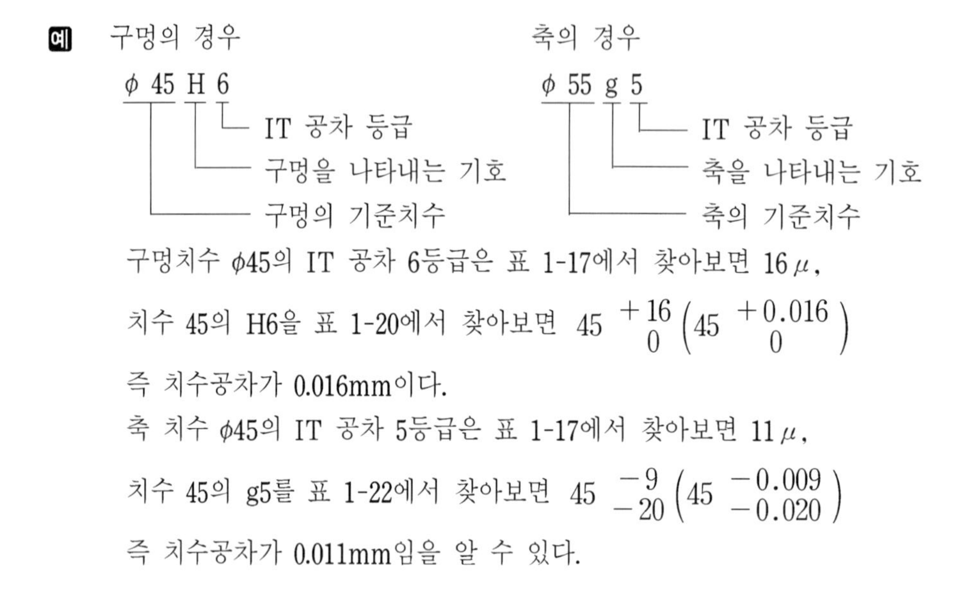

예 구멍의 경우 축의 경우

ϕ 45 H 6 — IT 공차 등급 / 구멍을 나타내는 기호 / 구멍의 기준치수

ϕ 55 g 5 — IT 공차 등급 / 축을 나타내는 기호 / 축의 기준치수

구멍치수 ϕ45의 IT 공차 6등급은 표 1-17에서 찾아보면 16μ,

치수 45의 H6을 표 1-20에서 찾아보면 $45\,^{+16}_{0}\left(45\,^{+0.016}_{0}\right)$

즉 치수공차가 0.016mm이다.

축 치수 ϕ45의 IT 공차 5등급은 표 1-17에서 찾아보면 11μ,

치수 45의 g5를 표 1-22에서 찾아보면 $45\,^{-9}_{-20}\left(45\,^{-0.009}_{-0.020}\right)$

즉 치수공차가 0.011mm임을 알 수 있다.

기준 치수가 같고 IT 공차 등급이 같을 때 구멍과 축을 나타내는 기호가 달라도 최대허용치수와 최소허용치수의 차는 같다.(표 1-24)

표 1-24 IT 공차 등급과 치수공차

기준치수	구멍 기호와 등급	공차(μ)	공차(mm)	최대 최소 허용치수차
ϕ45	E7	+75 +50	+0.075 +0.050	25μ(0.025mm)
ϕ45	F7	+50 +25	+0.050 +0.025	〃
ϕ45	G7	+34 +9	+0.034 +0.009	〃
ϕ45	H7	+25 0	+0.025 0	〃
ϕ45	Js7	±12.5	±0.0125	〃
ϕ45	K7	+7 -18	+0.007 -0.018	〃
ϕ45	M7	0 -25	0 -0.025	〃

ϕ45	N7	-8 -33	-0.008 -0.033	〃
ϕ45	P7	-17 -42	-0.017 -0.042	〃
ϕ45	T7	-45 -70	-0.045 -0.070	〃

구멍과 축이 끼워 맞춤 된 경우에 끼워 맞춤 표시법은 구멍기준 끼워 맞춤이나 축 기준 끼워 맞춤 다같이 기준치수 다음에 구멍을 나타내는 기호와 IT 공차 등급, 그 다음에 축을 나타내는 기호와 IT공차 등급을 나타낸다.

예 ϕ45 H7g6 또는 ϕ45 H7/g6 또는 $\phi\,45\frac{H7}{g6}$

구멍과 축이 결합된 상태에서 기호와 IT 공차 등급으로 나타내지 않고 치수공차를 수치로 나타낼 필요가 있을 경우에는 치수선 위에 구멍의 치수공차를 나타내고 치수선 아래에 축의 치수공차를 다음 그림과 같이 나타낸다.

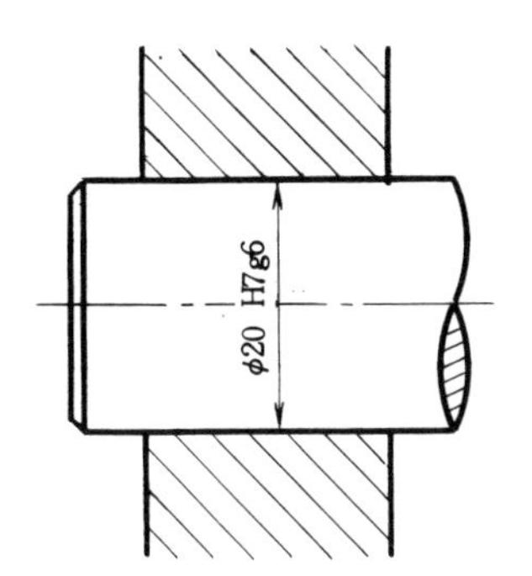

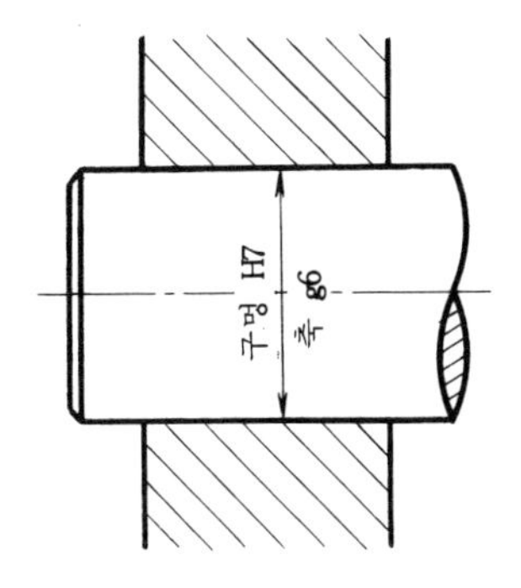

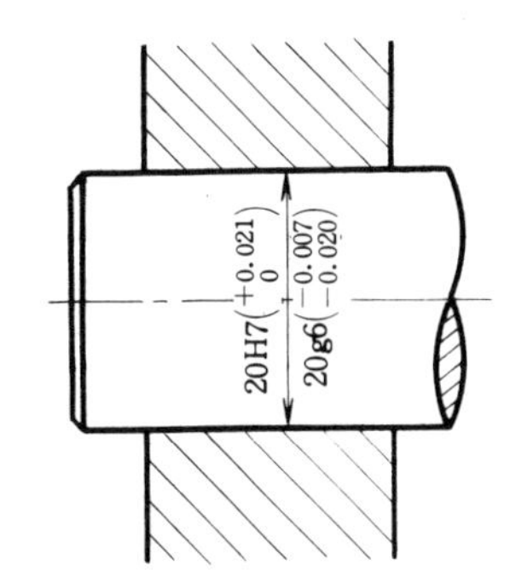

그림 1-141 축과 구멍 결합상태의 치수 기입

표 1-25 구멍 기준식(6~10급)에 끼워 맞춤 적용 예

기준 구멍	결합되는 축	끼워 맞춤 종류	조립상태	적용 예
H6	n6	억지 끼워 맞춤	프레스에 의한 압입	각종 기계, 항공기엔진 부속품, 공작기계, 전동축(롤러베어링), 측정기, 기어, 부시, 기타 정밀기계의 부품
	m5 m6 k5 k6 js5 js6	중간 끼워 맞춤	손 해머 등으로 때려 박음	
	h5 h6 g5 g6 f6	헐거운 끼워 맞춤	윤활유 사용으로 쉽게 결합	
H7	u6 r6 t7 r7 p6	억지 끼워 맞춤	수압기 등에 의한 강력한 압입	철도차량의 차륜과 축, 발전기의 회전자와 축, 변속기 스핀들
	n6 m6	중간 끼워 맞춤	쇠망치로 때려박음	핸들차, 플랜지 이음, 플라이휠, 볼베어링 등 자주 분해하지 않는 결합부품
	k6 js6		나무나 납망치로 때려박음	볼베어링, 변속기 기어와 축, 키이 또는 고정나사로 고정하는 부분의 끼워맞춤
	h6 h7	헐거운 끼워 맞춤	윤활유 사용으로 손으로 결합	축이음과 축 긴축에 끼는 고정 풀리, 피스톤과 실린더
	g6			공작기계의 주축과 베어링, 스핀들 베어링
	f7 e7			크랭크 축, 소형 엔진축과 베어링
H8	h7 h8		손으로 쉽게 끼고 뺄 수 있음	풀리와 축, 미끄러져 움직이는 보스와 축
	f8 e8 d9			크링크 베어링, 안내차와 축, 원심펌프 송풍기 등의 축과 베어링
H9	d8 d9 c9		큰 틈새, 윤활유 사용으로 서로 운동	아이들 휠과 축, 차량 베어링, 피스톤 링 키이 부분
H10	b9 c9 d9		큰 틈새로 결합	고정핀, 키이 부분, 사진기용 작은 베어링

문 1. 다음 구멍과 축에 대 한 빈칸에 정답을 기입하시오.

<구멍>

기호와 등급	공차표시(μ)	최대허용치수(mm)	최소허용치수(mm)	IT공차(μ)	치수공차(mm)
보기 ϕ45 H7	45^{+25}_{0}	45.025	45	25	0.025
ϕ3 D9					
ϕ15 F7					
ϕ15 H7					
ϕ35 M6					
ϕ35 P6					
ϕ60 G7					
ϕ60 R7					
ϕ150 E8					
ϕ150 H8					
ϕ220 H10					
ϕ220 R7					

<축>

ϕ12 e7					
ϕ12 h7					
ϕ12 s7					
ϕ35 g5					
ϕ35 m5					
ϕ35 k5					
ϕ100 g6					
ϕ100 h6					
ϕ100 n6					
ϕ420 h7					
ϕ420 p7					

문 2. 다음 물음에 대한 정답을 쓰시오.

1. ϕ45 H6과 ϕ45 g7 중 공차가 큰 쪽은?
2. ϕ45 H6 e7은 어떤 끼워 맞춤인가?
3. ϕ50 H8 h8은 어떤 끼워 맞춤인가?
4. ϕ150 F6 t6는 어떤 끼워 맞춤인가?
5. 상용하는 구멍기준 끼워 맞춤에 적용되는 IT 공차 등급은?
6. 상용하는 축 기준 끼워 맞춤에 적용되는 IT 공차 등급은?
7. H7 구멍에 결합되는 축이 가장 헐겁게 끼워 맞춤 되는 것은?
   가) e7 나) g6 다) h7 라) m6 마) p6 바) s6

8. H6 구멍에 중간 끼워 맞춤이 되는 축은?

가) f6 나) h6 다) k6 라) m6 마) n6 바) p6

9. H7 구멍에 억지 끼워 맞춤이 되는 축은?

가) t6 나) n6 다) m6 라) h6 마) g6 바) f6

10. 끼워 맞춤 표시가 잘못된 것은?

가) ϕ50 H7 g6 나) $\phi\,50\dfrac{\mathrm{H7}}{\mathrm{g6}}$ 다) ϕ50 g6 F6 라) ϕ50 H7/g6

문 3 다음 끼워 맞춤의 종류를 기입하시오.

끼워 맞춤 표시	끼워 맞춤의 종류	끼워 맞춤 표시	끼워 맞춤의 종류
ϕ20 H7 g6 ϕ50 H6 h6 ϕ50 H6 m6 ϕ50 H7 f6 ϕ50 H7 m6	헐거운 끼워 맞춤	ϕ100 H6 m6 ϕ100 H6 u6 ϕ100 H8 h8 ϕ100 H10 d9	

11 표면 거칠기 표시방법

11.1 정의

기계부품의 표면은 기능 및 조립 등의 목적에 따라 표면의 거칠기 정도를 구분해서 도면에 표시해야 한다. 기하학적인 이상적인 표면으로 가공할 수는 없다. 가공방법 등에 따라 표면이 거친 것과 아주 정밀한 면으로 만들어 질 수가 있다. 표면 거칠기란 이상적인 표면에서부터의 거칠기 정도를 말한다.

11.2 적용 범위

KS B 0161에 규정되어 있는 표면 거칠기의 정의 및 표시에는 산술 평균 거칠기(R_a), 최대 높이(R_y), 10점 평균 거칠기(R_Z)의 3종류가 규격으로 되어 있으나 국제적으로는 산술 평균 거칠기에 의한 표시법을 가장 많이 사용하고 있으므로 우리 나라에서도 산술 평균 거칠기에 의한 표시법을 사용하는 것이 좋다.

11.3 표면 거칠기의 종류

1) 산술 평균 거칠기(R_a)

(1) 산술 평균 거칠기 구하는 방법 : 산술 평균 거칠기는 거칠기 곡선에서 그 중심선의 방향으로 측정길이 l의 부분을 채취하고 이 채취 부분의 중심선을 X축, 세로 배율의 방향을 Y축으로 하고 거칠기 곡선을 $y=f(X)$로 표시하였을 때 다음 식에 따라 구해지는 값을 마이크로미터(μm)로 나타낸 것을 말한다.

$$R_a=\frac{1}{l}\int_0^l |f(x)|dx$$

이것은 단면곡선에서 오목 볼록한 거칠기를 측정기의 고역 필터에서 걸러내어 거칠기 곡선으로 변환시킨 다음 계산에 의해 구하게 된다. 그림 1-142에서 중심선으로부터 아래쪽 면적의 합을 S_1 중심선으로부터 위쪽의 면적의 합을 S_2로 할 때 $S_1=S_2$가 되도록 그은 선을 중심선이라고 한다. 이들 면적 S_1과 S_2의 합 $S_1+S_2=S$를 구하고 이 S를 측정길이 l로 나눈 값이 산술 평균 거칠기(R_a)가 된다. 수식으로 표시하면 $R_a=\dfrac{S_1+S_2}{L}=\dfrac{S}{L}$가 된다. 이는 중심선에 대한 산술평균 편차에 상당하며 이와 같은 계산은 모두 측정기에서 하게 되고 결과값 만을 지시계에서 직접 읽을 수 있게 되어 있다.

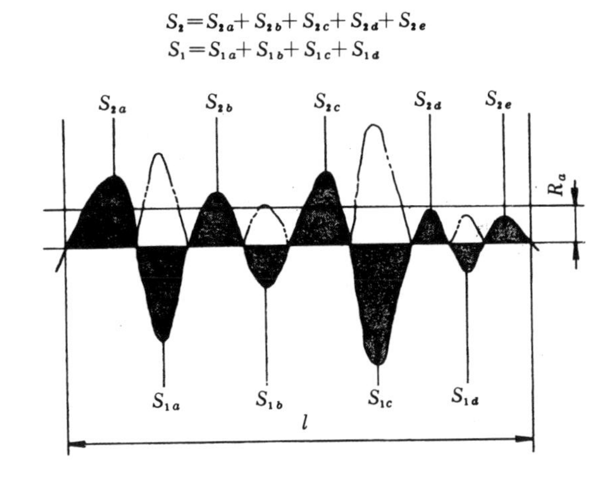

그림 1-142 산술 평균 거칠기

2) 최대 높이(R_y)

최대높이는 단면곡선에서 기준 길이만큼 채취한 부분의 가장 높은 봉우리와 가장 깊은 골밑을 통과하는 평균선에 평행한 두 직선의 간격을 단면곡선의 세로배율 방향으로 측정하여 이

값을 마이크로미터(μm)로 나타낸 것이다.

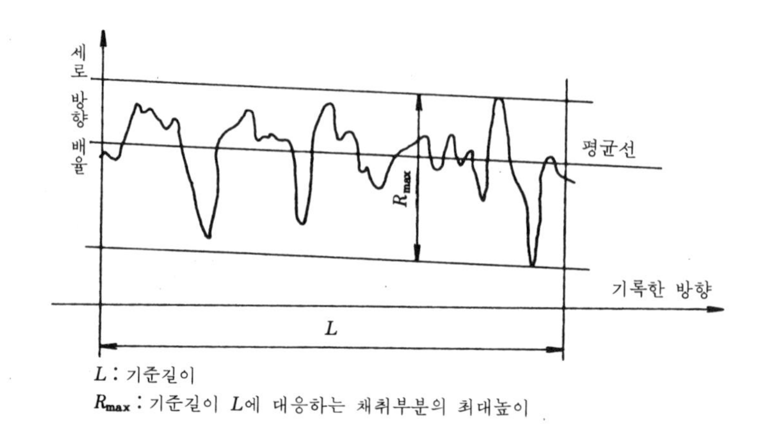

그림 1-143 최대 높이를 구하는 방법의 보기

3) 10점 평균 거칠기(R_Z)

10점 평균 거칠기는 단면곡선에서 기준길이 만큼 채취한 부분에 있어서 평균선에 평행한 직선가운데 높은 쪽에서 5번째의 봉우리를 지나는 것과 깊은 쪽에서 5번째의 골 밑을 지나는 것을 택하여 이 2개의 직선간격을 단면곡선 종 배율의 방향으로 측정하여 그 값을 마이크로미터(μm)로 나타낸 것을 말한다.

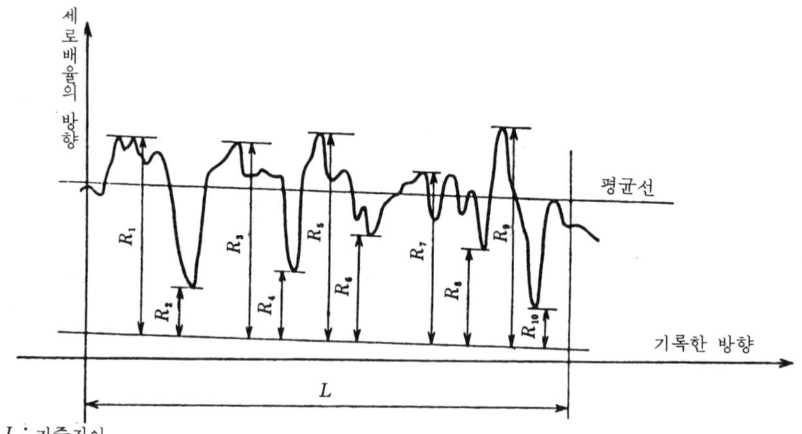

L : 기준길이

R_1, R_3, R_5, R_7, R_9 : 기준길이 L에 대응하는 채취부분의 가장 높은 곳으로부터 5번째까지의 봉우리 표고

$R_2, R_4, R_6, R_8, R_{10}$: 기준길이 L에 대응하는 채취부분의 가장 깊은 곳으로부터 5번째까지의 골밑 표고

$$R_z = \frac{(R_1+R_3+R_5+R_7+R_9)-(R_2+R_4+R_6+R_8+R_{10})}{5}$$

그림 1-144 10점 평균 거칠기를 구하는 방법 보기

11.4 표면 거칠기의 표시방법

1) 대상 면을 지시하는 기호 : 표면의 결을 도시할 때에 대상 면을 지시하는 기호는 60°로 벌린 길이가 다른 절선으로 하는 면의 지시기호를 사용하여 지시하는 대상 면을 나타내는 선의 바깥쪽에 붙여서 쓴다.(그림 1-145)
2) 제거가공의 지시방법 : 제거가공을 필요로 한다는 것을 지시하려면 면의 지시기호의 짧은 쪽의 다리 끝에 가로 선을 부가한다.(그림 1-145(b))
3) 제거가공을 허용하지 않는다는 것을 지시하는 방법 : 제거가공을 허용하지 않는다는 것을 지시하려면 면의 지시기호에 내접하는 원을 부가한다.(그림 1-145(c))
4) 제거가공의 필요여부를 문제삼지 않는다는 것을 지시할 경우에는 면의 지시기호와 표면 거칠기의 지시값 등을 붙여서 사용한다.(그림 1-145(a))

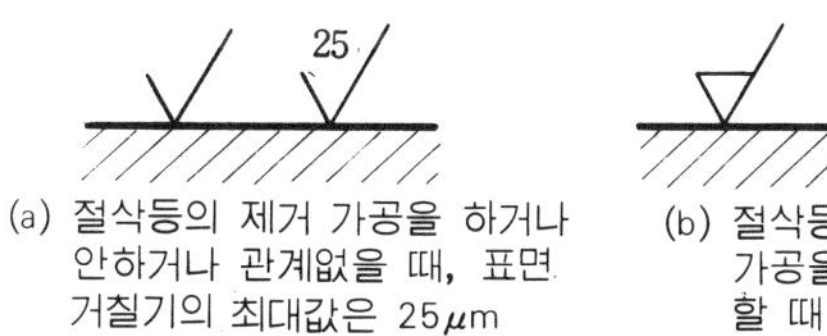

25
(c) 절삭등의 제거가공을 하지않고 전 가공상태로 그대로 둘 때, 전가공의 최대값은 25μm

그림 1-145 면의 지시기호와 제거가공에 관한 지시

5) 가공방법 등을 지시할 필요가 있을 때에는 면의 지시기호 긴 쪽다리에 가로 선을 긋고 그 위에 가공법을 지시한다.(그림 1-146(a), (b))
6) 허용할 수 있는 최대값 만을 지시하는 경우에는 면의 지시기호의 위쪽이나 아래쪽에 다음과 같이 기입한다.(그림 1-147)

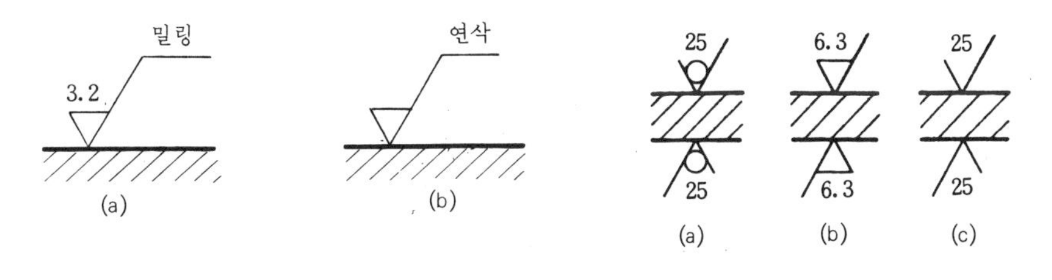

그림 1-146 가공법을 지시할 경우

그림 1-147 최대값 만을 지시할 경우

7) 표면 거칠기 값을 지시할 경우 다음 그림 중 어느 하나에 따르고 면의 지시 기호에 대한 각 지시사항의 기입 위치는 다음 그림과 같다.

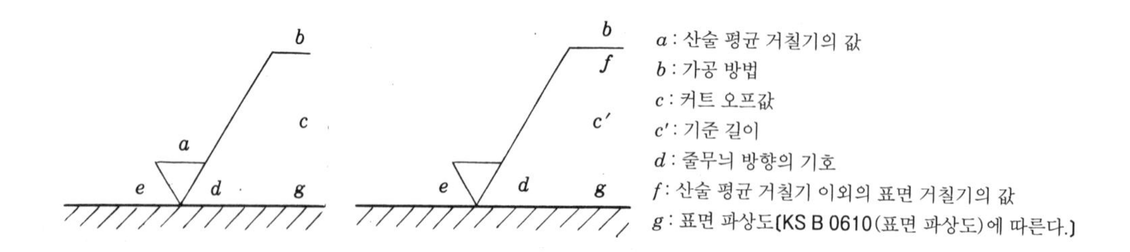

그림 1-148 면의 지시기호에 대한 각 지시사항의 위치

8) 표면 거칠기를 도면에 기입할 때에 기호는 그림의 아래쪽 또는 오른쪽에서부터 읽을 수 있도록 기입한다.

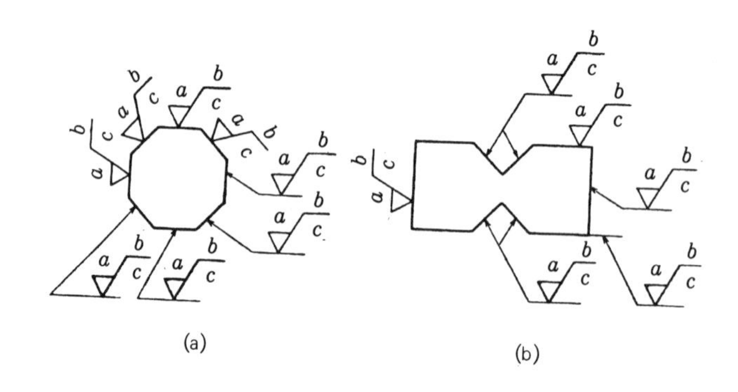

그림 1-149 기호의 기입방향

9) 둥글기 또는 모떼기 부의 면의 지시기호를 기입하는 경우에는 반지름 또는 모떼기를 나타내는 치수선을 연장한 지시 선에 기입한다.(그림 1-150) 둥근 구멍의 지름치수 또는 호칭을 지시 선을 사용하여 표시하는 경우에는 지름 치수 다음에 기입한다.

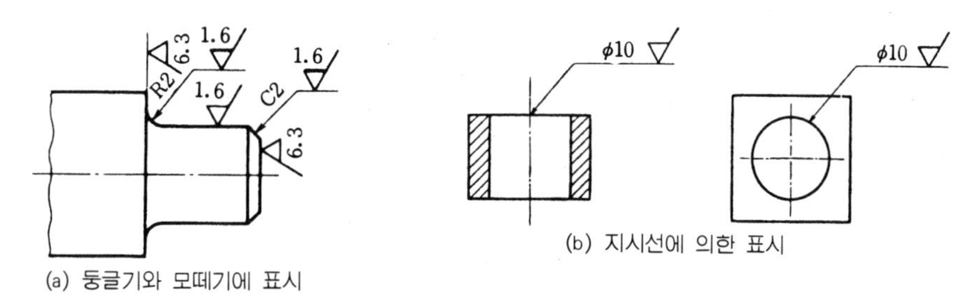

(a) 둥글기와 모떼기에 표시
(b) 지시선에 의한 표시

그림 1-150 둥글기와 모떼기, 지시선에 의한 거칠기 표시

10) 도면에 간략하게 기입하는 경우에는 부품의 전체 면을 동일한 표면 거칠기를 지정하는 경우에는 주 투상도, 부품번호 또는 표제란 곁이나 도면여백에 기입한다.

한 개의 부품에서 대부분이 동일하고 일부분만이 다를 경우에는 공통이 아닌 기호를 해당하는 면 위에 기입함과 동시에 공통인 기호 다음에 묶음표를 붙여서 면의 지시 기호만을 기입하던지 그림 1-151(a) 또는 공통이 아닌 기호를 나란히 기입한다.(그림 1-151(b))

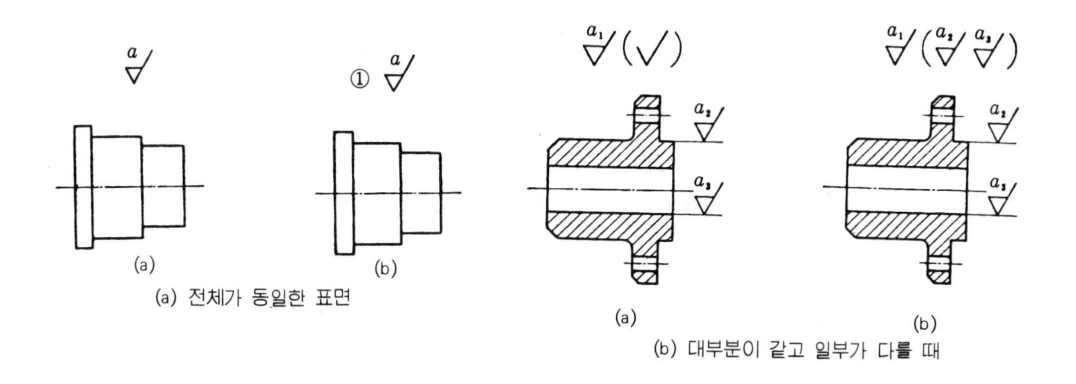

(a) 전체가 동일한 표면
(b) 대부분이 같고 일부가 다를 때

그림 1-151 전체가 동일하거나 일부가 다를 때의 표시

11.5 다듬질 기호

지금까지 많이 사용하여 오던 다듬질 기호 중 삼각 기호(▽)는 제거 가공을 한 표면에 사용하고 파형 기호(~)는 제거 가공을 하지 않는 면에 사용하여 왔으나 KS B 0617의 부속 서에 의하면 다듬질 기호는 ISO 규격과는 꼭 맞지 않으므로 되도록 빠른 기간에 면의 지시 기호로 바꾸는 것이 좋다라고 되어 있다.

다듬질 기호는 아직까지 KS B 0617 부속 서에 규정되어 있으므로 부속 서에 따른 개략적인 내용을 다음에 간략하게 설명한다.

1) 표면 거칠기 및 다듬질 기호

표 1-26 표면 거칠기 및 다듬질 기호

표면 거칠기호	다듬질 기호	다듬질 방법	표면 거칠기의 표준수열			적용		
			Ra	Ry	Rz	가공	접촉	운동
∀	∼	×	특별히 규정하지 않는다.			×	×	×
w∀	▽	줄 가공	25a	100s	100z	○	×	×
x∀	▽▽	드릴 가공	6.3a	25s	25z	○	○	×
y∀	▽▽▽	연삭 가공	1.6a	6.3s	6.3z	○	○	○
z∀	▽▽▽▽	정밀 가공 (폴리싱 등)	0.2a	0.8s	0.8z	유밀, 수밀, 기밀		

※ 종전 다듬질 기호(삼각형)/최근에는 표면 거칠기 기호를 권장함.

2) 다듬질 기호의 사용

다듬질 기호를 사용하여 면의 결을 지시할 경우에는 삼각 기호에 표면 거칠기의 표준 값, 기준길이, 가공방법, 다듬질 여유 값을 부기 할 수 있다. 이때 중심선 평균 거칠기는 a, 최대 높이는 S, 10점 평균 거칠기는 Z의 기호를 표면 거칠기의 표준 값 다음에 기입한다.

100S ∼   50Z ▽   0.8a ▽▽▽   ▽▽▽ G   1.6a ▽▽▽ G 2.5

표 1-27 다듬질 기호의 표면 거칠기

기 호	다듬질 정도
∼	주물이나 단조품 등의 거스름을 따내는 정도의 면
▽	줄가공, 선반, 밀링, 연마 등에 의한 가공으로 그 흔적이 남을 정도의 거친 면

▽▽	줄가공, 선반, 밀링, 연마 등의 가공으로 그 흔적이 남지 않을 정도의 가공면
▽▽▽	선반, 밀링, 연마, 래핑 등의 가공으로 그 흔적이 전혀 남지 않는 정밀한 가공면
▽▽▽▽	래핑, 버핑 등의 가공으로 광택이 나는 극히 초정밀 가공면

3) 다듬질 기호의 표시방법

다듬질 기호는 삼각 기호나 파형 기호를 다듬질 면에 다음과 같이 표시한다.

① 가공 표면에 삼각 기호의 꼭지점이 접하게 그린다.

② 가공 면에 직접 그리기 곤란할 경우에는 가공 면에서 연장한 가는 실선 상에 표시하거나 지시 선에 의해 나타낸다.

③ 전체 면이 동일한 다듬질 면일 때는 도면 위에 표시하거나 부품번호 옆에 표시한다.

④ 다듬질 면이 대부분 같으나 일부가 다를 경우에는 일부가 다른 면은 도형 상에 나타내고 대부분 같은 다듬질 면 기호 옆에 묶음표를 하여 일부 다른 다듬질기호를 나타낸다.

⑤ 가공방법을 지정할 필요가 있을 경우에는 삼각 기호 빗변이나 파형 기호를 연장하고 평행하게 그린 선 위에 가공법을 나타낸다.

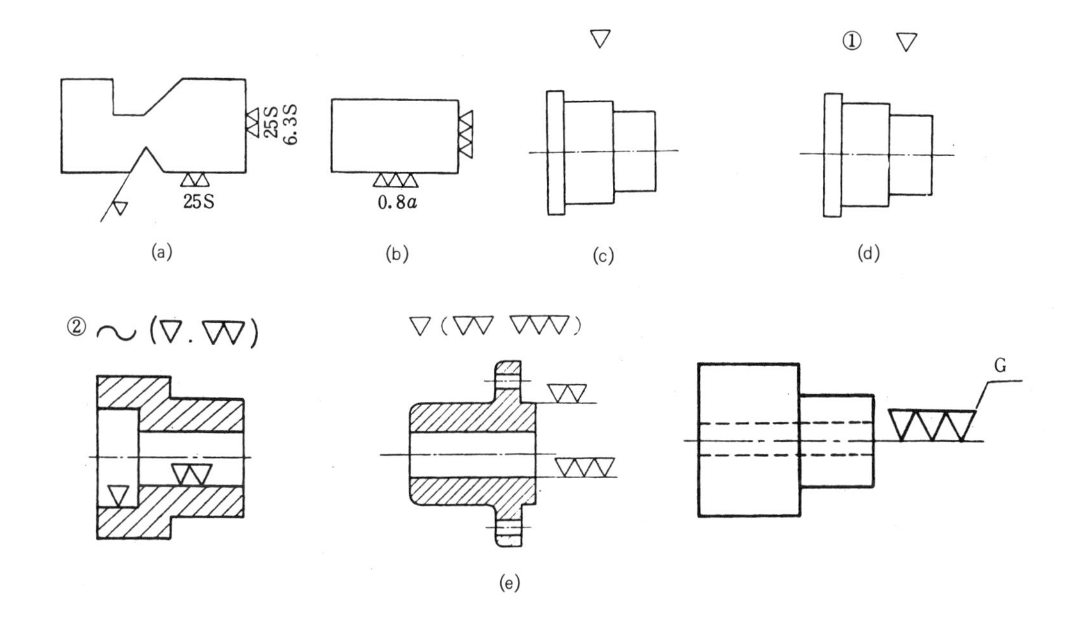

그림 1-152 다듬질 기호의 기입 예

11.6 가공방법의 약호

도면에 다듬질 기호를 나타내고 가공방법을 지정할 경우 삼각 기호의 빗변을 연장하고 평행선을 그린 선 위에 가공방법의 약호를 기입한다.

표 1-28 가공방법 기호

가공방법	기호	가공방법	기호	가공방법	기호	가공방법	기호
주조	C	전조	RL	특수가공	SP	담금질	HQ
사형주조	CS	나사전조	RLTH	방전가공	SPED	템퍼링	HT
금속형주조	CM	기어전조	RLT	전해가공	SPEC	침탄	HC
정밀주조	CP	냉간전조	RLTC	전해연마	SPEG	질화	HNT
다이캐스팅	CD	열간전조	RLTHT	초음파가공	SPU	표면처리	S
원심주조	CCR	절삭	C	레이저가공	SPLB	클리닝	SC
단조	F	선삭	L	다듬질	F	폴리싱	SP
자유단조	FF	드릴링	D	치핑	FCH	블라스팅	SB
형단조	FD	리밍	DR	페이퍼다듬질	FCA	숏피닝	SHS
피어싱	FDP	태핑	DT	줄다듬질	FF	도장	SPA
트리밍	FDT	보링	B	폴리싱	FP	도금	SPL
프레스	P	밀링	M	리밍	FR	조립	A
절단	PS	평삭	P	스크레이핑	FS	체결	AFS
펀칭	PP	형삭	SH	용접	W	압입	AFTP
굽히기	PB	브로우칭	BR	아크용접	WA	때려박기	AFTD
드로잉	PD	호빙	TCH	저항용접	WR	가열박기	AFTS
포밍	PF	연삭	G	가스용접	WG	코킹	ACL
V벤딩	V	래핑	GL	납땜	WS	금긋기	ZM
U벤딩	U	호닝	GH	열처리	H	챔퍼링	ZC
스피닝	S	수퍼피니싱	GSP	노멀라이징	HNR		
				어닐링	HA		

12 용접

용접은 2개의 금속부재를 가스, 아크(arc) 전기 저항열을 이용하여 용접 부를 용융시켜 영구적으로 결합시키는 방법으로 용접하는 재질은 철 금속만이 아니라 알루미늄, 동 및 플라스틱 류까지 다양하며 용접의 종류는 가스용접, 아크용접, 테르밋 용접, 스폿용접, 납땜 등 용접 종류도 많다.

용접은 용접 부의 모양에 따른 기본기호와 보조기호를 사용하여 도면상에 표시하며 기본기호는 원칙적으로 두 부재 사이의 용접 부 모양을 표시한다.

12.1 용접 이음과 용접의 종류

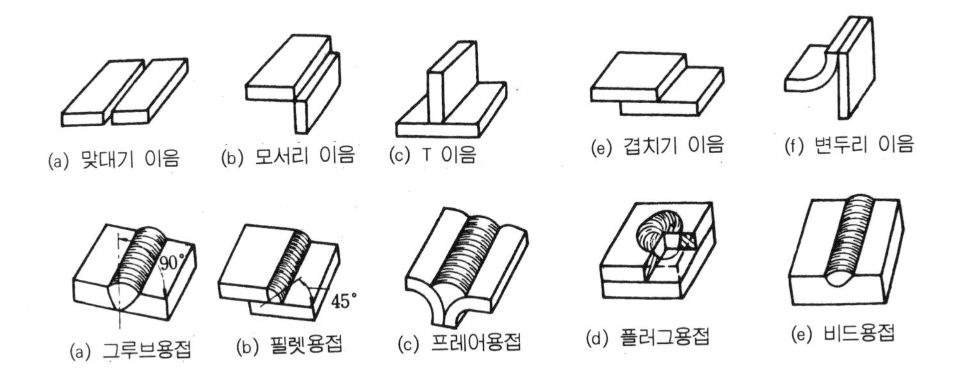

그림 1-153 용접 이음과 용접의 종류

12.2 맞대기 이음 홈의 형상

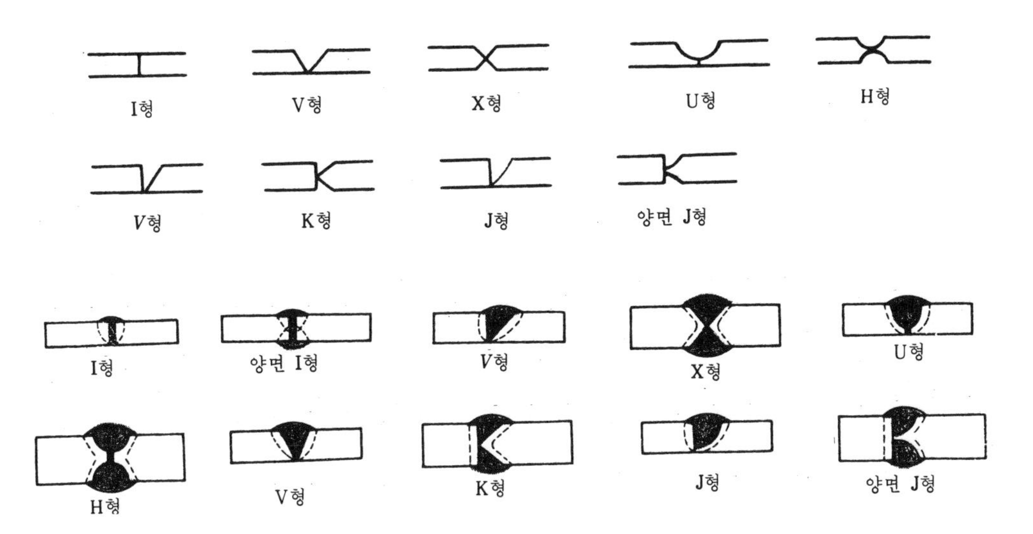

그림 1-154 맞대기 이음 홈의 형상

12.3 용접 기본 기호

용접 부의 모양	기본 기호	비 고
양쪽 플랜지형		
한쪽 플랜지형		
I형		업셋 용접, 플래시용접, 마찰용접 등을 포함한다.
V형, 양면V형(X형)		X형은 설명선의 기선(이하 기선이라 한다)에 대칭으로 이 기호를 기재한다. 업셋 용접, 플래시용접, 마찰용접 등을 포함한다.
V형 양면V형(K형)		K형은 기선에 대칭으로 이 기호를 기재한다. 기호의 세로 선은 왼쪽에 쓴다. 업셋 용접, 플래시용접, 마찰용접 등을 포함한다.
J형, 양면J형		양면J형은 기선에 대칭으로 이 기호를 기재한다. 기호의 세로 선은 왼쪽에 쓴다.
U형, 양면U형(H형)		H형은 기선에 대칭으로 이 기호를 기재한다.
플레어V형, 플레어X형		플레어X형은 기선에 대칭으로 이 기호를 기재한다.
플레어V형 플레어X형		플레어 K형은 기선에 대칭으로 이 기호를 기재한다. 기호의 세로 선은 왼쪽에 쓴다.
필 릿		기호의 세로 선은 왼쪽에 쓴다. 병렬용접일 경우에는 기선에 대칭으로 이 기호를 기재한다. 다만, 지그재그 용접일 경우에는 와 같은 기호를 사용할 수 있다.
플러그, 슬롯		
비드 살돋음		살돋음 용접일 경우에는 이 기호 2개를 나란히 기재한다.
점, 프로젝션, 심		겹치기 이음의 저항용접, 아크용접, 전자 빔 용접 등에 의한 용접 부를 나타낸다. 다만, 필릿 용접은 제외한다. 심 용접일 경우에는 이 기호를 2개 나열하여 기재한다.

□ 보조 기호

구 분		보조기호	비 고
용접부의 표면모양	평 탄 볼 록 오 목		 기선의 바깥쪽을 향하여 볼록하다. 기선의 바깥쪽을 향하여 오목하다.
용접부의 다듬질방법	치 핑 연 삭 절 삭 지정하지 않음	C G M F	 그라인더 다듬질의 경우 기계다듬질일 경우 다듬질방법을 지정하지 않을 경우
현장용접 전체둘레 용접 전체둘레 현장용접			전체둘레 용접이 분명할 때는 생략하여도 좋다.

12.4 용접 부의 기호 표시방법

1) 설명선

① 설명선은 용접 부를 기호표시하기 위하여 사용하는 것으로서 기선, 화살표 및 꼬리로 구성되며 꼬리는 필요 없으면 생략해도 좋다.

② 기선은 수평선으로 하고 기선의 한끝에 화살표를 붙인다.

③ 화살표는 용접 부를 지시하는 것으로 기선에 대해 되도록 60도의 직선으로 하며 필요한 경우에는 화살표방향을 바꿀 수 있다.

④ 화살표는 필요하면 기선의 한 끝에서 2개 이상 붙일 수 있다.

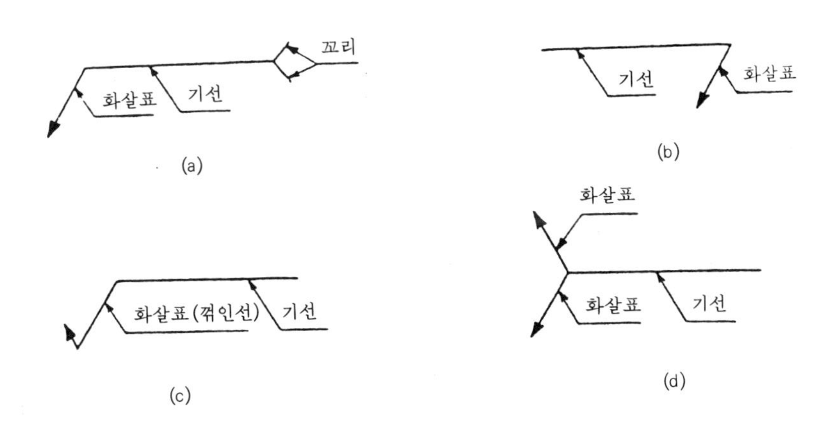

그림 1-155 용접 부 설명선 기입법

2) 기본 기호의 기입방법

① 기본기호의 기입방법은 용접하는 쪽이 화살표 쪽 또는 앞쪽일 때는 기선의 아래쪽에 화살표의 반대쪽 또는 맞은편 쪽일 때는 기선의 위쪽에 밀착하여 기재한다.

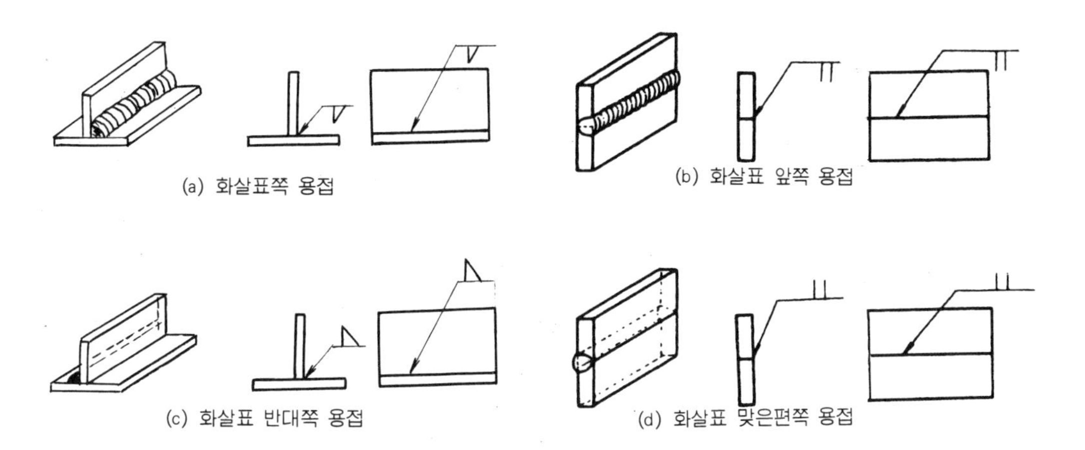

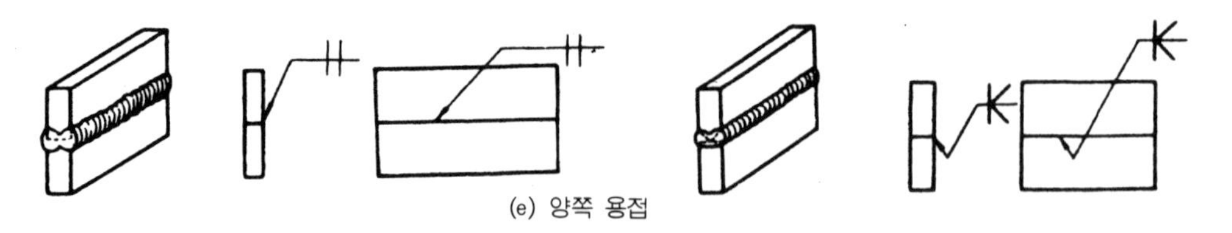

(e) 양쪽 용접

그림 1-156 기본 기호 표시와 용접 위치

② 기선을 수평으로 할 수 없을 경우에는 다음 그림에 따른다.

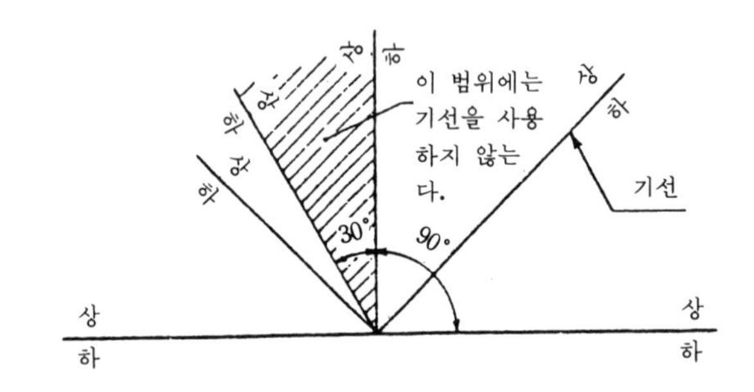

그림 1-157 기선이 수평이 아닐 경우의 기입법

3) 보조 기호 등의 기입방법

보조 기호, 치수, 강도 등의 용접 시공내용 기재방법은 기선에 대하여 기본 기호와 같은 쪽에 다음 그림과 같이 나타낸다.

① 표면모양 및 다듬질방법의 보조기호는 용접 부의 모양기호 표면에 근접하여 기재한다.
② 현장용접, 전체 둘레용접 등의 보조기호는 기선과 화살표선의 교점에 기재한다.
③ 비파괴시험의 보조기호는 꼬리의 가로에 기재한다.
④ 기본기호는 필요한 경우 조합하여 사용할 수 있다.
⑤ 그루브 용접의 단면치수는 특별히 지시가 없는 한 다음의 것을 표시한다.
　여기에서 S : 그루브 길이 S에서 완전 용입 그루브 용접
　　　　　ⓢ : 그루브 깊이 S에서 부분 용입 그루브 용접
　　　　　S를 지시하지 않을 경우 완전 용입 그루브 용접
⑥ 필렛 용접의 단면치수는 다리 길이로 한다.
⑦ 플러그용접, 슬롯용접의 단면치수 및 용접선 방향의 치수는 구멍 밑의 치수로 한다. 단면치수만을 기재할 경우에는 충전용접을 나타내는 것으로 하고 부분충전용접의 경우에는 단면치수인 구멍밑의 지름 또는 나비를 앞으로 용접깊이를 뒤로하여(구멍 밑의 지름 또는 나비×용접깊이)로 기재한다.
⑧ 점 용접 및 프로젝션 용접의 단면치수는 너깃의 지름으로 한다.
⑨ 용접방법 등 특별히 지시할 필요가 있는 사항은 꼬리부분에 기재한다.

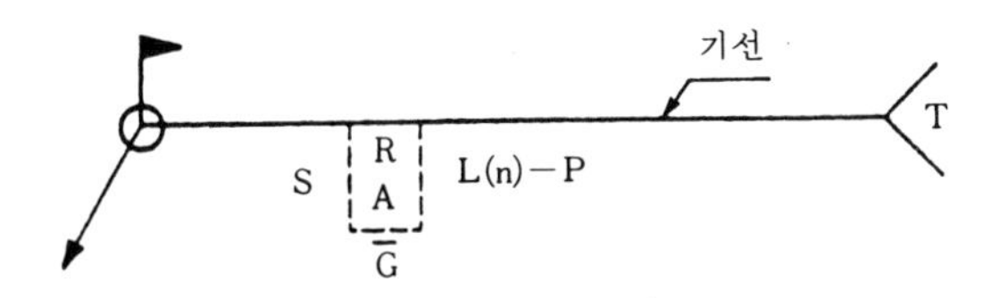

(a) 용접하는 쪽이 화살표쪽 또는 앞쪽일 때

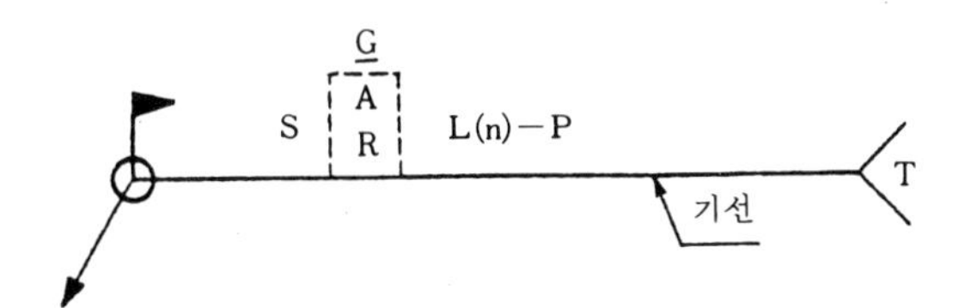

(b) 용접하는 쪽이 화살표 반대쪽 또는 맞은편 쪽일 때

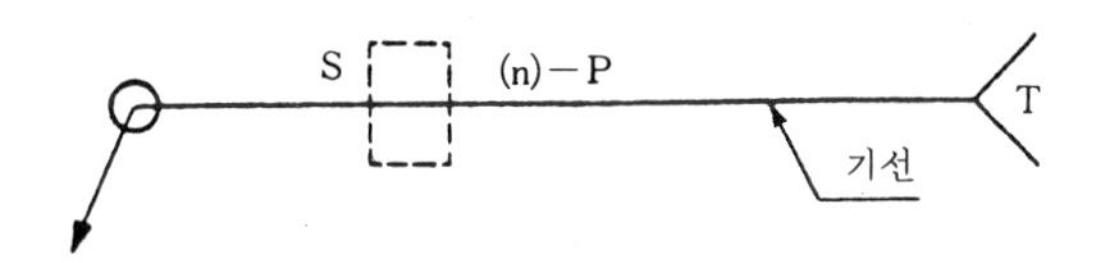

(c) 겹쳐 이음부의 저항용접(점용점 등)일 때

그림 1-158 용접시공 내용의 기입방법

※ 용접 시공 내용의 기호 예시

⬚ : 기본기호

S : 용접 부의 단면치수 또는 강도(그루브 깊이, 필렛의 다리길이, 플러그 구멍의 지름, 슬롯 홈의 나비, 심의 나비, 점 용접의 너깃 지름 또는 단점의 강도 등)

R : 루트간격

A : 그루브 각도

L : 단속 필렛 용접의 용접길이, 슬롯 용접의 홈 길이 또는 필요한 경우는 용접길이

n : 단속 필렛 용접, 플러그용접, 슬롯용접, 점 용접 등의 수

P : 단속 필렛 용접, 플러그용접, 슬롯용접, 점 용접 등의 피치

T : 특별 지시사항(J형 · U형 등의 루트반지름, 용접방법, 비파괴시험의 보조기호, 기타)

− : 표면 모양의 보조 기호

G : 다듬질방법의 보조 기호

⚑ : 전체둘레 현장 용접의 보조 기호

○ : 전체둘레 용접의 보조 기호

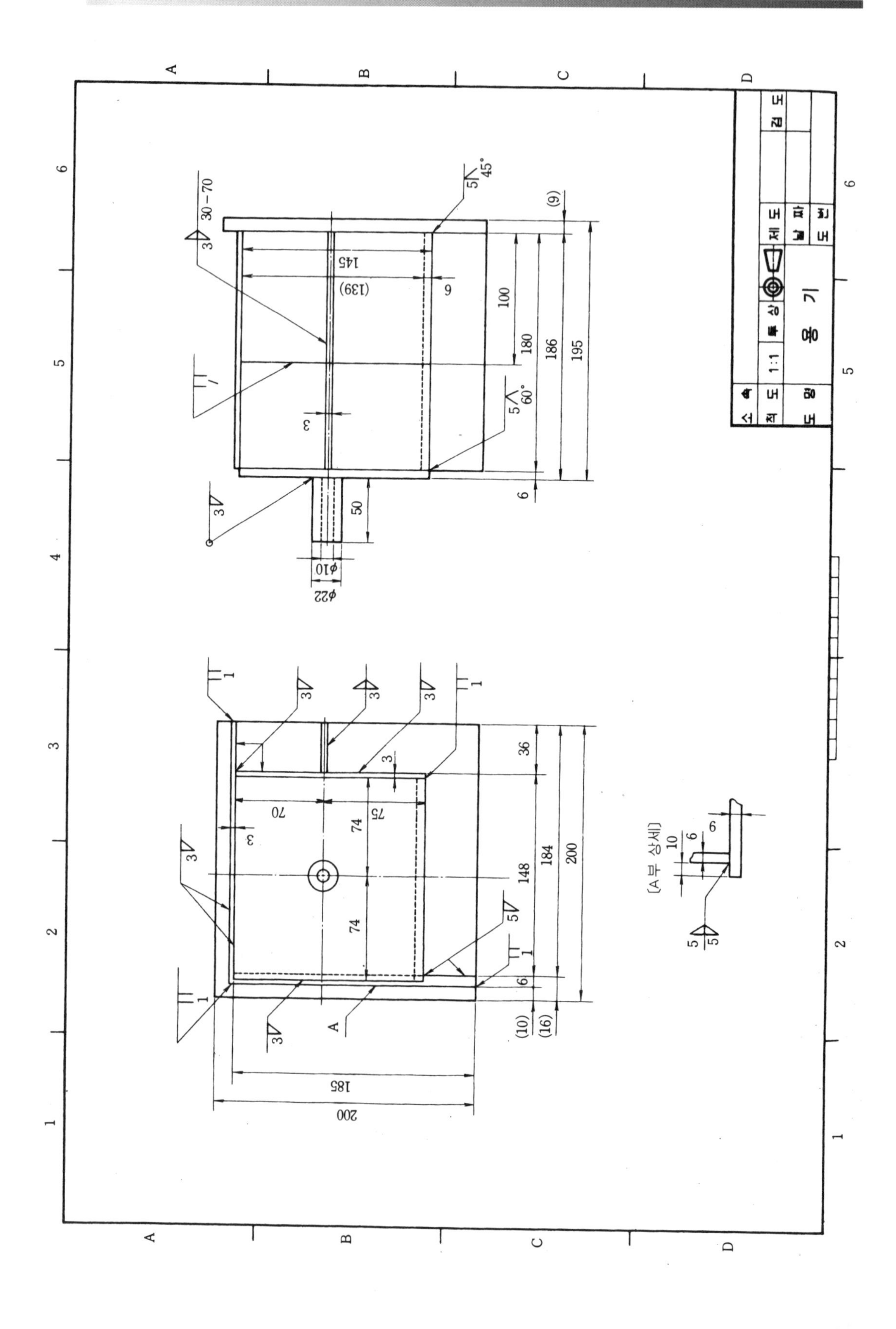
소속
척도
1:1
투상
제도
날짜
검도
도명
용기
도번
[A부 상세]

용접기호 기입 예

용접부의 모양	기본기호	실제모양	기호표시 (용접하는 곳이 화살표 앞쪽)
양쪽 플랜지형			
한쪽 플랜지형			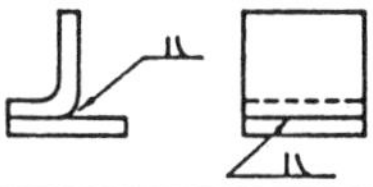
I형		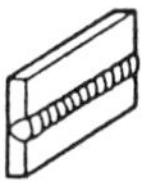	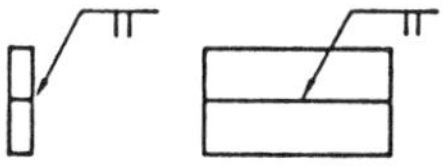
V형, 양면V형 (X형)		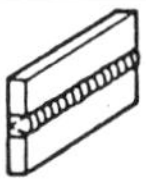	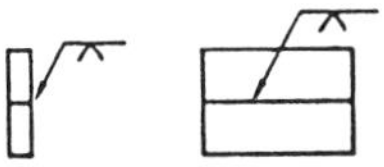
V형, 양면V형 (K형)		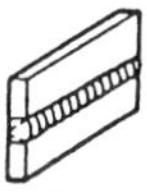	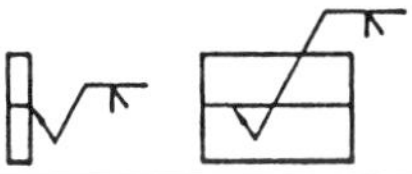
J형, 양면J형		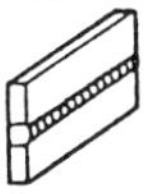	
U형, 양면U형 (H형)		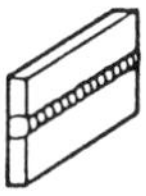	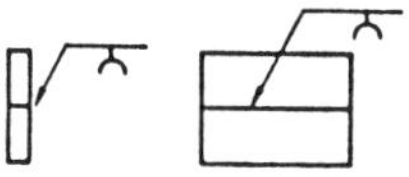
플레어V형 플레어X형			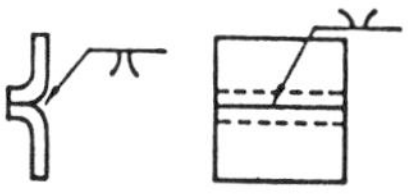
필 릿		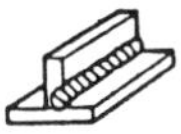	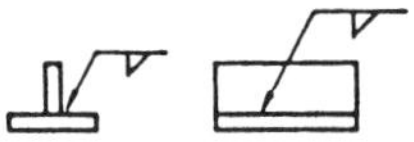
플러그		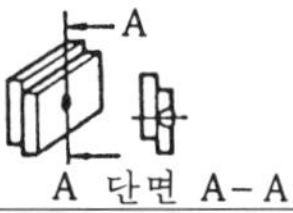 A A 단면 A-A	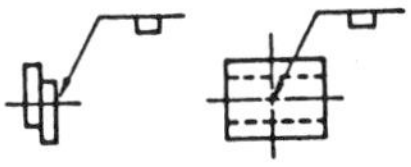
비드, 덧붙임	 비드 덧붙임		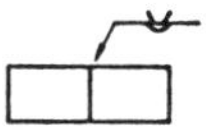
점, 프로젝션, 심		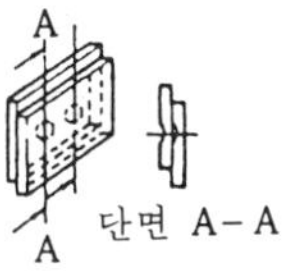 A A 단면 A-A	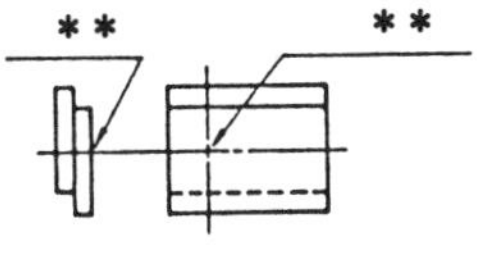 * * * *

13 파이프 및 배관 제도

13.1 파이프와 배관계의 시방 및 유체의 종류, 상태의 표시법

광공업에서 사용되는 도면에 배관 및 관련부품 등을 기호로 도시하는 경우에 공통으로 사용하는 기본적인 간략 도법에 의해서 표시한다.

파이프는 기체, 액체의 수송용으로 사용되며 주철관, 강 관, 동관, 연관 등이 사용되며 파이프를 도면으로 나타낼 때는 하나의 굵은 실선으로 그리고 같은 도면에서 파이프를 나타내는 선의 굵기는 같은 굵기로 나타내는 것을 원칙으로 하며 그 선 위에 파이프를 통하는 유체의 종류, 상태 및 배관계의 종류 등을 나타낼 때 다음과 같이 나타낸다.

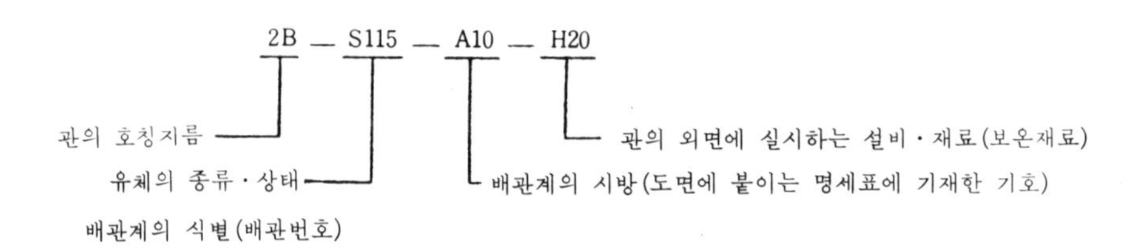

13.2 관의 도시방법

1) 관내의 흐름방향은 관을 표시하는 선에 붙인 화살표의 방향으로 표시한다.
2) 배관계의 부속품, 기기 내의 흐름의 방향을 표시할 경우에는 그 그림기호에 따르는 화살표로 표시한다.

3) 관을 표시하는 선이 교차하고 있는 경우에는 다음의 표시방법과 같이 관이 접속하고 있는지 접속하고 있지 않은지를 표시한다.

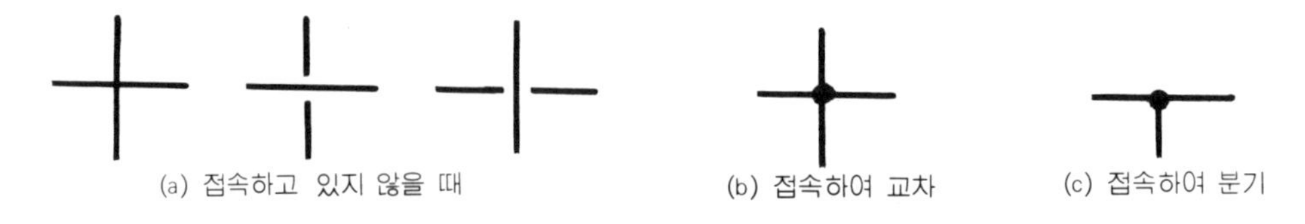

(a) 접속하고 있지 않을 때 (b) 접속하여 교차 (c) 접속하여 분기

4) 관의 결합방식은 다음과 같은 그림기호에 따라 표시한다.

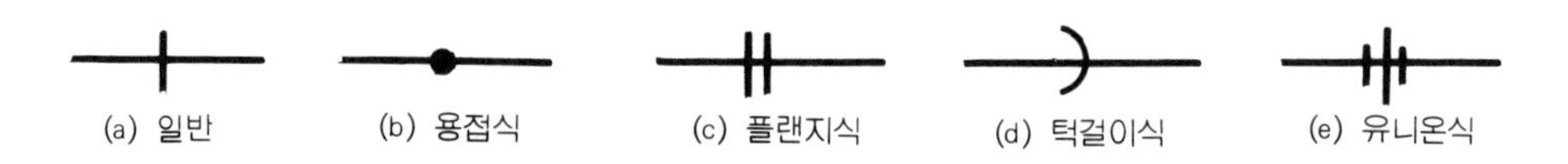

5) 엘보, 밴드, 티, 크로스, 리듀서, 하프커플링은 다음 그림 기호에 따른다.

6) 관의 끝 부분은 다음 그림과 같이 그림 기호에 따라 표시한다.

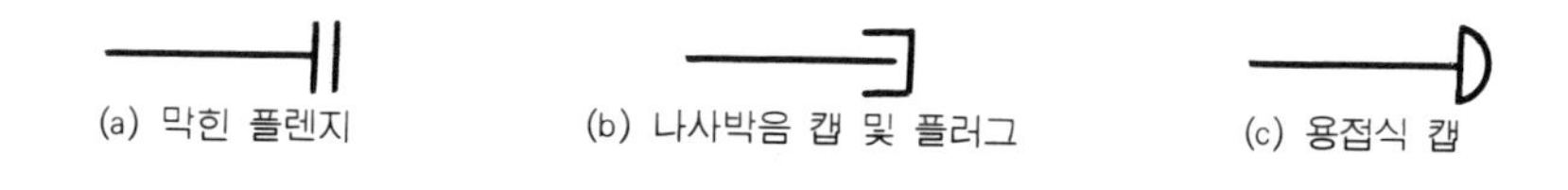

7) 밸브 및 콕의 몸체는 다음 그림 기호를 사용하여 표시한다.

밸브의 종류	그림기호	밸브, 콕의 종류	그림기호
밸브일반		버터플라이밸브	
게이트밸브		앵글밸브	
체크밸브		3방향밸브	
글로브밸브		안전밸브	
볼밸브		콕일반	

8) 밸브 및 콕이 닫혀있는 상태를 표시할 필요가 있는 경우에는 다음 그림과 같이 그림 기호를 칠하여 표시하던가 닫혀있는 것을 표시하는 글자 "폐" 또는 "C"를 첨가하여 표시한다.

9) 관의 치수는 관과 관의 간격, 구부러진 관의 구부러진 점으로부터 구부러진 점까지의 길이 및 구부러진 반지름, 각도는 특히 지시가 없는 한 관 중심에서의 치수를 표시한다.
특히 관의 바깥지름으로부터의 치수를 표시할 필요가 있는 경우에는 관을 표시하는 선을 따라서 가늘고 짧은 실선을 그리고 여기에 화살표로 치수선을 그린다.

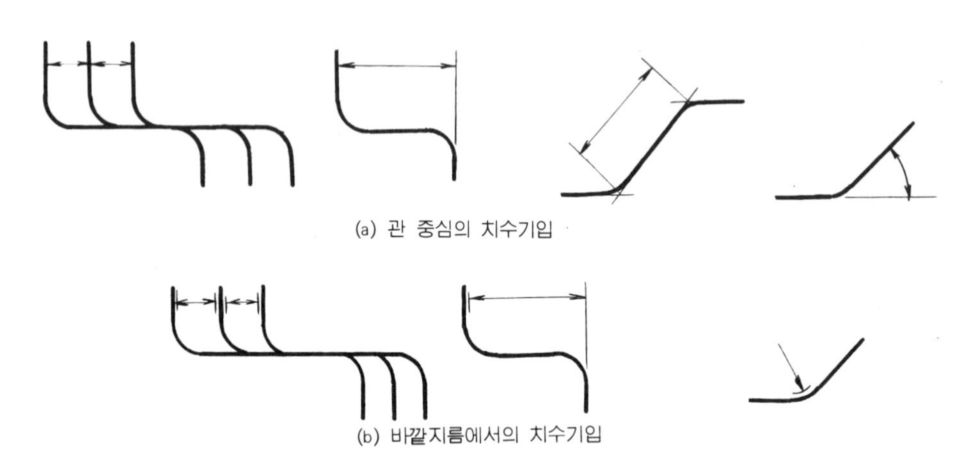

(a) 관 중심의 치수기입

(b) 바깥지름에서의 치수기입

10) 이음쇠 종류와 기호

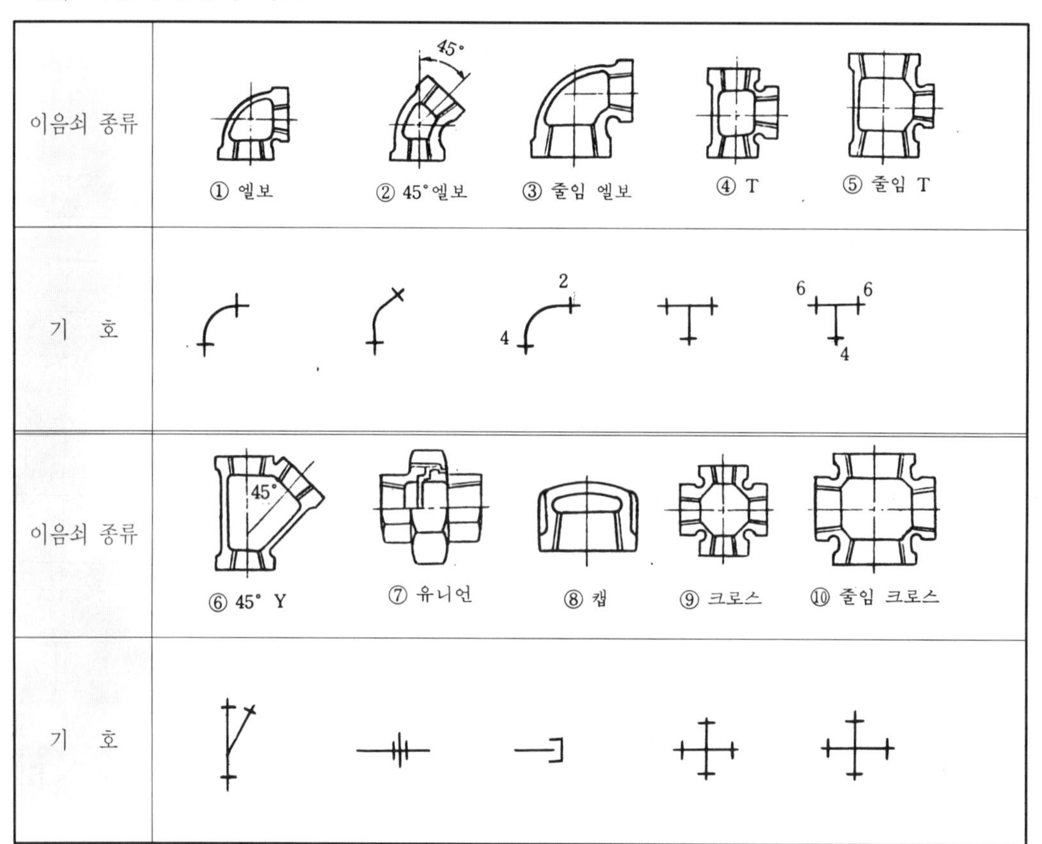

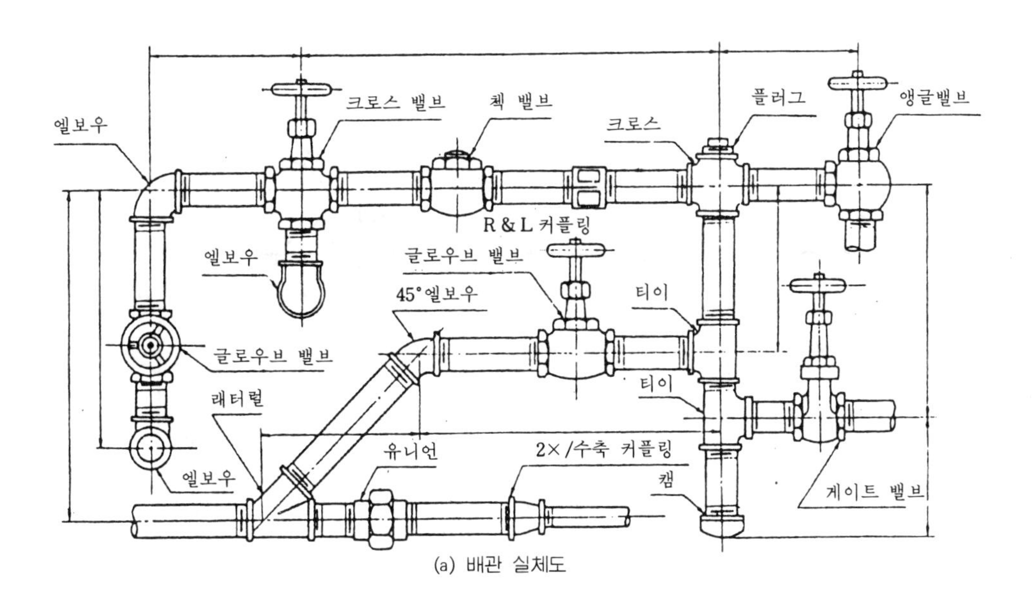

엘보우
크로스 밸브
첵 밸브
플러그
앵글밸브
크로스
R & L 커플링
엘보우
글로우브 밸브
45°엘보우
티이
글로우브 밸브
티이
래터럴
유니언
2×/수축 커플링
엘보우
캡
게이트 밸브

(a) 배관 실체도

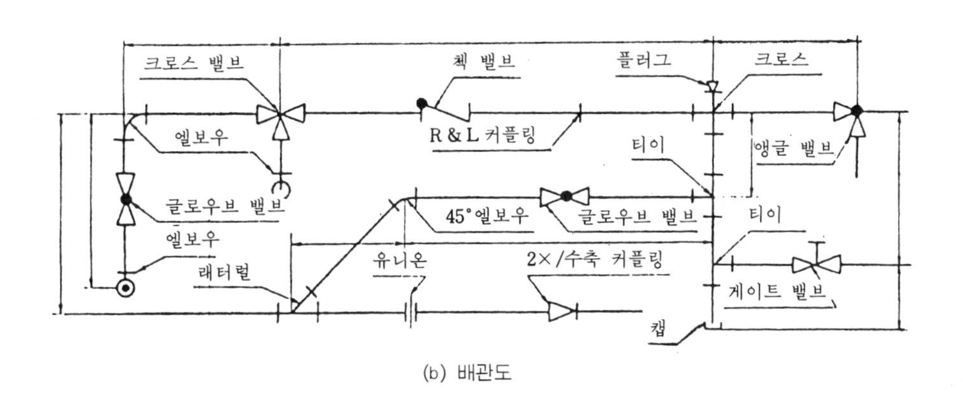

크로스 밸브
첵 밸브
플러그
크로스
엘보우
R & L 커플링
티이
앵글 밸브
글로우브 밸브
45°엘보우
글로우브 밸브
티이
엘보우
유니온
2×/수축 커플링
래터럴
게이트 밸브
캡

(b) 배관도

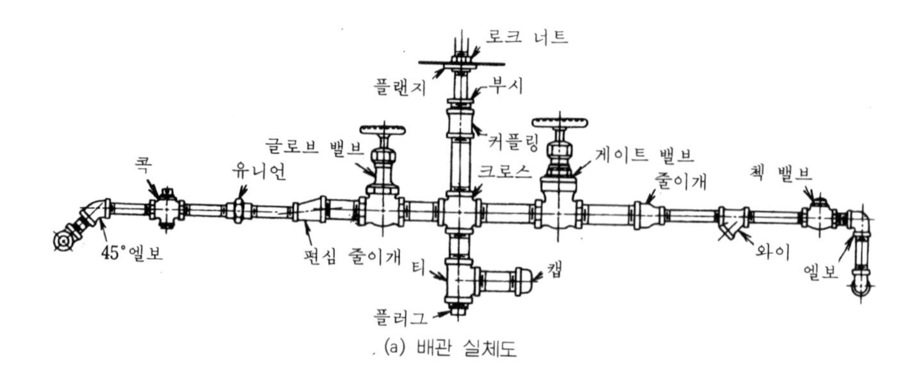
로크 너트
플랜지
부시
커플링
글로브 밸브
게이트 밸브
콕
유니언
크로스
줄이개
첵 밸브
45°엘보
편심 줄이개
티
캡
와이
엘보
플러그

(a) 배관 실체도

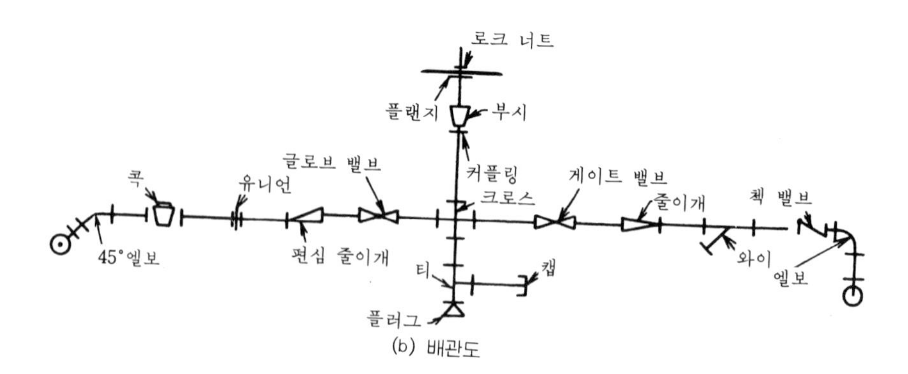
로크 너트
플랜지
부시
커플링
글로브 밸브
게이트 밸브
콕
유니언
크로스
줄이개
첵 밸브
45°엘보
편심 줄이개
티
캡
와이
엘보
플러그

(b) 배관도

※ 다음 그림을 보고 배관도를 작성하고 치수를 기입하시오.

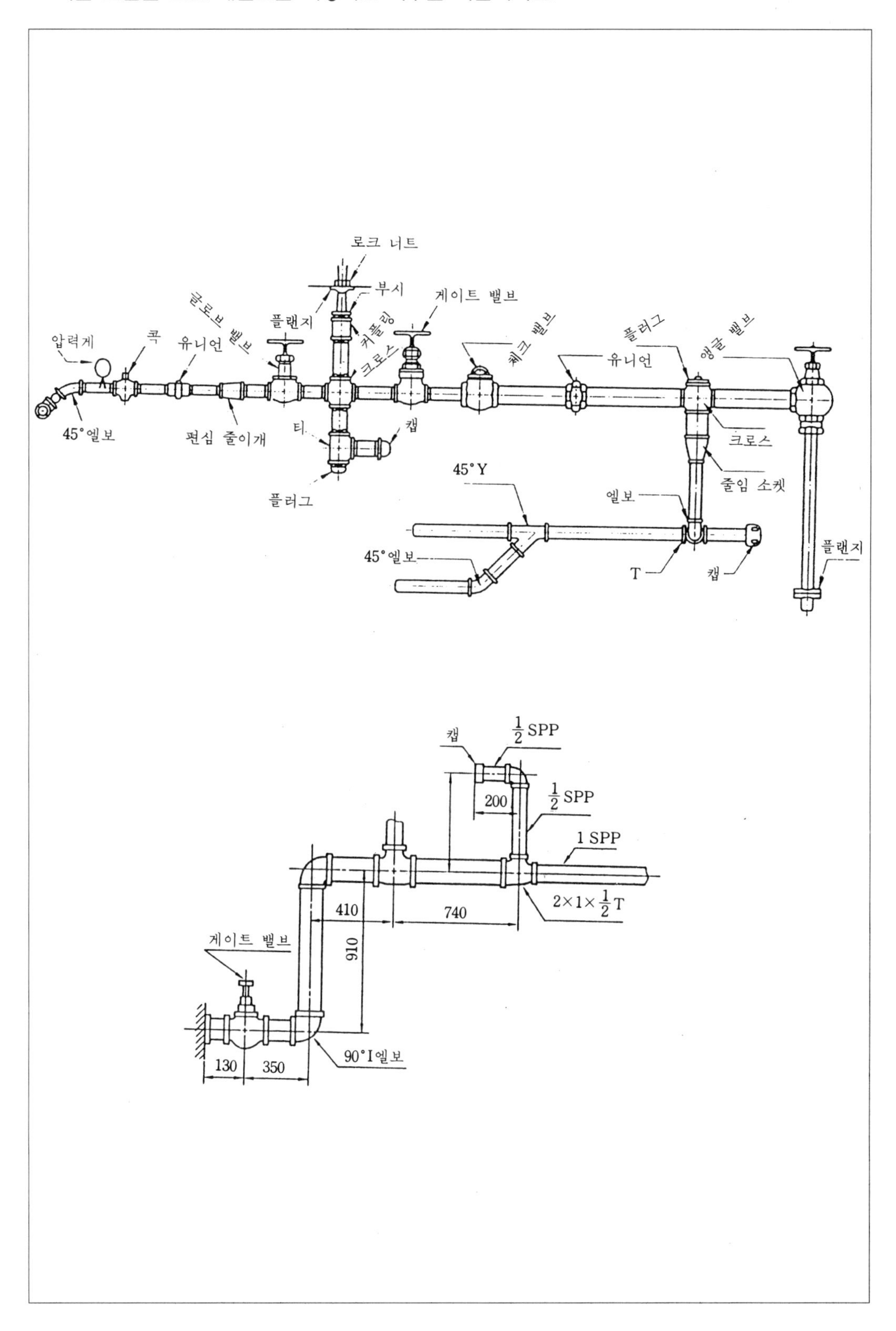

14 기계 재료

부품을 만드는 재료는 사용목적에 따라 종류가 다양하다.

도면에 부품재료의 명칭을 지정할 때에는 강, 동, 알루미늄, 주철 등의 일반적인 명칭을 사용하지 않고 KS 규격에 정해진 재료기호를 사용하여 표제란이나 부품란에 기입한다.

기계 재료기호는 KS D 규격에 여러 종류의 재료기호가 규정되어 있으며 기호를 이해하면 재료의 종류와 기계적 성질을 알 수 있다.

14.1 기계 재료의 표시법

기계 재료기호는 재질, 강도, 제품명 등으로 구성되어 다음과 같이 3부분으로 구성되어 있으나 특별한 경우에는 5부분으로 구성되는 경우도 있다.

1) 첫 번째 부분

재질을 표시하는 기호로 되어 있으며 영어이름의 머리글자나 원소기호를 사용하여 나타낸다.

2) 중간 부분

재료의 규격명 또는 제품명을 표시하는 기호로서 봉, 관, 판, 선재, 주조품, 단조품과 같은 제품의 모양별 종류나 용도를 표시하며 영어의 머리글자를 사용하여 표시한다.

3) 끝 부분

재료의 종류를 나타내는 기호로 종별 재료의 최저인장강도 등을 나타내는 숫자를 사용한다. 경우에 따라서는 재료기호 끝 부분에 제조방법, 열처리상황 등을 덧붙여 표시하는 경우도 있다.

보기 1) SF 400—일반 구조용 압연 강재(KS D 3503)

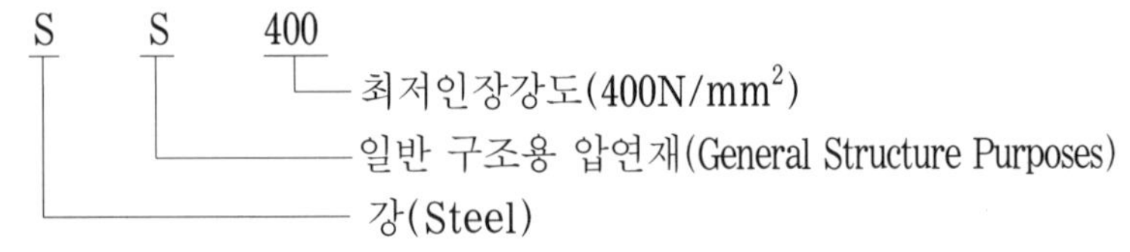

2) SM 45C—기계 구조용 탄소 강재(KS D 3752)

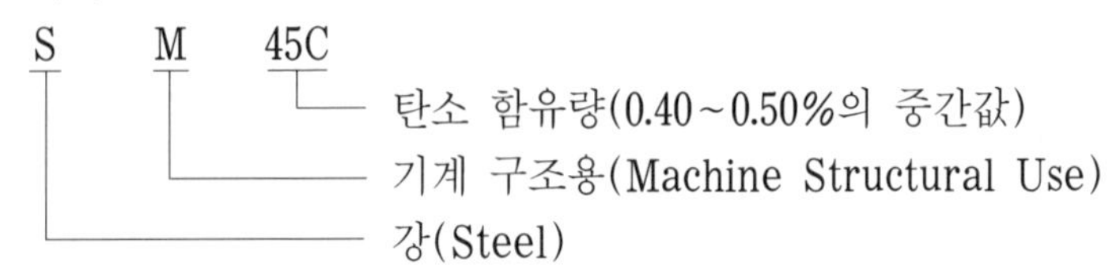

3) SM 340A—탄소강 단강품(KS D 3710)

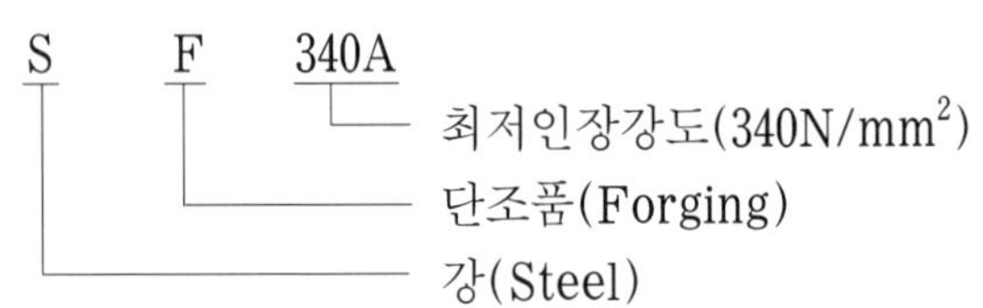

4) PW1—피아노 선(KS D 3556)

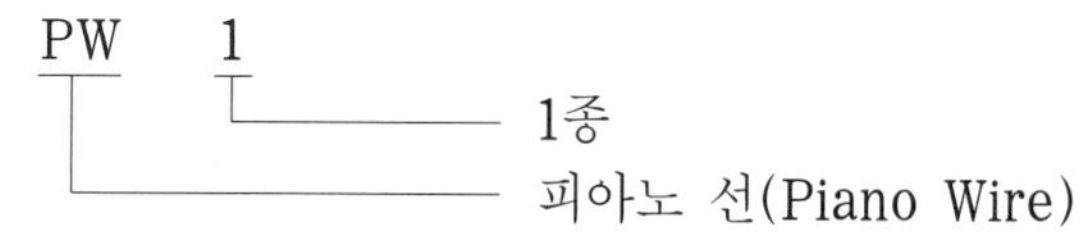

재질을 표시하는 기호(첫 번째 기호)

기호	재질	비고	기호	재질	비고
Al	알루미늄	Aluminium	F	철	Ferrum
AlBr	알루미늄 청동	Aluminium Bronze	MSr	연강	Mild Steel
Br	청동	Bronze	NiCu	니켈 구리 합금	Nickel−copper Alloy
Bs	황동	Brass	PB	인 청동	Phosphor Bronze
Cu	구리 또는 구리 합금	Copper	S	강	Steel
HBs	고강도 황동	High Strenght Brass	SM	기계 구조용강	Machine Structure Steel
HMn	고망간	High Manganese	WM	화이트 메탈	White Metal

규격명 또는 제품명 표시 기호(중간 부분 표시 기호)

기호	제품명 또는 규격명	기호	제품명 또는 규격명
B	봉(Bar)	MC	가단 주철품(Malleable Iron Casting)
BC	청동주물(Bronze Casting)	NC	니켈 크롬강(Nickel Chromium)
BsC	황동주물(Brass Casting)	NCM	니켈 크롬 몰리브덴강(Nickel Chromium Molybdenum)
C	주조품(Casting)	P	판(Plate)
CD	구상 흑연 주철	FS	일반 구조용관
CP	냉간 압연 연강판	PW	피아노 선(Piano Wire)
Cr	크롬강(Chromium)	S	일반 구조용 압연재
CS	냉간 압연 강대	SW	강선(Steel Wire)
DC	다이캐스팅(Die Casting)	T	관(Tube)
F	단조품(Forging)	TB	고탄소 크롬 베어링강
G	고압 가스 용기	TC	탄소 공구강
HP	열간 압연 연강판	TKM	기계 구조용 탄소 강관
HR	열간 압연	THG	고압 가스 용기용 이음매 없는 강관
HS	열간 압연 강대	W	선(Wire)
K	공구강	WR	선재(Wire Rod)

재료의 종별 또는 특성 표시 기호(끝 부분 표시 기호)

기호	기호의 의미	기호	기호의 의미
1 또는 2	1종 또는 2종	34	최저인장강도
A 또는 B	A종 또는 B종	C	탄소함유량

끝 부분에 덧붙이는 기호

구분	기호	기호의 의미	구분	기호	기호의 의미
조질도 기호	A	풀림상태(연질)	형상 기호	P	강판
	H	경질		⊘	둥근강
	1/2H	1/2경질		◎	파이프
	S	표준조질		□	각재
표면 마무리 기호	D	무광택 마무리(Dull Finishing)		△(6)	6각강
	B	광택 마무리(Bright Finishing)		[8]	8각강
				▱	평강
				I	I형강
				⊏	채널(Channel)

열처리 기호	N Q SR TN	불림 담금질, 뜨임 시험편에만 불림 시험편에 용접 후 열처리	기타	CF K CR R	원심력 주강판 킬드강 제어 압연한 강판 압연한 그대로의 강판

14.2 재료의 중량 계산

재료의 중량 계산시 설계제도가 완료된 기계 부품들은 무게를 계산할 필요가 있다. 그 이유는 각 부품의 재료에 대한 원가를 정확하게 산정하기 위함이고 또한 부품의 취급과 운반방안에 따른 포장방법 및 운송비용 등을 산정하는 데도 필요하기 때문이다.

부품의 중량 계산법

부품의 중량(W)=체적(단면적×두께 또는 길이)×비중량(y)

재료의 비중량(물체의 단위체적당 중량)은 재료의 종류마다 다르다.

재료의 비중량

재료명	비중량(g/cm²)	재료명	비중량(g/cm²)
순철	7.90	순동	8.96
탄소강(0.5C)	7.83	청동(75%Cu, 25%Cr)	8.67
탄소강(1.0C)	7.80	황동(70%Cu, 30%Zn)	8.52
주철(4.0C)	7.27	납	11.37
아연	7.14	알루미늄	2.71
주석	7.31	크롬강(2Cr)	7.87
금	19.29	니켈강(2ONi)	7.99
순은	10.53	망간강(2Mn)	7.87
백금	21.45	텅스텐	19.35

보기 재료의 중량 계산

사용 재료－탄소강(1.0C)

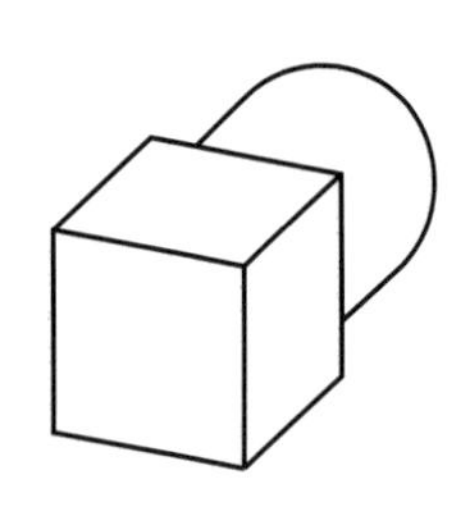

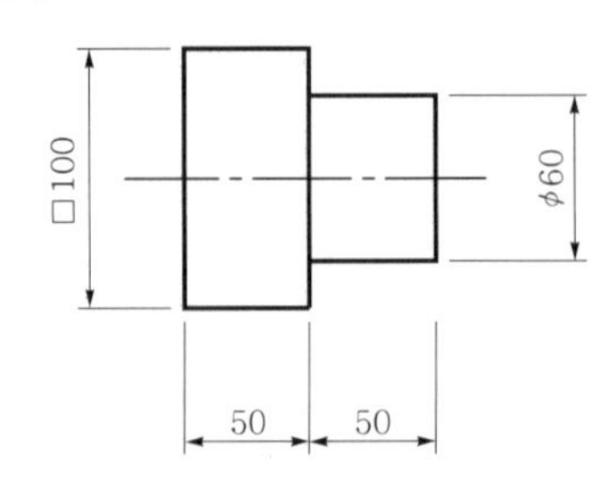

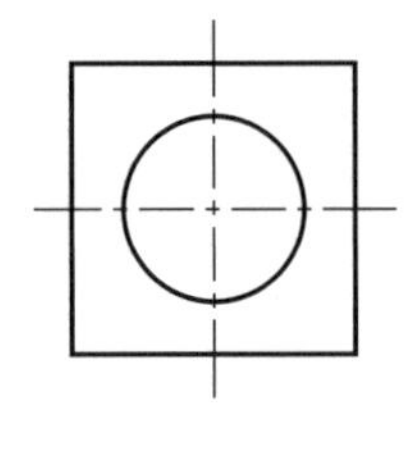

- 부품의 체적
  - ① 사각 기둥 : (가로)10cm×(세로)10cm×(길이)5cm=500cm³
  - ② 원기둥 : (반지름)3cm×(반지름)3cm×(π)3.14×(길이)5cm ≒ 141.4cm³
  - → ①+②=500cm³+141.4cm³=641.4cm³
- 재료의 비중량 : 7800kg/m³=0.0078kg/cm³=7.80g/cm³
- 부품의 무게 : 641.4cm³×0.0078kg/cm³ ≒ 5kg

제 2 장 기계 요소 제도

1 나사

나사는 기계 요소 중에서 가장 많이 사용되는 요소 부품으로 부품과 부품을 결합시키거나 동력 전달용으로 사용되며 관을 연결하는데도 사용된다.

나사는 원통 면에 골을 판 것을 수나사, 원통내면에 골을 판 것을 암나사라고 하고 오른쪽 방향으로 골을 판 것을 오른 나사, 왼쪽 방향으로 골을 판 것을 왼 나사라 하며 한 줄로 골을 판 것을 한 줄 나사, 여러 줄로 골을 판 것을 여러 줄 나사라 한다.

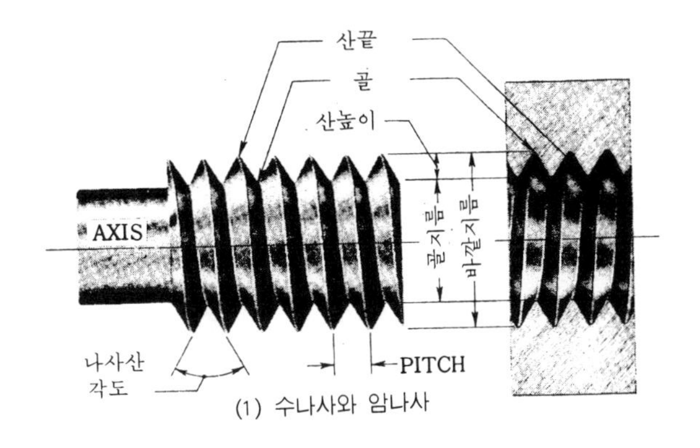

(1) 수나사와 암나사

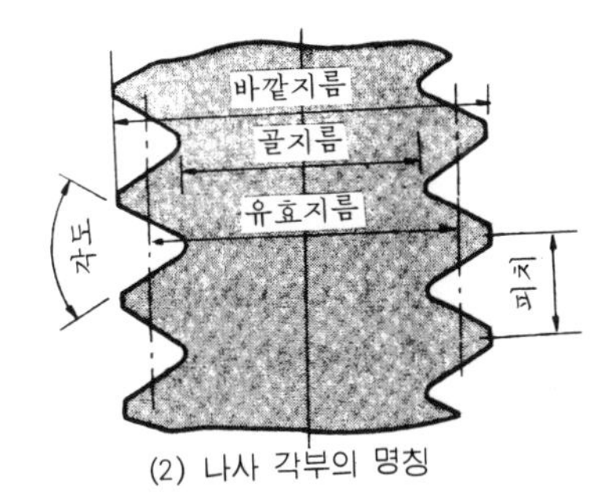

(2) 나사 각부의 명칭

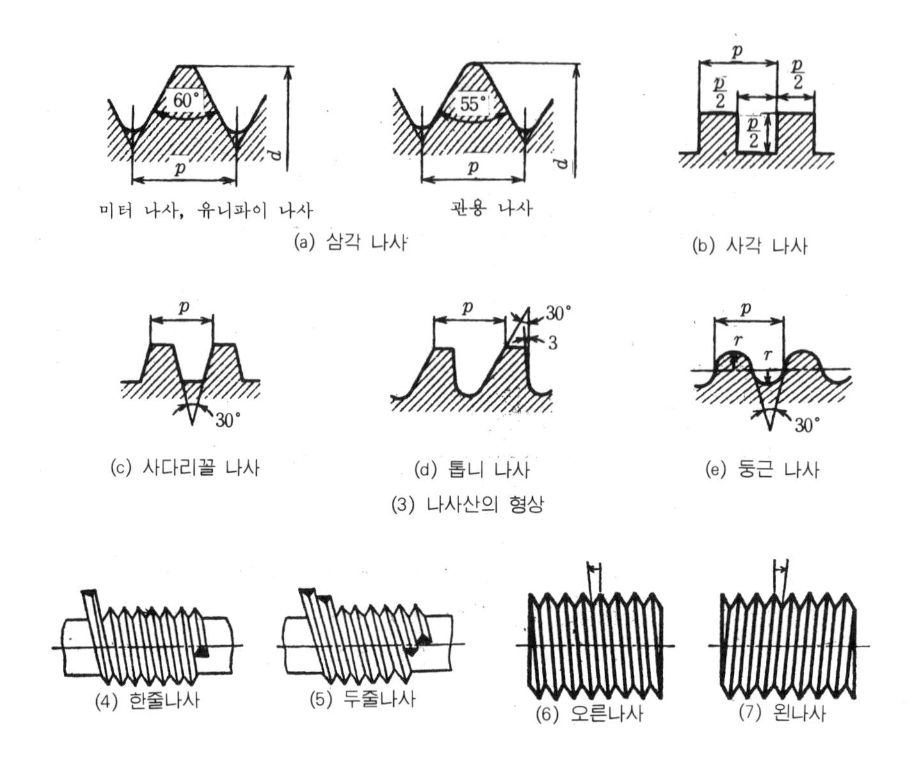

그림 2-1 수나사와 암나사 각부 명칭과 나사의 종류

1.1 나사 관련 용어

1) 오른 나사 : 나사를 오른쪽 방향으로 돌릴 때 조여지는 나사
2) 왼 나사 : 나사를 왼쪽 방향으로 돌릴 때 조여지는 나사
3) 피치(pitch) : 나사 산 끝에서 인접한 나사 산 끝까지의 거리
4) 리드(lead) : 나사를 1회전시켰을 때 이동한 거리이며 1줄 나사의 경우 피치만큼 이동하며 2줄 나사의 경우 피치의 2배, 3줄 나사의 경우 피치의 3배만큼 이동된다. 여러 줄 나사를 사용하는 목적은 빨리 풀 수 있고 빨리 조일 수 있는 목적으로 사용된다.

※ 리드(lead) = 피치 × 줄 수

5) 유효지름 : 나사 산의 폭과 골의 폭이 같아지는 가상 원의 지름을 유효지름이라 한다.

1.2 나사의 종류

나사의 종류는 인치 계열 나사와 미터계열 나사로 나누고 용도에 따라 보통나사와 가는 눈나사로 나누고 보통나사는 지름과 피치가 규격으로 정해져 있어서 볼트나 작은 나사에 널리 사용되며 가는 눈 나사는 보통나사보다 지름에 비해 피치의 비율이 작은 나사이다.

나사의 종류는 미터나사, 유니파이 나사, 사다리꼴 나사, 파이프 나사, 둥근 나사, 각 나사, 톱니 나사 등이 있으며 많이 사용되는 나사는 다음과 같다.

1) 미터 나사 : 미리 계열 나사로 지름과 피치를 mm로 표시하고 나사의 크기는 피치로 나타내며 나사 산의 각도는 60°이며 나사의 생긴 형상은 산 끝은 평평하게 깎여 있고 골 밑은 둥글게 되어 있으며 체결용으로 사용된다.
2) 유니파이 나사 : 인치 계열 나사로 나사의 지름을 inch로 표시하고 나사 산의 크기는 1인치(25.4mm) 안에 들어있는 나사 산의 수로 나타낸다. 나사 산의 각도는 60°이며 나사의 생긴 형상은 미터 나사와 같으며 체결용으로 사용된다.
3) 사다리꼴나사 : 나사 산이 사다리꼴로 되어 있고 마찰이 작고 정확하게 물리므로 동력전달용으로 사용되며 나사 산 각도가 30°는 미터계열 나사이고 29°는 인치 계열 나사이다. 주로 30°인 미리 계열 나사를 사용한다.
4) 관용나사 : 주로 파이프에 나사를 낸 배관용으로 사용되는 나사로 인치 계열 나사로 나사 산 각도는 55°이며 산 끝과 골이 둥글다.

1.3 나사의 호칭법

나사를 도면에 나타낼 때는 나사의 도시방법과 나사의 호칭법에 의해 나사를 표시한다. 나사의 표시방법은 나사 산의 감긴 방향, 나사 산의 줄 수, 나사의 호칭, 나사의 등급으로 표시한다.

1) 피치를 mm로 표시하는 나사의 호칭법

[나사의 종류를 표시하는 기호] – [나사의 지름을 표시하는 숫자] × [피치] – [나사의 호칭길이]

미터보통나사와 같이 동일한 지름에 피치가 하나만 규정되어 있는 나사는 원칙적으로 피치를 생략한다.

2) 피치를 산의 수로 표시하는 나사의 경우(유니파이 나사 제외)

[나사의 종류를 표시하는 기호] – [나사의 지름을 표시하는 숫자] – [나사산 수]

관용나사와 같이 동일한 지름에 대하여 나사산 수가 하나만 규정되어 있는 나사는 원칙적으로 나사산 수를 생략한다.

3) 유니파이 나사의 경우

[나사의 지름을 표시하는 숫자 또는 번호] – [나사산 수] – [나사의 종류를 표시하는 기호]

나사를 호칭법에 의해 표시할 때 일반적으로 나사의 종류를 나타내는 기호와 나사의 지름, 나사의 크기(피치, 산수), 나사의 길이로 표시하지만 감긴 방향이 왼쪽방향, 감긴 줄 수가 2줄 이상인 경우에는 좌 또는 2줄 등을 나타내야 한다.

나사 산의 감긴 방향이 왼 나사의 경우에는 "좌"의 글자를 표시하고 오른 나사의 경우에는 표시하지 않는다. 또한 "좌"대신에 "L"을 사용할 수 있다.

나사 산의 줄 수가 여러 줄 나사일 경우 "2줄", "3줄"과 같이 표시하고 한 줄 나사의 경우는 표시하지 않는다. 또한 "줄"대신에 "N"을 사용할 수 있다.

※ 나사의 호칭법 예

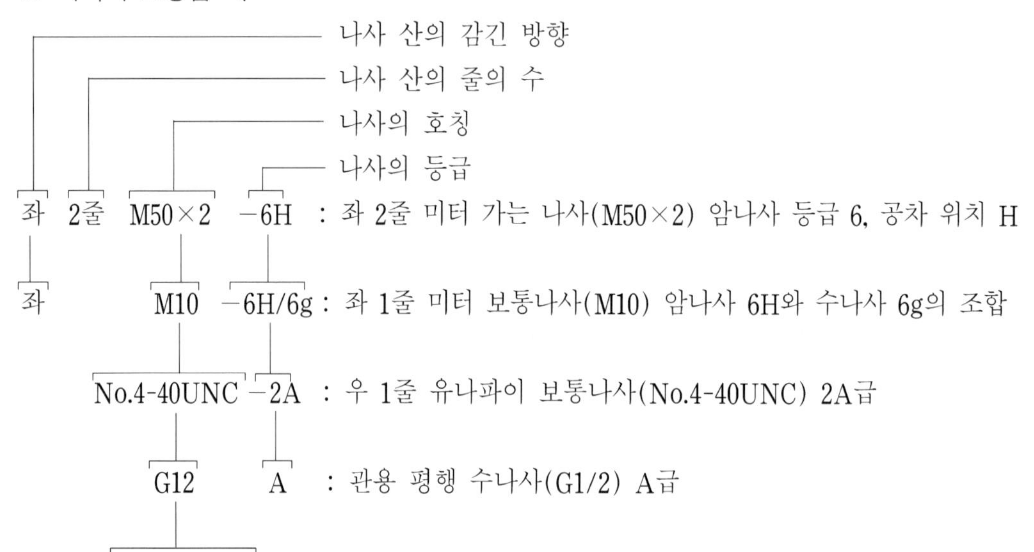

표 2-1 나사의 종류를 표시하는 기호 및 나사의 호칭에 대한 표시방법

구 분		나사의 종류		나사의 종류를 표시하는 기호	나사의 호칭에 대한 표시방법의 보기
일반용	ISO 규격에 있는 것	미터 보통 나사(1)		M	M8
		미터 가는 나사(2)			M8×1
		미니어처 나사		S	S 0.5
		유니파이 보통 나사		UNC	3/8−16UNC
		유니파이 가는 나사		UNF	No.8−36UNF
		미터 사다리꼴 나사		Tr	Tr10×2
		관용 테이퍼 나사	테이퍼 수나사	R	R3/4
			테이퍼 암나사	Rc	Rc3/4
			평행 암나사(3)	Rp	Rp3/4
	ISO 규격에 없는 것	관용 평행 나사		G	G1/2
		30도 사다리꼴 나사		TM	TM18
		29도 사다리꼴 나사		TW	TW20
		관용 테이퍼 나사	테이퍼 나사	PT	PT7
			평행 암나사(4)	PS	PS7
		관용 평행 나사		PF	PF7
특 수 용		후강 전선관 나사		CTG	CTG16
		박강 전선관 나사		CTC	CTC19
		자전거 나사	일 반 용	BC	BC3/4
			스포크용		BC2.6
		미싱 나사		SM	SM1/4 산40
		전구 나사		E	E10
		자동차용 타이어 밸브 나사		TV	TV8
		자전거용 타이어 밸브 나사		CTV	CTV8 산30

주) (1) 미터 보통 나사 중 M1.7, M2.3 및 M2.6은 ISO규격에 규정되어 있지 않다.
(2) 가는 나사임을 특별히 명확하게 나타낼 필요가 있을 때에는 피치 다음에 "가는 눈"의 글자를 ( ) 안에 넣어서 기입할 수 있다. 〈보기〉 M8×1(가는 눈)
(3) 이 평행 암나사 Rp는 테이퍼 수나사 R에 대해서만 사용한다.
(4) 이 평행 암나사 PS는 테이퍼 수나사 PT에 대해서만 사용한다.

1.4 나사의 등급

나사는 정밀도에 따라 다음 표와 같이 등급이 정해져 있다. 필요에 따라 나사의 등급을 나타내는 숫자 또는 암나사와 수나사를 나타내는 기호(수나사 : A, 암나사 : B)의 조합으로 나타낼 수 있다.

예 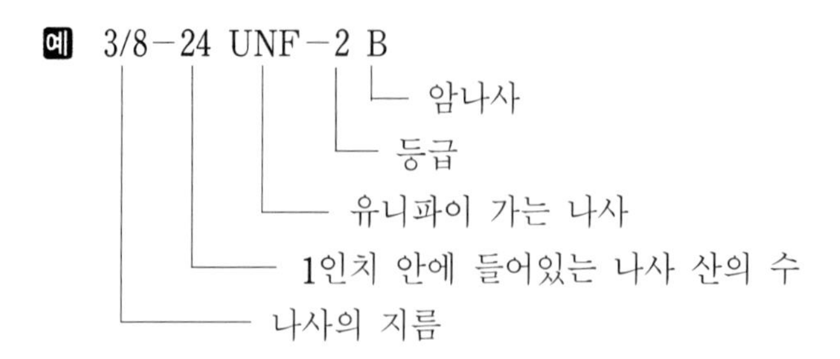

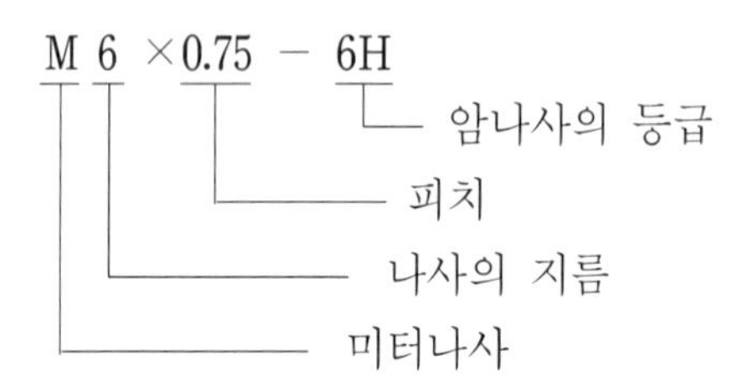

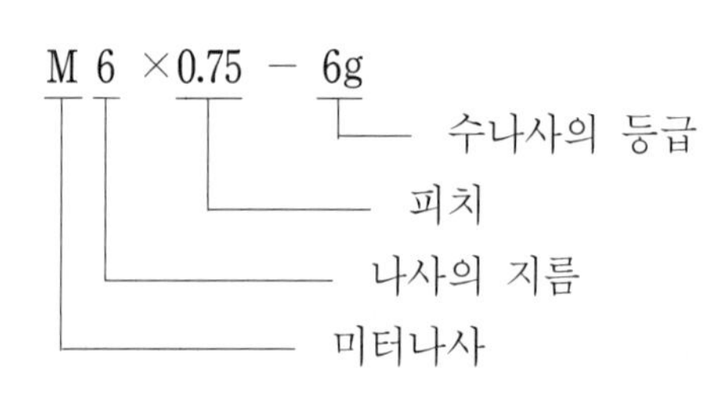

표 2-2 나사의 등급 표시방법

구분	나사의 종류	암나사·수나사의 구별		나사의 등급을 표시하는 보기
ISO 규격에 있는 등급	미터 나사	암나사	유효지름과 안지름의 등급이 같은 경우	6H
		수나사	유효지름과 바깥지름의 등급이 같은 경우	6g
			유효지름과 바깥지름의 등급이 다른 경우	5g 6g
		암나사와 수나사를 조합한 것		6H/6g, 5H/5g 6g
	미니추어 나사	암나사		3G6
		수나사		5h3
		암나사와 수나사를 조합한 것		3G6/5h3
	미터 사다리꼴 나사	암나사		7H
		수나사		7e
		암나사와 수나사를 조합한 것		7H/7e
	관용 평행 나사	수나사		A
ISO 규격에 없는 등급	미터 나사	암나사 수나사	암나사와 수나사의 등급표시가 같은 것	2등급, 혼동될 우려가 없을 경우에는 "급"의 문자를 생략해도 좋다.
		암나사와 수나사를 조합한 것		3급/2급, 혼동될 우려가 없을 경우에는 3/2로 해도 좋다.
	유니파이 나사	암나사		1B 2B 3B
		수나사		1A 2A 3A
	관용 평행 나사	암나사		B
		수나사		A

표 2-3 미터 나사의 등급

끼워 맞춤 구분(적용 보기)	암나사 · 수나사의 구별	등 급
정 밀 급 적용보기 : 특히 놀음이 적은 정밀 나사	암 나 사	4H(M1.8×0.2 이하)
		5H(M2×0.25 이상)
	수 나 사	4h
보 통 급 적용보기 : 기계, 기구, 구조체 등에 사용되는 일반용 나사	암 나 사	6H
	수 나 사	6h(M1.4×0.2 이하)
		6g(M1.6×0.2 이상)
거 친 급 적용보기 : 건설공사, 설치 등 더러워지거나 흠이 생기기 쉬운 장소에서 사용되는 나사 또는 열간압 연봉의 나사 절삭, 긴 막힌 구멍 나사 깎기 등과 같이 나사가공상의 난점이 있는 나사	암 나 사	7H
	수 나 사	8g

1.5 나사의 제도

나사를 도면에 나타낼 때는 나사의 형상 그대로를 그려주지 않고 간략한 약도로 그리고 호칭법에 의해 표시한다.

1) 수나사의 바깥지름과 암나사의 골 지름은 굵은 실선으로 그린다.(그림(a))
2) 완전 나사 부와 불완전 나사 부의 경계와 모떼기 부의 경계는 굵은 실선으로 그린다.(그림(a))
3) 나사의 골을 나타내는 선과 불완전 나사 부를 나타내는 선은 30° 각도의 가는 실선으로 그린다.(그림(a))
4) 수나사와 암나사의 골을 원으로 그릴 때는 가는 실선으로 원을 3/4만 그린다.(그림(a)(b))
5) 보이지 않는 부분의 나사를 나타낼 때는 선의 굵기를 구분하여 숨은 선으로 그린다.(그림(c))
6) 암나사와 수나사의 결합된 상태를 나타낼 때는 수나사를 기준으로 그린다.(그림(e))
7) 나사를 단면으로 나타낼 때는 수나사는 나사 산 끝까지 암나사는 내 경까지 해칭하여 나사를 나타낸다.(그림(d))
8) 나사 산 끝과 골 밑까지는 나사지름의 1/8~1/10의 간격으로 그린다.(그림(f))
9) 작은 나사는 모떼기 부분과 불완전 나사부분은 생략한다.(그림 2-6)
10) 작은 나사의 머리부분의 홈은 −자 홈일 경우는 45°의 굵은 하나의 선으로 +홈의 경우는 굵은 선으로 대각선을 그린다.(그림 2-6)

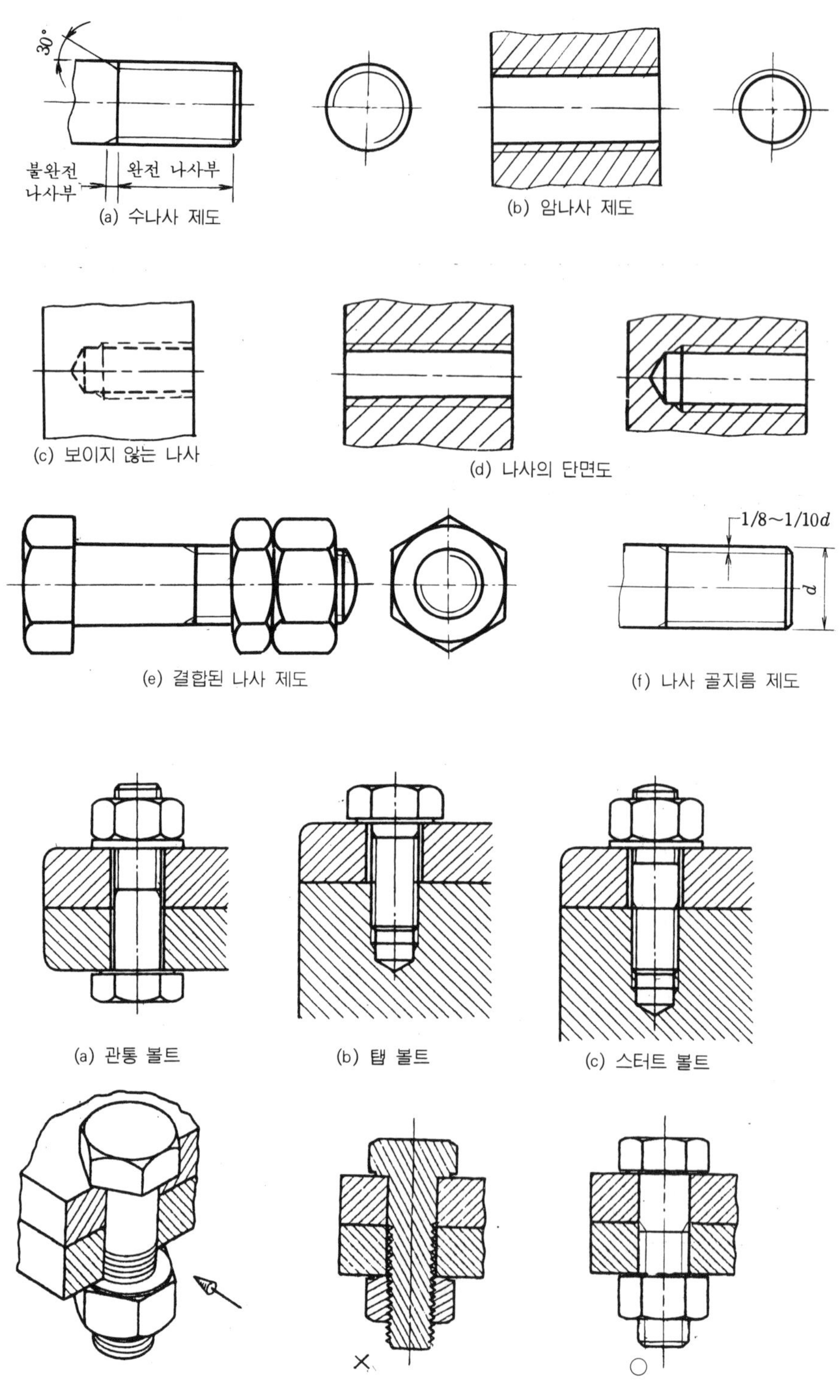
30°
불완전 나사부
완전 나사부
(a) 수나사 제도
(b) 암나사 제도
(c) 보이지 않는 나사
(d) 나사의 단면도
1/8~1/10d
d
(e) 결합된 나사 제도
(f) 나사 골지름 제도
(a) 관통 볼트
(b) 탭 볼트
(c) 스터트 볼트
×
○

그림 2-2 나사의 제도

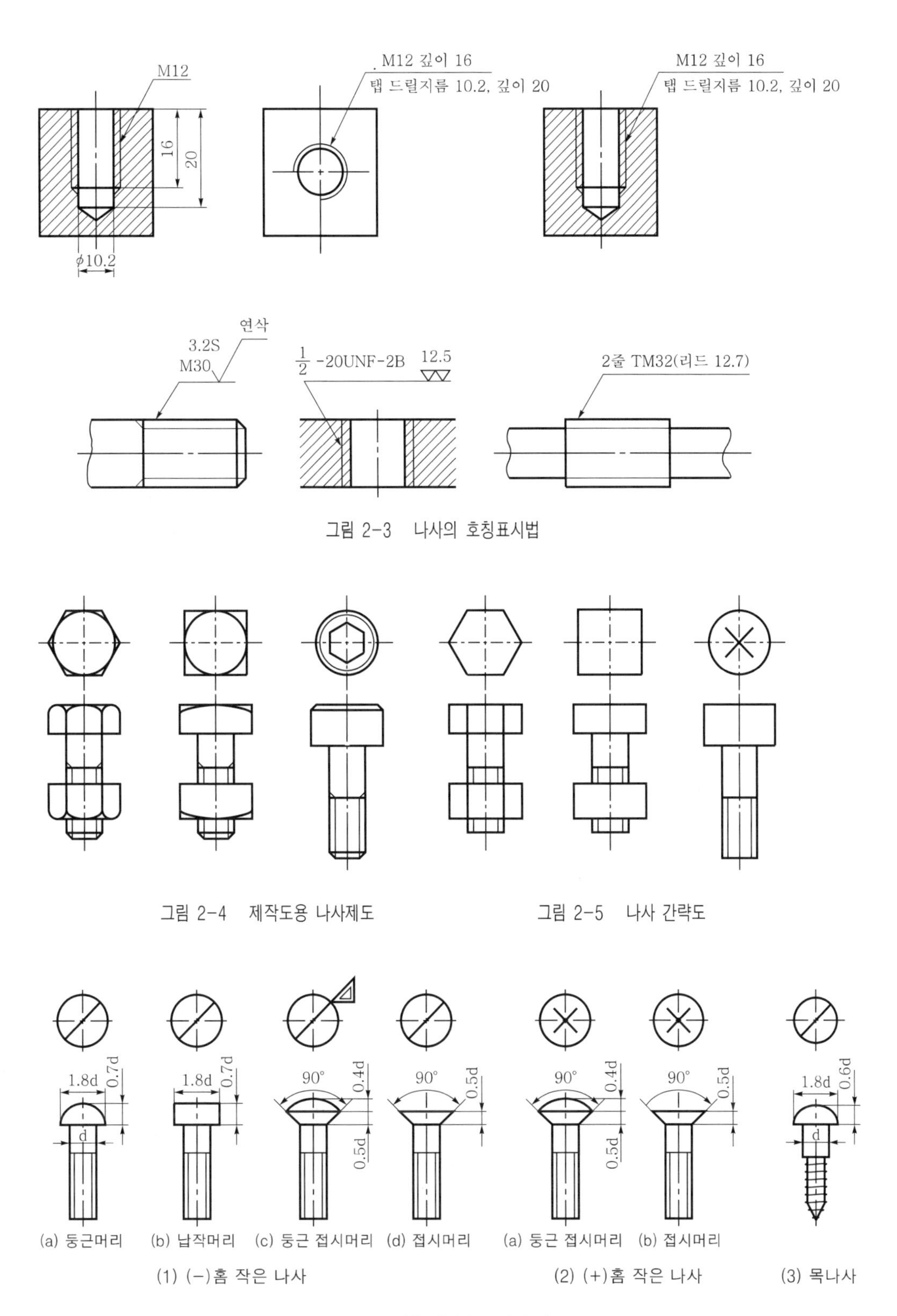

그림 2-3 나사의 호칭표시법

그림 2-4 제작도용 나사제도

그림 2-5 나사 간략도

그림 2-6 작은 나사와 목나사 제도

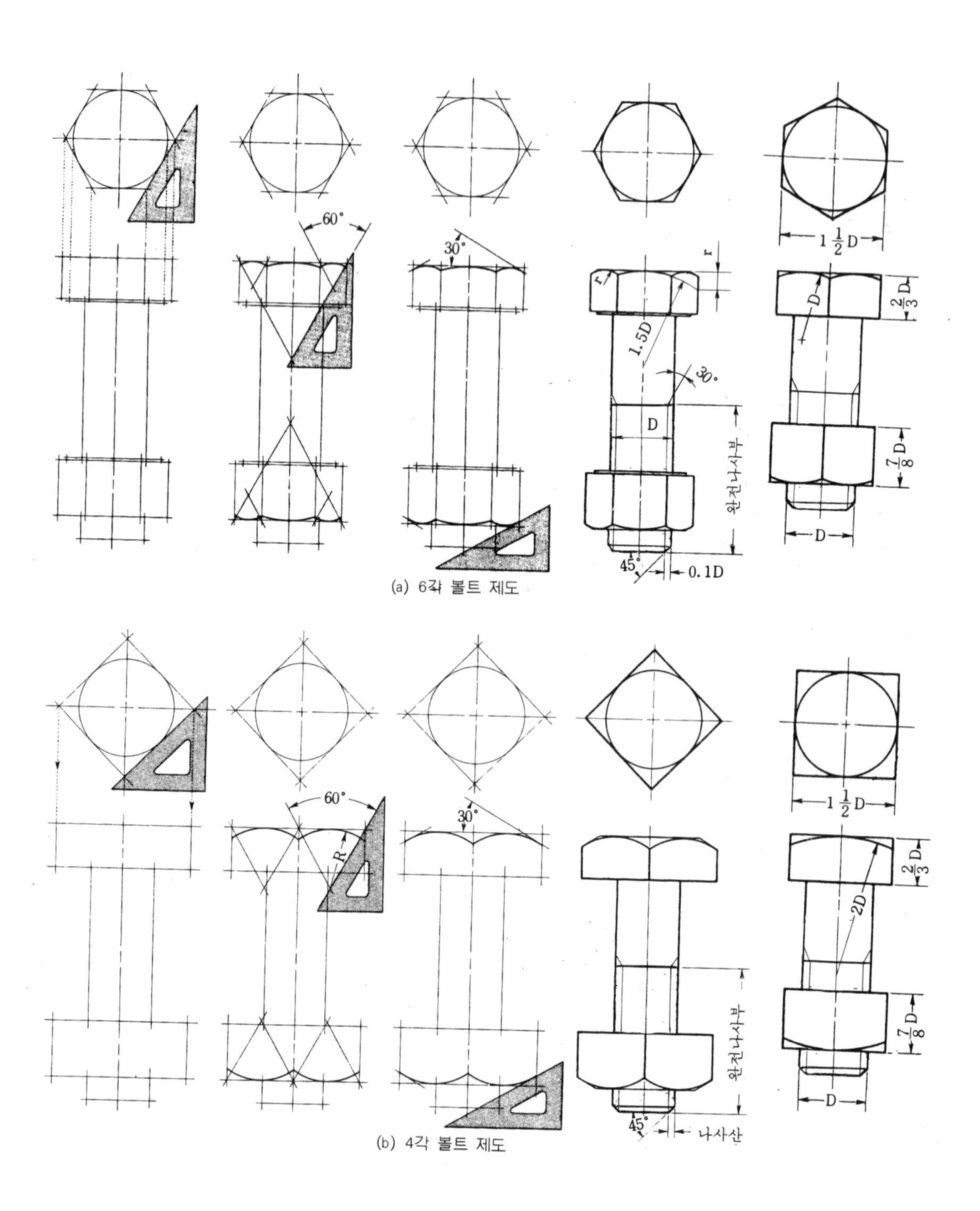

(a) 6각 볼트 제도

(b) 4각 볼트 제도

그림 2-7　6각과 4각 볼트 제도법

※ 다음 결합된 볼트를 그리시오.

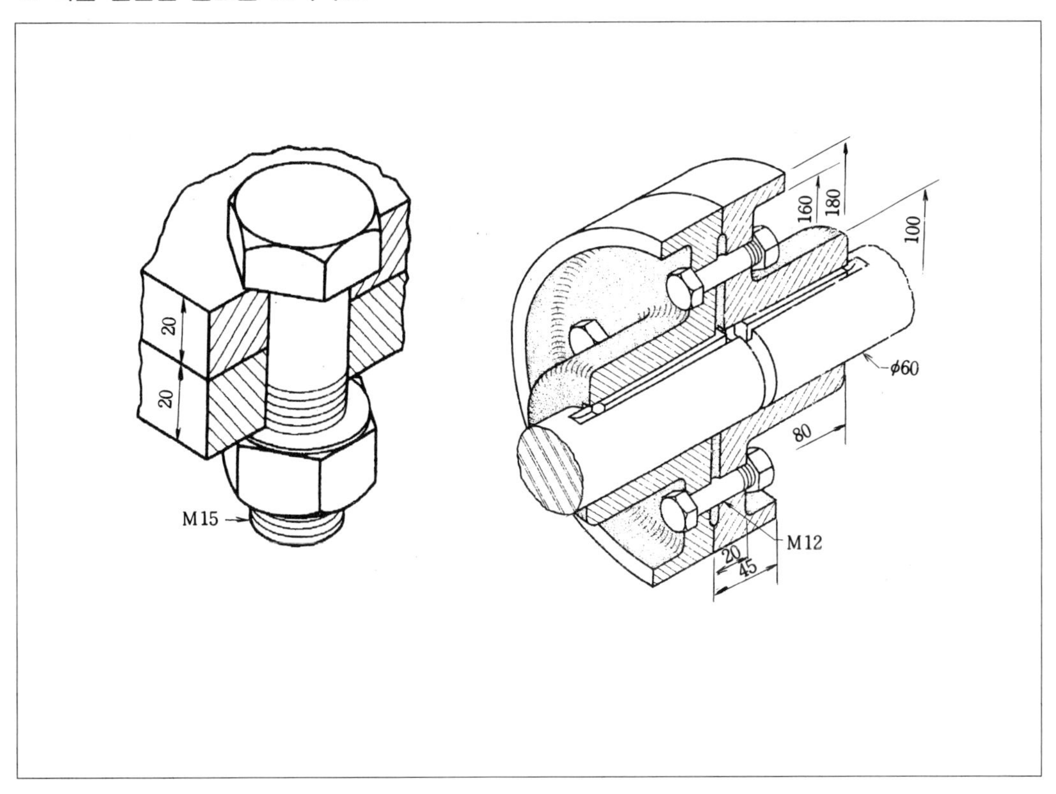

※ 다음 나사의 작도법 중 잘못된 것을 고르시오.

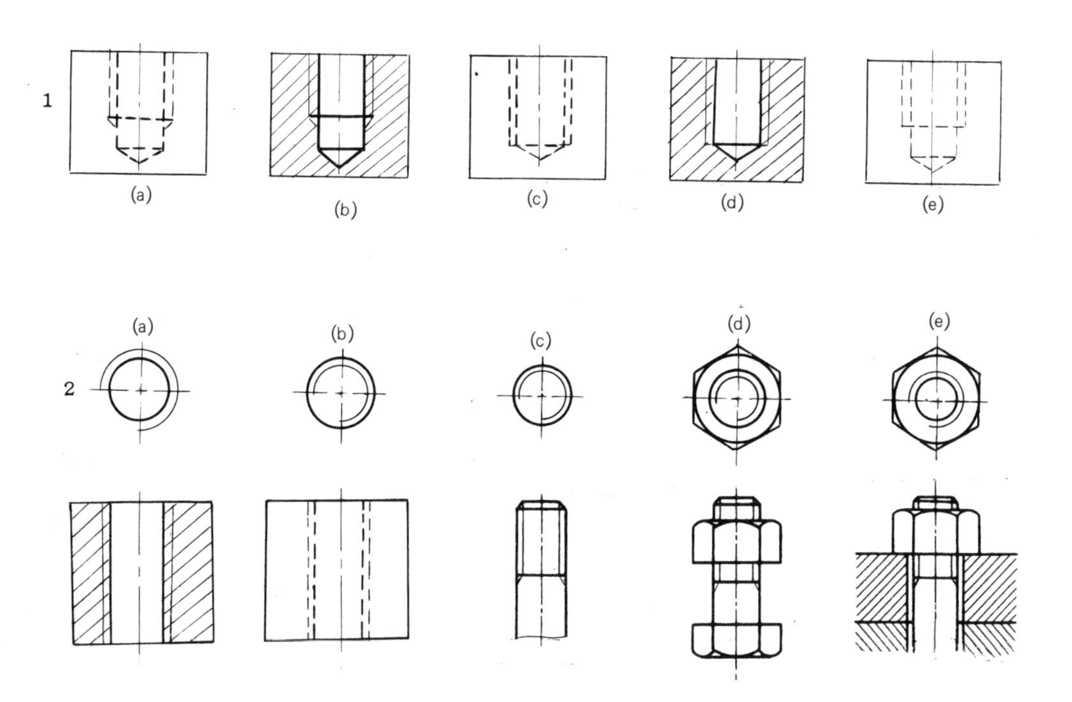

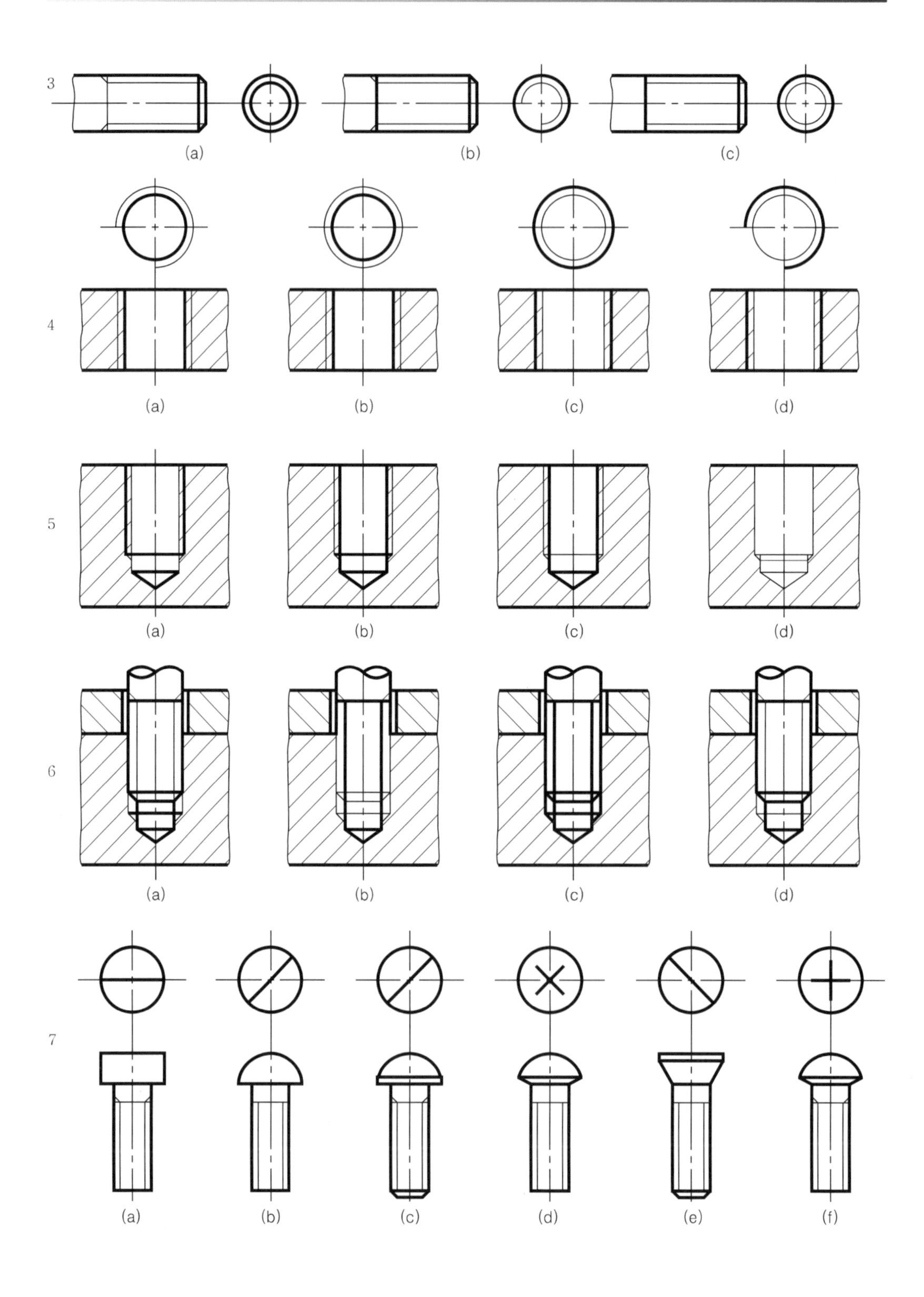
3
(a)
(b)
(c)
4
(a)
(b)
(c)
(d)
5
(a)
(b)
(c)
(d)
6
(a)
(b)
(c)
(d)
7
(a)
(b)
(c)
(d)
(e)
(f)

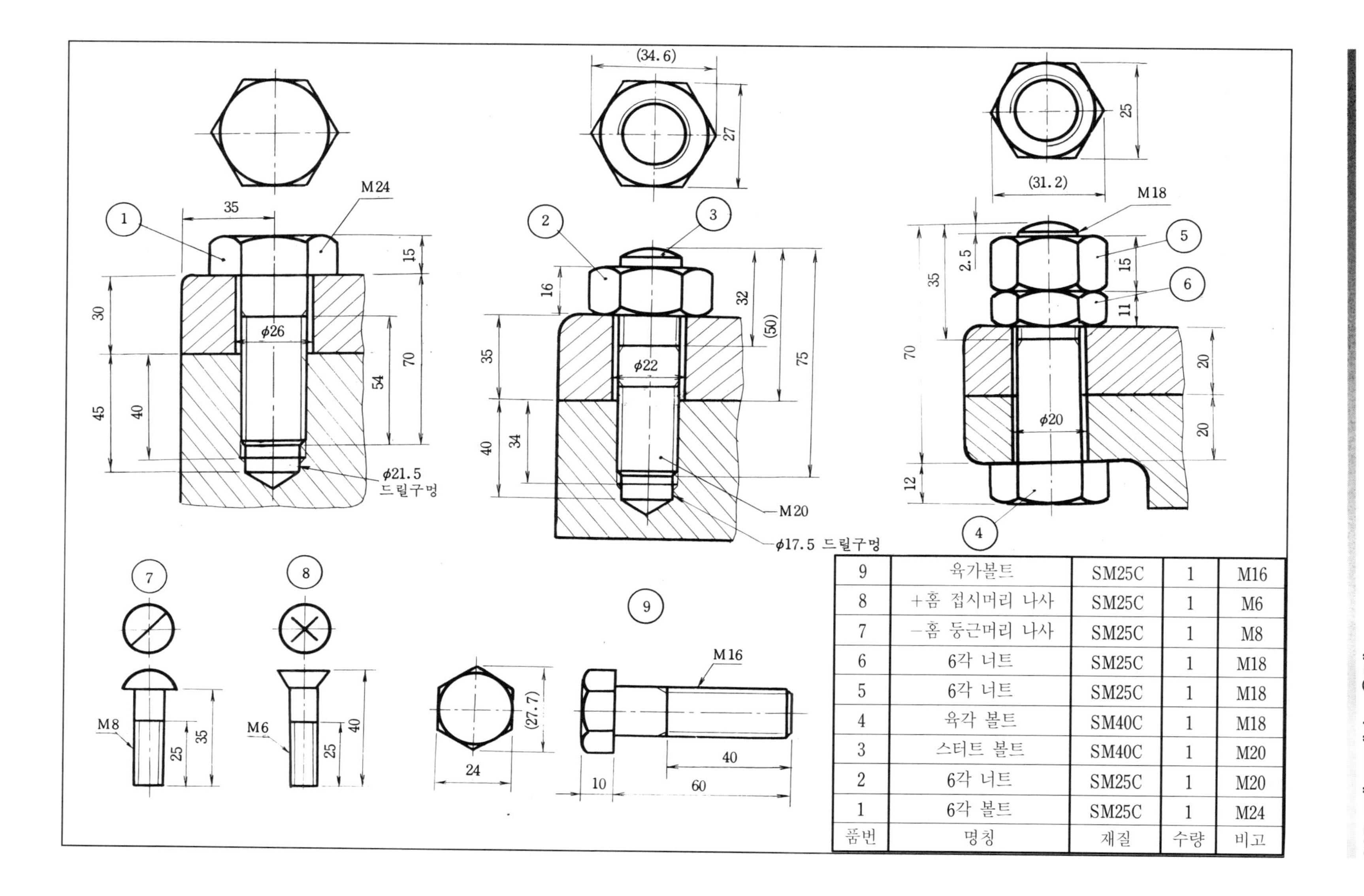

9	육가볼트	SM25C	1	M16
8	+홈 접시머리 나사	SM25C	1	M6
7	-홈 둥근머리 나사	SM25C	1	M8
6	6각 너트	SM25C	1	M18
5	6각 너트	SM25C	1	M18
4	육각 볼트	SM40C	1	M18
3	스터트 볼트	SM40C	1	M20
2	6각 너트	SM25C	1	M20
1	6각 볼트	SM25C	1	M24
품번	명칭	재질	수량	비고

1.6 볼트의 구멍지름과 자리파기 지름치수

볼트나 작은 나사가 들어가는 구멍의 지름과 나사의 바깥지름과 구멍지름과의 틈새에 의한 등급과 자리파기의 지름과 모떼기의 치수는 다음 표에 따른다.

표 2-4 볼트 구멍지름 및 자리파기 지름의 치수 (단위 : mm)

나사의 호칭지름	볼트구멍지름 d_h(2)				모떼기 e	자리파기 지름 D
	1급 (H12)	2급 (H13)	3급 (H14)	4급(1)		
1	1.1	1.2	1.3	–	0.2	3
1.2	1.3	1.4	1.5	–	0.2	4
1.4	1.5	1.6	1.8	–	0.2	4
1.6	1.7	1.8	2	–	0.2	5
※1.7	1.8	2	2.1	–	0.2	5
1.8	2.0	2.1	2.2	–	0.2	5
2	2.2	2.4	2.6	–	0.3	7
2.2	2.4	2.6	2.8	–	0.3	8
※2.3	2.5	2.7	2.9	–	0.3	8
2.5	2.7	2.9	3.1	–	0.3	8
※2.6	2.8	3	3.2	–	0.3	8
3	3.2	3.4	3.6	–	0.3	9
3.5	3.7	3.9	4.2	–	0.3	10
4	4.3	4.5	4.8	5.5	0.4	11
4.5	4.8	5	5.3	6	0.4	13
5	5.3	5.5	5.8	6.5	0.4	13
6	6.4	6.6	7	7.8	0.4	15
7	7.4	7.6	8	–	0.4	18
8	8.4	9	10	10	0.6	20
10	10.5	11	12	13	0.6	24
12	13	13.5	14.5	15	1.1	28
14	15	15.5	16.5	17	1.1	32
16	17	17.5	18.5	20	1.1	35
18	19	20	21	22	1.1	39
20	21	22	24	25	1.2	43
22	23	24	26	27	1.2	46
24	25	26	28	29	1.2	50
27	28	30	32	33	1.7	55

나사의 호칭지름	볼트구멍지름 d_h(2)				모떼기 e	자리파기 지름 D
	1급 (H12)	2급 (H13)	3급 (14급)	4급(1)		
30	31	33	35	36	1.7	62
33	34	36	38	40	1.7	66
36	37	39	42	43	1.7	72
39	40	42	45	46	1.7	76
42	43	45	48	–	1.8	82
45	46	48	52	–	1.8	87
48	50	52	56	–	2.3	93
52	54	56	62	–	2.3	100
56	58	62	66	–	3.5	110
60	62	66	70	–	3.5	115
64	66	70	74	–	3.5	122
68	70	74	78	–	3.5	127
72	74	78	82	–	3.5	133
76	78	82	86	–	3.5	143
80	82	86	91	–	3.5	148
85	87	91	96	–	–	–
90	93	96	101	–	–	–
95	98	101	107	–	–	–
100	104	107	112	–	–	–
105	109	112	117	–	–	–
110	114	117	122	–	–	–
115	119	122	127	–	–	–
120	124	127	132	–	–	–
125	129	132	137	–	–	–
130	134	137	144	–	–	–
140	144	147	155	–	–	–
150	155	158	165	–	–	–

주) (1) 4급은 주로 주물빼기 구멍에 적용한다.
(2) 치수허용차의 기호에 대한 치수는 KS B 0401(치수공차 및 끼워맞춤)에 의한다.

비고) 1. 이 표에서 음영이 들어간 부분은 ISO 273에 규정되어 있지 않은 것이다.
2. 나사의 호칭지름에 ※표를 붙인 것은 ISO 261에 규정되어 있지 않은 것이다.
3. 구멍의 모떼기는 필요에 따라서 하고 그의 각도는 원칙으로 90°로 한다.
4. 어느 나사의 호칭지름에 대하여 이 표의 자리파기 지름보다 작은 것 또는 큰 것을 필요로 할 경우에는 가급적 이 표의 자리파기 지름계열에서 수치를 고르는 것이 좋다.
5. 자리파기면은 구멍의 중심선에 대하여 직각이 되도록, 자리파기의 깊이는 일반으로 흑피를 벗길 정도로 한다.

1.7 6각 구멍붙이 볼트에 대한 깊은 자리파기 및 볼트 구멍의 치수

6각 구멍붙이 볼트를 구멍에 결합시킬 때는 볼트의 머리부분이 깊은 자리파기 구멍에 들어갈 수 있도록 구멍을 뚫어 주어야 한다. 나사의 호칭지름에 따른 깊은 자리파기의 지름치수와 깊이, 볼트의 지름과 구멍지름 차를 다음 표에 나타냈다. 아래 표의 치수는 참고하기 위한 표이며 규격으로 정해진 것은 아니다.

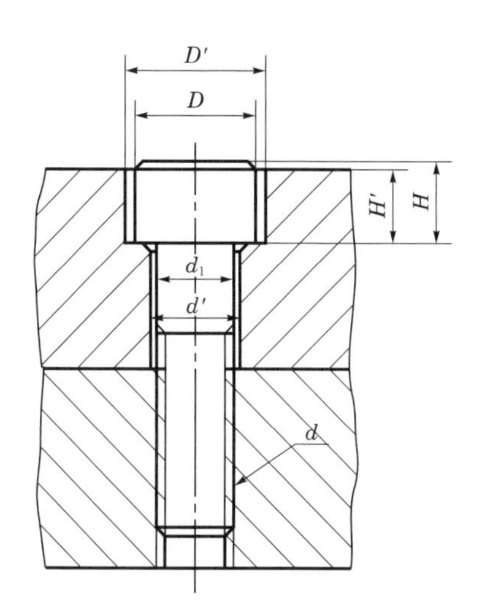

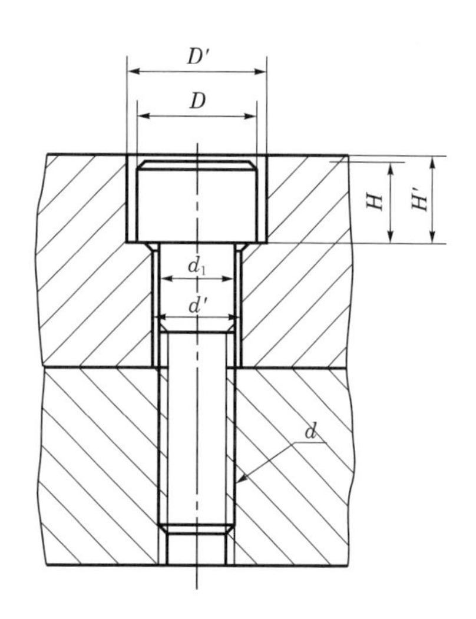

표 2-5 나사의 호칭치수에 따른 깊은 자리파기 치수 (단위 : mm)

나사의 호칭(d)	M3	M4	M5	M6	M8	M10	M12	M14	M16	M18	M20	M22	M24	M27	M30	M33	M36	M39	M42	M45	M48	M52
d_1	3	4	5	1	8	10	12	14	16	18	20	22	24	27	30	33	36	39	42	45	48	52
d'	3.4	4.5	5.5	6.6	9	11	14	16	18	20	22	24	26	30	33	36	39	42	45	48	52	56
D	5.5	7	8.5	10	13	16	18	21	24	27	30	33	36	40	45	50	54	58	63	68	72	78
D'	6.5	8	9.5	11	14	17.5	20	23	26	29	32	35	39	43	48	54	58	62	67	72	76	82
H	3	4	5	6	8	10	12	14	16	18	20	22	24	27	30	33	36	39	42	45	48	52
H'	2.7	3.6	4.6	5.5	7.4	9.2	11	12.8	14.5	16.5	18.5	20.5	22.5	25	28	31	34	37	39	42	45	49
H''	3.3	4.4	5.4	6.5	8.6	10.8	13	15.2	17.5	19.5	21.5	23.5	25.5	29	32	35	38	41	44	47	50	54

비고) 위 표의 볼트구멍지름(d')은 KS B 1007(볼트구멍 및 카운터 보어 지름)의 볼트구멍지름 2급에 따른다.

1.8 깊은 자리파기 치수 결정 예

다음 그림과 같이 6각 홈붙이 M10나사로 부품 ②와 ③을 결합시킬 때 깊은 자리파기의 치수와 탭드릴 구멍지름은 표 2-4, 2-5, 2-6에 의해 다음 그림과 같이 결정한다.

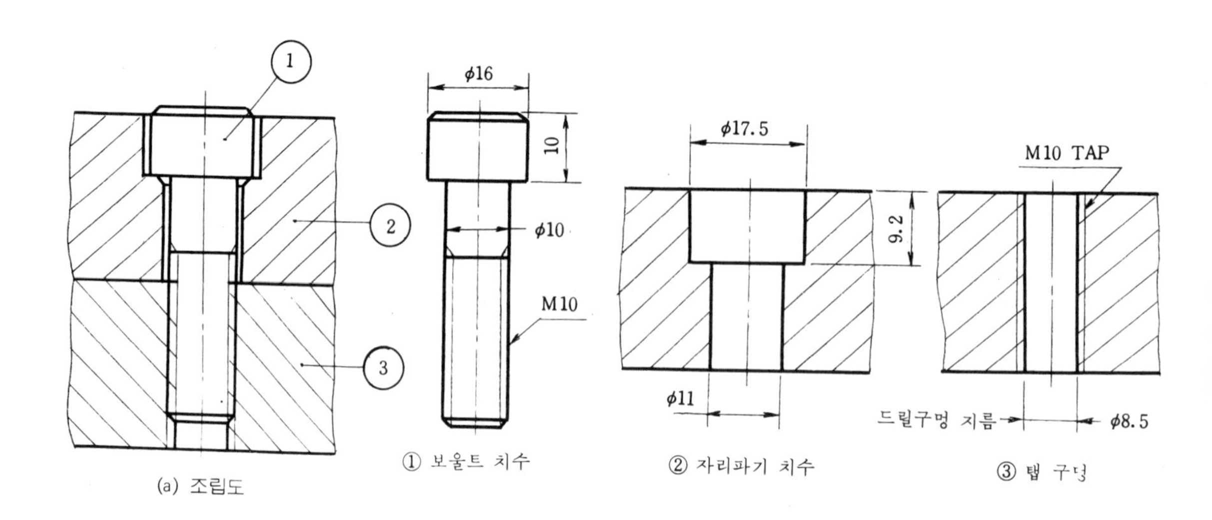

(a) 조립도 ① 보울트 치수 ② 자리파기 치수 ③ 탭 구멍

표 2-6 6각 구멍붙이 볼트 (단위 : mm)

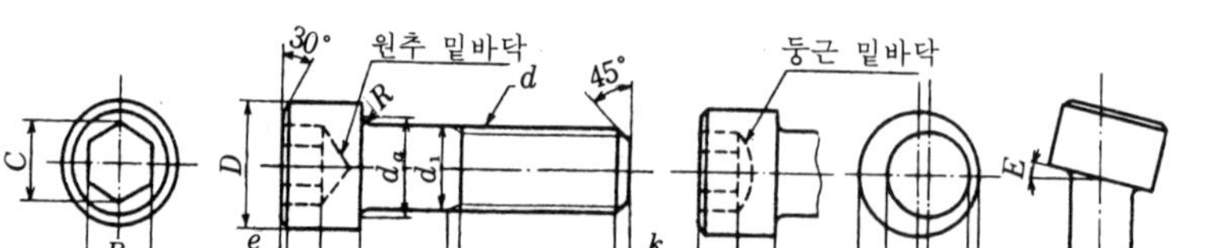

나사의 호칭(d)		M3×0.5	m4×0.7	M5×0.8	M6	M8	M10	M12	(M14)	M16	(M18)	M20	(M22)	M24	(M27)	M30	(M33)	M36	(M39)	M42	(M45)	M48	M(52)
피치(P)		0.5	0.7	0.8	1	1.25	1.5	1.75	2	2	2.5	2.5	2.5	3	3	3.5	3.5	4	4	4.5	4.5	5	5
d_1	기준치수	3	4	5	6	8	10	12	14	16	18	20	22	24	27	30	33	36	39	42	45	48	52
	허용차	0 -0.1			0 -0.15							0 -0.2											0 -0.3
D	기준치수	5.5	7	8.5	10	13	16	18	21	24	27	30	33	36	40	45	50	54	58	63	68	72	78
	허용차	0 −0.3	0 −0.36			0 −0.43			0 −0.52				0 −0.62					0 −0.74					
H	기준치수	3	4	5	6	8	10	12	14	16	18	20	22	24	27	30	33	36	39	42	45	48	52
	허용차	0 −0.25	0 −0.3			0 −0.36		0 −0.43				0 −0.52					0 −0.62						
e	약	0.2	0.3	0.3	0.4	0.5	0.6	0.7	0.8	1	1	1	1	1	1.5	1.5	1.5	1.5	1.5	2	2	2	2.5
B	기준치수	2.5	3	4	5	6	8	10	12	14	14	17	17	19	19	22	24	27	27	32	32	36	36
	허용차	+0.080 +0.020		+0.105 +0.030			+0.130 +0.040		+0.230 +0.050					+0.275 +0.065						+0.330 +0.080			
C	약	2.9	3.6	4.7	5.9	7	9.4	11.7	14	16.3	16.3	19.8	19.8	22.1	22.1	25.5	27.9	31.4	31.4	37.2	37.2	41.8	41.8
m	최소	1.6	2.2	2.5	3	4	5	6	7	8	9	10	11	12	13.5	15	16.5	18	20	21	23	24	25
R	최소	0.1	0.2	0.2	0.25	0.4	0.4	0.6	0.6	0.6	0.6	0.8	0.8	0.8	1	1	1	1	1	1.2	1.2	1.6	1.6
d_a	최대	3.6	4.7	5.7	6.8	9.2	11.2	14.2	16.2	18.2	20.2	22.4	22.4	26.4	30.4	33.4	36.4	39.4	42.4	45.6	48.6	52.6	56.6
k	약	0.6	0.8	0.9	1	1.2	1.5	2	2	2	2.5	2.5	2.5	3	3	3.5	3.5	4	4	4.5	4.5	5	5
a-b	최대	0.2	0.2	0.3	0.3	0.4	0.5	0.7	0.7	0.8	0.9	0.9	1.1	1.2	1.3	1.5	1.6	1.8	2	2.1	2.3	2.4	2.6
E	최대	1°																					

2 기어(Gear)

2.1 기어 각부의 명칭

1) 피치 원(pitch circle) : 축에 수직인 평면과 피치 면과 교차하여 이루는 면
2) 원주 피치(circular pitch) : 피치원상의 하나의 이빨 면에서 여기에 대응하는 상대 이빨 면의 원호의 길이
3) 이 두께(tooth thickness) : 피치원상의 이빨의 폭
4) 이 끝 원(addendum circle) : 이의 끝을 통과하는 원. 즉, 기어의 바깥지름
5) 이뿌리 원(root circle) : 이뿌리를 통과하는 원
6) 이 끝 높이(addendum) : 피치 원에서 이 끝까지의 수직거리
7) 이뿌리 높이(dedendum) : 피치 원에서 이뿌리 원까지의 수직거리
8) 유효 이 높이(working depth) : 서로 물려 있는 한 쌍의 기어에서 물리고 있는 이 높이 부분의 길이. 즉, 한 쌍의 기어의 어덴덤을 합한 길이
9) 총 이 높이(hole depth) : 이의 전체 높이
10) 클리어런스(clearance) : 이뿌리 원에서 상대 기어의 이 끝 원까지의 거리
11) 뒤 틈(back lash) : 한 쌍의 기어가 물렸을 때 이빨 면간의 간격
12) 이 폭(face width) : 이의 축 단면의 길이

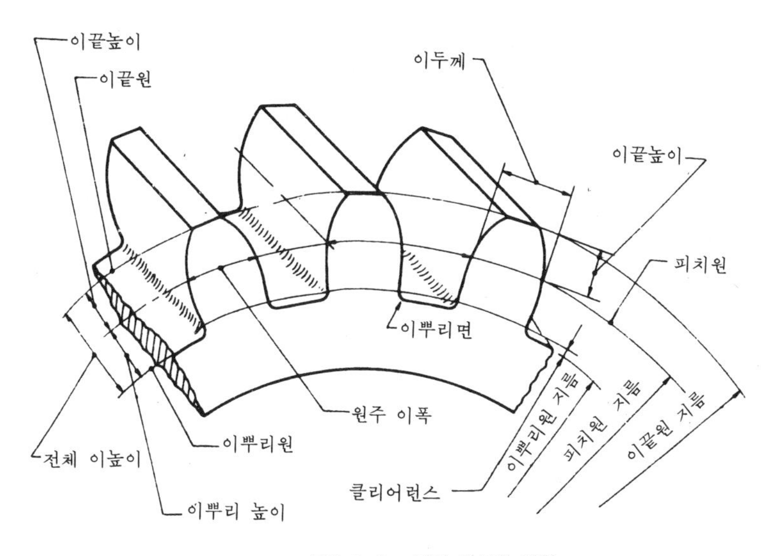

그림 2-8 기어 각부의 명칭

2.2 기어의 종류

1) 두 축이 평행할 때 사용되는 기어

스퍼기어, 헬리컬기어, 더블 헬리컬기어, 내접기어, 랙기어

2) 두 축이 교차하는 경우에 사용되는 기어

베벨기어, 직선 베벨기어, 스파이럴 베벨기어

3) 두 축이 평행하지도 교차하지도 않을 경우 사용되는 기어

하이포이드기어, 스크루기어, 웜기어

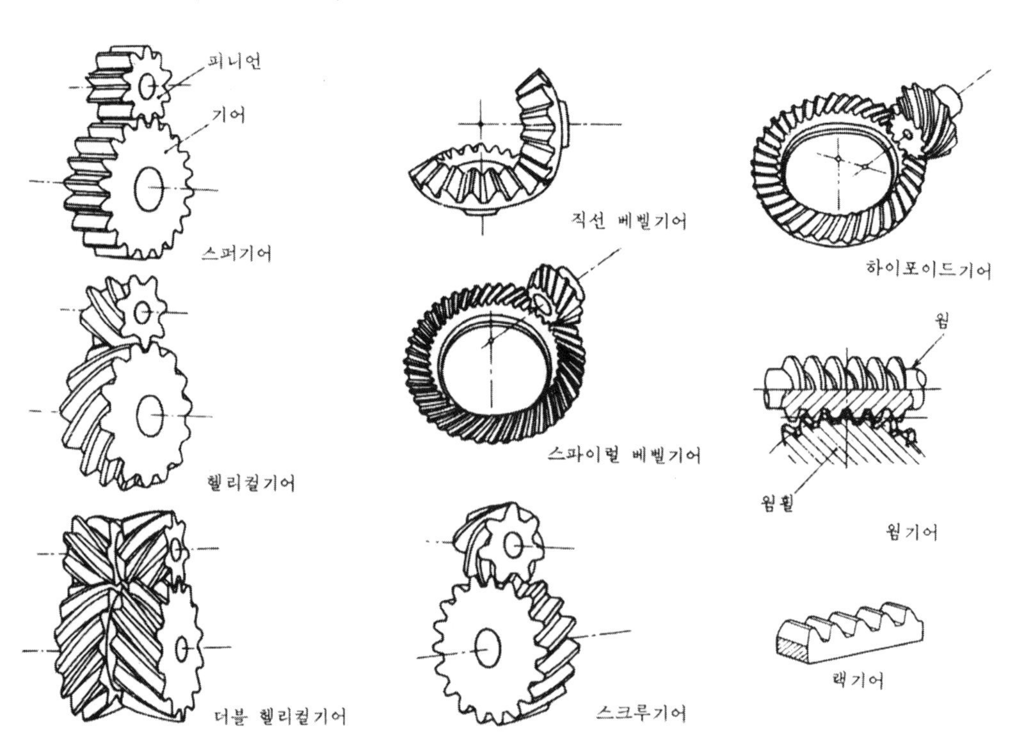

그림 2-9 기어의 종류

2.3 기어의 크기

1) 모듈(module, 기호 : m)

$m=\frac{d}{z}$ (m : 모듈, d : 피치 원 지름, z : 잇 수)

2) 원주피치(circular pitch, 기호 : CP)

$CP=\frac{\pi d}{z}$ (피치 원의 둘레를 잇 수로 나눈 값)

원주피치는 서로 물리고 있는 두 개의 이의 중심간의 거리를 피치 원의 원호에 따라 잰 길이이다.

3) 지름피치(diametral pitch, 기호 : DP)

$DP=\frac{z}{d(\text{inch})}$ (잇 수를 피치 원의 지름으로 나눈 값)

4) 모듈, 원주피치, 지름피치와의 관계

$m=\frac{CP}{\pi}=\frac{25.4}{DP}$

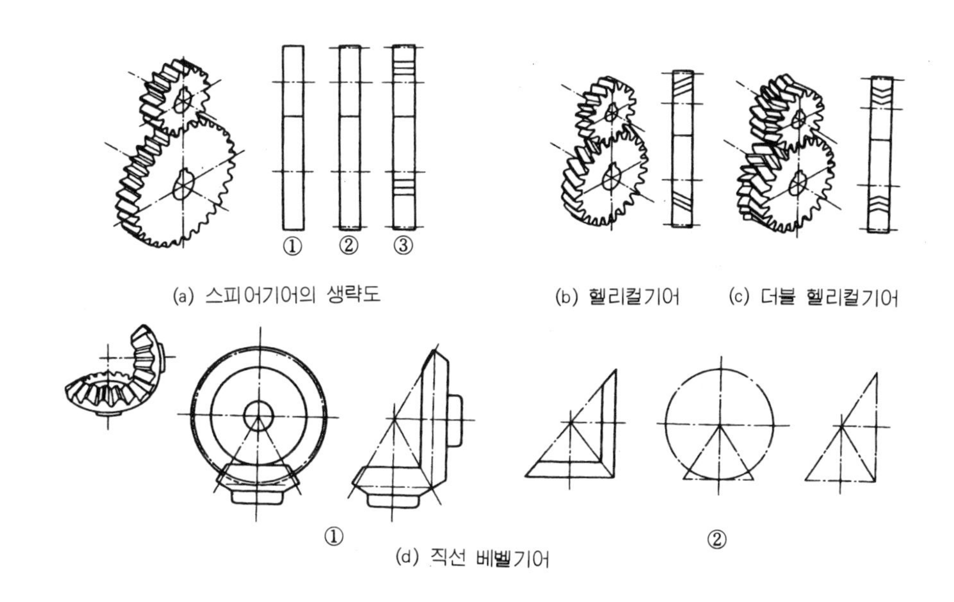

(a) 스피어기어의 생략도 (b) 헬리컬기어 (c) 더블 헬리컬기어

(d) 직선 베벨기어

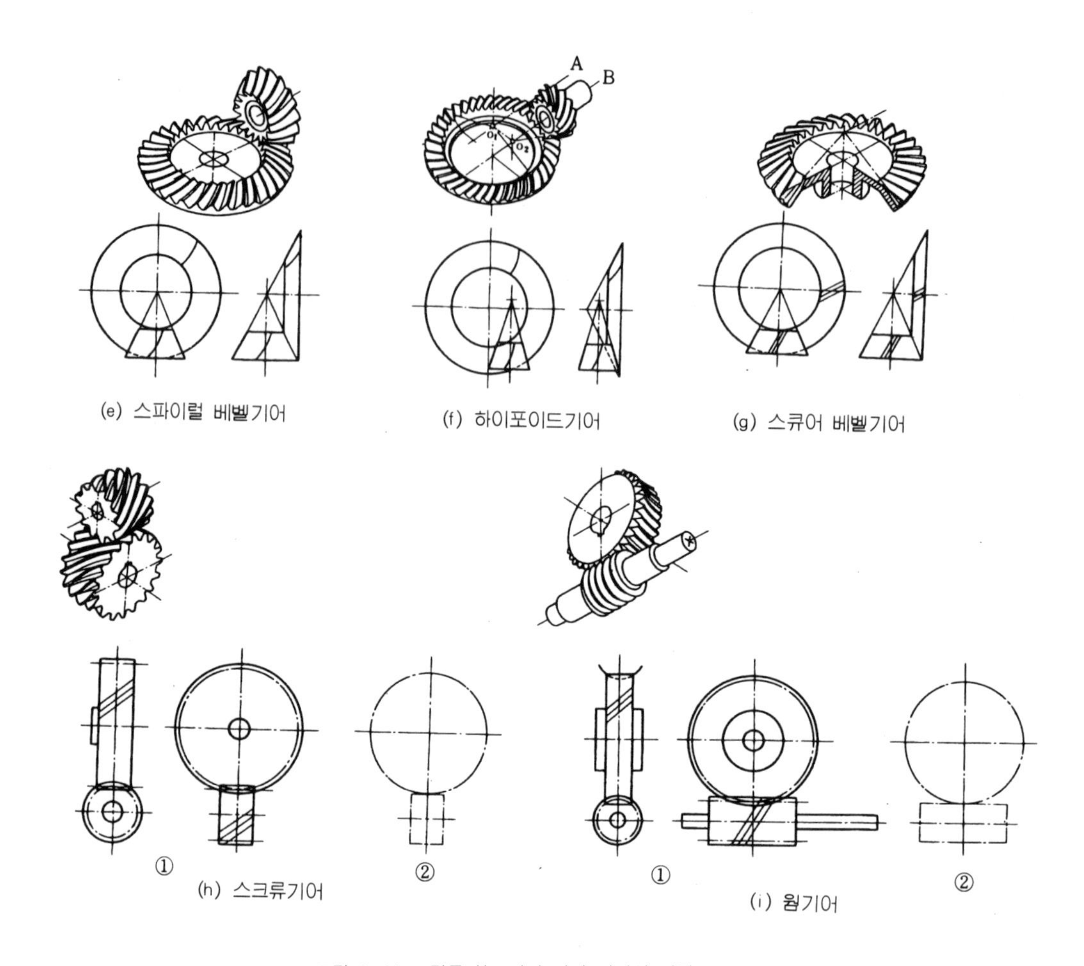

그림 2-10 맞물리는 여러 가지 기어의 간략도

2.4 기어의 제도

기어는 도형을 간략 도법으로 작성하고 항목 표를 만들어 치형, 모듈, 압력 각, 이두께, 다듬질방법, 정밀도 등을 기입한다.

기어를 도형으로 그릴 때는 다음에 따른다.

① 이 끝 원은 굵은 실선으로 표시한다.

② 피치 원의 선은 1점 쇄선으로 표시한다.

③ 이 뿌리 원은 가는 실선으로 표시한다. 다만 축과 직각방향에서 본 그림을 단면으로 나타낼 때는 이 끝 원의 선은 굵은 실선으로 나타낸다. 또한 이 끝 원은 생략해도 좋고 특히 베벨기어 및 웜휠의 축 방향에서 본 그림은 원칙적으로 생략한다.

④ 잇 줄 방향은 통상 3개의 가는 실선으로 표시한다.

⑤ 주 투상도를 단면으로 도시할 때는 외접 헬리컬기어의 잇 줄 방향은 지면에서 앞의 이의

잇 줄 방향을 3개의 가는 2점 쇄선으로 표시한다.

⑥ 맞물리는 한 쌍의 기어의 맞물림 부의 이 끝 원은 양쪽 굵은 실선으로 표시하고 주 투상도를 단면으로 나타낼 때는 맞물리는 한쪽의 이 끝 원은 가는 숨은 선이나 굵은 숨은 선으로 표시한다.

⑦ 기어는 축과 직각방향에서 본 그림을 정면도로 하고 축 방향에서 본 그림을 측면도로 그린다.

⑧ 맞물린 한 쌍의 기어의 정면도는 이 뿌리 원을 나타내는 선은 생략하고 측면도에서 피치 원만 나타낼 수 있다.

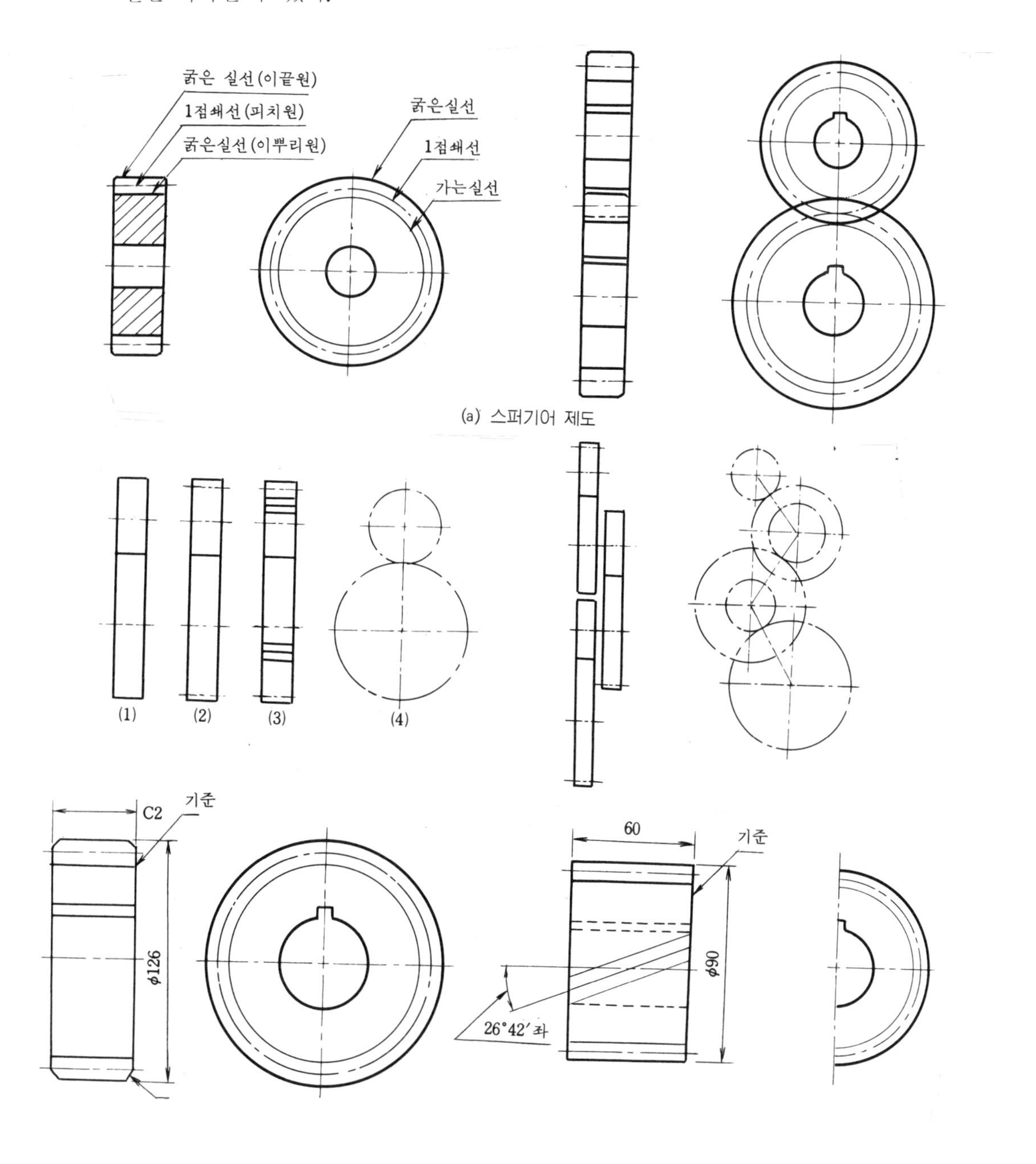

(a) 스퍼기어 제도

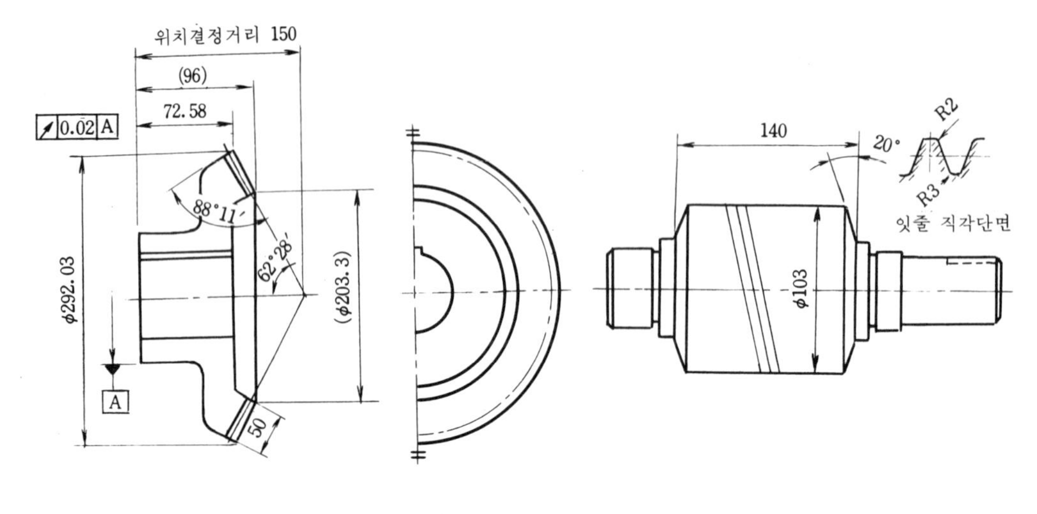

그림 2-11 기어의 제도

2.5 기어 제작도의 요목표 예

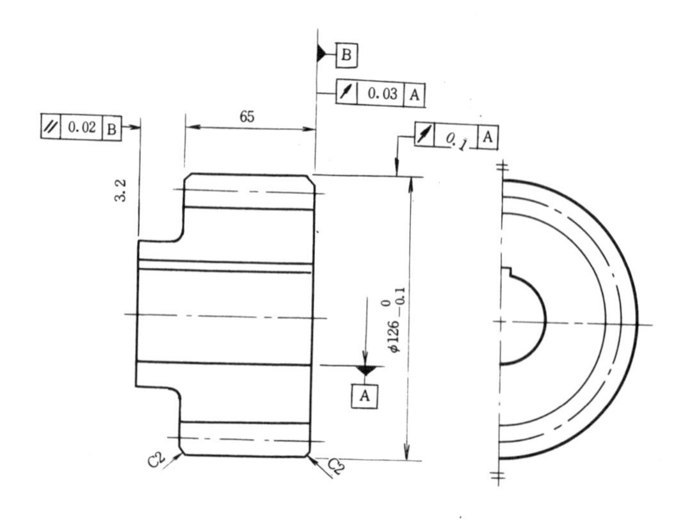

(단위 : mm)

스퍼 기어					
기어 치형		전 위	다듬질 방법		호브 절삭
기준 래크	치 형	보통이	정 밀 도		KS B 1405 5급
	모 듈	6	비고	상대기어 전위량	0
	압력 각	20°		상대기어 잇 수	50
잇 수		18		중심거리	207
기준 피치원 지름		108		백래시	0.20~0.89
전위량		+3.16		* 재료	
전체 이 높이		13.34		* 열처리	
이두께	벌림 이두께	$47.96^{-0.08}_{-0.38}$		* 경도	
		(벌림 잇 수=3)			

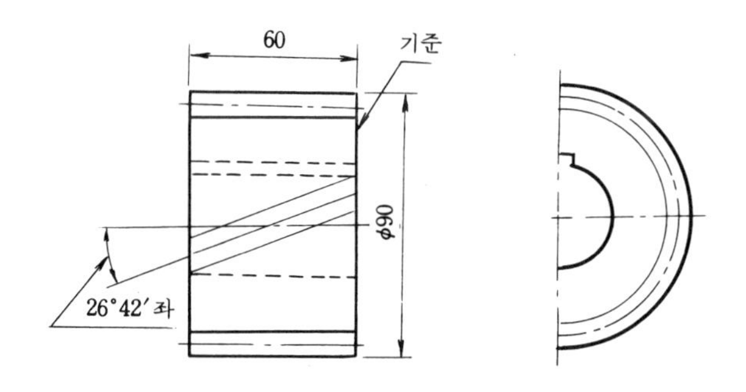

헬리컬 기어					
이기 치형		표 준	이두께	걸치기(잇 줄 직각)	$30.99^{-0.18}_{-0.16}$
					(걸치기 이빨 수=3)
이 모양 기준단면		잇 줄 직각		치형캘리퍼(잇 줄 각각)	(캘리퍼 어덴덤=)
공구	치형	보 통 이		오버핀 지름	(핀 지름=볼 지름=)
	모듈	4	완성방법		호빙 가공
	압력 각	20°	정밀도		4급
잇 수		19			
비틀림 각 및 방향		26° 42′ 윈			
리드		531.385			
기준피치원 지름		85.071			

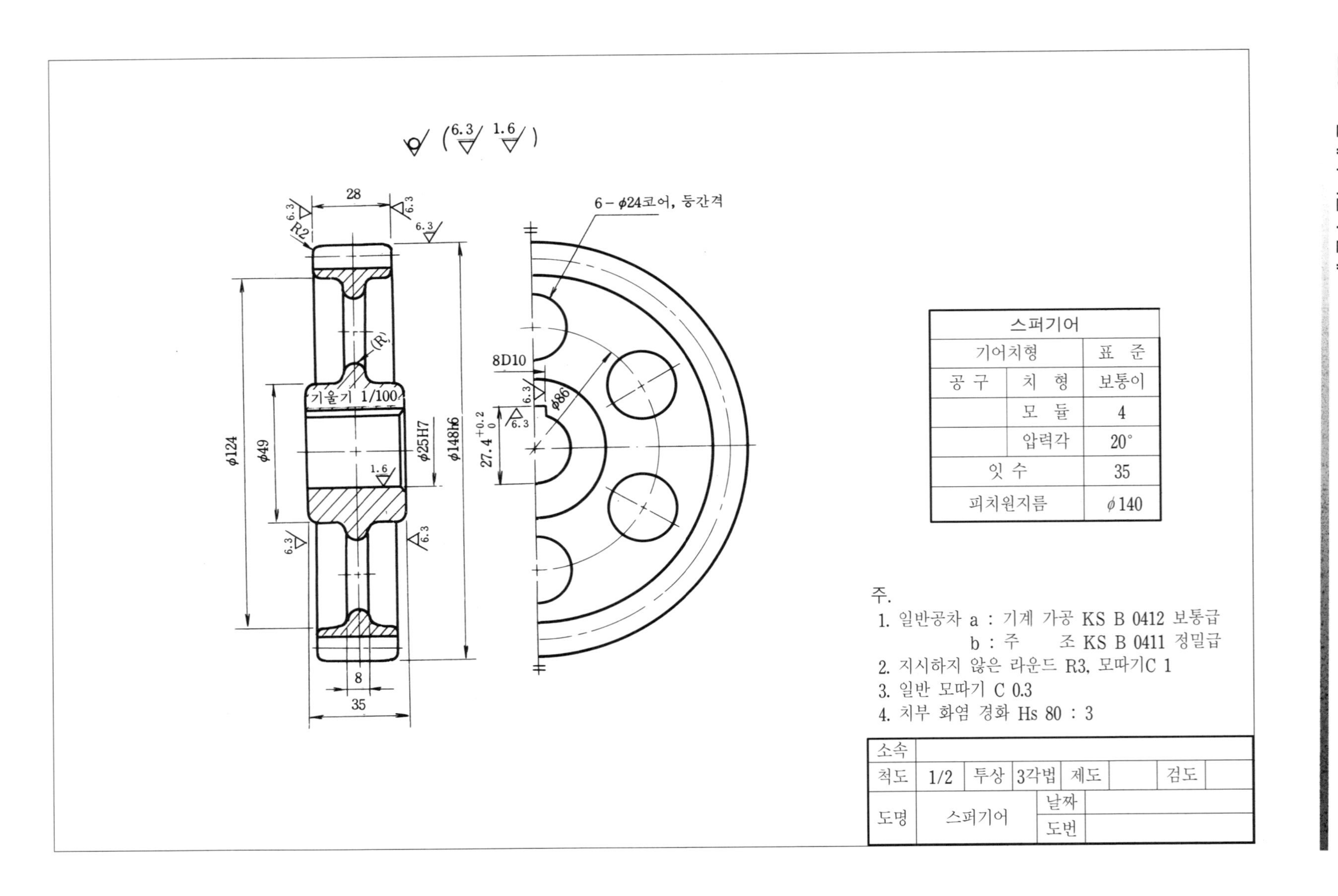
(6.3 1.6)
28
6.3
R2
6 - φ24코어, 등간격
(R)
8D10
기울기 1/100
φ86
φ124
φ49
φ25H7
φ148h6
27.4 +0.2 0
1.6
8
35
스퍼기어
기어치형 표 준
공구 치형 보통이
모듈 4
압력각 20°
잇수 35
피치원지름 φ140
주.
1. 일반공차 a : 기계 가공 KS B 0412 보통급
b : 주 조 KS B 0411 정밀급
2. 지시하지 않은 라운드 R3, 모따기C 1
3. 일반 모따기 C 0.3
4. 치부 화염 경화 Hs 80 : 3
소속
척도 1/2 투상 3각법 제도 검도
도명 스퍼기어 날짜
도번

3 키(Key)

키는 축에 벨트풀리(Belt pully), 커플링(Coupling), 기어(Gear) 등의 회전체를 축에 고정시킬 때 축과 보스(Boss)쪽에 키 홈을 파서 키를 박아 고정시켜 축과 회전체가 미끄럼 없이 회전을 전달시키는데 사용되는 기계요소이다.

3.1 키의 종류

종 류		형 상	특 성
묻힘 키	경사 키	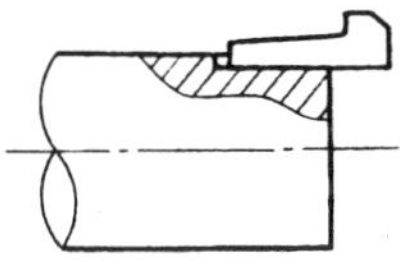	축과 보스 양쪽에 키 홈을 파서 키를 고정. 머리가 있는 것과 없는 것의 2종류가 있다. 키는 1/100의 구배로 되어있어 햄머로 타격을 가해 고정한다.
	평행 키	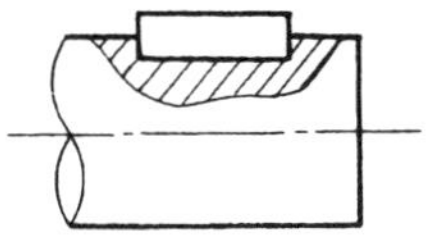	축의 키 홈에 키를 고정시킨다. 키는 축 심에 평행하게 되어 있으면 키의 양측 면에서 체결하도록 만든다.
평 키		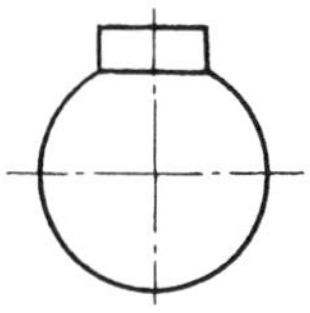	축을 평평하게 깎아내고 보스 쪽에 키 홈을 파서 1/100 구배로 된 키를 고정하며 축 지름이 작은 경하중용으로 사용한다.
안장 키		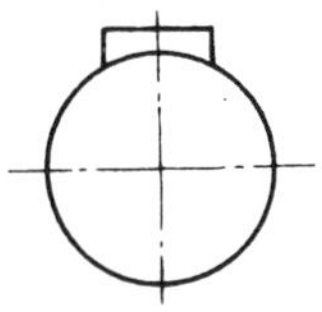	축에는 키 홈을 파지 않고 보스 쪽에만 키 홈을 파서 고정하는 것으로 키의 위쪽에 기울기를 주어 만든 키로 고정하며 극히 경하중용으로 사용한다.
반달 키		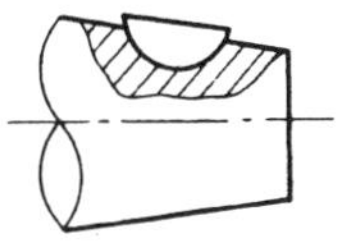	축에 반달형상의 키 홈을 파고 반달 키를 넣고 보스 쪽을 밀어 넣어 고정하는 것으로 테이퍼 축에 적당하며 경하중용으로 사용한다.

미끄럼 키		축 방향으로 보스 쪽이 이동 가능한 경우에 사용되며 키 형상은 평행하며 키를 작은 나사 등으로 고정한다.
접선 키		축과 보스 양쪽에 키 홈을 파고 기울기가 진 두 개의 키를 양쪽에서 밀어 넣어 고정시키며 중하중용으로 사용한다.

3.2 키 홈의 치수기입법

키 홈의 치수를 기입할 때에는 다음 그림과 같이 키 홈의 아래쪽에서 축 지름까지의 치수를 기입하고 그림(1) 보스 쪽의 키 홈의 치수는 키 홈의 위쪽에서 안지름까지의 치수를 기입한다.(그림 (2))

키 홈의 치수를 지시선에 의해 나타낼 때는 키 홈의 폭×높이로 표시한다.

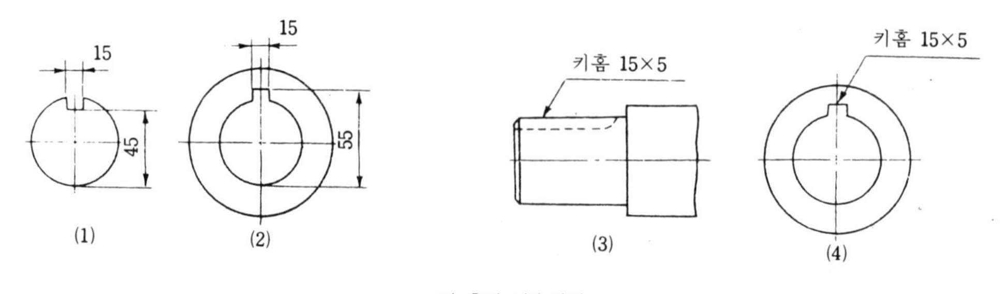

키 홈의 치수기입

3.3 키의 호칭방법

키의 호칭방법은 키의 종류, 호칭치수×길이, 끝 모양의 지정 및 재료 순으로 기입한다.

예 평행 키 10×8×35 SM45C
경사 키 6×6×50 양끝 둥근 SM45C
머리붙이 경사 키 20×12×70 SF55
반달 키 5×22 SM45C

4 핀(Pin)

핀은 기계부품을 축에 연결하여 고정하는데 사용되는 기계요소로 핸들을 축에 고정하거나 부품이 축에서 빠져 나오는 것을 방지하거나 나사의 풀어짐을 방지하기 위하여 사용되며 핀의 종류 및 용도는 다음과 같다.

4.1 핀의 종류 및 용도

종류		형 상	용 도
평행핀	A형	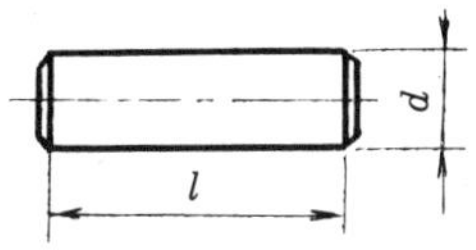 d, l	지름이 같은 둥근막대로 주로 부품의 위치를 정확하게 고정시킬 때 사용한다. 끝쪽이 모떼기로 된 A형과 둥글게 된 B형이 있다.
	B형	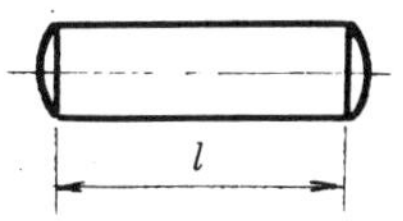 l	
테이퍼핀	테이퍼핀	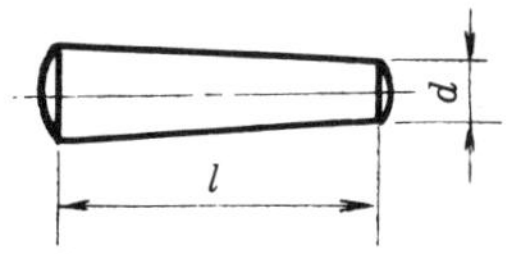 d, l	핀지름이 다른 테이퍼가 1/50로 되어 있으며 테이퍼를 이용하여 축에 고정시킨다. 경하중의 기어, 핸들 등을 축에 고정시킬 때 사용한다. 테이퍼핀과 분활테이퍼핀이 있으며 호칭지름은 작은 쪽의 지름으로 표시한다.
	분활 테이퍼핀	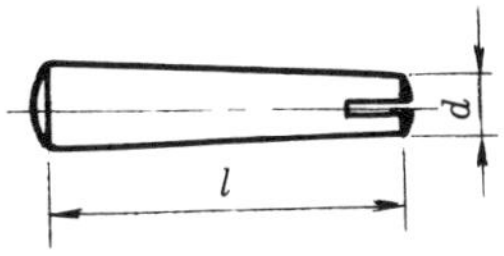 d, l	
분활핀		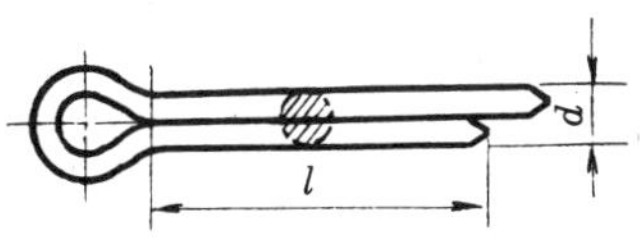 d, l	너트의 풀림 방지용이나 축에서 부품이 빠져 나오는 것을 방지하기 위하여 사용되며, 재료는 강이나 황동으로 만들고 호칭법은 분활 핀이 들어가는 핀 구멍과 길이가 짧은 쪽에서 둥근 부분의 교점까지의 길이로 나타낸다.

4.2 핀의 호칭방법

1) 평행 핀의 호칭방법 : 규격번호 또는 규격명칭, 종류, 형식, 호칭지름×길이(l) 및 재료로 나타낸다.

보기

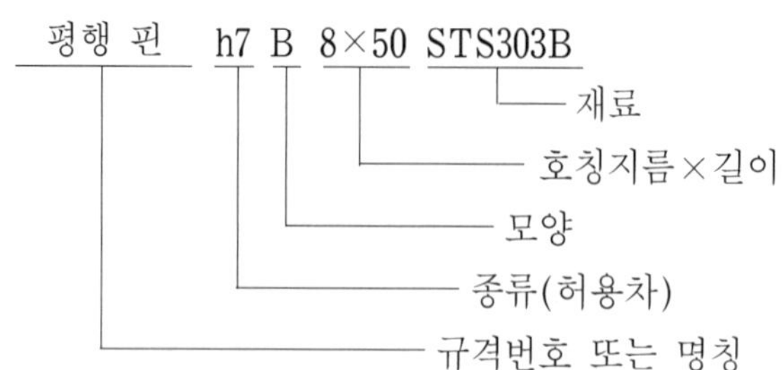

2) 테이퍼 핀의 호칭방법 : 규격번호 또는 규격명칭, 등급, 호칭지름×길이(l) 및 재료로 나타낸다.

보기

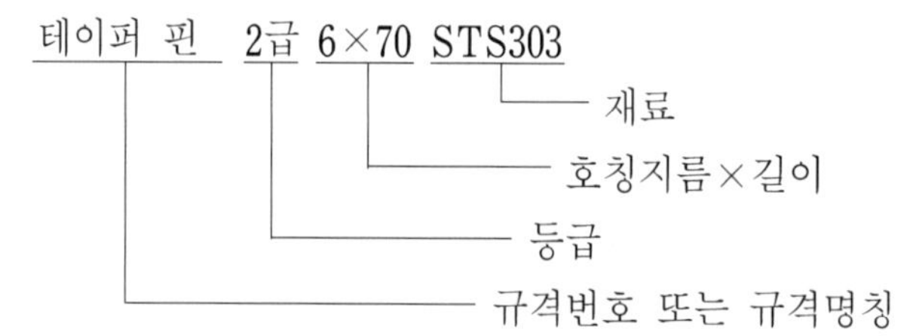

3) 분할 핀의 호칭방법 : 분할 핀의 호칭방법은 분할 핀이 들어가는 핀구 멍의 지름이 호칭지름이며 호칭길이는 짧은 쪽에서 둥근 부분의 교점까지를 호칭 길이로 나타낸다.

보기

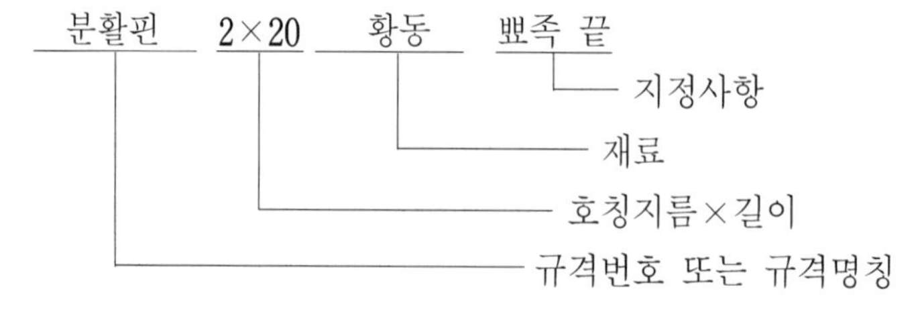

5 리벳(Rivet)

리벳이음(Rivet joint)은 보일러, 탱크, 철골구조물, 교량 등을 만들 때에 영구적으로 결합시키는데 널리 사용된다.

5.1 리벳의 종류

리벳의 종류는 머리 부의 모양에 따라 둥근 머리, 소형 둥근 머리, 접시머리, 얇은 납짝 머리, 냄비머리, 납작 머리, 둥근 접시 머리 리벳이 있으며 냉간에서 성형한 냉간 성형리벳과 열간에서 성형한 열간 성형리벳이 있다.

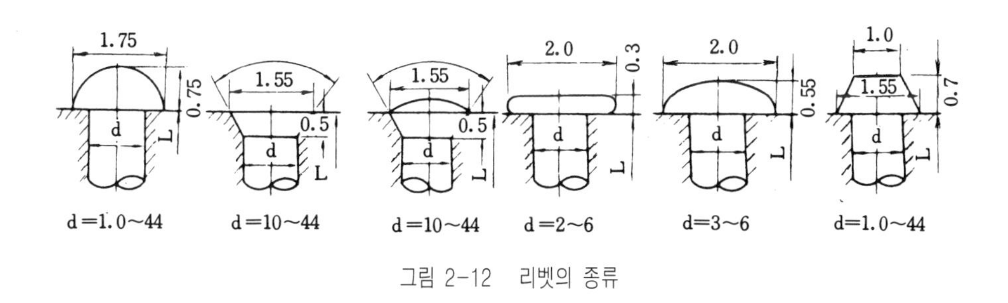

그림 2-12 리벳의 종류

5.2 리벳의 호칭방법

리벳의 호칭방법은 규격번호, 리벳의 종류, 호칭지름(d)×호칭길이(l) 및 재료를 표시하고 특별히 지정할 사항이 있으면 그 뒤에 붙인다.

규격번호는 특별히 명시하지 않으면 생략해도 좋으며 호칭번호에 규격번호를 사용하지 않을 때에는 종류의 명칭에 "열간" 또는 "냉간"이란 말을 앞에 붙인다.

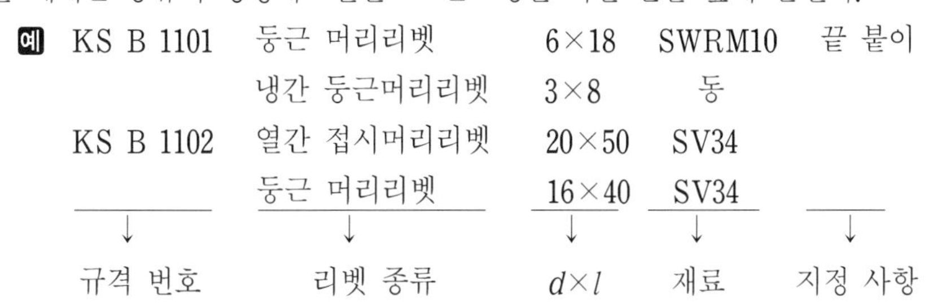

예 KS B 1101 둥근 머리리벳 6×18 SWRM10 끝 붙이
냉간 둥근머리리벳 3×8 동
KS B 1102 열간 접시머리리벳 20×50 SV34
둥근 머리리벳 16×40 SV34

↓	↓	↓	↓	↓
규격 번호	리벳 종류	$d \times l$	재료	지정 사항

5.3 리벳이음의 도시방법

1) 여러 개의 리벳구멍이 등 간격일 때 간략하게 약도로 다음 그림 2-13(a)와 같이 중심선 만을 나타낸다.
2) 리벳구멍의 치수는 피치의 수×피치의 간격=합계치수로 나타낸다.(피치 : 리벳구멍과 인접한 리벳구멍의 중심거리)
3) 여러 개의 판이 겹쳐 있을 때는 각 판의 단면표시는 해칭선을 서로 어긋나게 그린다.
4) 리벳은 단면으로 잘렸어도 길이방향으로 단면하지 않는다.

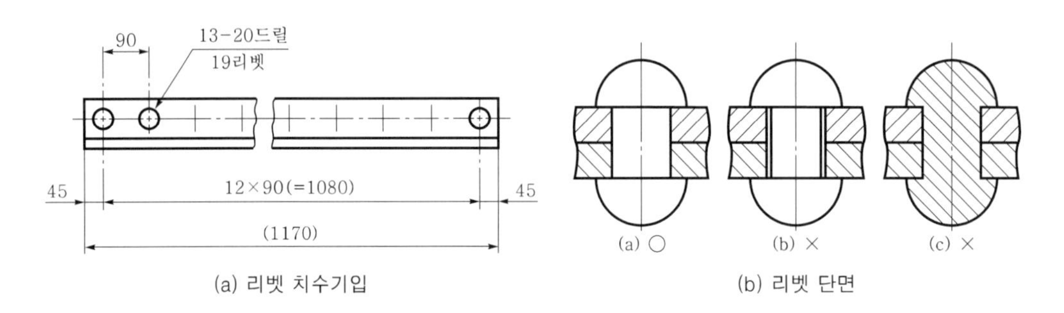

(a) 리벳 치수기입　　(b) 리벳 단면

그림 2-13　리벳의 치수 기입과 도시법

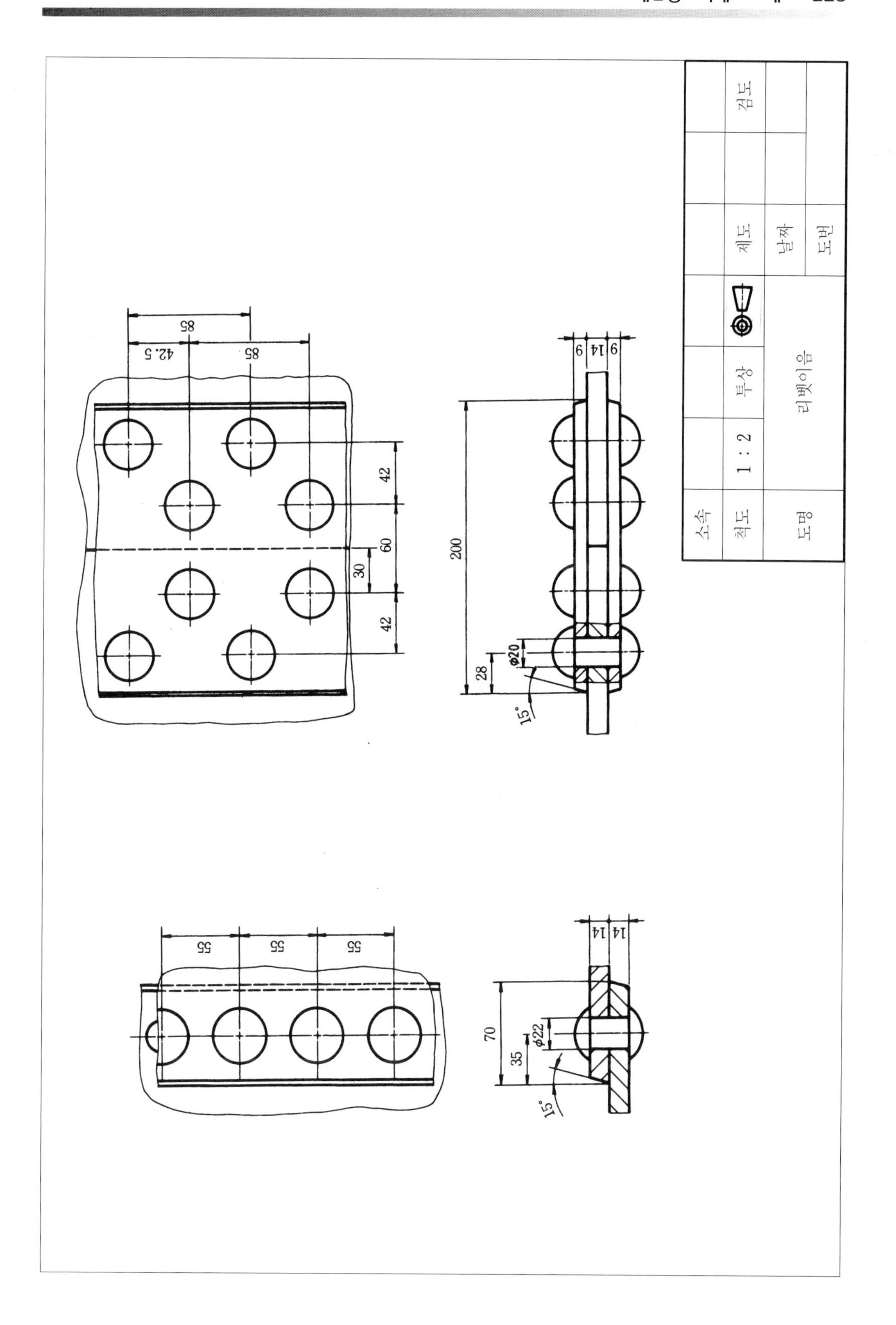
소속
척도
1 : 2
투상
제도
검도
날짜
도명
리벳이음
도번

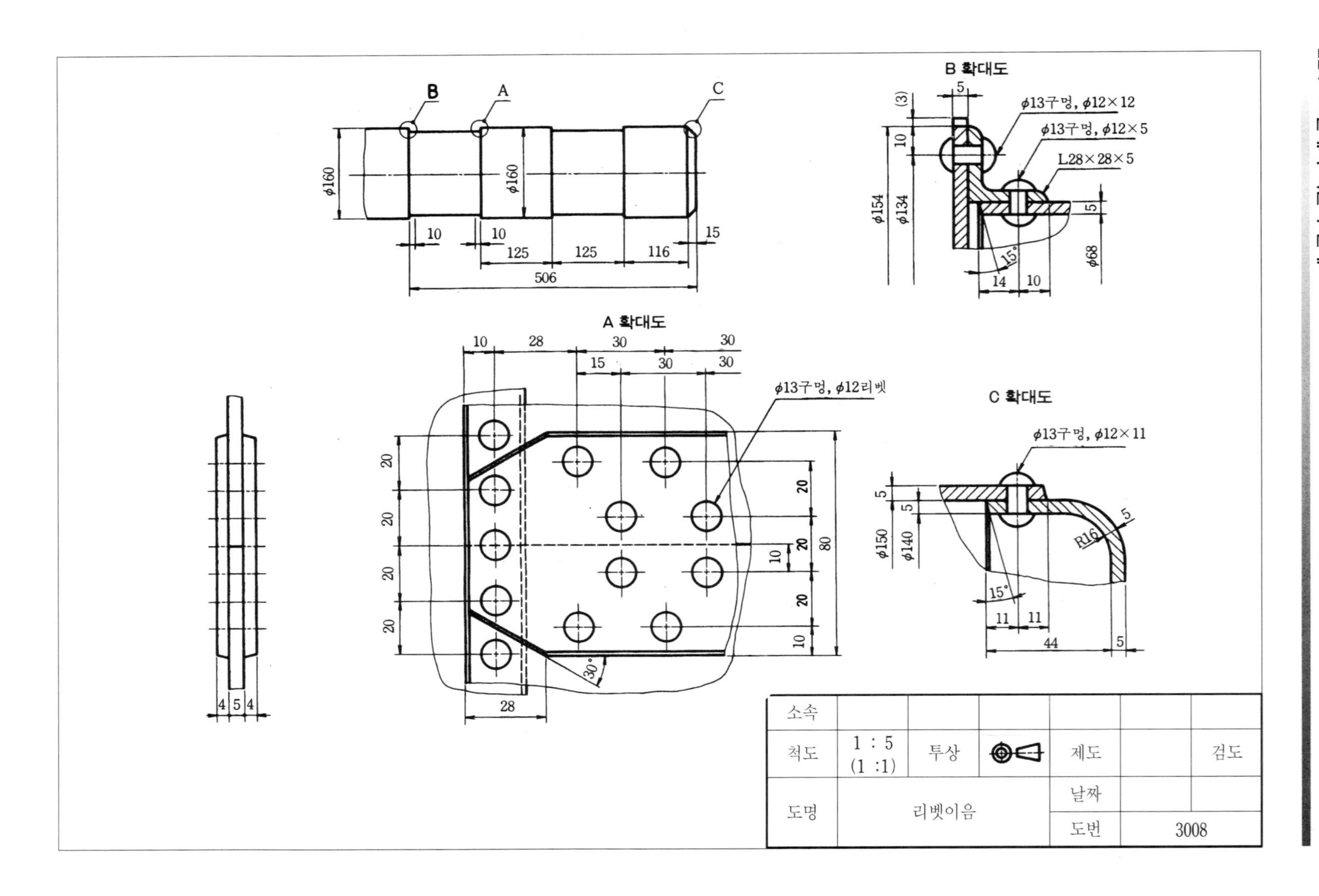
B
A
C
B 확대도
ϕ13구멍, ϕ12×12
ϕ13구멍, ϕ12×5
L28×28×5
A 확대도
ϕ13구멍, ϕ12리벳
C 확대도
ϕ13구멍, ϕ12×11
소속
척도
1 : 5
(1 :1)
투상
제도
검도
도명
리벳이음
날짜
도번
3008

6 스프링(Spring)

스프링은 탄력을 이용하여 진동과 충격완화, 힘의 축척, 측정 등에 사용되는 기계요소로 많이 사용되고 있으며 재료는 스프링 강, 피아노선, 인청동 등이 사용되며 스프링의 종류는 다음 그림과 같은 여러 종류가 있다.

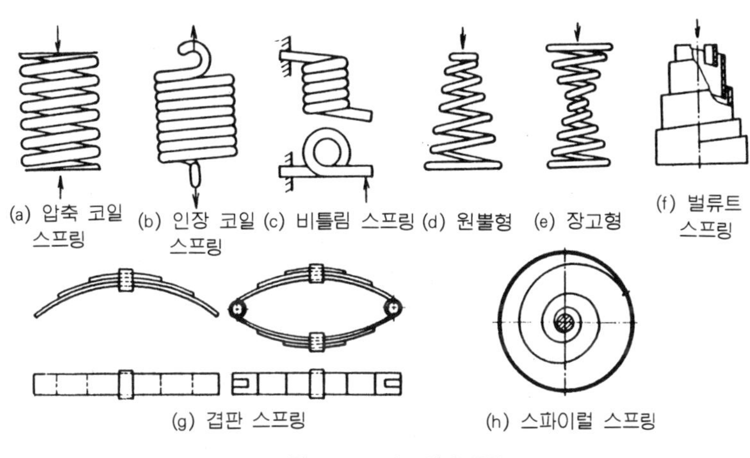

그림 2-14 스프링의 종류

6.1 스프링의 관련용어

스프링의 관련용어는 다음 그림과 같고 스프링에서 피치는 코일과 인접해 있는 코일의 중심 거리를 말한다.

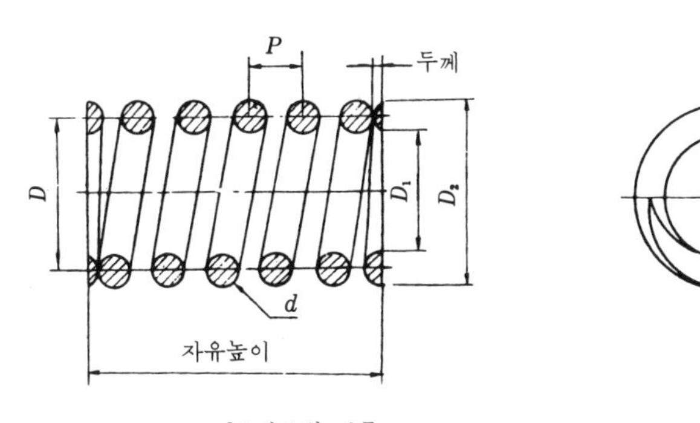

d : 재료의 지름
D : 코일의 평균지름
D_1 : 코일 안지름
D_2 : 코일 바깥지름
P : 피치

그림 2-25 스프링 용어

6.2 스프링의 제도

1) 스프링은 도형을 그리고 도형에 나타내지 않은 치수, 하중, 감긴 방향, 총감김 수, 재료지름, 코일안지름 등은 요목표를 별도로 작성하여 나타낸다. 요목표에 기입할 사항과 그림에 기입할 사항은 중복되어도 좋다.
2) 코일스프링, 벌류트스프링, 스파이럴스프링은 무 하중 상태에서, 그리고 겹판스프링은 일반적으로 스프링 판이 수평인 상태에서 그린다.
3) 요목표에 설명이 없는 코일스프링 및 벌류트스프링은 모두 오른쪽으로 감은 것을 나타낸다. 또한 왼쪽으로 감긴 경우에는 "감긴 방향 왼쪽"이라 표시한다.
4) 코일스프링의 정면도는 나선모양이 되나 이를 직선으로 나타낸다.
5) 코일스프링에서 양끝을 제외한 동일한 모양의 일부를 생략하여 그릴 때 생략하는 부분의 선지름 중심선을 가는 일점쇄선으로 나타낸다.
6) 스프링의 종류 및 모양만을 간략 도로 나타내는 경우에는 스프링 재료의 중심선만을 굵은 실선으로 그린다.

6.3 스프링 요목표

인장코일 스프링

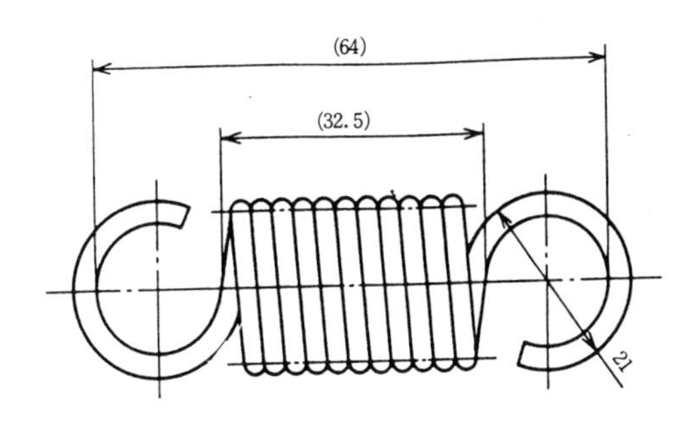

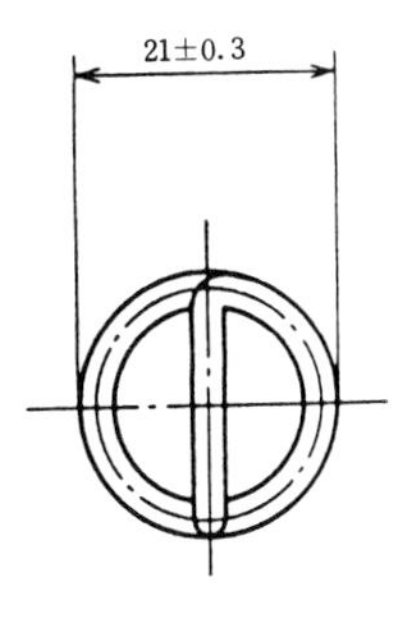

요목표

재 료		HSW−3
재료의 지름(mm)		2.6
코일평균 지름(mm)		18.4
코일바깥 지름(mm)		21±0.3
총감김 수		11.5
감김 방향		오른쪽
자유 길이(mm)		(64)
스프링 상수(N/mm)		6.28
초장력(N)		(26.8)
지정	하중(N)	−
	하중시의 길이(mm)	−
	길이(4)(mm)	86
	길이시의 하중(N)	165±10%
	응력(N/mm^2)	532
최대 허용인장 길이(mm)		92
고리의 모양		둥근 고리
표면처리	성형 후의 표면 가공	−
	방청 처리	방청유 도포

주(4) 수치보기는 길이를 기준으로 하였다.

비 고 1. 기타항목 : 세팅한다.

2. 용도 또는 사용조건 : 상온, 반복 하중

3. $1N/mm^2$=1MPa

냉간 성형 압축코일 스프링(외관도)

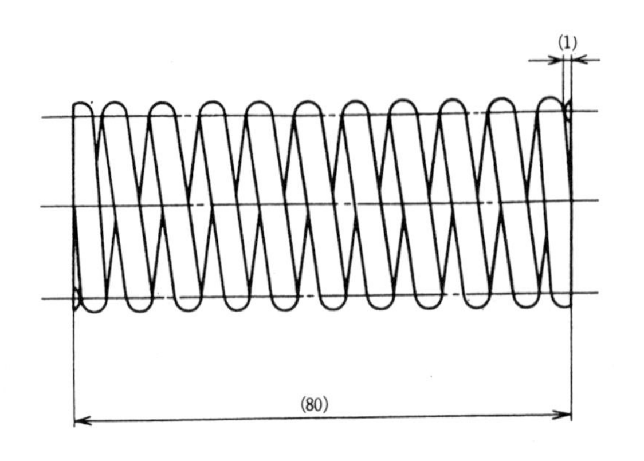

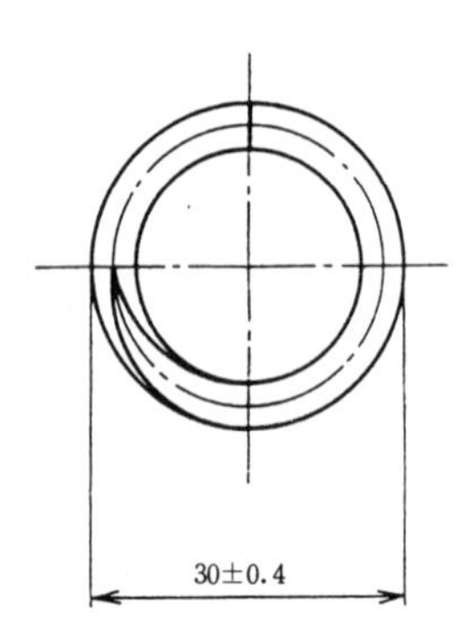

요목표

재 료		SWOSC-V
재료의 지름(mm)		24
코일평균 지름(mm)		26
코일바깥 지름(mm)		30±0.4
총 감김 수		11.5
자리 감김 수		각 1
유효 감김 수		9.5
감김 방향		오른쪽
자유 길이(mm)		(8.0)
스프링 상수(N/mm)		15.3
지정	하중(N)	—
	하중시의 높이(mm)	—
	높이(1)(mm)	70
	높이시의 하중(N)	153±10%
	응력(N/mm²)	190
최대압축	하중(N)	—
	하중시의 높이(mm)	—
	높이(1)(mm)	55
	높이시의 하중(N)	382
	응력(N/mm²)	476
밀착높이(mm)		(44)
코일 바깥쪽면의 경사(mm)		4 이하
코일 끝부분의 모양		클로즈드엔드(연삭)
표면처리	성형 후의 표면가공	쇼트피닝
	방청처리	방청유 도포

주(4) 수치 보기는 길이를 기준으로 하였다.

비 고 1. 기타 항목 : 세팅한다.

2. 용도 또는 사용조건 : 상온, 반복 하중

3. 1N/mm^2=1MPa

겹판 스프링

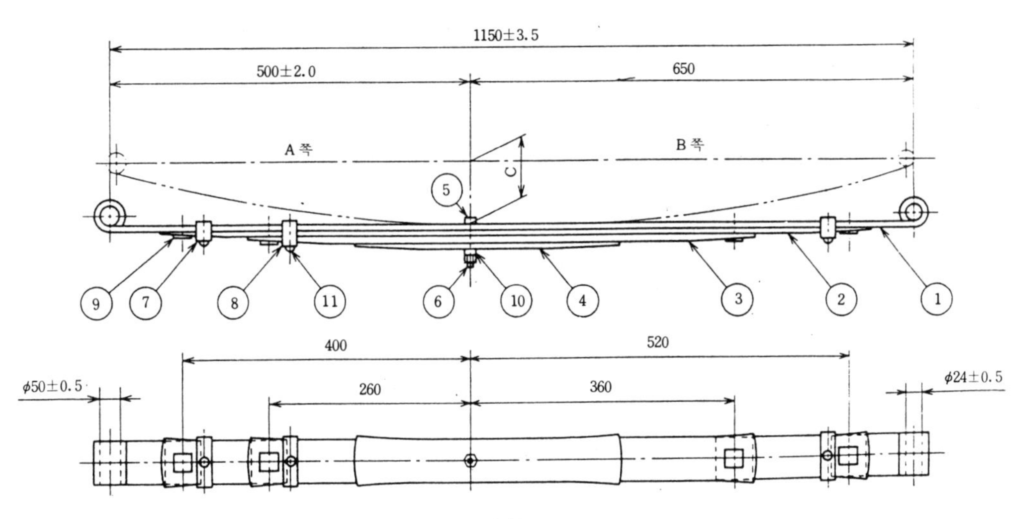

요목표

스프링 판 (KS D 3701의 B종)						
번 호	전개 길이(mm)			판 두께 (mm)	판 나비 (mm)	재 료
1	A쪽	B쪽	계	6	60	SPS6
2	676	748	1424			
3	430	550	980			
4	310	390	700			
5	160	205	365			

번 호	부품 번호	명 칭	개 수
5		센터볼트	1
6		너트, 센터볼트	1
7		클립	2
8		클립	1
9		라이너	4
10		디스턴스 피스	1
11		리벳	3

스프링상수(N/mm)		21.7		
	하중(N)	뒤말림(Cmm)	스 팬(mm)	응 력(N/mm²)
무하중시	0	112	–	0
지정하중시	2300	6±5	1152	451
시험하중시	5100	–	–	1000

비 고 1. 경도 : 388~461 HBW
2. 쇼트피닝 : No. 1~4리프
3. 완성도장 : 흑색도장
4. $1N/mm^2=1MPa$

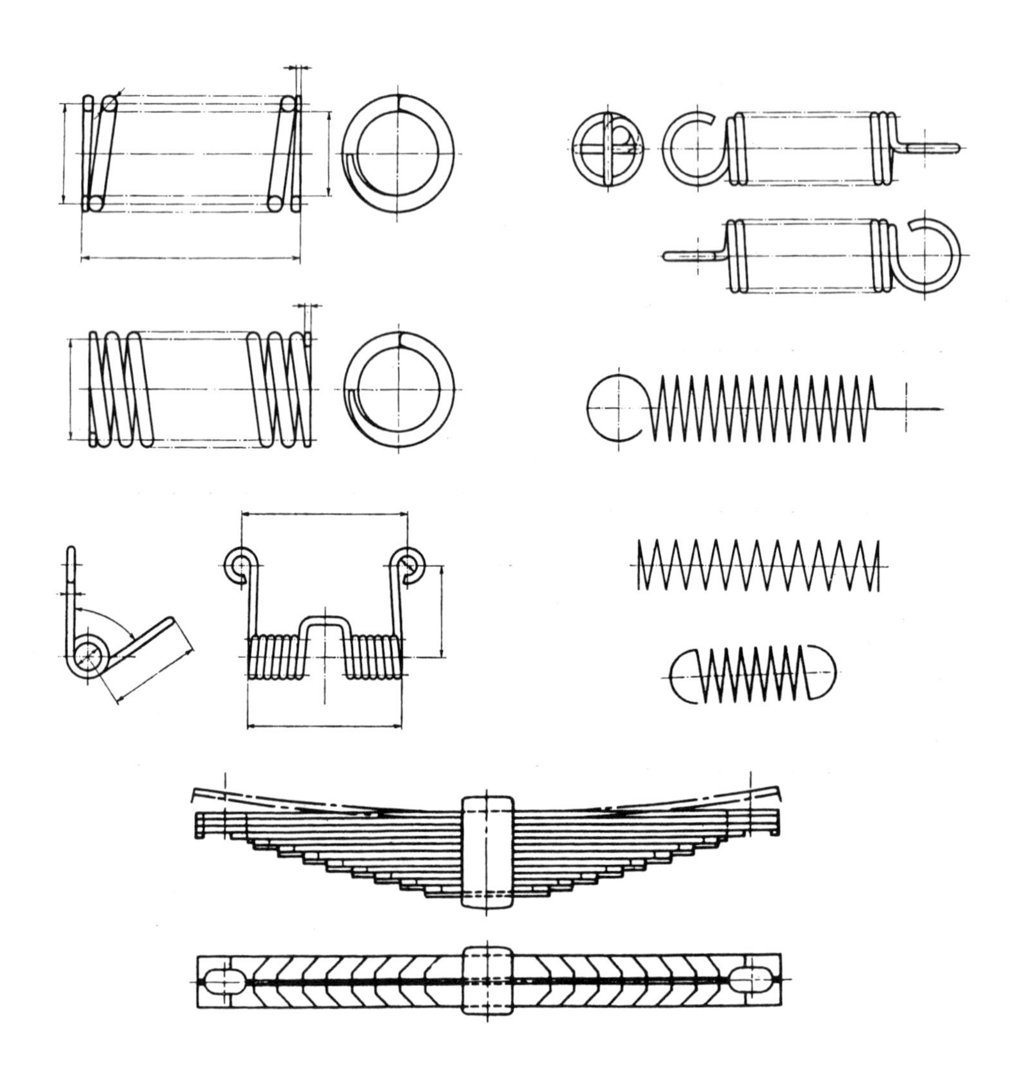

그림 2-16 스프링 제도

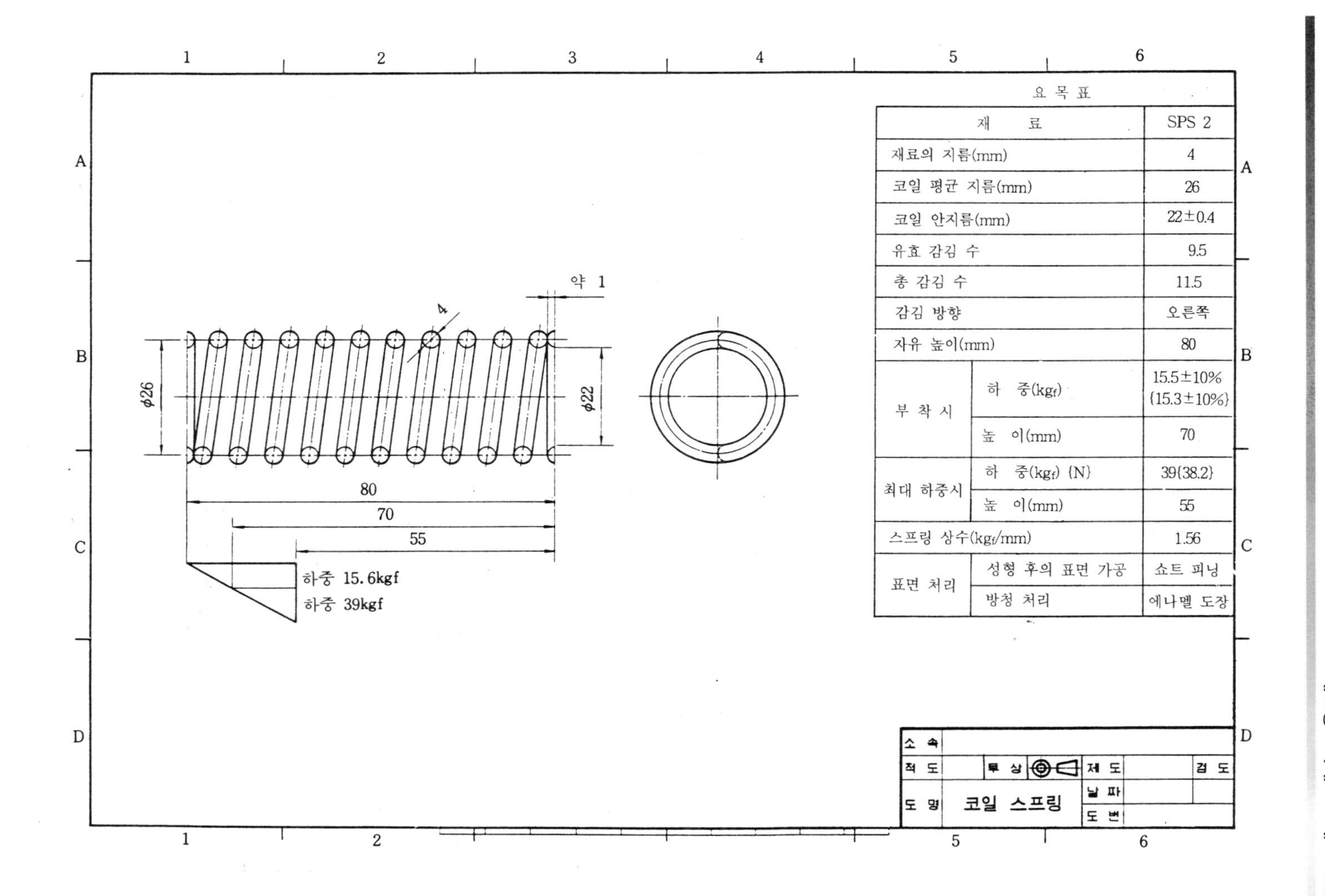

요목표

재료		SPS 2
재료의 지름(mm)		4
코일 평균 지름(mm)		26
코일 안지름(mm)		22±0.4
유효 감김 수		9.5
총 감김 수		11.5
감김 방향		오른쪽
자유 높이(mm)		80
부착시	하 중(kg_f)	15.5±10% {15.3±10%}
	높 이(mm)	70
최대 하중시	하 중(kg_f) {N}	39{38.2}
	높 이(mm)	55
스프링 상수(kg_f/mm)		1.56
표면 처리	성형 후의 표면 가공	쇼트 피닝
	방청 처리	에나멜 도장

7 베어링(bearing)

베어링은 회전하는 축을 지지하여 회전을 원활하게 하거나 왕복운동을 원활하게 지지하는 기계부품으로 베어링에 끼워 받쳐지는 축의 부분을 저널이라 한다.

7.1 베어링의 종류

베어링은 축과 접촉하는 상태에 따라 미끄럼베어링(Sliding bearing)과 롤링 베어링(Rolling bearing)으로 나누고 하중의 작용방향에 따라 축과 직각방향으로 하중을 받는 레이디얼 베어링(Radial bearing), 축 방향으로 하중을 받는 스러스트 베어링(Thrust bearing)으로 나눈다.

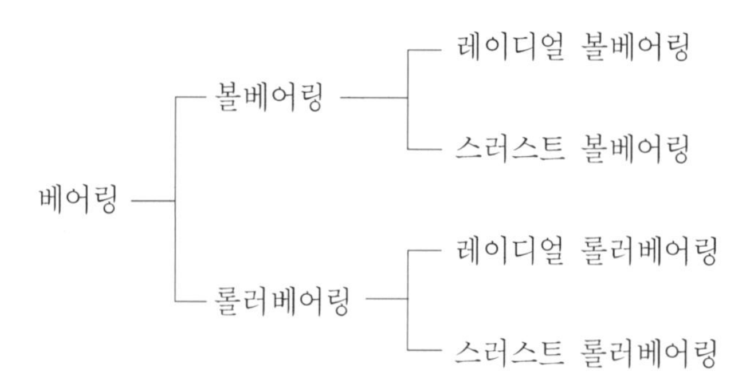

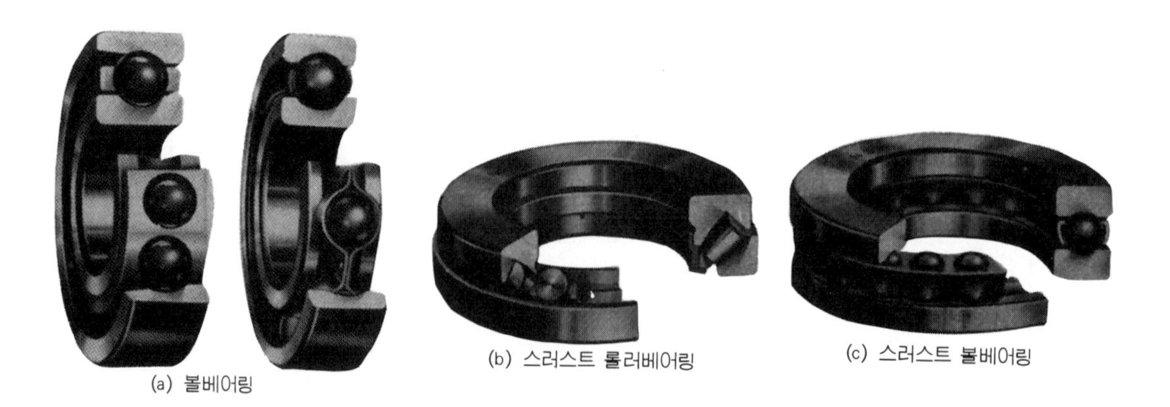

(a) 볼베어링 (b) 스러스트 롤러베어링 (c) 스러스트 볼베어링

(d) 원통 롤러베어링

(e) 원추형 롤러베어링

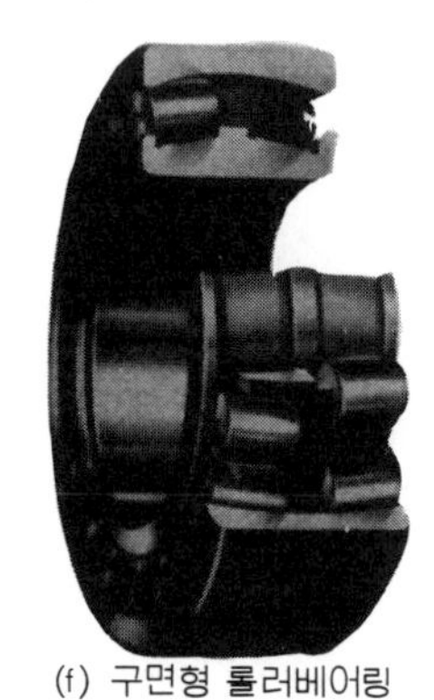

(f) 구면형 롤러베어링

(g) 자동조심형 볼베어링

그림 2-17 베어링의 종류

7.2 베어링의 호칭번호와 기호

베어링은 기계요소의 표준부품으로 시판되고 있는 표준 품을 사용하면 되므로 별도로 가공할 필요는 없다. 베어링을 도면에 나타낼 때는 베어링의 형상, 치수, 정밀도 등을 호칭번호로 나타낸다.

호칭번호는 기본번호(베어링의 계열번호, 안지름번호, 접촉각 번호)와 보조기호(보조 지지기 기호, 실드 기호, 형상기호, 조합기호, 틈 기호, 등급기호)를 사용하여 나타낸다.

예 호칭번호 6026 P6

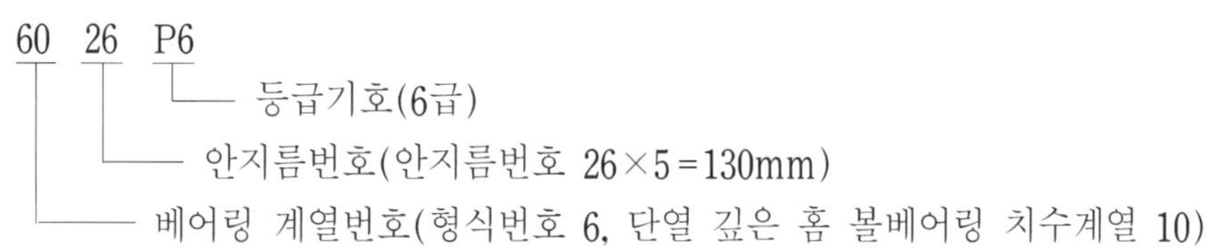

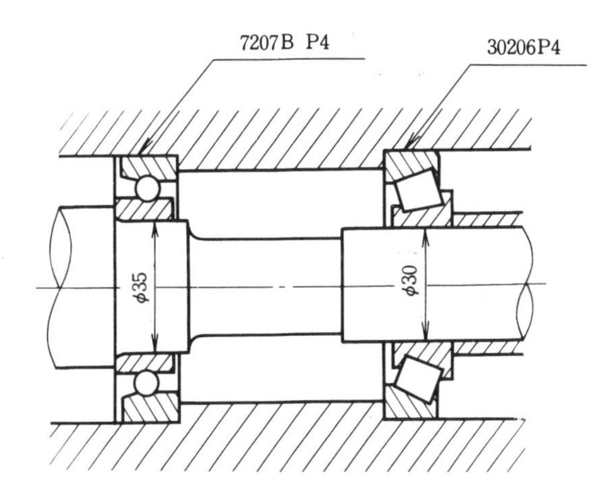

7207 B P4=단열 앵귤러형 레이디얼 볼베어링(7200)안지름(07×5=35mm) 접촉 각 40°(B) 등급 P4(4급)

30206 P4=원추형 롤러베어링(30200) 안지름(06×5=30mm) 등급 P4(4급)

그림 2-18 베어링의 조립도와 호칭법

7.3 베어링의 제도

1) 베어링은 지장이 없는 한 간략 도로 나타낸다.
2) 베어링은 간략 도로 그리고 호칭번호로 나타낸다.
3) 베어링은 계획도나 설명도 등에서 나타낼 때는 다음 그림과 같은 계통도로 나타낸다.
4) 베어링의 안지름번호는 1~9까지는 그 숫자가 베어링의 안지름이고 00은 10, 01은 12, 02는 15, 03은 17mm가 베어링 안지름이고 04에서부터는 5를 곱하여 나온 숫자가 베어링의 안지름이다.

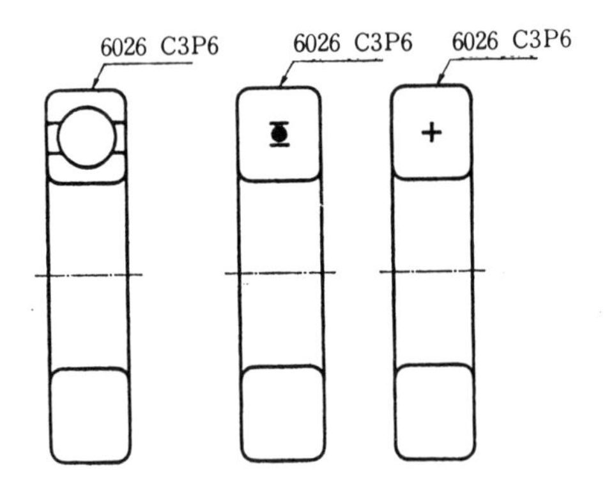

그림 2-19 호칭 번호 기입 예

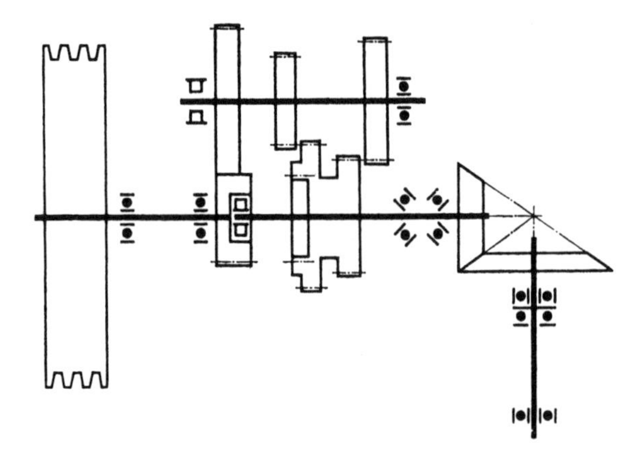

그림 2-20 베어링의 계통도

베어링의 약도와 간략도

베어링	단열깊은 홈 형	단열 앵귤러 컨덕터형	복열자동 조 심 형	원통 롤러베어링 NJ	원통 롤러베어링 NU	원통 롤러베어링 NF	원통 롤러베어링 N	원통 롤러베어링 NN	니들베어링 NA
표 시	1.25	1.3	1.4	1.5	1.6	1.7	1.8	1.9	1.10
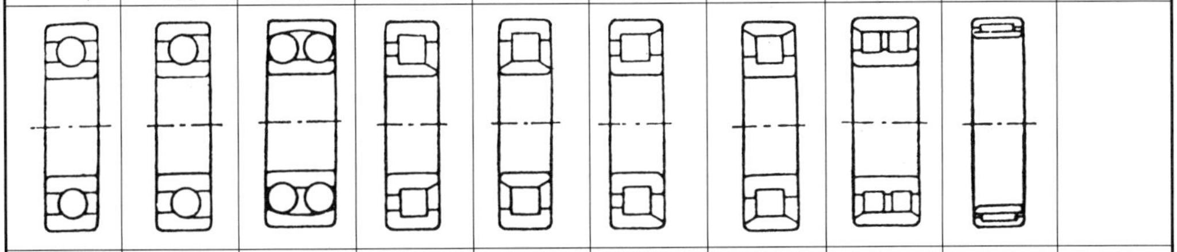									
2.1	2.2	2.3	2.4	2.5	2.6	2.7	2.8	2.9	2.10
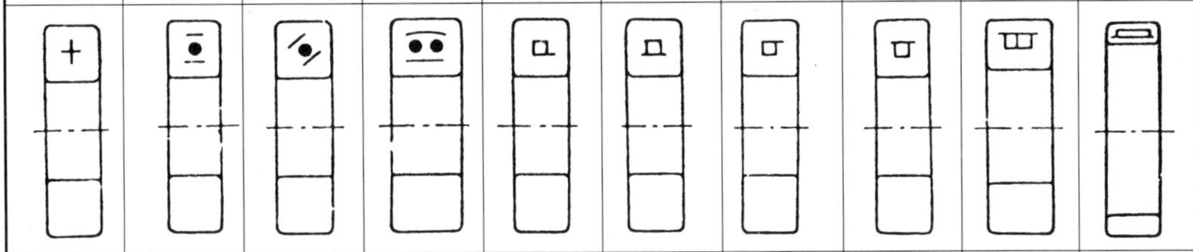									
3.1	3.2	3.3	3.4	3.5	3.6	3.7	3.8	3.9	3.10
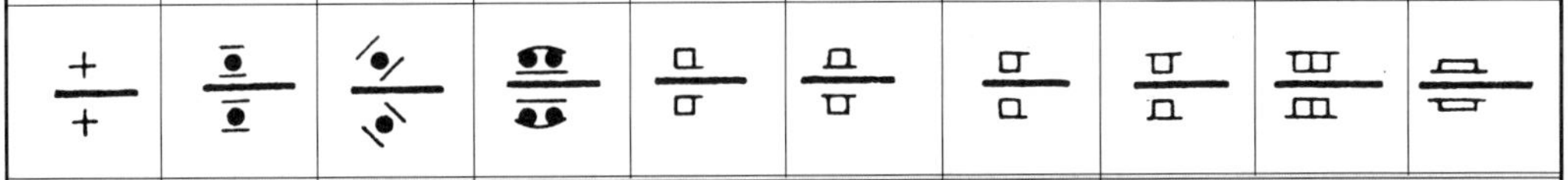									

니들베어링 RNA	원추롤러 베어링	자동조심형 롤러베어링	평면 좌 스러스트 베어링 단식	평면 좌 스러스트 베어링 복식	스러스트 자동조심형 롤러베어링	깊은 홈형 볼 베어링
1.11	1.12	1.13	1.14	1.15	1.16	1.21
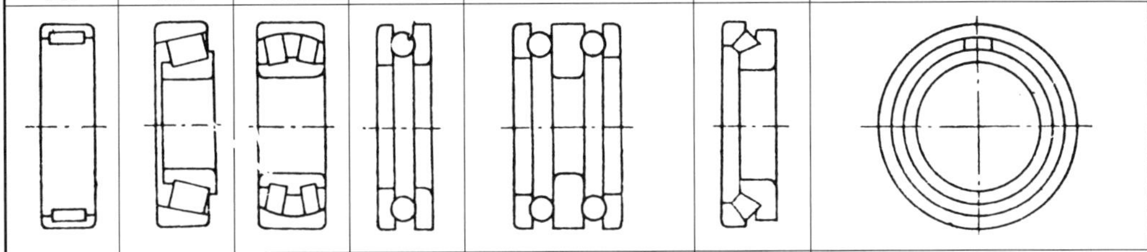						
2.11	2.12	2.13	2.14	2.15	2.16	2.21
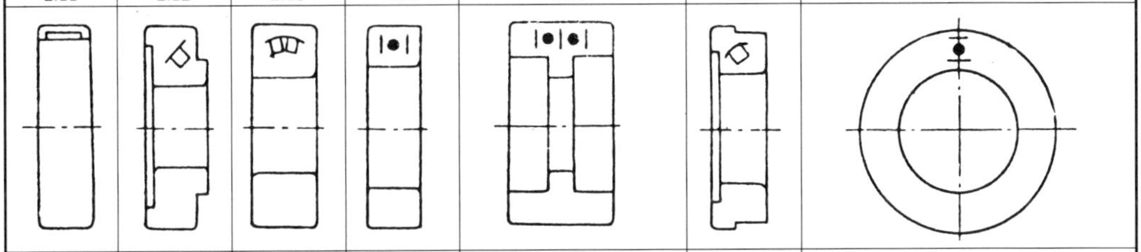						
3.11	3.12	3.13	3.14	3.15	3.16	
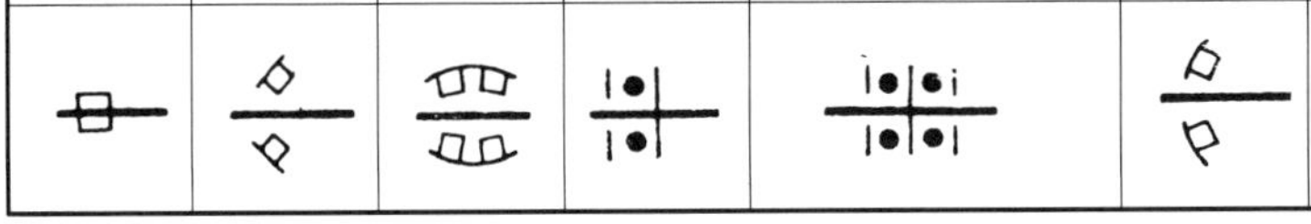						

제 3 장 기하공차

1 기하공차의 기초

인간이 만들어 내는 모든 제품은 치수, 모양, 자세, 위치 등에 관하여 어떠한 최신의 기계나 제작방법을 이용해도 정확한 치수나 형상으로 만들어 낼 수 없다.

기계에 요구되는 모든 성능이 좋아지고 고정밀도, 품질향상, 원가절감 등을 위하여 제작하려는 물체를 사용할 때의 필요한 요건에 맞도록 어디까지 정확한 치수나 형상에 접근시키느냐가 중요한 문제이다. 이러한 요구에 대응하기 위하여 제작하려는 물체를 설계에 의하여 도면으로 그리고 그 도면에 치수와 공차를 규제하고 필요한 기술정보를 나타내서 그 도면에 의해 부품을 제작하게 된다.

오늘날과 같은 고도의 공업화, 생산의 근대화 및 국제화 시대에 공장이나 작업자의 현장판단에 맡기는 등의 전근대적인 수법으로는 필요한 정밀도와 고성능, 고품질, 원가절감을 기대할 수 없다. 종전까지 사용했던 도면은 대부분 치수공차와 주기사항으로 규제되어 있고 기하공차(모양공차, 자세공차, 흔들림공차, 위치공차)에 대한 규제가 없어 제작된 제품이 기능상의 문제, 결합상의 문제, 검사상의 문제, 호환성의 문제, 불량률의 증대 등 여러 가지 문제점을 안고 있다.

최근에는 급속한 기계공업의 발전으로 인해 산업구조가 달라지고 있고 국제화 추세로 이어져 신기술 규격이 국제표준 규격으로 제정되고 있다. 필요한 부분에 기하공차를 규제하지 않고 치수공차만으로 규제된 도면에 의해 부품을 제작할 때 기하공차에 대한 사항은 현장 작업자에 일임된 사항이었고 필요한 경우에 주기사항으로 지시하였다. 그러나 작업장에 일임된 사항으로는 여러 가지 문제와 값비싼 다량의 불량품이 발생되고 기능상 필요가 없는 경우에도 정밀하게 제작하는 데 시간소비가 많이 발생되는 등 결국 원가상승의 원인이 되는 경우가 발생되었다. 이러한 문제점을 보완하고 해결하기 위해 기하공차에 대한 신기술규격이 국제적으로 규격화되어 있고, 한국산업규격(KS)에서는 기하공차에 대한 내용이 산업규격으로 제정되어 있다.

기하공차는 미국 ANSI(American National Standards Institute)에서 ANSI Y 14.5-1966이 표준규격으로 제정되고, 그 후 ANSI 규격을 바탕으로 국제표준화기구 ISO

(International Organization for Standardization)에서 ISO/TC-10-1969 규격이 제정되었다. 최근 ANSI 규격은 ANSI Y 14.5 M-1982로 종전의 규격에 M을 추가하여 인치(Inch)를 미터법(mm)으로 바꾸었다. 미국 제조회사들은 대부분 이 규격을 사용하고 있다.

한국 산업규격(KS)은 ISO 규격을 받아들여 기하공차에 대한 규격으로 제정되어 있다.

기하공차에 대한 KS 규격은 다음과 같다.

- 기하편차의 정의 및 표시 (KS B 0425-1986)
- 최대실체 공차방식 (KS B 0242—1986)
- 기하공차의 도시방법 (KS B 0608-1987)
- 기하공차를 위한 데이텀 (KS B 0243-1987)
- 제도-기하공차 표시방식-위치도 공차방식 (KS B 0148-1992)
- 제도-공차 표시방식의 기본원칙 (KS B 0147-1992)
- 개별적인 공차의 지시가 없는 형체에 대한 기하공차 (KS B 0146-1992)

2 기하공차의 필요성

기계공업의 급속한 발전으로 기계에 요구되는 정밀도, 성능, 품질에 대응하려면 도면에 설계자의 의도를 정확하게 나타내야 한다. 이러한 요구는 설계자-제작자-검사자-조립자 간에 일률적인 해석이 되도록 도면에 어떻게 나타내느냐가 중요하다. 이와 같은 조건을 충족시키기 위해서는 숫자, 문자, 기호를 사용하여 나타내되 가급적 언어에 의한 주기는 피해야 한다. 또 도면에 나타내는 모든 정보는 국제적으로 통용되는 통일된 것이어야 한다.

도면은 정밀도의 대상이 되는 점, 선, 축선, 면을 갖는 형체로 구성되며 형체의 정밀도 중 공차에 관련되는 것은 크기, 형상, 자세, 위치의 4요소이다. 이들 4요소의 정확한 규제가 없으면 그 도면은 완전하다고 볼 수 없다. 따라서 이들 4요소의 역할을 확실히 파악하여 도면에 나타내려면 치수공차와 기하공차에 의해 나타내야 한다.

치수공차만으로 나타낸 도면은 형상 및 위치에 대한 기하학적 특성을 규제할 수 없기 때문에 규제조건이 미흡하여 설계자의 의도를 정확하게 전달할 수 없고 불완전성을 가지고 있어 완전한 도면이 되지 못한다. 또 정확한 제품생산이 곤란하며 설계, 제작, 검사상에도 문제가 있다. 그리고 기능상이나 호환성 면에서도 문제가 있어 조립불능의 부품이 수없이 나오거나 조립되어도 충분한 기능을 발휘하지 못하여 기대하는 성능을 확보할 수 없다. 이들 원인은 도면에 정확한 내용을 나타내지 못함에 따른 불완전성에 있다.

2.1 기하공차 적용시 도면상의 불완전성

1) 위치 결정의 공차 지정이 불완전하며 공차의 누적이나 공차역의 일률적인 해석이 곤란해 조립상 문제점이 많다.
2) 기준이 되는 형체의 지정이 없는 것이 많아 위치 등을 제대로 정할 수 없는 경우가 많다. 또한 기준이 되는 형체가 지정되어 있어도 그 정의가 불확실하여 설계, 제작, 검사 상에 있어 해석이 제 각각이다.
3) 치수공차에 의해 형상이 규제되는지의 여부 또한 기하공차의 공차역의 정의나 도시(圖示) 방법이 분명하지 않아 설계자의 의도가 정확히 제작 및 검사 팀에게 전달되지 않는 일이 많다.
4) 기능과 관계없이 현장판단으로 하기 때문에 완제품으로 조립되어도 제 기능을 발휘하지 못하는 경우가 많다.

이와 같은 점을 개선하기 위해 ANSI, ISO 규격에서 국제적으로 통용되도록 기하공차를 규격으로 제정하여 일률적인 해석이 되도록 하였다. 공업기술이 고도화, 국제화되고 있는 오늘날 기하공차 도시방법의 필요성은 다음과 같은 이유로 더욱 증대되고 있다.

2.2 기하공차 도시방법의 필요성

1) 기술수준이 향상되고 기계류의 성능이 고도화함에 따라 부품 정밀도에 대한 요구가 증대되었다.
2) 국제제휴, 공동기술개발, 국제 분업생산 등이 늘어남에 따라 각 나라 사이에 연락의 어려움과 실행방법의 차이 등으로 호환성의 확보나 기능 향상 면에 있어 과거보다 더한 배려가 요구되었다.
3) 새로운 기술개발로 인해 종전방법으로는 대처할 수 없는 분야가 확산되고 있고 새로운 생산방식의 채택으로 인해 지난날의 고유 기술만으로는 처리할 수 없는 일이 늘어나고 있다.
4) 기업체간이나 국제경쟁을 위해 생산성향상 및 생산원가 절감이 절실히 요구되어 정밀도 설계에도 경제성의 향상을 도입할 필요성이 높아졌다.

이러한 이유로 높은 정밀도를 확보하고 불량률을 줄이고 경제성도 제고할 수 있는 기하공차의 도입과 국제적으로 통용되는 도시방법을 채택해야 할 필요성이 절실히 요구되고 있다.

기하공차는 치수공차만으로 규제된 도면의 문제점을 보완 개선하여 보다 정확하고 확실한 정보를 도면상에 규제하여 경제적으로 제품을 생산할 수 있고 기능관계에 중점을 두고 치수공차와 기하공차를 규제하는 방법이다.

3 치수공차와 기하공차의 관계

다음 그림 3-1은 치수공차만으로 규제된 구멍과 핀이 결합되는 부품으로 치수공차상으로는 결합이 되도록 공차가 주어졌다. 이 경우에 구멍은 최소(ϕ10), 핀은 최대(ϕ10)로 제작되었을 때 치수상으로는 결합이 될 수 있으나 형상이 그림 3-2와 3-3과 같이 되었을 경우 결합조건은 다음과 같다.

구멍에 핀이 결합되는 조건 : 구멍의 DL보다 핀 지름이 작아야 한다.
핀에 구멍이 결합되는 조건 : 핀의 Dh보다 구멍의 지름이 커야 한다.

치수공차를 만족시키는 부품으로 제작되었다 하더라도 구멍과 핀의 형상에 따라 결합관계가 결정된다. 그림 3-2의 (b)구멍의 경우 구멍의 형상이 얼마나 변형되었느냐에 따라 여기에 결합되는 핀의 지름이 결정되며, 그림 3-3의 (b)의 경우 핀의 형상이 얼마나 변형되었느냐에 따라 여기에 결합되는 구멍의 지름이 결정된다.

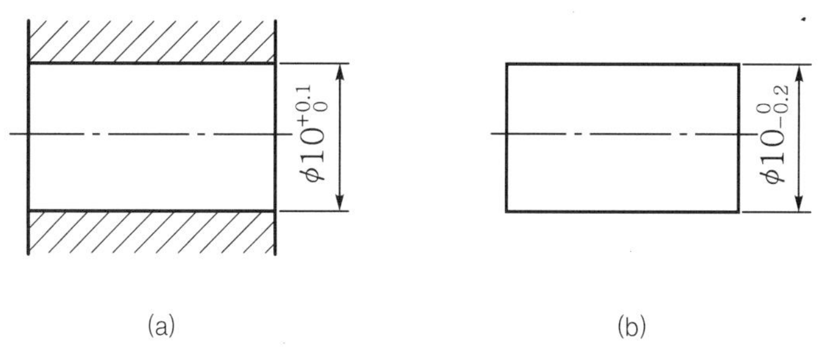

그림 3-1 지름공차로 규제된 구멍과 핀

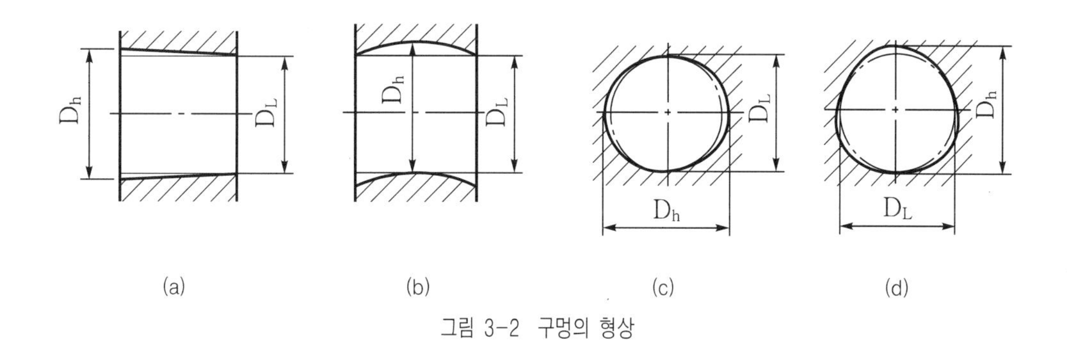

그림 3-2 구멍의 형상

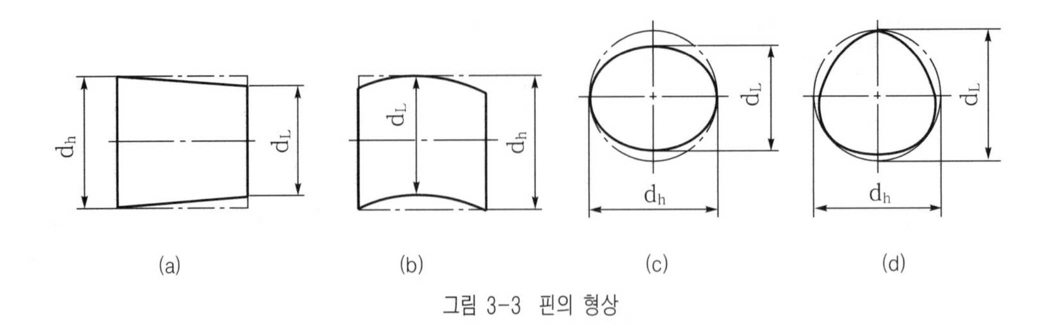

그림 3-3 핀의 형상

3.1 결합되는 두 부품의 치수공차와 기하공차의 관계

그림 3-4에 직각도로 규제된 두 부품에서 구멍의 경우 최소지름 ϕ10.4일 때 구멍중심이 ϕ0.2 범위 내에서 기울어졌을 때 여기에 결합되는 핀의 최대지름은 ϕ10.2이다. 핀의 경우 최대지름 ϕ10일 때 핀 중심이 ϕ0.2 범위 내에서 기울어졌을 때 여기에 결합되는 구멍의 최소지름은 ϕ10.2이다. 두 부품은 구멍의 최소지름과 핀의 최대지름으로 결합될 때 최악의 결합조건이 된다. 이때 구멍의 최소지름과 핀의 최대지름의 차이 0.4(ϕ10.4−ϕ10)를 두 부품에 기하공차로 이용한다.

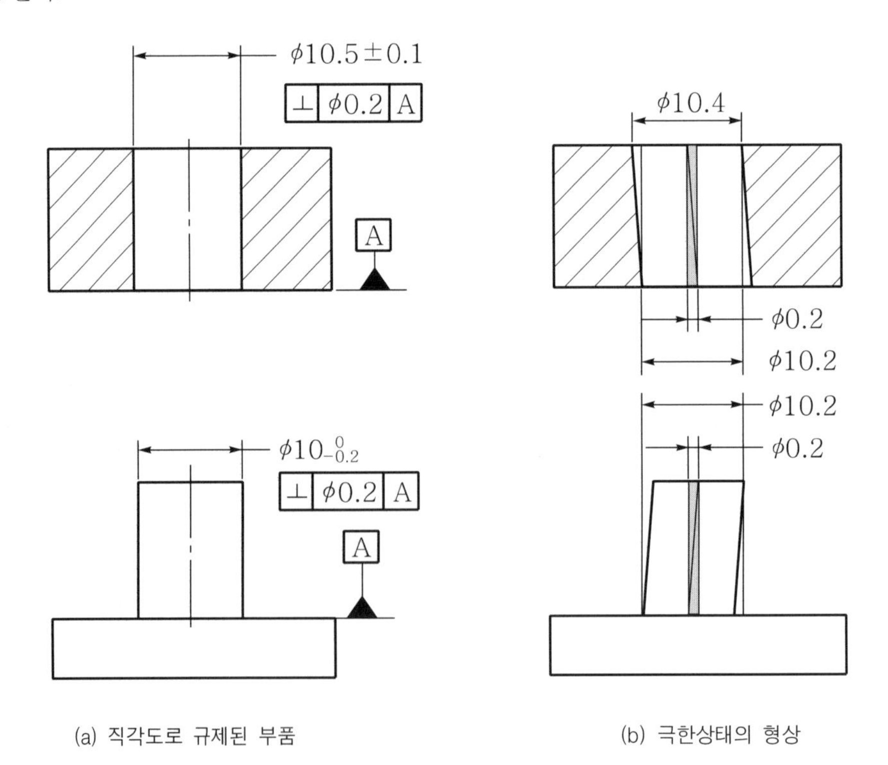

(a) 직각도로 규제된 부품 (b) 극한상태의 형상

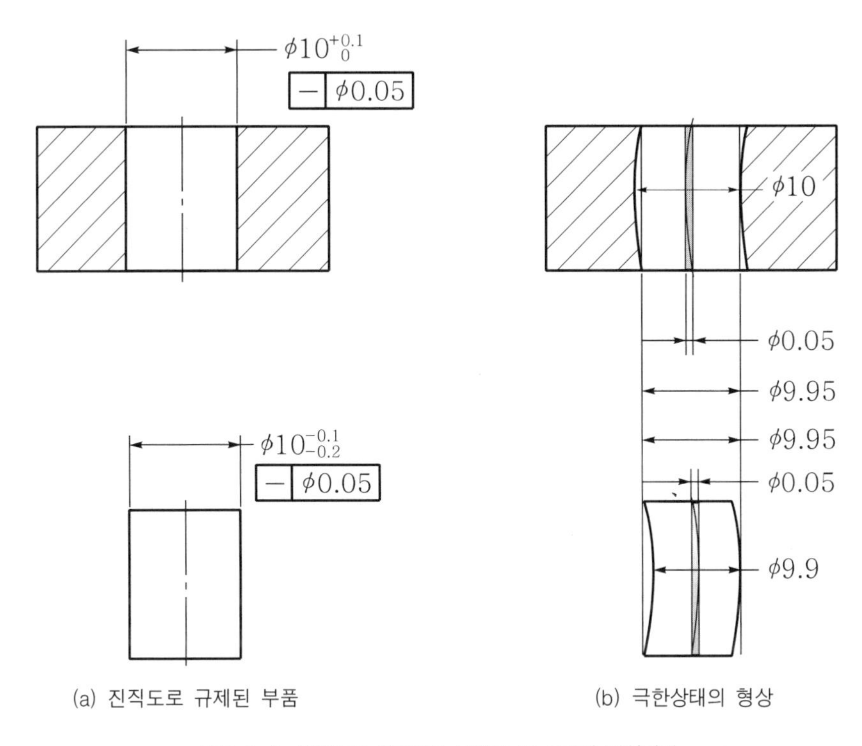

(a) 진직도로 규제된 부품

(b) 극한상태의 형상

그림 3-4 직각도와 진직도로 규제된 두 부품의 결합관계

3.2 구멍과 핀의 형상에 따른 결합상태

그림 3-5의 부품 1과 부품 2가 결합될 때 부품 1 구멍의 최소지름이 ϕ10, 부품 2의 최대지름이 ϕ10일 때 최악의 결합상태가 된다. 이때 구멍과 핀의 형상이 완전하면 그림 (c)와 같이 결합이 될 수 있으나 그림 3-6과 같이 구멍과 핀의 형상이 완전하지 않으면 결합이 될 수 없다.

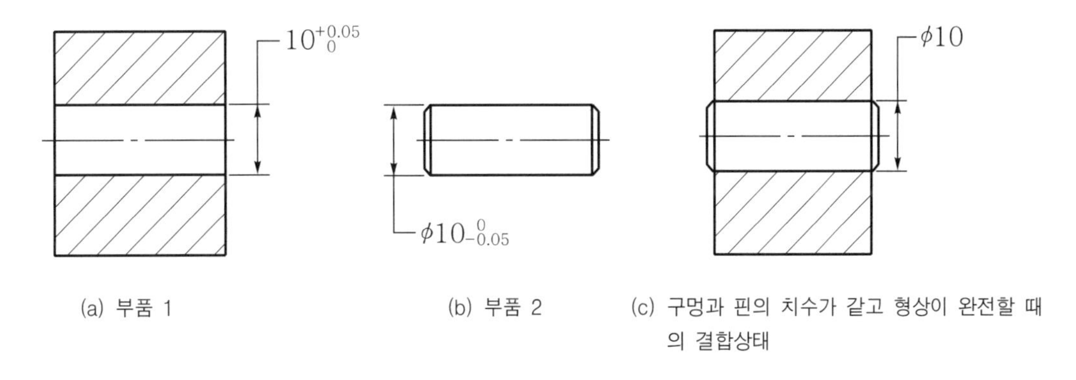

(a) 부품 1

(b) 부품 2

(c) 구멍과 핀의 치수가 같고 형상이 완전할 때의 결합상태

그림 3-5 치수공차로 규제된 부품

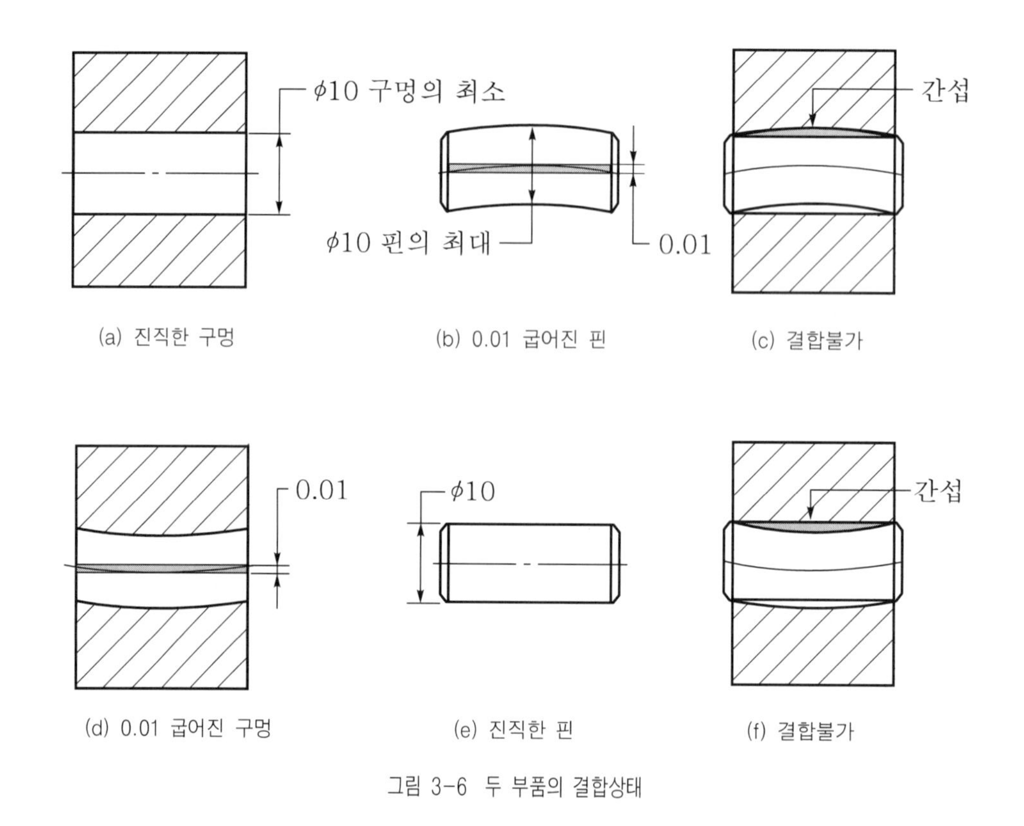

그림 3-6 두 부품의 결합상태

3.3 끼워 맞춤과 기하공차의 관계

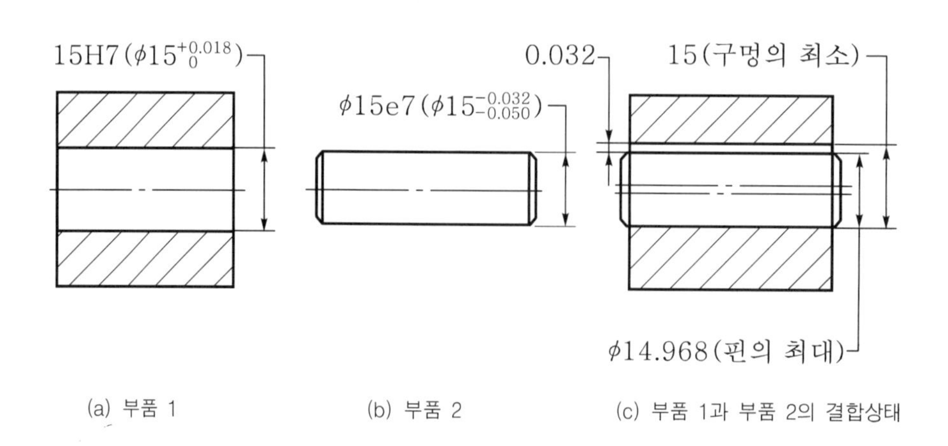

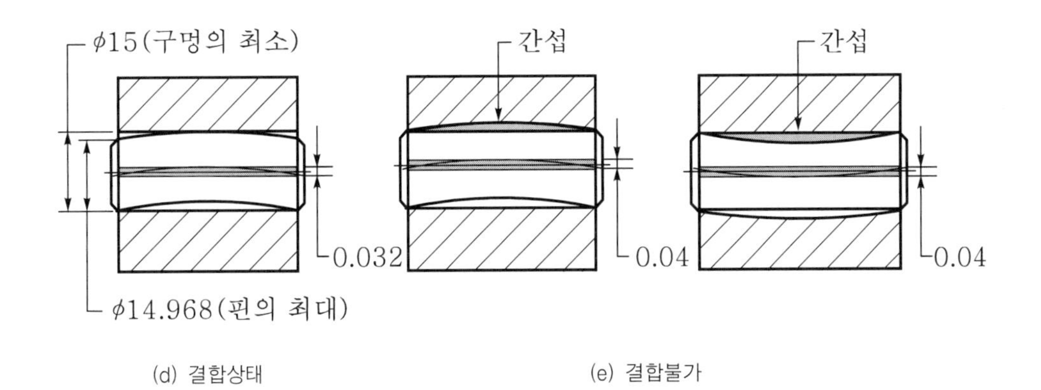

(d) 결합상태 (e) 결합불가

그림 3-7 끼워 맞춤으로 규제된 부품과 결합상태

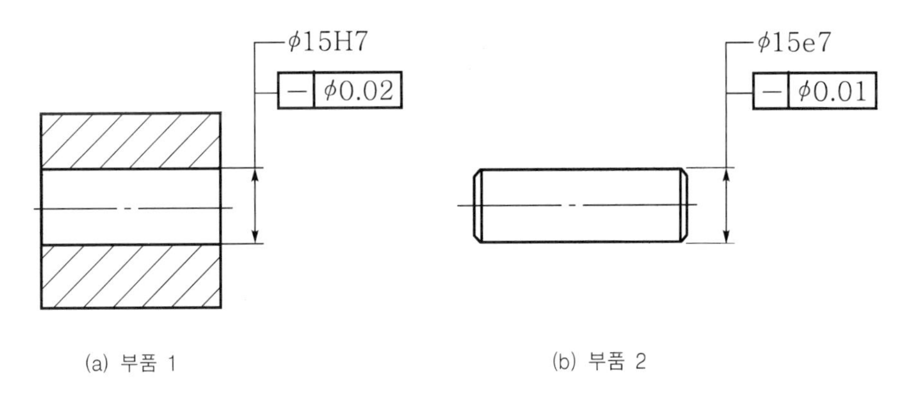

(a) 부품 1 (b) 부품 2

그림 3-8 끼워 맞춤과 진직도로 규제된 부품

그림 3-7에서 부품 1과 부품 2에 헐거운 끼워 맞춤으로 치수가 지시되어 있다. 이 경우에 구멍이 최소 φ15, 핀이 최대 φ14.968일 때 그림 3-7의 (c)와 같이 치수공차 상으로는 0.032만큼의 틈새가 있는 헐거운 끼워 맞춤으로 결합이 된다. (형상이 완전하면) 그러나 부품 1과 부품 2가 형상이 0.032보다 더 변형되는 경우에는 그림 3-7의 (d)와 (e)같이 빡빡하거나 결합이 안 되는 경우가 생긴다. 따라서 설계자의 의도대로 헐겁게 끼워 맞춤 하려면 그림 3-8과 같이 끼워 맞춤 공차와 기하공차(진직도)로 규제할 필요가 있다.

4 치수공차만으로 규제된 형체의 도면 분석

4.1 진직한 형상

그림 3-9 (a)와 같이 핀과 구멍에 치수공차만으로 규제된 도면에서 핀의 경우 지름공차로 규제된 ϕ20±0.1은 그림 3-9 (a)와 같이 완전 진직한 형상으로 제작될 수 없다. 핀은 치수공차만으로 규제되었고 형상에 대한 규제가 없으므로 중간의 그림 3-9 (b)와 같이 휘어진 형상으로 제작될 수 있다. 이 경우에 버니어캘리퍼스나 마이크로미터의 두 점 측정으로 지름을 측정했을 때 주어진 지름공차를 만족시킬 수 있다. 핀이 구멍에 결합된다면 핀의 형상에 따라 구멍의 지름이 달라질 수 있으므로 핀에 결합되는 구멍의 지름을 결정하기 어렵다. 따라서 핀에 규제된 치수공차를 만족시키는 부품으로 제작되어도 기능상, 결합상 문제가 생길 수 있다. 핀과 구멍이 정확, 정밀하게 결합되는 부품이라면 치수공차와 더불어 기하공차(진직도)로 규제할 필요가 있다.

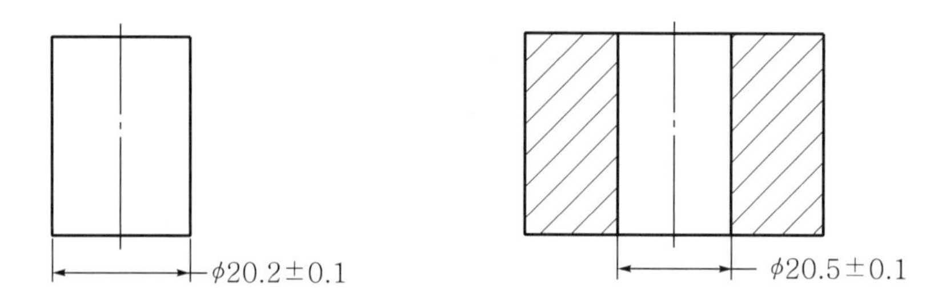

(a) 지름공차로 규제된 부품

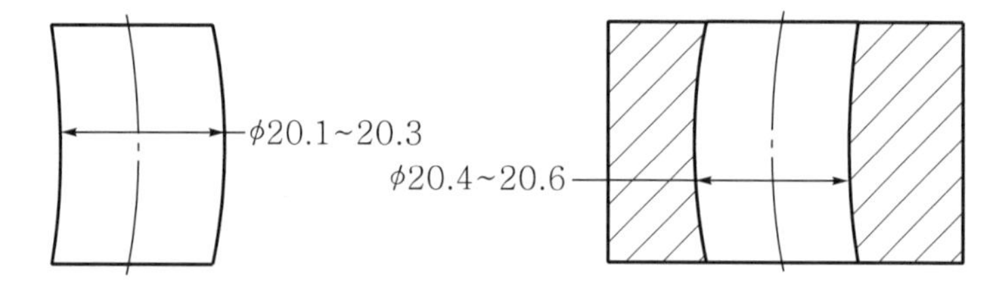

(b) 변형된 형상

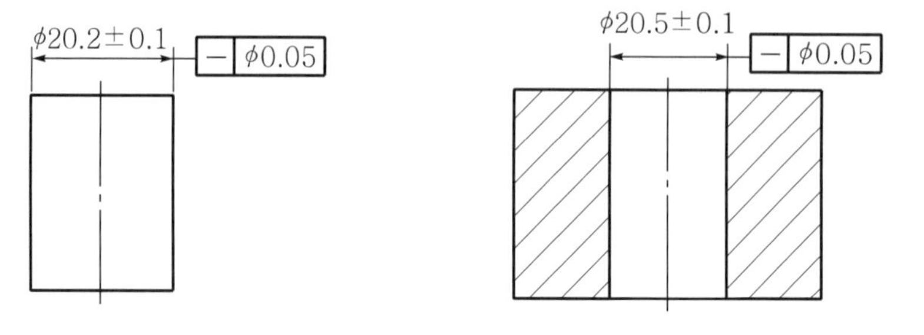

(c) 진직도로 규제된 부품

그림 3-9 지름공차와 기하공차로 규제된 부품

4.2 동축 형체

외형과 구멍 중심이 동축인 경우 ϕA와 ϕB에 지름공차로 규제된 부품이 그림 3-10의 (a)와 같이 동축으로 제작된다는 보장은 없다. 이 경우에 그림 3-10 (b), (c), (d)와 같이 ϕA와 ϕB의 중심이 어긋날 수 있지만 ϕA와 ϕB의 지름공차를 만족시킬 수 있다. 이와 같이 두 중심이 어긋났을 경우 기능상, 결합상 문제가 생길 수 있으므로 ϕA와 ϕB 중심의 편위량을 규제할 필요가 있는 형체는 그림 3-10 (e)와 같이 동심도로 규제할 필요가 있다.

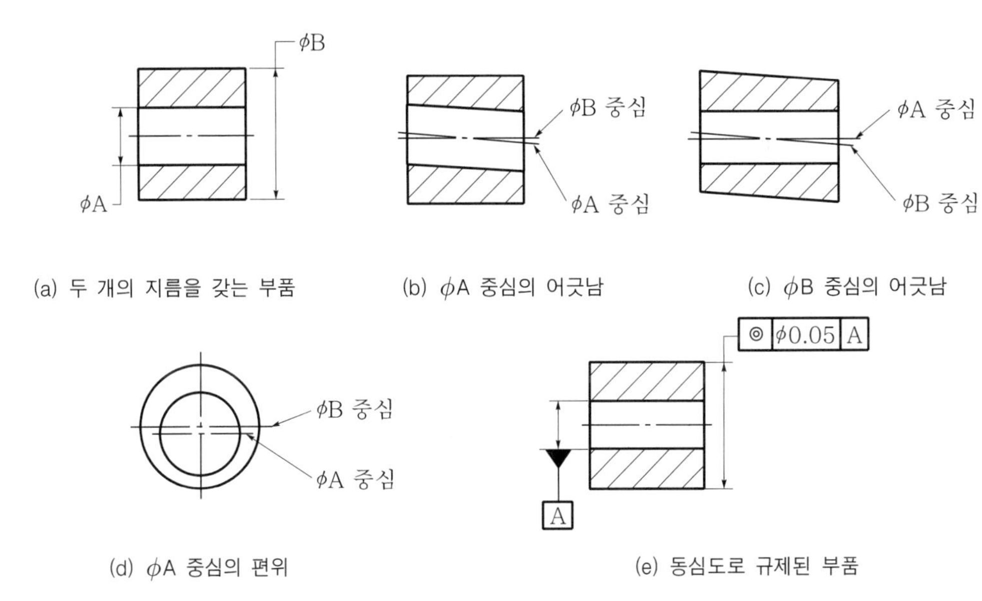

그림 3-10 내 · 외 원통 각 중심의 어긋남

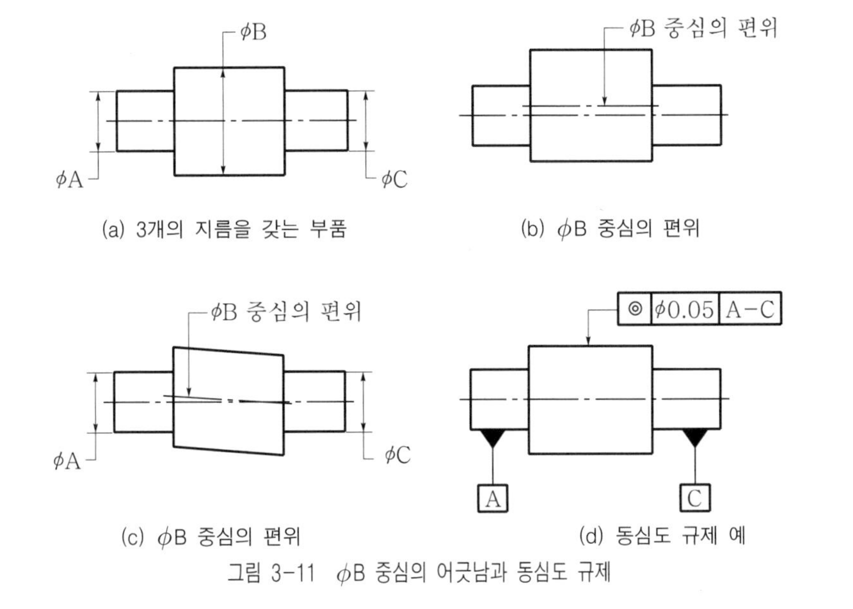

그림 3-11 ϕB 중심의 어긋남과 동심도 규제

4.3 직각에 관한 형체

다음 그림 3-12 (a), (b), (c), (d)와 같이 직각으로 된 형체의 경우 90°로 된 부분의 형체에 일반적으로 90°에 대한 각도에 공차를 규제하지 않는다. 이 경우 도면상에서 보면 직각으로 그려져 있지만 이론적으로 정확한 직각으로 만들 수 없다. 어느 정도 직각에 접근시킬 수 있는지 규제조건이 부족하다. 이들 부품이 상대부품과 결합되면 90°에 대한 각도의 기울어진 정도에 따라 결합상, 기능상의 문제가 발생될 수밖에 없다. 따라서 기능이나 결합상태에 따라 직각도를 규제할 필요가 있다.

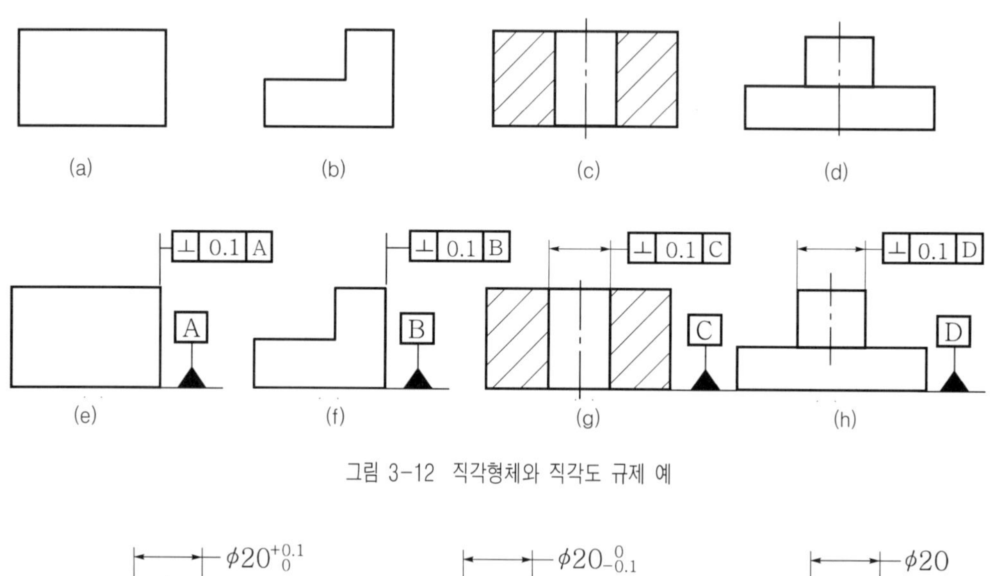

그림 3-12 직각형체와 직각도 규제 예

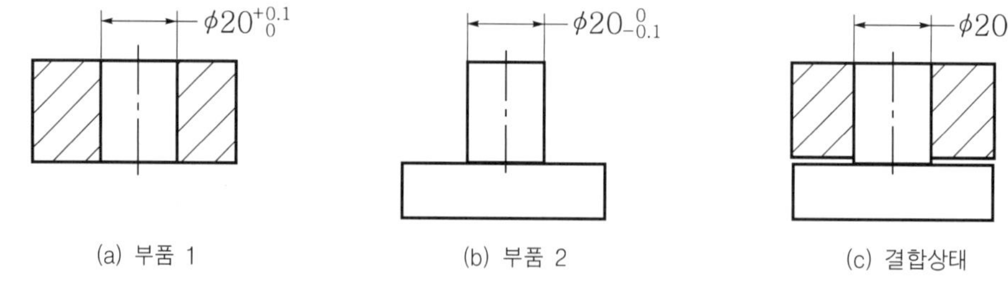

그림 3-13 치수공차로 규제된 부품과 결합상태

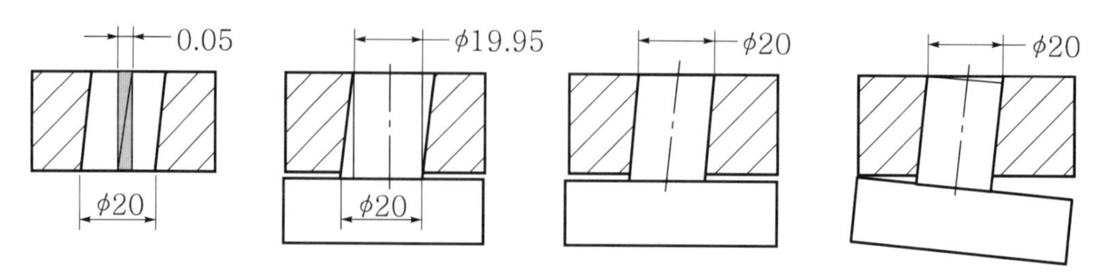

그림 3-14 구멍과 핀 중심이 기울어졌을 경우의 결합상태

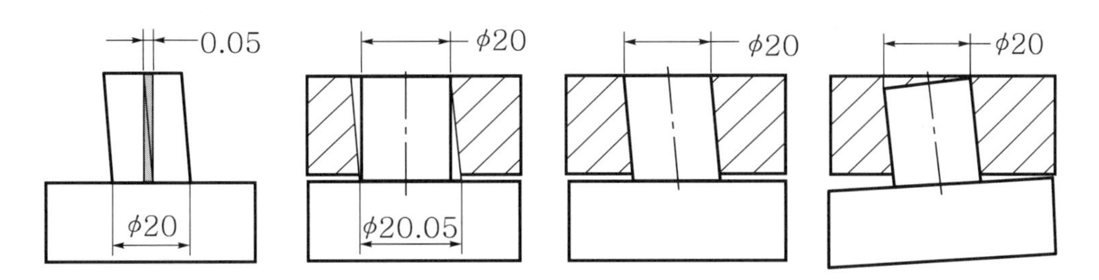

그림 3-15 구멍과 축 중심이 기울어졌을 경우의 결합상태

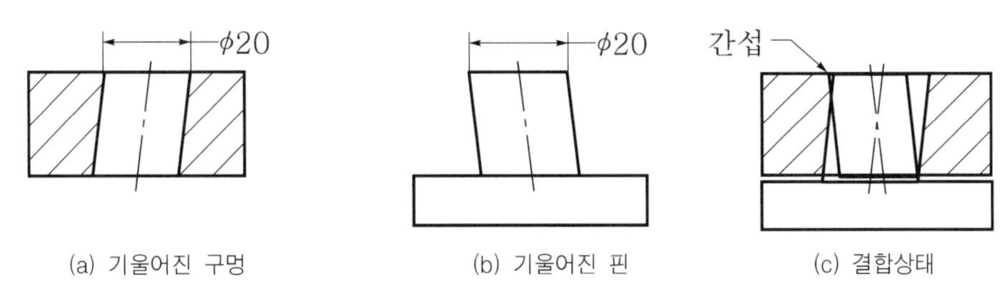

(a) 기울어진 구멍 (b) 기울어진 핀 (c) 결합상태

그림 3-16 구멍과 축 중심이 반대방향으로 기울어졌을 경우의 결합상태

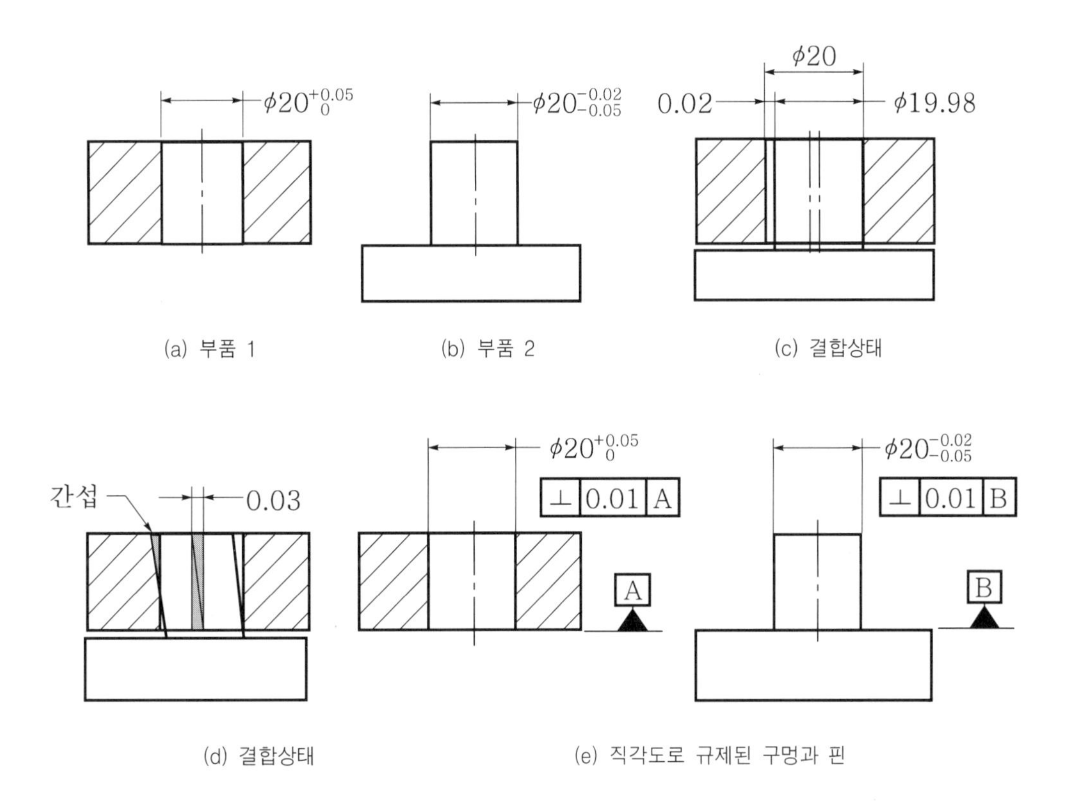

(d) 결합상태 (e) 직각도로 규제된 구멍과 핀

그림 3-17 치수공차로 규제된 부품과 직각도로 규제된 부품

4.4 평행한 형체

다음 그림 3-18과 같이 좌측면에서 구멍중심까지 위치에 대한 치수와 구멍의 지름 공차로 규제된 부품의 경우 구멍 중심까지의 치수 30±0.1 범위 내에서 상한치수 30.1과 하한치수 29.9로 제작될 수 있고 구멍의 최소지름이 ϕ 9.9로 그림 (b), (c), (d)와 같이 제작되었을 때 여기에 결합되는 상대부품이 그림 3-18 (e)와 같이 결합되는 부품일 경우 구멍에 결합되는 핀의 최대지름이 ϕ 9.7보다 커서는 안 되며 이때 핀 중심까지의 거리는 정확히 평행한 30이어야 결합이 될 수 있다. 구멍중심까지의 치수를 30±0으로 규제할 수 없으므로 30에 치수공차를 준다면 공차를 준 크기에 따라 상대적으로 핀 지름이 ϕ 9.7보다 작아야 한다.

따라서 좌측면을 기준으로 구멍 중심의 평행도가 중요한 부품일 경우 그림 3-18 (f)와 같이 평행도로 규제한다.

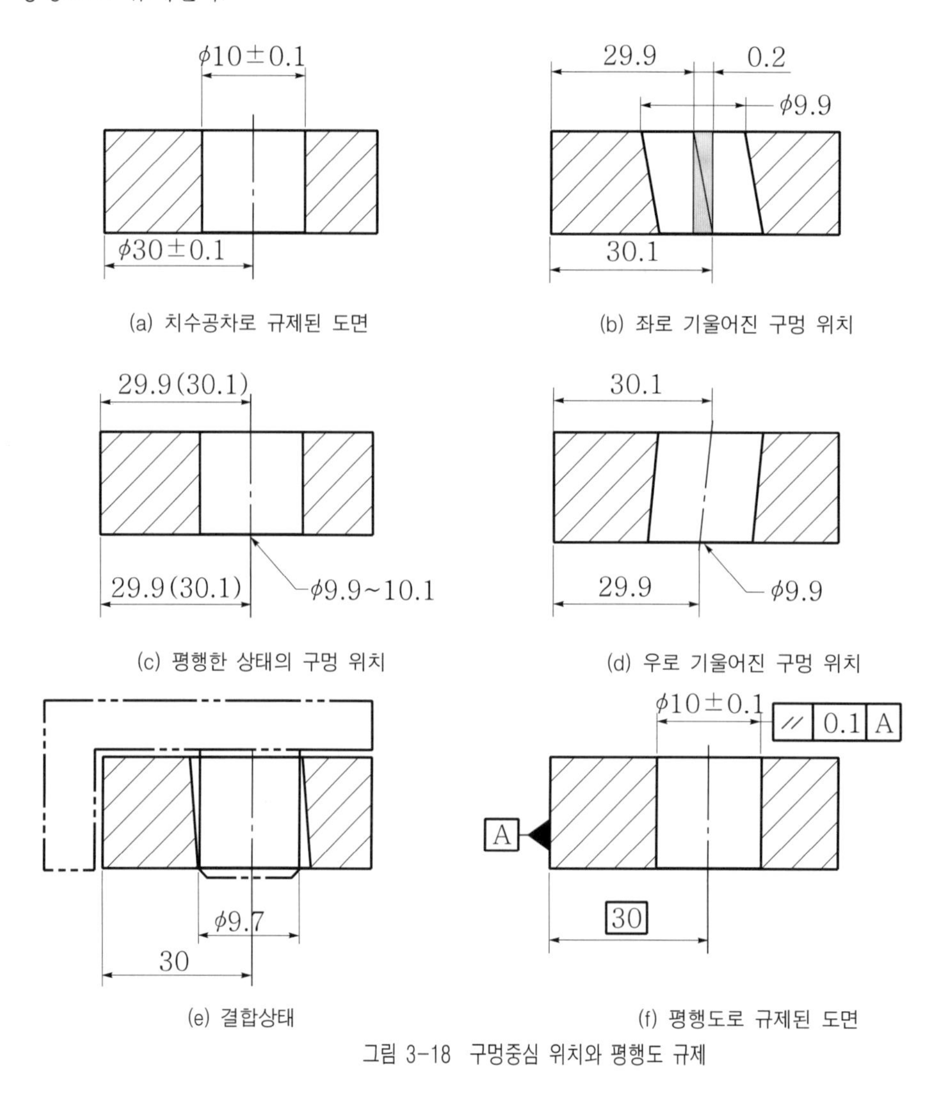

(a) 치수공차로 규제된 도면 (b) 좌로 기울어진 구멍 위치

(c) 평행한 상태의 구멍 위치 (d) 우로 기울어진 구멍 위치

(e) 결합상태 (f) 평행도로 규제된 도면

그림 3-18 구멍중심 위치와 평행도 규제

4.5 위치를 갖는 형체

다음 그림 3-19와 같이 위치를 갖는 부품 1과 부품 2가 결합되는 형체일 때 그림 3-19 (b)와 같이 제작될 수 있다. 이 경우 두 부품이 결합이 될 수 있는지 검토해 보면 결합이 될 수가 없다. 결합이 안 되는 이유를 알고 결합이 될 수 있도록 치수를 결정할 수 있어야 한다.

이 경우에 두 부품이 규제된 공차 범위 내에서 극한상태에서도 결합이 될 수 있도록 치수결정이 용이하지 않으며 검사, 측정이 용이하지 않다. 그림 3-19 (c)와 같이 위치도 공차로 규제하면 치수결정이 용이하며 극한상태에서도 결합이 보장되며 게이지에 의한 검사가 용이하다.

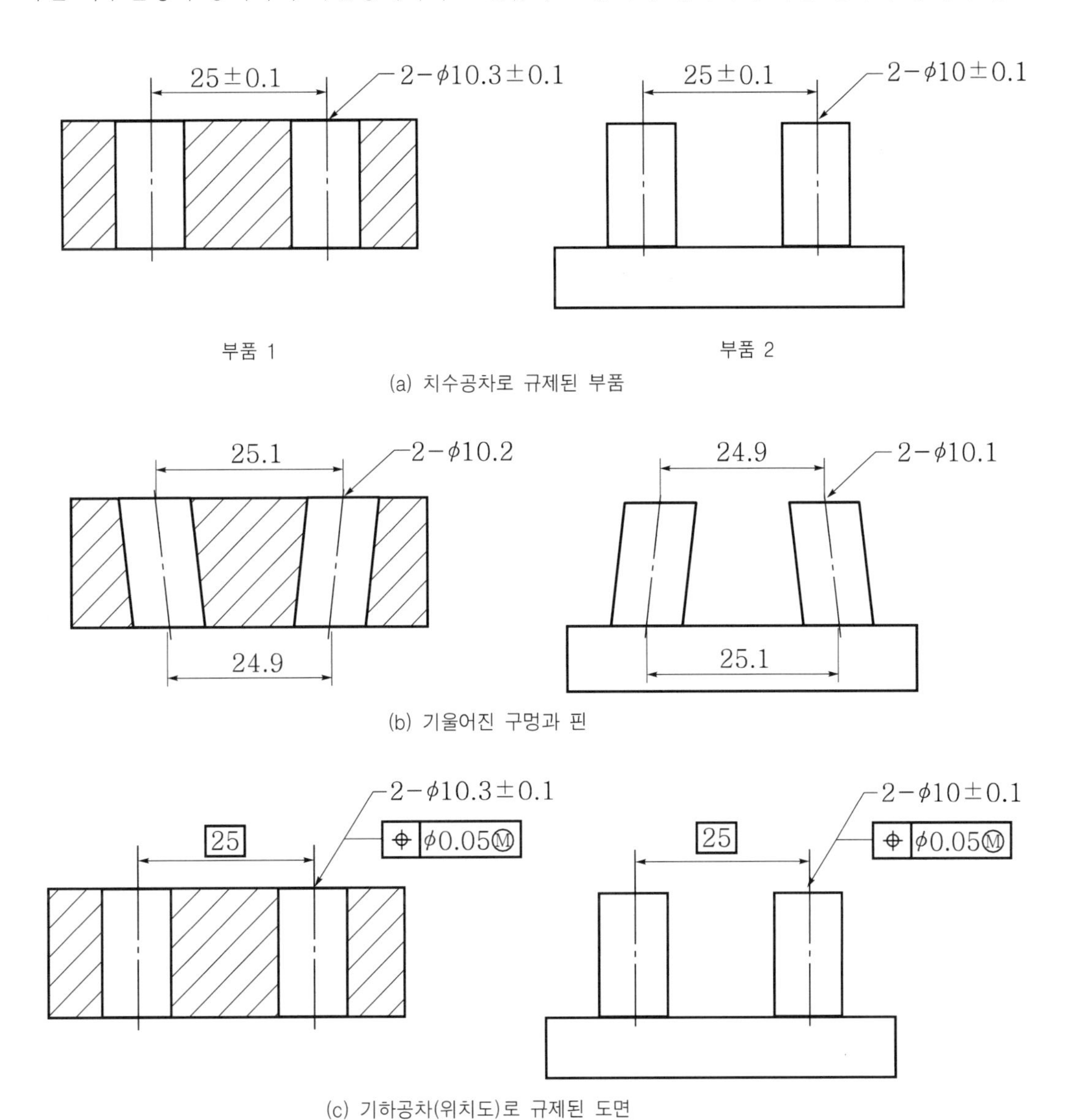

그림 3-19 치수공차로 규제된 부품과 위치도 공차로 규제된 부품

앞에서 여러 가지 예를 들어 설명한 바와 같이 치수공차만을 위주로 도면에 나타낸 지시조건만으로는 완전한 도면이 못되고, 완전한 부품을 제작하기 어려우며 결합상과 기능상에 문제가 많다. 따라서 이러한 문제점을 보완하고 일률적인 도면해독과 공차 해석을 할 수 있도록 한 것이 기하공차이다. 기능적인 면에 중점을 두고 설계상의 치수 및 공차를 명확히 하고 결합부품 상호간에 호환성과 결합을 보장하고 경제적이고 효율적인 생산을 위하여 도면상에 치수공차와 더불어 기하공차를 규제하여 치수공차만으로 규제된 도면의 여러 가지 문제점을 보완한 것이 기하공차이다.

◎ 기하공차 적용시 장점

1. 경제적이고 효율적인 생산을 할 수 있다.
2. 생산원가를 줄일 수 있다.
3. 제작 공차를 최대로 이용한 공차의 확대 적용으로 생산성을 향상시킬 수 있다.
4. 기능적인 관계에서 결합부품 상호간에 호환성을 주고 결합을 보장한다.
5. 설계 및 제작과정에서 공차상의 요구가 명확하게 정해지고 확실해지므로 해석상의 의문이나 어림짐작 등을 감소시킨다.
6. 기능게이지(Functional Gauge)를 적용하여 효율적인 검사와 측정을 할 수 있다.
7. 도면상의 통일성으로 인해 일률적인 도면해독 및 공차 해석을 할 수 있다.

5 기하공차의 종류와 기호, 부가기호

기하공차의 종류는 모양 공차, 자세 공차, 흔들림 공차, 위치 공차로 분류된다. 기능이나 결합상태에 따라 단독 형체에만 적용되는 것과 관련 형체 즉 대상이 되는 형체의 기준이 있어야 규제되는 것이 있다. KS 규격에 의한 기하공차의 종류와 기호는 다음 표와 같다.

5.1 기하공차의 종류와 기호

표 3-1 기하공차의 종류와 기호 KS B 0608

공차 구분	기호	공차의 종류	적용하는 형체
모양 공차	—	진직도 (Straightness)	단독 형체
	⏥	평면도 (Flatness)	
	○	진원도 (Roundness)	
	⌭	원통도 (Cylindricity)	
	⌒	선의 윤곽도 (profile of a line)	단독 형체 또는 관련 형체
	⌓	면의 윤곽도 (profile of a surface)	
자세 공차	//	평행도 (Parallelism)	관련 형체
	⊥	직각도 (Squareness)	
	∠	경사도 (Angularity)	
흔들림 공차	↗	원주 흔들림 (circular runout)	관련 형체
	⌰	온 흔들림 (Total runout)	
위치 공차	◎	동심도 (Concentricity)	관련 형체
	⌖	위치도 (Position)	
	⌯	대칭도 (Symmetry)	

5.2 기하공차에 적용되는 부가 기호

기하공차에 적용되는 부가기호는 기하공차로 규제하고자 하는 형체에 기하공차의 종류를 나타내는 기호와 규제조건의 기호(Ⓜ, Ⓟ)와 이론적으로 정확한 치수, 형체의 기준을 나타내는 데이텀 등의 부가기호를 도면상에 나타낸다. KS에 규격으로 정해진 부가기호는 다음 표와 같다.

표 3-2 기하공차에 적용되는 부가기호 (KS B 0608)

표시하는 내용		기호
공차 붙이 형체	직접 표시하는 경우	
	문자 기호에 의하여 표시하는 경우	A A
데이텀(Datum)	직접 표시하는 경우	
	문자 기호에 의하여 표시하는 경우	A A
데이텀 타깃 기입 틀		ϕ8 / A1
이론적으로 정확한 치수		100
돌출 공차역		Ⓟ
최대실체 공차방식		Ⓜ

5.3 ANSI 규격에 의한 기하공차의 종류와 기호

1) 형상 공차

— 진직도 (Straightness)
▱ 평면도 (Flatness)
○ 진원도 (Roundness, Circularity)
⌭ 원통도 (Cylindricity)
⌒ 선의 윤곽도 (Profile of any line)
⌓ 면의 윤곽도 (Profile of any surface)
// 평행도 (Parallelism)
⊥ 직각도 (Squareness, Perpendicularity)
∠ 경사도 (Angularity)
↗ 원주 흔들림 (Circular runout)
⌰ 전 흔들림 (Total runout)

2) 위치 공차

◎ 동심도 (Concentricity)
⌖ 위치도 (Position)

3) 규제 기호

Ⓜ 최대실체 조건 (Maximum Material Condition), 약자: MMC
Ⓛ 최소실체 조건 (Least Material Condition), 약자: LMC
Ⓢ 형체치수 무관계 (Regardless of Feature Size), 약자: RFS
Ⓟ 돌출 공차역 (Projected Tolerance Zone)
전 윤곽 (Around Entire Profile)

4) 규제 용어

기준(Basic) 치수 : 이론적으로 정확한 치수의 기준
데이텀(Datum) : 기하공차를 규제하기 위한 형체의 기준

6 기하공차의 도시방법

6.1 기하공차를 지시하는 기입 테두리

기하공차를 지시할 경우 기하공차에 대한 표시사항은 직사각형의 테두리를 두 구획 또는 그 이상으로 구분하여 그 테두리 안에 기하공차를 나타내는 기호, 공차역 (ϕ 또는 R, S ϕ), 공차 값, 규제조건에 대한 기호 (Ⓜ, Ⓛ, Ⓟ), 데이텀이 들어가는 칸으로 나뉘어진 테두리 안에 왼쪽에서 오른쪽으로 다음과 같이 기입한다.

① 단독형체에 기하공차를 지시하기 위하여는 기하공차의 종류를 나타내는 기호와 공차 값을 테두리 안에 그림 3-20 (a)와 같이 나타낸다.

② 단독형체에 공차역을 나타낼 경우에는 공차수치 앞에 공차역의 기호를 붙여 그림 (b)와 같이 나타낸다.

③ 관련형체에 대한 기하공차를 나타낼 때에는 기하공차의 기호와 공차값, 데이텀을 지시하는 문자 기호를 그림 3-20 (c)와 같이 나타낸다.

④ 관련형체의 데이텀을 여러 개를 지시할 경우에는 데이텀의 우선 순위별로 공차 값 다음에 칸막이를 하여 왼쪽에서 오른쪽으로 기입하여 그림 3-20 (d)와 같이 나타낸다.

⑤ 규제형체와 데이텀에 규제조건을 지시할 경우에는 공차 값 뒤와 데이텀 지시문자 다음에 규제조건에 대한 기호를 그림 3-20 (e)와 같이 기입한다.

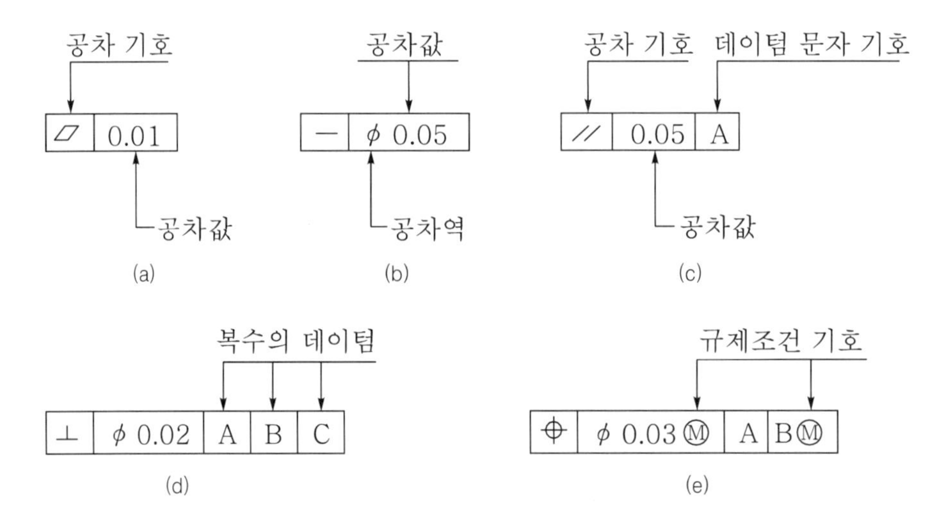

그림 3-20 기하공차를 나타내는 테두리

6.2 기하공차 지시방법

기하공차를 지시할 경우, 기하공차를 나타내는 테두리를 규제하는 형체 옆이나 아래에 나타내거나 지시선, 치수보조선, 또는 치수선의 연장선에 다음과 같이 나타낸다.

① 단독 형체에 대한 기하공차를 지시할 경우에는 규제 형체에 화살표를 붙인 지시선을 수직으로 하고 기입 테두리를 연결하여 나타낸다. 그림 3-21 (e)의 경우에는 치수선과 지시선이 맞닿지 않도록 간격을 둔다.

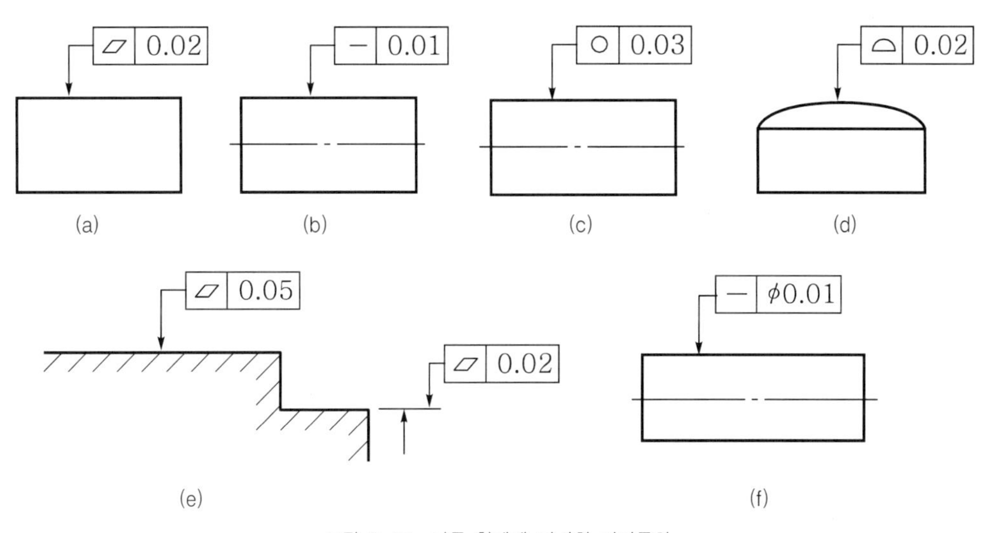

그림 3-21 단독 형체에 지시한 기하공차

② 단독 형상의 원통 형체에 기하공차를 지시하는 경우에는 수직한 지시선이나 치수선의 연장선 또는 치수보조선에 기입 테두리를 연결하여 나타낸다.

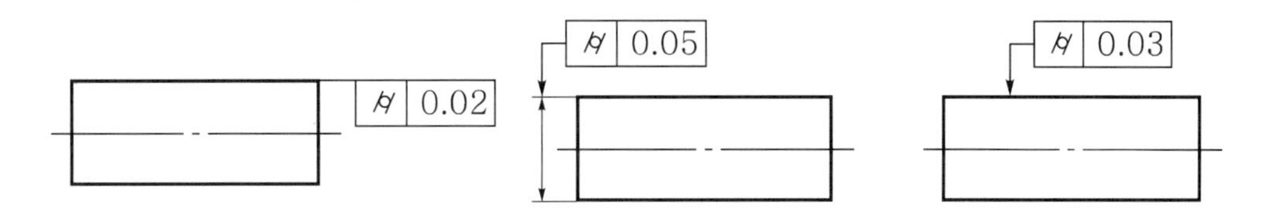

그림 3-22 치수선과 치수보조선에 지시한 기하공차

③ 공차역이 지름일 경우에는 공차 값 앞에 지름기호 ϕ를 붙이고 공차역이 구(球)인 경우에는 구의 기호 Sϕ를, 공차역이 반지름인 경우에는 기호 R을 공차값 앞에 나타낸다.

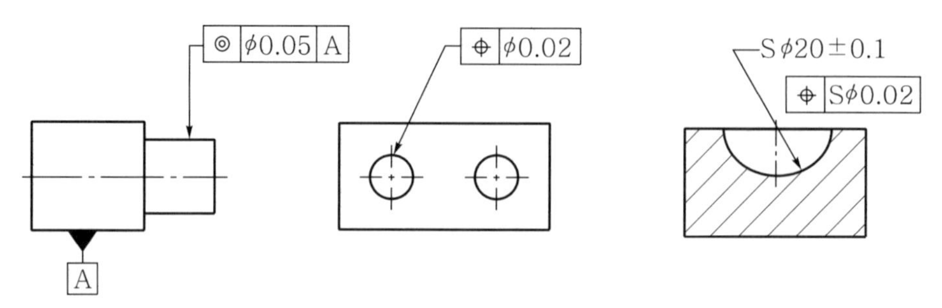

그림 3-23 공차역을 지시한 기하공차

④ 치수가 지정되어 있는 형체의 축선 또는 중심면에 기하공차를 지정하는 경우에는 치수의 연장선이 공차기입 테두리로부터의 지시선이 되도록 한다.

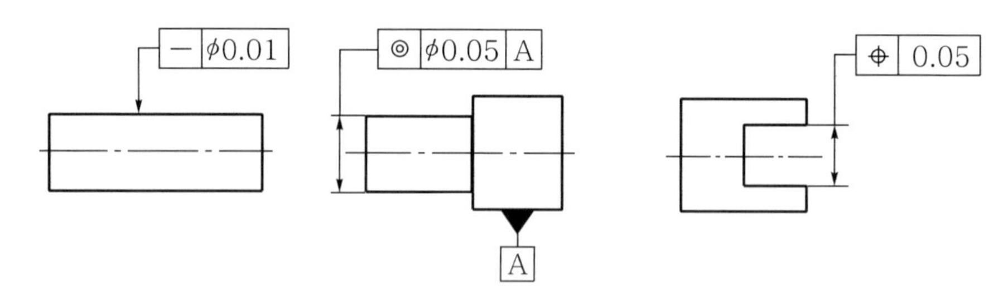

그림 3-24 치수 연장선에 나타낸 기하공차

⑤ 규제 형체를 지시선으로 연결하여 치수공차를 기입하고 그 아래에 기하공차 기입 테두리를 다음 그림과 같이 지시하거나 규제 형체 자체가 데이텀이 될 경우에는 그림 3-25 (a)와 같이 기하 공차 테두리 아래에 데이텀을 나타내는 삼각 기호를 붙이거나 그림 3-25 (b)와 같이 형체 테두리 아래에 데이텀을 나타낸다.

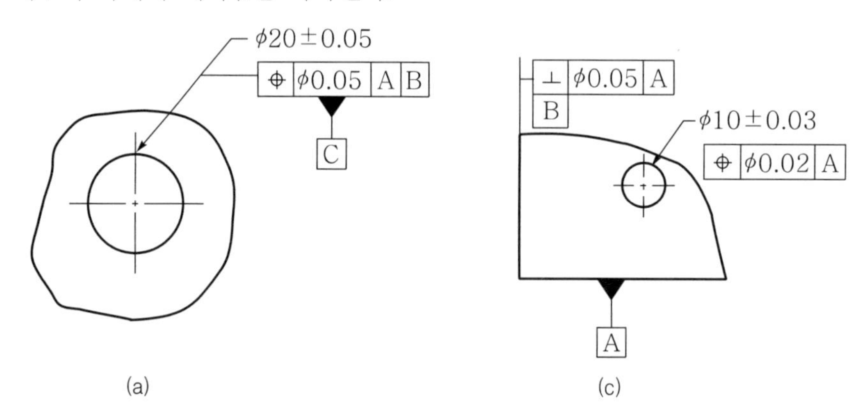

그림 3-25 테두리 아래에 지시한 데이텀

⑥ 공차역 내에서의 형체의 특성에 따라 특별한 지시를 할 경우에는 테두리 근처에 요구사항을 나타낼 수 있다.

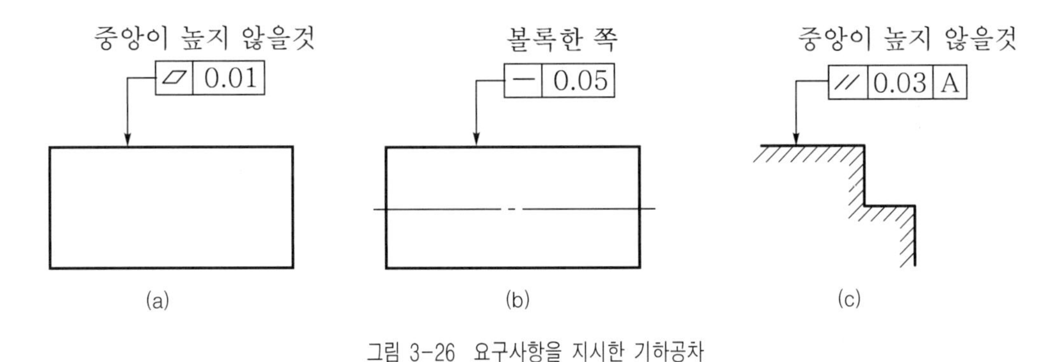

그림 3-26 요구사항을 지시한 기하공차

⑦ 규제 형체에 기하공차 기입 틀을 설치하기가 용이하지 않을 경우에는 지시선이나 치수보조선 상에 나타낼 수 있다.

그림 3-27 지시선과 치수보조선에 나타낸 기하공차

⑧ 규제하고자 하는 형체의 임의의 위치에서 특정한 길이마다 공차를 지정하는 경우에는 공차값 뒤에 사선을 긋고 그 길이를 기입하여 단위길이에 대한 공차를 지시할 수 있다.

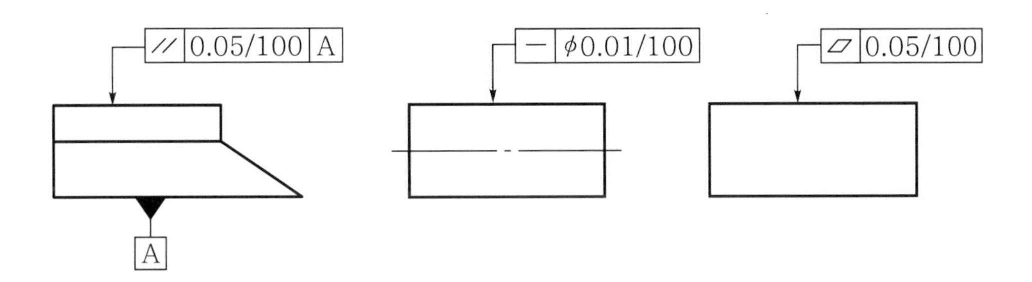

그림 3-28 단위길이에 지시한 기하공차

⑨ 전체에 대한 공차 값과 단위길이마다에 대한 공차 값을 규제하고자 하는 형체에 동시에 지정할 때 전체에 대한 공차 값은 칸막이 위쪽에, 단위 길이에 대한 공차 값은 아래에 기입하여 나타낸다.

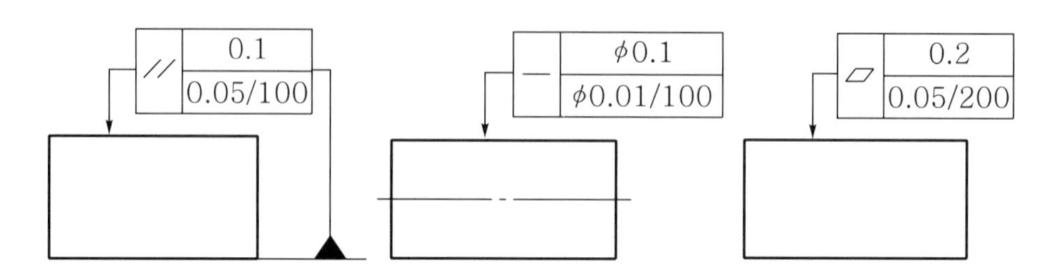

그림 3-29 단위길이와 전 길이에 규제된 기하공차

⑩ 축선 또는 중심면이 공통인 모든 형체의 축선 또는 중심면에 공차를 지정하는 경우에는 축선 또는 중심면을 나타내는 중심선에 수직으로 공차 기입 테두리로부터 지시선에 화살표를 댄다.

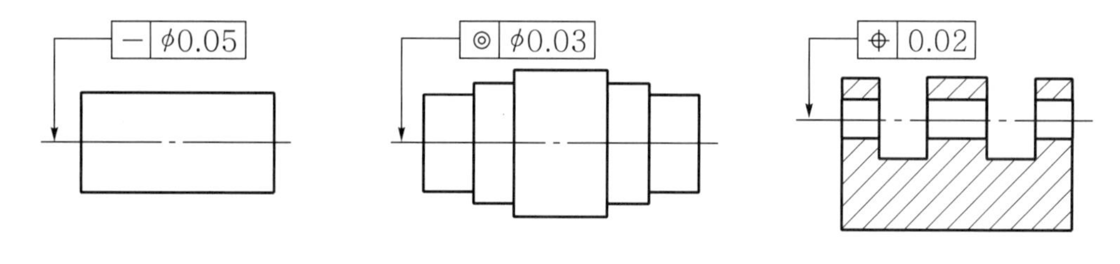

그림 3-30 축선에 지시한 기하공차

⑪ 하나의 형체에 두 개 이상의 기하공차를 지시할 경우에는 이들의 공차 기입 테두리를 상하로 겹쳐서 기입한다.

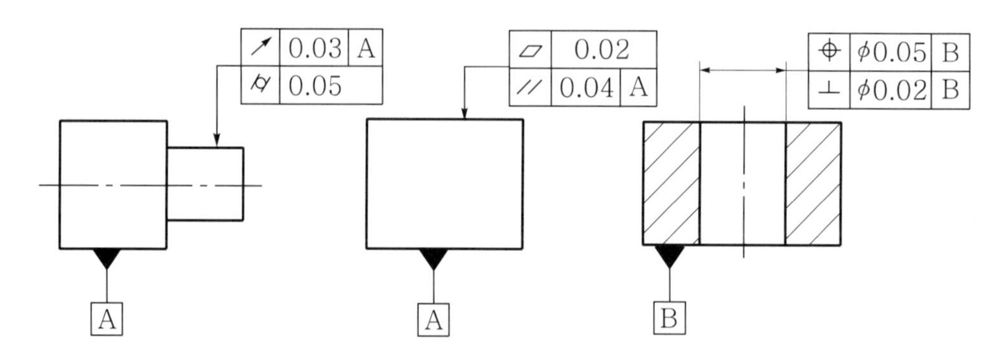

그림 3-31 복합적으로 규제된 기하공차

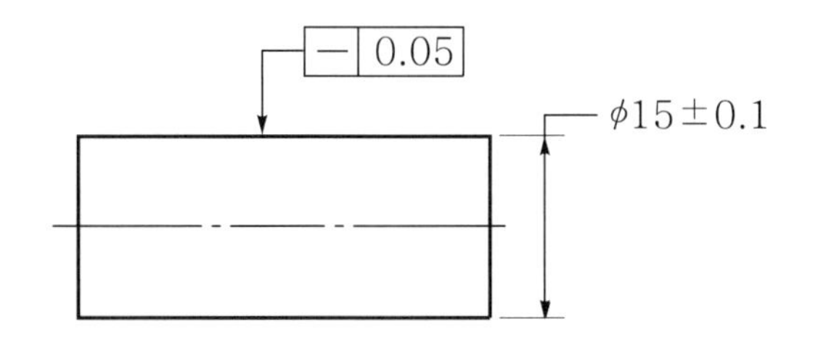

(a) 전 표면은 길이 방향으로 0.05 범위 내에 있어야 한다.

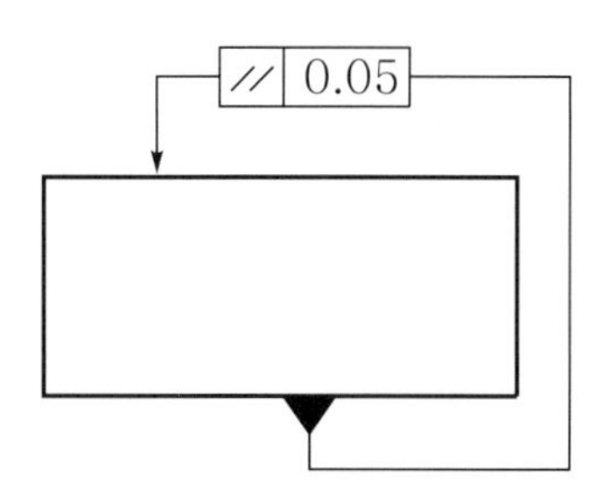

(b) 밑면을 기준으로 윗면은 0.05 범위 내에서 평행해야 한다.

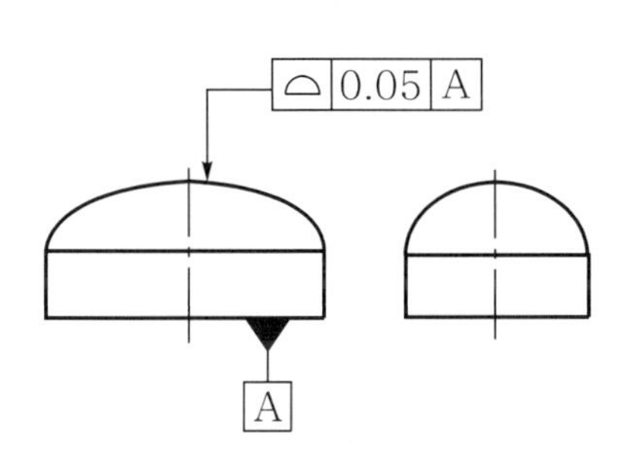

(c) 밑면을 기준으로 윗면의 윤곽은 0.05 범위 내에 있어야 한다.

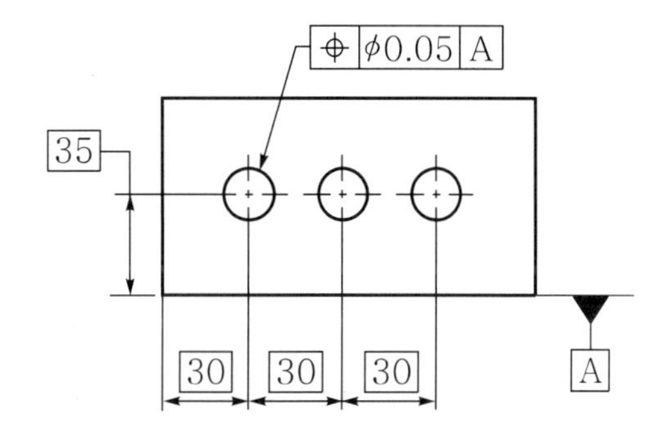

(d) A면을 기준으로 구멍의 위치는 φ0.1 범위 내에서 전 위치에 있어야 한다.

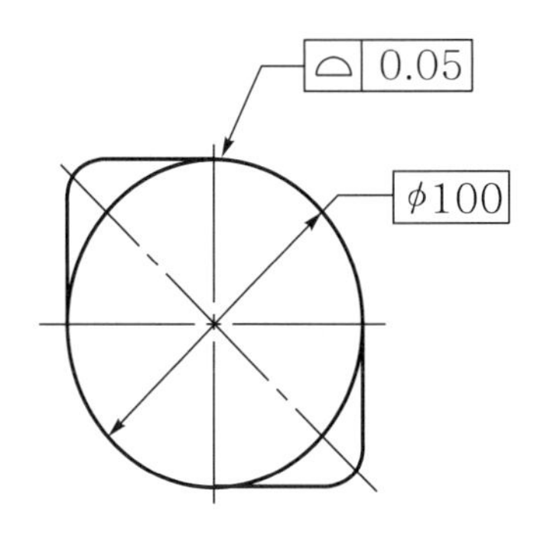

(e) 전 표면의 면의 윤곽은 0.05 범위 내에 있어야 한다.

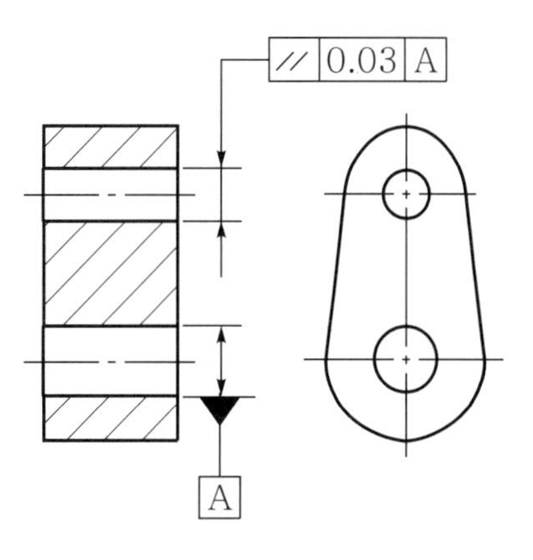

(f) A 구멍을 기준으로 위쪽 구멍의 중심은 0.03 범위 내에서 평행해야 한다.

그림 3-32 기하공차 규제 예

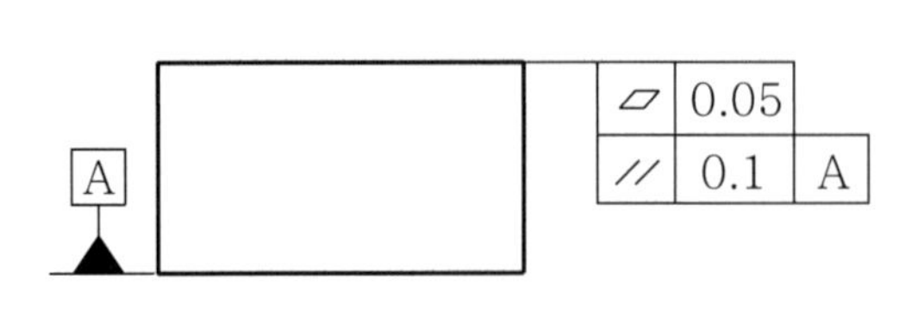

(a) 복합적으로 규제된 기하공차

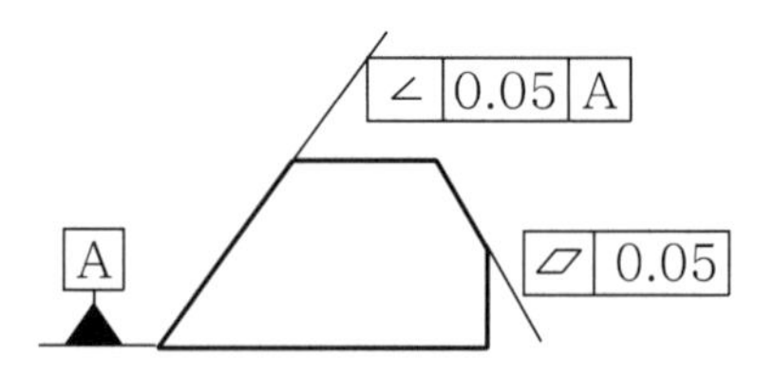

(b) 경사진 연장선에 규제된 기하공차

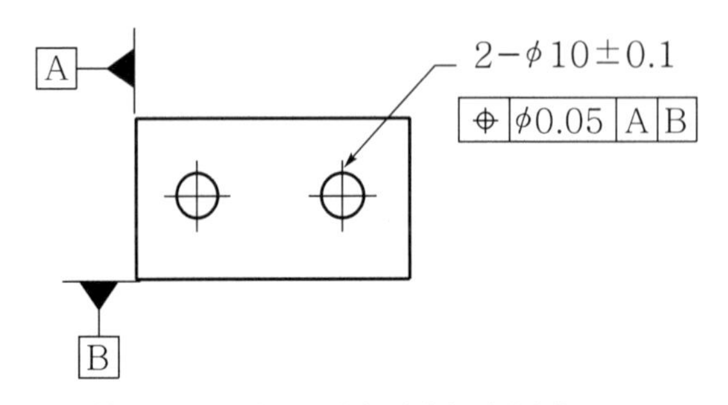

(c) 규제형체 치수 아래에 지시한 기하공차

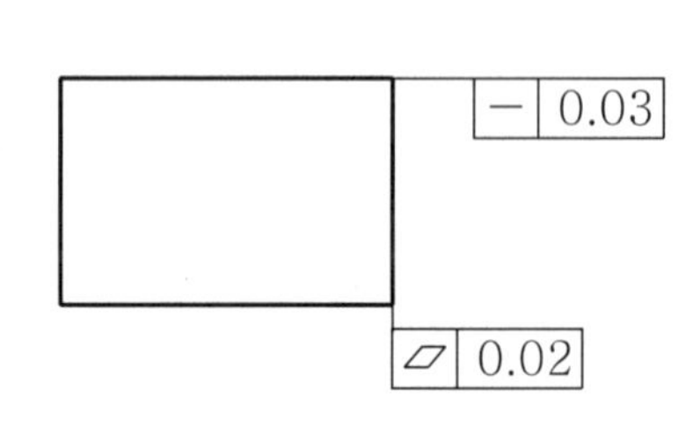

(d) 수직, 수평한 연장선에 지시된 기하공차

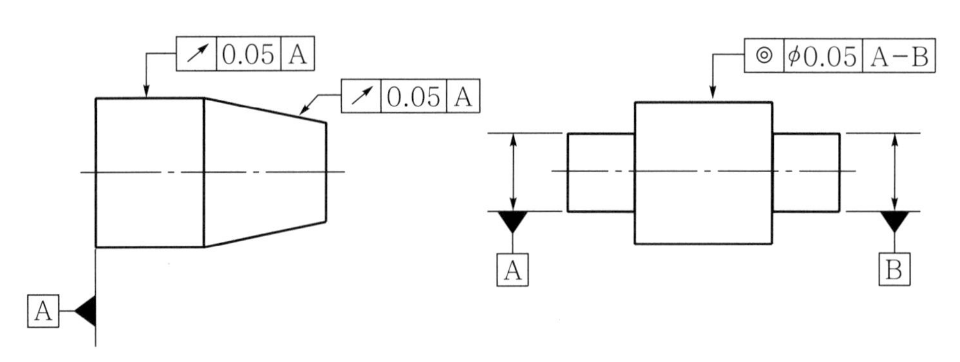

(e) 지시선에 의한 기하공차

(f) 두 개의 데이텀으로 규제된 기하공차

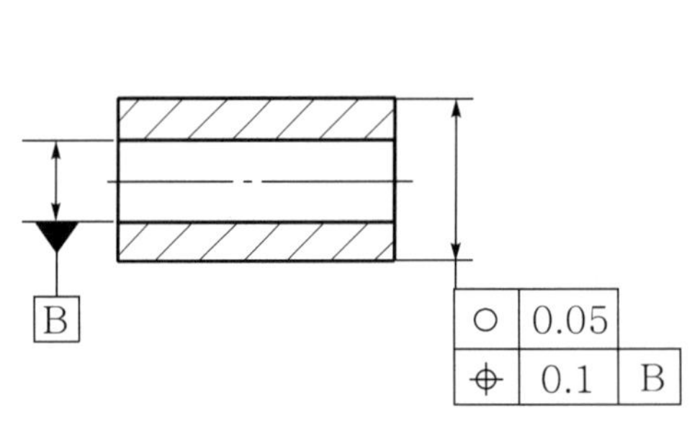

(g) 복합적으로 규제된 기하공차

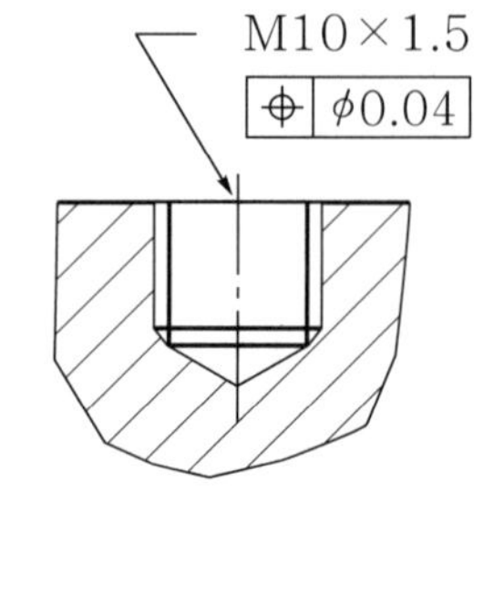

(h) 탭 구멍에 규제된 기하공차

그림 3-33 기하공차 지시 예

7 데이텀(Datum)

기하공차를 규제할 때 단독형상이 아닌 관련되는 형체의 기준으로부터 기하공차를 규제하는 경우, 어느 부분의 형체를 기준으로 기하공차를 규제하느냐에 따른 기준이 되는 형체를 데이텀이라 한다. 형체의 기준에서 관련 형체에 기하공차를 지시할 때 그 공차역을 규제하기 위하여 설정한 형체의 기준은 이론적으로 정확한 기하학적 기준이 되는 점, 직선, 축 직선, 평면, 중심, 중심평면을 데이텀이라 한다.

데이텀은 기하공차를 규제하기 위한 형체의 기준으로, 결합상태, 기능, 가공공정 등을 고려하여 적절한 형체를 데이텀으로 설정해야 한다. 부품형상의 평면부분, 직선부분 등을 기준(Datum)으로 평행도, 직각도, 경사도, 흔들림, 위치도 등의 기하공차를 규제하는 방법과 그 부품을 측정할 때 구체적으로 어떻게 기준을 정하느냐가 막연하여 일률적으로 적용하는 것이 곤란하다. 예를 들어 그림 3-34 (a)와 같이 A면과 B면을 기준으로 구멍에 위치도 공차가 규제되었을 경우, A면을 기준으로 하느냐 B면을 기준으로 하느냐에 따라 그림 3-34 (b)와 같이 구멍위치가 달라질 수 있으며 형상이 다른 두 부품으로 될 수 있다.

이러한 것을 확실히 하기 위하여 데이텀의 설정 및 사용법을 분명히 할 필요가 있다.

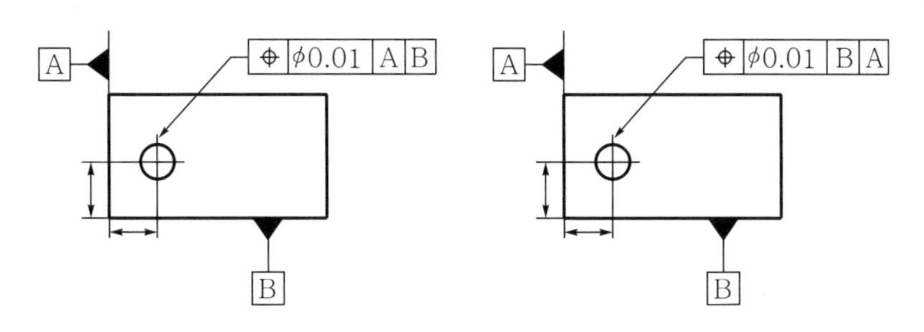

(a) 데이텀을 기준으로 규제된 위치도

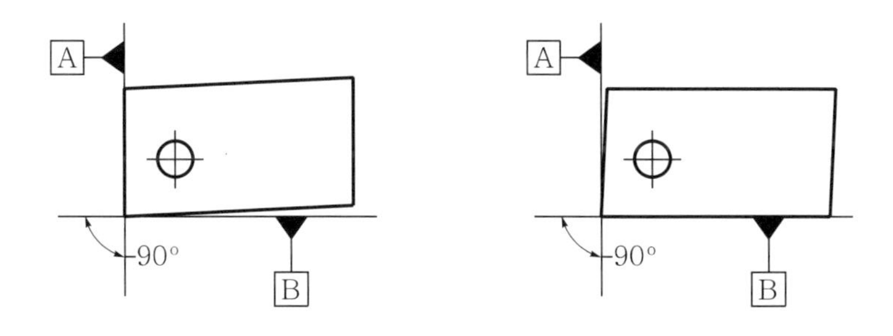

(b) 데이텀의 우선순위에 따른 형상

그림 3-34 데이텀의 우선순위에 따른 형상

7.1 데이텀 형체의 지시방법

기하공차를 지시할 경우 데이텀을 기준으로 규제되는 형체는 외형선이나 치수보조선 또는 치수선의 연장선 상에 있는 사각형의 테두리 안에 문자 부호로 나타내거나, 검게 칠한 삼각형으로 나타내거나, 칠하지 않은 삼각형으로 나타낸다.

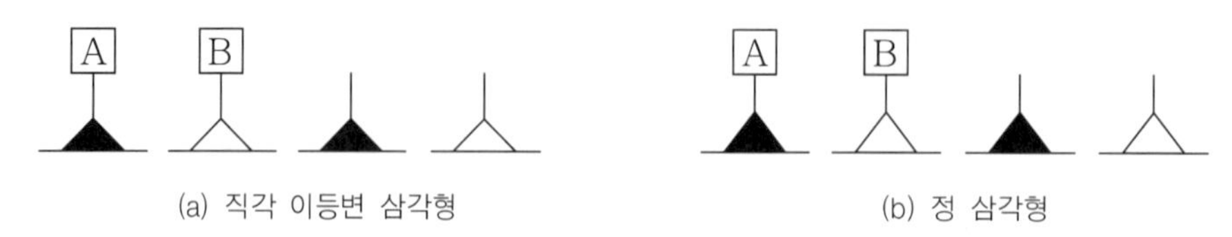

(a) 직각 이등변 삼각형 (b) 정 삼각형

* 직사각형의 테두리와 정삼각형 (ANSI-1992)
* 직각 이등변 삼각형 (KS, JIS)
* 정삼각형(ANSI, ISO, BS)

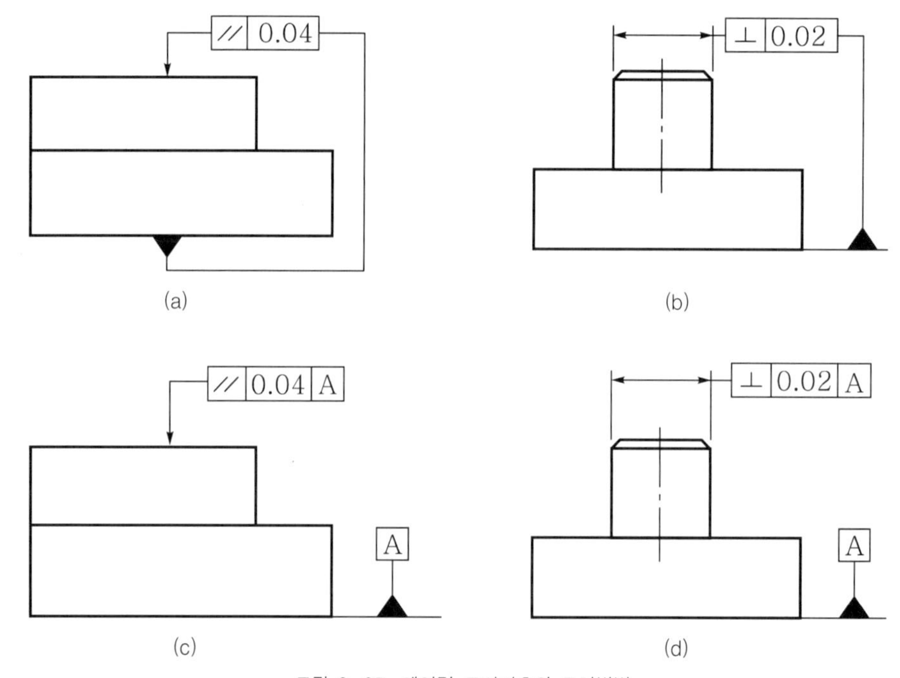

(a) (b) (c) (d)

그림 3-35 데이텀 표시기호와 표시방법

① 데이텀 형체를 지시하려면 외형선, 치수보조선 또는 치수선의 연장선에 삼각형의 한 변을 일치시켜 나타낸다.

② 데이텀을 나타낸 삼각 기호와 규제형체의 기하공차 기입 테두리를 직접 연결하여 그림 3-35의 (a),(b)와 같이 나타낸다. 이 경우에는 데이텀을 지시하는 문자 부호와 사각형의 틀을 생략할 수 있다.

③ 데이텀 형체에 삼각기호를 나타낸 직각 정점에서 끌어낸 선 끝에 사각형의 테두리를 붙이고 그 테두리 안에 데이텀을 지시하는 알파벳 대문자의 부호를 기입하여 그림 3-35의 (e), (f)와 같이 나타낸다.

④ 치수가 지정되어 있는 형체의 축 직선 또는 중심 평면이 데이텀인 경우에는 치수선의 연장선을 데이텀의 지시선으로 사용하여 나타낸다. (그림 3-36 (a), (b), (c), (d))

치수선의 화살표를 치수 보조선이나 외형선의 바깥으로부터 기입한 경우에는 화살표와 삼각기호가 중복되므로 화살표를 생략하고 삼각기호로 대용하여 나타낸다.

(그림 3-36 (b), (c), (d))

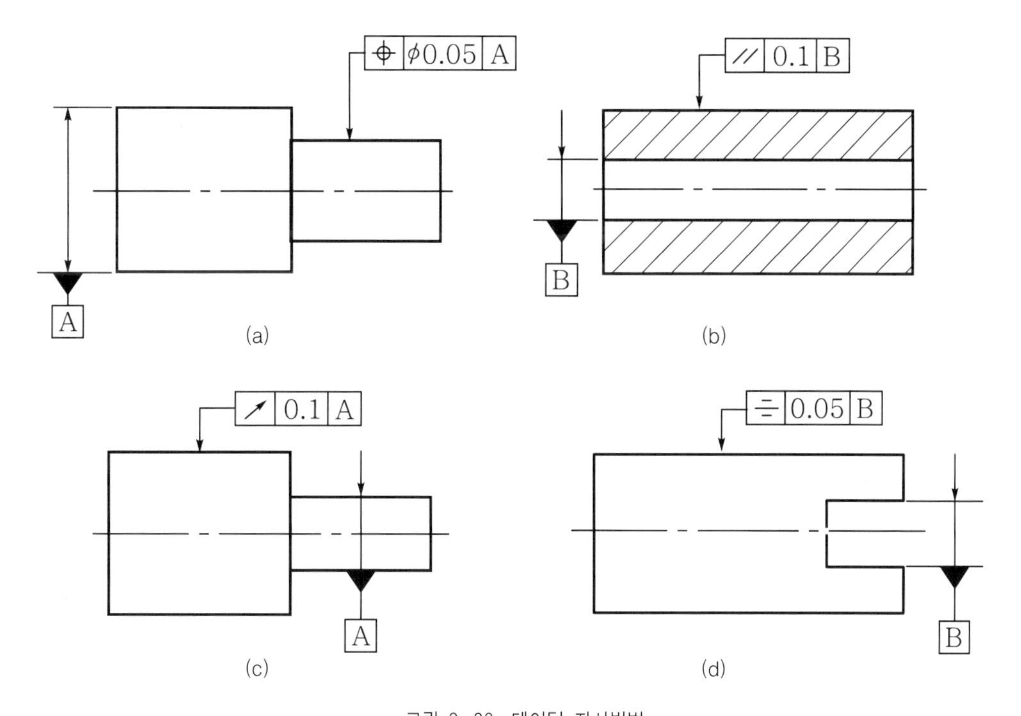

그림 3-36 데이텀 지시방법

⑤ 데이텀을 지시하는 삼각기호와 문자부호를 나타내고 기하공차 기입 테두리 내에 데이텀 문자부호를 나타내며 하나의 데이텀에 의해서 규제될 경우에는 기하공차 기입 테두리 3번째 구획 속에 데이텀을 지시하는 문자를 기입한다. (그림 3-37 (a), (b), (c))

⑥ 축 직선과 중심 평면이 공통으로 데이텀인 경우에는 축 직선 또는 중심 평면을 나타내는 중심선에 데이텀 삼각기호를 붙인다.

⑦ 하나의 형체를 두 개의 데이텀에 의해서 규제할 경우에는 두 개의 데이텀을 나타내는 문자를 하이픈으로 연결하여 기하공차 기입 테두리 3번째 구획에 표시한다.

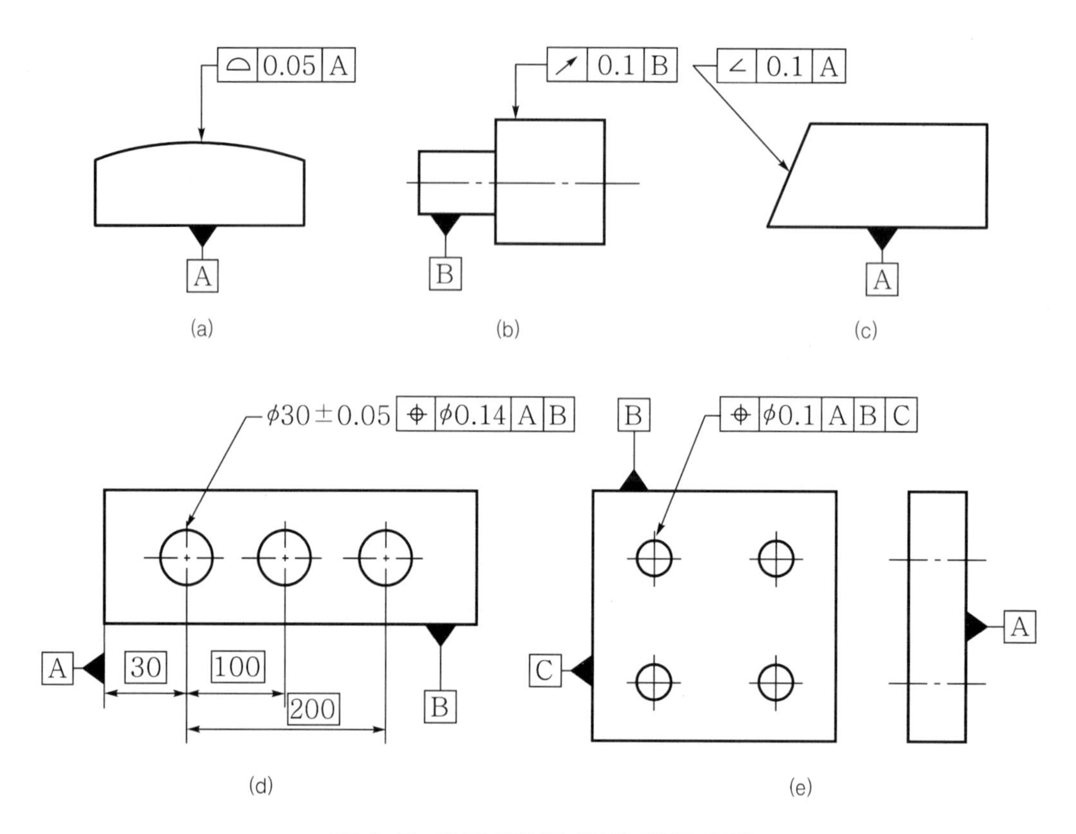

그림 3-37 하나의 데이텀과 복수의 데이텀 표시법

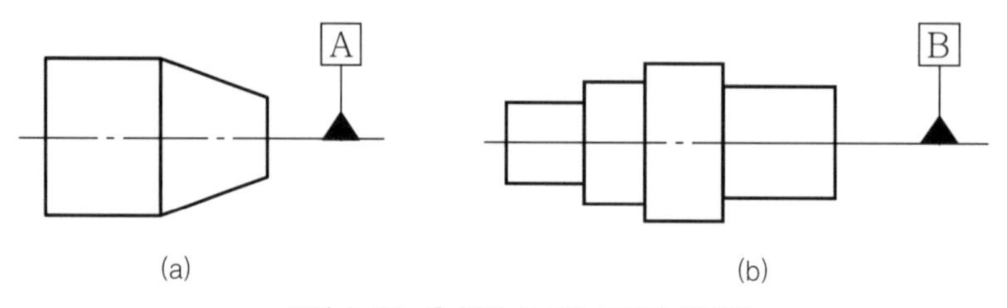

그림 3-38 축 직선 중심에 표시한 데이텀

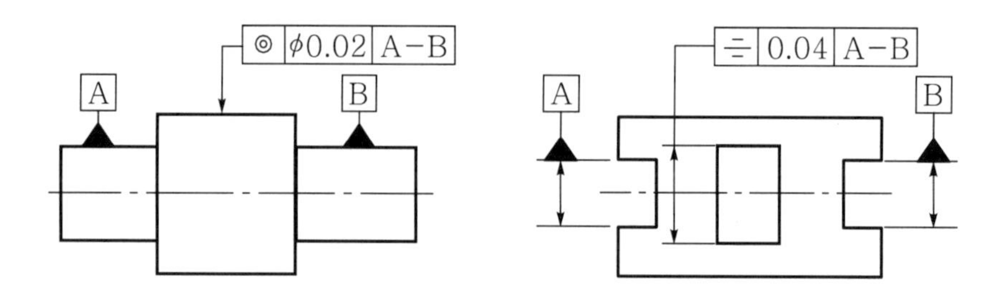

그림 3-39 두 개의 데이텀 표시법

⑧ 두 개 이상의 형체를 데이텀으로 규제할 경우 그들 데이텀의 우선순위를 문제 삼지 않을 때에는 데이텀 문자 사이에 칸막이를 하지 않고 같은 구획 내에 나란히 기입한다. (그림 3-40)

⑨ 두 개 이상의 데이텀을 우선순위별로 규제할 경우에는 우선순위가 높은 순서대로 왼쪽에서 오른쪽으로 데이텀을 나타내는 문자에 칸막이를 하여 기입한다. (그림 3-41)

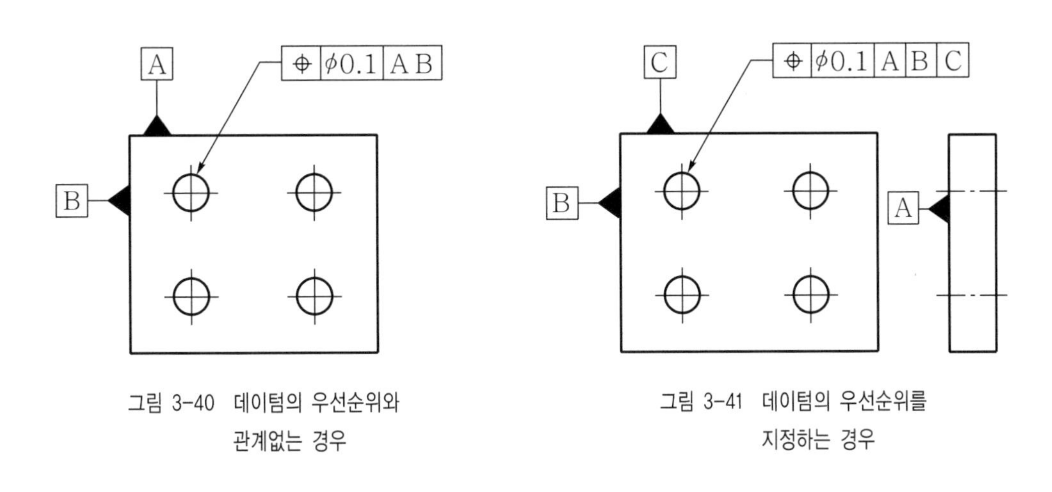

그림 3-40 데이텀의 우선순위와 관계없는 경우

그림 3-41 데이텀의 우선순위를 지정하는 경우

⑩ 데이텀을 나타내는 삼각기호는 검게 칠하지 않은 삼각형으로 나타낼 수 있다.

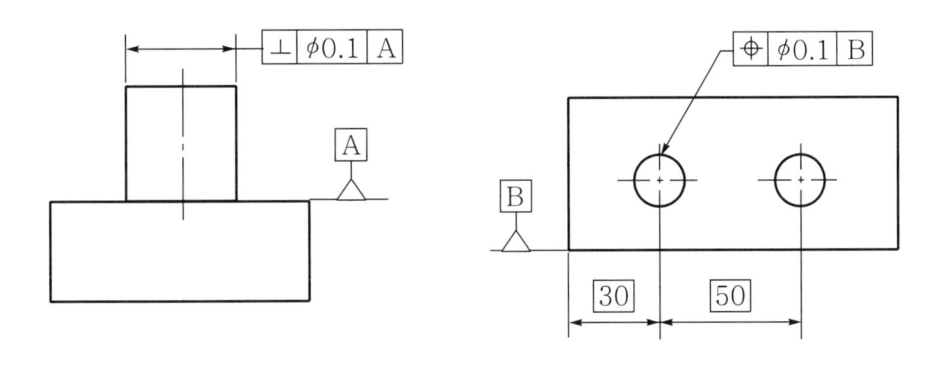

그림 3-42 칠하지 않은 삼각형으로 나타낸 데이텀

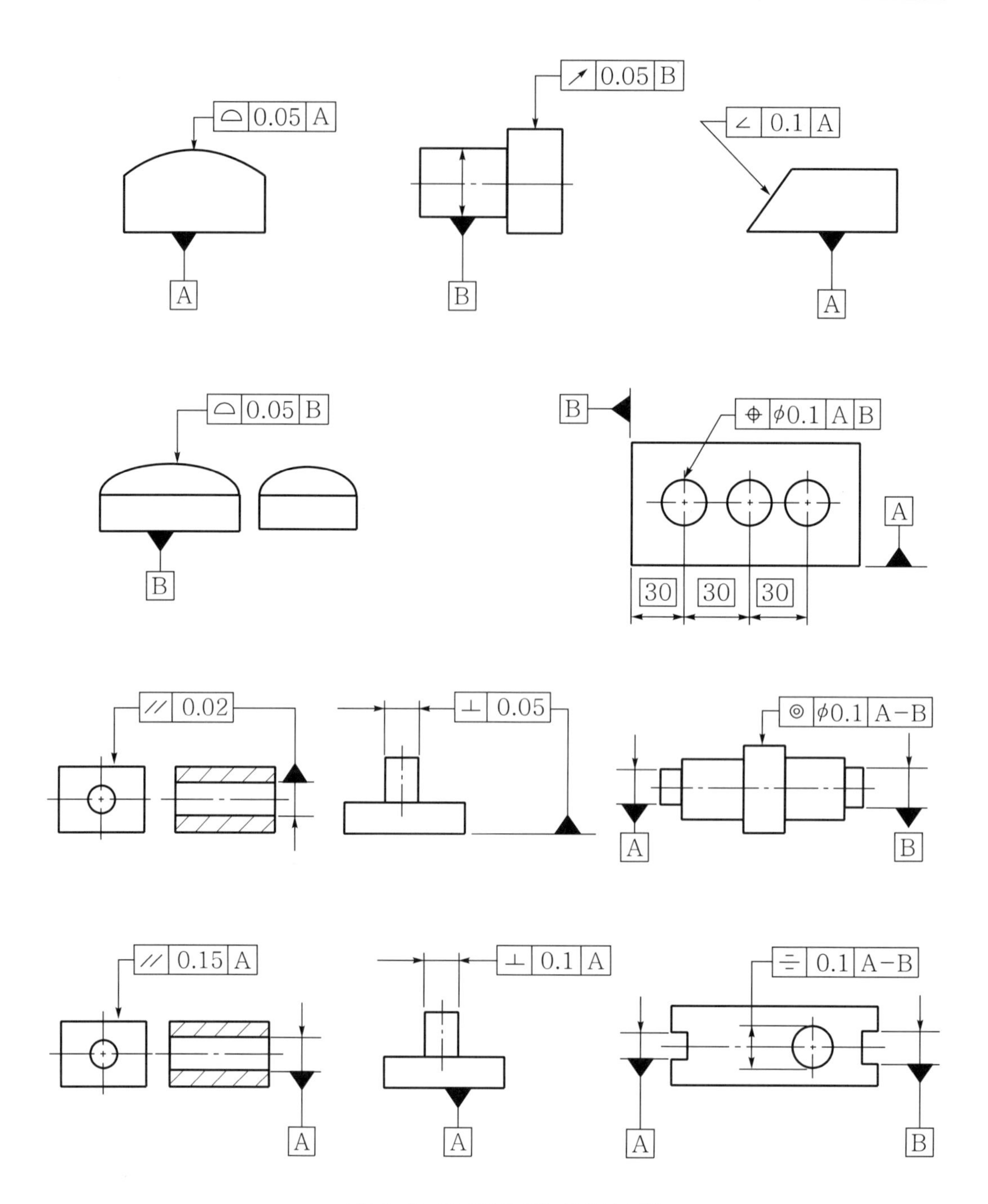

그림 3-43 KS 규격에 의한 데이텀 표시법

8 최대실체 공차방식(最大實體 公差方式)

치수공차와 기하공차 (모양, 자세, 흔들림, 위치) 사이의 상호 의존관계를 최대실체 상태라 한다. 최대실체 공차방식은 최대실체 상태를 필요조건으로 하는 원리에 바탕을 두고 구체화 한 것이다. 결합되는 부품 상호간에 최대실체 상태의 치수차를 기하공차로 활용하는 방법이다.

8.1 최대실체 치수와 최소실체 치수

1) 최대실체 치수 (Maximum Material Size)

최대실체 치수(최대실체 상태)는 크기에 대한 치수공차를 갖는 형체가 허용한계치수 범위 내에서 체적이 최대일 때의 치수 또는 질량이 최대일 때의 치수를 최대실체 치수라 한다. 예를 들면 내측 형체인 구멍이나 홈의 경우에는 지시된 허용한계 치수 내에서 하한치수가 최대실체 치수이며 외측형체인 축이나 핀 또는 돌기부의 형체는 상한치수가 최대실체 치수다.

최대실체 치수는 약자로 MMS(Maximum Material Size), 기호는 Ⓜ으로 나타낸다. (ANSI 규격에서는 약자로 MMC(Maximum Material Condition)으로 나타낸다.)

최대실체 치수는 주기로 나타낼 때 약자(MMS)가 사용되며, 규제형체의 도면에는 기호 Ⓜ 으로 나타낸다.

2) 최소실체 치수(Least Material Size)

최소실체 치수(최소실체 상태)는 크기에 대한 치수공차를 갖는 형체가 주어진 허용한계치수 범위 내에서 실체의 체적이 최소일 때의 치수를 최소실체 치수라 한다.

내측 형체인 구멍이나 홈의 경우에는 허용한계치수 내에서 상한치수 즉 체적이 최소일 때의 치수를, 외측형체인 축이나 핀 또는 돌기부를 갖는 형체는 주어진 허용한계치수 내에서 하한치수를 최소실체 치수라 한다.

최소실체 치수(Least Material Size)는 동의어인 Minimum Material Size의 약자 MMS로 하면 Maximum Material Size와 약자가 동일하게 되므로 구분하기 위해서 Minimum 대신에 Least를 사용하여 최대실체 치수와 최소실체 치수를 구분할 수 있게 하였다.

최소실체 치수를 도면에 나타낼 때 주기 상에는 약자 LMS, 규제형체의 도면에는 기호 Ⓛ로 나타낸다. (ANSI 규격에는 기호 Ⓛ이 규격으로 정해져 있으나 KS 규격에는 약자 LMS만 있고 기호 Ⓛ은 규격에 없다.)

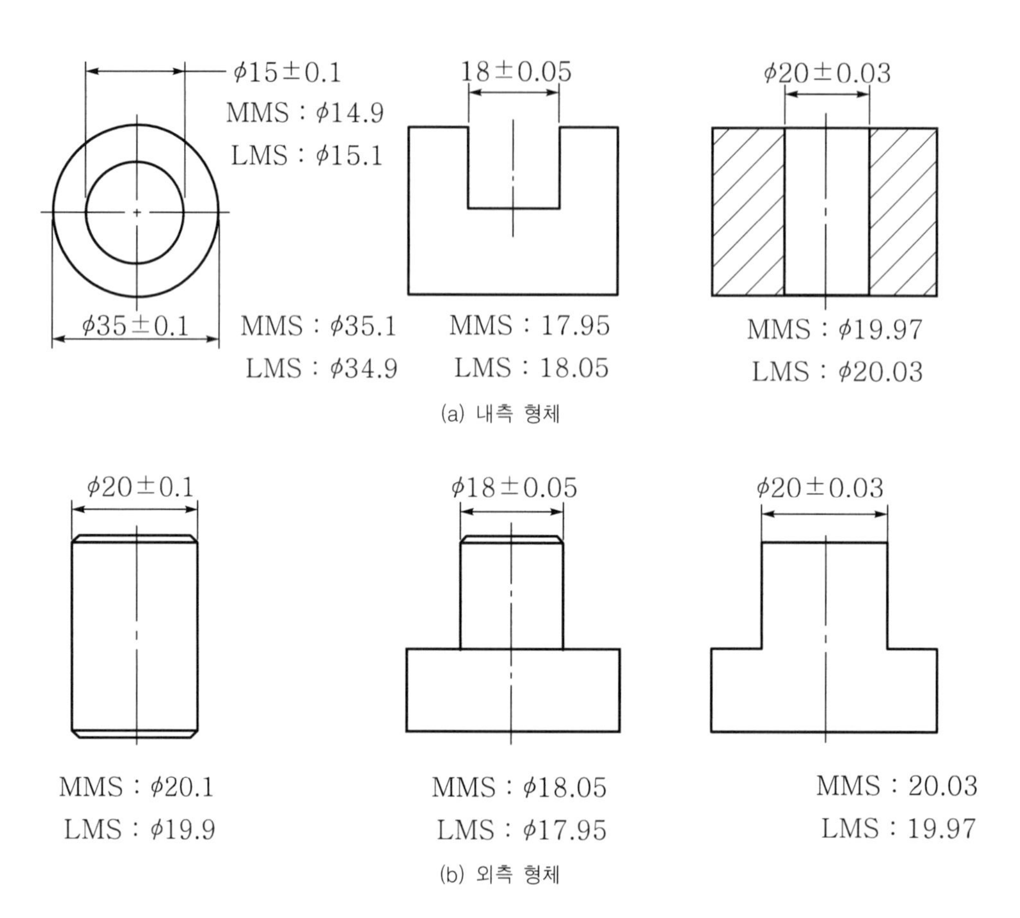

그림 3-44 내측, 외측 형체의 최대, 최소실체치수

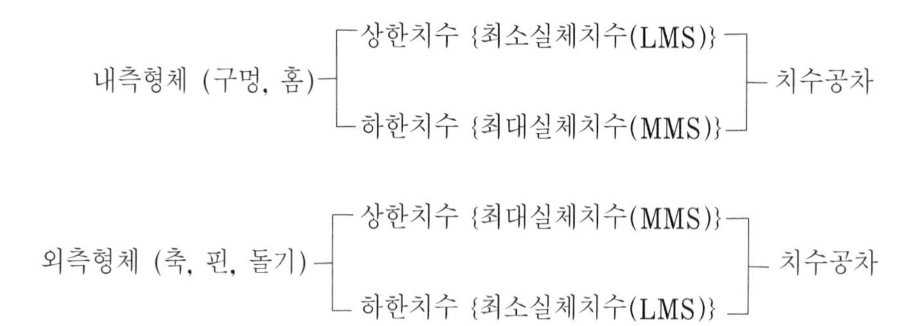

8.2 최대실체 공차방식의 적용

① 최대실체 공차방식은 두 개 이상의 형체가 결합되는 결합형체에 적용하며 결합되는 부품이 아니면 적용하지 않는다.

② 결합되는 두 개의 형체 각각의 치수공차와 기하공차 사이에 상호 의존성을 고려하여 치수의 여분을 기하공차에 부가할 수 있는 경우에 적용한다.

③ 최대실체 공차방식은 중심과는 중간 면이 있는 치수공차를 갖는 형체에 적용하며 평면과 표면상의 선에는 적용하지 않는다.

④ 최대실체 공차방식을 적용할 때 도면에 지시한 기하공차 값은 규제형체가 최대실체 치수일 때 적용되는 공차 값이고, 형체 치수가 최대실체 치수를 벗어날 경우에는 그 벗어난 크기만큼 추가공차가 허용된다.

⑤ 규제형체가 데이텀을 기준으로 규제될 경우 데이텀 자체가 치수공차를 갖는 형체라면 데이텀에도 최대실체 공차방식을 적용할 수 있다.

8.3 최대실체 공차방식으로 규제된 구멍과 축

① 내측형체 (구멍, 홈)에 규제된 직각도

그림 3-45의 구멍에 최대실체 공차방식으로 규제된 직각도 공차 ϕ0.03은 구멍이 최대실체치수 ϕ19.97일 때 적용되는 직각도 공차이며 구멍이 커지면 커진 크기만큼 추가공차가 허용된다. 구멍이 상한치수 ϕ20.03일 때 최대실체치수 ϕ19.97에서 커진 크기 0.06이 규제된 직각도 공차 0.03에 추가되어 0.09(0.03+0.06)까지 허용된다.

구멍이 최대실체치수 ϕ19.97일 때 지시된 직각도 공차 ϕ0.03 범위 내에서 그림 3-45 (b)와 같이 기울어진 경우 여기에 결합되는 축의 최대실체치수는 ϕ19.94이며 직각도가 0으로 정확한 직각이 되어야 하며 구멍의 직각도를 검사하는 기능 게이지의 기본 치수이다. (그림 3-45 (c))

② 외측형체(축, 핀)에 규제된 직각도

그림 3-45의 축에 최대실체 공차방식으로 규제된 직각도 공차 ϕ0.05는 축이 최대실체치수 ϕ25.02일 때 적용되는 직각도 공차이며 축이 작아지면 작아진 크기만큼 추가공차가 허용된다. 축이 하한치수 ϕ24.98일 때 최대실체치수 ϕ25.02에서 ϕ24.98로 작아지면 작아진 크기 0.04가 주어진 직각도공차 0.05에 추가되어 0.09(0.05+0.04)까지 허용된다.

축의 경우 최대실체치수 ϕ25.02일 때 지시된 직각도 공차 ϕ0.05 범위 내에서 그림 3-45 (b)와 같이 기울어진 경우 여기에 결합되는 구멍의 최대실체치수는 ϕ25.07이며 직각도가 0으로 정확한 직각이 되어야 하며 축의 직각도를 검사하는 기능 게이지의 기본치수가 된다. (그림 3-45 (c))

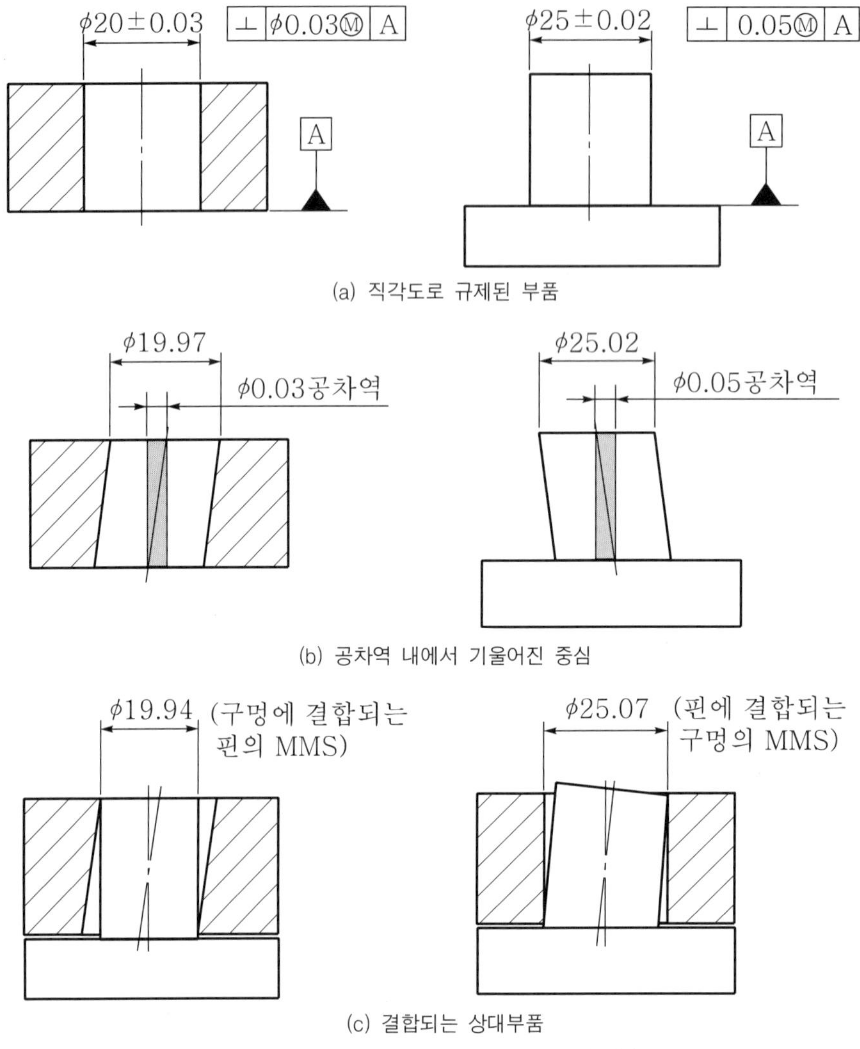

(a) 직각도로 규제된 부품

(b) 공차역 내에서 기울어진 중심

(c) 결합되는 상대부품

그림 3-45 최대실체 공차방식으로 규제된 직각도

8.4 최대실체 공차방식을 지시하는 방법

최대실체 공차방식을 도면에 지시할 경우에는 공차기입 테두리 안에 기호 Ⓜ을 다음과 같이 나타낸다.

① 규제형체에 최대실체 공차방식을 지시하는 경우에는 공차기입 테두리 내에 기하공차로 지시된 공차수치 다음에 기호 Ⓜ을 기입하여 나타낸다. (그림 3-46 (a), (b), (c))

② 규제형체와 데이텀에 각각 최대실체 공차방식을 지시할 경우에는 기하공차값 수치 뒤와 데이텀 문자부호 뒤에 각각 기호 Ⓜ을 기입하여 나타낸다. (그림 3-46 (d))

③ 데이텀 형체가 데이텀을 지시하는 문자부호에 의하여 표시되어 있지 않을 경우에는 공차기입 테두리 3번째 구획에 데이텀을 지시하는 문자부호 없이 기호 Ⓜ만을 기입한다.

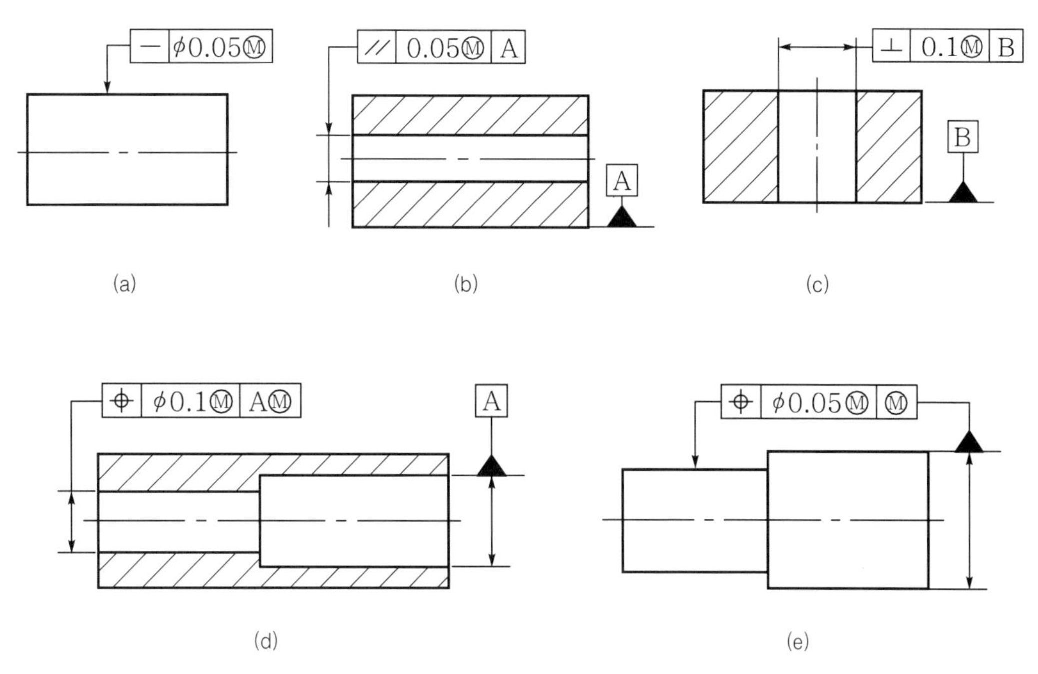

그림 3-46 최대실체 공차방식의 지시방법

8.5 최대실체 공차방식으로 규제된 기하공차

1) 최대실체 공차방식으로 규제된 진직도

핀에 진직도 공차가 최대실체 조건으로 규제된 경우 지시된 진직도 공차 0.04는 핀의 지름이 최대실체치수 ϕ20.02일 때 허용되는 공차이며 최소실체치수 ϕ19.98로 작아지면 작아진 크기만큼 진직도 공차가 추가로 허용된다. 예를 들면 핀의 실제치수가 ϕ20으로 되었다면 최대실체치수 ϕ20.02에서 0.02 작아진 크기만큼 추가공차가 허용되어 주어진 진직도 공차 0.04에 추가되어 0.06까지 허용된다.

실제치수에 따른 추가공차를 그림 3-47의 (b) 우측 표에 나타냈다.

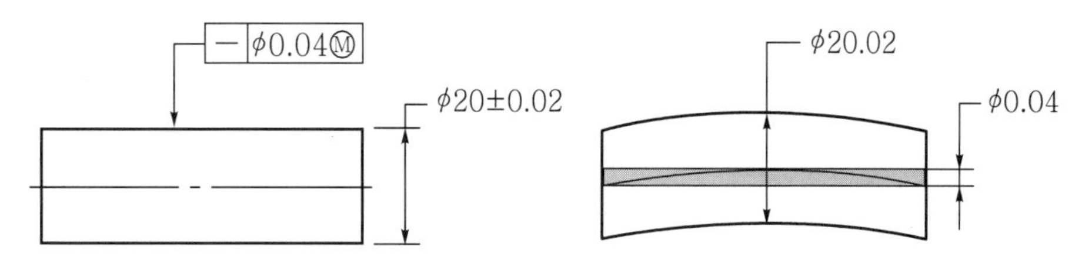

(a) 핀 중심에 지름공차로 규제된 진직도

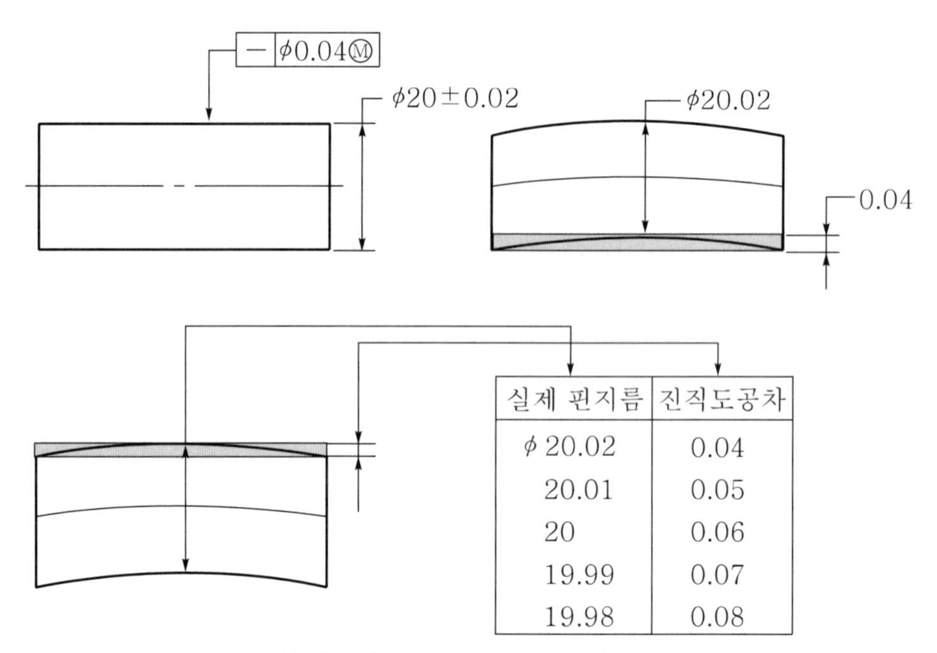

실제 핀지름	진직도공차
ϕ 20.02	0.04
20.01	0.05
20	0.06
19.99	0.07
19.98	0.08

(b) 핀 표면에 폭 공차로 규제된 진직도

그림 3-47 최대실체 공차방식으로 규제된 진직도

2) 최대실체 공차방식으로 규제된 평행도

다음 그림과 같이 A 데이텀 표면을 기준으로 구멍중심에 평행도 공차가 최대실체 공차방식으로 규제된 경우 지시된 평행도 공차 0.1은 구멍지름이 최대실체치수 ϕ9.9일 때 허용되는 평행도공차이고 구멍의 실제지름이 상한치수 ϕ10.1로 커지면 커진 크기 0.2가 추가되어 0.3까지 직각도 공차가 허용된다.

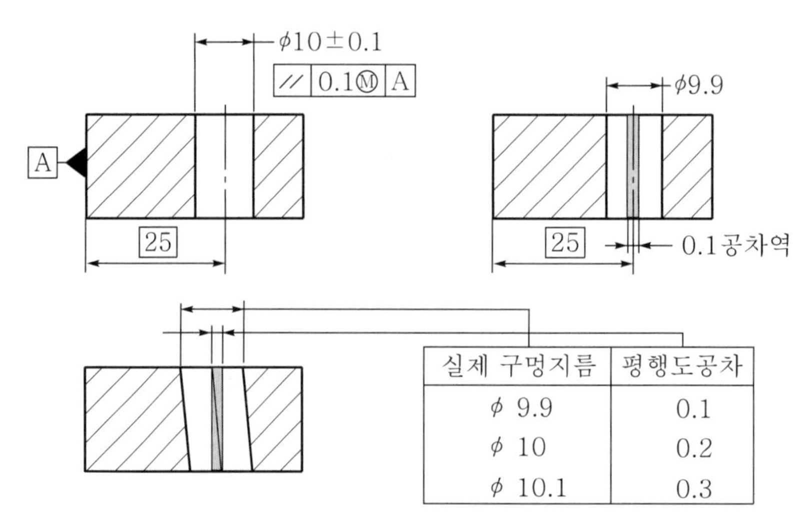

실제 구멍지름	평행도공차
ϕ 9.9	0.1
ϕ 10	0.2
ϕ 10.1	0.3

그림 3-48 최대실체 공차방식으로 규제된 평행도

3) 최대실체 공차방식으로 구멍에 규제된 직각도

구멍에 최대실체 공차방식으로 규제된 직각도에 대한 실치수에 따른 추가되는 직각도공차와 결합되는 상대 부품과의 관계를 다음 그림에 나타냈다.

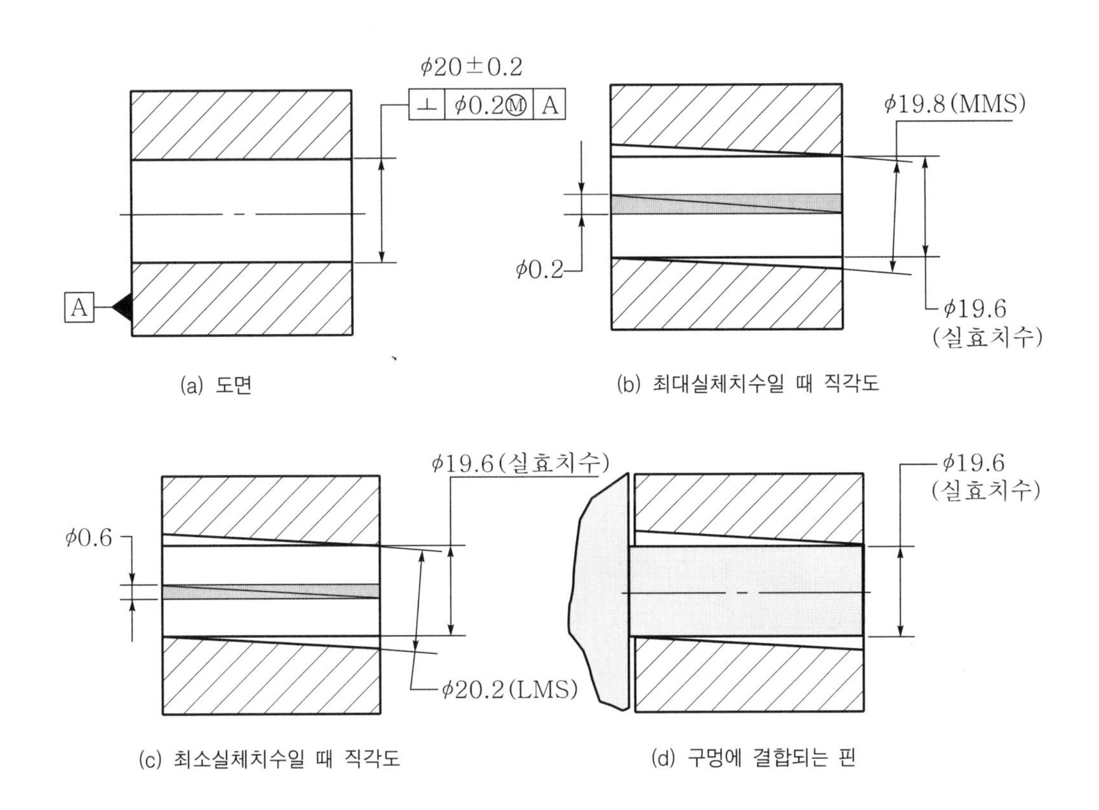

(a) 도면　(b) 최대실체치수일 때 직각도

(c) 최소실체치수일 때 직각도　(d) 구멍에 결합되는 핀

(e) (a)에 의하여 정해지는 치수

실치수 = φ19.8 ~ 20.2

MMS = φ19.8

VS = 실효치수 = MMS - 0.2 = φ19.6

허용되는 직각도 = φ0.2 ~ 0.6

구멍의 실제지름에 따라 허용되는 직각도

구멍지름	직각도공차
19.8	0.2
19.9	0.3
20	0.4
20.1	0.5
20.2	0.6

그림 3-49 최대실체 공차방식으로 구멍에 규제된 직각도

4) 최대실체 공차방식으로 축에 규제된 직각도

최대실체 공차방식으로 축에 규제된 직각도에 의해 결합되는 상대부품과 실치수에 따른 추가되는 직각도를 다음 그림에 나타냈다.

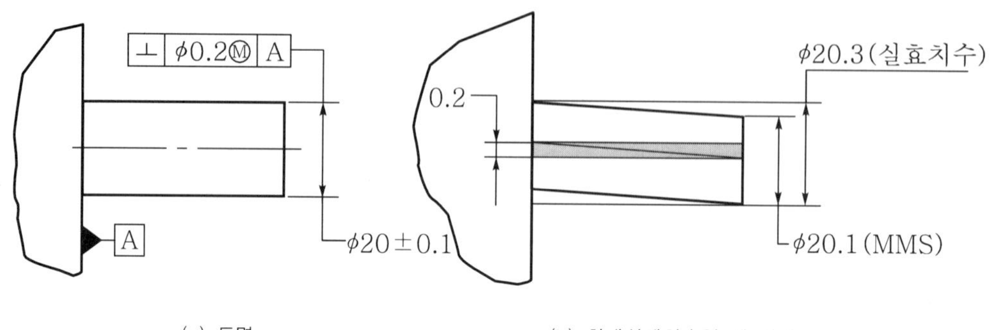

(a) 도면

(b) 최대실체치수일 때 직각도

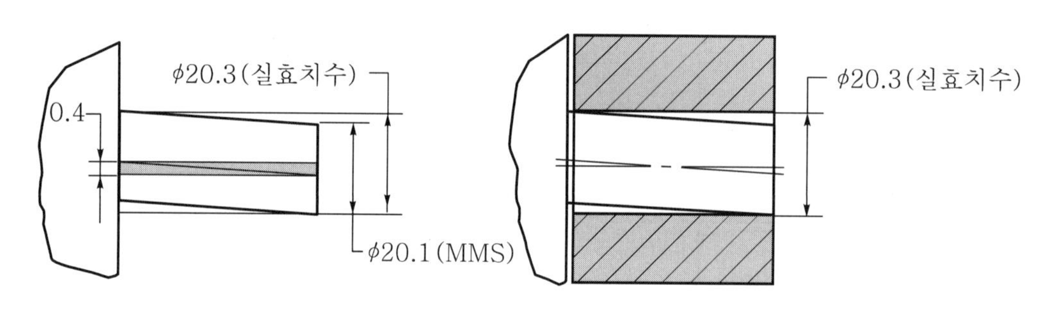

(c) 최소실체치수일 때 직각도

(d) 핀에 결합되는 구멍

(e) 그림 (a)에 의해 정해지는 치수

실치수 = ϕ19.9 ~ 20.1

MMS = 최대실체치수 = ϕ20.1

VS = 실효치수 = MMS + 0.2 = ϕ20.3

허용되는 직각도 공차 = ϕ0.2 ~ 0.4

실치수에 따른 직각도 공차

구멍 지름	직각도공차
20.1	0.2
20	0.3
19.9	0.4

그림 3-50 최대실체 공차방식으로 핀에 규제된 직각도

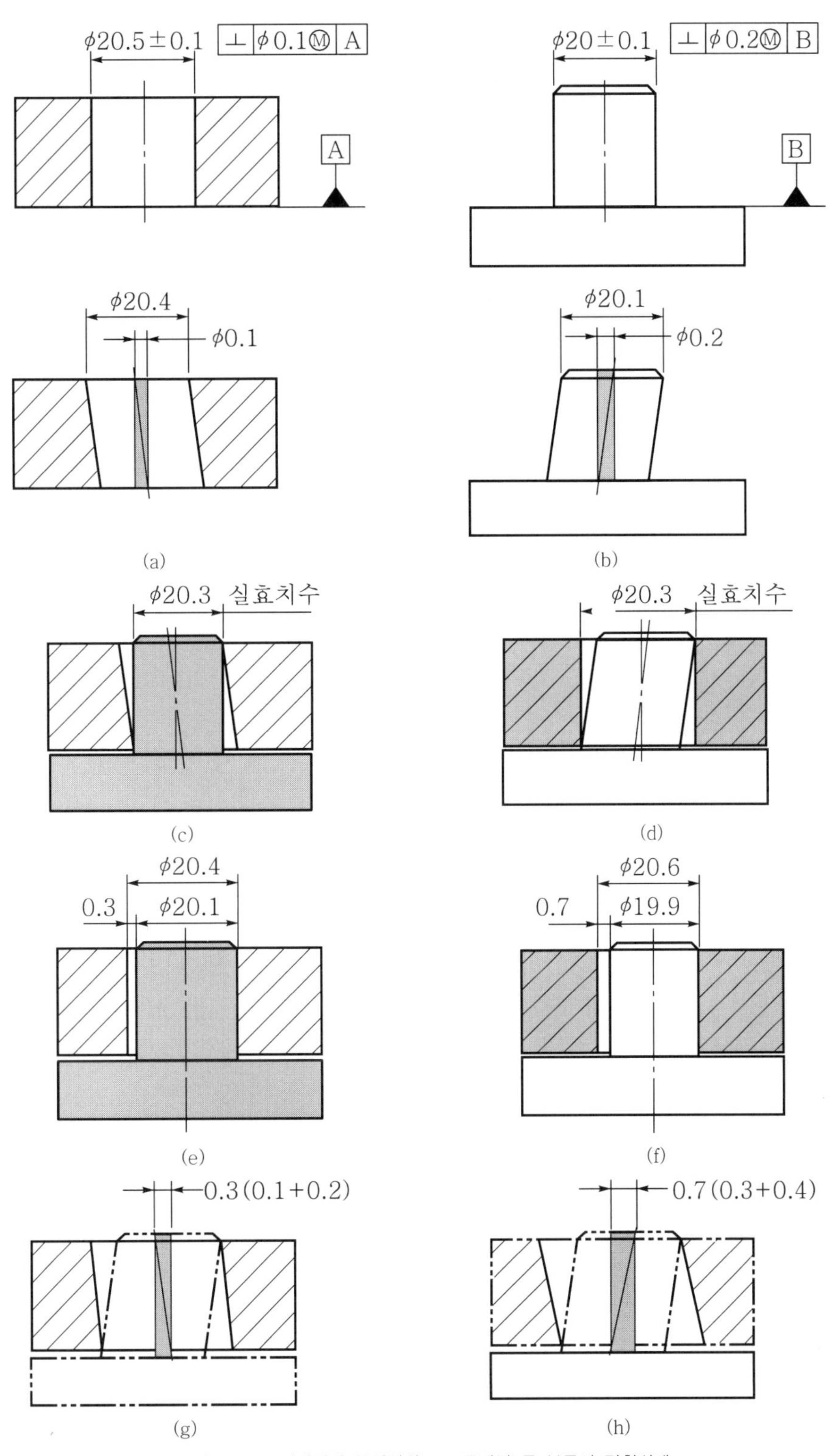

그림 3-51 최대실체 공차방식으로 규제된 두 부품의 결합상태

9 최소실체 공차방식(最小實體 公差方式)

최소실체 공차방식은 특별한 설계상의 요구로 최대실체조건이 허용되지 않거나 형체 치수공차에 대하여 정확한 요구가 보증되지 않는 경우에 적용할 수 있다. 이는 규제형체나 데이텀이 최대실체조건 대신에 최소실체조건(Least Material Condition)이 적용되는 경우이다.

이 경우에는 규제형체나 데이텀이 최소실체치수에서 최대실체치수에 가까워지는 경우, 위치의 극한적인 중심위치를 유지할 필요가 있는 경우, 부품 특성상 강도나 변형상의 문제가 생길 수 있는 경우, 최소 벽 두께를 규제할 필요가 있는 경우 등에 적용된다.

최소실체 공차방식은 ANSI 규격에서는 최소실체조건의 약자 LMS(Least Material Condition), 기호 Ⓛ이 규격으로 정해져 있으나 KS 규격에서는 최소실체치수의 약자 LMS(Least Material Size)만 있고 기호 Ⓛ은 규격에 없다.

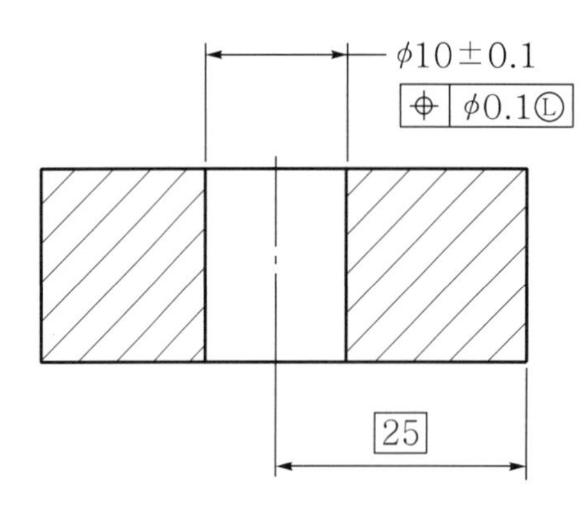

구멍지름	위치도공차
ϕ10.1(Ⓛ)	0.1
ϕ10	0.2
ϕ9.9	0.3

그림 3-52 최소실체조건으로 규제된 위치도

다음 그림과 같이 구멍중심이 데이텀이 되어 외형중심에 최소실체조건으로 위치도공차가 규제된 경우, 외형과 구멍중심이 각각 최소실체치수(외형 ϕ29.9, 구멍 ϕ20.1)일 때 위치도공차가 ϕ0.1로 규제되어 있다. 이 경우 외형과 구멍이 최대실체치수(외형 ϕ30, 구멍 ϕ20)로 되었을 때 ϕ0.3까지 추가공차가 허용된다.

바깥지름과 데이텀 구멍지름과 허용되는 위치도공차에 따른 최소 벽두께 계산은 다음과 같다.

바깥지름의 최소실체치수 = 29.9
데이텀 구멍의 최소실체치수 = −20.1
9.8÷2 = 4.9 — 한쪽 벽두께
허용되는 위치도공차 = 0.1÷2 = 0.05 −0.05 — 바깥지름 중심의 편위량
(0.05 = A 데이텀 구멍중심에서 바깥지름 중심이 한쪽으로 편위될 수 있는 편위량) 4.85 — 최소 벽두께

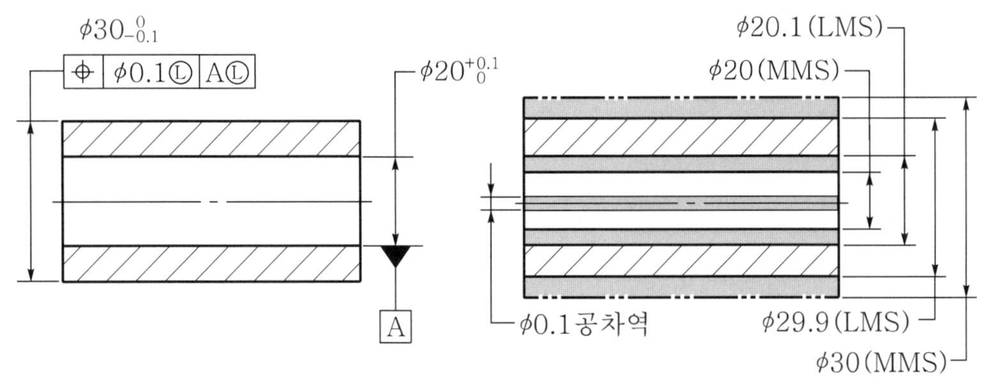

그림 3-53 데이텀과 규제형체가 LMS로 규제된 위치도

10 규제조건에 따른 공차해석

다음 그림과 같이 φ20±0.03으로 규제된 구멍에 위치도공차가 다 같이 φ0.03으로 지시되어 있고 다른 점은 규제조건이 각각 다르게 지시되어 있을 때 실제구멍지름에 따라 허용되는 위치도 공차는 다음 표와 같다.

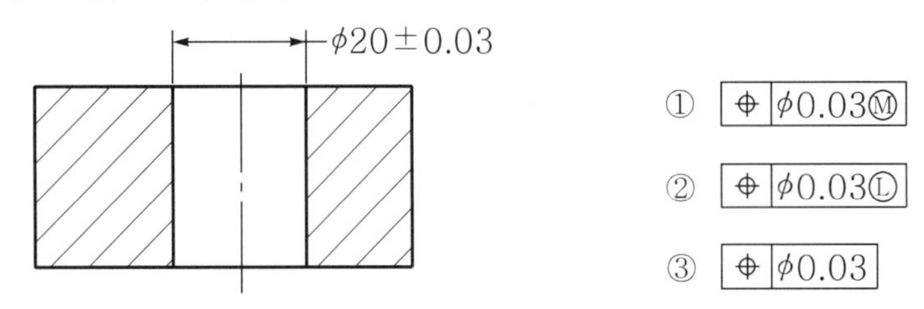

표 3-2 규제조건과 실제구멍지름에 따라 허용되는 위치도공차

⌖ φ0.03Ⓜ		⌖ φ0.03Ⓛ		⌖ φ0.03	
구멍지름	위치도공차	구멍지름	위치도공차	구멍지름	위치도공차
Ⓜ φ19.97	φ0.03	Ⓛ φ20.03	φ0.03	φ19.97	φ0.03
φ19.98	φ0.04	φ20.02	φ0.04	φ19.98	φ0.03
φ19.99	φ0.05	φ20.01	φ0.05	φ19.99	φ0.03
φ20.00	φ0.06	φ20.00	φ0.06	φ20.00	φ0.03
φ20.01	φ0.07	φ19.99	φ0.07	φ20.01	φ0.03
φ20.02	φ0.08	φ19.98	φ0.08	φ20.02	φ0.03
Ⓛ φ20.03	φ0.09	Ⓜ φ19.97	φ0.09	φ20.03	φ0.03

11 이론적으로 정확한 치수

치수에는 일반적으로 허용한계치수, 즉 치수공차가 주어진다. 이론적으로 정확한 치수는 치수에 공차가 없는 치수의 기준으로서 위치도나 윤곽도 및 경사도 등을 지정할 때 이들 위치나 윤곽, 경사 등을 정하는 치수에 치수공차를 인정하면 치수공차 안에서 허용되는 오차와 기하공차 내에서 허용되는 오차가 중복되어 공차역의 해석이 불분명해진다. 따라서 이 경우의 치수는 치수공차를 인정하지 않고 기하공차에 대한 공차역 내에서의 오차만을 인정하는 수단으로 이 치수를 이론적으로 정확한 치수라 하며 치수의 기준이 된다.

이론적으로 정확한 위치, 윤곽 또는 크기를 나타내는 치수와 각도를 나타내는 치수를 [100], [45°] 와 같이 사각형의 틀로 둘러싸서 나타낸다.

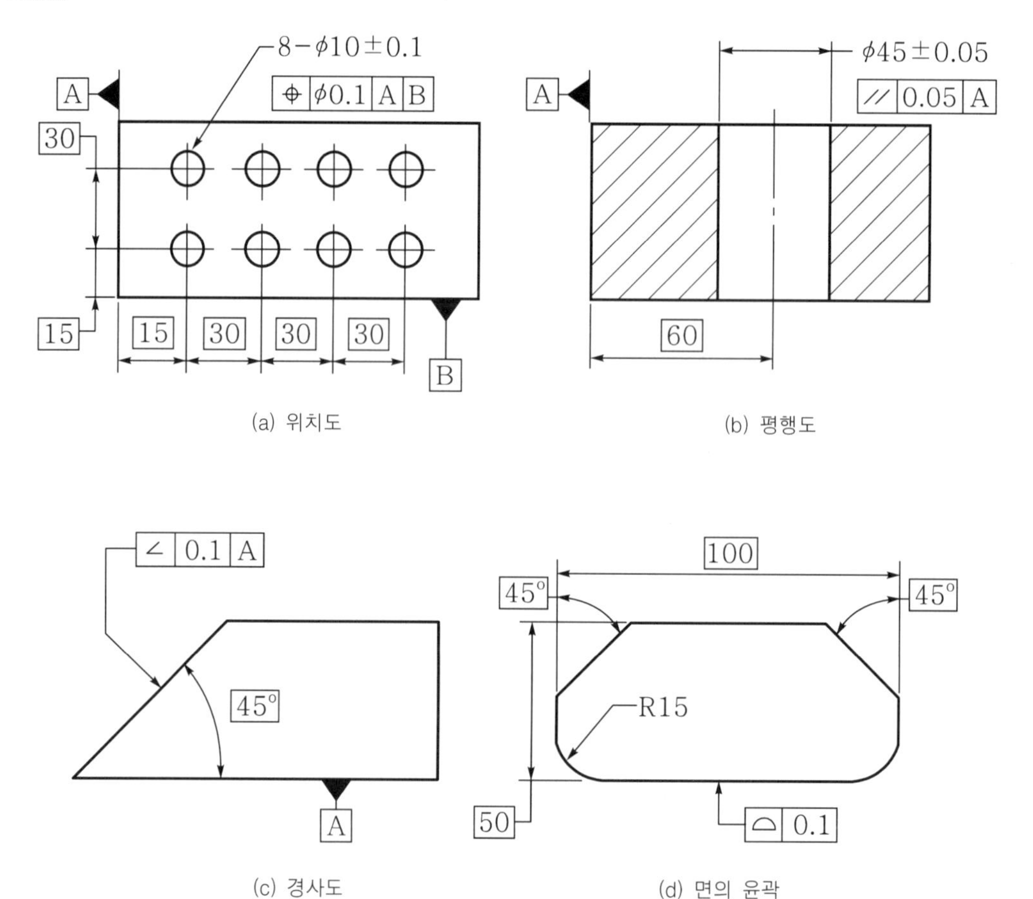

그림 3-54 이론적으로 정확한 치수 표시법

11.1 직각좌표 공차 방식의 두 구멍 위치

다음 그림과 같이 치수공차로만 규제된 도면에서 구멍의 중심까지의 위치에 대한 치수가 15±0.05와 20±0.05에 의한 구멍중심의 공차역은 가로와 세로가 0.1이 되는 4각형의 공차역의 범위 내에 구멍중심이 있어야 한다. 0.1×0.1의 4각형의 대각선 길이는 0.14가 된다. 실제 구멍중심에서 0.07 되는 대각선의 4모서리에 구멍중심이 있으면 공차역 범위 내에 있으나 모서리 부분을 제외한 나머지 부분에 구멍중심이 있으면 공차역을 벗어나게 된다.

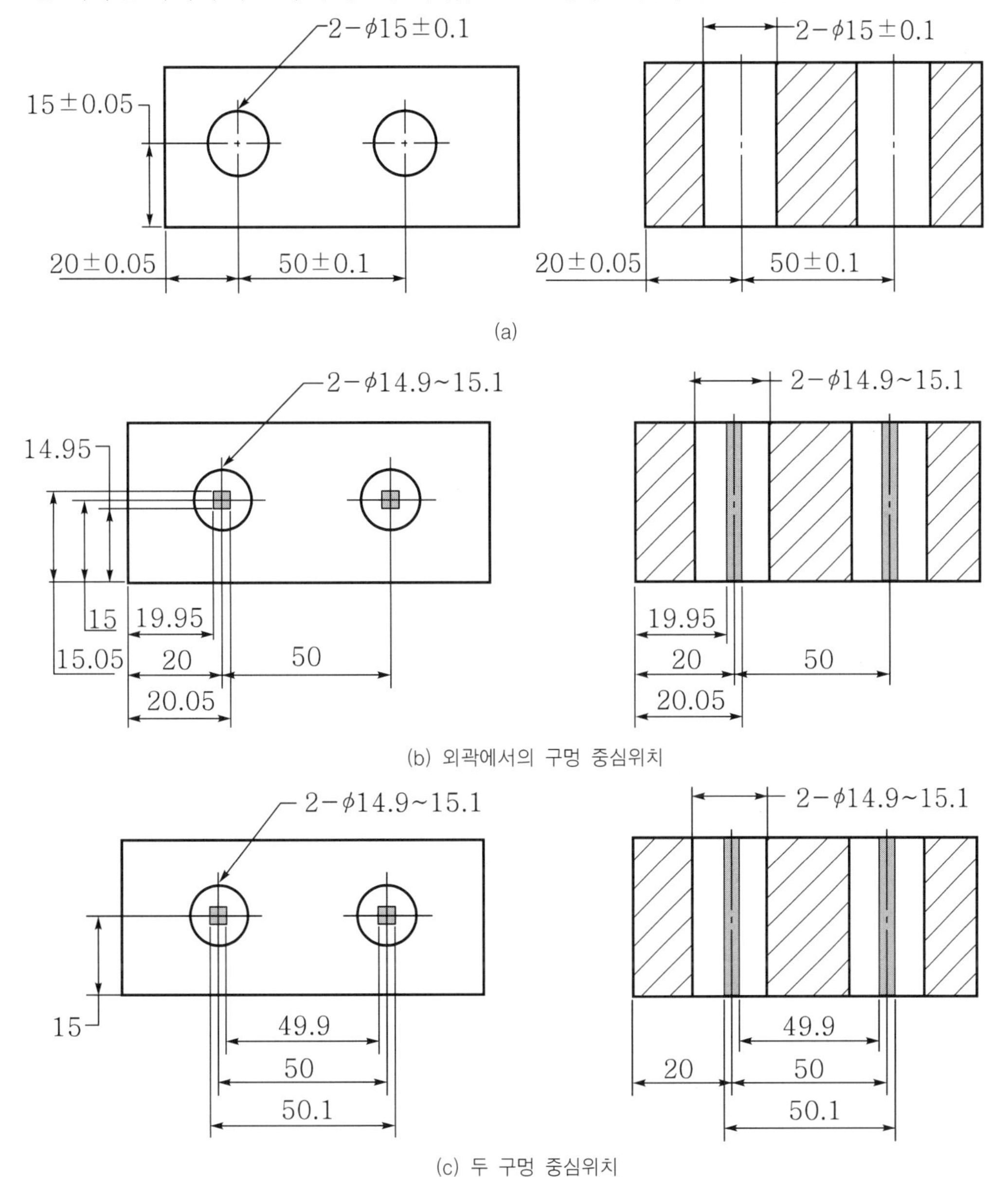

그림 3-55 직각좌표 공차 방식으로 규제된 도면의 공차역과 두 구멍 중심 위치

11.2 이론적으로 정확한 치수로 규제된 구멍 중심 위치

위치도 공차방식은 구멍중심의 위치에 대한 치수를 이론적으로 정확한 치수로 지시하고 구멍지름의 치수공차와 위치도 공차를 지름 공차로 지시했을 경우, 구멍중심의 공차역은 ϕ0.07 범위 안에 구멍중심이 있으면 된다. 따라서 지름 공차역 범위 내에서 실제 구멍중심에서 같은 거리(0.035)에 구멍중심이 있으면 공차역 범위 내에 들어간다.

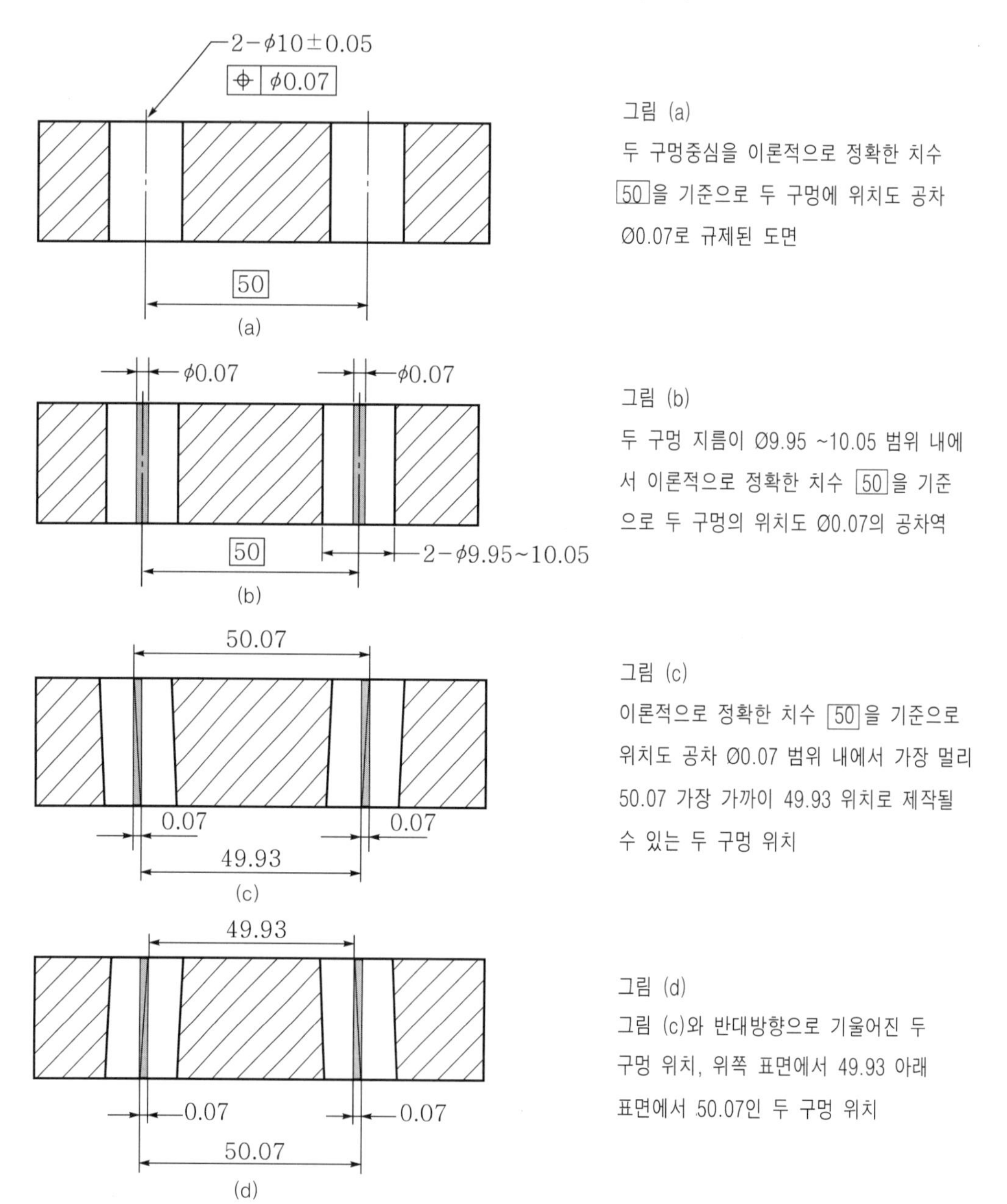

그림 3-56 이론적으로 정확한 치수로 규제된 두 구멍 위치

11.3 이론적으로 정확한 치수로 규제된 구멍과 핀

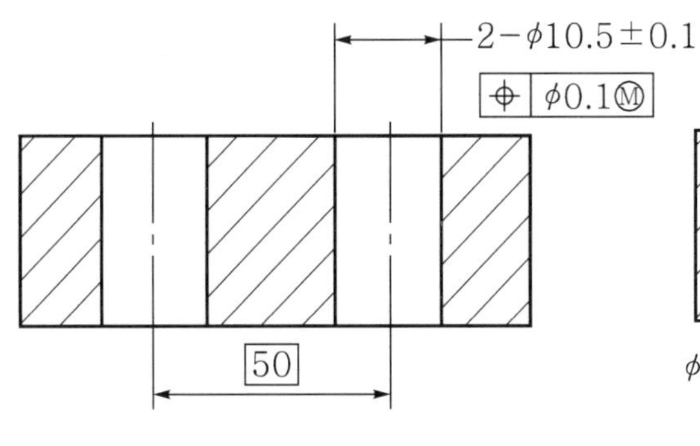

(a) 위치도 공차로 규제된 두 구멍

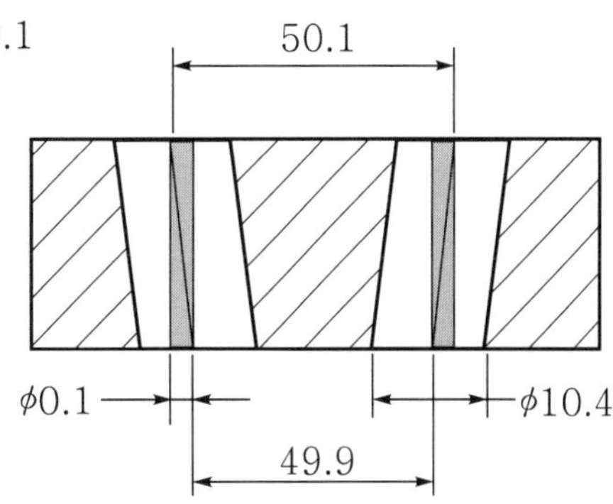

(b) 두 구멍지름과 위치 관계

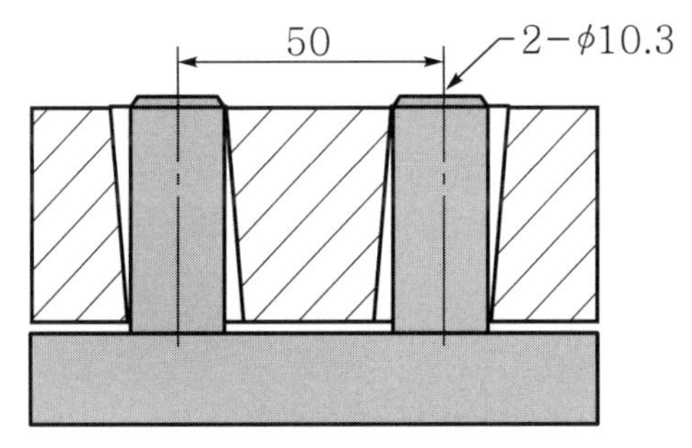

(c) 구멍에 결합되는 핀의 최대지름

구멍의 최대실체치수 : Ø10.4
규제된 위치도공차 : - 0.1

구멍에 결합되는 핀의 MMS :10.3

그림 3-57 구멍에 규제된 위치도와 결합되는 핀

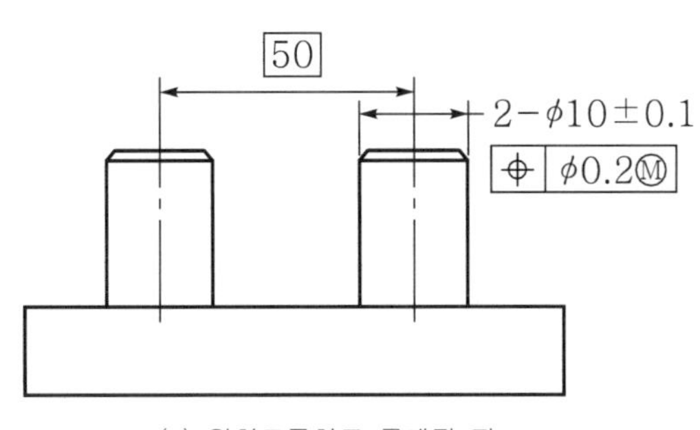

(a) 위치도공차로 규제된 핀

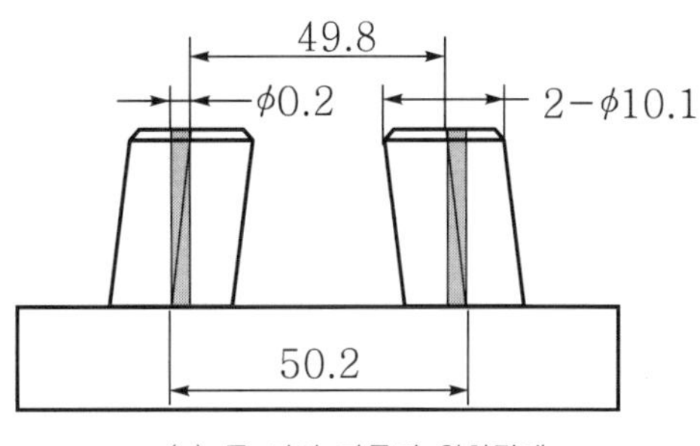

(b) 두 핀의 지름과 위치관계

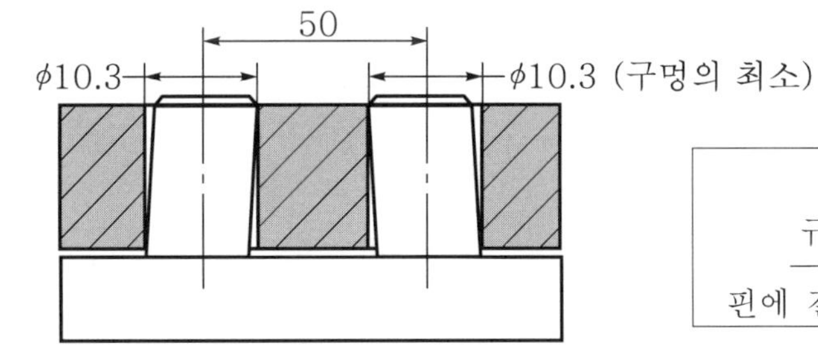

핀의 최대실체치수 : 10.1
규제된 위치도공차 : +0.2

핀에 결합되는 구멍의 MMS: 10.3

그림 3-58 핀에 규제된 위치도와 결합되는 구멍

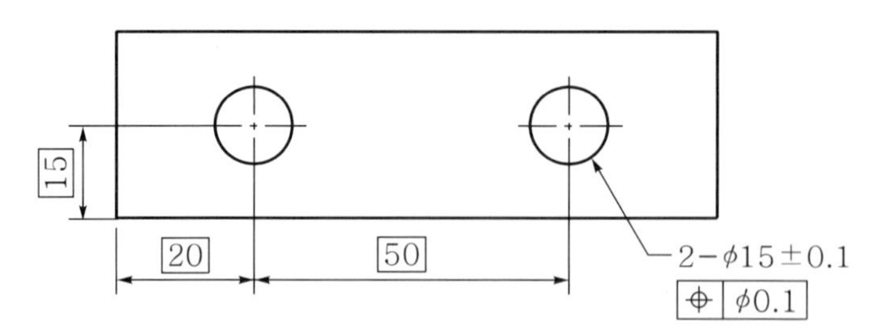

(a) 이론적으로 정확한 치수로 규제된 위치도

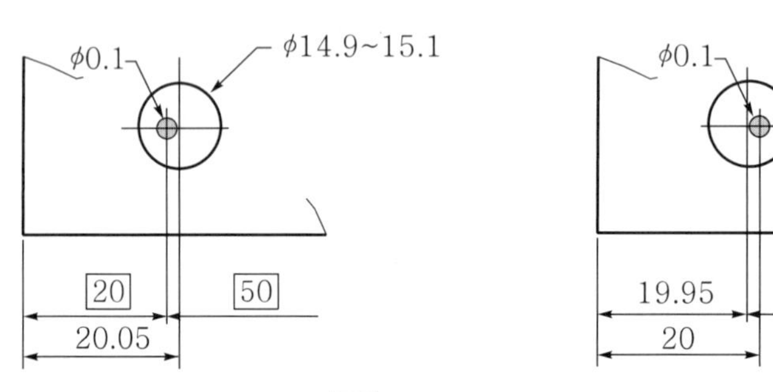

(b) 20 을 기준으로 한 구멍중심 위치

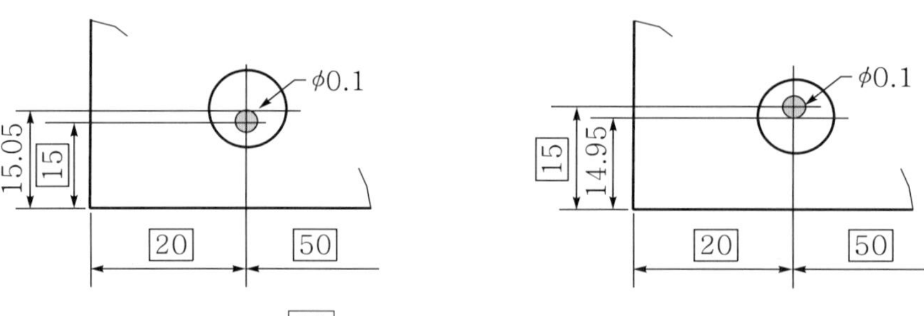

(c) 15 를 기준으로 한 구멍중심 위치

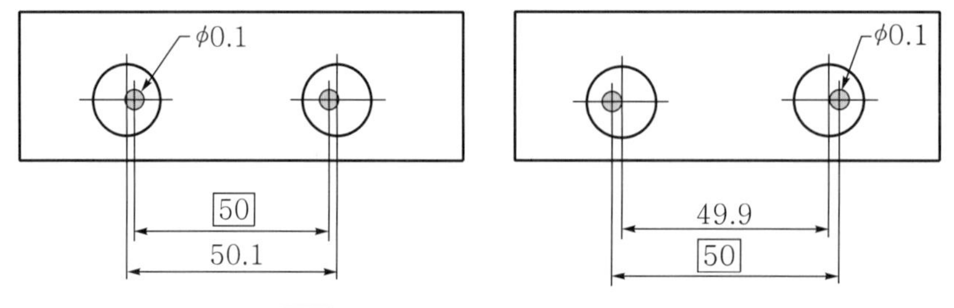

(d) 50 을 기준으로 한 구멍중심 위치

그림 3-59 이론적으로 정확한 치수로 규제된 구멍의 위치관계

11.4 이론적으로 정확한 치수로 규제된 구멍중심의 평행도

다음 그림 3-60 (a) 도면과 같이 데이텀 A 표면을 기준으로 구멍의 중심위치를 이론적으로 정확한 치수 [30]으로 구멍중심에 평행도공차가 규제된 구멍 중심위치를 다음 그림에 나타냈다.

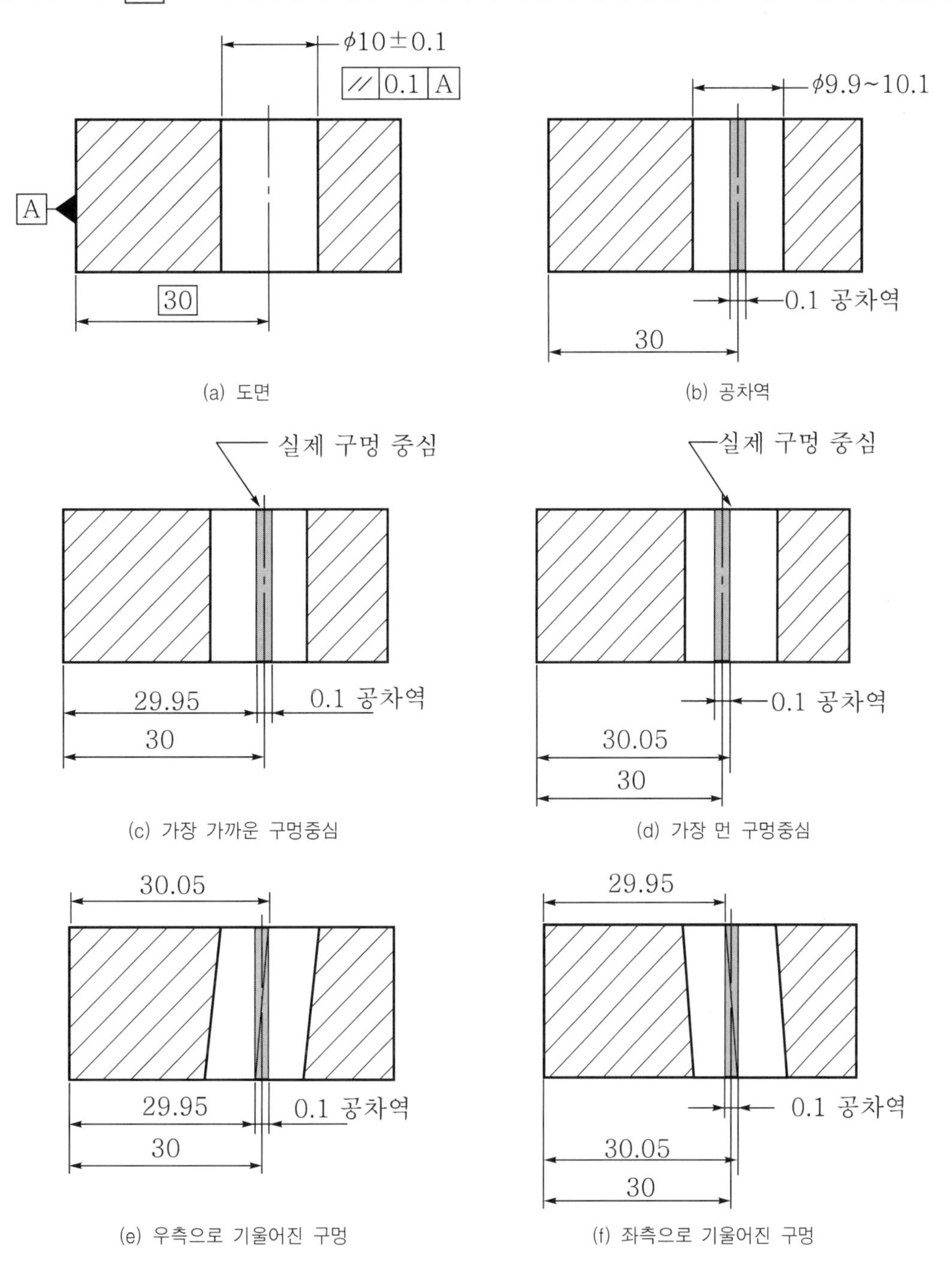

그림 3-60 이론적으로 정확한 치수로 규제된 평행도

11.5 이론적으로 정확한 각도로 규제된 경사도

다음 그림 3-61 (a)에 데이텀을 기준으로 이론적으로 정확한 각도 30° 인 표면에 경사도 공차가 규제되었을 경우, 경사진 표면은 각도에 대한 공차가 아니라 30° 경사진 표면의 폭 공차로 0.05 폭 범위 내에서 표면이 제작되면 된다. 그림 3-61 (b)는 이론적으로 정확한 각도 60° 를 기준으로 구멍에 경사도가 규제된 경우이다. 구멍중심은 0.05 폭 범위 내에서 제작되면 된다.

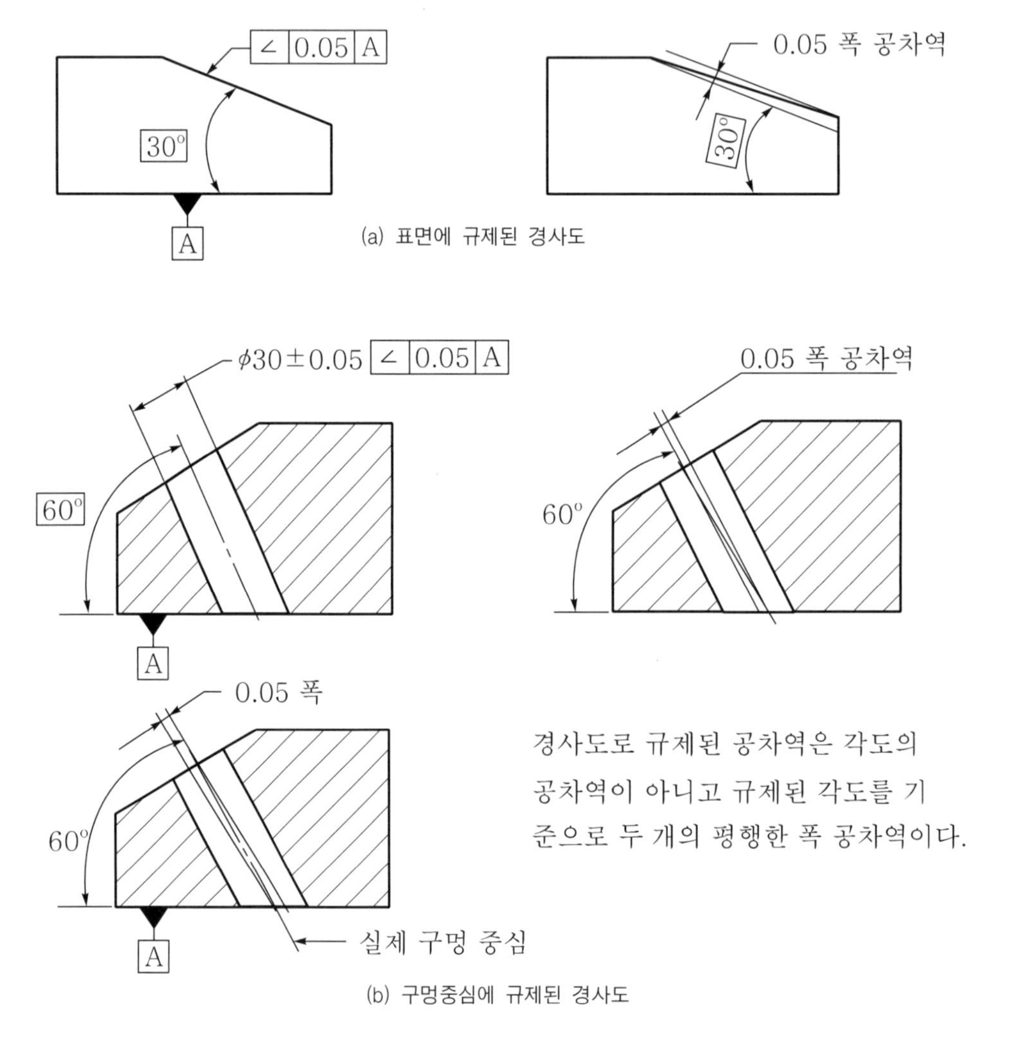

(a) 표면에 규제된 경사도

(b) 구멍중심에 규제된 경사도

그림 3-61 표면과 구멍중심에 규제된 경사도

12 실효치수(Virtual Size)

실효치수는 형체에 규제된 최대실체 상태일 때의 허용한계치수와 기하공차와의 종합적 효과에 의하여 일어나는 실효상태의 경계를 말한다. 형체의 실효치수는 설계상에서 결합부품 상호간에 치수공차와 기하공차를 결정하는 데 기준이 되는 고려하지 않으면 안 될 윤곽에 대한 유효치수이다. 실효치수의 약자는 VS(Virtual Size)로 나타낸다.

12.1 외측형체(축, 핀)의 실효치수

* 외측형체의 최대실체치수 + 지시된 기하공차
* 외측형체에 결합되는 상대방 부품 내측형체의 최대실체치수
* 외측형체에 규제된 기하공차를 검사하는 기능 게이지의 기본치수
* 외측형체에 결합되는 내측형체에 기하공차를 결정하는 설계의 기본치수
* 실효치수일 때 기하공차는 0으로 완전해야 한다.

12.2 내측형체(구멍, 홈)의 실효치수

* 내측형체의 최대실체치수 − 지시된 기하공차
* 내측형체에 결합되는 외측형체의 최대실체치수
* 내측형체에 규제된 기하공차를 검사하는 기능 게이지의 기본치수
* 내측형체에 결합되는 외측형체에 기하공차를 결정하는 설계의 기본치수
* 실효치수일 때 기하공차는 0으로 완전해야 한다.

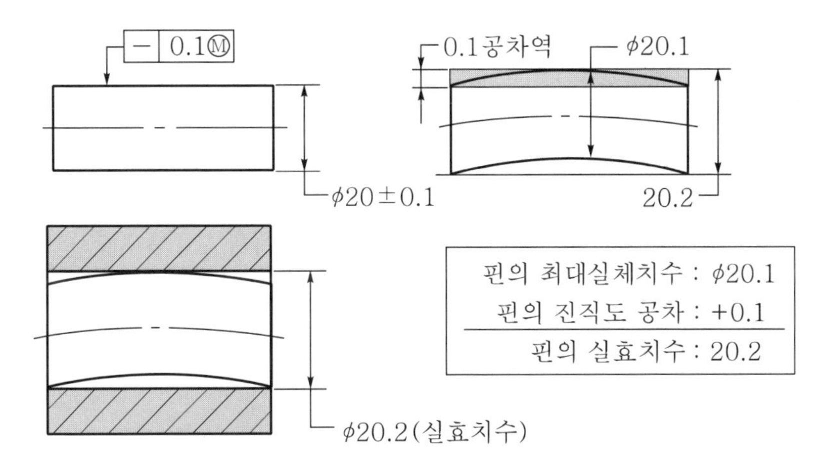

그림 3-62 진직도로 규제된 핀의 실효치수

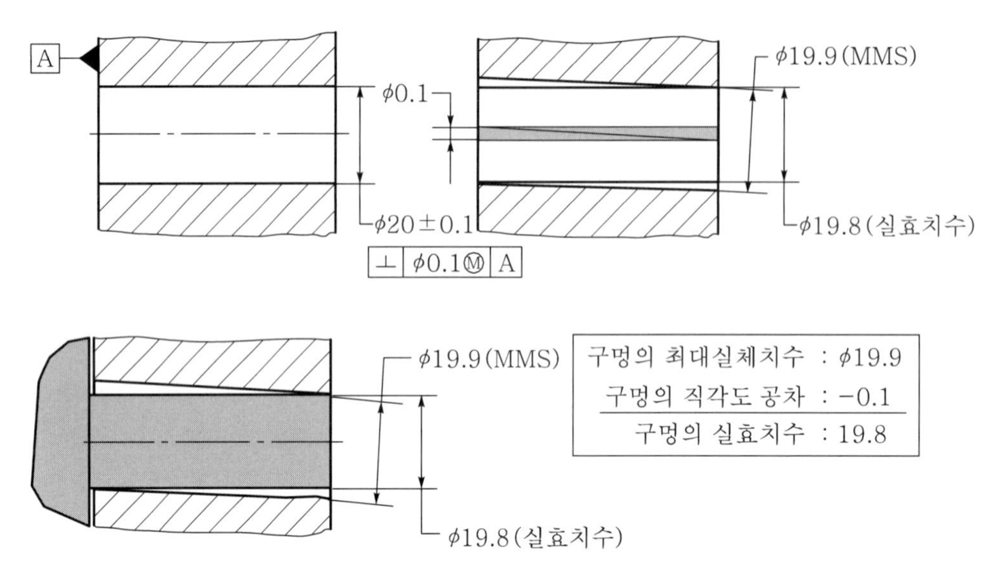

그림 3-63 직각도로 규제된 구멍의 실효치수

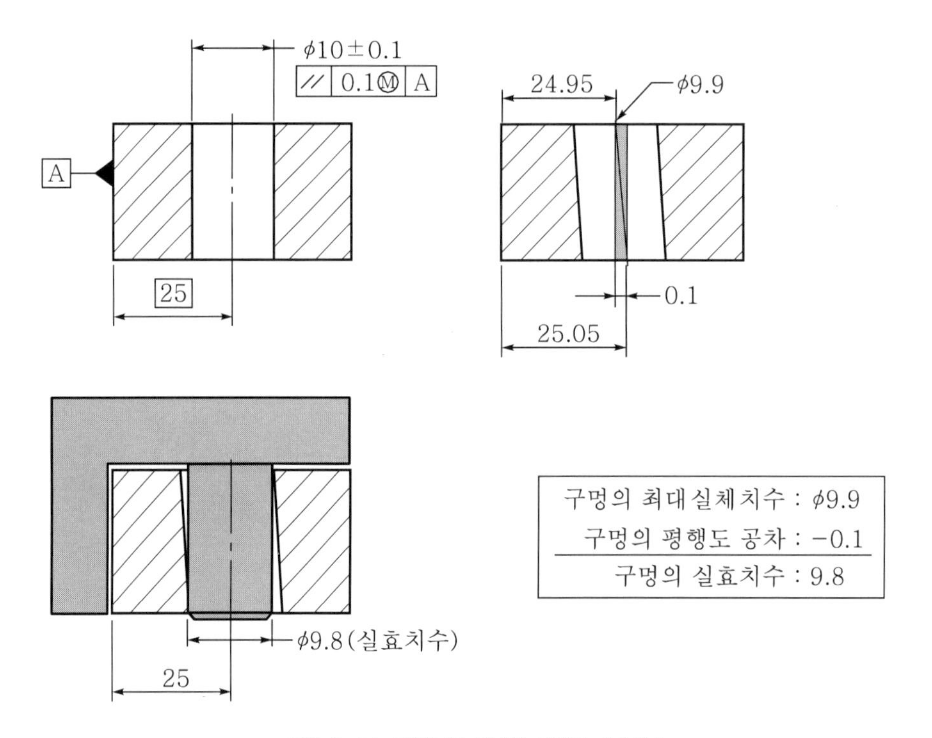

그림 3-64 평행도로 규제된 구멍의 실효치수

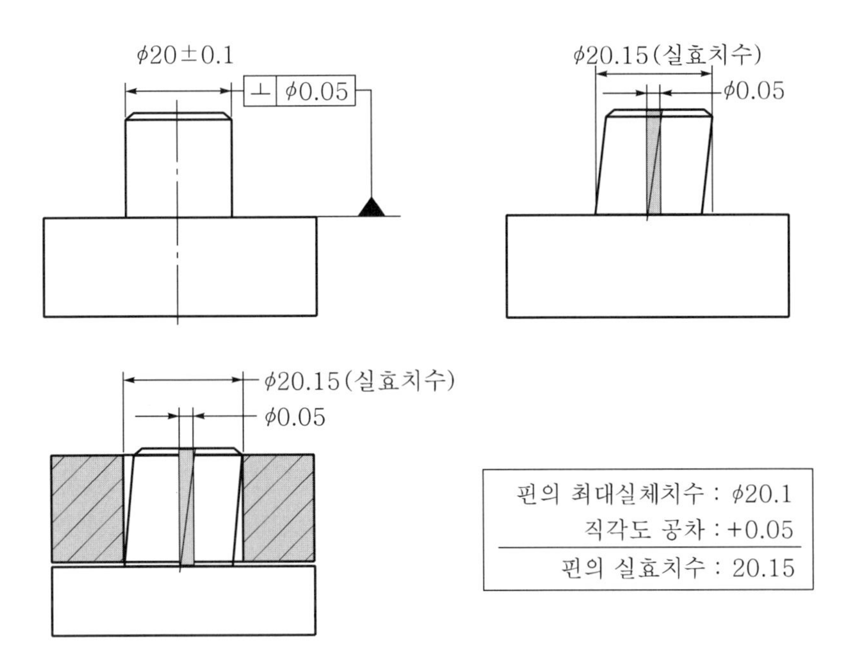

그림 3-65 직각도로 규제된 핀의 실효치수

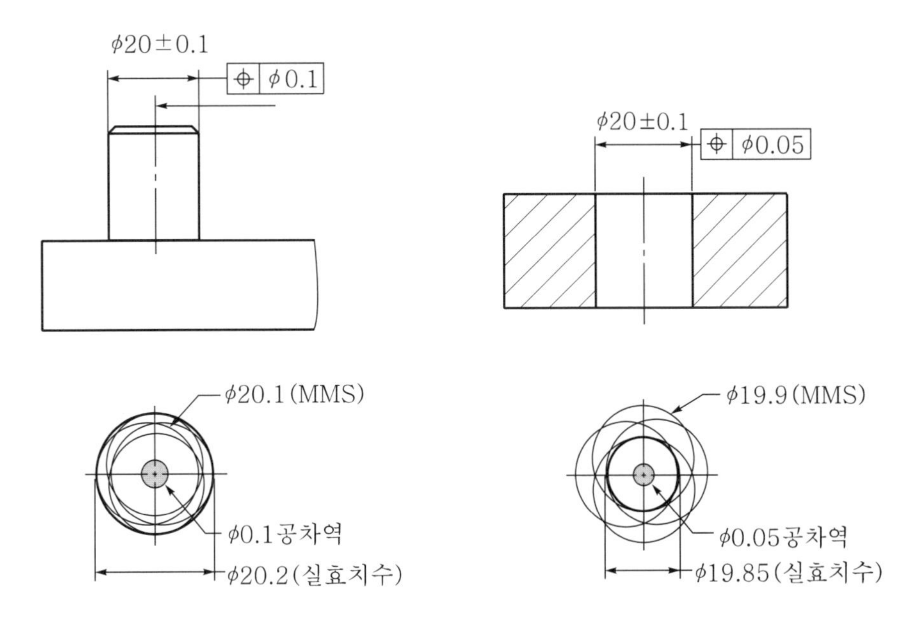

그림 3-66 위치도로 규제된 핀과 구멍의 실효치수

13 돌출 공차역 (Projected Tolerance Zone)

돌출 공차역은 구멍에 핀이 결합되는 부품에 위치도 공사나, 직각도 공사를 도면에 지시할 때, 그 공사역을 그림으로 표시한 형체의 외부로 튀어나온 부분에 공차를 지시하는 것을 돌출 공사역이라고 한다. 기호는 Ⓟ로 표시하고 도면상에 돌출된 부분을 가상선으로 나타내서 그 돌출된 길이를 나타내고 그 길이를 나타내는 숫자 앞이나 공차 값 뒤에 기호 Ⓟ 를 기입한다. 결합되는 두 부품의 돌출된 부분의 위치도 공차나 직각도 공차를 결정할 때 구멍의 최대실체 치수와 핀의 최대실체치수일 때의 치수차를 두 부품에 분배하여 결정한다.

그림 3-68의 (a)와 (b)의 경우 ③부품 핀과 볼트와 ②부품 구멍의 최대실체치수 차를 두 부품에 공차를 분배하여 공차를 결정하면 부품 ①의 구멍중심의 위치나 직각에 따라 간섭이 생겨 결합이 되지 않는 경우가 생긴다. 이 경우에 부품 ①에서 결합되는 핀과 볼트의 돌출된 부분에 공차를 규제하여 여기에 결합되는 부품 ②에 간섭이 일어나지 않도록 공차를 결정한다.

그림 3-69의 경우 그림 (c)와 같이 탭 구멍과 위쪽 구멍에 같은 위치도 공차가 적용될 경우에 두 구멍의 중심이 반대방향으로 기울어지면 간섭이 생겨 결합이 되지 않는 경우가 생긴다.

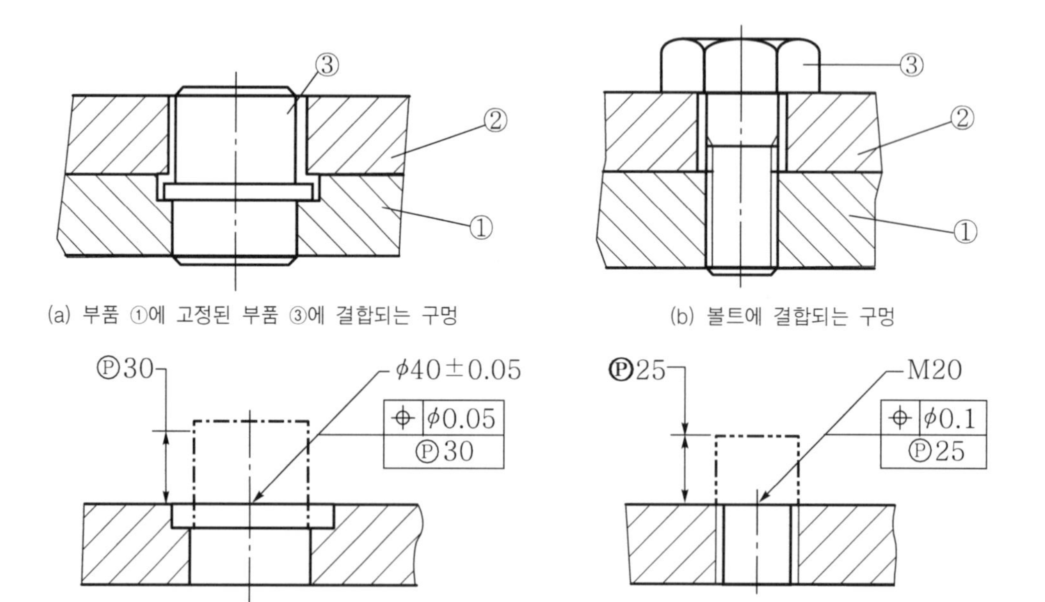

(a) 부품 ①에 고정된 부품 ③에 결합되는 구멍

(b) 볼트에 결합되는 구멍

(c) 돌출 공차역으로 규제된 부품

그림 3-67 돌출 공차역 규제 예

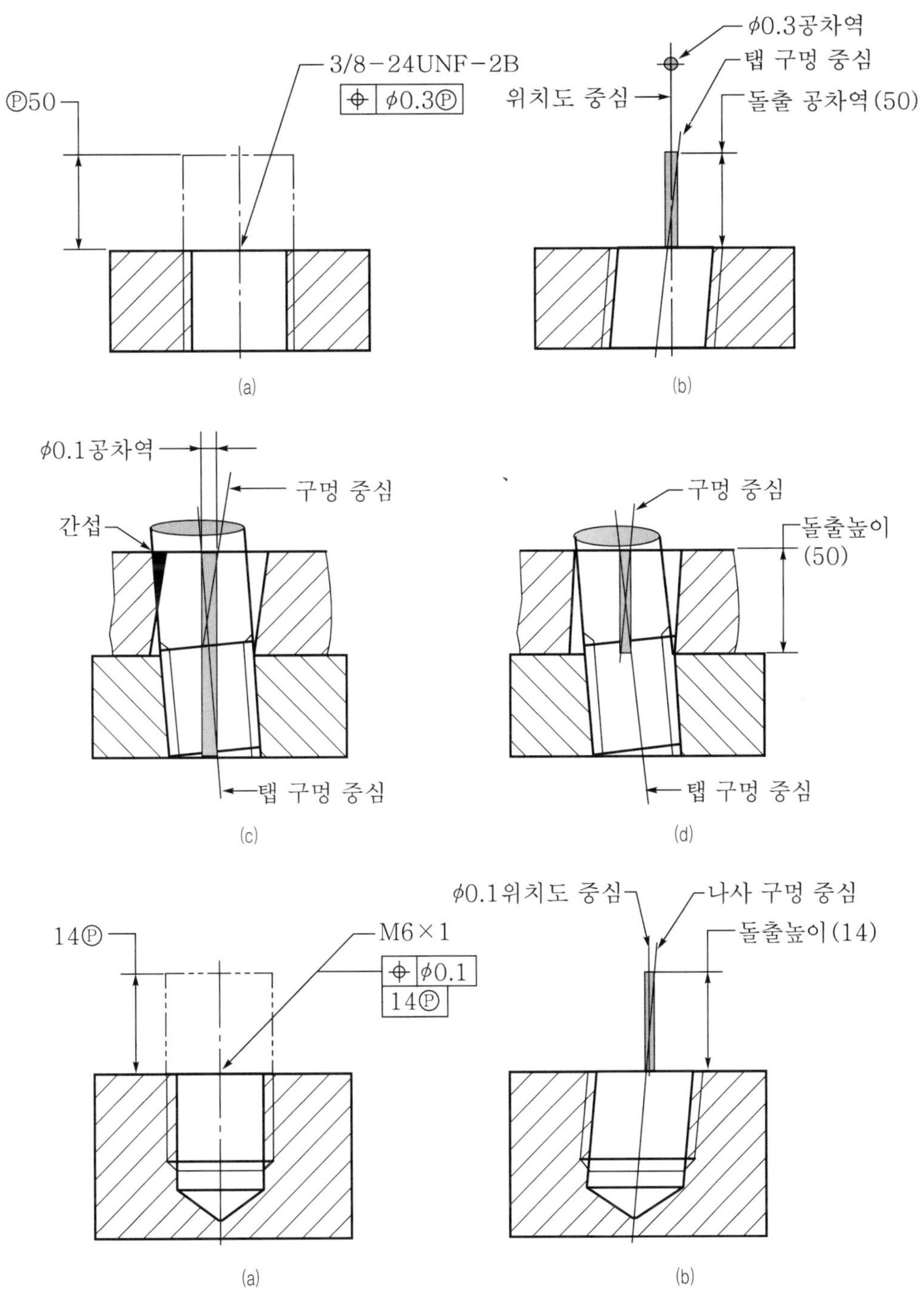

그림 3-68 탭 구멍에 규제된 돌출 공차

14 결합되는 두 부품에 치수공차와 기하공차 결정방법

14.1 치수공차로 규제된 두 부품의 치수공차 결정

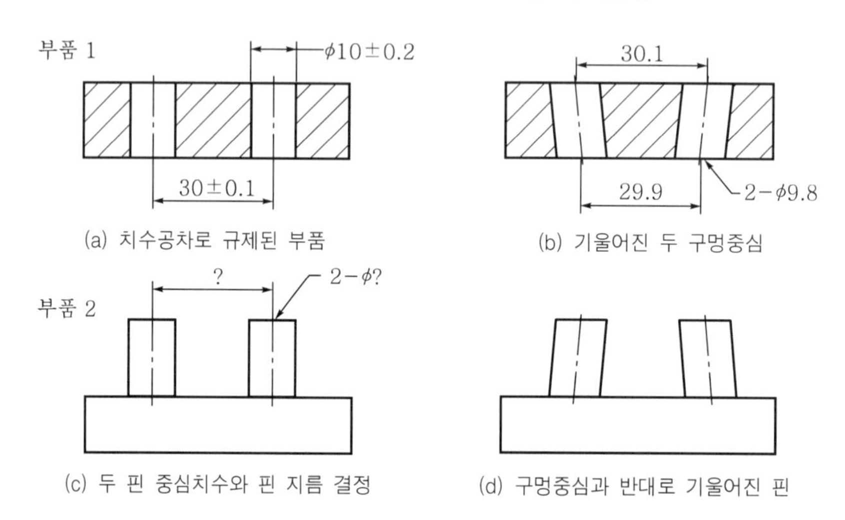

(a) 치수공차로 규제된 부품 (b) 기울어진 두 구멍중심

(c) 두 핀 중심치수와 핀 지름 결정 (d) 구멍중심과 반대로 기울어진 핀

부품 1과 같이 두 구멍중심과 구멍지름 치수가 주어진 부품에 그림 3-70 (c)와 같은 두 핀이 달린 부품이 결합될 때 최악의 경우 그림 3-70 (b)에 그림 3-70 (d)와 같이 기울어진 두 부품이 결합될 수 있도록 두 핀 중심과 핀 지름의 치수공차를 결정해 보고 아래 그림과 같이 기하공차로 규제된 두 부품을 비교 검토하면 위 그림에서 부품 1에 결합되는 부품 2의 치수공차를 결정하기가 용이하지 않으며 검사하기도 용이하지 않다. 아래 그림의 경우는 공차 결정이 용이하고 게이지에 의한 검사가 용이하다.

14.2 위치를 갖는 두 부품에 치수공차와 위치도공차 결정

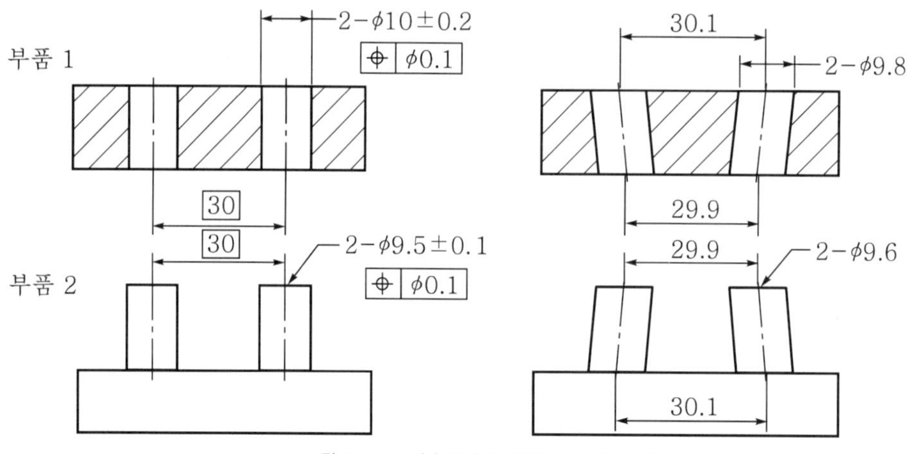

그림 3-69 치수공차와 위치도로 규제된 부품

14.3 직각인 형체를 갖는 두 부품에 치수공차와 직각도 공차 결정

부품1 구멍과 부품2 핀을 갖는 형체가 결합될 때 지름 공차만으로 규제된 경우에는 부품1 구멍중심과 부품2 핀 중심이 어느 정도 기울어졌느냐에 따라 결합상태가 달라진다.

두 부품이 주어진 지름 공차 범위 내에서 제작되었지만 구멍중심과 핀 중심의 기울어짐에 따라 결합이 되지 않는 경우가 생길 수 있다. 따라서 치수공차만으로 규제된 도면은 규제조건이 미흡하며 완전한 도면이 못되고 완전한 부품제작이 곤란하며 불량률이 많다.

이러한 문제점을 보완하기 위해 그림 3-70 (c)와 같이 지름공차와 직각도 공차를 추가로 지시하여 앞에서 설명한 문제점을 보완한 것이다. 직각도 공차는 구멍의 최대실체치수 ϕ10.1과 핀의 최대실체치수 ϕ10과의 치수차 0.1(10.1-10)의 틈새(그림 3-70 (b))를 직각도 공차로 이용하여 구멍에 직각도 공차 0.05와 핀에 직각도 공차 0.05를 분배하여 적용한다. 이 경우에 두 부품중심이 직각도 공차 0.05 범위 내에서 반대방향으로 기울어져도 틈새 즉 구멍과 핀 사이에 여유가 0.1이기 때문에 결합이 보증된다.

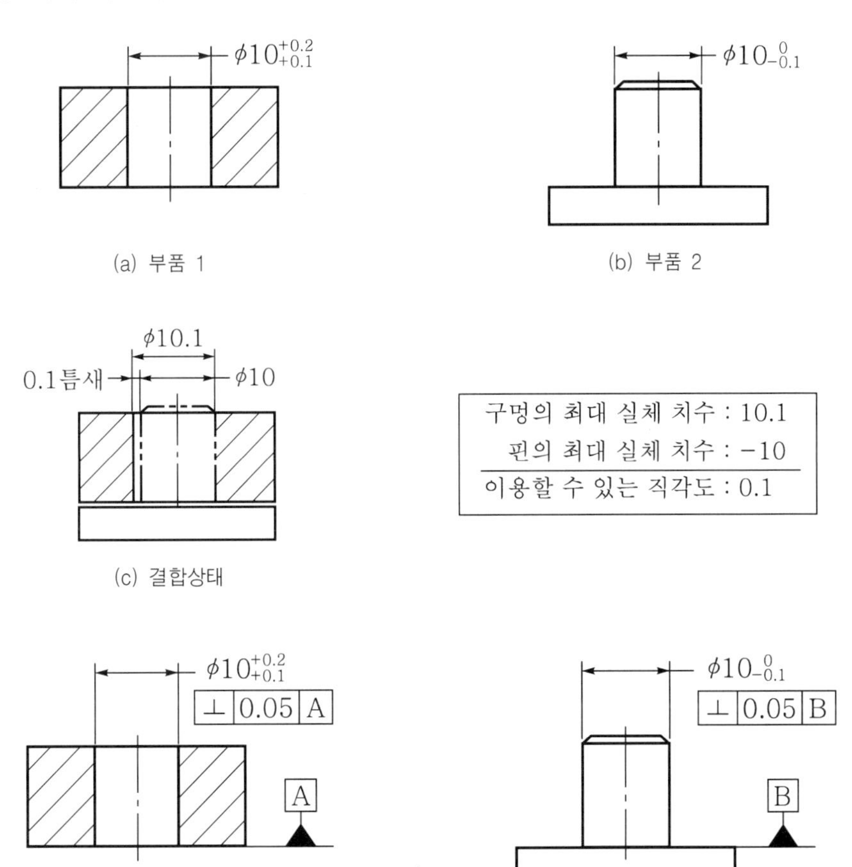

그림 3-70 치수공차와 직각도 규제

14.4 평행한 형체를 갖는 두 부품에 치수공차와 평행도 공차 결정

부품1의 구멍과 부품2의 핀이 붙은 두 부품이 결합될 때 구멍의 최대실체치수 10.1과 핀의 최대실체치수 ϕ9.9일 때와 구멍과 핀 중심까지의 15±0.05 범위 내에서 상한치수 15.05와 하한치수 14.95로 구멍과 핀 중심이 반대방향으로 기울어졌을 때가 최악의 결합상태가 된다. 이때 구멍과 핀의 최대실체치수 차가 0.2이므로 구멍중심과 핀 중심(15±0.05)의 위치에 대한 공차가 각각 0.1(±0.05)이므로 구멍과 핀 중심이 반대방향으로 기울어져도 구멍과 핀 사이에 틈새가 0.2이므로 최악의 경우에도 결합이 될 수 있다.

평행도 공차는 그림 (d)와 같이 구멍중심과 핀 중심을 이론적으로 정확한 치수로 지시하고 그림 (b)에서와 같이 구멍의 최대실체치수와 핀의 최대실체치수 차 0.2를 구멍과 핀에 평행도 공차로 이용하여 구멍과 핀에 각각 0.1씩 평행도로 규제하였다. 이때 구멍과 핀 중심이 반대방향으로 기울어지고 구멍은 최소, 핀은 최대로 제작되어도 결합이 보장된다.

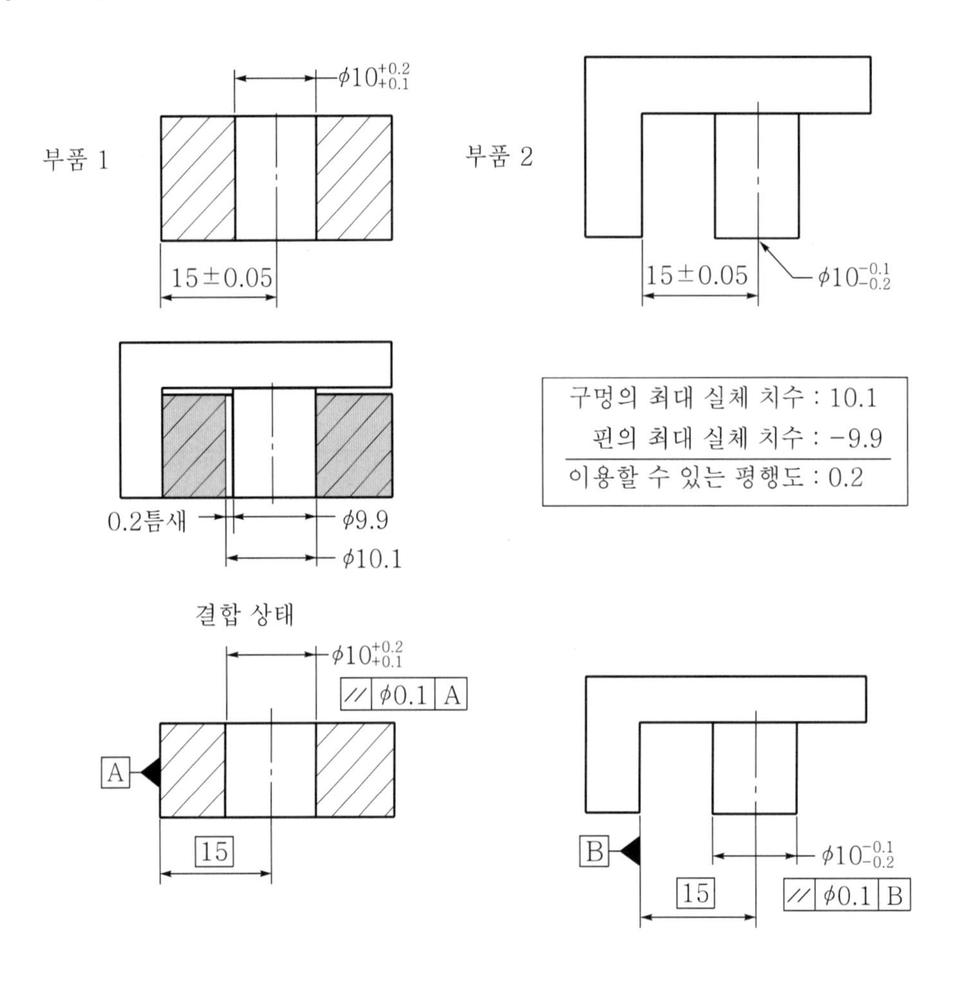

그림 3-71 치수공차와 평행도 규제

15 기하공차의 종류와 규제 예

15.1 진직도

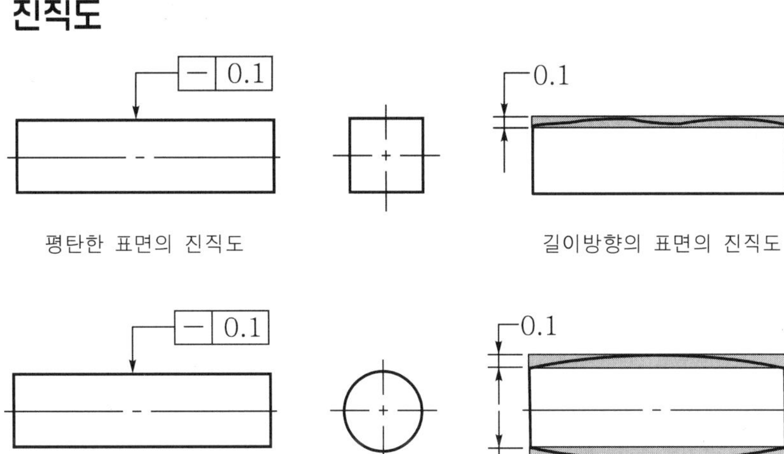

평탄한 표면의 진직도

길이방향의 표면의 진직도

원통 표면의 진직도

원통 표면의 길이방향의 진직도

원통 중심의 진직도

원통 중심의 지름 공차역의 진직도

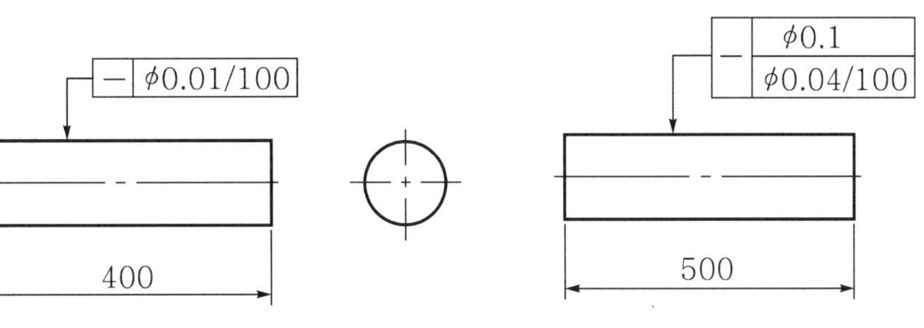

길이 100밀리에 적용되는 Ø0.01 진직도

길이 100밀리에 적용되는 진직도 Ø0.04, 전체길이에 적용되는 진직도 Ø0.1

15.2 평면도

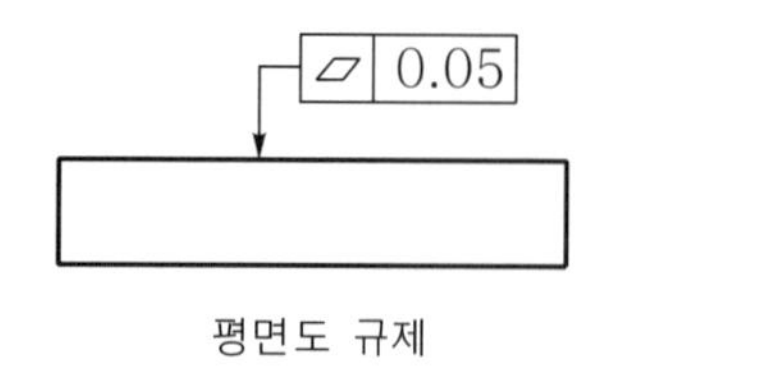

평면도 규제

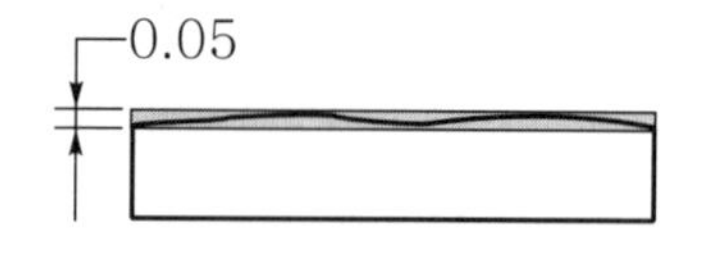

전 표면에 적용되는 평면도

15.3 원통도

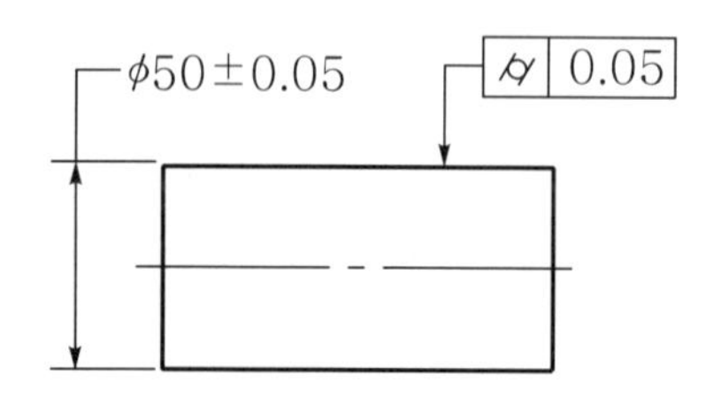

원통도 규제

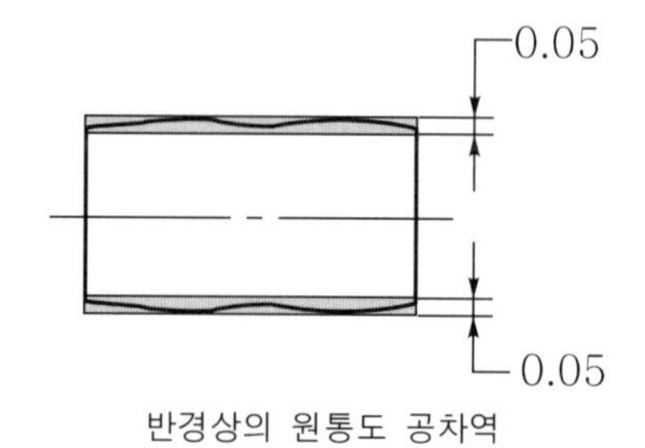

반경상의 원통도 공차역

15.4 진원도

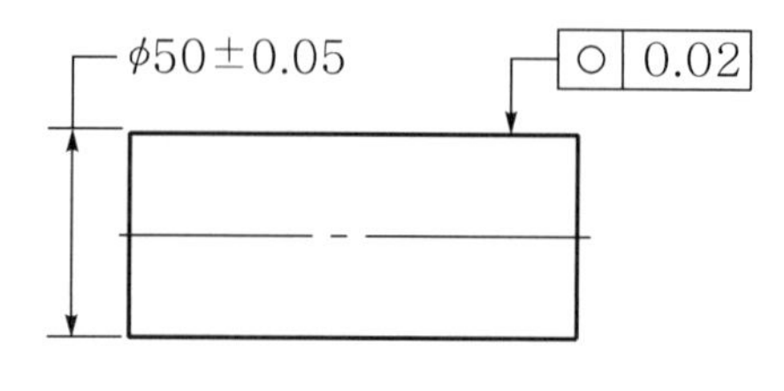

진원도 규제

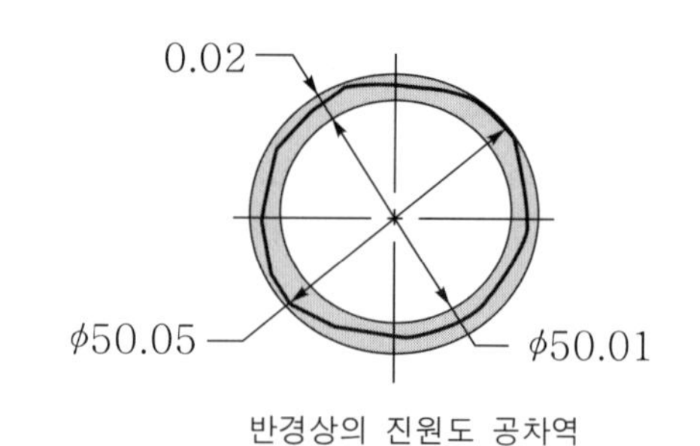

반경상의 진원도 공차역

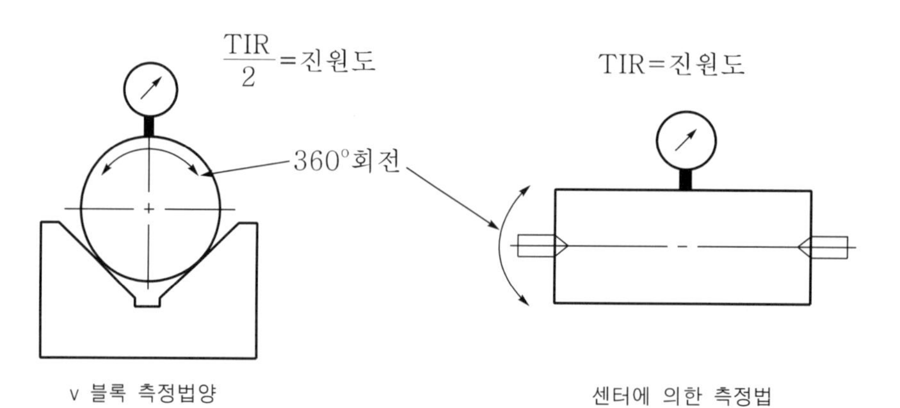

V 블록 측정법양

센터에 의한 측정법

* TIR : Total Indicator Reading (인디케이터 눈금 읽음 전량)
* FIR : Full Indicator Reading (〃)

15.5 윤곽도

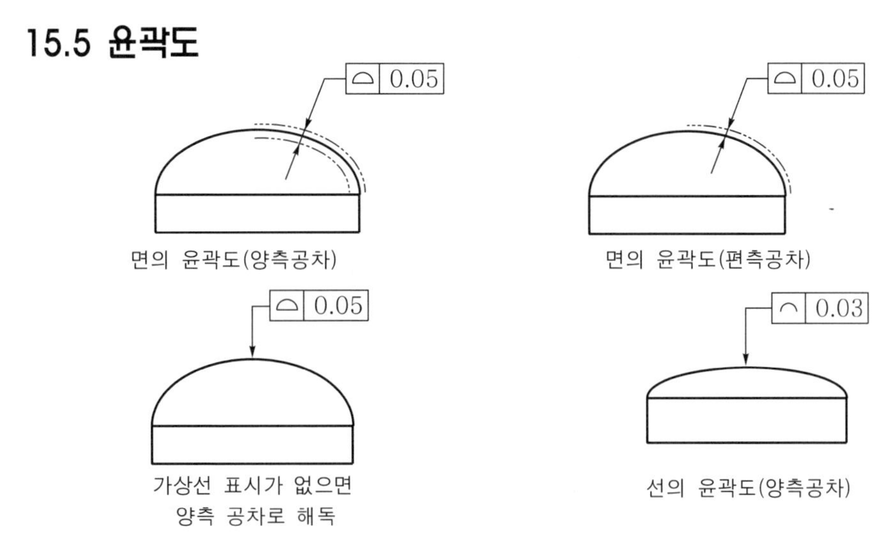

면의 윤곽도(양측공차)

면의 윤곽도(편측공차)

가상선 표시가 없으면
양측 공차로 해독

선의 윤곽도(양측공차)

⌓ 0.05 : 지시선의 화살표 구부러진 부분에 동그라미 표시가 있는 것은 전 윤곽을 나타내는 기호(ANSI 규격에만 규격으로 되어 있음)

15.6 평행도

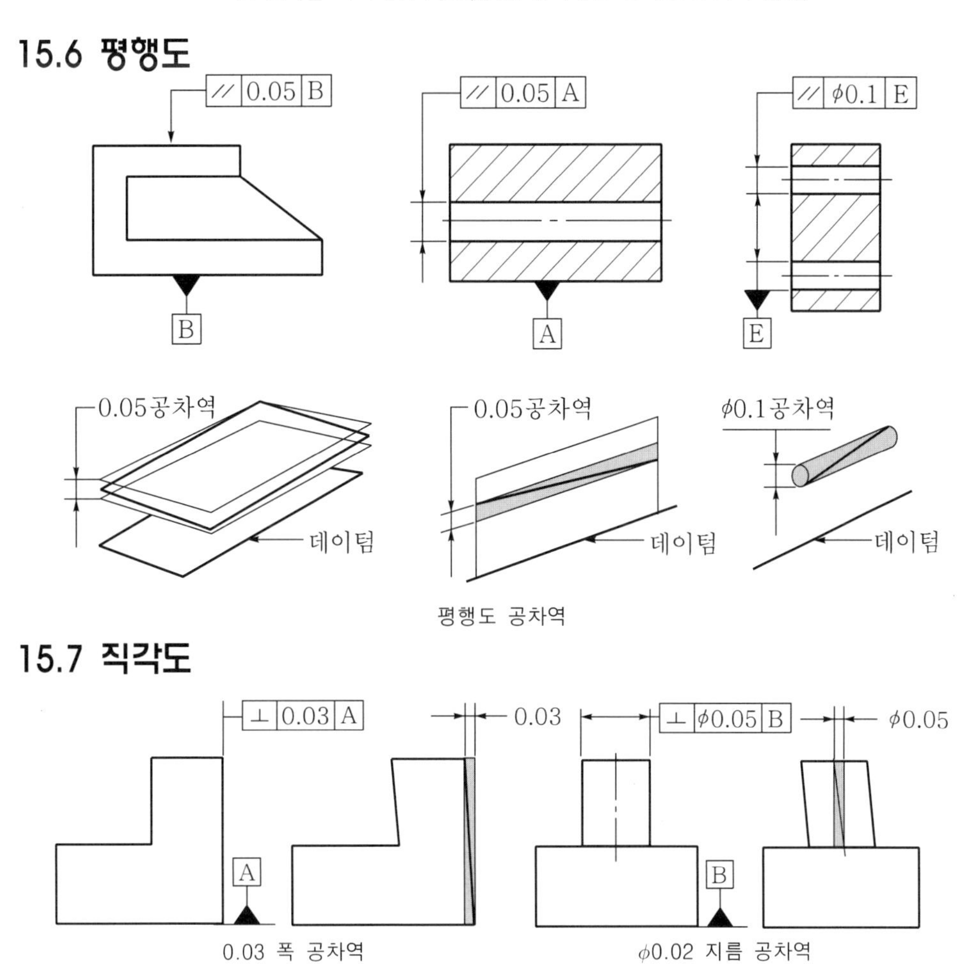

평행도 공차역

15.7 직각도

0.03 폭 공차역

ϕ0.02 지름 공차역

15.8 경사도

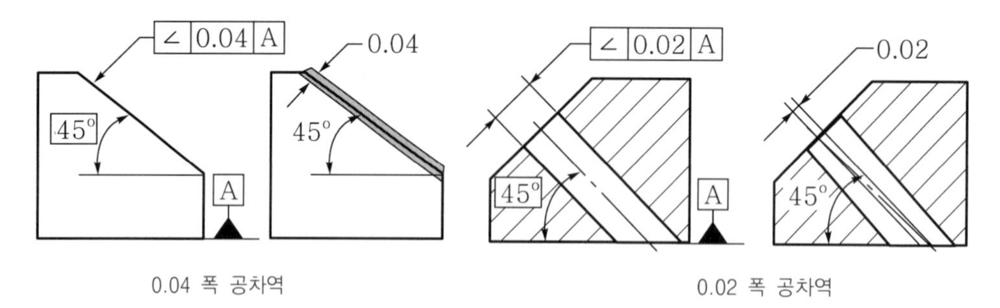

15.9 흔들림

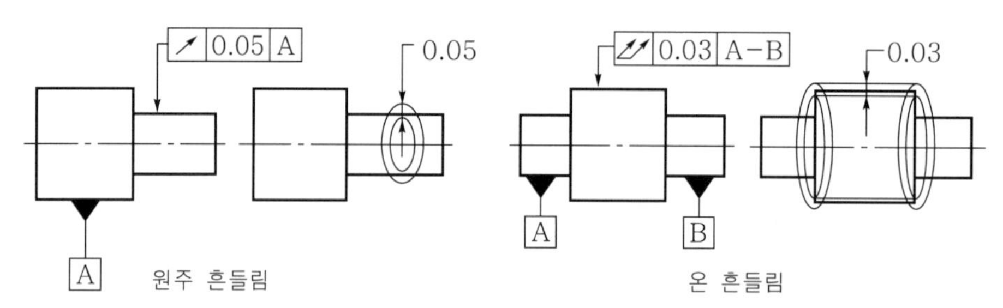

데이텀을 기준으로 한 표면의 흔들림 공차

15.10 동심도

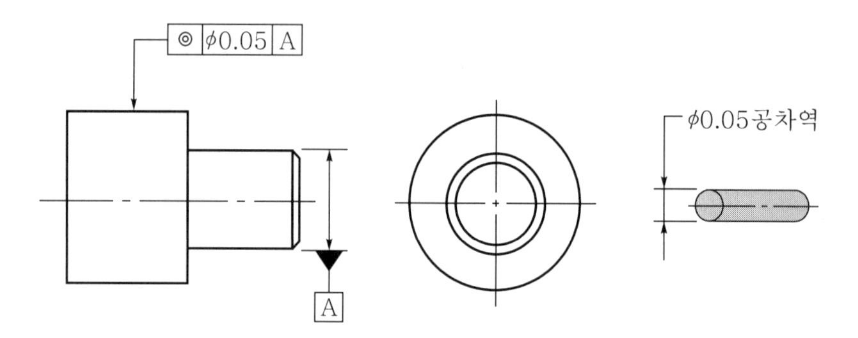

15.11 대칭도

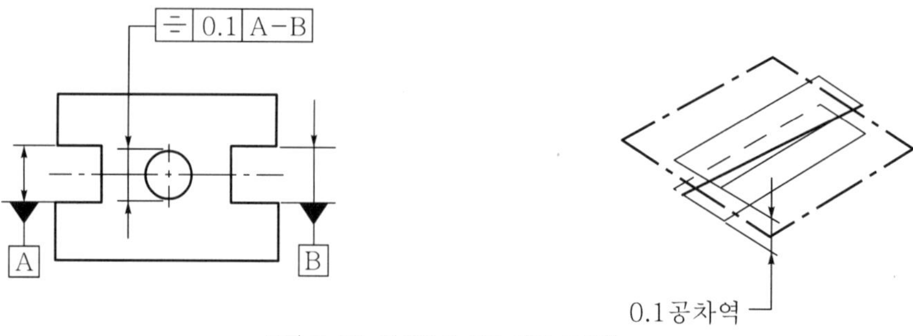

그림 3-72 기하공차 규제 예와 공차역

15.12 위치도 공차

1) 직각좌표와 위치도 공차 방식으로 규제된 구멍의 위치

그림 3-73와 같이 4개의 구멍중심 위치에 대한 치수공차와 4개의 구멍에 지름공차로 규제된 경우, X-Y 중심까지의 구멍중심이 상한치수 60.3, 하한치수 59.7로 누적 공차가 발생하고 여기에 결합되는 상대방 부품 4개의 핀과 핀 사이에 치수공차 결정이 용이하지 않으며 불량률이 많고 게이지 적용이 용이하지 않아 검사, 측정에 어려움이 많다.

그림 3-74는 그림 3-73와 같은 부품으로 구멍과 구멍 사이의 위치에 대한 치수를 이론상 정확한 치수로 지정하고 4개의 구멍을 위치도 공차로 규제하면 구멍과 구멍 사이에 누적 공차가 발생하지 않으며 결합되는 상대방 부품에 치수공차 결정이 용이하여 기능게이지에 의한 검사, 측정이 용이하다.

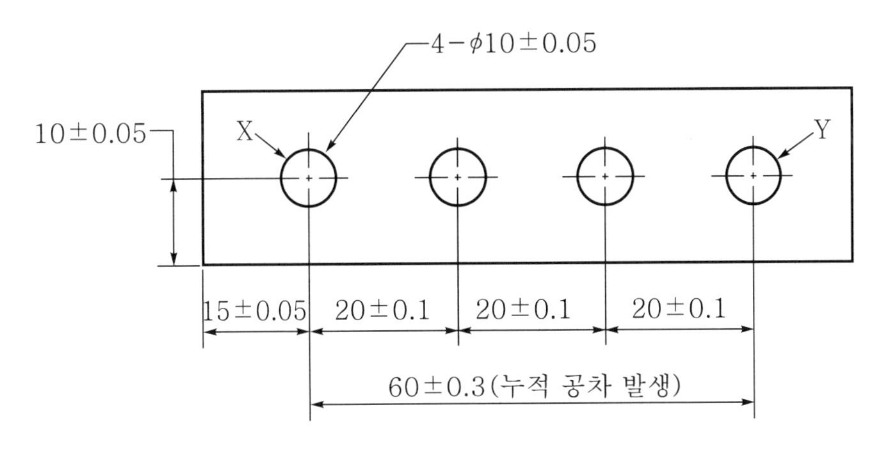

그림 3-73 직각좌표 공차 방식으로 규제된 구멍 위치

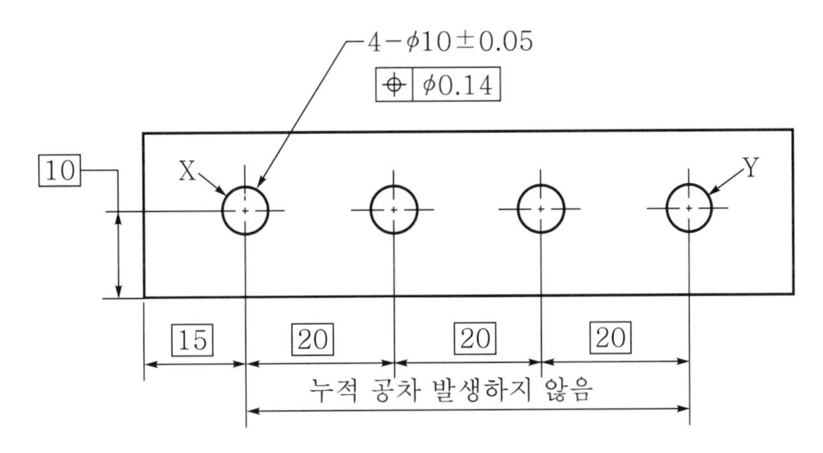

그림 3-74 위치도 공차로 규제된 구멍 위치

① 직각좌표 공차방식의 공차역

그림 3-73는 구멍중심까지의 위치에 대한 공차역은 0.1×0.1 되는 정사각형의 공차역 범위 안에 구멍의 중심이 있다. 이 경우에 0.1×0.1의 4각형의 대각선의 길이는 0.14가 된다. 이때 실제의 구멍중심에서 0.07 되는 4개의 모서리 부분에 구멍중심이 있으면 공차역 범위 안에 있고 모서리 부분을 벗어난 다른 위치에 구멍중심이 있으면 공차역을 벗어나게 된다.

② 위치도 공차 방식의 공차역

그림 3-74에서 구멍중심 위치를 이론적으로 정확한 치수로 지정하고 구멍에 위치도 공차 ϕ0.14를 규제한 경우, 실제 구멍중심에서 같은 거리(0.07)에 구멍중심이 있으면 누적 공차 없이 공차역 범위 내에 들어갈 수 있다.

그림 3-75에 좌표 공차역 0.1×0.1의 사각형의 공차역에서 대각선을 지름으로 하는 ϕ0.14 ($\sqrt{0.1^2+0.1^2}=0.14$)의 지름 공차역, 사각형에 내접하는 ϕ0.1의 지름 공차역, 직각좌표 공차 방식에 의한 0.1×0.1 되는 사각형의 공차역을 그림으로 나타냈다.

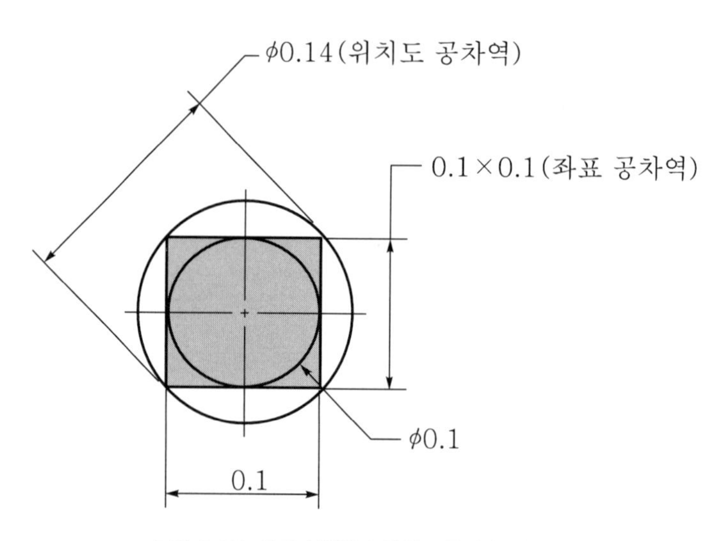

그림 3-75 좌표 공차역과 위치도 공차역 비교

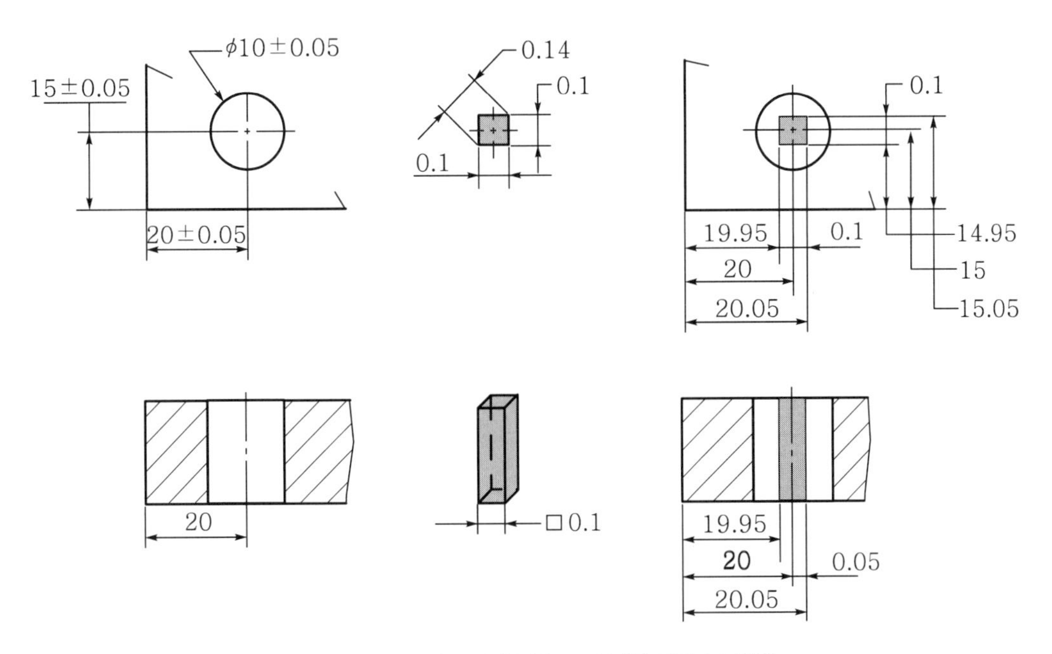

그림 3-76 직각좌표 공차 방식으로 규제된 구멍의 공차역

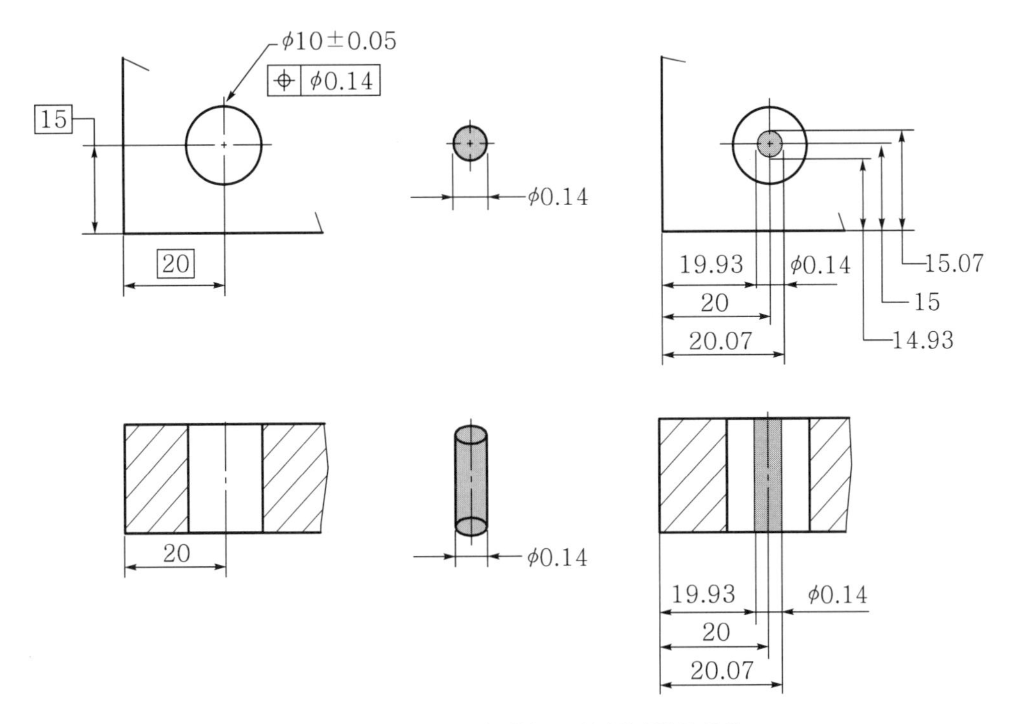

그림 3-77 위치도 공차 방식으로 규제된 구멍의 위치

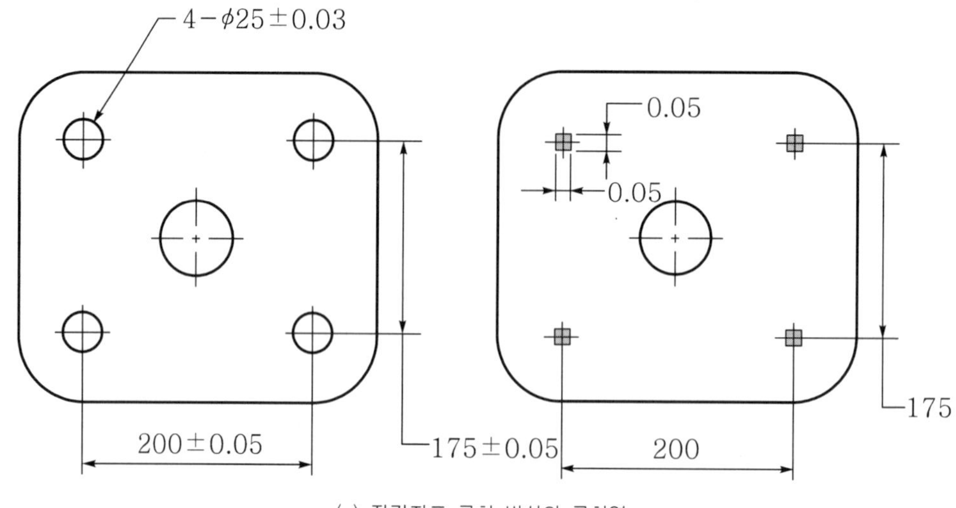

(a) 직각좌표 공차 방식의 공차역

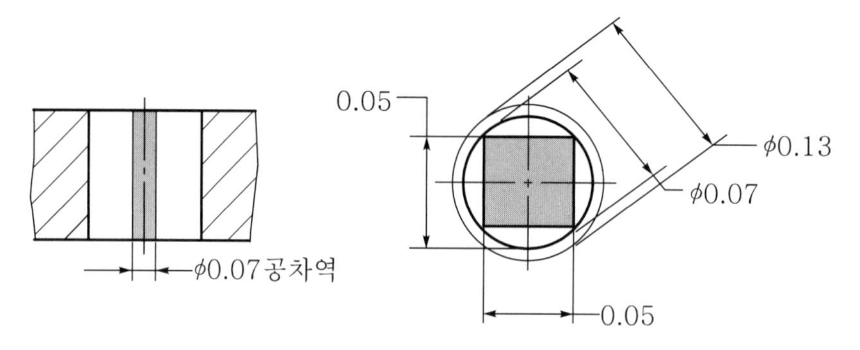

(b) 직각좌표와 위치도 공차역 비교

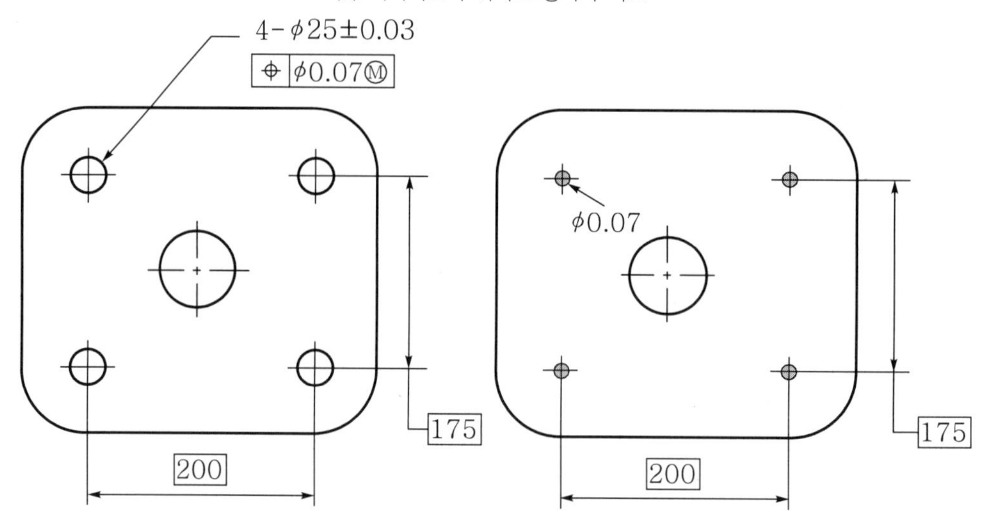

(c) 위치도 공차 방식과 공차역

그림 3-78 직각좌표와 위치도 공차역 비교

그림 3-79는 그림 3-78 (c)의 위치도 공차 방식과 공차역에서 4개 구멍 중 200을 기준으로 한 두 개의 구멍의 치수에 따른 구멍의 위치관계를 그림으로 나타낸 것이다.

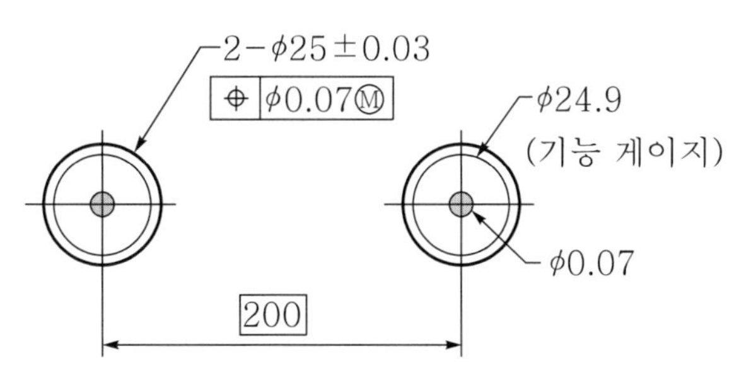

(a) 위치도 공차 0인 완전한 구멍위치

실제 구멍의 크기에 따라
추가되는 위치도공차

구멍지름	위치도공차
Ⓜ φ 24.97	φ 0.07
24.98	0.08
24.99	0.09
25.00	0.1
25.01	0.11
25.02	0.12
Ⓛ 25.03	0.13

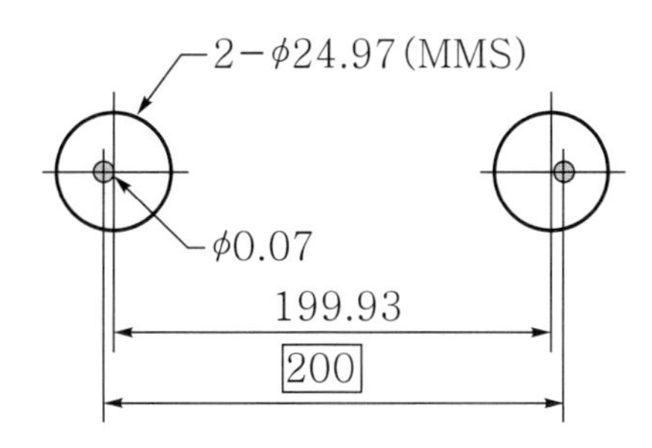

(b) 구멍지름이 MMS(φ24.97)일 때
가장 가까운 구멍중심 거리

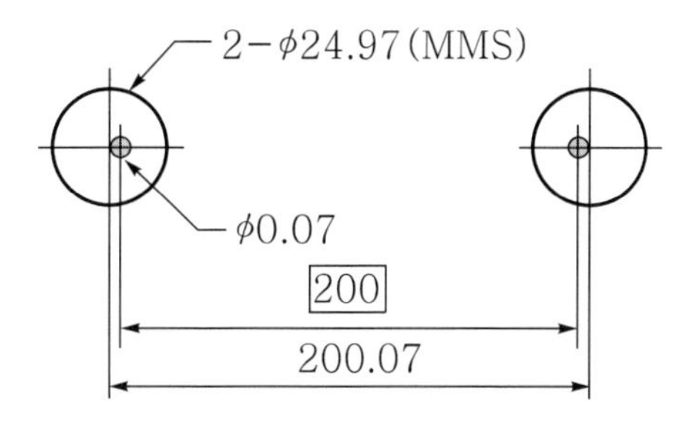

(c) 구멍지름이 MMS(φ24.97)일 때
가장 먼 구멍중심 거리

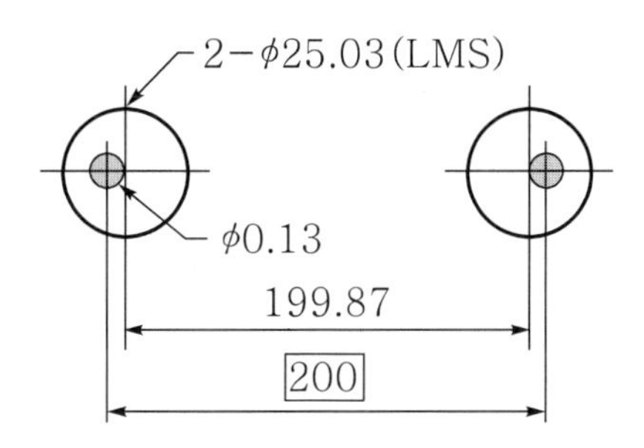

(d) 구멍지름이 LMS(Ø25.03)일 때
가장 가까운 구멍중심 거리

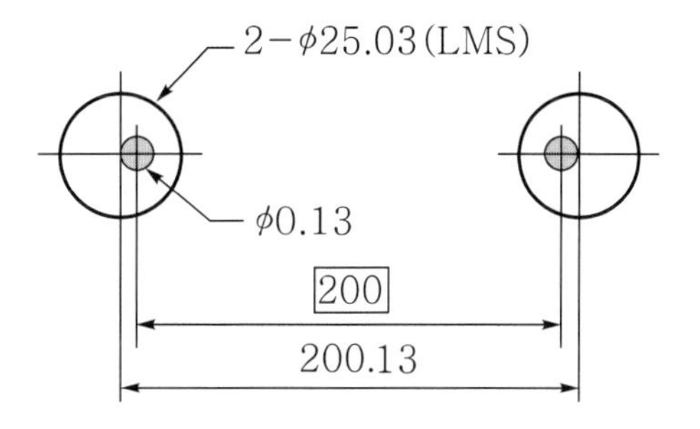

(e) 구멍지름이 LMS(φ25.03)일 때
가장 먼 구멍중심 거리

그림 3-79 구멍 크기에 따른 두 구멍의 중심 거리

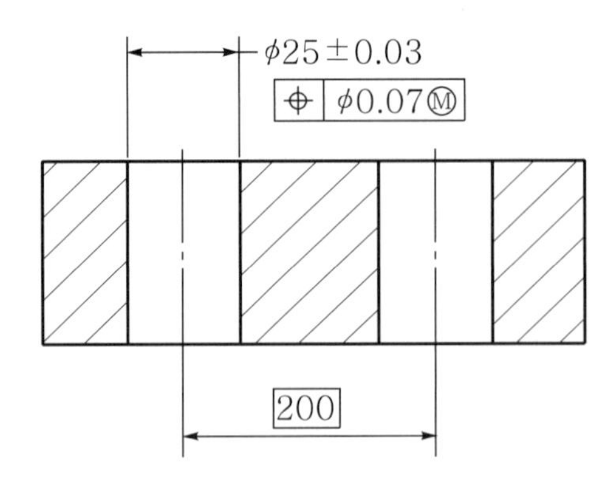

(a) 위치도 공차 0인 완전한 구멍 위치

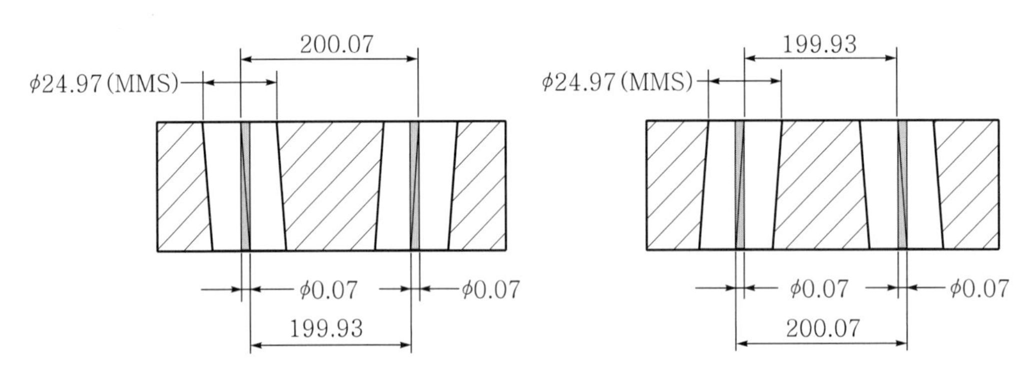

(b) 구멍이 φ24.97일 때 두 구멍중심 위치

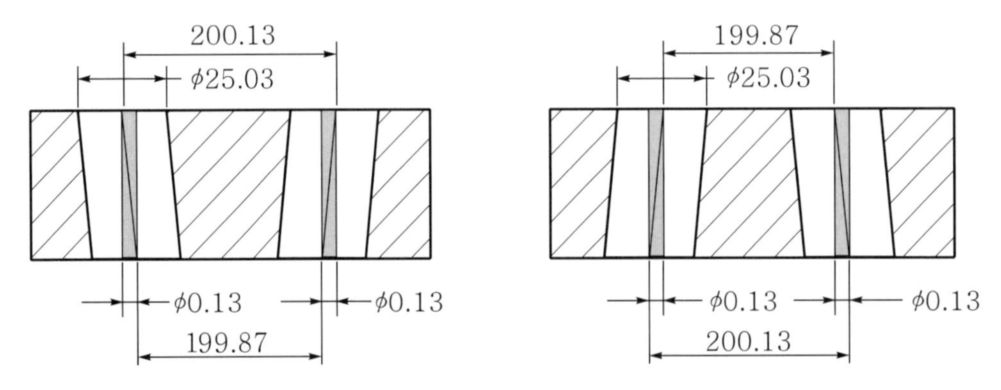

(c) 구멍이 φ25.03(LMS)일 때 두 구멍중심 위치

그림 3-80 구멍의 크기에 따른 두 구멍중심 위치

2) 결합되는 두 부품의 위치도

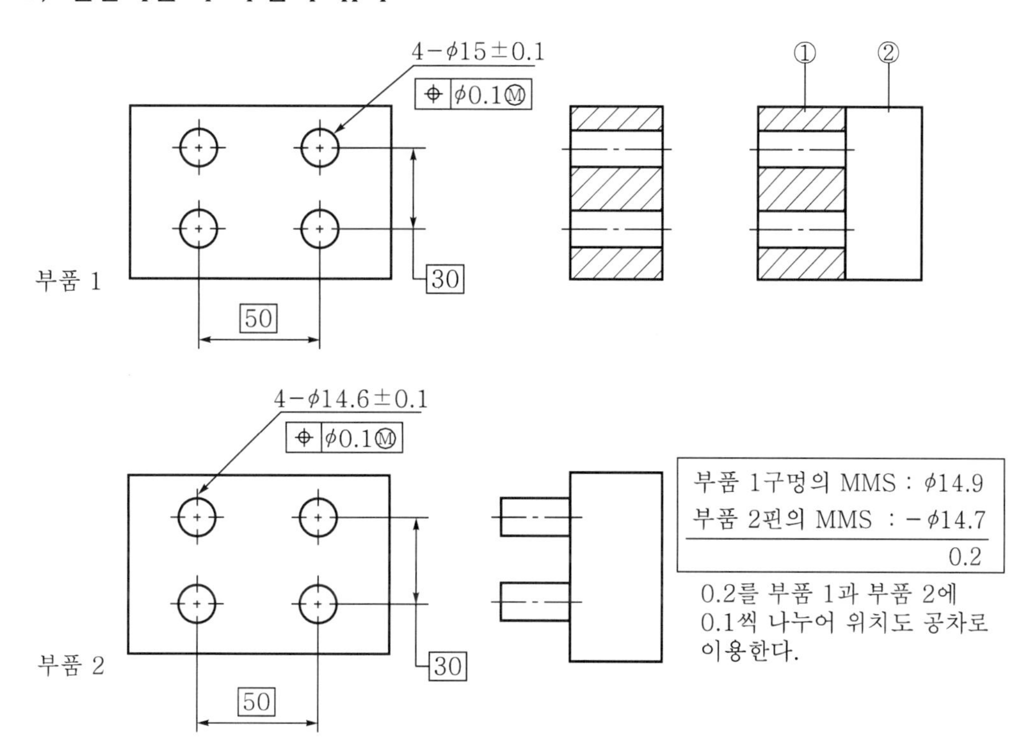

(a) 결합되는 두 부품에 위치도 공차를 결정하는 방법

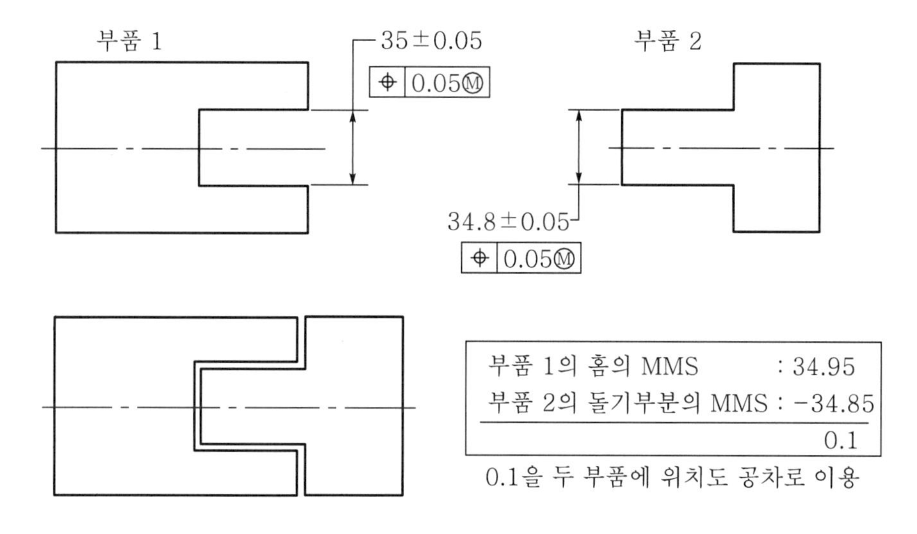

(b) 비 원형 형체인 두 부품에 위치도 공차를 결정하는 방법

그림 3-81 결합되는 두 부품의 위치도 공차 결정 방법

3) 비 원형 형체와 동축 형체의 위치도

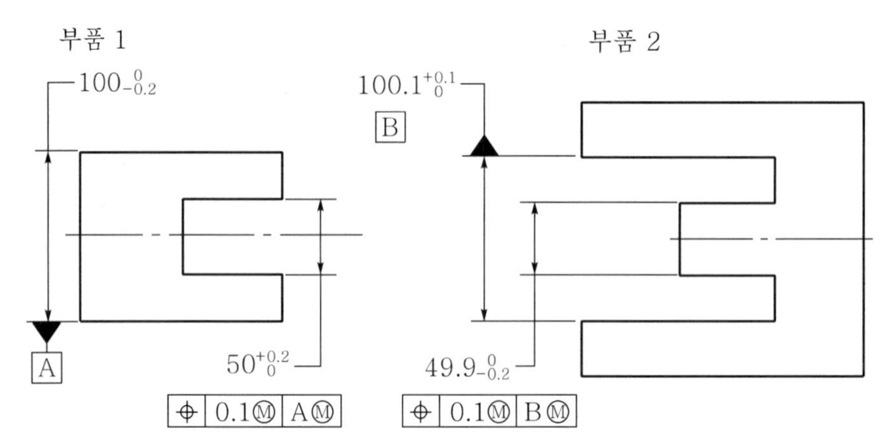

부품 2의 B 데이텀의 MMS (100.1) - 부품 1의 A 데이텀의 MMS(100) = 0.1

부품 1의 홈의 MMS (50) - 부품 2의 돌기부분의 MMS (49.9) = + 0.1

0.2

0.2를 두 부품에 위치도공차로 나누어 적용

(a) 비원형 형체의 위치도

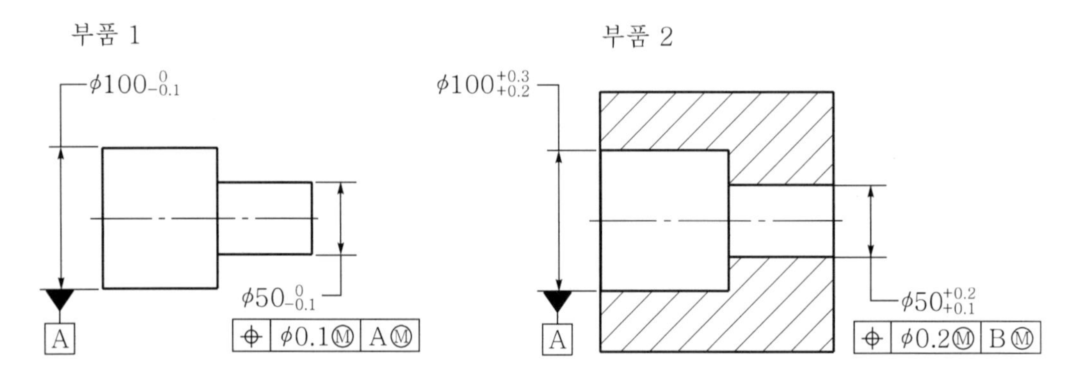

부품 2의 B 데이텀의 MMS (100.2) - 부품 1의 A 데이텀의 MMS(100) = 0.2

부품 2 규제형체구멍의 MMS(50.1) - 부품 1의 규제형체의 MMS(50) = + 0.1

0.3

0.3을 두 부품에 위치도공차로 나누어 적용

(b) 동축 형체의 위치도

그림 3-82 비 원형 형체와 동축 형체의 위치도 공차 규제

4) 동축 형체의 적절한 규제

상호관계를 이루는 동축 형체에 대한 기하공차를 규제하는 방법은 규제 형체의 기능, 결합 상태, 호환성 등 설계요구를 만족시킬 수 있고 부품특성에 맞는 적절한 규제가 있어야 한다.

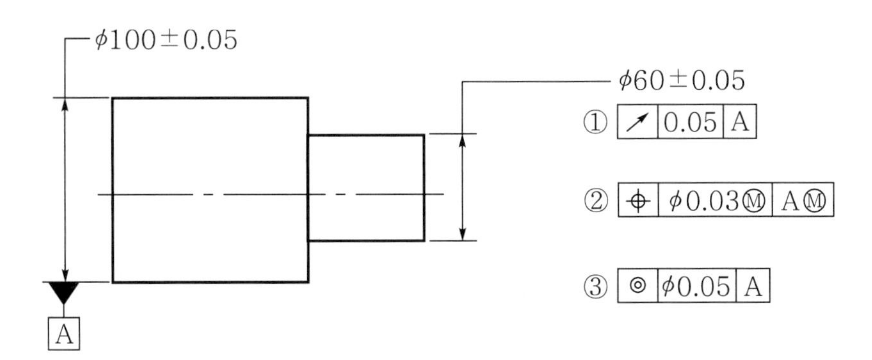

그림 3-83 동축 형체의 여러 가지 규제 예

① 원주 흔들림 공차

동축형체를 갖는 형체가 데이텀 축선을 기준으로 규제형체와 복합관계에 있는 원형의 횡단면의 표면형상을 형체 치수공차와 관계없이 규제할 필요가 있는 경우에는 원주 흔들림 공차로 규제한다.

② 위치도 공차

동축형체를 갖는 형체가 상대 부품과 결합되는 경우, 기능적인 관계에서 호환성과 결합을 보증하기 위한 결합부품에는 최대실체 공차 방식으로 위치도 공차로 규제한다.

③ 동심도 공차

동축형체를 갖는 형체가 데이텀 축선을 기준으로 회전하는 부품일 경우, 데이텀 축 선에 대하여 규제형체 축 선의 편심량을 규제할 경우에는 동심도 공차로 규제한다.

그림 3-83에 같은 형상을 갖는 형체에 부품 특성에 맞는 적절한 규제 예를 그림으로 나타냈다.

16 위치도 공차 검사 방법

기준치수[60]과[75]로 지시된 구멍중심 위치의 위치도 공차를 기능게이지에 의해 검사하지 않고 단능검사 방법으로 검사하는 방법을 간단히 설명한다.

위치도공차 계산식 : $Z=2\sqrt{X^2+Y^2}$ (Z:위치도공차, X: X축 편위량, Y: Y축 편위량)

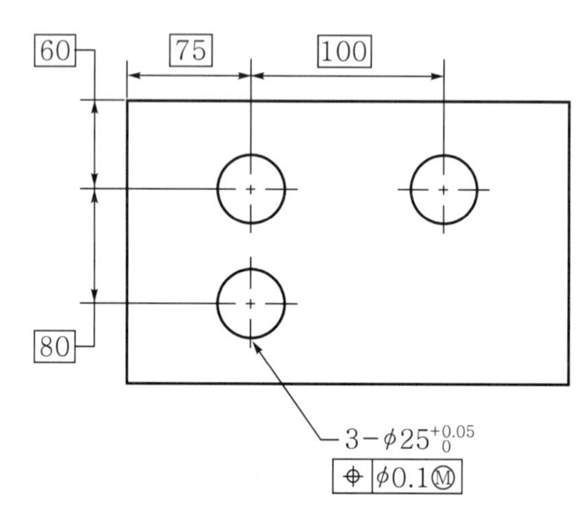

(a) 위치도로 규제된 구멍

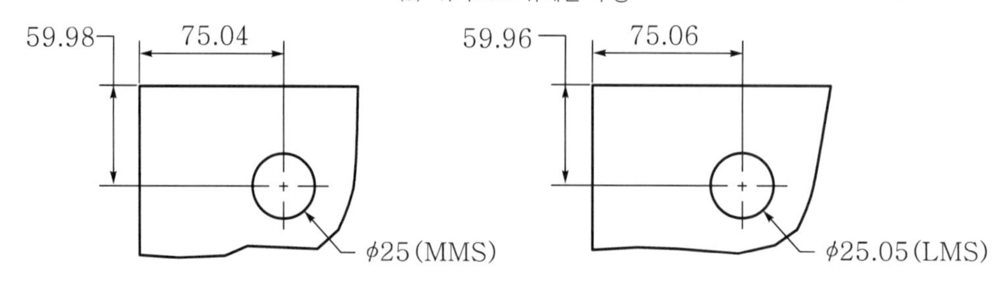

(b) 실제 제작된 구멍과 구멍중심 위치

1. 구멍의 실제 지름 : Ø25
   허용되는 위치도공차 : Ø0.1
   수평방향 구멍중심 실치수−기준치수=X
   X=75.04−75=0.04
   수직방향 기준치수−실제 구멍중심 치수=Y
   Y=60−59.98=0.02
   $Z=2\sqrt{0.04^2+0.02^2}=0.089$
   위 계산식에 의해 0.089가 구해진다.
   구멍의 위치는 허용되는 위치도공차 Ø0.1 범위 내에 있다.

2. 구멍의 실제 지름 : Ø25.05
   허용되는 위치도공차 : Ø0.15
   수평방향 구멍중심 실치수−기준치수=X
   X=75.06−75=0.06
   수직방향 기준치수−실제 구멍중심 치수=Y
   Y=60−59.96=0.04
   $Z=2\sqrt{0.06^2+0.04^2}=0.144$
   위 계산식에 의해 0.144가 구해진다.
   구멍의 위치는 허용되는 위치도공차 Ø0.15 범위 내에 있다.

17 ANSI, ISO, KS 규격 비교

특 성	ANSI-Y14.5M	ISO-1101	KS B0608
진직도	⏤	⏤	⏤
평면도	⏥	⏥	⏥
경사도	∠	∠	∠
직각도	⊥	⊥	⊥
평행도	//	//	//
동심도	◎	◎	◎
위치도	⌖	⌖	⌖
대칭도	기호 없음	⌯	⌯
진원도	○	○	○
원통도	⌭	⌭	⌭
선의 윤곽도	⌒	⌒	⌒
면의 윤곽도	⌓	⌓	⌓
원주 흔들림	↗	↗	↗
온 흔들림	⌰	⌰	⌰
데이텀	-A- ▲	▲ △	▲ △
최대실체조건	Ⓜ	Ⓜ	Ⓜ
최소실체조건	Ⓛ	기호 없음	기호 없음
형체치수 무관계	Ⓢ 1992 폐지	기호 없음	기호 없음
데이텀 목표	A1 Ø8 A1	A1 Ø8 A1	A1 Ø8 A1
돌출 공차역	Ⓟ	Ⓟ	Ⓟ
기준치수	50	50	50
전 윤곽	⌀ (전 윤곽 기호)	기호 없음	기호 없음

제 4 장 기계의 스케치(Sketch)

1 스케치의 개요

기계의 스케치란 실제 만들어진 기계, 기구의 실물을 보고 같은 형상으로 다시 제작하거나 파손과 마모로 인하여 사용할 수 없게 된 것을 새로 제작하여 사용할 경우나 실물을 모델로 하여 신제품을 개발할 경우 또는 제품의 도면이 없을 때 등, 제도용구를 사용하지 않고 프리핸드(free hand)로 그려 여기에 치수, 가공방법, 재질 등 제작에 필요한 내용을 나타내는 것을 말하며 그 도면을 스케치 도라 한다.

스케치 도는 주로 3각 투상법에 의해 그리며 복잡한 모양의 것은 사투상도나 투시도로 알기 쉽게 나타낼 수 있으며 사진으로 촬영하기도 한다. 스케치한 도면을 제도용구를 사용하여 재작성하는 경우와 스케치 도를 직접 제작도로 사용하는 경우도 있다.

2 스케치 용구

스케치 용구는 기계, 기구의 종류, 크기, 모양, 정밀도 등에 따라 여러 가지가 필요하지만 일반적으로 사용되는 것은 다음과 같다.

1) 스케치 용구 : 연필(진한 것 H, B 또는 HB), 색연필, 지우개, 용지(갱지, 모눈종이)와 번호표
2) 측정용구 : 자(강 철자, 줄자, 접자, 직각자), 파스(내경 파스, 외경파스), 버니어캘리퍼스(내 외경 측정용), 마이크로미터(내 외경 측정용), 분도기, 게이지(깊이 게이지, 나사 피치 게이지, 반지름 게이지, 틈새 게이지, 치형 게이지, 하이트 게이지, 서어피스 게이지), 정반(주철 정반, 석 정반)
3) 기계분해 조립용 공구 : 렌치, 프라이어, 드라이버, 스패너, 해머(강, 동, 연, 나무, 플라스틱)
4) 기타 : 광명단, 헝겊, 스케치 판, 본뜨기 용, 납선, 동선

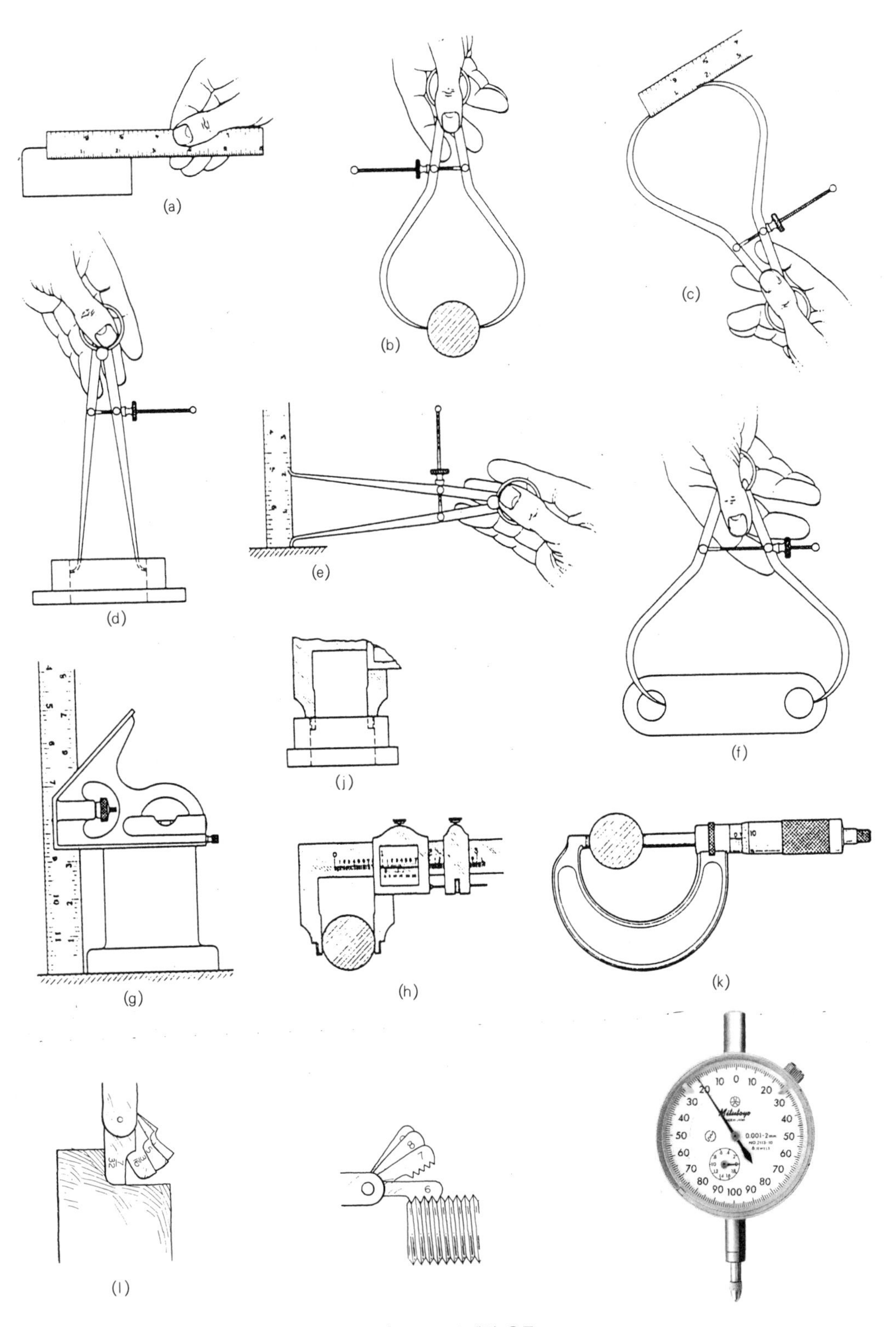

그림 4-1 스케치 용구

3 스케치 작업

스케치 작업은 다음 요령에 의하여 실시한다.

1) 스케치에 필요한 용구를 준비한다.
2) 스케치를 하려면 기계를 분해해야 하므로 분해하기 전에 기계의 구조나 기능을 충분히 조사해둔다.
3) 전체의 기구도를 작성하여 주요 치수를 기입한다.
4) 부분 조립도를 작성하여 번호를 기입한다.
5) 분해가 시작되면 분해 순서대로 일련번호를 기입하여 번호표를 단다.
6) 각 부품의 스케치는 부품에 따라 광명단을 칠하여 실형을 본뜨기 하거나 종이를 대고 문질러 실형을 나타내거나 불규칙한 외형은 종이를 대고 외형을 연필로 형상을 본뜨거나 납선 등으로 외형의 윤곽에 따라 굽혀서 실형을 본 따거나 하여 각 부품의 스케치도를 작성한다.
7) 조립하기 전에 스케치한 스케치 도를 검토하여 치수 탈락 및 잘못된 부분이 없나 등의 이상 유무를 확인한다.
8) 분해의 역 순서로 조립하고 기능을 확인한다.

4 스케치선 그리는 방법

스케치에 사용되는 선의 종류와 용도는 기초 제도 규격에 나와 있는 내용과 같으며 용도에 따른 선의 굵기를 잘 나타내야만 쉽게 스케치한 도면을 이해할 수가 있다.

4.1 직선 그리는 방법

선을 곧고 바르게 그으려면 먼저 시작점과 끝점에 점을 찍어 놓고 처음 점에서 끝점을 보면서 선을 그려 나간다. 한 번에 굵은 선으로 완성하지 말고 우선 가는 선으로 가볍게 그리고 최후에 굵고 진한 선으로 완성한다.

4.2 수직선과 사선 그리는 방법

시작점과 끝점에 점을 찍고 우선 가는 선으로 가볍게 그린다. 수직선은 위에서 아래로 사선은 방향에 따라 오른쪽으로 올려 그리거나 오른쪽으로 내려 그린다.

수직선과 사선은 선이 수평하게 되도록 용지를 돌려놓고 그릴 수도 있다.

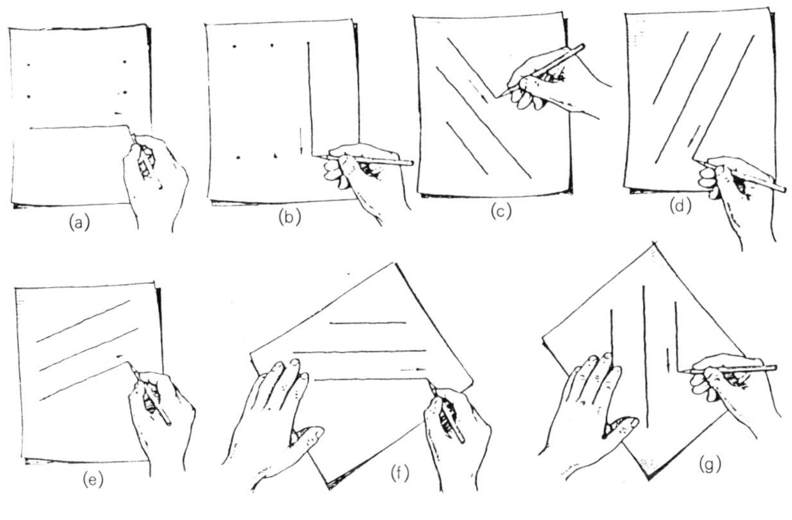

그림 4-2 직선 그리는 방법

4.3 원 그리는 방법

수직하고 수평한 중심선이나 대각선을 가늘게 그린다. 중심에서 반지름의 길이를 좌우 상하로 나누어 점을 찍는다. 반지름의 길이로 끊은 점을 원호로 가는 선으로 연결한다. 전체 원을 굵고 진한 선으로 완성한다.

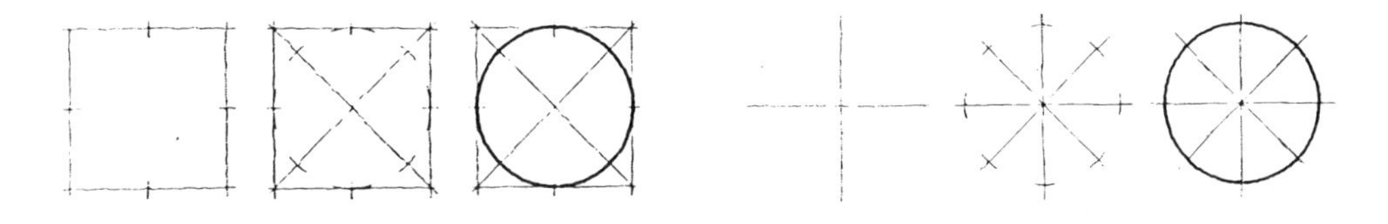

그림 4-3 원 그리는 방법

4.4 원호 그리는 방법

① 직각되게 2개의 선을 그리고 그 교점을 0으로 한다.

② 0점에서 반지름과 같은 그 점을 표시하여 a, b로 한다.

③ a, b를 연결하여 3각형을 그리고 3각형의 중심을 c라 한다.

④ a, b, c 3점을 통하는 원호를 가볍게 그린다.

⑤ 불필요한 선을 지우고 굵고 진한 선으로 완성한다.

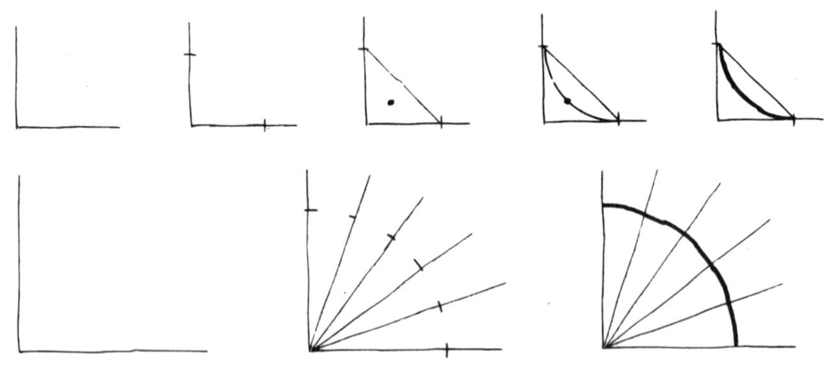
그림 4-4 원호 그리는 방법

5 스케치도 그리는 방법의 순서

프리핸드로 스케치 도를 작성할 때 투상도법에 따르고 각 부의 크기는 목측(目測)으로 정하고 정확한 척도대로 그리지 않으며 그리는 순서는 다음과 같다.

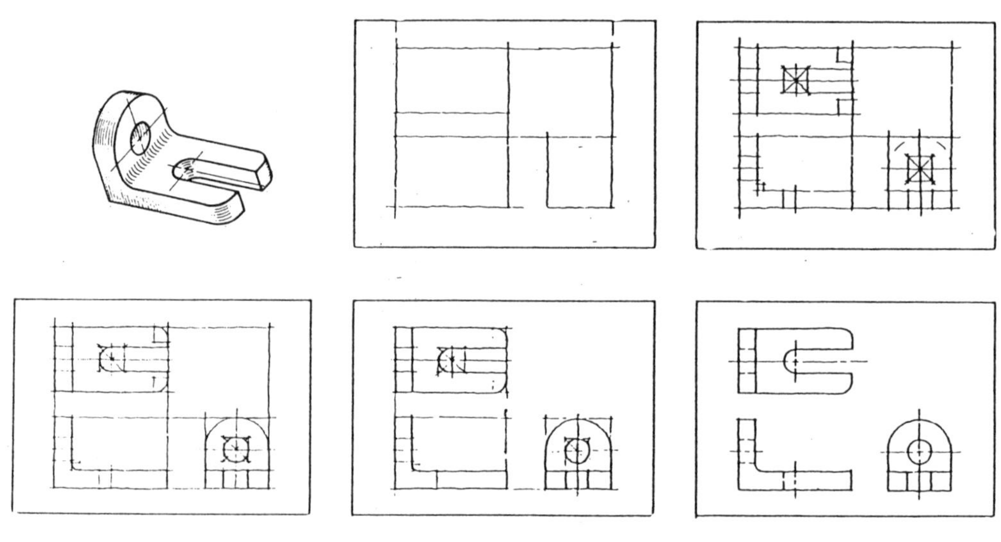
그림 4-5 스케치도 그리는 순서

5.1 부품도의 스케치

① 용지를 스케치 판에 붙인다.

② 부품의 크기, 복잡성 여부를 고려하여 크기를 목측으로 결정한다.

③ 정면도를 기준으로 관계도의 위치를 생각하여 외각의 선을 가는 선으로 가볍게 그린다.
④ 주요부의 중심선과 기준선을 가볍게 그린다.
⑤ 둥근 부분을 그린다.
⑥ 외형을 그린다.
⑦ 가늘게 그린 부분을 진한 선으로 완성한다.
⑧ 치수보조선, 치수선, 화살표, 인출선 등을 그린다.
⑨ 치수, 주기(主記) 등을 기입한다.
⑩ 표제란 및 부품 표를 작성한다.
⑪ 최종적으로 투상법, 치수기입의 누락, 치수공차 등을 확인한다.

5.2 조립도의 스케치

① 기계의 구조, 기능, 각 부품의 작동 등을 충분히 검토한다.
② 전체 기구도를 작성하고 주요치수를 기입한다.
③ 구조가 복잡한 경우에는 부분 조립도를 작성한다.
④ 부분조립도의 각 부분의 조립 순서대로 번호를 기입한다.
⑤ 부분조립도의 각 부품에 부품번호를 지시선에 의해 기입한다.
⑥ 조립순서 및 주의사항을 기입한다.

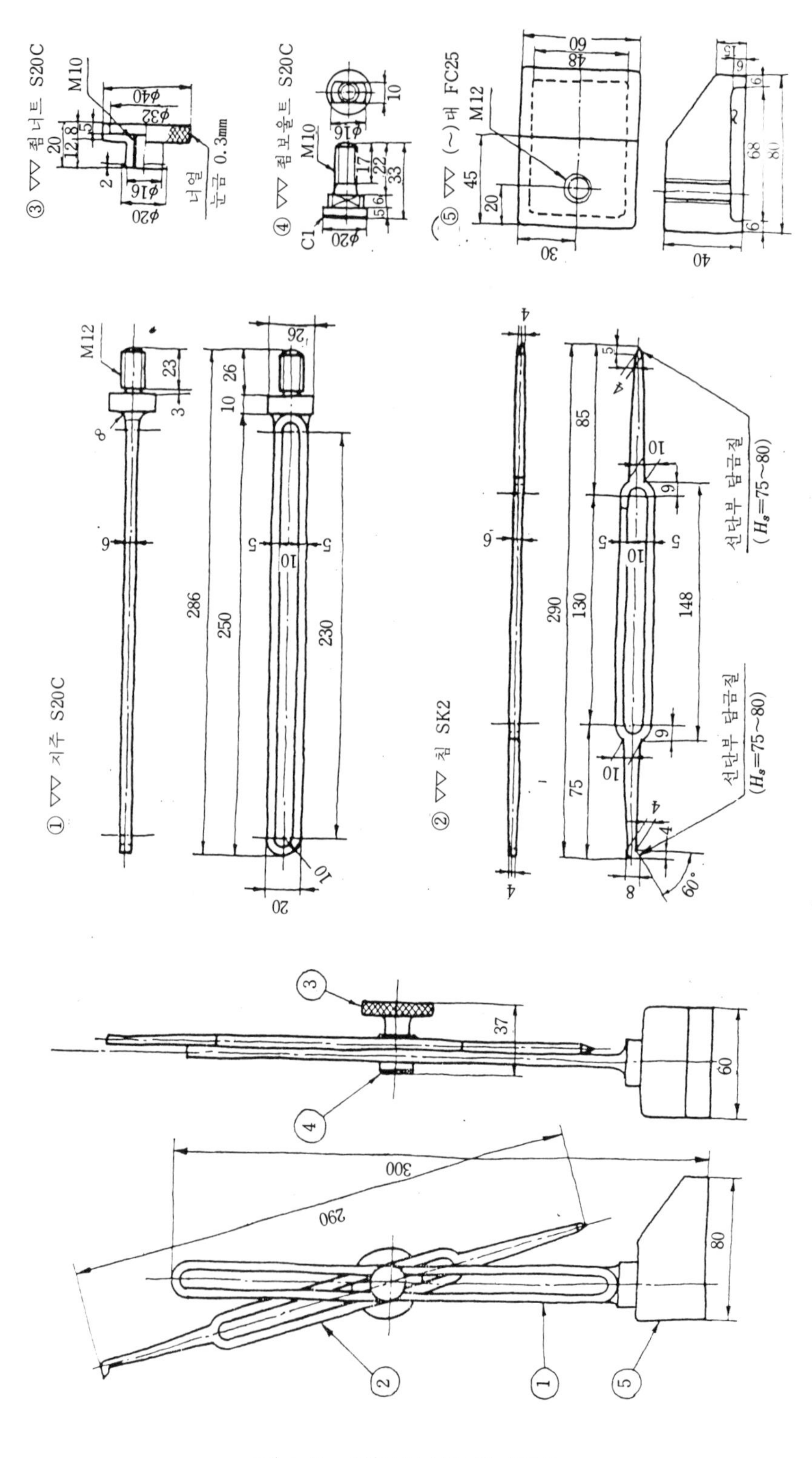

그림 4-6 조립도 및 부품도의 스케치

6 스케치 방법

부품을 스케치하는 방법은 부품의 생긴 형상에 따라 다음과 같은 방법으로 스케치한다.

6.1 프리핸드법

프리핸드법은 가장 많이 사용되는 방법으로 제도용구를 사용하지 않고 그리는 방법으로 주로 모눈종이가 많이 사용된다. 모눈종이를 사용하면 모눈의 칸수를 세어가며 척도에 맞는 치수로 쉽게 작도할 수가 있어 능률적이다.

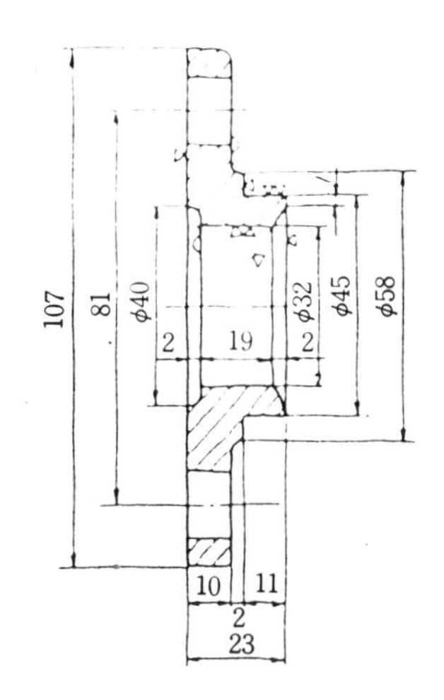

그림 4-7 프리핸드법

6.2 프린트법

프린트법은 부품의 표면이 평면이거나 복잡한 윤곽을 갖는 형체일 때 부품 표면에 광면단을 바르거나 용지를 대고 문질러서 실형과 같은 크기로 모양을 뜨는 방법으로 프린트되지 않은 부분의 외형선이나 숨은선은 진한 연필로 나타낸다.

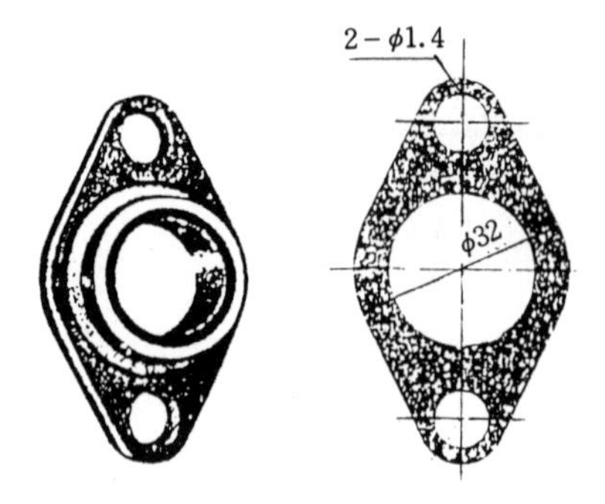

그림 4-8 프린트법

6.3 본뜨기법

본뜨기법은 실제 부품을 용지 위에 올려놓고 그 윤곽을 따라 연필로 본뜨는 방법으로 불규칙한 곡면 윤곽을 쉽게 스케치도로 작성할 수 있다.

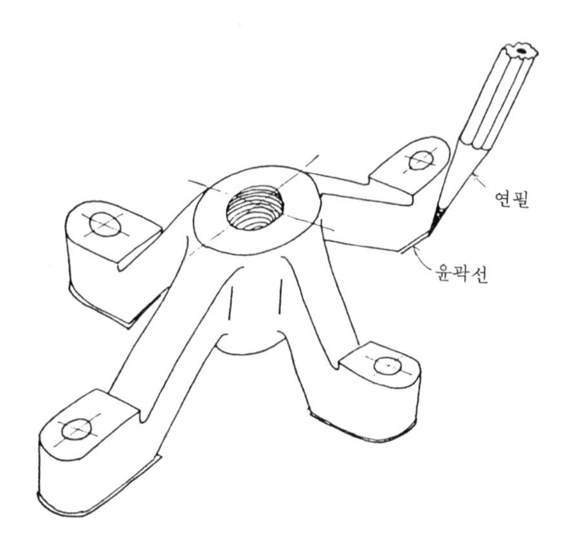

그림 4-9 연필에 의한 본뜨기법

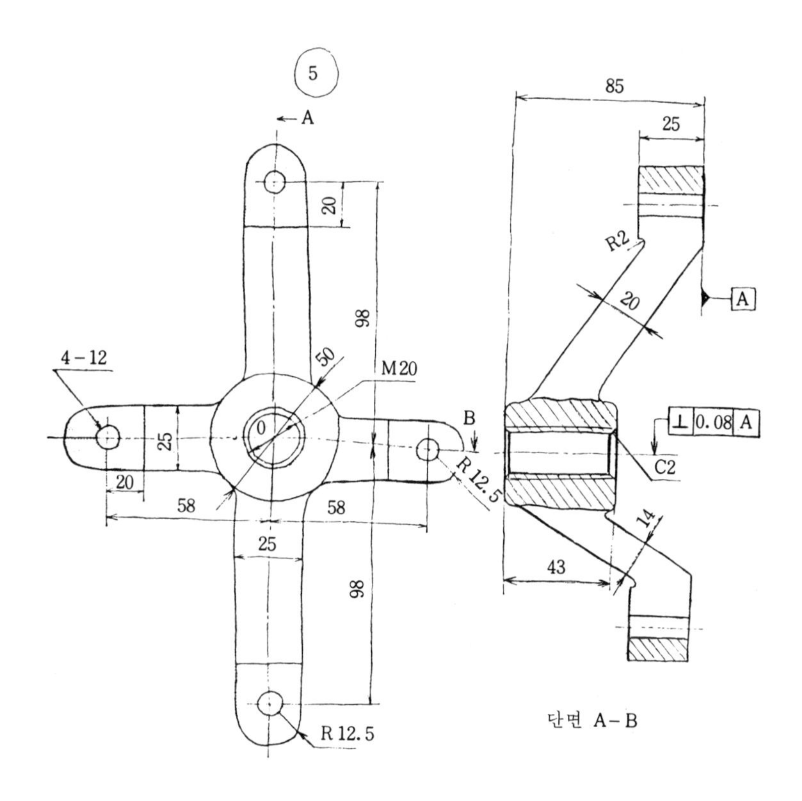

그림 4-10 연필에 의한 본뜨기와 프리핸드 스케치

6.4 납 선이나 연 선에 의한 방법

불규칙한 곡면 표면에 납 선이나 연 선을 밀착시켜 그 윤곽을 용지에 연필로 옮겨 그리는 방법이다.

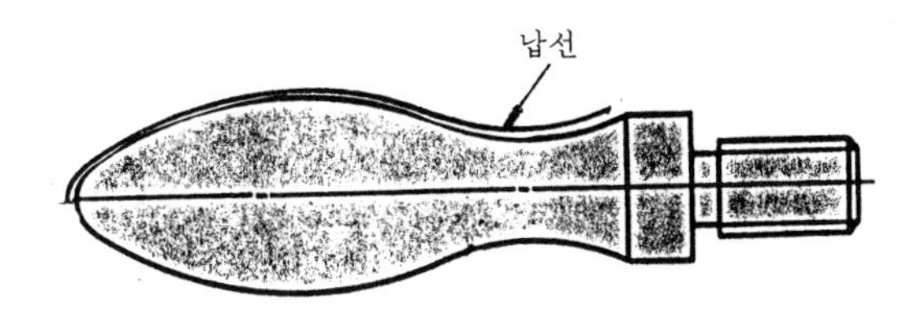

그림 4-11 납 선에 의한 방법

6.5 사진법

복잡한 기계의 결합상태나 복잡한 부품을 여러 각도에서 사진으로 찍어두면 조립도를 그리거나 부품의 조립상태를 쉽게 이해할 수 있고 복잡한 부품을 쉽게 이해할 수 있다.

6.6 등각도에 의한 스케치

부품을 등각으로 경사지게 놓고 외형의 윤곽을 가는 선으로 그린다음 윤곽을 가는 선으로 그리고 굵고 진한 선으로 완성한다.

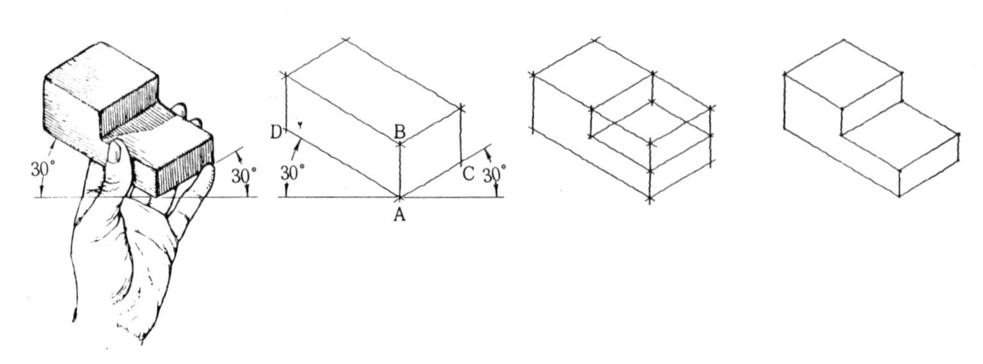

그림 4-12 등각도에 의한 스케치

6.7 사투상도에 의한 스케치

사투상도의 스케치는 가장 간단하게 나타내는 입체 도이다. X, Y의 두 축은 서로 직교되어 투상면에 평행하고 수직하게 그리고, Z축은 수평선과 임의의 각(15°−75°)으로 선을 그린다.

X, Y면상에 그려진 도면은 정 투상법의 정면도와 같으며 실장과 실형으로 그리며, 그밖에 면의 형상은 변형되어 나타나며 경사각은 30°, 45°, 60°로 하나 주로 45°가 가장 많이 사용된다.

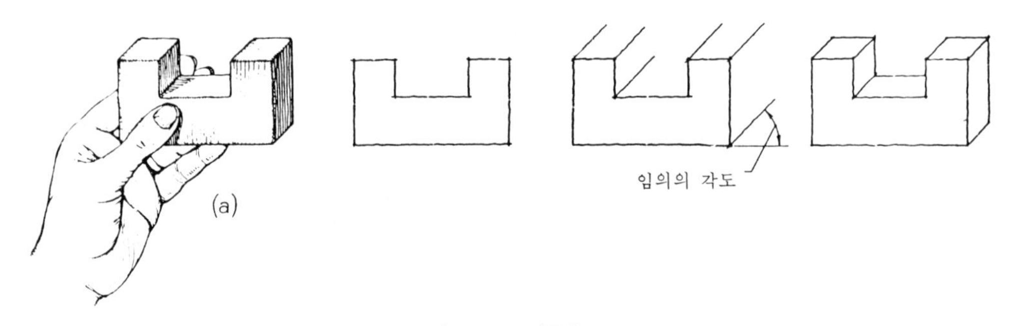

그림 4-13 사투상도

제 5 장 도면의 검사와 관리

1 도면의 검사와 관리의 개요

설계자에 의해 작성된 도면은 현장에서 물품을 제작할 때 사용될 뿐만 아니라 작업계획, 재료준비, 금형 설계, 견적, 주문, 공구준비, 수리, 검사 등 제작에 필요한 모든 사항이 도면에 의해서 이루어진다. 따라서 도면이 출도(出圖), 배포 되기 전에 검도를 해야 하며 검도 된 도면은 오래 보관하면서 필요할 때 쉽게 찾아볼 수 있어야 하며, 출도, 회수, 변경 및 정정, 복사, 폐기 등 합리적으로 관리하는 것을 도면 관리라 한다.

2 도면의 검사

작성된 도면은 필요로 하는 부서에 배포되어 생산활동에 이르게 되며 기능을 만족시키고 효율적인 생산과 최적의 가공을 할 수 있는 이상적인 도면이어야 한다.

잘못 작성된 도면은 제품의 불량은 물론 올바른 기능을 발휘할 수 없으며 생산지연, 원가상승 등 여러 분야에 나쁜 영향을 미친다. 따라서 성능 및 구조의 잘못, 치수누락, 치수공차의 누적, 결합불가 등이 없는 정확한 도면이 되도록 검도를 해야 한다.

일반적으로 도면검사에서 점검할 내용은 다음과 같다.

1) 도면 작성에 대한 검사

① 도면의 양식은 KS 기계제도규격에 맞는가.

② 정확한 투상법에 의해 작성되었나.

③ 정면도를 기준으로 관계도의 배치는 적절하게 나타냈는가.

④ 선의 용도에 따른 굵기 및 종류는 적절한가.

⑤ 용지의 크기와 부품의 크기 및 복잡성 여부 등을 고려한 적당한 척도로 작성되어 있는가.

⑥ 부품의 형상에 따라 적절한 특수 투상법을 사용하였는가.

⑦ 단면 표시는 적절히 나타냈는가.
⑧ 기능과 조립을 고려한 기구도와 조립도는 적절히 나타냈는가.

2) 치수 기입, 공차, 다듬질 기호, 끼워 맞춤 검사

① 치수는 주 투상도에 집중적으로 나타내야 하고 중복치수기입은 없는가.
② 기능, 제작, 조립 등을 위한 치수누락 없이 기입되었는가.
③ 조립상 기준에서부터 치수기입이 되었는가.
④ 치수보조선, 치수선, 지시선을 적절하게 나타냈는가.
⑤ 치수공차 누적이 없는 치수기입이 되었는가.
⑥ 상대부품과 결합되도록 공차가 주어져 있는가.
⑦ 표면정밀도에 따른 다듬질기호는 적절히 나타냈는가.
⑧ 결합되는 부품 상호간에 결합상태에 따른 끼워 맞춤 표시는 적절하게 나타냈는가.
⑨ 계산할 필요가 없는 치수로 기입되어 있는가.
⑩ 참고로 나타낸 치수는 참고치수 표시가 되었는가.
⑪ 기호(ϕ, C, R, t, □, 구(球))의 표시법은 적절한가.
⑫ 보통치수 허용차의 표시는 되어있는가.
⑬ 기하공차의 표시는 적절하게 나타냈는가.

3) 주기사항, 표제란, 요목표, 지시사항의 검사

① 부품제작에 필요한 주기사항은 적절히 나타냈는가.
② 표제란에 필요한 내용(도명, 도면번호, 척도, 투상법, 작성년월일, 설계, 제도, 검도, 승인)은 표시되어 있는가.
③ 기어, 스프링 등의 요목표는 작성되었는가.
④ 조립도에 부품표는 작성되어 있는가.
⑤ 규격품에 대한 규격표시나 호칭법, 그 밖의 지시사항은 적절히 나타냈는가.
⑥ 재료표시, 표면처리, 열처리 등의 표시는 적절한가.

3 도면 관리

도면은 제품을 제작하는 기초가 되기 때문에 제조에 관련된 모든 분야에 설계자의 의도를 도면으로 나타내서 설계, 제작, 검사 등에 다방면으로 사용된다.

따라서 완성된 도면은 오래도록 보관하면서 필요에 따라 출도, 복사, 설계변경, 정정 등 정확한 관리 준용이 요구된다. 도면관리의 내용은 다음과 같다.

① 원 도의 등록, 보관, 출납, 폐기
② 원 도의 복사, 출도, 회수
③ 도면의 변경 및 정정
④ 원 도의 마이크로필름 제작, 보관

3.1 도면의 분류

도면은 제품의 기능 및 조립상태를 나타낸 기구도와 부분적으로 조립상태를 나타낸 부분조립도, 개개의 부품을 나타낸 부품도로 나누어 도면이 작성된다.

설계 개발된 제품은 전체의 도면이 하나의 도면철로 만들어진다. 전체 도면 철 내에 첫 번째 부품 표, 기구도, 부분조립도, 부품도 순으로 철이 된다. 한 장의 용지에 1개의 부품을 그리는 일품일엽식과 한장의 용지에 여러 개의 부품과 조립도를 그린 다품일엽식이 있다.

도면을 작성할 때에는 스케치 도나 연필로 기초 도를 그리고 기초도 위에 트레싱 용지를 놓고 선의 용도와 굵기에 따라 연필이나 제도용 잉크로 도면을 옮겨 그려 사도(tracing)를 한다. 사도한 도면은 검도와 승인을 거쳐 등록하여 원 도로 보관된다.

3.2 도면 번호

기계장치, 구조, 조립순서, 출도, 설계변경 등은 도면번호에 의해서 처리되므로 도면의 명칭보다는 도면번호가 도면관리상 더욱 중요하다. 도면번호는 간단히 도면의 작성순서에 따라 일련번호로 기입하는 방법과 일련번호대로 기입하지 않고 기계의 종류, 형식, 조립도, 부품도의 구분, 도면의 크기 등에 따라 효율적인 도면관리가 되도록 도면번호를 부여하는 경우가 주로 사용된다.

도면번호를 정하는 방식은 특별한 규정이 없고 전체의 도면에 관련성을 갖게 하고 알기 쉽게 제품에 따라 회사 자체 내에서 충분히 검토를 하여 결정해야 한다.

다음은 도면번호를 나타낸 구성 예의 보기이다.

(보기) 일련번호와 관계없이 기입한 경우

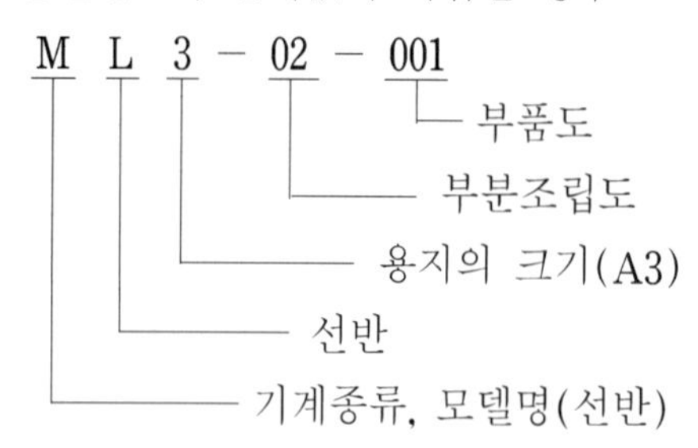

(보기) 일련번호대로 기입한 경우

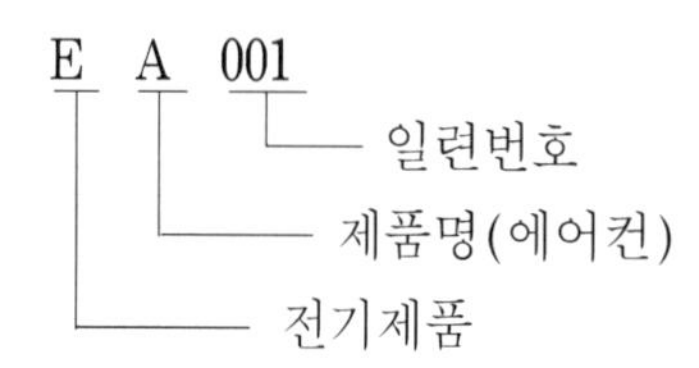

(보기) 규격번호를 정해서 기입한 경우

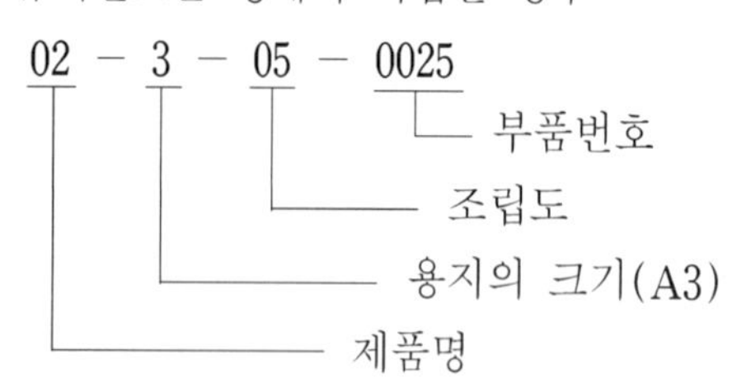

표 5-1 도면번호 기입 보기

조 립 도		부 분 조 립 도		부 품 도	
도면번호	도 명	도면번호	도 명	도면번호	도 명
ML-3-02-001	선반	ML-3-02-010	기어펌프	ML-3-02-011 ML-3-02-012 ML-3-02-013	몸체 커버 기어
		ML-3-02-030	왕 복 대	ML-3-02-031 ML-3-02-032 ML-3-02-033	회전대 공구대 새들

3.3 도면의 등록

도면작성이 완료되면 검도, 승인 절차를 거쳐 도면번호를 부여하여 도면대장에 등록하여야 한다. 도면대장에는 등록일, 도면번호, 도 명, 도면의 크기, 폐기, 정정 내용을 기재하고 폐기 및 정정은 날짜와 그 사유를 기재하여야 한다.

표 5-2 도면대장

등록일	도면번호	도 명	도면의 크기	폐 기		정 정	
				폐기일	사유	결정일	사유
95. 3. 1	ML-3-02-010	기어펌프	A2				
	ML-3-02-011	몸체	A3				
	ML-3-02-012	커버	A3				
	ML-3-02-013	기어	A4				

표 5-3 도면카드

도면번호 ML-3-02-001 제 도 일				도명번호 선반 등 록 일			
도면번호	도명	크기	비고	도면번호	도명	크기	비고

3.4 도면관리의 관련내용

1) 부품 번호

부품번호는 일품일엽식의 경우 표제란에 표시하는 것을 원칙으로 하며, 다품일엽식의 경우에는 개개의 도면 좌측 상단에 원내에 아라비아 숫자로 기입하고 조립도에 지시선을 이용하여 부품번호를 기입해서 조립상태를 알아볼 수 있도록 하고 부품번호를 기입한다.

2) 부품 표

대부분의 기계는 여러 개의 부품으로 형성된다. 그 구성부품 여러 개가 결합되어 조립도가 된다. 다품일엽식에서 여러 개의 부품을 종합하여 부품 표를 만들어 도면의 우측 상부나 표제란 위에 배치하여 부품번호, 부품 명, 재질, 수량, 중량, 규격표시 등을 기입한다.

3) 표제란

도면에는 표제란을 두도록 되어 있다. 표제란의 위치는 A4 이상의 도면은 길이방향을 좌우로 놓은 위치에서 우측 아래쪽에 설치하는 것을 원칙으로 하며 A4 크기의 도면은 이에 따르지 않아도 되며 표제란에는 도면번호, 도명, 척도, 투상법, 작성 년 월일, 설계, 제도, 검도, 승인 등의 내용을 기입한다.

4) 도면 접는 법

도면은 보관 및 관리상 접을 때에 A4의 크기를 기준으로 접어서 철한다.

3.5 도면의 변경

일단 출도 된 도면은 가급적 변경하지 않아야 한다. 그러나 설계상의 잘못으로 결합 상에 문제가 생기거나 기능 및 제작상의 문제 등으로 불가피할 경우에는 도면을 변경, 정정할 수가 있다.

도면의 변경은 신중히 하지 않으면 큰 문제를 초래하게 되므로 변경 양식을 정하여 변경사항을 정확하게 나타내야 한다.

변경사항에 대한 양식은 다음과 같다.

표 5-4 도면 변경 양식

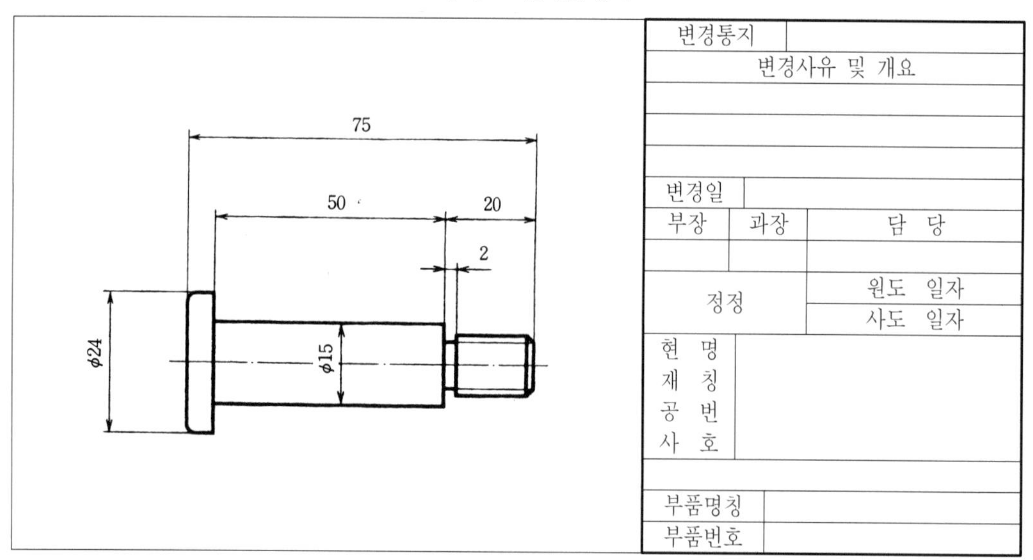

변경통지		
변경사유 및 개요		
변경일		
부장	과장	담당
정정		원도 일자
		사도 일자
현재공사	명칭번호	
부품명칭		
부품번호		

3.6 도면의 출도 및 회수

도면이 출도 될 때에는 복사를 해서 필요로 하는 부서에 배포한다. 복사 도는 원 도를 청사진이나 복사기를 이용하여 필요한 매수만큼 복사하여 인계인수하고 사용 후에는 회수하여 폐기하는 것을 원칙으로 하며 출도시 출도 스템프를 만들어 출도 인을 날인하여 배포한다. 또한 출도 의뢰서를 작성, 제출하여 도면을 배부 받는다. 출도 의뢰서는 다음 표와 같다.

그림 5-1 출도 인

표 5-5 도면 출도 의뢰서 및 관리대장

의뢰부서		도면 출도의뢰서 및 관리대장											
출도자		TEL											
담당	대리	과장	차장	부장	이사	(제 호)	접수/발송	담당	대리	과장	차장	부장	
용도	□ 참고	□ 원도	□ 시작도	□ 양산	□ 제작	□ 설비검토	□ 승인요청	□ 제출	□ 견적				
일련	도면 번호	명칭	규격	매수	반납예정일	배부처							반납확인

3.7 도면의 보관

기계부품을 제작하거나 조립, 수리, 검사, 주문, 판매, 견적 등이 도면에 의해서 이루어진다. 따라서 완성된 도면은 원도 대장이나 원도 카드에 등록하여 원도 함에 정리 보관하여 필요에 따라 원 도를 복사하여 사용하고 원 도는 도면변경 이외의 경우에 대출해서는 안 되며 화재나 수해, 도난으로부터 안전하도록 철저히 관리해야 한다.

1) 보관함에 의한 원도 관리

원 도는 기계의 종류별 또는 용지의 크기별로 보관하거나 큰 도면은 접지 않고 말아서 원통식 보관함에 보관하기도 한다. 원도 보관함에는 원 도의 제품명, 기종, 도면번호, 도면의 크기 등을 명시하여 쉽고 신속하게 이루어지도록 하여야 한다.

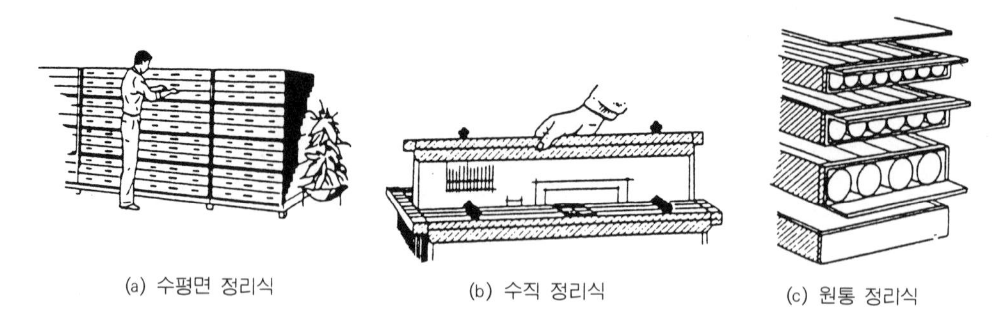
(a) 수평면 정리식
(b) 수직 정리식
(c) 원통 정리식

그림 5-2 도면 보관함

2) 마이크로필름에 의한 원도 관리

마이크로필름은 도면을 마이크로필름으로 촬영해서 도면관리를 하는 방법으로 많은 양의 원도 보관에 이용되고 원 도의 보호, 파손 및 재해방지, 복사 비 절감, 축소나 확대를 쉽게 할 수 있는 등 도면 관리를 효율적으로 할 수 있어서 널리 이용된다. 마이크로필름의 종류로는 연속으로 길게 촬영된 필름을 카트리지에 감아 사용하는 롤 필름(roll film)과 롤 필름을 한 장씩 분류하여 접착시킨 형식의 애퍼쳐 카드(aperture card)가 많이 쓰인다. 마이크로필름을 이용한 도면관리의 장점은 다음과 같다.

① 보관장소를 적게 차지하고 많은 도면을 수용할 수 있다.
② 도면의 크기에 관계없이 일정한 크기로 축소되므로 도면의 보관과 이동이 편리하다.
③ 통일된 크기로 쉽고 빠르게 복사할 수 있으므로 복사 비를 절감할 수 있다.
④ 수명이 반영구적이고 도면을 쉽게 찾을 수 있다.

부 록

1. 부품도 작성 연습
2. 조립도와 부품도 작성 연습
3. 조립도와 부품도 작성
4. 기계 재료 기호
5. 미터 나사
6. 유니파이 나사
7. 6각 볼트의 모양과 치수
8. 6각 너트의 모양과 치수
9. 평행 키
10. 경사 키, 머리붙이 경사 키 및 키 홈의 모양 및 치수
11. 미끄럼 키 홈의 모양 및 치수
12. 반달 키의 치수
13. 반달 키 홈의 치수
14. 평행 핀(평행 핀의 모양 · 치수)
15. 분할 핀(분할 핀의 모양 · 치수)
16. 테이퍼 핀(테이퍼 핀의 모양 · 치수)
17. 와셔(Washers)
18. 스프링와셔의 모양 · 치수

1 부품도 작성 연습

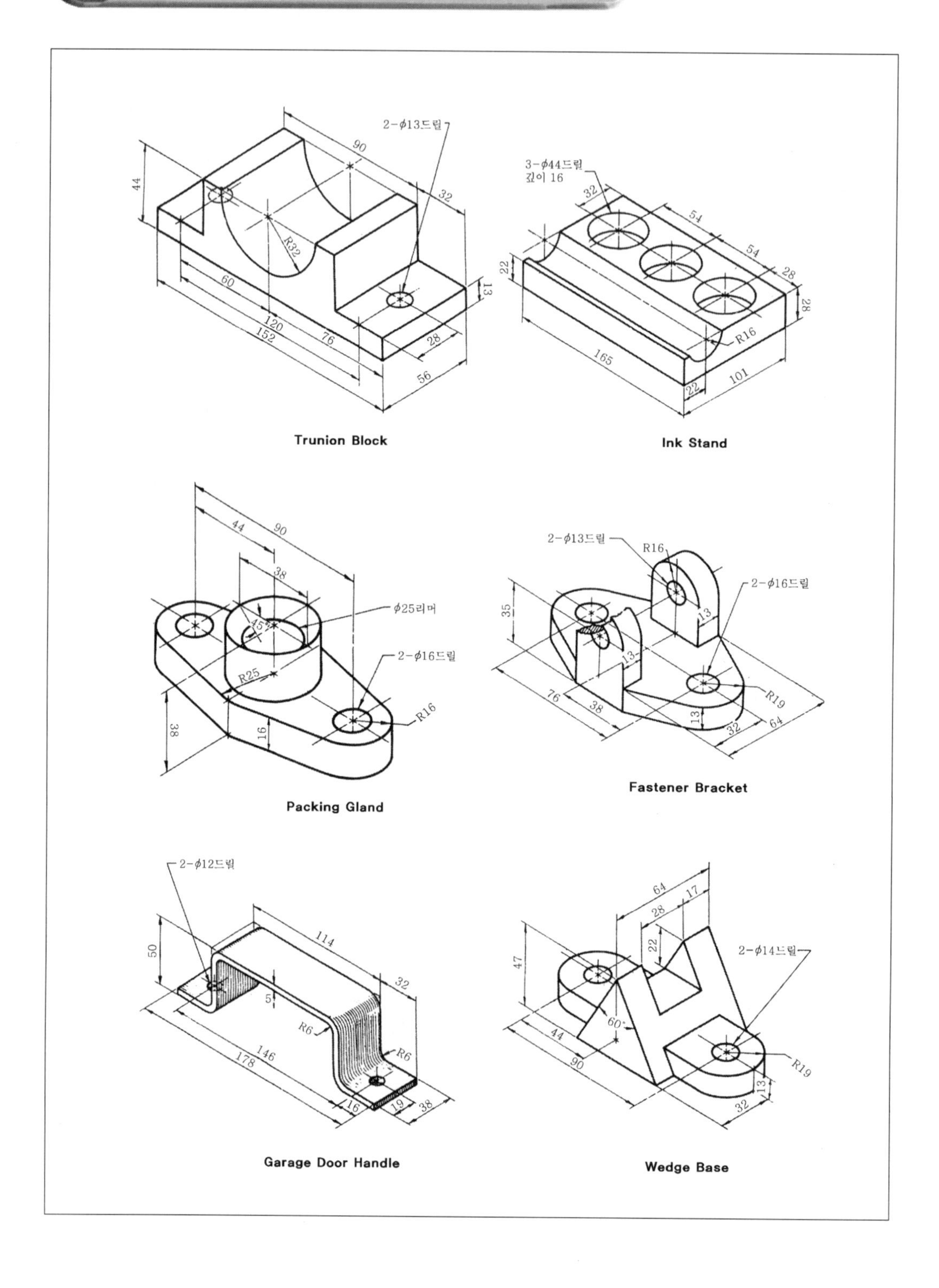

Trunion Block

Ink Stand

Packing Gland

Fastener Bracket

Garage Door Handle

Wedge Base

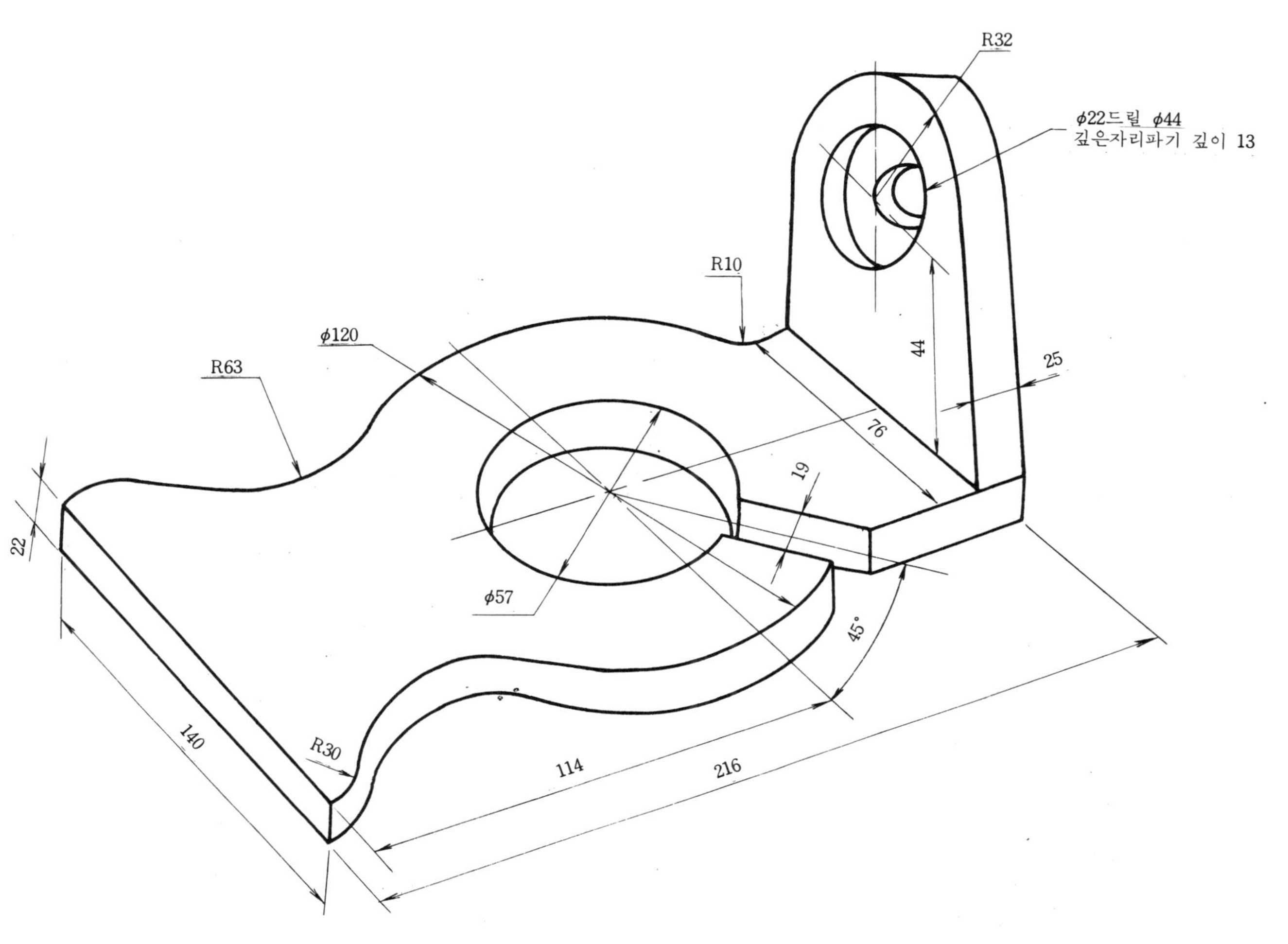
R32
φ22드릴 φ44
깊은자리파기 깊이 13
R10
φ120
R63
44
25
76
19
22
φ57
45°
140
R30
114
216

SWITCH BASE

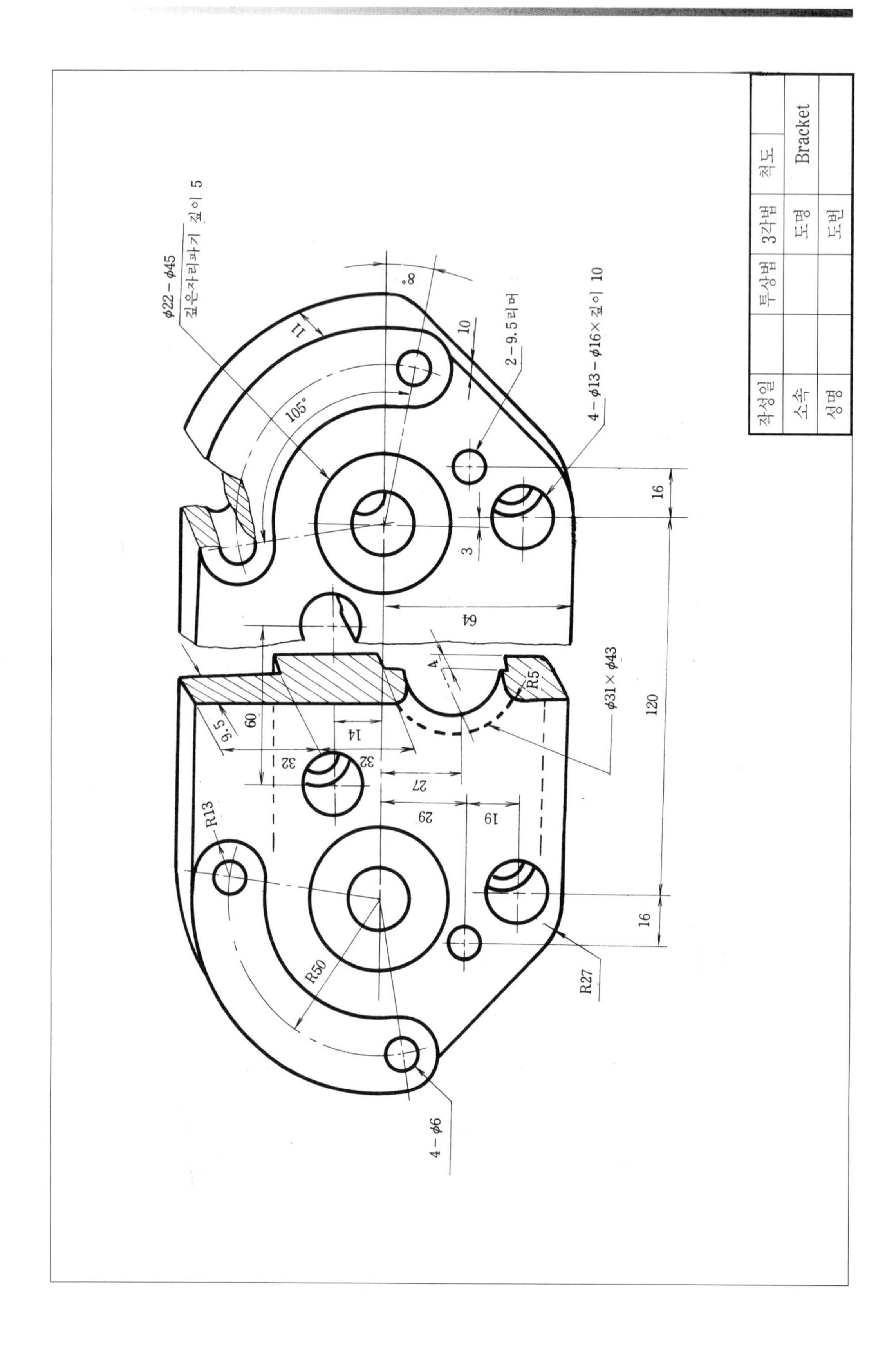
작성일
투상법
3각법
척도
소속
도명
Bracket
성명
도번
ϕ22 - ϕ45
깊은자리파기 깊이 5
2-9.5리머
4-ϕ13-ϕ16× 깊이 10
ϕ31×ϕ43
4-ϕ6
R13
R50
R27
R5
105°
8°
11
10
16
3
64
120
4
60
9.5
14
32
27
29
19

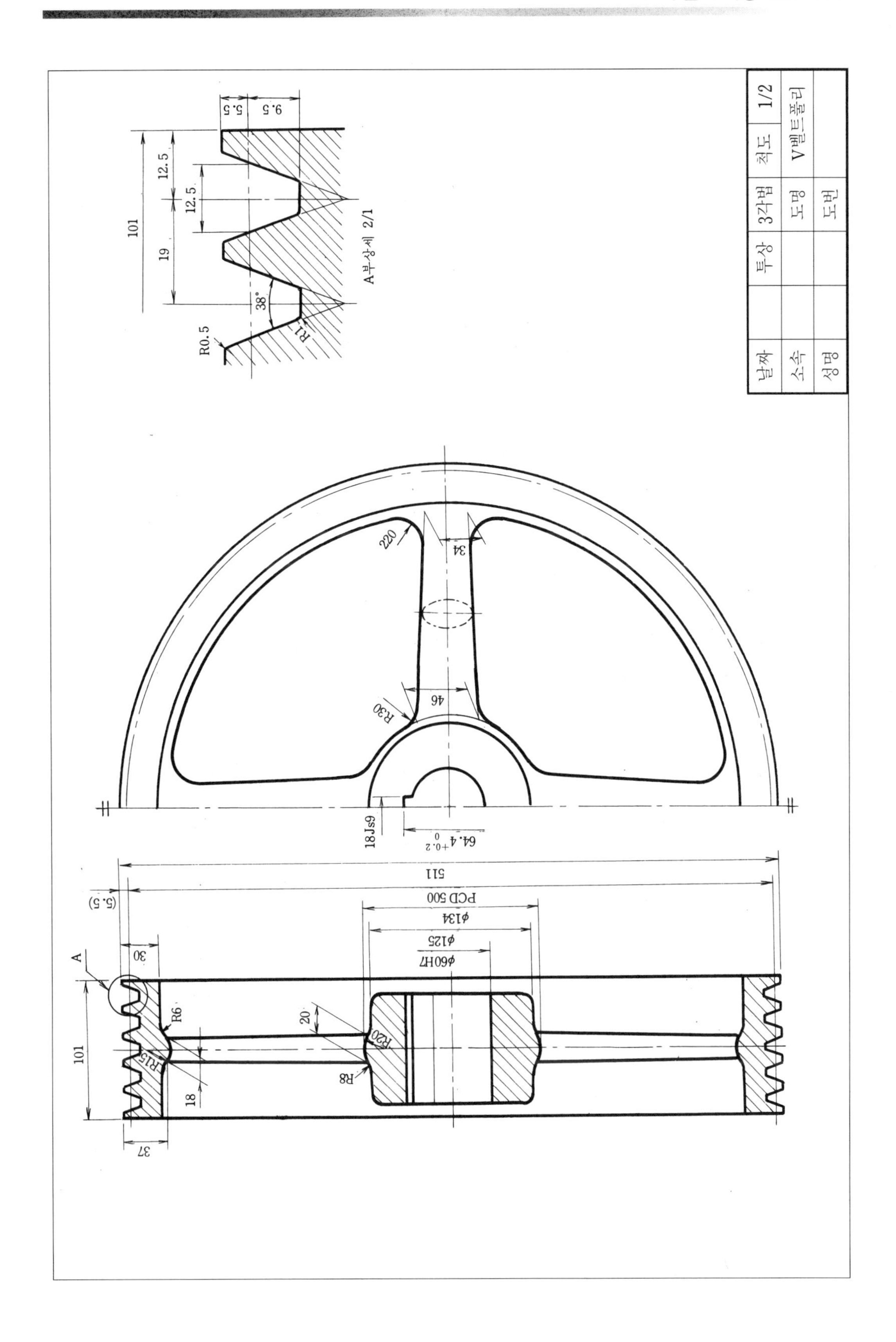

날짜
소속
성명
투상
3각법
척도
1/2
도명
V벨트풀리
도번
A부상세 2/1
A
101
12.5
12.5
19
38°
R0.5
R1
5.5
9.5
220
34
R30
46
18Js9
511
PCD 500
(5.5)
30
37
R6
R15
20
R20
R8
18
φ134
φ125
φ60H7

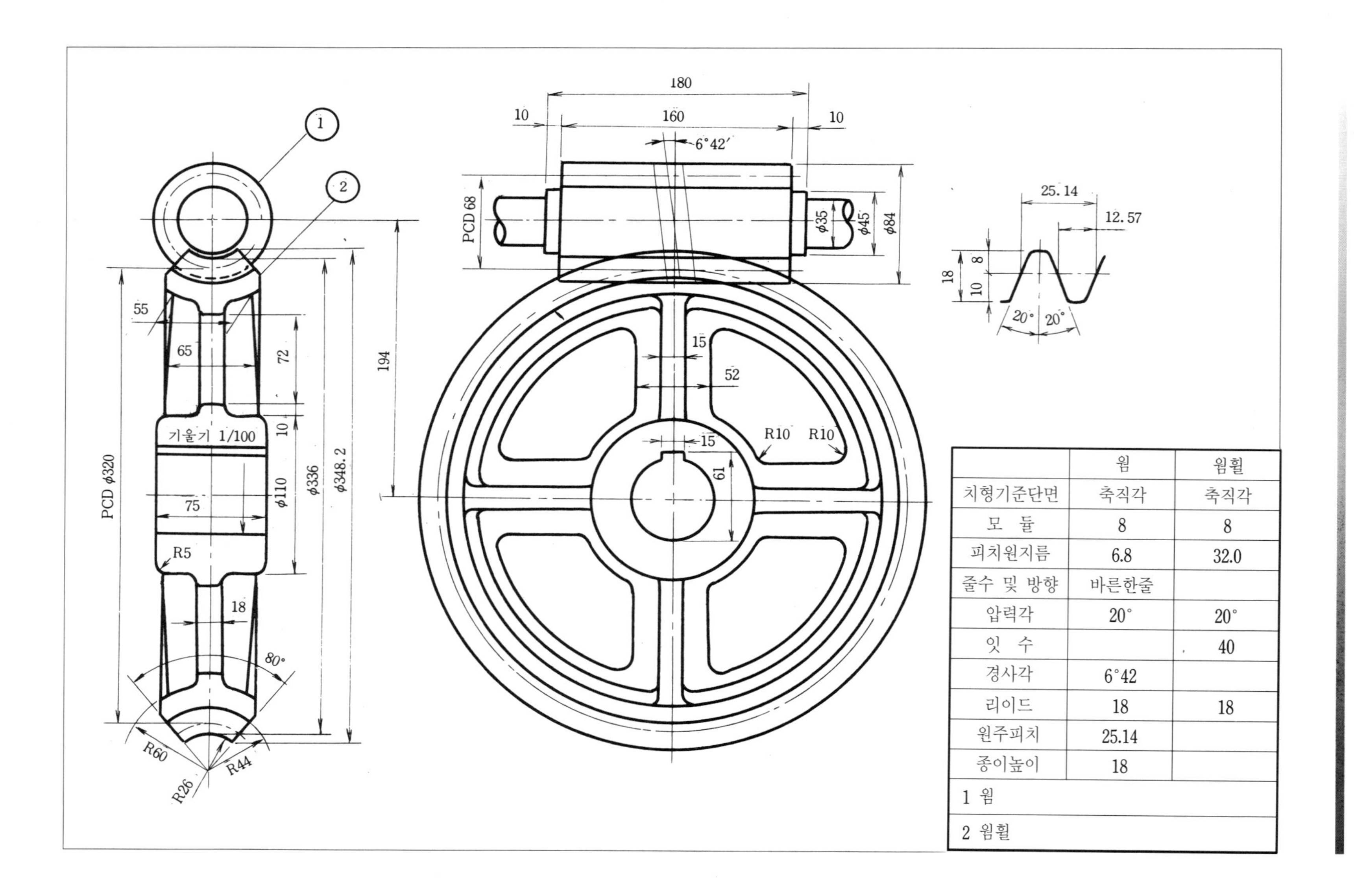

	웜	웜휠
치형기준단면	축직각	축직각
모 듈	8	8
피치원지름	6.8	32.0
줄수 및 방향	바른한줄	
압력각	20°	20°
잇 수		40
경사각	6°42	
리이드	18	18
원주피치	25.14	
종이높이	18	
1 웜		
2 웜휠		

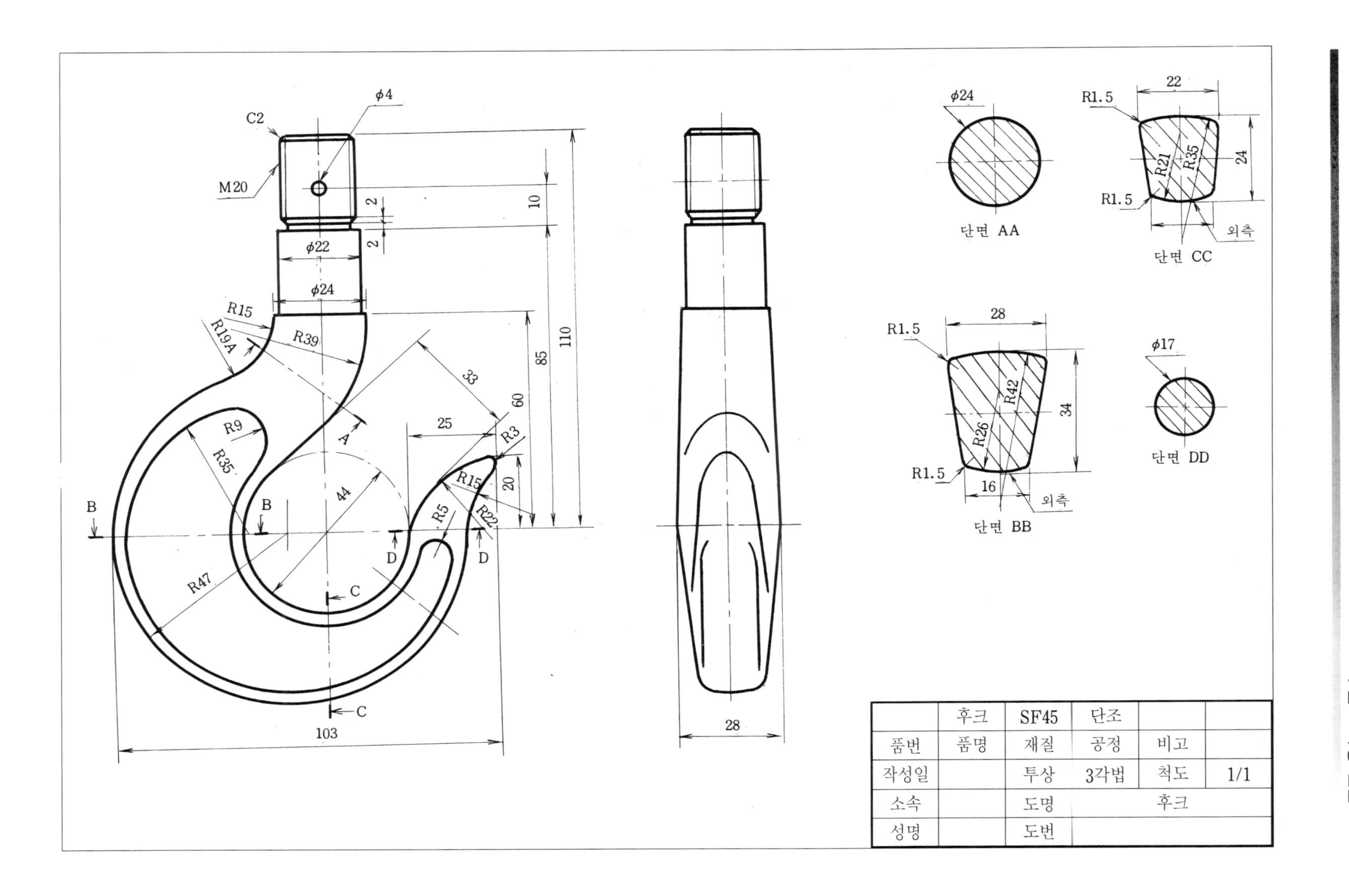
C2
φ4
M20
2
2
10
φ22
φ24
R15
R19A
R39
110
85
33
60
25
R3
A
R9
R35
44
R15
20
R5
R22
B
B
D
D
R47
C
C
103
28
φ24
단면 AA
R1.5
22
R21
R35
24
R1.5
외측
단면 CC
R1.5
28
R42
R26
34
R1.5
16
외측
단면 BB
φ17
단면 DD
후크
SF45
단조
품번
품명
재질
공정
비고
작성일
투상
3각법
척도
1/1
소속
도명
후크
성명
도번

2 조립도와 부품도 작성 연습

※ 다음 도면의 조립도와 부품도를 작성하시오.

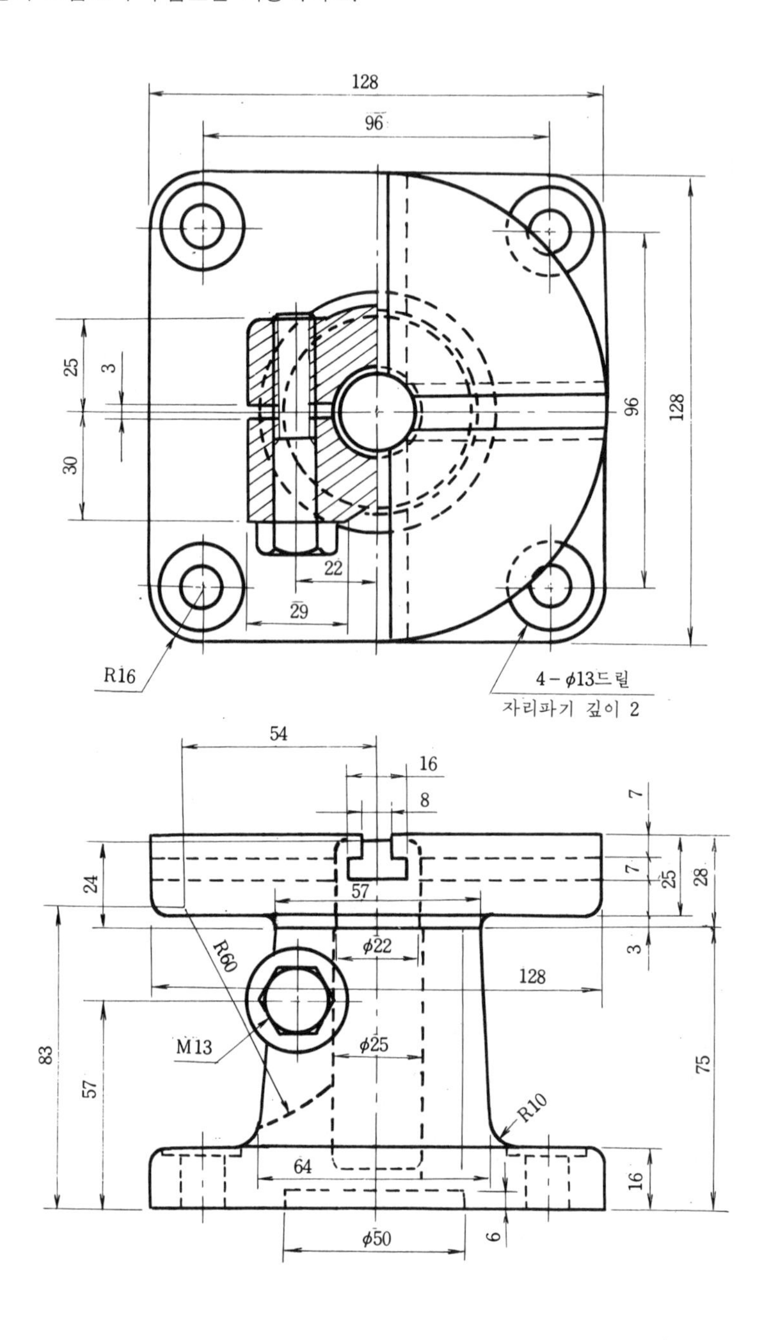

다음 그림의 조립도와 부품도를 그리시오

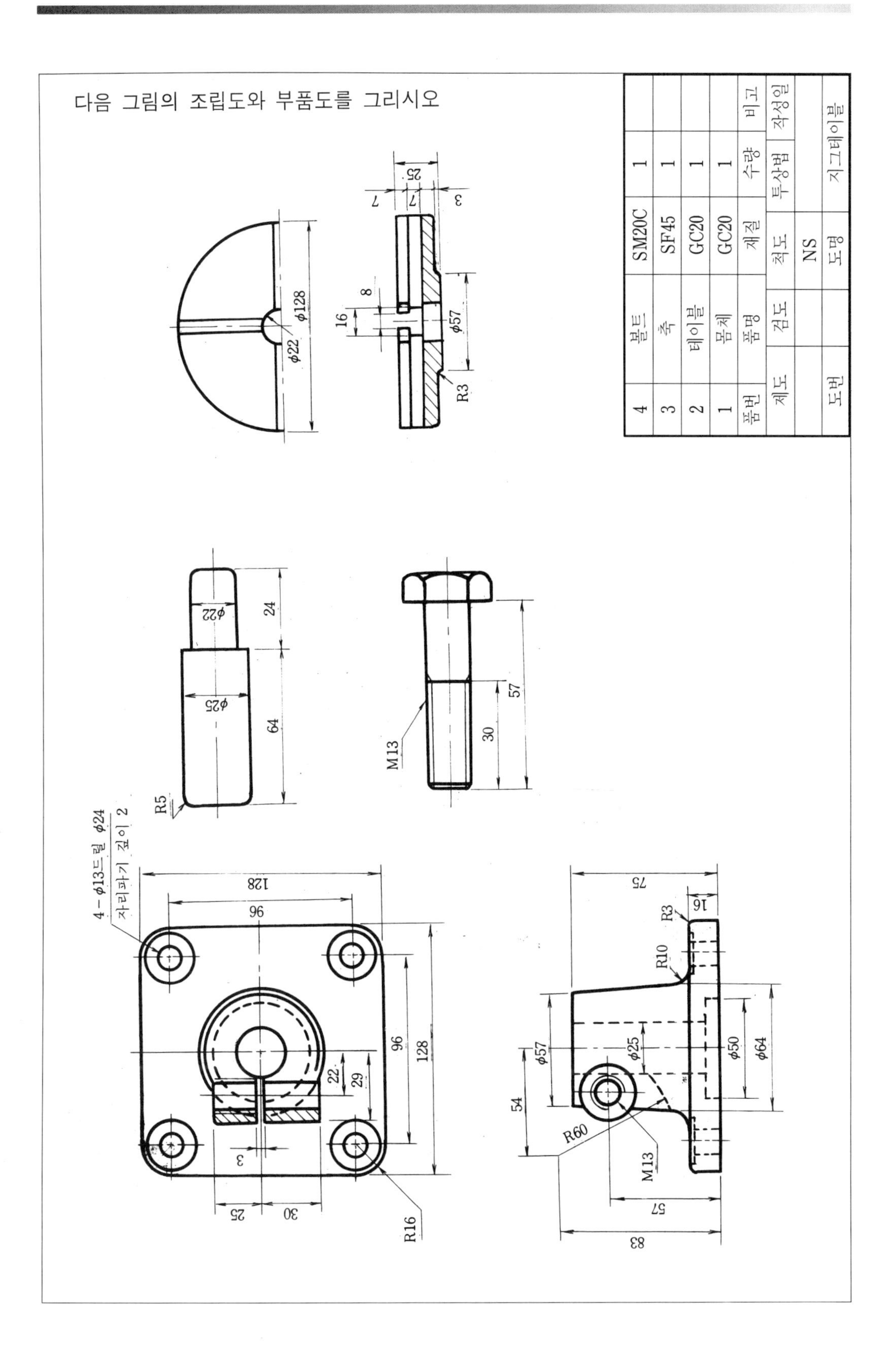

4	볼트	SM20C	1	
3	축	SF45	1	
2	테이블	GC20	1	
1	몸체	GC20	1	
품번	품명	재질	수량	비고
제도	검도	척도	투상법	작성일
		NS		
도번		도명	지그테이블	

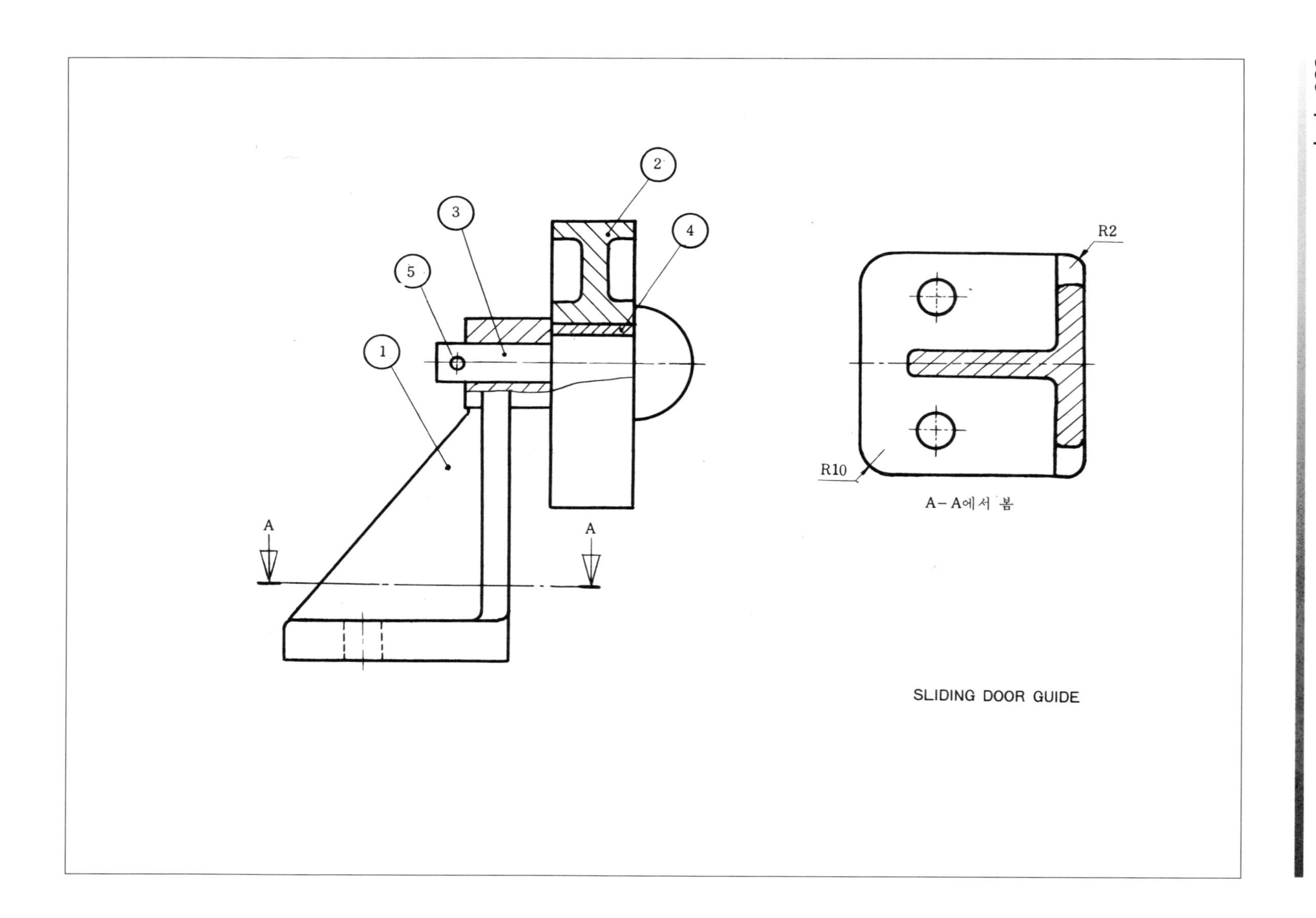
2
3
4
5
1
A
A
R2
R10
A－A에서 봄
SLIDING DOOR GUIDE

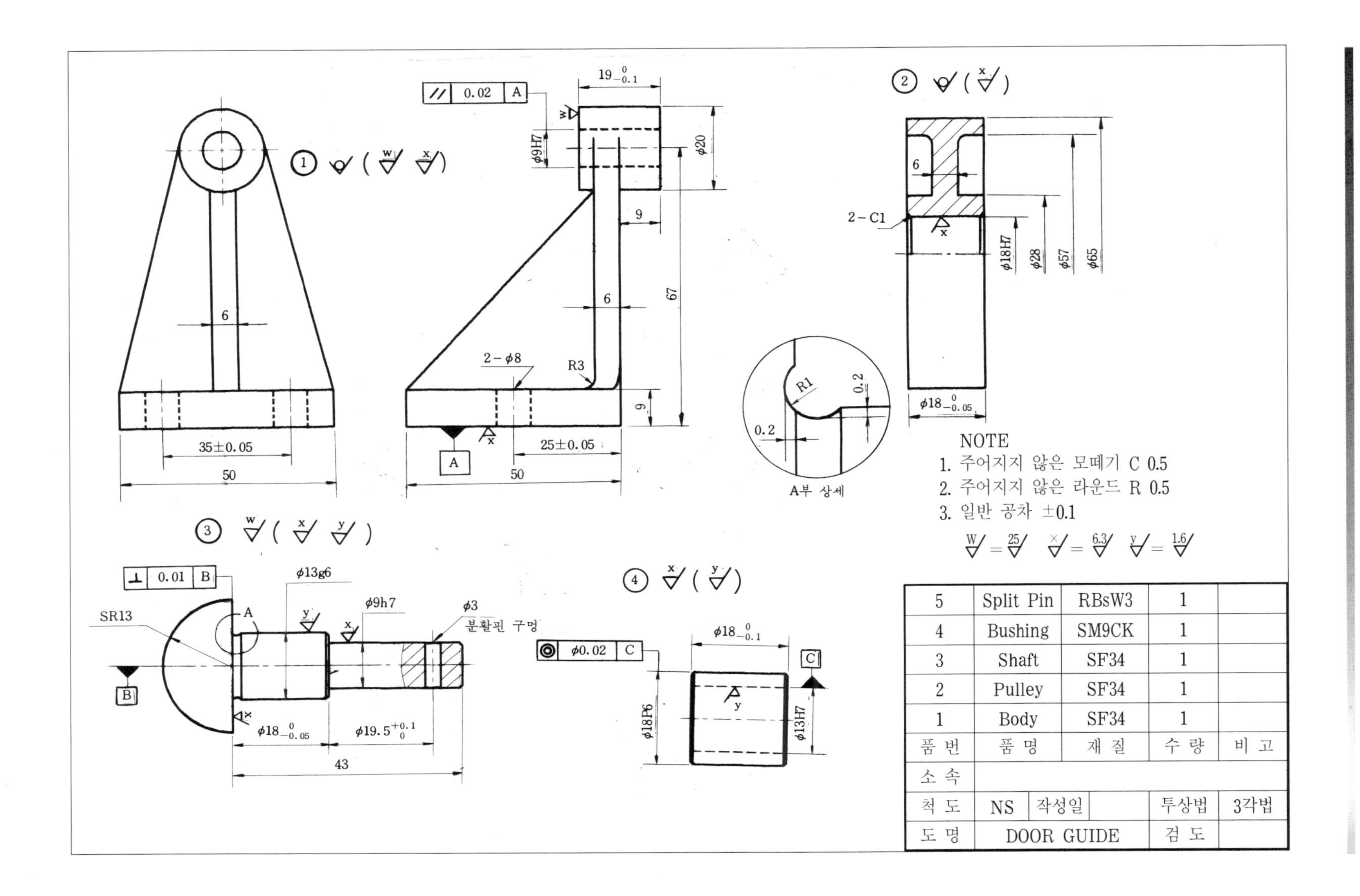
NOTE
1. 주어지지 않은 모떼기 C 0.5
2. 주어지지 않은 라운드 R 0.5
3. 일반 공차 ±0.1
5 Split Pin RBsW3 1
4 Bushing SM9CK 1
3 Shaft SF34 1
2 Pulley SF34 1
1 Body SF34 1
품 번 품 명 재 질 수 량 비 고
소 속
척 도 NS 작성일 투상법 3각법
도 명 DOOR GUIDE 검 도
A부 상세
분활핀 구멍
SR13
2-C1
2-φ8
R3
R1
φ20
φ9H7
φ18H7
φ28
φ57
φ65
φ13H7
φ18P6
φ13g6
φ9h7
φ3
35±0.05
25±0.05
50
67
43

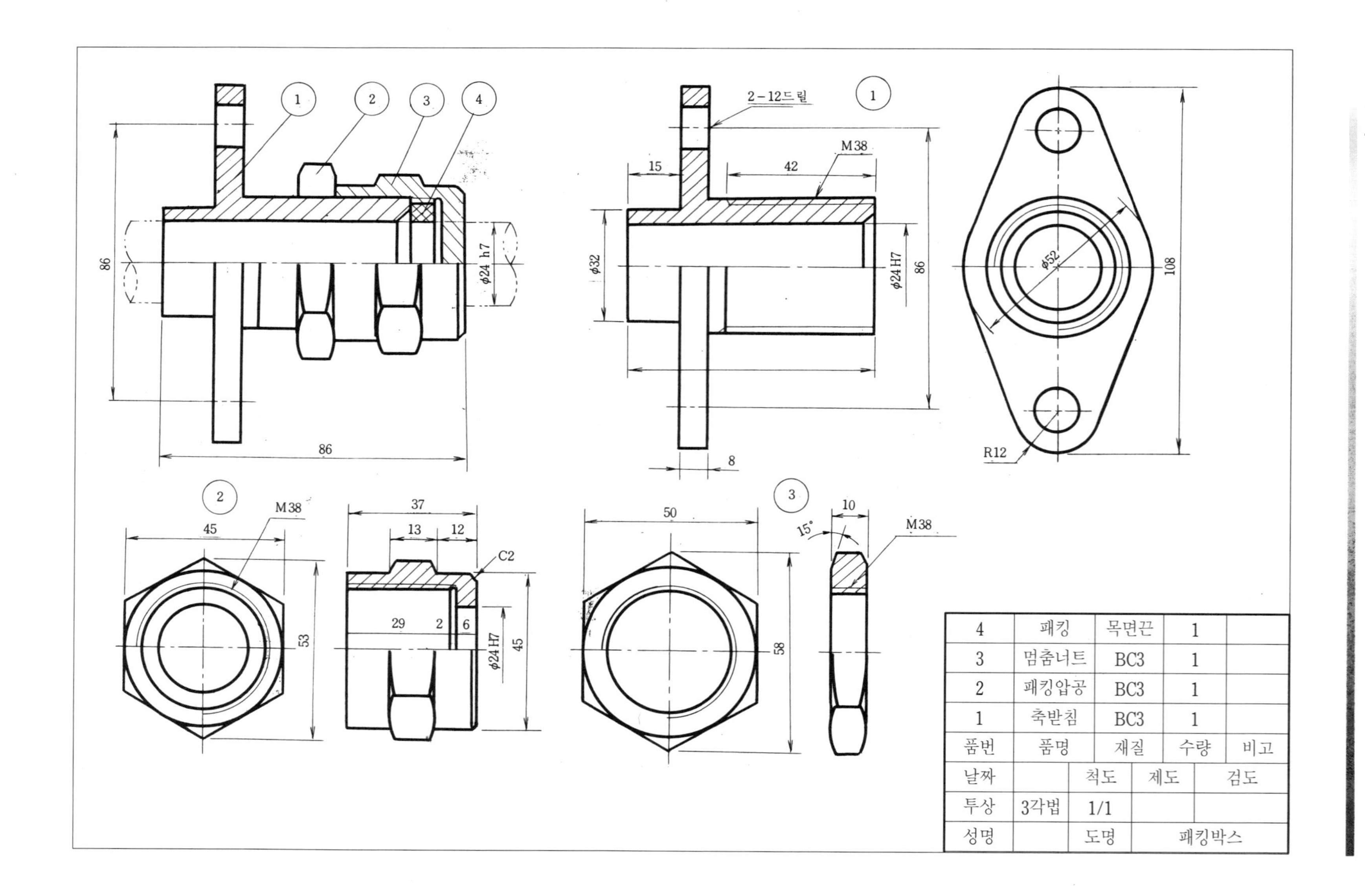

1
2
3
4
86
86
φ24 h7
2-12드릴
1
15
42
M38
φ32
φ24 H7
86
8
φ52
108
R12
2
M38
45
53
37
13
12
C2
29
2
6
φ24 H7
45
3
50
58
10
15°
M38
4 패킹 목면끈 1
3 멈춤너트 BC3 1
2 패킹압공 BC3 1
1 축받침 BC3 1
품번 품명 재질 수량 비고
날짜 척도 제도 검도
투상 3각법 1/1
성명 도명 패킹박스

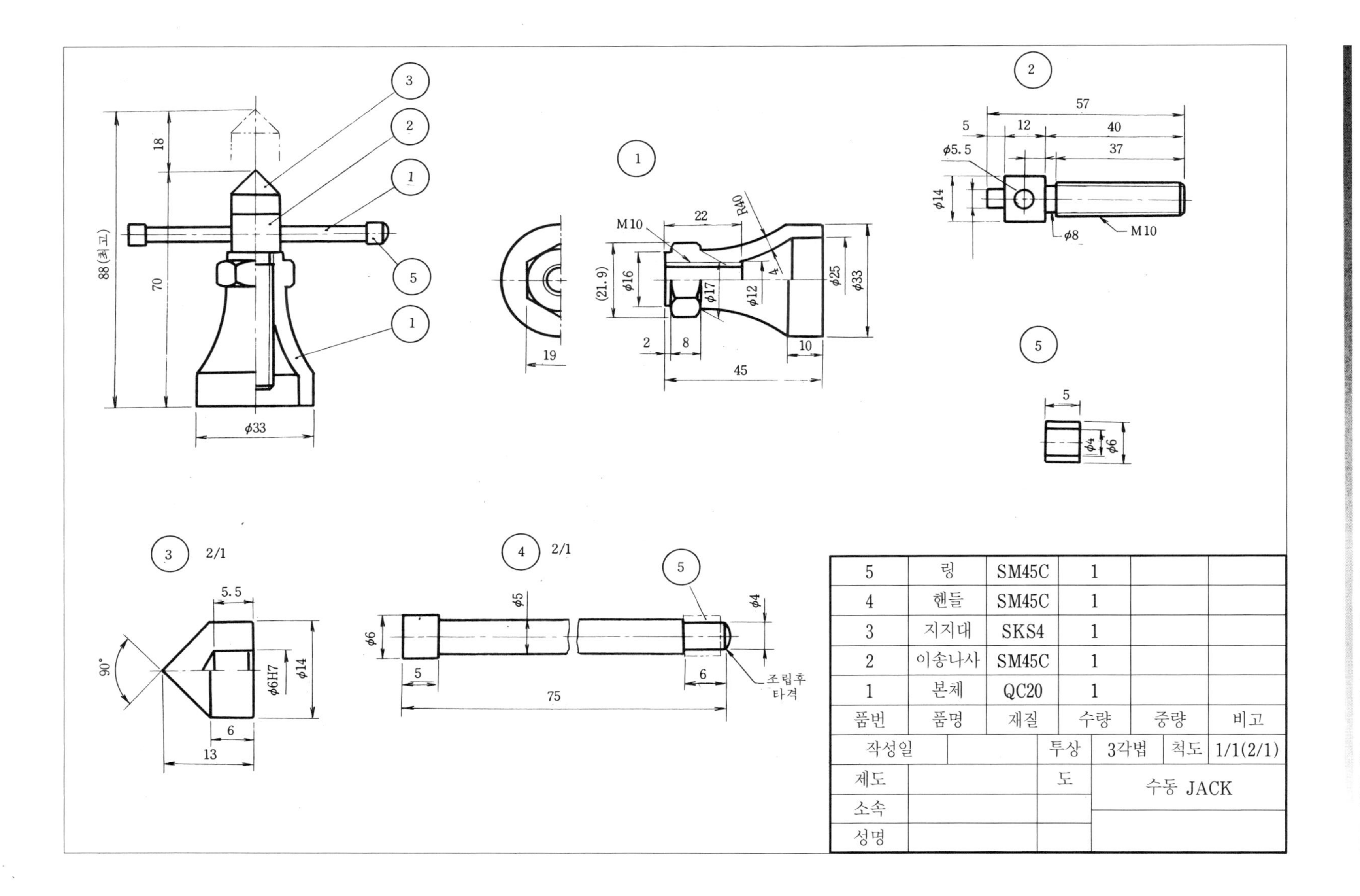

품번	품명	재질	수량	중량	비고
5	링	SM45C	1		
4	핸들	SM45C	1		
3	지지대	SKS4	1		
2	이송나사	SM45C	1		
1	본체	QC20	1		
작성일		투상	3각법	척도	1/1(2/1)
제도		도	수동 JACK		
소속					
성명					

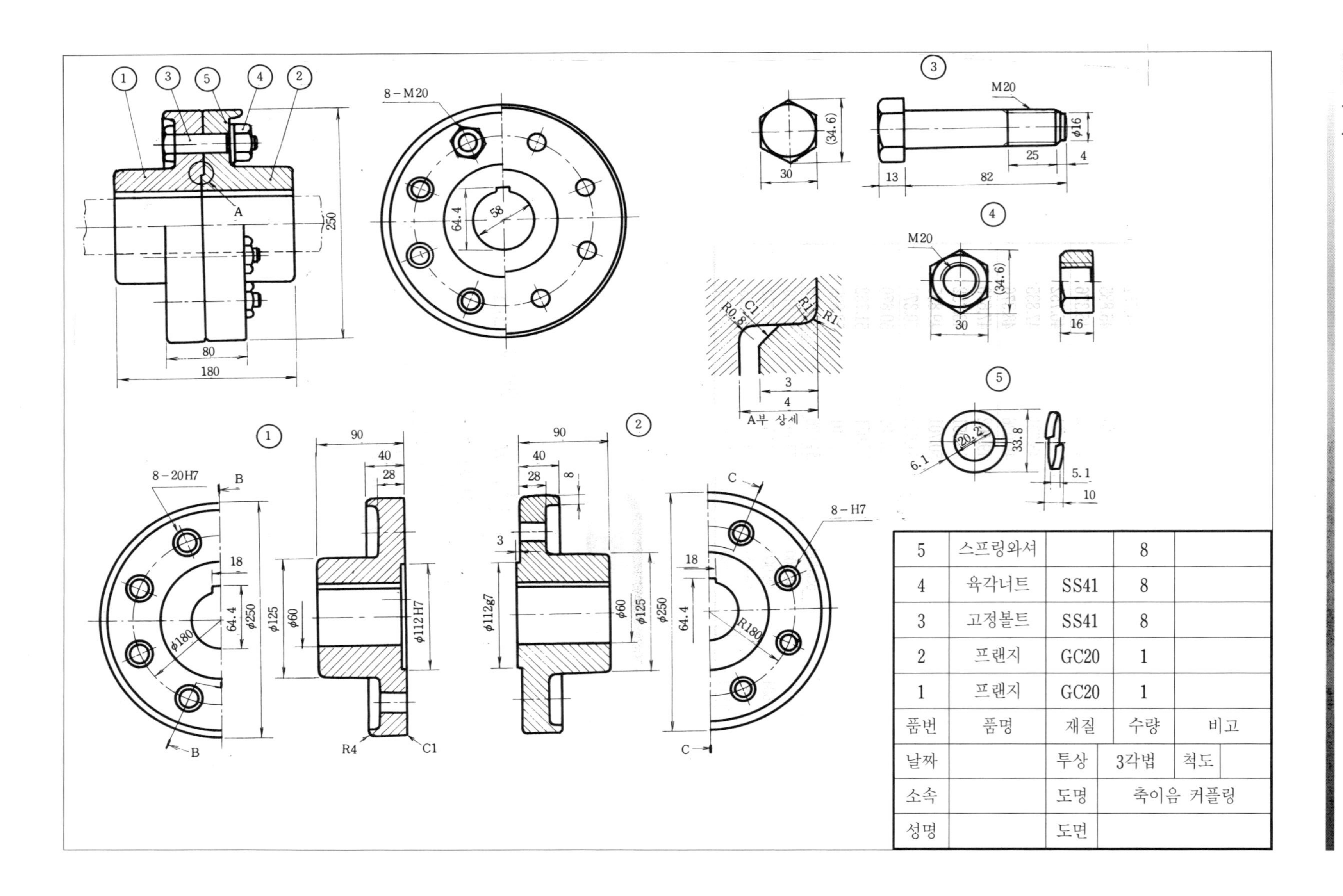

품번	품명	재질	수량	비고
5	스프링와셔		8	
4	육각너트	SS41	8	
3	고정볼트	SS41	8	
2	프랜지	GC20	1	
1	프랜지	GC20	1	
날짜		투상	3각법	척도
소속		도명	축이음 커플링	
성명		도면		

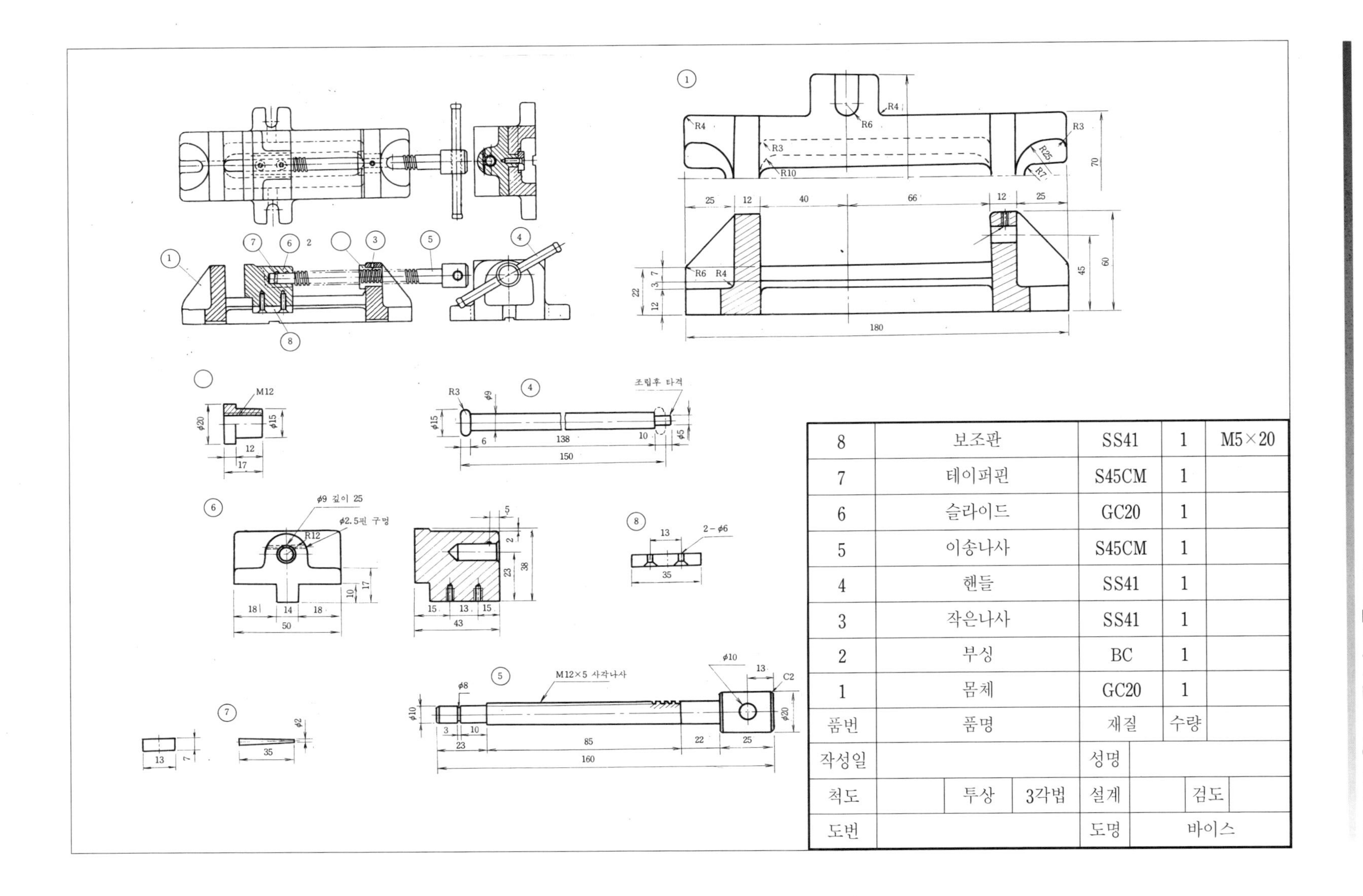

품번	품명	재질	수량	
8	보조판	SS41	1	M5×20
7	테이퍼핀	S45CM	1	
6	슬라이드	GC20	1	
5	이송나사	S45CM	1	
4	핸들	SS41	1	
3	작은나사	SS41	1	
2	부싱	BC	1	
1	몸체	GC20	1	
작성일		성명		
척도	투상 3각법	설계	검도	
도번		도명	바이스	

3 조립도와 부품도 작성

※ 다음 도형의 조립도와 부품도를 작성하시오.

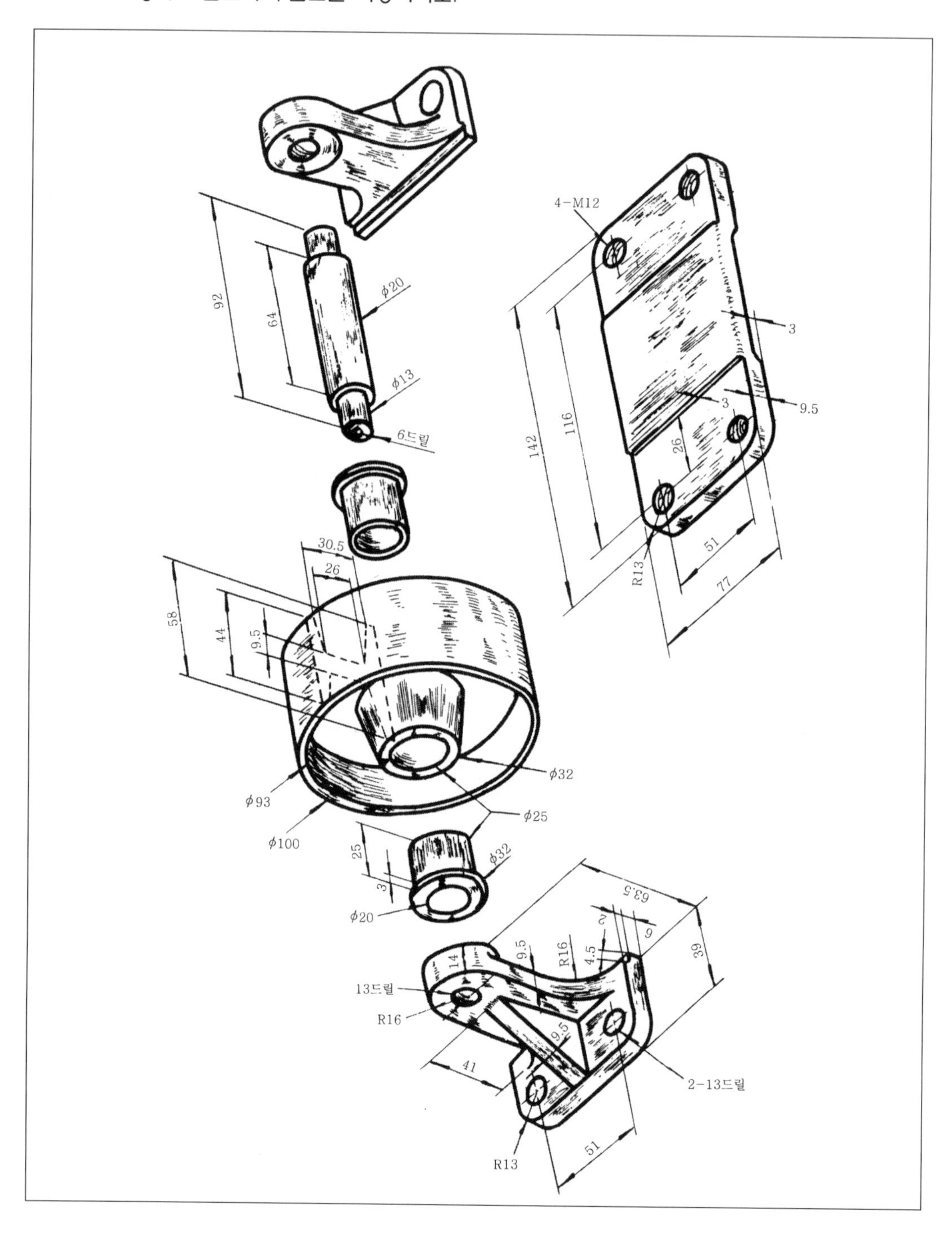

※ 다음 도형을 보고 조립도와 부품도를 그리시오.

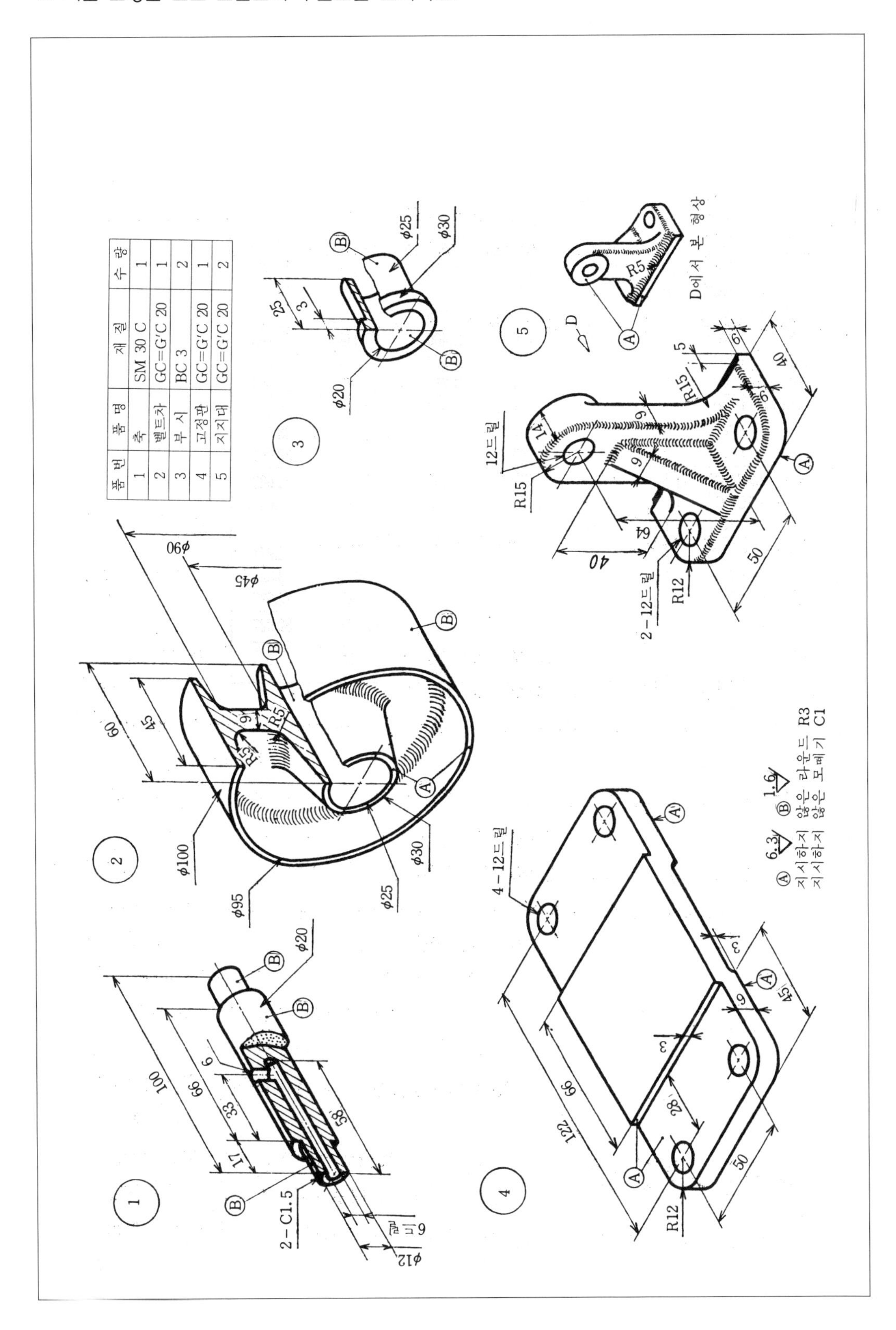

품번	품명	재질	수량
1	축	SM 30 C	1
2	벨트차	GC=G'C 20	1
3	부시	BC 3	2
4	고정판	GC=G'C 20	1
5	지지대	GC=G'C 20	2

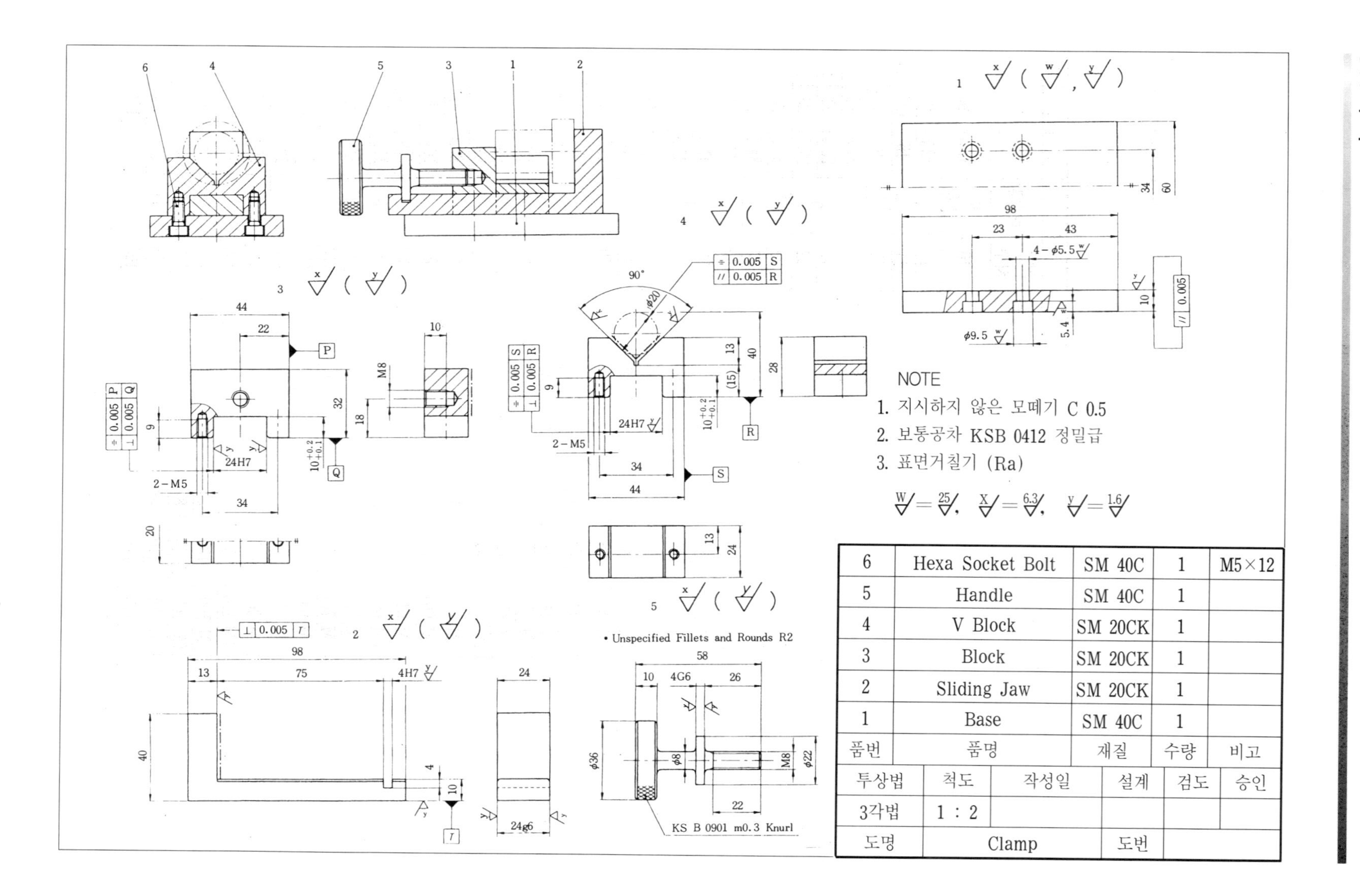

품번	품명	재질	수량	비고
6	Hexa Socket Bolt	SM 40C	1	M5×12
5	Handle	SM 40C	1	
4	V Block	SM 20CK	1	
3	Block	SM 20CK	1	
2	Sliding Jaw	SM 20CK	1	
1	Base	SM 40C	1	

투상법	척도	작성일	설계	검도	승인
3각법	1 : 2				
도명	Clamp		도번		

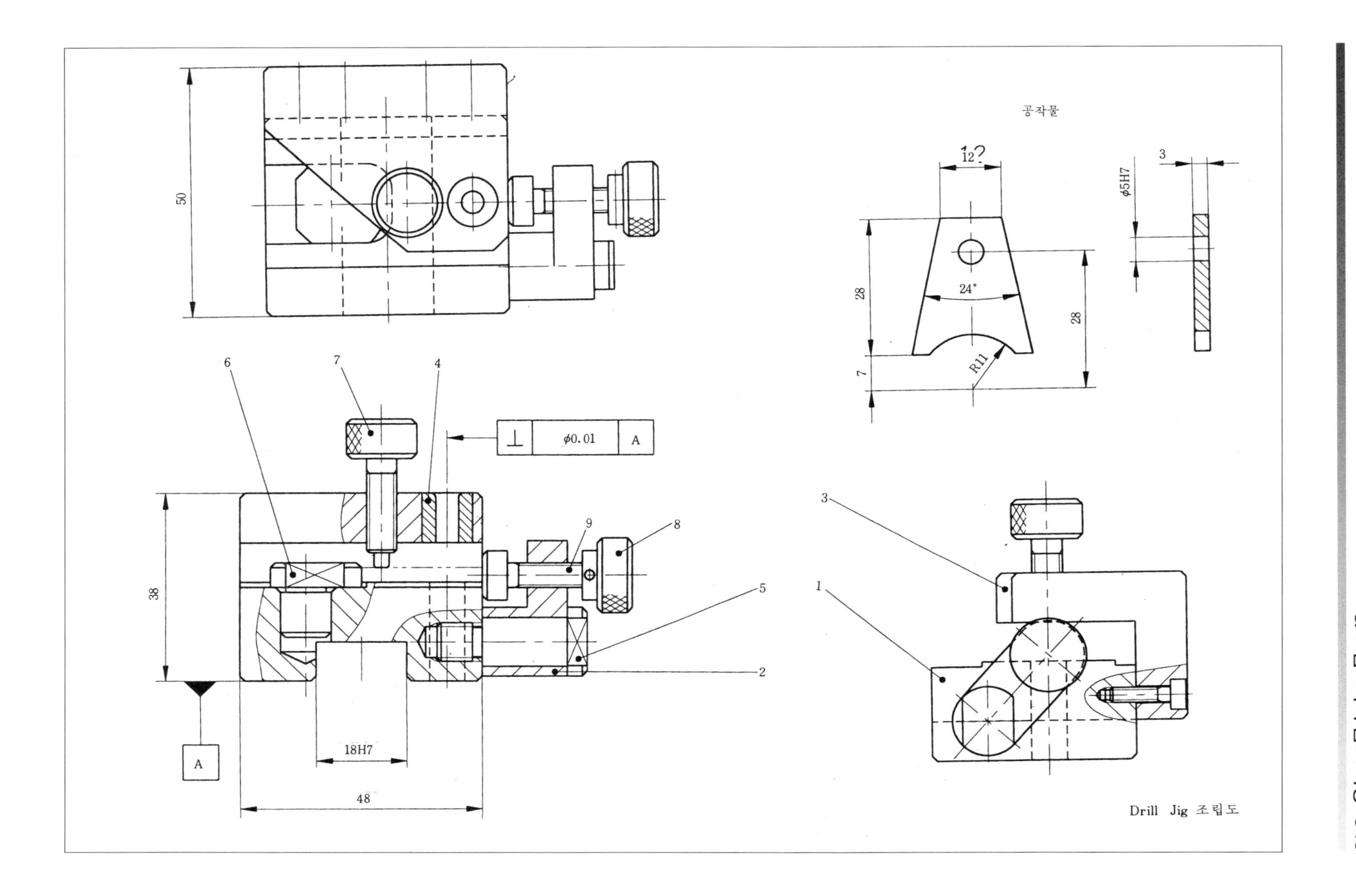

50
공작물
12
3
φ5H7
28
24°
28
R11
7
6
7
4
⊥ φ0.01 A
9
8
5
38
2
A
18H7
48
3
1
Drill Jig 조립도

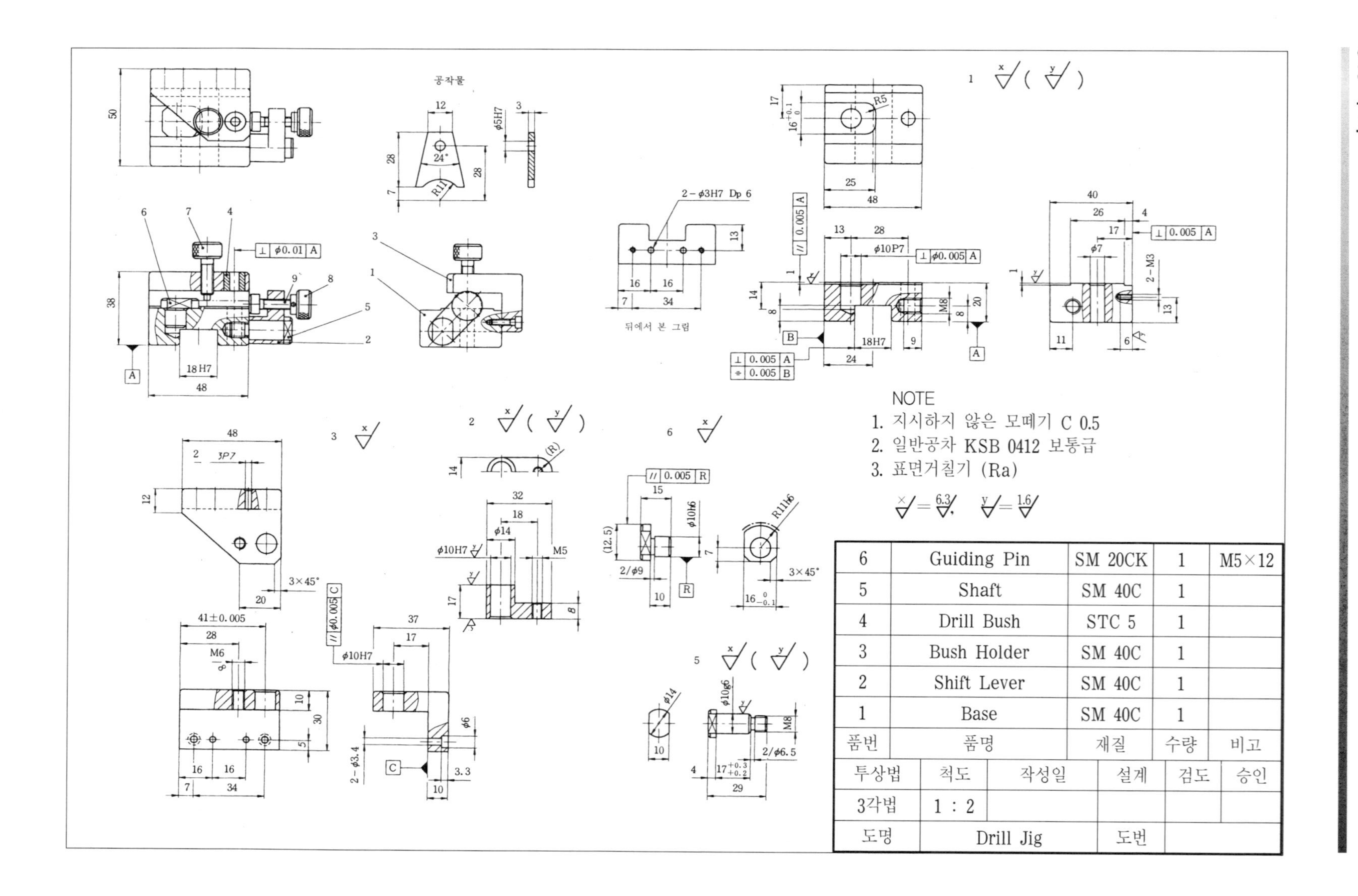

공작물
뒤에서 본 그림
NOTE
1. 지시하지 않은 모떼기 C 0.5
2. 일반공차 KSB 0412 보통급
3. 표면거칠기 (Ra)
6 Guiding Pin SM 20CK 1 M5×12
5 Shaft SM 40C 1
4 Drill Bush STC 5 1
3 Bush Holder SM 40C 1
2 Shift Lever SM 40C 1
1 Base SM 40C 1
품번 품명 재질 수량 비고
투상법 척도 작성일 설계 검도 승인
3각법 1 : 2
도명 Drill Jig 도번

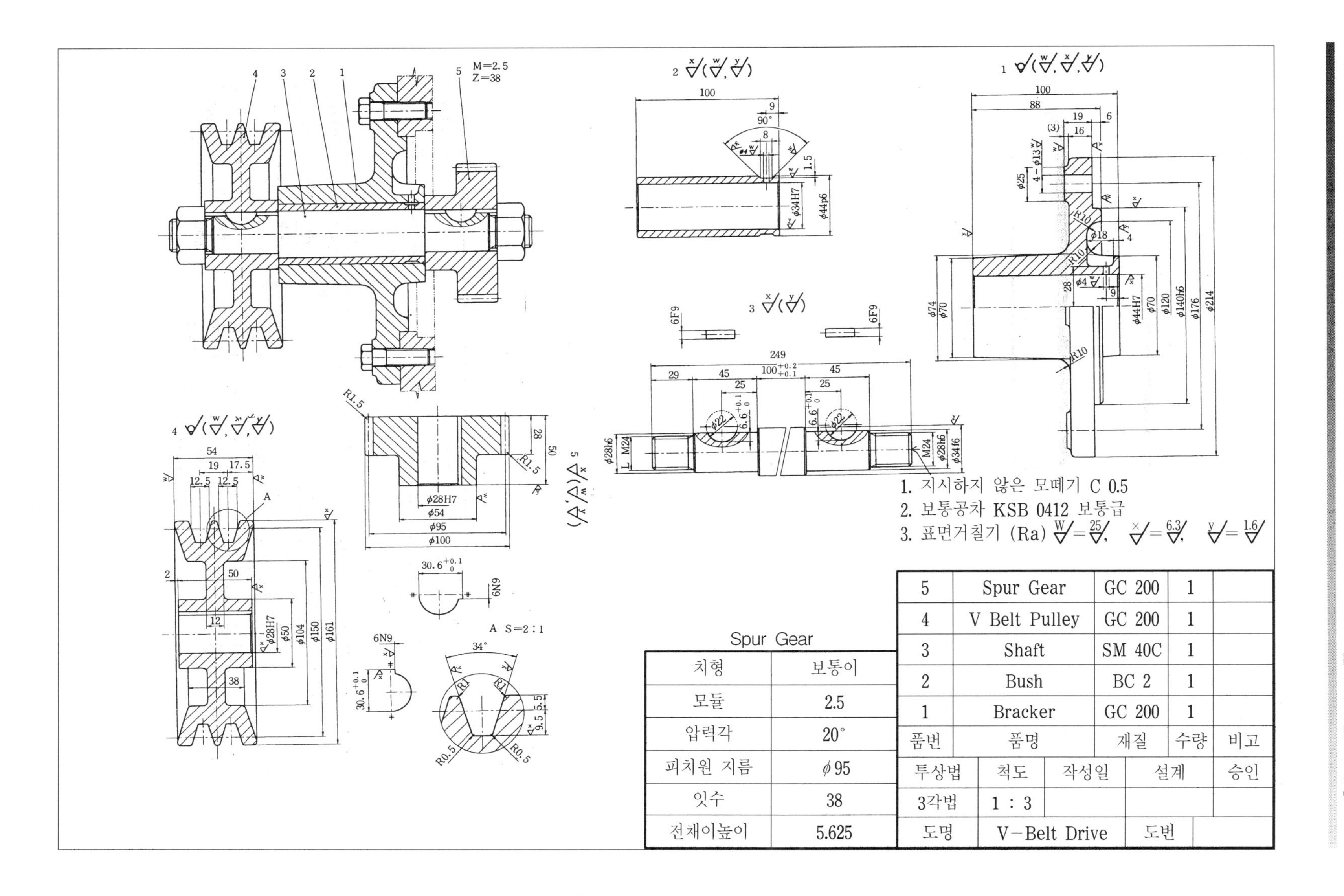
M=2.5
Z=38
A S=2:1
1. 지시하지 않은 모떼기 C 0.5
2. 보통공차 KSB 0412 보통급
3. 표면거칠기 (Ra) w/ = 25/, x/ = 6.3/, y/ = 1.6/
Spur Gear
치형 보통이
모듈 2.5
압력각 20°
피치원 지름 φ95
잇수 38
전체이높이 5.625
5 Spur Gear GC 200 1
4 V Belt Pulley GC 200 1
3 Shaft SM 40C 1
2 Bush BC 2 1
1 Bracker GC 200 1
품번 품명 재질 수량 비고
투상법 척도 작성일 설계 승인
3각법 1 : 3
도명 V-Belt Drive 도번

4 기계재료기호

KS D NO.	명 칭	종 별		기 호	인장강도 (N/mm²)	용 도
3501	열간압연 연강판 및 강대 (hot-rolled mild steel plates, sheets and strip)	1종		SPHC		일반용
		2종		SPHC		드로잉용
		3종		SPHC		디프 드로잉용
3510	경강선 (hard drawn steel wires)	A종		SW-A		
		B종		SW-B		스프링용
		C종		SW-C		
3512	냉간압연 강판 및 강대 (cold rolled carbon steel sheets and strip)	1종		SPCC	270 이상	일반용
		2종		SPCD	270 이상	드로잉용
		3종		SPCE	270 이상	디프드로잉용
3515	용접구조용 압연강재 (rolled steel for welded structure)	1종	A	SM 400A	400~510	건축, 교량, 선박, 차량, 석유저장고 등의 구조물
			B	SM 400B		
			C	SM 400C		
		2종	A	SM 490A	490~610	
			B	SM 490A		
			C	SM 490A		
		3종	A	SM 490YA	490~610	
			B	SM 490YB		
		4종	B	SM 520B	520~640	
			C	SM 520C		
		5종		SM 570	570~720	
3517	기계구조용 탄소강관 (carbon steel tubes for machine structural purposes)	11종	A	STKM 11 A	290 이상	인쇄용롤, 배기관 자전거 프레임 등
		12종	A	STKM 12 A	340 이상	킬파이프, 직기용 롤, 조향장치, 프로펠러축, 프론트 포크 등
			B	STKM 12 B	390 이상	
			C	STKM 12 C	470 이상	
		13종	A	STKM 13 A	370 이상	프로펠러축, 조향장치, 유압실린더, 기계롤, 차축튜브 등
			B	STKM 13 B	440 이상	
			C	STKM 13 C	510 이상	
		14종	A	STKM 14 A	410 이상	조향장치, 크로스멤버 부시튜브, 차축튜브, 유압실린더 등
			B	STKM 14 B	500 이상	
			C	STKM 14 C	550 이상	
		15종	A	STKM 15 A	470 이상	조향장치, 크로스멤버, 프레임사이드 멤버, 팽창튜브, 프로펠러축 등
			C	STKM 15 C	580 이상	
		16종	A	STKM 16 A	510 이상	밸브 로커축, 차축튜브, 조향장치, 보링로드 등
			C	STKM 16 C	620 이상	
		17종	A	STKM 17 A	550 이상	차축튜브, 보링로드
			C	STKM 17 C	650 이상	
		18종	A	STKM 18 A	440 이상	수압 철 기둥, 포크 튜브, 유압 실린더
			B	STKM 18 B	490 이상	
			C	STKM 18 C	510 이상	
		19종	A	STKM 19 A	490 이상	
			C	STKM 19 C	550 이상	
		20종	A	STKM 20 A	540 이상	

3522	고속도 공구강 강재 (high speed tool steels)	텅스턴계	SKH 2	HRC 63 이상	일반절삭용, 각종 공구
			SKH 3	HRC 64 이상	고속 중절삭용 공구
			SKH 4	HRC 64 이상	난삭재 절삭용 공구
			SKH 10	HRC 64 이상	고난삭재 절삭용 공구
		몰리브덴계	HKH 54	HRC 63 이상	인성을 필요로 하는 일반 절삭용 공구
			SKH 51	HRC 64 이상	
			SKH 52	HRC 64 이상	비교적 인성을 필요로 하는 고경도의 재료절삭용 공구
			SKH 53	HRC 64 이상	
			SKH 54	HRC 64 이상	
			SKH 55	HRC 64 이상	비교적 인성을 필요로 하는 고속 중절삭용 공구
			SKH 56	HRC 64 이상	
			SKH 57	HRC 64 이상	
			SKH 58	HRC 66 이상	인성을 필요로 하는 일반 절삭용 공구
			SKH 59		비교적 인성을 필요로 하는 고속 중절삭용 공구
3533	고압가스용기용 강판 및 강대 (steel sheets, plates and strip for gas cylinders)	1종	SG 255	400 이상	LP가스, 아세틸렌 등의 고압가스용기용(내용적 500l 이하)
		2종	SG 295	440 이상	
		3종	SG 325	490 이상	
		4종	SG 362	540 이상	
3552	철선(연강선) (mild steel wire rods)	1종	MSWR 6		외장선
		2종	MSWR 8		
		3종	MSWR 10		철선, 못, 아연도철선
		4종	MSWR 12		
		5종	MSWR 15		리벳, 철망, 나사류, 못류
		6종	MSWR 17		
		7종	MSWR 20		
		8종	MSWR 22		
3556	피아노선 piano wire	1종	PW 1	1420~3190	주로 스프링용
		2종	PW 2	1620~3480	
		3종	PW 3	1520~2210	밸브스프링용
3557	리벳용 원형강	1종	SV 34	330~400	리벳제조용
		2종	SV 41	400~490	
3566	일반구조용 탄소강관	1종	STK 290	290 이상	토목, 건축, 철탑, 지주, 말뚝, 기타 구조물용
		2종	STK 400	400 이상	
		3종	STK 490	490 이상	
		4종	STK 500	500 이상	
		5종	STK 540	540 이상	
3701	스프링강재 (spring steels)	실리콘 망간강재	SPS 6		겹판스프링, 코일스프링 비틀림막대 스프링
			SPS 7		
		망간 크롬강재	SPS 9		
			SPS 9A		
		크롬 바드늄강재	SPS 10		코일스프링 및 비틀림막대 스프링
		망간크롬 보륨강재	SPS 11A		대형 겹판스프링, 코일스프링
		실리콘 크롬강재	SPS 12		대형 겹판스프링, 코일스프링

3710	탄소강 단강품 (carbon steel forgings)	1종	SF 340A	340~440		
		2종	SF 390A	390~490		
		3종	SF 440A	440~540		
		4종	SF 490A	490~590		
		5종	SF 540A	540~640		
		6종	SF 590A	590~690		
3751	탄소공구강재 (carbon tool steels)	1종	STC 140	HRC 63 이상		칼줄, 조줄
		2종	STC 120	HRC 62 이상		드릴, 철공용 줄, 면도날 소형 펀치, 태엽, 쇠톱
		3종	STC 105	HRC 61 이상		다이스, 쇠톱, 프레스형틀 게이지, 태엽, 치공구 등
		4종	STC 95	HRC 61 이상		태엽, 목공용 드릴, 도끼, 끌, 면도칼, 목공용 띠톱, 펜촉
		5종	STC 95	HRC 60 이상		프레스형틀, 태엽, 띠톱, 치공구, 원형 톱, 등사판줄, 펜촉
		6종	STC 85	HRC 59 이상		각인, 스냅, 원형 톱, 태엽, 프레스형틀, 동사판줄
		7종	STC 80	HRC 58 이상		각인, 스냅, 프레스형틀, 나이프 등
3752	기계구조용 탄소강재 (carbon steel for machine structural use)	1종	SM 10C	노멀라이징 한 것	314 이상	
		2종	SM 12C		373 이상	
		3종	SM 15C		373 이상	
		4종	SM 17C		402 이상	
		5종	SM 20C		402 이상	
		6종	SM 22C		441 이상	
		7종	SM 25C		441 이상	
		8종	SM 28C		471 이상	
		10종	SM 33C		510 이상	
		12종	SM 38C		539 이상	
		14종	SM 43C		569 이상	
		16종	SM 48C		608 이상	
		18종	SM 53C		647 이상	
		20종	SM 58C		668 이상	
		9종	SM 30C	퀜칭 템퍼링 한 것	539 이상	
		11종	SM 35C		569 이상	
		13종	SM 40C		608 이상	
		15종	SM 45C		686 이상	
		17종	SM 50C		735 이상	
		19종	SM 55C		785 이상	
		침탄용	SM 9CK		332 이상	표면경화용
			SM 15CK		490 이상	
			SM 20CK		539 이상	

3753	합금공구강	1종	STS 11	HRC 62 이상	주로 절삭 공구강용으로 사용됨
		2종	STS 2	HRC 61 이상	
		3종	STS 21	HRC 61 이상	
		4종	STS 5	HRC 45 이상	
		5종	STS 51	HRC 45 이상	
		6종	STS 7	HRC 62 이상	
		7종	STS 81	HRC 63 이상	
		8종	STS 8	HRC 63 이상	
		9종	STS 4	HRC 56 이상	주로 내충격 공구강용으로 사용됨
		10종	STS 41	HRC 53 이상	
		11종	STS 43	HRC 63 이상	
		12종	STS 44	HRC 60 이상	
		13종	STS 3	HRC 60 이상	주로 냉간 금형용으로 사용됨
		14종	STS 31	HRC 61 이상	
		15종	STS 93	HRC 63 이상	
		16종	STS 94	HRC 61 이상	
		17종	STS 95	HRC 59 이상	
		18종	STD 1	HRC 62 이상	
		19종	STD 2	HRC 62 이상	
		20종	STD 10	HRC 61 이상	
		21종	STD 11	HRC 58 이상	
		22종	STD 12	HRC 60 이상	
		23종	STD 4	HRC 42 이상	주로 열간 금형용으로 사용됨
		24종	STD 5	HRC 48 이상	
		25종	STD 6	HRC 48 이상	
		26종	STD 61	HRC 50 이상	
		27종	STD 62	HRC 48 이상	
		28종	STD 7	HRC 46 이상	
		39종	STD 8	HRC 48 이상	
		30종	STF 3	HRC 42 이상	
		31종	STF 4	HRC 42 이상	
		32종	STF 6	HRC 52 이상	
3867	기계구조용 합금강재	크롬강	SCr 415		표면 경화용: 캠축, 핀, 스플라인축, 기어류
			SCr 420		
			SCr 430		볼트, 너트
			SCr 435		스터드, 암류
			SCr 440		강력볼트, 축류, 암류
			SCr 445		축류, 키, 노크 핀
		니켈 크롬강	SNC 236		기계구조용 ※ SNC 415 및 815는 표면 경화용
			SNC 415		
			SNC 631		
			SNC 815		
			SNC 836		
		니켈 크롬 몰디브덴강	SNCM 1		기계구조용 ※ SNCM 21부터 SNCM 26까지는 표면 경화용
			SNCM 2		
			SNCM 5		
			SNCM 6		
			SNCM 8		
			SNCM 9		
			SNCM 21		
			SNCM 22		
			SNCM 23		
			SNCM 25		
			SNCM 26		

4101	탄소주강품 (carbon steel castings)	1종	SC 360	360 이상	일반구조용, 전동기 부품
		2종	SC 410	410 이상	일반구조용
		3종	SC 450	350 이상	
		4종	SC 480	480 이상	
4104	고망간주강품 (high manganese steel castings)	1종	SCMnSC 1		일반용(보통품)
		2종	SCMnSC 2	740 이상	일반용(고급품, 비자성품)
		3종	SCMnSC 3	740 이상	레일 크로싱(rail crossing)용
		11종	SCMnSC 11	740 이상	고내력 고내마멸용(해머 등)
		21종	SCMnSC 21	740 이상	무한궤도용
4301	회주철품 (gray cast iron)	1종	GC 100	100 이상	일반기계부품, 상수도철관, 난방용품
		2종	GC 150	150 이상	
		3종	GC 200	200 이상	약간의 경도를 요하는 부분
		4종	GC 250	250 이상	
		5종	GC 330	300 이상	실린더헤드, 피스톤, 공작기계부품
		6종	GC 35	350 이상	
4302	구상흑연주철품 (spheroidal graphite iron castings)	1종	GCD 350-22	37 이상	
		2종	GCD 350-22L	40 이상	
		3종	GCD 400-18	45 이상	
		4종	GCD 400-18L	50 이상	
		5종	GCD 400-15	60 이상	
		6종	GCD 450-10	70 이상	
		7종	GCD 500-7	80 이상	
6001	황동주물 (brass castings)	1종	CAC 201	145 이상	플랜지, 전기부품
		2종	CAC 202	195 이상	전기부품, 일반기계부품
		3종	CAC 203	245 이상	건축용 장식품, 일반기계부품, 전기부품
6002	청동주물 (bronze castings)	1종	CAC 401	165 이상	베어링, 일반기계부품
		2종	CAC 402	245 이상	베어링, 슬리브, 부시
		3종	CAC 403	245 이상	베어링, 펌프, 밸브
		6종	CAC 406	195 이상	펌프몸체, 밸브, 베어링
		7종	CAC 407	215 이상	절삭성이 양호하여 급수, 배수 및 건축용 등에 적합
6003	화이트 메탈	납 주물 합금	PbSb15SnAs	축의 최소 경도 HB 160	랩 부위, 벽 두께 3mm까지의 박벽 베어링 라이너, 스러스트 와셔, 내연기관의 캠 샤프트 부시, 기어 부시, 소형 피스톤 압축기의 커넥팅 로드 및 메인 베어링에 사용됨
			PbSb15Sn10	축의 최소 경도 HB 160	평균 응력의 평면 베어링, 틸팅 패드 베어링, 크로스헤드 베어링 및 콘브레이커에 사용됨
			PbSb10Sn6	축의 최소 경도 HB 160	적당한 충격 응력, 내장성이 좋음
		주석 주물 합금	SnSb12Cu6Pb	축의 최소 경도 HB 160	거친 저널(회주철)의 경우 내마모성이 높음. 터빈, 압축기, 전기 기계 및 기어의 평면 베어링에 사용됨
			SnSb8Cu4	축의 최소 경도 HB 160	고부하 압연기 베어링에 사용됨. 랩 부시, 벽 두께 3mm까지의 얇은 벽 베어링 라이너의 생산에 사용됨

6006	알루미늄합금 다이캐스팅 (aluminium alloy die casting)	1종	ALDC 1		경보기 몸체, 버스용 선반 등
		2종	ALDC 2		오일펌프부품
		3종	ALDC 3		창문 및 창틀, 관이음쇠 가드 브래킷 등
		4종	ALDC 4		마이크로스위치 등
		5종	ALDC 5		관이음쇠
		6종	ALDC 6		크랭크축, 오일펌프몸체, 브레이크드럼 등
		10종	ALDC 10		배전반집, 클러치집, 기어케이스, 기화기몸체 등
6024	고강도황동주물 (high strength brass castings)	1종	CAC 301	430 이상	선박용 프로펠러, 너트, 기어, 밸브 시트, 밸브 디스크, 선박용 부착기, 기타 일반기계부품
		2종	CAC 302	490 이상	
		3종	CAC 303	635 이상	베어링, 너트, 나사, 기어, 웜휠 등
		4종	CAC 304	755 이상	
6024	인청동주물 (phosphor bronze casting)	2종 A	CAC 502 A	195 이상	내식, 내마멸성이 큰 기어 베어링, 부싱, 프로펠러 등
		2종 B	CAC 502 B	295 이상	
		3종 A	CAC 503 A	195 이상	경도, 내마멸성이 큰 부속품 슬리브, 게이지 등
	알루미늄 청동주물 (aluminium bronze castings)	1종	CAC 701	440 이상	강도, 내식성이 요구되는 부품, 내산부품
		2종	CAC 702	490 이상	소형 프로펠러, 기어, 베어링 부싱, 밸브시트
		3종	CAC 703	590 이상	고강도, 내식성, 내마멸성의 대형 주물, 선박용 프로펠러, 슬리브
		4종	CAC 704	590 이상	

5 현장에서 많이 사용하는 기계재료

1) 동력전달장치에 사용되는 추천재료

품 명	재료 기호	재료명	비 고
베이스 또는 몸체	GC 200	회주철	대부분이 주철제품 사용
	GC 250		
	SC 46	주강	펌프 등의 본체에 사용·강도를 요하는 곳
축	SCM 435	크롬 몰리브덴강	강도와 경도를 요하는 축
	SM 40C	기계구조용 탄소강	일반 축
	SM 45C		
	SM 15CK	침탄용 기계구조용강	침탄 열처리용
스퍼기어	SNC 415	니켈 크롬강	기계가공용 기어
	SCM 435	크롬 몰리브덴강	
	SC 49	주강	주물로 만든 기어
웜축	SCM 435	크롬 몰리브덴강	경화처리
웜휠	BC 2	청동주물	밸브, 기어, 펌프
	PBC 2	인청동주물	웜기어, 베어링부시
래칫	SM 15CK	침탄용 기계구조용강	표면경화용
로프, 풀리	SC 450	탄소주강품	일반구조용 체인부품
래크, 피니언	SCM 415M	니켈 크롬강	

스프로킷 V벨트 풀리	GC 200	회주철	일반 기계주조물
커버	GC 200	회주철	본체와 같은 재질사용
	GC 250		
	SC 360	탄소강 주강품	
베어링용 부시	CAC 502A	인청동주물	웜기어, 베어링부시
	WM 3	화이트 메탈	고속 중하중용
칼라	SM 45C	기계구조용강	간격유지용
스프링	SPS 6	실리콘 망간강재	겹판, 코일 스프링
	SPS 10	크롬 바나듐강재	코일 스프링
	SPS 12	실리콘 크롬강재	코일 스프링
	PW 1	피아노선	동하중을 받는 스프링용

2) 치공구 및 기계 장치에 요구되는 추천재료

부품명	재료 기호	재료명	비 고
베이스	SCM 415	크롬 몰리브덴강	기계가공용
	STC 3	탄소공구강제	
	SM 45C	기계구조용강	
하우징, 몸체	SC 460	주강	주물용
가이드부시 (공구 안내용)	STC 3	탄소공구강재	드릴, 앤드밀 등의 안내용
	SK 3	탄소공구강	
플레이트	SM 45C	기계구조용강	키, 축, 핀
스프링	SPS 3	실리콘 망간강재	겹판, 코일, 비틀림막대 스프링
	SPS 6	크롬 바나듐강재	코일, 비틀림막대 스프링
	SPS 8	실리콘 크롬강재	코일 스프링
	PW 1	피아노선	스프링용
서포트	STC 105	탄소공구강재	다이스, 쇠톱
가이드블록	SCM 430	크롬 몰리브덴강	체인부품
베어링부시	CAC 502	인청동주물	기어, 베어링, 부싱
	WM 3	화이트 메탈	고속하중용
V블럭	STC 3	탄소공구강	지그 고정구용
로케이터 측정판 슬라이더 고정대	SCM 430	크롬 몰리브덴강	기계구조용 재료로 사용

6 미터 나사

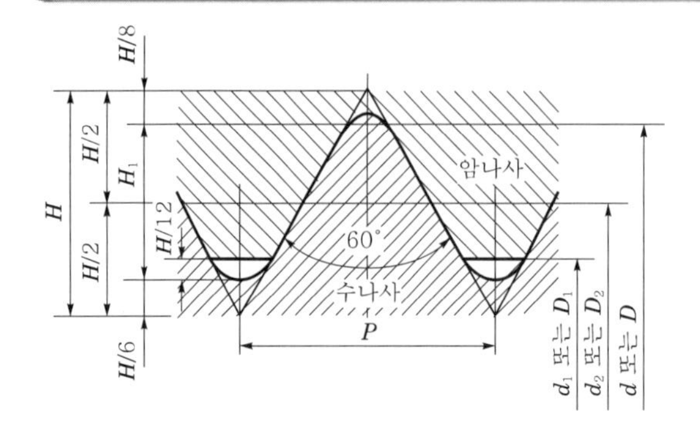

기준치수 산출공식

$H = 0.833025P$

$d_2 = d - 0.649519P$

$H_1 = 0.541266P$

$d_2 = d - 1.82532P$

$D = d$

$D_1 = d_1$

$D_2 = d_2$

표 1 미터 보통나사의 기준치수 (단위 : mm)

나사의 호칭*			피 치 P	접촉높이 H_1	암나사 골지름 D / 수나사 바깥지름 d	암나사 유효지름 D_2 / 수나사 유효지름 d_2	암나사 안지름 D_1 / 수나사 골지름 d_1
1란	2란	3란					
M 1			0.25	0.135	1.000	0.838	0.729
	M 1.1		0.25	0.135	1.100	0.938	0.829
M 1.2			0.25	0.135	1.200	1.038	0.929
	M 1.4		0.3	0.162	1.400	1.205	1.075
M 1.6			0.35	0.189	1.600	1.373	1.221
	M 1.8		0.35	0.189	1.800	1.573	1.421
M 2			0.4	0.217	2.000	1.740	1.567
	M 2.2		0.45	0.244	2.200	1.908	1.713
M 2.5			0.45	0.244	2.500	2.208	2.013
M 3			0.5	0.271	3.000	2.675	2.459
	M 3.5		0.6	0.325	3.500	3.110	2.850
M 4			0.7	0.379	4.000	3.545	3.242
	M 4.5		0.75	0.406	4.500	4.013	3.688
M 5			0.8	0.433	5.000	4.480	4.134
M 6			1	0.541	6.000	5.350	4.917
		M 7	1	0.541	7.000	6.350	5.917
M 8			1.25	0.677	8.000	7.188	6.647
		M 9	1.25	0.677	9.000	8.188	7.647
M 10			1.5	0.812	10.000	9.026	8.376
		M 11	1.5	0.812	11.000	10.026	9.376
M 12			1.75	0.947	12.000	10.863	10.106
	M 14		2	1.083	14.000	12.701	11.835
M 16			2	1.083	16.000	14.701	13.835
	M 18		2.5	1.353	18.000	16.376	15.294
M 20			2.5	1.353	20.000	18.376	17.294
	M 22		2.5	1.353	22.000	20.376	19.294
M 24			3	1.624	24.000	22.051	20.752
	M 27		3	1.624	27.000	25.051	23.752
M 30			3.5	1.894	30.000	27.727	26.211
	M 33		3.5	1.894	33.000	30.727	29.211
M 36			4	2.165	36.000	33.402	31.670
	M 39		4	2.165	39.000	36.402	34.670
M 42			4.5	2.436	42.000	39.077	37.129
	M 45		4.5	2.436	45.000	42.077	40.129
M 48			5	2.706	48.000	44.752	42.587
	M 52		5	2.706	52.000	48.752	46.587
M 56			5.5	2.977	56.000	52.428	50.046
	M 60		5.5	2.977	60.000	56.428	54.046
M64			6	3.248	64.000	60.103	57.505
	M 68		6	3.248	68.000	64.103	61.505

주*) 1란을 우선적으로, 필요에 따라 2란, 3란의 순으로 선정한다.

표 2 미터 가는 나사의 기본 치수 (단위 : mm)

나사의 호칭	피 치 P	접촉높이 H_1	암 나 사		
			골지름 D	유효지름 D_2	안지름 D_1
			수 나 사		
			바깥지름 d	유효지름 d_2	골지름 d_1
M 1 ×0.2	0.2	0.108	1.000	0.870	0.783
M 1.1 ×0.2	0.2	0.108	1.100	0.970	0.883
M 1.2 ×0.2	0.2	0.108	1.200	1.070	0.983
M 1.4 ×0.2	0.2	0.108	1.400	1.270	1.183
M 1.6 ×0.2	0.2	0.108	1.600	1.470	1.383
M 1.8 ×0.2	0.2	0.108	1.800	1.670	1.583
M 2 ×0.25	0.25	0.135	2.000	1.838	1.729
M 2.2 ×0.25	0.25	0.135	2.200	2.038	1.929
M 2.5 ×0.35	0.35	0.189	2.500	2.273	2.121
M 3 ×0.35	0.35	0.189	3.000	2.773	2.621
M 3.5 ×0.35	0.35	0.189	3.500	3.273	3.121
M 4 ×0.5	0.5	0.271	4.000	3.675	3.459
M 4.5 ×0.5	0.5	0.271	4.500	4.175	3.959
M 5 ×0.5	0.5	0.271	5.000	4.675	4.459
M 5.5 ×0.5	0.5	0.271	5.500	5.175	4.959
M 6 ×0.75	0.75	0.406	6.000	5.513	5.188
M 7 ×0.75	0.75	0.406	7.000	6.513	6.188
M 8 ×1	1	0.541	8.000	7.350	6.917
M 8 ×0.75	0.75	0.406	8.000	7.513	7.188
M 9 ×1	1	0.541	9.000	8.350	7.917
M 9 ×0.75	0.75	0.406	9.000	8.513	8.188
M 10 ×1.25	1.25	0.677	10.000	9.188	8.647
M 10 ×1	1	0.541	10.000	9.350	8.917
M 10 ×0.75	0.75	0.406	10.000	9.513	9.188
M 11 ×1	1	0.541	11.000	10.350	9.917
M 11 ×0.75	0.75	0.406	11.000	10.513	10.188
M 12 ×1.5	1.5	0.812	12.000	11.026	10.376
M 12 ×1.25	1.25	0.677	12.000	11.188	10.647
M 12 ×1	1	0.541	12.000	11.350	10.917
M 14 ×1.5	1.5	0.812	14.000	13.026	12.376
M 14 ×1.25	1.25	0.677	14.000	13.188	12.647
M 14 ×1	1	0.541	14.000	13.350	12.917
M 15 ×1.5	1.5	0.812	15.000	14.026	13.376
M 15 ×1	1	0.541	15.000	14.350	13.917
M 16 ×1.5	1.5	0.812	16.000	15.026	14.376
M 16 ×1	1	0.541	16.000	15.350	14.917
M 17 ×1.5	1.5	0.812	17.000	16.026	15.376
M 17 ×1	1	0.541	17.000	16.350	15.917
M 18 ×2	2	1.083	18.000	16.701	15.835
M 18 ×1.5	1.5	0.812	18.000	17.026	16.376
M 18 ×1	1	0.541	18.000	17.350	16.917

나사의 호칭	피 치 P	접촉높이 H_1	암 나 사		
			골지름 D	유효지름 D_2	안지름 D_1
			수 나 사		
			바깥지름 d	유효지름 d_2	골지름 d_1
M 20 ×2	2	1.083	20.000	18.701	17.835
M 20 ×1.5	1.5	0.812	20.000	19.026	18.376
M 20 ×1	1	0.541	20.000	19.350	18.917
M 22 ×2	2	1.083	22.000	20.701	19.835
M 22 ×1.5	1.5	0.812	22.000	21.026	20.376
M 22 ×1	1	0.541	22.000	21.350	20.917
M 24 ×2	2	1.083	24.000	22.701	21.835
M 24 ×1.5	1.5	0.812	24.000	23.026	22.376
M 24 ×1	1	0.541	24.000	23.350	22.917
M 25 ×2	2	1.083	25.000	23.701	22.835
M 25 ×1.5	1.5	0.812	25.000	24.026	23.376
M 25 ×1	1	0.541	25.000	24.350	23.917
M 25 ×1.5	1.5	0.812	26.000	25.026	24.376
M 27 ×2	2	1.083	27.000	25.701	24.835
M 27 ×1.5	1.5	0.812	27.000	26.026	25.376
M 27 ×1	1	0.541	27.000	26.350	25.917
M 28 ×2	2	1.083	28.000	26.701	25.835
M 28 ×1.5	1.5	0.812	28.000	27.026	26.376
M 28 ×1	1	0.541	28.000	27.350	26.917
M 30 ×3	3	1.624	30.000	28.051	26.752
M 30 ×2	2	1.083	30.000	28.701	27.835
M 30 ×1.5	1.5	0.812	30.000	29.026	28.376
M 30 ×1	1	0.541	30.000	29.350	28.917
M 32 ×2	2	1.083	32.000	30.701	29.835
M 32 ×1.5	1.5	0.812	32.000	31.026	30.376
M 33 ×3	3	1.624	33.000	31.051	29.752
M 33 ×2	2	1.083	33.000	31.701	30.835
M 33 ×1.5	1.5	0.812	33.000	32.026	31.376
M 35 ×1.5	1.5	0.812	35.000	34.026	33.376
M 36 ×3	3	1.624	36.000	34.051	32.752
M 36 ×2	2	1.083	36.000	34.701	33.835
M 36 ×1.5	1.5	0.812	36.000	35.026	34.376
M 38 ×1.5	1.5	0.812	38.000	37.026	36.376
M 39 ×3	3	1.624	39.000	37.051	35.752
M 39 ×2	2	1.083	39.000	37.701	36.835
M 39 ×1.5	1.5	0.812	39.000	38.026	37.376
M 40 ×3	3	1.624	40.000	38.051	36.752
M 40 ×2	2	1.083	40.000	38.701	37.835
M 40 ×1.5	1.5	0.812	40.000	39.026	38.376

나사의 호칭	피 치 P	접촉높이 H_1	암 나 사		
			골지름 D	유효지름 D_2	안지름 D_1
			수 나 사		
			바깥지름 d	유효지름 d_2	골지름 d_1
M 42 ×4	4	2.165	42.000	39.402	37.670
M 42 ×3	3	1.624	42.000	40.051	38.752
M 42 ×2	2	1.083	42.000	40.701	39.835
M 42 ×1.5	1.5	0.812	42.000	41.026	40.376
M 45 ×4	4	2.165	45.000	42.402	40.370
M 45 ×3	3	1.624	45.000	43.051	41.752
M 45 ×2	2	1.083	45.000	43.701	42.835
M 45 ×1.5	1.5	0.812	45.000	44.026	43.376
M 48 ×4	4	2.165	48.000	45.402	43.670
M 48 ×3	3	1.624	48.000	46.051	44.752
M 48 ×2	2	1.083	48.000	46.701	45.835
M 48 ×1.5	1.5	0.812	48.000	47.026	46.376
M 50 ×3	3	1.624	50.000	48.051	46.752
M 50 ×2	2	1.083	50.000	48.701	47.835
M 50 ×1.5	1.5	0.812	50.000	49.026	48.376
M 52 ×4	4	2.165	52.000	49.402	47.670
M 52 ×3	3	1.624	52.000	50.051	48.752
M 52 ×2	2	1.083	52.000	50.701	49.835
M 52 ×1.5	1.5	0.812	52.000	51.026	50.376
M 55 ×4	4	2.165	55.000	52.402	50.670
M 55 ×3	3	1.624	55.000	53.051	51.752
M 55 ×2	2	1.083	55.000	53.701	52.835
M 55 ×1.5	1.5	0.812	55.000	54.026	53.376
M 56 ×4	4	2.165	56.000	53.402	51.670
M 56 ×3	3	1.624	56.000	54.051	52.752
M 56 ×2	2	1.083	56.000	54.701	53.835
M 56 ×1.5	1.5	0.812	56.000	55.026	54.376

7 유니파이 나사

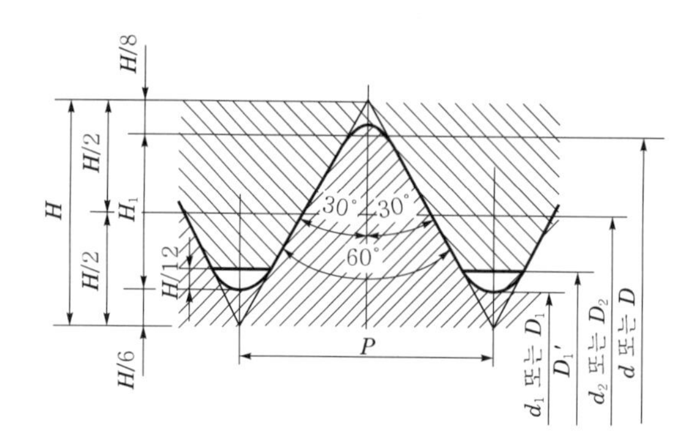

기준치수 산출공식

$P=\frac{25.4}{n}$, $H=\frac{0.866025}{n}\times 25.4$

$H_1=\frac{0.541266}{n}\times 25.4$

$d_1=\left(d-\frac{1.082532}{n}\right)\times 25.4$

$d_2=\left(d-\frac{0.649519}{n}\right)\times 25.4$

표 1 유니파이 보통나사의 기준 치수 (단위 : mm)

나사의 호칭			나사산수 (25.4mm에 대한) n	피치 P (참고)	접촉높이 H	암 나 사		
						골지름 D	유효지름 D_2	안지름 D_1
						수 나 사		
1	2	(참고)				바깥지름 d	유효지름 d_2	안지름 d_1
No.2−56 UNC	No.1−64 UNC	0.0730−64 UNC	64	0.3969	0.215	1.854	1.598	1.425
		0.0860−56 UNC	56	0.4536	0.246	2.184	1.890	1.694
	No.3−48 UNC	0.0990−48 UNC	48	0.5292	0.286	2.515	2.172	1.941
No.4−40 UNC		0.1120−40 UNC	40	0.6350	0.344	2.845	2.433	2.156
No.5−40 UNC		0.1250−40 UNC	40	0.6350	0.344	3.175	2.764	2.487
No.6−32 UNC		0.1380−32 UNC	32	0.7938	0.430	3.505	2.990	2.647
No.8−32 UNC		0.1640−32 UNC	32	0.7938	0.430	4.166	3.650	3.307
No.10−24 UNC		0.1900−24 UNC	24	1.0583	0.573	4.826	4.138	3.680
	No.12−24 UNC	0.2160−24 UNC	24	1.0583	0.573	5.486	4.798	4.341
$^{1}/_{4}$−20 UNC		0.2500−20 UNC	20	1.2700	0.687	6.350	5.524	4.976
$^{5}/_{16}$−18 UNC		0.3125−18 UNC	18	1.4111	0.764	7.938	7.021	6.411
$^{3}/_{8}$−16 UNC		0.3750−16 UNC	16	1.5875	0.859	9.525	8.494	7.805
$^{7}/_{16}$−14 UNC		0.4375−14 UNC	14	1.8143	0.982	11.112	9.934	9.149
$^{1}/_{2}$−13 UNC		0.5000−13 UNC	13	1.9538	1.058	12.700	11.430	10.584
$^{9}/_{16}$−12 UNC		0.5625−12 UNC	12	2.1167	1.146	14.288	12.913	11.996
$^{5}/_{8}$−11 UNC		0.6250−11 UNC	11	2.3091	1.250	15.875	14.376	13.376
$^{3}/_{4}$−10 UNC		0.7500−10 UNC	10	2.5400	1.375	19.050	17.399	16.299
$^{7}/_{8}$−9 UNC		0.8750−9 UNC	9	2.8222	1.528	22.225	20.371	19.169
1−8 UNC		1.0000−8 UNC	8	3.1750	1.719	25.400	23.338	21.963
$1^{1}/_{8}$−7 UNC		1.1250−7 UNC	7	3.6286	1.964	28.575	26.218	24.648
$1^{1}/_{4}$−7 UNC		1.2500−7 UNC	7	3.6286	1.964	31.750	29.393	27.823
$1^{5}/_{8}$−6 UNC		1.3750−6 UNC	6	4.2333	2.291	34.925	32.174	30.343
$1^{1}/_{2}$−6 UNC		1.5000−6 UNC	6	4.2333	2.291	38.100	35.349	33.518
$1^{3}/_{4}$−5 UNC		1.7500−5 UNC	5	5.0800	2.750	44.450	41.151	38.951
$2-4^{1}/_{2}$ UNC		2.0000−4.5UNC	$4^{1}/_{2}$	5.6444	3.055	50.800	47.135	44.689
$2^{1}/_{4}-4^{1}/_{2}$ UNC		2.2500−4.5UNC	$4^{1}/_{2}$	5.6444	3.055	57.150	53.485	51.039
$2^{1}/_{2}$−4 UNC		2.5000−4 UNC	4	6.3500	3.437	63.500	59.375	56.627
$2^{3}/_{4}$−4 UNC		2.7500−4 UNC	4	6.3500	3.437	69.850	65.725	62.977
3−4 UNC		3.0000−4 UNC	4	6.3500	3.437	76.200	72.075	69.327
$3^{1}/_{4}$−4 UNC		3.2500−4 UNC	4	6.3500	3.437	82.550	78.425	75.677
$3^{1}/_{2}$−4 UNC		3.5000−4 UNC	4	6.3500	3.437	88.900	84.775	82.027
$3^{3}/_{4}$−4 UNC		3.7500−4 UNC	4	6.3500	3.437	95.250	91.125	88.377
4−4 UNC		4.0000−4 UNC	4	6.3500	3.437	101.600	97.475	94.727

표 2 유니파이 가는 나사의 기준 치수 (단위 : mm)

나사의 호칭[1]			나사산수 (25.4mm에 대한) n	피치 P (참고)	접촉높이 H	암 나 사		
						골지름 D	유효지름 D_2	안지름 D_1
						수 나 사		
1	2	(참고)				바깥지름 d	유효지름 d_2	안지름 d_1
No.0−80 UNF		0.0600−80 UNF	80	0.3175	0.172	1.524	1.318	1.181
	No.1−72 UNF	0.0730−72 UNF	72	35.28	0.191	1.854	1.626	1.473
No.2−64 UNF		0.0860−64 UNF	54	0.3969	0.215	2.184	1.928	1.755
	No.3−56 UNF	0.0990−56 UNF	56	0.4536	0.246	2.515	2.220	2.024
No.4−48 UNF		0.1120−48 UNF	48	0.5292	0.286	2.845	2.502	2.271
No.5−44 UNF		0.1250−44 UNF	44	0.5773	0.312	3.175	2.799	2.550
No.6−40 UNF		0.1380−40 UNF	40	0.6350	0.344	3.505	3.094	2.817
No.8−36 UNF		0.1640−36 UNF	36	0.7056	0.382	4.166	3.708	3.401
No.10−32 UNF		0.1900−32 UNF	32	0.7938	0.430	4.826	4.310	3.967
	No.12−28 UNF	0.2160−28 UNF	28	0.9071	0.491	5.486	4.897	4.503
$^1/_4$−28 UNF		0.2500−28 UNF	28	0.9071	0.491	6.350	5.761	5.367
$^5/_{16}$−24 UNF		0.3125−24 UNF	24	0.0583	0.573	7.938	7.249	6.792
$^3/_8$−24 UNF		0.3750−24 UNF	24	1.0583	0.573	9.525	8.837	8.379
$^7/_{16}$−20 UNF		0.4375−20 UNF	20	1.2700	0.687	11.112	10.287	9.738
$^1/_2$−20 UNF		0.5000−20 UNF	20	1.2700	0.687	12.700	11.874	11.326
$^9/_{16}$−18 UNF		0.5625−18 UNF	18	1.4111	0.764	14.288	13.371	12.761
$^5/_8$−18 UNF		0.6250−18 UNF	18	1.4111	0.764	15.875	14.958	14.348
$^3/_4$−16 UNF		0.7500−16 UNF	16	1.5875	0.859	19.050	18.019	17.330
$^7/_8$−14 UNF		0.8750−14 UNF	14	1.8143	0.982	22.225	21.046	20.262
1−12 UNF		1.0000−12 UNF	12	2.1167	1.146	25.400	24.026	23.109
$1^1/_8$−12 UNF		1.1250−12 UNF	12	2.1167	1.146	28.575	27.201	26.284
$1^1/_4$−12 UNF		1.2500−12 UNF	12	2.1167	1.146	31.750	30.376	29.459
$1^3/_8$−12 UNF		1.3750−12 UNF	12	2.1167	1.146	34.925	33.551	32.634
$1^1/_2$−12 UNF		1.5000−12 UNF	12	2.1167	1.146	38.100	36.726	35.809

주(1) 1란을 우선적으로 택하고, 필요에 따라 2란을 택한다. 참고란에 표시하는 것은 나사의 호칭을 10진법으로 표시한 것이다.

8 6각 볼트의 모양과 치수

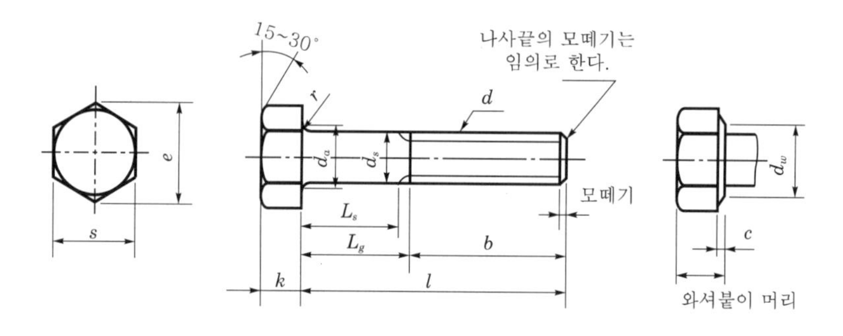

나사의 호칭 d		M 5	M 6	M 8	M 10	M 12	M 14	M 16	M 20	M 24	M 30
피치 P		0.8	1	1.25	1.5	1.75	2	2	2.5	3	3.5
b(참고)		16	18	22	26	30	34	38	46	54	66
		–	–	28	32	36	40	44	52	60	72
		–	–	–	–	–	–	57	65	73	85
c	최 대	0.5	0.5	0.6	0.6	0.6	0.6	0.8	0.8	0.8	0.8
d_a	최 대	6	7.2	10.2	12.2	14.7	16.7	18.7	24.4	28.4	35.4
d_s	최대(기준치수)	5.48	6.48	8.58	10.58	12.7	14.7	16.7	20.84	24.84	30.84
	최 소	4.52	5.52	7.42	9.42	11.3	13.3	15.3	19.16	23.16	29.16
d_w	최 소	6.7	8.7	11.4	14.4	16.4	19.2	22	27.7	33.2	42.7
e	최 소	8.63	10.89	14.20	17.59	19.85	22.78	26.17	32.95	39.55	50.85
k	호칭(기준치수)	3.5	4	5.3	6.4	7.5	8.8	10	12.5	15	18.7
	최 소	3.12	3.62	4.92	5.95	7.05	8.35	9.25	11.6	14.1	17.65
	최 대	3.88	4.38	5.68	6.85	7.95	9.25	10.75	13.4	15.9	19.75
k'	최 소	2.2	2.5	3.45	4.2	4.95	5.85	6.5	8.1	9.9	12.4
r	최 소	0.2	0.25	0.4	0.4	0.6	0.6	0.6	0.8	0.8	1
s	최대(기준치수)	8	10	13	16	18	21	24	30	36	46
	최 소	7.64	9.64	12.57	15.57	17.57	20.16	23.16	29.16	35	45
l	호칭길이	25~50	30~60	35~80	40~100	45~120	50~140	55~160	65~200	80~240	90~300

9 6각 너트의 모양과 치수

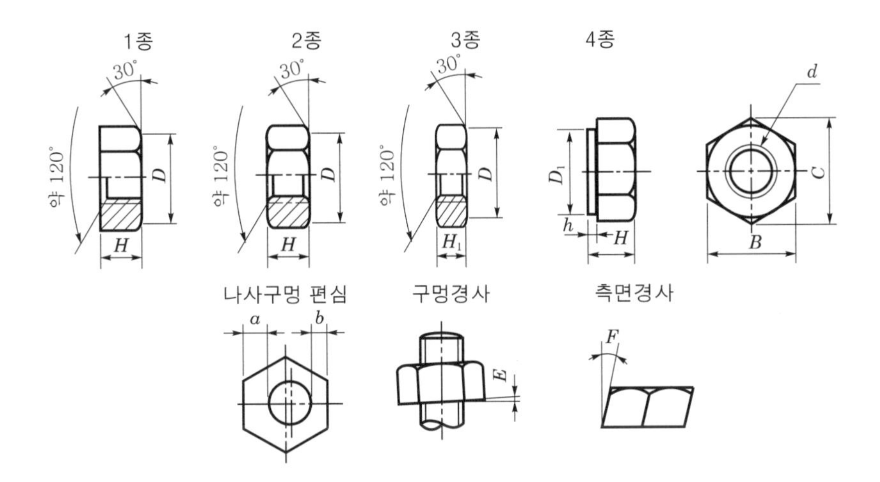

(단위 : mm)

나사의 호칭	수나사의 외경	H		H_1		B		C	D	D_1	h	$a-b$	E	F
		기준 치수	허용량	기준 치수	허용량	기준 치수	허용량	약	약	최소	약	최대	최대	최대
M 6		5	±0.25	3.6		10	0 −0.6	11.5	9.8	9	0.4	0.3		
(M 7)	7	5.5		4.2	±0.25	10	0 −0.7	12.7	9.8	10	0.4	0.3		
M 8	8	6.5	±0.3	5		11		15	12.5	11.7	0.4	0.4		
M 10	10	8		6		13		19.6	16.5	15.8	0.4	0.5		
M 12	10	10		7	±0.3	17	0 −0.8	21.9	18	17.6	0.6	0.5		
(M 14)	14	11	±0.35	8		19		25.4	21	20.4	0.6	0.7		
M 16	16	13		10		22		27.7	23	22.3	0.6	0.8		
(M 18)	18	15		11	±0.35	25		31.2	26	25.6	0.6	0.8		
M 20	20	16		12		27		34.6	29	28.5	0.6	0.9		
(M 22)	22	18		13		30	0 −1	37	31	30.4	0.6	0.9		
M 24	24	19	±0.4	14		32		41.6	34	34.2	0.6	1.1		
(M 27)	27	22		16		36		47.3	39			1.3		
M 30	30	24		18		41		53.1	44	–	–	1.5		
(M 33)	33	26		20		46		57.7	48			1.6		
M 36	36	29		21	±0.4	50	0 −1.2	63.5	53			1.8		
(M 39)	39	31		23		55		69.3	57	–	–	2		
M 42	42	34	±0.4	25		60		75	62			2.1		
(M 45)	45	36		27		65		80.8	67			2.3		
M 48	48	38	±0.5	29		70		86.5	72	–	–	2.4		
(M 52)	52	42		31	±0.5	75		92.4	77			2.6	1°	2°
M 56	56	45		34		80	0 −1.4	98.1	82			2.8		
(M 60)	60	48		36		85		104	87	–	–	2.9		
M 64	64	51		38		90		110	92			3		
(M 68)	68	54		40		95		115	97			3.2		
M 72	72	58		42		105		121	102	–	–	3.3		
(M 76)	76	61		46		110		127	107			3.5		
M 80	80	64	±0.6	49		115		133	112			3.5		
(M 85)	85	68		50		120		139	116	–	–	3.5		
M 90	90	72		54	±0.6	130	0 −1.6	150	126			4		
(M 95)	95	76		57		135		156	131			4		
M 100	100	80		60		145		167	141	–	–	4.5		
(M 105)	105	84		63		150		173	146			4.5		
M 110	110	88		65		155		179	151			4.5		
(M 115)	115	92		69		165		191	161	–	–	5		
(M 120)	120	96	±0.7	72		170		196	166			5.5		
M 125	125	100		76		180		208	176			5.5		
(M 130)	130	104		78		185	0 −1.8	214	181	–	–	5.5		

비고) 1. 나사의 호칭에 ( )를 붙인 것은 가급적 사용하지 않는다.

2. 너트의 형상은 지정이 없는 한 모떼기를 한다.

10 평행 키

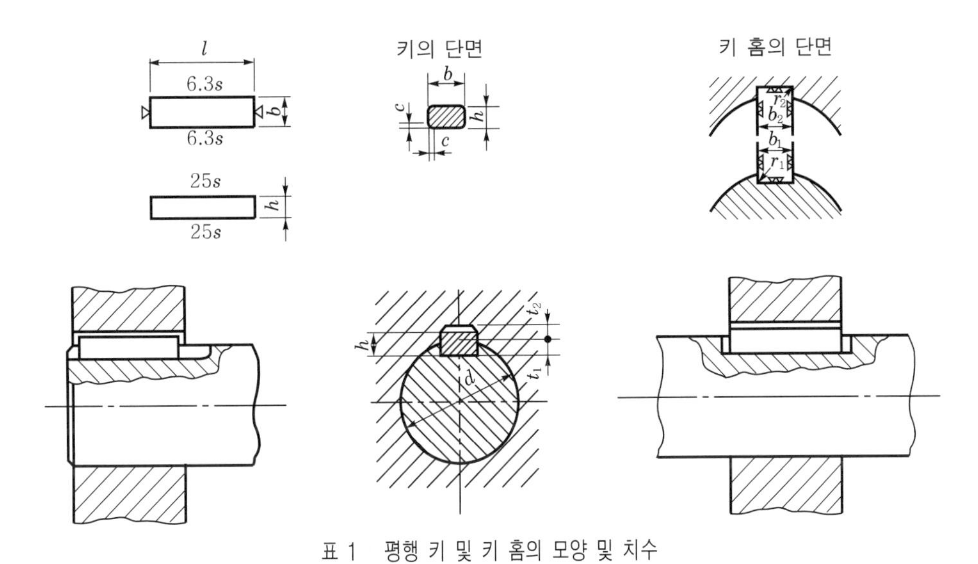

표 1 평행 키 및 키 홈의 모양 및 치수

(단위 : mm)

키의 호칭 치수 $b \times h$	키의 치수							키 홈의 치수								참고
	b		h			c	l (3)	$b_1 \cdot b_2$의 기준치수	정밀급	보통급		r_1 및 r_2	t_1의 기준치수	t_2의 기준치수	$t_1 \cdot t_2$의 허용차	(4) 적응하는 축지름 d
	기준치수	허용차 (h9)	기준치수	허용차					b_1 및 b_2 허용차 (P9)	b_1 허용차 (N9)	b_2 허용차 (Js9)					
2×2	2	0 −0.025	2	0 −0.025	h9	0.16 ~ 0.25	6~20	2	−0.006 −0.031	−0.004 −0.029	±0.0125	0.08 ~ 0.16	1.2	1.0	+0.1 0	6~8
3×3	3		3				6~36	3					1.8	1.4		8~10
4×4	4	0 −0.030	4	0 −0.030			8~45	4	−0.012 −0.042	0 −0.030	±0.0150		2.5	1.8		10~12
5×5	5		5			0.25 ~ 0.40	10~56	5				0.16 ~ 0.25	3.0	2.3		12~17
6×6	6		6				14~70	6					3.5	2.8		17~22
(7×7)	7	0 −0.036	7	0 −0.036			16~80	7	−0.015 −0.051	0 −0.036	±0.0180		4.0	3.0	+0.2 0	20~25
8×7	8		7	0 −0.090	h11		18~90	8					4.0	3.3		22~30
10×8	10		8			0.40 ~ 0.60	22~110	10				0.25 ~ 0.40	5.0	3.3		30~38
12×8	12	0 −0.043	8				28~140	12	−0.018 −0.061	0 −0.043	±0.0215		5.0	3.3		38~44
14×9	14		9				36~160	14					5.5	3.8		44~50
(15×10)	15		10				40~180	15					5.0	5.0		50~55
16×10	16		10				45~180	16					6.0	4.3		50~58
18×11	18		11				50~200	18					7.0	4.4		58~65

20×12	20	0 −0.052	12	0 −0.110	h11	0.60 ~ 0.80	56~220	20	−0.022 −0.074	0 −0.052	±0.0260	0.40 ~ 0.60	7.5	4.9	+0.2 0	65~75
22×14	22		14				63~250	22					9.0	5.4		75~85
(24×16)	24		16				70~280	24					8.0	8.0		80~90
25×14	25		14				70~280	25					9.0	5.4		85~95
28×16	28		16				80~320	28					10.0	6.4		95~110
32×18	32	0 −0.062	18				90~360	32	−0.026 −0.088	0 −0.062	±0.0310		11.0	7.4		110~130
(35×22)	35		22	0 −0.130		1.00 ~ 1.20	140~400	35				0.70 ~ 1.00	11.0	11.0	+0.3 0	125~140
36×20	36		20				-	36					12.0	8.4		130~150
(38×24)	38		24				-	38					12.0	12.0		140~160
40×22	40		22				-	40					13.0	9.4		150~170
(42×26)	42		26				-	42					13.0	13.0		160~180
45×25	45		25				-	45					15.0	10.4		170~200
50×28	50		28				-	50					17.0	11.4		200~230
56×32	56	0 −0.074	32	0 −0.160		1.60 ~ 2.00	-	56	−0.032 −0.103	0 −0.074	±0.0370	1.20 ~ 1.60	20.0	12.4		230~260
63×32	63		32				-	63					20.0	12.4		260~290
70×36	70		36				-	70					22.0	14.4		290~330
80×40	80		40			2.50 ~ 3.00	-	80				2.00 ~ 2.50	25.0	15.4		330~380
90×45	90	0 −0.087	45				-	90	−0.037 −0.124	0 −0.087	±0.0435		28.0	17.4		380~440
100×50	100		50				-	100					31.0	19.5		440~500

주(3) l은 표의 범위 내에서 다음 중에서 택한다.
또한, l의 치수허용차는 원칙으로 KS B 0401의 h12로 한다.
6, 8, 10, 12, 14, 16, 18, 20, 22, 25, 28, 32, 36, 40, 45, 50, 56, 63, 70, 80, 90, 100, 110, 125, 140, 160, 180, 200, 220, 250, 280, 320, 360, 400
(4) 적응하는 축 지름은 키의 강도에 대응하는 토크에 적용하는 것으로 한다.

비고) 1. ( )가 있는 호칭치수의 것은 되도록 사용하지 않는다.
2. 보스의 홈에는 1/100의 기울기를 두는 것을 보통으로 한다.

참고) 본문에서 정한 키의 허용차보다도 공차가 작은 키를 필요로 하는 경우에는, 키의 너비 b에 대한 허용차를 h7로 한다.
이 경우의 높이 h의 허용차는 키의 호칭치수 7×7 이하는 h7, 키의 호칭치수 8×7 이상은 h11로 한다.

11 경사 키, 머리붙이 경사 키 및 키 홈의 모양 및 치수

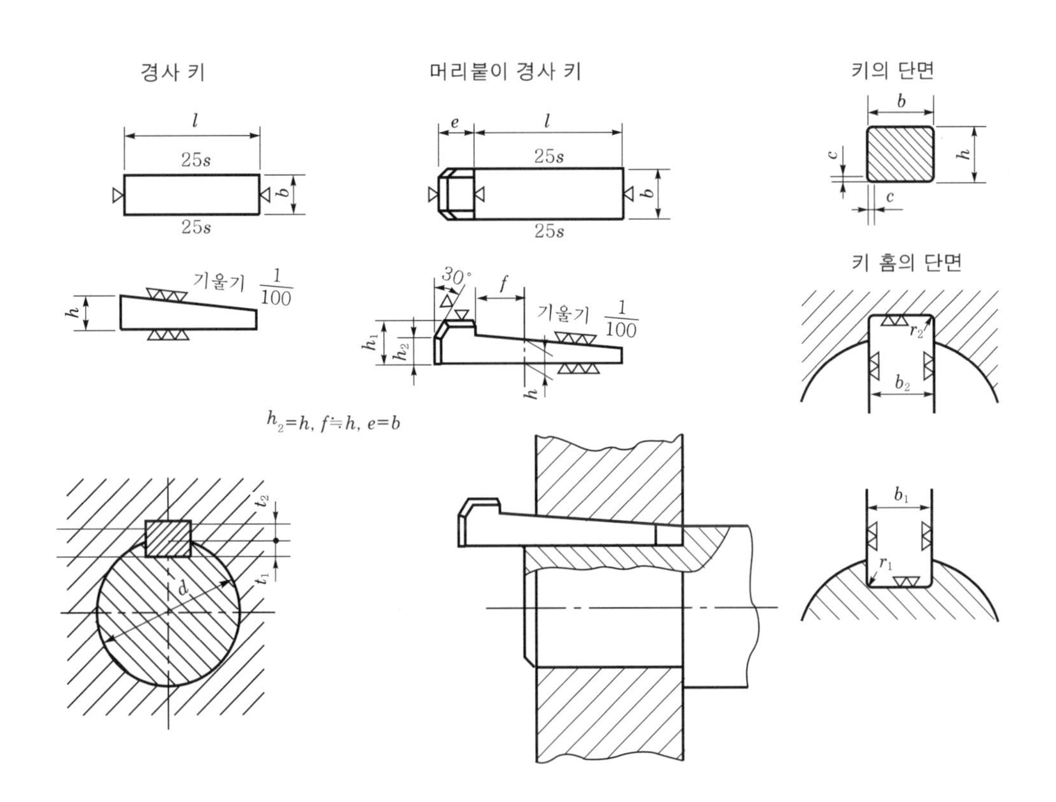

(단위 : mm)

키의 호칭치수 $b \times h$	키의 치수								키 홈의 치수						참고
	b		h			h_1	c	l (5)	b_1 및 b_2		r_1 및 r_2	t_1의 기준 치수	t_2의 기준 치수	$t_1 \cdot t_2$의 허용차	(6) 적용하는 축지름 d
	기준 치수	허용차 (H9)	기준 치수	허 용 차					기준 치수	허용차 (D10)					
2×2	2	0 −0.025	2	0 −0.025	h9	−	0.16 ~0.25	6~20	2	+0.060 +0.020	0.08 ~0.16	1.2	0.5	+0.1 0	6~8
3×3	3		3			−		6~36	3			1.8	0.9		8~10
4×4	4	0 −0.030	4	0 −0.030		7		8~45	4	+0.078 +0.030		2.5	1.2		10~12
5×5	5		5			8	0.25 ~0.40	10~56	5		0.16 ~0.25	3.0	1.7		12~17
6×6	6		6			10		14~70	6			3.5	2.2		17~22
(7×7)	7	0 −0.036	7.2	0 −0.036		10		16~80	7	+0.098 +0.040		4.0	3.0		20~25
8×7	8		7	0 −0.090	h11	11		18~90	8			4.0	2.4	+0.2 0	22~30
10×8	10		8			12	0.40 ~0.60	22~110	10		0.25 ~0.40	5.0	2.4		30~38
12×8	12	0 −0.043	8			12		28~140	12	+0.120 +0.020		5.0	2.4		38~44
14×9	14		9			14		36~160	14			5.5	2.9		44~50
(15×10)	15		10.2	0 −0.110		15		40~180	15			5.0	5.0	+0.1 0	50~55

16×10	16	0 −0.043	10	0 −0.090	h11	16	0.40 ~0.60	45~180	16	+0.120 +0.020	0.25 ~0.40	6.7	3.4	+0.2 0	50~58
18×11	18		11	0 −0.110		18		50~200	18			7.0	3.4		58~65
20×12	20	0 −0.052	12			20	0.60 ~0.80	56~220	20	+0.149 +0.065	0.40 ~0.60	7.5	3.9		65~75
22×14	22		14			22		63~250	22			9.0	4.4		75~85
(24×16)	24		16.2			24		70~280	24			8.0	8.0	+0.1 0	80~90
25×14	25		14			22		70~280	25			9.0	4.4	+0.2 0	85~95
28×16	28		16			25		80~320	28			10.0	5.4		95~110
32×18	32	0 −0.062	18			28		90~360	32	+0.180 +0.080		11.0	6.4		110~130
(35×22)	35		22.3	0 −0.130		32	1.00 ~1.20	100~400	35		0.70 ~1.00	11.0	11.0	+0.15 0	125~140
36×20	36		20			32		−	36			12.0	7.1	+0.3 0	130~150
(38×24)	38		24.3			36		−	38			12.0	12.0	+0.15 0	140~160
40×22	40		22			36		−	40			13.0	8.1	+0.3 0	150~170
(42×26)	42		26.3			40		−	42			13.0	13.0	+0.15 0	160~180
45×25	45		25			40		−	45			15.0	9.1	+0.3 0	170~200
50×28	50		28			45		−	50			17.0	10.1		200~230
56×32	56	0 −0.074	32	0 −0.160		50	1.60 ~2.00	−	56	+0.220 +0.100	1.20 ~1.60	20.0	11.1		230~260
63×32	63		32			50		−	63			20.0	11.1		260~290
70×36	70		36			56		−	70			22.0	13.1		290~330
80×40	80		40			63	2.50 ~3.00	−	80		2.00 ~2.50	25.0	14.1		330~380
90×45	90	0 −0.087	45			70		−	90	+0.260 +0.120		28.0	16.1		380~440
100×50	100		50			80		−	100			31.0	18.1		440~500

주(5) *l*은 표의 범위 내에서 다음 중에서 택한다. 또한, *l*의 치수 허용차는 원칙으로 KS B 0401의 h12로 한다.
6, 8, 10, 12, 14, 16, 18, 20, 22, 25, 28, 32, 36, 40, 45, 50, 56, 63, 70, 80, 90, 100, 110, 125, 140, 160, 180, 200, 220, 250, 280, 320, 360, 400

(6) 적응하는 축 지름은 키의 강도에 대응하는 토크에 적응하는 것으로 한다.

비고) 1. ( )가 있는 호칭치수는 되도록 사용하지 않는다.
2. 보스의 홈에는 1/100의 기울기를 두는 것을 보통으로 한다.

12 미끄럼 키 홈의 모양 및 치수

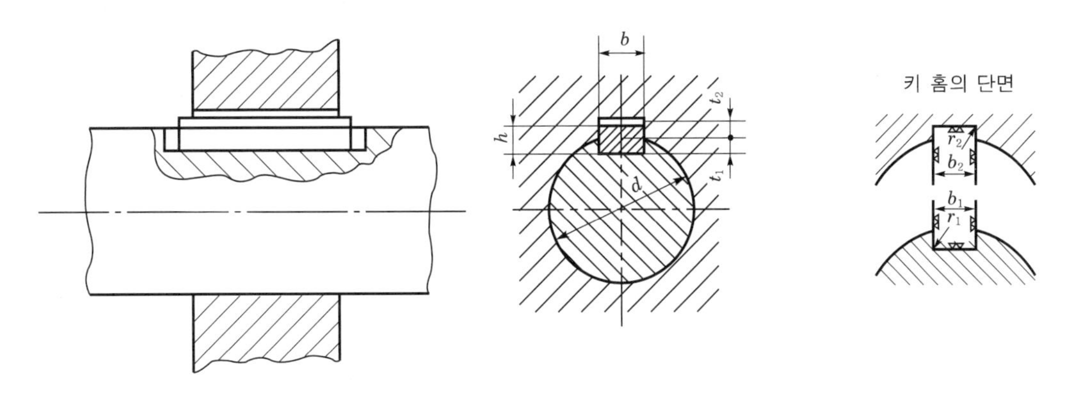

(단위 : mm)

키의 호칭치수 $b \times h$	키 홈의 치수								참 고
	b_1		b_2		r_1 및 r_2	t_1의 기준치수	t_2의 기준치수	t_1, t_2의 허용차	적응하는 축 지름 d
	기준 치수	허용차 (h9)	기준 치수	허용차 (D10)					
2×2	2	+0.025 0	2	+0.060 +0.020	0.08~0.16	1.2	1.0	+0.1 0	6 초과 8 이하
3×3	3		3			1.8	1.4		8 초과 10 이하
4×4	4	+0.030 0	4	+0.078 +0.030		2.5	1.8		10 초과 12 이하
5×5	5		5		0.16~0.25	3.0	2.3		12 초과 17 이하
6×6	6		6			3.5	2.8		17 초과 22 이하
(7×7)	7	+0.036 0	7	+0.098 +0.040		4.0	3.5	+0.2 0	20 초과 25 이하
8×7	8		8			4.0	3.3		22 초과 30 이하
10×8	10		10		0.25~0.40	5.0	3.3		30 초과 38 이하
12×8	12	+0.043 0	12	+0.120 +0.050		5.0	3.3		38 초과 44 이하
14×9	14		14			5.5	3.8		44 초과 50 이하
(15×10)	15		15			5.0	5.5		50 초과 55 이하
16×10	16		16			6.0	4.3		50 초과 58 이하
18×11	18		18			7.0	4.4		58 초과 65 이하
20×12	20	+0.052 0	20	+0.149 +0.065	0.40~0.60	7.5	4.9		65 초과 75 이하
22×14	22		22			9.0	5.4		75 초과 85 이하
(24×16)	24		24			8.0	8.5		80 초과 90 이하
25×14	25		25			9.0	5.4		85 초과 95 이하
28×16	28		28			10.0	6.4		95 초과 110 이하
32×18	32	+0.062 0	32	+0.180 +0.080		11.0	7.4		110 초과 130 이하
(35×22)	35		35		0.70~1.00	11.0	12.0	+0.3 0	125 초과 140 이하
36×20	36		36			12.0	8.4		130 초과 150 이하
(38×24)	38		38			12.0	13.0		140 초과 160 이하
40×22	40		40			13.0	9.4		150 초과 170 이하

(42×26)	42	+0.062 0	42	+0.180 +0.080	0.70~1.00	13.0	14.0	+0.3 0	160 초과 180 이하
45×25	45		45			15.0	10.4		170 초과 200 이하
50×28	50		50			17.0	11.4		200 초과 230 이하
56×32	56	+0.074 0	56	+0.220 +0.100	1.20~1.60	20.0	12.4		230 초과 260 이하
63×32	63		63			20.0	12.4		260 초과 290 이하
70×36	70		70			22.0	14.4		290 초과 330 이하
80×40	80		80		2.00~2.50	25.0	15.4		330 초과 380 이하
90×45	90	+0.087 0	90	+0.260 +0.120		28.0	17.4		380 초과 440 이하
100×50	100		100			31.0	19.5		440 초과 500 이하

비고) ( )표가 있는 호칭치수는 되도록 사용하지 않는다.

13 반달 키의 치수

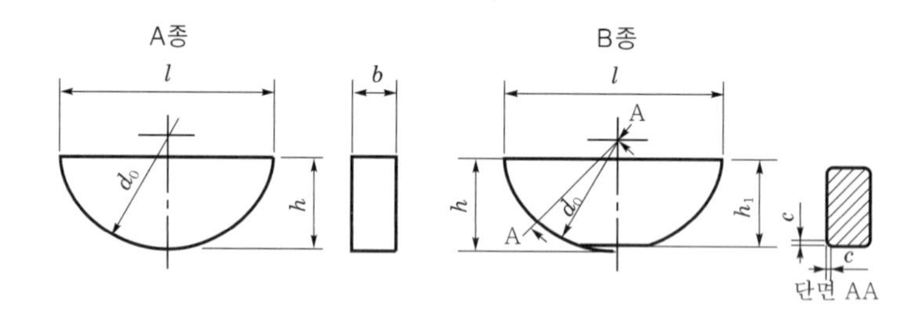

비고) 표면 거칠기는 양측 면은 6.3S로 하고, 그밖에는 25S로 한다.

(단위 : mm)

키의 호칭치수 $b \times d_0$	반달 키의 치수									참 고		
	b		d_0		h		h_1		$c^{(2)}$	l	전 단 단면적 (mm²)	적응하는[3] 축지름 d
	기준 치수	허용차 (h9)	기준 치수	허용차	기준 치수	허용차 (h11)	기준 치수	허용차				
2.5×10	2.5	0 −0.025	10	0 −0.1	3.7	0 −0.075	3.55	±0.1	0.16 ~ 0.25	9.6	21	7~12
3×10	3		10		3.7		3.55			9.6	26	8~14
3×13			13		5.0		4.75	±0.2		12.6	35	9~16
3×16			16		6.5	0 −0.090	6.3			15.7	45	11~18
4×13	4	0 −0.030	13		5.0	0 −0.075	4.75			12.6	46	11~18
4×16			16		6.5	0 −0.090	6.3			15.7	57	12~20
4×19			19		7.5		7.1			18.5	70	14~22
5×16	5		16		6.5		6.3			15.7	72	14~22
5×19			19		7.5		7.1			18.5	86	15~24
5×22			22		9.0		8.5			21.6	102	17~26

6×22	6	0 −0.030	22		9.0	0 −0.090	8.5	±0.2	0.25 ~ 0.40	21.6	121	19~28
6×25			25	0 −0.2	10.0		9.5			24.4	141	20~30
6×28			28		11.0	0 −0.110	10.6			27.3	155	22~32
6×32			32		13.0		12.5			31.4	180	24~34
(7×22)	7	0 −0.036	22	0 −0.1	9	0 −0.090	8.5			21.6	139	20~29
(7×25)			25	0 −0.2	10		9.5			24.4	159	22~32
(7×28)			28		11	0 −0.110	10.6			27.3	179	24~34
(7×32)			32		13		12.5			31.4	209	26~37
(7×38)			38		15		14.0			37.0	249	29~41
(7×45)			45		16		15.0			43.0	288	31~45
8×25	8		25		10	0 −0.090	9.5			24.4	181	24~34
8×28			28		11	0 −0.110	10.6			27.3	203	26~37
8×32			32		13		12.5			31.4	239	28~40
8×38			38		15		14.0			37.1	283	30~44
10×32	10		32		13		12.5		0.40 ~ 0.60	31.4	295	31~46
10×45			45		16		15.0			3.0	406	38~54
10×55			55		17		16.0			50.8	477	42~60
10×65			65		19	0 −0.130	18.0	±0.3		59.0	558	46~65
12×65	12	0 −0.043	65		19		18.0			59.0	660	50~73
12×80			80		24		22.4			73.3	834	58~82

주(2) 키의 모서리는 전부 모떼기한다.
(3) 적응하는 축지름은 키의 전단 단면적의 전단 강도에 대응하는 토크에 적응하는 것으로 한다. 원추형 축의 경우에는 테이퍼부분의 중앙지름을 택한다.

비고) 1. 호칭치수에 ( )가 있는 것은 되도록 사용하지 않는다.
2. l은 계산값을 표시한다.
3. 전단 단면적은 키가 키 홈에 완전히 끼워졌을 때의 전단을 받는 부분의 면적이다.

14 반달 키 홈의 치수

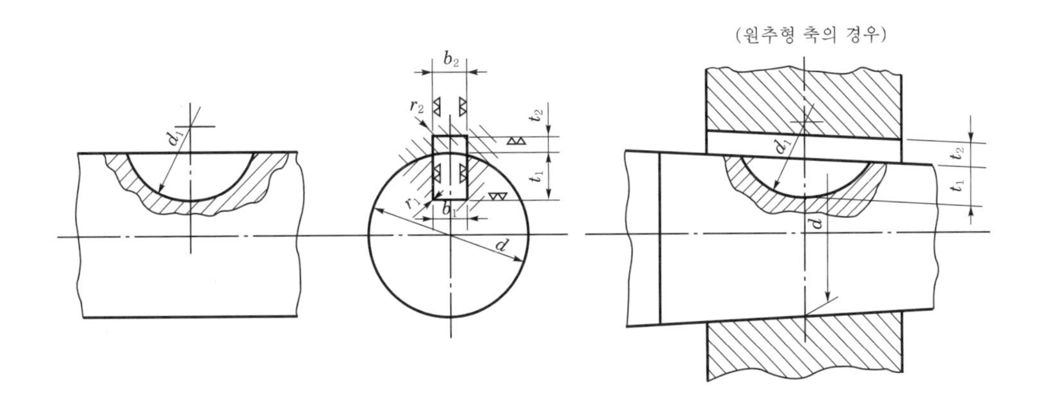

(단위 : mm)

키의 호칭치수 $b \times d_0$	반달 키 홈의 치수										참 고
	b_1		b_2		t_1	t_2		r_1 및 r_2	d_1		해당 축지름 d
	기준 치수	허용차 (N9)	기준 치수	허용차 (F9)	기준 치수	기준 치수	t_1, t_2의 허용차	기준 치수	기준 치수	허용차	
2.5×10	2.5	−0.004 −0.029	2.5	+0.031 +0.006	2.5	1.4	+0.1 0	0.08∼0.16	10	+0.2 0	7∼12
3×10	3		3		2.5				10		8∼14
3×13					3.8				13		9∼16
3×16					5.3				16		11∼18
4×13	4	0 −0.030	4	+0.040 +0.010	3.5	1.7			13		11∼18
4×16					5				16		12∼20
4×19					6				19	+0.3 0	14∼22
5×16	5		5		4.5	2.2			16	+0.2 0	14∼22
5×19					5.5				19	+0.3 0	15∼24
5×22					7				22		17∼26
6×22	6		6		6.6	2.6		0.16∼0.25	22		19∼28
6×25					7.6				25		20∼30
6×28					8.6				28		22∼32
6×32					10.6				32		24∼34
(7×22)	7	0 −0.036	7	+0.049 +0.013	6.4	2.8			22		20∼29
(7×25)					7.4				25		22∼32
(7×28)					8.4				28		24∼34
(7×32)					10.4				32		26∼37
(7×38)					12.4				38		29∼41
(7×45)					13.4				45		31∼45
8×25	8		8		7.2	3			25		24∼34
8×28					8.2				28		26∼37
8×32					10.2				32		28∼40
8×38					12.2				38		30∼44
10×32	10		10		9.8	3.4		0.25∼0.40	32		31∼46
10×45					12.8				45		38∼54
10×55					13.8				55		42∼60
10×65					15.8				65	+0.5 0	46∼65
12×65	12	0 −0.043	12	+0.059 +0.016	15.2	4			65		50∼73
12×80					20.2				80		58∼82

비고) (　)가 있는 호칭치수의 것은 되도록 사용하지 않는다.

15 평행 핀(평행 핀의 모양·치수)

분할 핀의 모양 · 치수

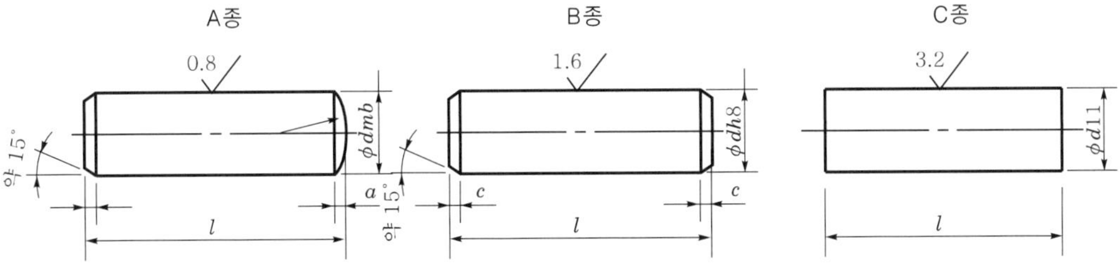

A종 B종 C종

(단위 : mm)

호칭지름			0.6	0.8	1	1.2	1.5	1.6	2	2.5	3	4	5	6	8	10	12	13	16	20	25	30	40	50
d	기준치수		0.6	0.8	1	1.2	1.5	1.6	2	2.5	3	4	5	6	8	10	12	13	16	20	25	30	40	50
	허용차	A종 (m6)	+0.008 +0.002									+0.012 +0.004			+0.015 +0.006		+0.018 +0.007			+0.021 +0.008			+0.025 +0.009	
		B종 (h8)	0 -0.014									0 -0.018			0 -0.022		0 -0.027			0 -0.033			0 -0.039	
		C종 (h11)	0 -0.060									0 -0.075			0 -0.090		0 -0.110			0 -0.0130			0 -0.160	
a	약		0.08	0.1	0.12	0.16	0.2	0.2	0.25	0.3	0.4	0.5	0.63	0.8	1	1.2	1.6	1.6	2	2.5	3	4	5	6.3
c	약		0.12	0.16	0.2	0.25	0.3	0.3	0.35	0.4	0.5	0.63	0.8	1.2	1.6	2	2.5	2.5	3	3.5	4	5	6.3	8
l																								
호칭 길이	최소	최대																						
2	1.75	2.25																						
3	2.75	3.25																						
4	3.75	4.25																						
5	4.75	5.25																						
6	5.75	6.25																						
8	7.75	8.25																						
10	9.75	10.25																						
12	11.5	12.5																						
14	13.5	14.5																						
16	15.5	16.5																						
18	17.5	18.5																						
20	19.5	20.5																						
22	21.5	22.5																						
24	23.5	24.5																						
26	25.5	26.5																						
28	27.5	28.5																						
30	29.5	30.5																						
32	31.5	32.5																						

35	34.5	35.5																						
40	39.5	40.5																						
45	44.5	45.5																						
50	49.5	50.5																						
55	54.25	55.75																						
60	59.25	60.75																						
65	64.25	65.75																						
70	69.25	70.75																						
75	74.25	75.75																						
80	79.25	80.75																						
85	84.25	85.75																						
90	89.25	90.75																						
95	94.25	95.75																						
100	99.25	100.75																						
120	119.25	120.75																						
140	139.25	140.75																						
160	159.25	160.75																						
180	179.25	180.75																						
200	199.25	200.75																						

비고) 1. 핀의 호칭지름에 대한 권장길이(l)는 굵은선 안으로 한다. 다만, 이 표 이외의 l을 필요로 하는 경우는 주문자가 지정한다. 또한 200mm를 초과하는 호칭길이는 20mm 간격으로 하는 것이 좋다.

2. 이 표의 허용차는 표면처리를 하기 전의 것에 적용한다.

16 분할 핀(분할 핀의 모양·치수)

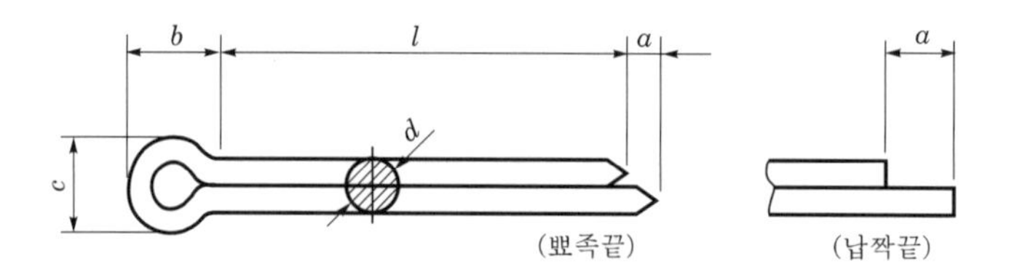

(단위 : mm)

호칭지름		0.6	0.8	1	1.2	1.6	2	2.5	3.2	4	5	6.3	8	10	13	16	20
d	기준치수	0.5	0.7	0.9	1	1.4	1.8	2.3	2.9	3.7	4.6	5.9	7.5	9.5	12.4	15.4	19.3
	허용차	0 −0.1						0 −0.2							0 −0.3		
c	기준치수	1	1.4	1.8	2	2.8	3.6	4.6	5.8	7.4	9.2	11.8	15	19	24.8	30.8	38.6
	허용차	0 −0.1	0 −0.2		0 −0.3	0 −0.4		0 −0.6	0 −0.7	0 −0.9	0 −1.2	0 −1.5	0 −1.9	0 −2.4	0 −3.1	0 −3.8	0 −4.8
b	약	2	2.4	3	3	3.2	4	5	6.4	8	10	12.6	16	20	26	32	40
a	최대	1.6	1.6	1.6	2.5	2.5	2.5	2.5	3.2	4	4	4	4	6.3	6.3	6.3	6.3
	최소	0.8	0.8	0.8	1.2	1.2	1.2	1.2	1.6	2	2	2	2	3.2	3.2	3.2	3.2
적용하는 볼트 및 핀의 지름 – 볼트	을초과	−	2.5	3.5	4.5	5.5	7	9	11	14	20	27	39	56	80	120	170
	이하	2.5	3.5	4.5	5.5	7	9	11	14	20	27	39	56	80	120	170	−
적용하는 볼트 및 핀의 지름 – 클레비스핀[3]	을초과	−	2	3	4	5	6	8	9	12	17	23	29	44	69	110	160
	이하	2	3	4	5	6	8	9	12	17	23	29	44	69	110	160	−
핀구멍지름	(참고)	0.6	0.8	1	1.2	1.6	2	2.5	3.2	4	5	6.3	8	10	13	16	20
l	4, 5, 6, 8, 10, 12, 14, 16, 18, 20, 22, 25, 28, 32, 36, 40, 45, 50, 56, 63, 71, 80, 90, 100, 112, 125, 140, 160, 180, 200, 224, 250, 280	4~12 ±0.5	5~16 ±0.5	6~20 ±0.5	8~25 ±0.5	8~32 ±0.8	10~40 ±0.8	12~50 ±0.8	14~63 ±0.8	18~80 ±1.2	22~100 ±1.2	32~125 ±1.2	40~160 ±2	45~200 ±2	71~250 ±2	112~280 ±2	160~280 ±2

주(3) 축 직각방향의 반복하중을 받는 클레비스 핀인 경우는 이 표의 분할 핀보다 1단계 굵은 것을 사용한다.

비고) 1. 호칭지름은 핀 구멍의 지름에 따른다.

2. d는 앞 끝으로부터 $\frac{l}{2}$ 사이에서의 값으로 한다.

3. 끝의 모양은 뾰족 끝이든 납작 끝이든 무방하다. 그 중 어느 쪽을 필요로 할 때는 지정한다.
4. 길이(l)는 굵은 선의 테두리 안으로 하며, 테두리 안의 수치는 그 허용차를 표시한다. 다만, 이 표 이외의 l을 특히 필요로 할 때는 주문자가 지정한다.
5. 머리 부는 축심으로부터 현저하게 기울어져서는 안 된다.

17 테이퍼 핀(테이퍼 핀의 모양·치수)

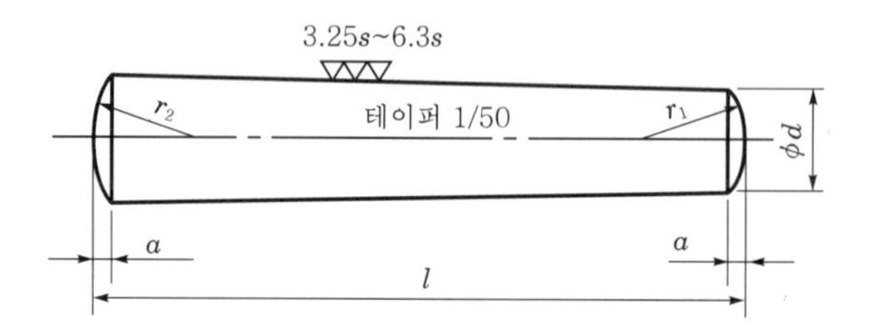

(단위 : mm)

호칭지름			0.6	0.8	1	1.2	1.5	2	2.5	3	4	5	6	8	10	12	16	20	25	30	40	50
d	기준치수		0.6	0.8	1.0	1.2	1.5	2.0	2.5	3.0	4.0	5.0	6.0	8.0	10	12	16	20	25	30	40	50
	허용차 (h10)(10)		0 −0.040								0 −0.048			0 −0.058		0 −0.070		0 −0.084			0 −0.100	
a	약		0.08	0.1	0.12	0.16	0.2	0.25	0.3	0.4	0.5	0.63	0.8	1	1.2	1.6	2	2.5	3	4	5	6.3
l																						
호칭 길이	최소	최대																				
2	1.75	2.25																				
3	2.75	3.25																				
4	3.75	4.25																				
5	4.75	5.25																				
6	5.75	6.25																				
8	7.75	8.25																				
10	9.75	10.25																				
12	11.5	12.5																				
14	13.5	14.5																				
16	15.5	16.5																				
18	17.5	18.5																				
20	19.5	20.5																				
22	21.5	22.5																				
24	23.5	24.5																				
26	25.5	26.5																				
28	27.5	28.5																				
30	29.5	30.5																				
32	31.5	32.5																				

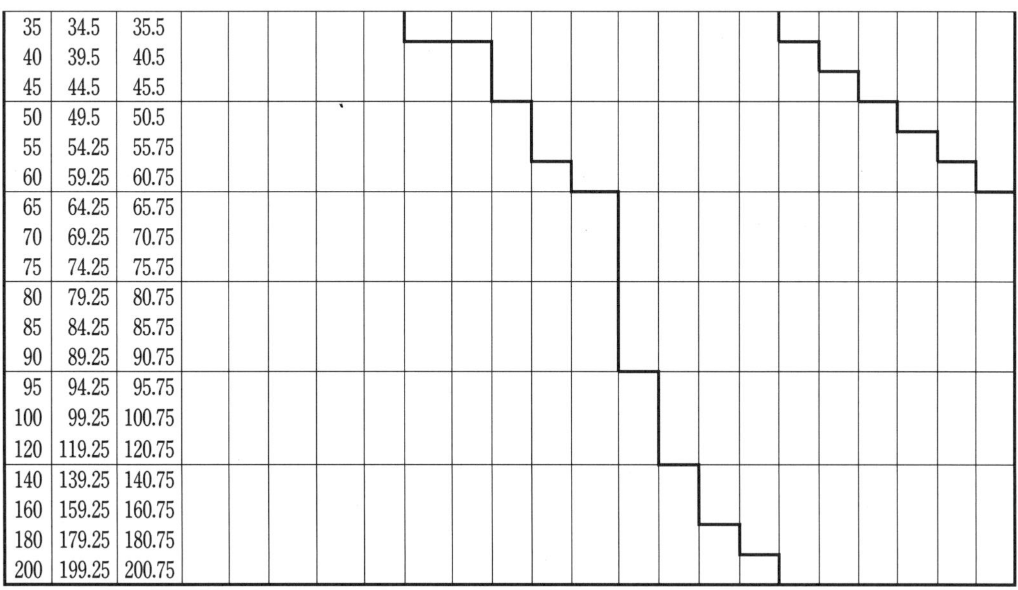

35	34.5	35.5																				
40	39.5	40.5																				
45	44.5	45.5																				
50	49.5	50.5																				
55	54.25	55.75																				
60	59.25	60.75																				
65	64.25	65.75																				
70	69.25	70.75																				
75	74.25	75.75																				
80	79.25	80.75																				
85	84.25	85.75																				
90	89.25	90.75																				
95	94.25	95.75																				
100	99.25	100.75																				
120	119.25	120.75																				
140	139.25	140.75																				
160	159.25	160.75																				
180	179.25	180.75																				
200	199.25	200.75																				

주(10) h10에 대한 수치는 KS B 01401(치수공차 및 끼워 맞춤)에 따른다.

18 와셔(Washers)

와셔는 볼트, 작은 나사 등에 사용하는 강제, 스테인리스 강재, 인청동, 황동을 재료로 사용하고 종류는 평 와셔, 스프링 와셔, 각 와셔가 있다.

※ 와셔의 호칭방법

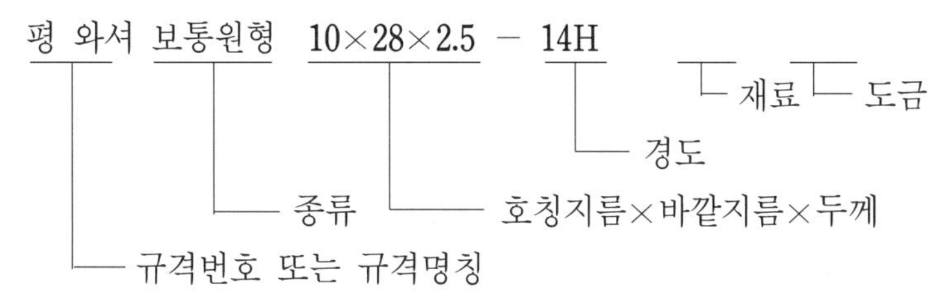

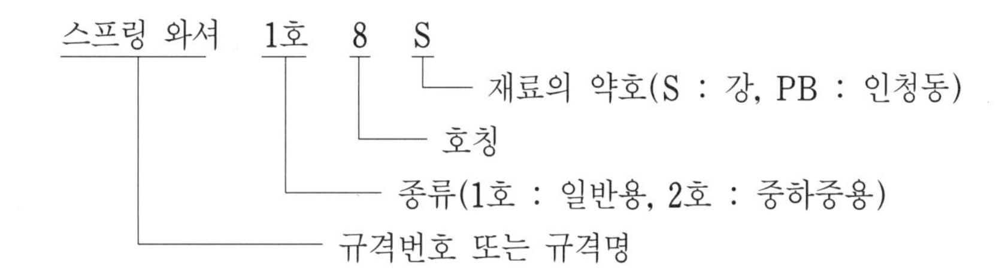

평와셔

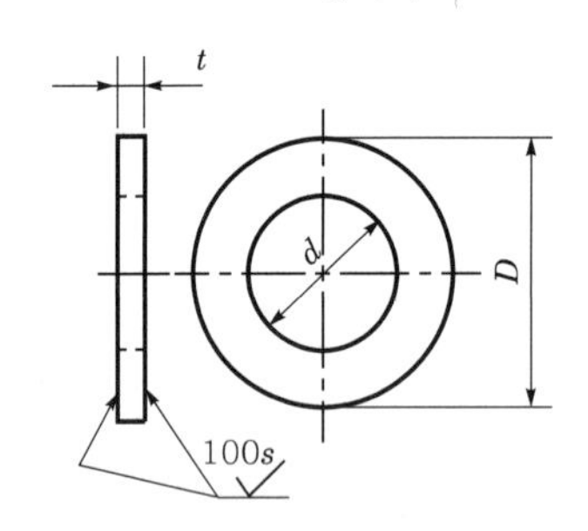

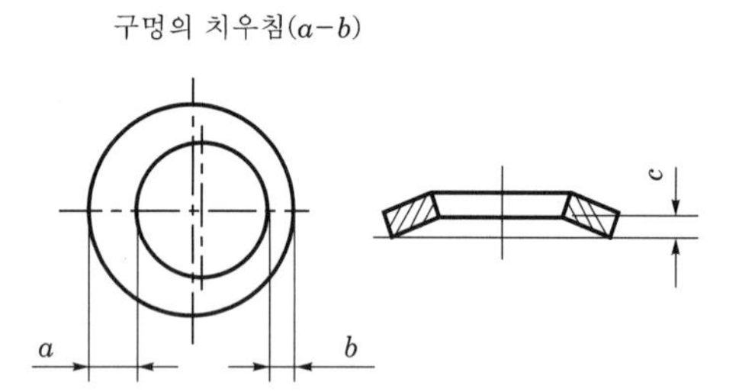

(단위 : mm)

<table>
<tr><th rowspan="2">호칭지름</th><th colspan="2">d</th><th colspan="2">D</th><th>a−b</th><th colspan="2">t</th><th>c</th></tr>
<tr><th>기준치수</th><th>허용차</th><th>기준치수</th><th>허용차</th><th>최 대</th><th>기준치수</th><th>허용차</th><th>최 대</th></tr>
<tr><td>6</td><td>0.6</td><td rowspan="2">+0.6
0</td><td>12.5</td><td rowspan="2">0
−0.7</td><td rowspan="2">0.86</td><td>1.6</td><td rowspan="2">±0.2</td><td rowspan="4">0.4</td></tr>
<tr><td>8</td><td>9</td><td>17</td><td>1.6</td></tr>
<tr><td>10</td><td>11</td><td rowspan="4">+0.7
0</td><td>21</td><td rowspan="4">0
−0.8</td><td rowspan="4">1.04</td><td>2</td><td>±0.25</td></tr>
<tr><td>12</td><td>14</td><td>24</td><td>2.3</td><td>±0.3</td></tr>
<tr><td>(14)</td><td>16</td><td>28</td><td>3.2</td><td rowspan="5">±0.4</td><td rowspan="5">0.6</td></tr>
<tr><td>16</td><td>18</td><td>30</td><td>3.2</td></tr>
<tr><td>(18)</td><td>20</td><td rowspan="5">+0.8
0</td><td>34</td><td rowspan="5">0
−1</td><td rowspan="5">1.24</td><td>3.2</td></tr>
<tr><td>20</td><td>22</td><td>37</td><td>3.2</td></tr>
<tr><td>(22)</td><td>24</td><td>39</td><td>3.2</td></tr>
<tr><td>24</td><td>26</td><td>44</td><td>4.5</td><td rowspan="3">±0.5</td><td rowspan="6">0.8</td></tr>
<tr><td>(27)</td><td>30</td><td>50</td><td>4.5</td></tr>
<tr><td>30</td><td>33</td><td rowspan="6">+1
0</td><td>56</td><td rowspan="5">0
−1.2</td><td rowspan="5">1.48</td><td>4.5</td></tr>
<tr><td>(33)</td><td>36</td><td>60</td><td>6</td><td rowspan="7">±0.7</td></tr>
<tr><td>36</td><td>39</td><td>66</td><td>6</td></tr>
<tr><td>(39)</td><td>42</td><td>72</td><td>6</td></tr>
<tr><td>42</td><td>45</td><td>78</td><td>7</td><td rowspan="7">1.2</td></tr>
<tr><td>(45)</td><td>48</td><td>85</td><td rowspan="6">0
−1.4</td><td rowspan="6">1.74</td><td>7</td></tr>
<tr><td>48</td><td>52</td><td rowspan="5">+1.2
0</td><td>92</td><td>8</td></tr>
<tr><td>(52)</td><td>56</td><td>98</td><td>8</td></tr>
<tr><td>56</td><td>62</td><td>105</td><td>9</td><td rowspan="3"></td></tr>
<tr><td>(60)</td><td>66</td><td>110</td><td>9</td></tr>
<tr><td>64</td><td>70</td><td>115</td><td>9</td></tr>
</table>

19 스프링 와셔의 모양·치수

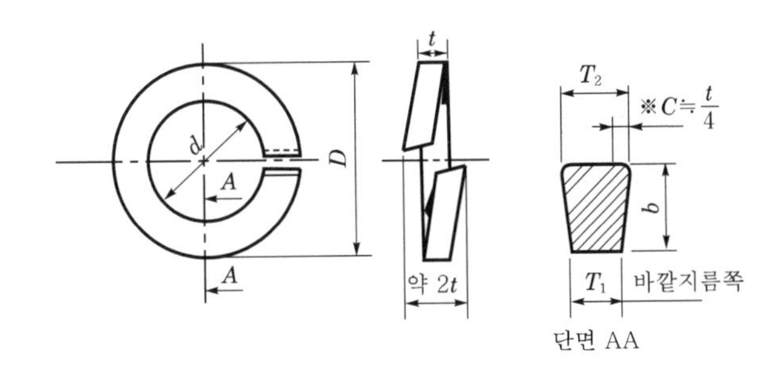

(단위 : mm)

호칭 (미터 나사용)	안지름 d 기준치수	안지름 d 허용차	단면치수(최소) 1호 너비×두께[1] ($b \times t$)	단면치수(최소) 2호 너비×두께[1] ($b \times t$)	바깥지름 D(최대) 1호	바깥지름 D(최대) 2호	압축시험 후의 자유높이 1호(최소)	압축시험 후의 자유높이 2호(최소)	시험하중 kgf(kN)
2	2.1	+0.25 / 0	0.9×0.5	–	4.4	–	0.85	–	43(0.42)
2.5	2.6	+0.3 / 0	1×0.6	–	5.2	–	1	–	70(0.69)
3	3.1		1.1×0.7	–	5.9	–	1.2	–	105(1.03)
(3.5)	3.6		1.2×0.8	–	6.6	–	1.35	–	140(1.37)
4	4.1	+0.4 / 0	1.4×1	–	7.6	–	1.7	–	180(1.77)
(4.5)	4.6		1.5×1.2	–	8.3	–	2	–	230(2.26)
5	5.1		1.7×1.3	–	9.2	–	2.2	–	300(2.94)
6	6.1		2.7×1.5	2.7×1.9	12.2	12.2	2.5	3.2	420(4.12)
(7)	7.1		2.8×1.6	2.8×2	13.4	13.4	2.7	3.35	600(5.88)
8	8.2	+0.5 / 0	3.2×2	3.3×2.5	15.4	15.6	3.35	4.2	760(7.45)
10	10.2		3.7×2.5	3.9×3	18.4	18.8	4.2	5	1200(11.77)
12	12.2	+0.6 / 0	4.2×3	4.4×3.6	21.5	21.9	5	6	1800(17.65)
(14)	14.2		4.7×3.5	4.8×4.2	24.5	24.7	5.85	7	2400(23.54)
16	16.2	+0.8 / 0	5.2×4	5.3×4.8	28	28.2	6.7	8	3300(32.36)
(18)	18.2		5.7×4.6	5.9×5.4	31	31.4	7.7	9	4000(39.23)
20	20.2		6.1×5.1	6.4×6.0	33.8	34.4	8.5	10	5000(49.03)
(22)	22.5	+1.0 / 0	6.8×5.6	7.1×6.8	37.7	38.3	9.35	11.3	6300(61.78)
24	24.5		7.1×5.9	7.6×7.2	40.3	41.3	9.85	12	7300(71.59)
(27)	27.5	+1.2 / 0	7.9×6.8	8.6×8.3	45.3	46.7	11.3	13.8	9500(93.16)
30	30.5		8.7×7.5	–	49.9	–	12.5	–	12000(117.68)
(33)	33.5	+1.4 / 0	9.5×8.2	–	54.7	–	13.7	–	15000(147.10)
36	36.5		10.2×9	–	59.1	–	15	–	17000(166.71)
(39)	39.5		10.7×9.5	–	65.1	–	15.8	–	20000(196.63)

주(1) $t = \frac{T_1 + T_2}{2}$

비고) 1. 호칭에 ( )를 붙인 것은 되도록 사용하지 않는다.
2. 가공정도가 "보통"인 볼트의 머리 쪽에 와셔를 사용하는 경우에는 한단 위의 호칭의 것을 사용한다.

도면해독 이론과 실제

2001. 3. 15. 초 판 1쇄 발행
2013. 3. 2. 개정증보 4판 1쇄 발행
2020. 5. 25. 개정증보 4판 7쇄 발행

지은이 | 최호선, 이근희
펴낸이 | 이종춘
펴낸곳 | BM (주)도서출판 **성안당**
주소 | 04032 서울시 마포구 양화로 127 첨단빌딩 3층(출판기획 R&D 센터)
10881 경기도 파주시 문발로 112 출판문화정보산업단지(제작 및 물류)
전화 | 02) 3142-0036
031) 950-6300
팩스 | 031) 955-0510
등록 | 1973. 2. 1. 제406-2005-000046호
출판사 홈페이지 | **www.cyber.co.kr**
ISBN | 978-89-315-3597-6 (93550)
정가 | 23,000원

이 책을 만든 사람들
기획 | 최옥현
진행 | 이희영
교정·교열 | 문 황
전산편집 | 이다혜
표지 디자인 | 박원석
홍보 | 김계향, 유미나
국제부 | 이선민, 조혜란, 김혜숙
마케팅 | 구본철, 차정욱, 나진호, 이동후, 강호묵
제작 | 김유석